乙級

中餐烹調（葷食）技能檢定

學術科完全攻略

冠勁工作室 編著

全華圖書股份有限公司

編輯大意 Preface

一、本書依據勞動部勞動力發展署技能檢定中心最新修訂之「中餐烹調（葷食）乙級技術士技能檢定術科測試參考資料」編寫而成。

二、本書共分為三個部分，以報考篇、術科篇、學科篇之脈絡編寫，採有系統的編寫每個檢定環節，力求增加報檢者的應考實力。

三、術科篇，從應檢規範、衛生標準、技術標準、製作報告表、刀工示範、盤飾排盤至菜餚的烹調，每一個測驗內容，均有詳細的文字說明與示範動作圖解，可遵循本書內容實際操作與練習，以確實掌握應檢內容。本書更將精選刀工技巧與菜餚製作技法，製作 QR Code 的動態流程影片，可隨掃隨看，時時練習，增加熟練度。

四、學科篇，依各工作項目之內容，題題解析，透過各基礎學理概念，以瞭解各試題內容。

五、本書編撰時力求完善，雖嚴謹校編，仍恐有疏漏之處，尚祈先進不吝賜教，俾便改正修訂。

目錄 Contents

目錄 Contents

目錄 Contents

目錄 Contents

Part 1

報考篇

UNIT

壹、 一般報考流程

貳、 網路報考流程

參、 取證照流程

小叮嚀

目前中餐烹調（葷食）乙級技術士檢定可於全國技術士技能檢定第一、三梯次報名，第一梯次的報名時間是1月初，第三梯次的報名時間是在8月底～9月初。

Unit 壹 一般報考流程

技能檢定是由「勞動部勞動力發展署技能檢定技檢中心」（後面簡稱爲勞發署技檢中心）辦理。目前辦理的職類超過 50 種之多，各職類更分甲、乙、丙 3 種不同級別。欲報考中餐烹調乙級技術士檢定者，應取得中餐烹調丙級技術士，並接受中餐職類職業訓練時數累計 800 小時以上，或從事中餐職類檢定職類相關工作 2 年以上；或具有高級中等學校畢業或同等學力證明；或高級中等學校最高年級；或大學之在校生…等資格條件，報檢資格依勞發署技檢中心最新公告爲主。而報考技術士技能檢定的方式更爲多元，其管道有 1 年舉辦 3 次的全國技術士技能檢定之第三梯次。欲報考者可至全國連鎖的便利商店購買，填寫報名書表並郵寄相關資料，進行報名、繳費，其流程如圖 1-1。

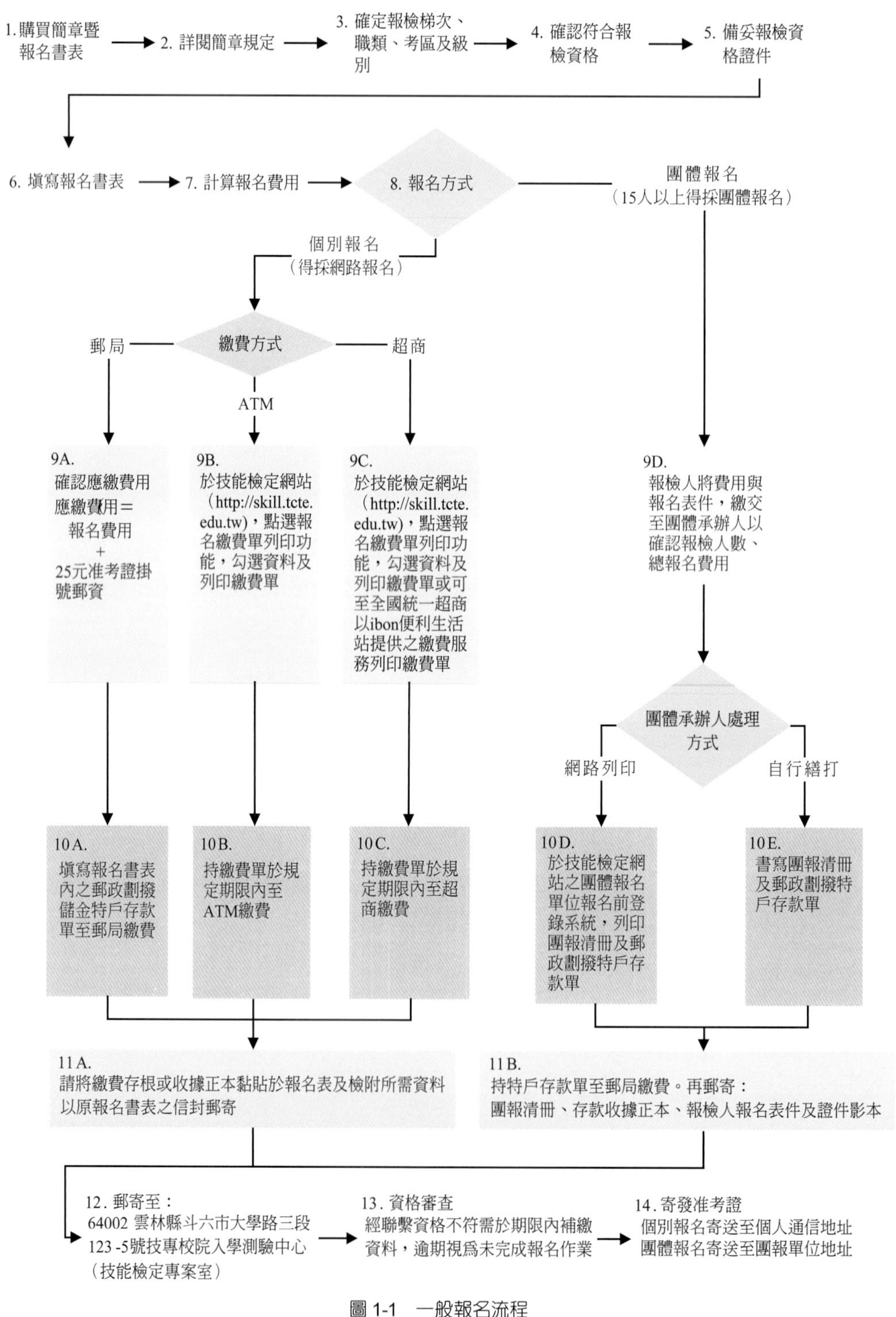

圖 1-1 一般報名流程

Unit 貳 網路報考流程

可直接至勞發署技檢中心網站，下載簡章資料，並直接於網站上填寫報名資料，再郵寄相關報名資料，進行繳費即可，其流程如圖 1-2。

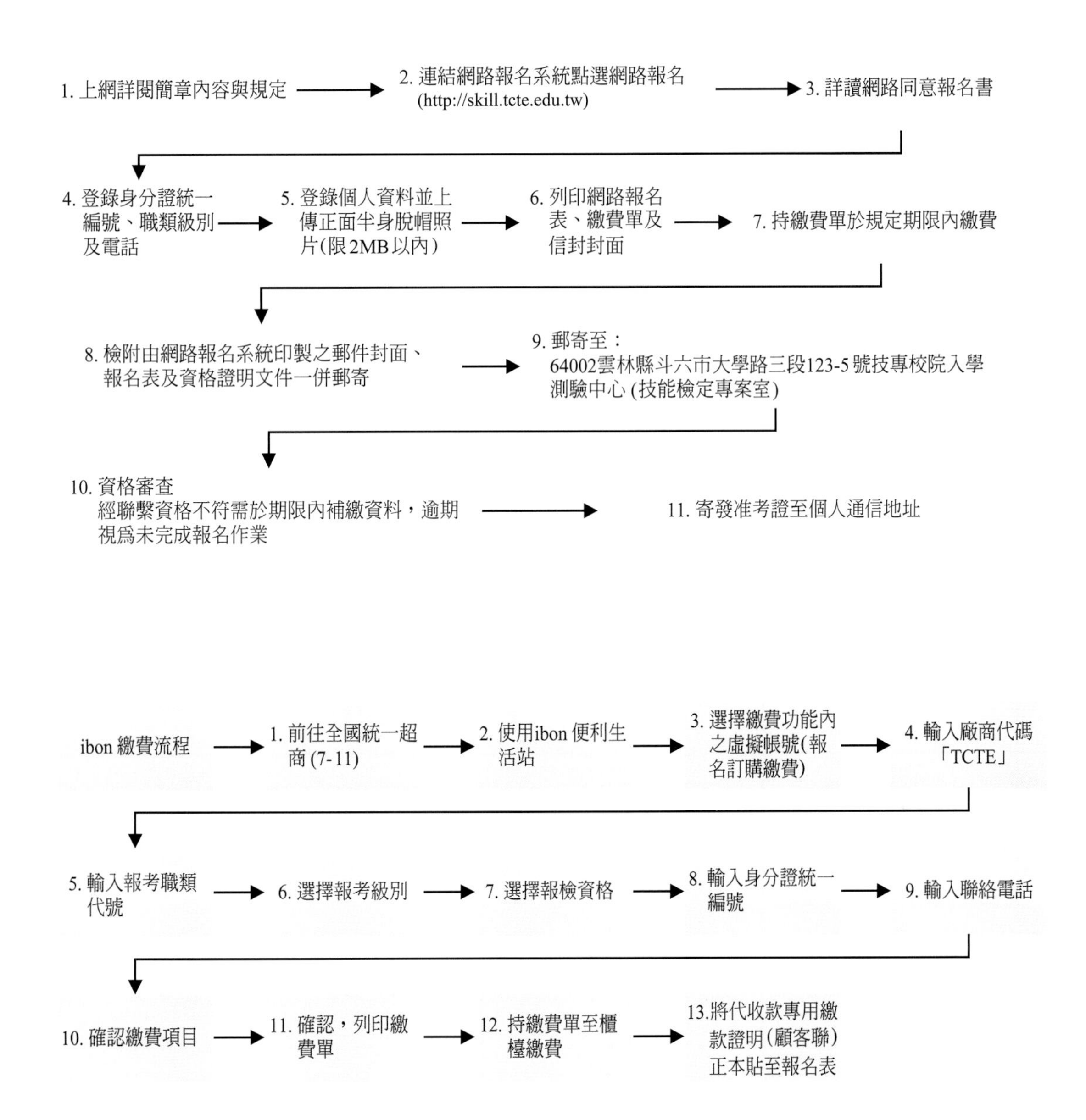

圖 1-2　網路報名流程與繳費流程

勞動部發展署技檢中心 https://www.wdasec.gov.tw/

Unit 參 取證照流程

以中餐烹調（葷食）乙級技術士技能檢定而言，要考取此證照必須同時通過學科與術科的測驗，二者均須達 60 分以上及格，才能換發照。取得證照的方式流程，如圖 1-3 所示。

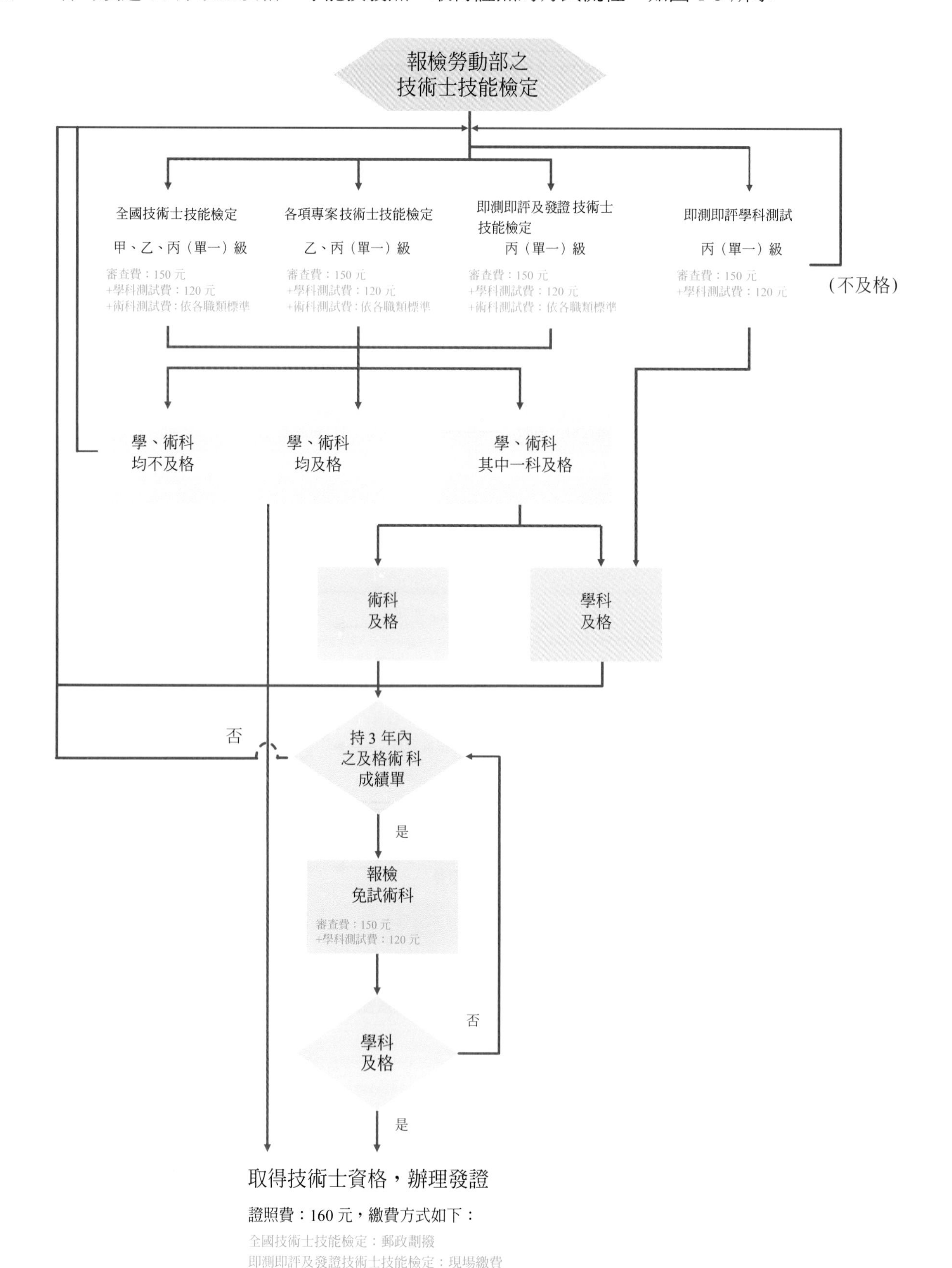

圖 1-3　取得證照流程

Part2
術科篇

UNIT

小叮嚀

術科應檢時須攜帶

1. 證件：檢定通知單、准考證、身分證或其他法定身分證件
2. 服裝：請參閱第 16 頁
3. 工具：請參閱第 16 ～ 17 頁
4. 文具：筆、立可帶

表示有提供示範影片，請掃瞄下方 QR Code 連結示範影片。

一、應檢須知說明

（一）報到

應檢人應出示：1. 檢定通知單、2. 准考證、3. 身分證或其他法定身分證件。

（二）應試時間

完成時限爲 4 小時，包括製作 7 道菜餚及塡寫製作報告表。

（三）抽題

由公布菜餚中抽籤決定 7 道菜餚，目前已編成組合菜單 201 ～ 203 三大題，每大題各有 A ～ E 5 小題組，每組 7 道菜餚，測試時當場由使用試題中抽出一組檢測。遲到或缺席者，對抽出的試題不得有異議。菜餚的製作與抽題方式，說明如下：

1. 每道菜取用材料以 6 人份爲準，取用量以所發予之材料自由搭配、取用爲原則，故取用量亦占分數，須愼取之。
2. 菜色、材料選用與作法，依檢定場所準備之材料與器具設備製作，須切合題意。
3. 應檢人所使用之用具與器材不得有破損情事發生，如有破損照市價賠償。用具與器材用畢後清理乾淨，物歸原處。
4. 使用材料以一次爲限。
5. 須在規定時限內完成否則不予計分。
6. 應檢人在進入考場後，先檢查用具設備、材料，如有問題在測試前即應當場提出，測試開始後，不得再提出疑義。
7. 主管單位公告本職類採用電子抽題方式後，電子抽題方式如下：
   （1）術科測試辦理單位依時間配當表規定時間辦理電子抽題事宜。術科測試辦理單位應準備電腦及印表機相關設備各一套，依時間配當表規定時間辦理電子抽題事宜並將電腦設置到抽題操作界面，會同監評人員、應檢人，全程參與抽題，處理電腦操作及列印簽名事項。
   （2）上午場次辦理抽題前，術科測試辦理單位應再告示已抽定之大題 (201 ～ 203)。測試當日到場檢定序號最小之應檢人由已選定大題中抽 A ～ E 其中一題組測試；下午場次辦理抽題前，術科測試辦理單位應再告示已抽定之大題及上午場次之題組，到場檢定序號最小之應檢人就所餘題組再抽出一組進行測試。
   （3）電子抽題結束後，術科測試辦理單位立即於明顯處公告抽題結果。術科測試辦理單位不及準備電子抽題事宜，得依現行試題規定抽題。
   （4）未規定部分，依現行試題規定辦理。
8. 應檢人盛裝成品所使用之餐具，由術科測試辦理單位服務人員負責清理

（四）扣考注意事項

術科測試應檢人有下列情事之一者，予以扣考，不得繼續應檢，且應檢成績以不及格論：

1. 冒名頂替者。
2. 傳遞資料或信號者。
3. 協助他人或託他人代爲實作者。
4. 互換工件或圖說者。
5. 隨身攜帶成品或規定以外之器材、配件、圖說、行動電話、呼叫器或其他電子通訊攝錄器材等。
6. 不繳交工件、圖說或依規定須繳回之試題者。
7. 故意損壞機具、設備者。
8. 未遵守本規則，不接受監評人員勸導，擾亂試場內外秩序。

（五）不得進入考場注意事項

應檢人有下列情事者亦不得進入考場（測試中發現時，亦應離場不得繼續測試）：

1. 無穿著制服。
2. 著工作服於檢定場區四處遊走者。
3. 有吸煙、喝酒、嚼檳榔、隨地吐痰等情形者。
4. 罹患感冒（飛沫或空氣傳染）未戴口罩者。
5. 打噴嚏或擤鼻涕時，未「先備妥紙巾，並向後轉將噴嚏打入紙巾內，再將手洗淨消毒」者。
6. 工作衣帽未保持潔淨者（剁斬食材噴濺者除外）。
7. 除不可拆除之手鐲（應包紮妥當）及眼鏡外，有手錶、佩戴飾物、蓄留指甲、塗抹指甲油、化粧等情事者。
8. 有打架、滋事、恐嚇、說髒話等情形者。
9. 有辱罵監評及工作人員之情形者。

（六）中餐乙級檢定流程

1.備妥「證件、服裝、工具、文具」，出發至考場

(1)證件：准考證、通知單、身分證或其他法定身分證明文件

(2)服裝：白色廚師工作服，詳細規定請參閱第16頁「應檢人服裝參考圖」

(3)工具：刀具、白色廚房紙巾、包裝飲用水、手套…等，詳細規定請參考第16～17頁「自備工(用)具」

(4)文具：筆、立可帶

▼

2.抵達考場，更換「服裝」，辦理「報到」，進行「簽到」，繳交「證件」，發識別證夾於胸口

(1)考生簽到，核對身分，將准考證、通知單、身分證或其他法定身分證明文件繳交給試務人員

(2)由試務人員初步檢查服裝是否合格，（帽子、衣服、褲子、圍裙、鞋子、指甲、手部傷口、飾品）

★ 符合：完成報到手續

★ 不符合：請應檢人員盡速調整，部分考場有提供服裝的租借服務

▼

3.試務人員引導至至休息區等候

▼

4.監評人員檢查服裝

★符合：準備抽題應檢

★不符合：不得進場應檢，可於應檢開始前調整至符合規定之服裝，進場應檢

▼

5.電子抽題

上午場

(1)先告示已抽定之大題「201、202、203」

(2)再抽題組「A~E」

下午場

(1)先告示已抽定之大題「201、202、203」與上午場的題組「A~E」

(2)以其他題組抽題

(3)請抽題考生簽名確認

(4)試務人員或監評人員發放題組卡

▼

6.進場應檢

(1)由監評人員或試務人員引導，將個人物品置放完畢（刀具、礦泉水、紙巾、手套、包包…等）

(2)由監評人員或試務人員介紹說明場地

(3)由監評人員帶領考生清點器具、材料、調味料，有發現器具、食材有問題時，應立即提出，由試務人員提供協助與更換

(4)器具、食材清點單上簽名由試務人員收回

▼

7.監評人員宣布「開始」指令，計時「4小時」

(1)於評分室指定位置填寫製作報告表，寫完由監評人員回收評分

(2)烹調七道菜餚，完成後將菜餚以托盤送入評分室指定位置

(3)環境善後與清潔，包含烹調鍋器具、工作檯、爐臺、水槽、地面、垃圾

☆也有考場完成菜餚製備後，才填寫製作報告表，請依各考場流程規定執行

▼

8.監評人員宣布「停止」指令，所有考試動作停止

(1)未完成菜餚不得再送入評分室

(2)由試務人員協助打包未完成菜餚與半成品並回收，盡快完成善後清潔工作

▼

9.應檢人離開考場

(1)將自備工(用)具帶離考場

(2)領回准考證、通知單、身分證或其他法定身分證明文件

二、測試時間配當表

每一檢定場，每日排定測試場次為上、下午各一場，程序表如下：

<table>
<tr><th colspan="2">時間</th><th>內容</th><th>備註</th></tr>
<tr><td rowspan="4">上午場</td><td>07：30～08：00</td><td>1. 監評：監評前的協調會議，含監評檢查機具設備
2. 應檢人：更衣、報到</td><td>應檢前</td></tr>
<tr><td>08：00～08：30</td><td>1. 監評
（1）場地設備及供料、自備機具及材料等作業說明
（2）測試應注意事項說明
（3）應檢人試題疑義說明
（4）其他事項
2. 應檢人
（1）抽題及確認工作崗位
（2）檢查設備及材料
（3）其他事項</td><td>應檢前</td></tr>
<tr><td>08：30～12：30</td><td>測試
1. 填寫製作報告表
2. 菜餚製作
3. 工作區域清理</td><td>4小時
應檢期間</td></tr>
<tr><td>12：30～13：00</td><td>監評進行成品評審</td><td>應檢結束</td></tr>
<tr><td rowspan="4">下午場</td><td>13：00～13：30</td><td>1. 監評：休息用膳時間
2. 應檢人：更衣、報到</td><td>應檢前</td></tr>
<tr><td>13：30～14：00</td><td>1. 監評
（1）場地設備及供料、自備機具及材料等作業說明
（2）測試應注意事項說明
（3）應檢人試題疑義說明
（4）其他事項
2. 應檢人
（1）抽題及確認工作崗位
（2）檢查設備及材料
（3）其他事項</td><td>應檢前</td></tr>
<tr><td>14：00～18：00</td><td>測試
1. 填寫製作報告表
2. 菜餚製作
3. 工作區域清理</td><td>4小時
應檢期間</td></tr>
<tr><td>18：00～18：30</td><td>監評進行成品評審</td><td>應檢結束</td></tr>
<tr><td colspan="2">18：30～19：00</td><td>監評人員及術科測試辦理位單視需要召開檢討會</td><td>應檢結束</td></tr>
</table>

三、自備工（用）具

1. 白色廚師工作服，含上衣、圍裙、帽；未穿著者，不得進場應試。
2. 穿著規定之長褲、包鞋、內須著襪；不合規定者，不得進場應試。

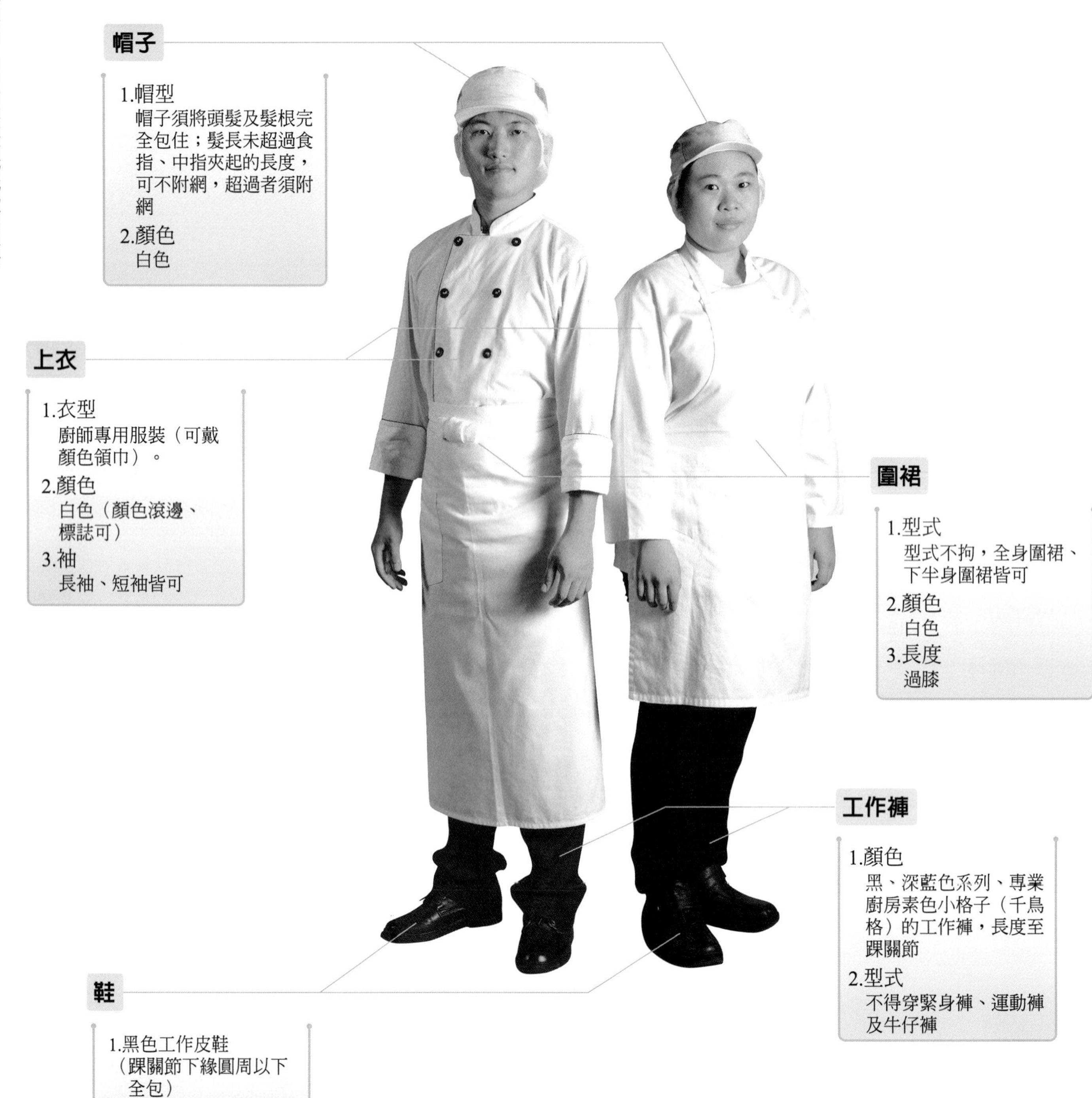

P.S. 帽、衣、褲、圍裙等材質，以棉、麻材質爲宜。

應檢人服裝參考圖

3. 刀具：含片刀、剁刀、水果刀、剪刀、刮鱗器、削皮刀。
4. 白色廚房紙巾 2 捲（包）以下。

   白色廚房紙巾建議攜帶抽取式的紙巾，因捲筒式的紙巾使用前須一張一張撕開，較不方便，且無外包裝，須再以塑膠袋包裝後方能使用。

5. 包裝飲用水 1 瓶（礦泉水、白開水）以上。

   包裝飲用水建議攜帶 1 瓶約 2200ml 的半結冰礦泉水，於烹調時使用仍維持冰水狀態，在製作涼拌菜或沖涼川燙後的蔬菜，可縮短時間，不建議攜帶全結冰礦泉水，避免使用時仍未解凍。

6. 衛生手套、乳膠手套、口罩。衛生手套參考材質種類可為乳膠手套、矽膠手套、塑膠手套（即俗稱手扒雞手套）等，並應予以適當包裝以保潔淨衛生。
7. 可攜帶計時器，但音量應不影響他人操作者。

四、評審標準

（一）依據「技術士技能檢定作業及試題規則」第 39 條第 2 項

1.「依規定須穿著制服之職類，未依規定穿著者，不得進場應試。」

2. 職場專業服裝儀容正確與否，由公推具公正性之監評長擔任；遇有爭議，由所有監評人員共同討論並判定之。

3. 應檢人服裝參考圖示及相關規定如第 16 頁「應檢人服裝參考圖」。

（二）衛生項目

衛生項目評分標準合計 100 分，未達 60 分者，總成績以不及格計。

項目	監評內容	扣分標準	說明
一般規定	1. 除不可拆除之手鐲外，有手錶、化妝、佩戴飾物、蓄留指甲、塗抹指甲油等情事者。	41 分	應檢人若配帶不可拆除之手鐲時，應於應考期間全程配戴衛生手套，且手套長度須覆蓋手鐲。
	2. 手部有受傷，未經適當傷口包紮處理及不可拆除之手鐲，且未全程配戴衛生手套者（衛生手套長度須覆蓋手鐲，處理熟食應更新手套）。	41 分	應檢人不論是在應考前或應考期間，手部受傷，均應全程配戴衛生手套。
	3. 衛生手套使用過程中，接觸他種物件，未更換手套再次接觸熟食者（衛生手套應有完整包覆，不可取出置於台面待用）。	41 分	使用衛生手套時，應使用完一次就更換新的。自行攜帶的衛生手套應以塑膠帶或密封容器包裝。
	4. 使用免洗餐具者。	20 分	應考期間不得使用塑膠製、保麗龍製、紙製的免洗碗盤，也不得使用衛生筷。
	5. 測試中有吸菸、喝酒、嚼檳榔、隨地吐痰等情形者。	41 分	吸菸、喝酒、嚼檳榔、隨地吐痰均是相關從業人員不得有的行為。
	6. 打噴嚏或擤鼻涕時，未掩口或直接面向食材或工作台或事後未洗手者（掩口者需洗手再以酒精消毒）。	41 分	應考期間若有打噴嚏或擤鼻涕的狀況，轉身掩口鼻後，須洗淨雙手並以酒精消毒。
	7. 以衣物拭汗者。	20 分	應考期間若有流汗情形，應以紙巾擦拭。
	8. 如廁時，著工作衣帽者（僅須脫去圍裙、廚帽）。	20 分	應考期間若須如廁，務必將圍裙與廚帽脫去。
驗收（A）	1. 食材未經驗收數量及品質者。	20 分	應考時請依據「材料清點卡」仔細核對。有疑問一定要主動告知監評，請求更換或補發器材。
	2. 生鮮食材有異味或鮮度不足之虞時，未發覺卻仍繼續烹調操作者。	30 分	請留意各種食材的品質，尤其是肉類與水產類食材，若有異味或鮮度不足時，應立即向監評提出。
洗滌（B）	1. 洗滌餐器具時，未依下列先後處理順序者：餐具→鍋具→烹調用具→刀具→砧板	20 分	（1）餐具是指瓷碗盤 （2）鍋具是指炒鍋、蒸籠鍋…等加熱烹調用鍋具 （3）烹調用具是指配料碗盤盆、菜鏟、炒杓、大漏杓、調味匙、筷…等 （4）刀具是指片刀、剁刀、削皮刀、剪刀…等 （5）砧板包含生食與熟食砧板
	2. 餐器具未徹底洗淨或擦拭餐器具有汙染情事者。	41 分	餐器具若有油膩、髒汙的現象，應以洗潔劑清洗乾淨，且不得以抹布擦拭餐器具。
	3. 餐器具洗畢，未以有效殺菌方法消毒刀具、砧板及抹布者（例如熱水燙煮、化學法之消毒）。	30 分	刀具、砧板清洗後要擦乾，再噴酒精消毒。抹布洗淨後也須擰乾、消毒。

續下頁

承上頁

項目	監評內容	扣分標準	說明
洗滌（B）	4. 洗滌食材，未依下列先後處理順序者：乾貨（如香菇、蝦米⋯）→加工食品類（素，如沙拉筍、酸菜⋯）→加工食品類（葷，如皮蛋、鹹蛋、水發魷魚⋯）→蔬果類（如蒜頭、生薑⋯）→牛羊肉→豬肉→雞鴨肉→蛋類→魚貝類。	30 分	洗滌食材時，應將不可食部位與髒汙去除、洗淨。
	5. 將非屬食物類或烹調用具、容器置於工作檯上者（如：洗潔劑、衣物等，另酒精噴壺應置於熟食區層架）。	20 分	非食材、烹調用具、餐具的其他備品，如：洗潔劑、菜瓜布、鋼刷，均應放置專用容器內，且置放於水槽下方。
	6. 食材未徹底洗淨者： （1）內臟未清除乾淨者。 （2）鱗、鰓、腸泥殘留者。 （3）魚鰓或魚鱗完全未去除者。 （4）毛、根、皮、尾、老葉殘留者。 （5）其他異物者。	 20 分 20 分 41 分 30 分 30 分	—
	7. 以鹽水洗滌海產類，致有腸炎弧菌滋生之虞者。	41 分	—
	8. 將垃圾袋置於水槽內或食材洗滌後垃圾遺留在水槽內者。	20 分	食材在清洗的過程中，應隨時保持水槽的乾淨，每清洗完一類的食材，須將水槽內的垃圾或廚餘清除乾淨，再進行下一類的食材清洗。
	9. 洗滌各類食材時，地上遺有前一類之食材殘渣或水漬者。	20 分	隨時保持工作區域的乾淨，工作檯面的水漬隨時以抹布擦拭，地板若有過多的水漬會影響操作環境的安全，應盡快以拖把拖乾。
	10. 食材未徹底洗淨或洗滌工作未於四十分鐘內完成者。	20 分	食材清洗須確實，洗滌工作包含了餐器具與食材的清洗。
	11. 洗滌期間進行烹調情事（即洗滌期間不得開火）。	30 分	洗滌完成後，才可開火。
	12.食材洗滌後未徹底將手洗淨者。	20 分	食材洗滌完成後，須再以洗潔劑將雙手清洗乾淨，因洗滌的最後一類食材為水產類，屬於汙染性較高的食材。
	13. 洗滌時使用過砧板（刀），切割前未將該砧板（刀）消毒處理者。	30 分	洗滌過程可使用砧板與菜刀，將食材不可食的部位去除，但使用砧板、刀具前務必噴酒精消毒。為了提高洗滌的效率，盡可能以削皮刀或剪刀去除食材不可食之處。
切割（C）	1. 洗滌妥當之食物，未分類置於盛物盤或容器內者。	20 分	食材清洗完畢後，應依其種類放置在不同的配料碗盆內，不得散落於工作檯面。
	2. 切割生食食材，未依下列先後順序處理者：乾貨（如香菇、蝦米⋯）→加工食品類（素，如沙拉筍、酸菜⋯）→加工食品類（葷，如皮蛋、鹹蛋、水發魷魚⋯），蔬果類（如蒜頭、生薑⋯）→牛羊肉→豬肉→雞鴨肉→蛋類→水產類。	30 分	—
	3. 切割按流程但因漏切某類食材欲更正時，向監評人員報告後，處理後續補救步驟（應將刀、砧板洗淨拭乾消毒後始更正切割）	15 分	例如：切割水產類食材的鱸魚時，發現蒜頭未切，應向監評人員報告須補切，此時應將切割使用的砧板與菜刀洗淨、拭乾、消毒，才可補切蒜頭。
	4. 切割妥當之食材未分類置於盛物盤或容器內者（川燙熟後可併放）。	20 分	切配完成的食材要分類放置，川燙熟後才可將不同類的食材放於同一盤內。
	5. 每一類切割過程及切割完成後未將砧板、刀及手徹底洗淨者。（尤其在切割完成後烹調前更應徹底洗淨雙手）	20 分	例如：加工食品類（葷）切完，須先將砧板、菜刀與雙手洗淨，再切蔬果類。

續下頁

承上頁

項目	監評內容	扣分標準	說明
切割 （C）	6. 蛋之處理程序未依下列順序處理者：洗滌好之蛋→用手持蛋→敲於乾淨容器上（可為裝蛋之容器）→剝開蛋殼→將蛋放入第二個容器內→檢視蛋有無腐壞，集中於第三個容器內→烹調處理。	20 分	蛋的處理流程：三段式打蛋。
調理、 加工、 烹調 （D）	1. 烹調用油達發煙點或著火，且發煙或燃燒情形持續進行者。	41分	應試過程中若不慎發生油鍋起火的現象，應立刻以鍋蓋蓋住鍋面，且關閉瓦斯。
	2. 菜餚勾芡濃稠結塊 、 結糰者。	30 分	菜餚一般多以太白粉水勾芡，勾芡須慢慢加入菜餚中，且充分加熱糊化完成，否則易結塊、結糰而被扣分。
	3. 除西生菜、涼拌菜、水果菜及盤飾外，食物未全熟，有外熟內生情形或生熟食混合者（涼拌菜另依丙級通則或乙級題組說明規定行之）。	41 分	菜餚烹調時須注意是否完全熟透，應待食材熟透後再起鍋，尤其是排骨與整條魚的烹調。
	4. 未將熟食砧板、刀（洗餐器具時已處理者則免）及手徹底洗淨拭乾消毒，或未戴衛生手套切割熟食者。	41分	—
	5. 殺菁後之蔬果類，如需直接食用，欲加速冷卻時，未使用經滅菌處理過之冷水冷卻者（需再經加熱食用者，可以自來水冷卻）。	41 分	殺菁後不用再次加熱烹調的蔬果，多為涼拌菜餚，務必以自行攜帶之包裝飲用水沖涼。
	6. 切割生、熟食，刀具及砧板使用有交互汙染之虞者。 （1）若砧板為一塊木質、一塊白色塑膠質，則木質者切生食、白色塑膠質者切熟食。 （2）若砧板為二塊塑膠質，則白色者切熟食、紅色者切生食。	41 分	務必使用正確的砧板。
	7. 將砧板做為置物板或墊板用途，並有交互汙染之虞者。	41 分	砧板上僅可放置菜刀與食材，不得放置其他東西，如：配料碗盤盆…等。
	8. 成品為涼拌菜未有良好防護或區隔措施致遭汙染者。	41 分	涼拌菜餚尚未盛裝於成品盤時，可先以保鮮膜封蓋，以避免汙染。
	9. 烹調後欲直接食用之熟食或滅菌後之盤飾置於生食碗盤者（烹調後之熟食若要再烹調，可置於生食碗盤）。	41 分	川燙或過油後的食材若要再烹調，可放於不銹鋼的配料碗盤盆內，若是用於涼拌菜餚則須放於磁盤碗內。
	10. 未以專用潔淨布巾、紙擦拭用具、物品及手者。	30 分	—
	11. 烹調時有汙染之情事者 （1）烹調用具置於台面或熟食匙、筷未置於熟食器皿上。 （2）盛盤菜餚或盛盤食材重疊放置、成品食物有異物者、以烹調用具就口品嘗、未以合乎衛生操作原則品嚐食物、食物掉落未處理等。	30 分 41 分	（1）烹調用具（菜鏟、炒杓、漏杓、調味匙、筷）清洗後應放於乾淨的配菜盤內，再放置於工作檯面。 （2）熟食的湯匙與筷子，應放於磁盤碗內，再放置於工作檯面。 （3）裝有食材的配料碗盤盆不得交疊放置。 （4）若要嚐味道，應準備湯匙或筷子、口湯碗，將菜餚與醬汁盛入口湯碗內，再以湯匙或筷子品嚐。
	12. 烹調時蒸籠燒乾者。	30 分	蒸籠水一般至少須盛裝1/3鍋水。
	13. 可利用之食材棄置於廚餘桶或垃圾筒者。	30 分	食材應以物盡其用為原則，可用之食材，若無須使用應繳回考場。
	14. 可回收利用之食材未分類放置者。	20 分	未使用的的食材應分類，置於配料碗盤盆內，繳回考場。
	15. 故意製造噪音者。	20 分	應考時應保持安靜，專心於烹調。

續下頁

承上頁

項目	監評內容	扣分標準	說明
盤飾及沾料（E）	1. 成品菜餚盤飾少於二盤者（即至少要二盤）。	30分	建議盡可能每道菜餚都製作盤飾，以提升菜餚的美感，可參考第39～41頁菜餚盤飾參考圖。
	2. 生鮮盤飾未減菌（飲用水洗滌或燙煮）或多於主菜。（減菌後之盤飾可接觸熟食）	30分	生鮮盤飾的處理方式，請參考第39頁「菜餚盤飾技巧」。
	3. 以非食品或人工色素做為盤飾者。	30分	—
	4. 以非白色廚房用紙巾或以衛生紙、文化用紙墊底或使用者。（廚房用紙巾應不含螢光劑且有完整包覆或應置於清潔之承接物上，不可取出置於台面待用）。	20 分	廚房用紙巾僅作為深色醬汁的擦拭，且應妥善包裝，不得使紙巾直接碰觸工作檯面。
	5. 配製高水活性、高蛋白質或低酸性之潛在危險性食物（PHF,Potentially Hazardous Foods）的沾料且內置營養食物者（沾料之配製應以食品安全為優先考量，若食物屬於易滋生細菌者，欲與沾料混置，則應配製安全性之沾料覆蓋於其上，較具危險性之沾料須與食物分開盛裝）。	30 分	—
清理（F）	1. 工作結束後，未徹底將工作檯、水槽、爐檯、器具、設備及工作區之環境清理乾淨者（即時間內未完成）。	41 分	烹調後的善後清潔工作應於測試時間4小時內完成。
	2. 拖把、廚餘桶、垃圾桶置於清洗食物之水槽內清洗者。	41 分	清洗拖把、廚餘桶與垃圾桶時，須在考場內的專用清潔區操作。
	3. 垃圾未攜至指定地點堆放者（如有垃圾分類規定，應依規定辦理）。	30 分	垃圾與廚餘應確實分類。
其他（G）	1 每做有汙染之虞之下一個動作前，未將手洗淨造成汙染食物之情事者。	30 分	—
	2. 操作過程，有交互汙染情事者。	41 分	—
	3. 瓦斯未關而漏氣，經警告一次再犯者。	41 分	若有母火的瓦斯爐，應特別留意母火是否因外在環境而自行熄滅，造成瓦斯漏氣的現象。
	4. 其他不符合食品良好衛生規範準則規定之衛生安全事項者（監評人員應明確註明扣分原因）。	20 分	—

註1：洗滌後與切割中可做烹調及加熱前處理。

註2：熟食（係指將為熟食用途之生食及煮熟之食材）在切配過程中任一時段切割皆可，然應符合衛生原則並注意食材之區隔（即生熟食不得接觸）。

（三）成品品評

1. 在規定時間內製作完成的菜餚，分衛生、取量、刀工、火侯、調味、觀感等項目評分。製作菜餚不分派系，衛生符合規定，取量、刀工、火候切題，調味適中，觀感以清爽爲評分原則。調味包含口感—軟、硬、酥、脆……，觀感包含排盤裝飾，取量包含取材，刀工包含製備過程，如抽腸泥、去外皮、根、內膜、種子、內臟、洗滌……。
2. 每道菜個別計分（含製作報告及成品成績），每道菜（製作報告、成品成績）以 100 分爲滿分，共 7 道菜。其中製作報告或成品成績總成績，一項未達 420 分者，以不及格計。衛生項目評分標準 100 分，成績未達 60 分者，以不及格計。成品成績、製作報告成績或衛生成績（未完成者若有作品送出，除了在評分表記載事實，如 1 道菜未完成，其餘菜餚亦予評分，但總分爲不及格，即低於 420 分），任一項未達及格標準，總成績以不及格計。所以術科測試過程，若有報告、衛生、成品任一不及格，就以不及格計分。

即刻剖析

【塊】

塊的形狀，較常見的爲菱形塊、大方塊、小方塊、長方塊、滾料塊（滾刀塊）……。塊的形狀依烹調的需要與材料的特徵而定，加熱時間長的（如：燒、燜、燉……）宜切成較大塊；加熱時間較短（如：溜、炒、……）宜切小塊。材料質地膨鬆或脆軟的，宜切大塊；堅硬的，宜切稍小的塊。

【片】

加熱時間短的（如：汆、涮、川燙、白灼……）宜切薄片，用於炒、爆、溜的片，較汆、涮的片爲厚。片的形狀有柳葉片、桃葉片、長方片、梳子片、剪刀頭片、橄欖片、齒輪片、蝴蝶片…等。各種片形因厚薄、大小的差異而用途各異。料塊（滾刀塊）……。塊的形狀依烹調的需要與材料的特徵而定，加熱時間長的（如：燒、燜、燉……）宜切成較大塊；加熱時間較短（如：溜、炒……）宜切小塊。材料質地膨鬆或脆軟的，宜切大塊；堅硬的，宜切稍小的塊。

【條與絲】

條與絲的形狀相似，只是粗、細有別；長度一般爲 4 ～ 6 公分。細條寬約 0.7 公分，粗條約爲 1 公分。細絲寬約 0.2 公分，粗絲寬約 0.3 ～ 0.4 公分，最細的絲寬在 0.1 公分以下。

3. 技術評審要點

（1） 刀工基本要求

①必須使材料粗細、厚薄均一，無論切丁、絲、片、塊或其他任何形狀都必須粗、細、厚、薄、寬、窄、大、小一致，長短相同。

②切得乾淨俐落，不可有相連的情形。

③刀法處理須了解材料的性質、烹調方式，調整切的形狀與方法。配合烹調方法以溜、爆、炒、燙等火力強，採加熱時間短的烹調法時，材料宜直切成薄且小的形狀。以燜、煨、燒、燉等火力小，加熱時間長，湯汁多的烹調方法烹製菜餚時，材料宜切成厚度較大的形狀。

④切配主副材料時，以形狀協調為原則，同時副材料應稍小於主材料。

⑤善加利用材料，切勿浪費。經刀工處理的各種材料，一般最常用的形狀有塊、條、丁、片、絲、粒、茸、末……。

【丁、粒、末】

丁塊較小，由條切成，大小依據條之粗度。丁的形狀可分為小方丁、橄欖丁、菱角丁、手指丁…等。粒比丁更小，由絲切成，大小如米粒。末比粒更小，大小如粟或芝麻，多由丁或粒切成。

【茸、泥】

茸與泥近似，但用手觸捏有細碎狀，感覺到極細的顆粒感，如蒜蓉、雞茸。泥用手觸捏則細滑而黏，如肉泥、蝦泥、魚泥，故泥比茸細。材料剁成茸泥之前，須先去筋、去皮。

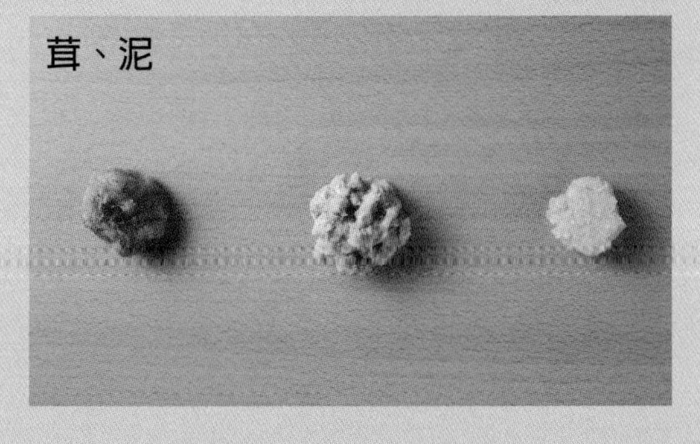

（2）火候基本要求：火候包含口感的軟、硬、酥、脆…等，一般烹調習慣上，將火力的大小，分四級：

①大火：大火又稱旺火、強火、急火、武火，一般用於須快速烹調的菜餚，以保持材料的柔軟，如汆、炒、爆、…等。

②中：中火又稱文武火，一般用於燒、煮…等。

③小火：小火又稱弱火、文火，用於緩慢加熱的烹調方法，使菜餚軟而入味，適用於在煎、貼、…等。

④微火：用於長時間燉煮的烹調法，材料即使被煮成快要溶化狀，也能保持香氣及味道，適用於燜、煨、燉…等。

（3）調味基本要求：常見的調味如：鹹味、甜味、酸味、辣味、香味、鮮味、苦味、糖醋、椒鹽、咖哩、沙茶、茄汁、麻辣、魚香、香糟、怪味、五味等，尚有許多常見的調味方法，不再贅述。調味應適當，不宜添加過量的食品添加物如味精、鹼（小蘇打、蘇打）、素肉精、素高鮮湯（塊、粉）、香菇精…等。

（4）其他注意事項有下列現象者，在取量、刀工、火候、調味、觀感各項的評審分數會很差。

①未能切合題意

- 材料取用不對，如：青椒炒干絲無青椒；咖哩南瓜片無咖哩；豆包炒麵只有白麵加醬油炒。
- 刀工不符要求，如：要絲切條；要片切絲；要塊切片；要末切粒。
- 作法不符題意，如：要燴作炒；要煸作炒；要羹作湯；要炸作煎；要溜作燴。
- 調味不符要求，如：糖醋，做得不甜不酸；要麻辣，做得不麻不辣；要麻油，做得無麻油味。

②不能食用，無法販售，不具商業價值

- 帶苦味、青臭味、腥臭味、焦味、糊味、生味、無味、太鹹。
- 太油膩。
- 外熟內生。
- 過於黏稠、糊爛。
- 外觀極為不雅（似餿水、糞土、涕液、膿痰狀，或燒焦…等）。
- 以配菜用具（如配菜盤、碗）裝盤上菜。

（四）其他事項

1. 未及備載之違規事項，依三位技術監評人員研商決議處理。
2. 其他規定：現場說明。

五、評審表

(一) 衛生成績評審表

監評用

中餐烹調乙級技術士技能檢定術科測試衛生成績評審表

應檢人姓名：　　　　應檢日期：　　年　　月　　日

准考證號碼：　　　　檢 定 場：

衛生成績：＿＿＿＿＿＿分　　　　場次及工作檯：

扣分原因：

一般	1□ 2□ 3□ 4□ 5□ 6□ 7□ 8□
A	1□ 2□
B	1□ 2□ 3□ 4□ 5□ 6①□ 6②□ 6③□ 6④□ 6⑤□ 7□ 8□ 9□ 10□ 11□ 12□ 13□
C	1□ 2□ 3□ 4□ 5□ 6□
D	1□ 2□ 3□ 4□ 5□ 6□ 7□ 8□ 9□ 10□ 11①□ 11②□ 12□ 13□ 14□ 15□
E	1□ 2□ 3□ 4□ 5□
F	1□ 2□ 3□
G	1□ 2□ 3□ 4□

衛生監評人員簽名：＿＿＿＿＿＿＿＿

技術監評人員（依協調會責任分工者）簽名：＿＿＿＿＿＿＿＿

（請勿於測試結束前先行簽名）

（二）成品評審表

監評用

中餐烹調乙級技術士技能檢定術科測試成品評審表

應檢人姓名：　　　　　　　　　　　　應檢日期：　　年　　月　　日

准考證號碼：　　　　　　　　　　　　檢 定 場：

成品成績：　　　　　　　　　　　　　場次及工作檯：

評分標準	項目								
	觀感	滿分分數	25	25	25	25	25	25	25
		實得分數							
	取量	滿分分數	10	10	10	10	10	10	10
		實得分數							
	加工	滿分分數	20	20	20	20	20	20	20
		實得分數							
	火候	滿分分數	25	25	25	25	25	25	25
		實得分數							
	調味	滿分分數	20	20	20	20	20	20	20
		實得分數							
實得分數		小計							
總分									

評審須知：

1. 7道菜，每道菜個別計分，各以100分為滿分，7道菜總分未達420分者不及格。
2. 材料的選用與作法，必須切合題意。
3. 作法錯誤的菜餚在刀工、火候、調味、觀感扣分；取量仍予計分。
4. 調味包含口感 —— 軟、硬、酥、脆……。觀感包含排盤裝飾。取量包含取材。刀工包括製備過程如抽腸泥、去外皮、根、內膜、種子、內臟、洗滌……。
5. 評分分級表

配分	很差	差	稍差	可	稍好	好	很好
滿分分數10	3	4	5	6	7	8	9
滿分分數20	6	8	10	12	14	16	18
滿分分數25	8	10	12	15	18	20	22

6. 未完成者、重做者不予計分。
7. 不予計分原因：＿＿＿＿＿＿＿＿＿＿＿＿＿＿＿＿
8. 技術監評人員簽名：＿＿＿＿＿＿、＿＿＿＿＿＿、＿＿＿＿＿＿

（請勿於測試結束前先行簽名）

（三）過程紀錄表

中餐烹調乙級技術士技能檢定術科測試過程記錄表

日期：　　年　　月　　日　考場：＿＿＿場次：＿＿＿

應檢人編號 菜餚名稱	1	2	3	4	5	6	7	8	9	10	11	12

註：1. 本表所評字句與前表（評審表上的參考評分等級）用字與給分要一致。
2. 記錄內容應詳實具體，例如「稍差」須註明哪一條，不得只寫「稍差」二字，其餘依此類推。
3. 此表格請檢定場自行影印成A3大小。

技術監評人員簽名：＿＿＿＿＿＿＿、＿＿＿＿＿＿＿、＿＿＿＿＿＿＿
（請勿於測試結束前先行簽名）

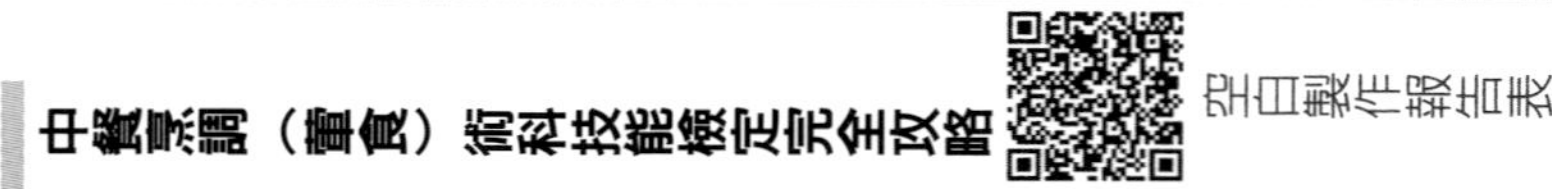

（四）製作報告表

考生用

中餐烹調乙級技術士技能檢定術科測試製作報告表

應檢人姓名：　　　　應檢日期：　　年　　月　　日

准考證號碼：　　　　檢 定 場：

場次及工作檯：

範例	項	目	第一道菜	第二道菜	第三道菜	第四道菜	第五道菜	第六道菜	第七道菜
百頁豆腐梅干菜	菜名	評分標準							
百頁豆腐、梅干菜	主材料	10 %							
青江菜	副材料	5 %							
鹽、醬油、糖、酒	調味料	5 %							
百頁豆腐：煮→洗→泡→炸→蒸→扣→淋芡汁	作法（重點過程）	20 %							
百頁豆腐：切片 梅干菜：切末	刀工	20 %							
炸：中火　蒸：大火	火力	20 %							
鹹味	調味重點	10 %							
青江菜圍邊	盤飾	10 %							

1. 盤飾部分，若認為有，則簡略註明排法，若認為沒有必要，則寫〝無〞。
2. 每道菜個別計分（含製作報告及成品成績），每道菜（製作報告、成品成績）各以100分為滿分， 7道菜其中製作報告或成品成績總成績，一項未達420分者，以不及格計。
3. 製作報告以於實作前填寫為宜，並於測試結束前繳交，但亦可在實作時間內完成，若實作與製作報告不符，仍以三位以上之監評人員記錄判定，報告表仍依其填寫內容計分。
4. 本製作報告表須加蓋檢定場戳章及日期章後分發應檢人現場寫，方為有效試卷。

技術監評人員簽名：＿＿＿＿＿＿、＿＿＿＿＿＿、＿＿＿＿＿＿

（五）評審總表

監評用

中餐烹調乙級技術士技能檢定術科測試評審表

應檢人姓名：　　　　　　　　應檢日期：　　年　　月　　日

准考證號碼：　　　　　　　　檢 定 場：

　　　　　　　　　　　　　　場次及工作檯：

評　分　總　表		
項　　目	及 格 成 績	實 得 成 績
衛 生 成 績	60分	分
製 作 報 告	420分	分
成 品 成 績	420分	分
及　　格		
不 及 格		

1. 每道菜個別計分（含製作報告及成品成績），每道菜（製作報告、成品成績）各以100分為滿分，7道菜其中製作報告或成品成績總成績，一項未達420分者，以不及格計。
2. 衛生項目評分標準100分，成績未達60分者，以不及格計。
3. 成品成績，製作報告成績或衛生成績，任一項未達及格標準，總成績以不及格計。
4. 不予計分原因：

監 評 長 簽名：________________

監評人員簽名：________________

____

（請勿於測試結束前先行簽名）

六、術科試題總表

試題編號：07602-910201（簡稱 201）

主材料／組別	牛肉	黃魚	魷魚	小黃瓜(涼拌菜)	芥菜	腰果	春捲
A 組	蒸牛肉丸	煙燻黃魚	五柳魷魚	糖醋佛手黃瓜	白果燴芥菜	掛霜腰果	炸韮菜春捲
B 組	酸菜炒牛肉絲	松鼠黃魚	白果炒魷魚	涼拌佛手黃瓜	金銀蛋扒芥菜	掛霜腰果	炸肉絲春捲
C 組	炒牛肉鬆	拆燴黃魚羹	椒鹽魷魚	麻辣佛手黃瓜	金菇扒芥菜	掛霜腰果	炸牡蠣春捲
D 組	煎牛肉餅	酥炸黃魚條	彩椒炒魷魚	酸辣黃瓜條	三菇燴芥菜	掛霜腰果	炸韮黃春捲
E 組	彩椒滑牛肉片	蒜子燒黃魚	西芹炒魷魚	廣東泡菜	竹笙燴芥菜	掛霜腰果	炸素菜春捲

備註：

1. 黃魚除「拆燴黃魚羹」外，應保留魚頭、魚尾排列成全魚形狀。
2. 「魷魚」類刀工為花刀。
3. 小黃瓜涼拌菜可切割完後再作減菌清洗處理，生拌熟拌皆可；切佛手時，必須長段四刀直切呈五等長之指狀且不能斷裂。
4. 「金銀蛋扒芥菜」以鹹蛋、皮蛋、芥菜為材料。
5. 「掛霜腰果」意為腰果外裹糖霜。
6. 春捲內容物須使用三種以上之材料製作。
7. 夏季如芥菜缺貨，才可用澎湖絲瓜（約700～800公克）替代。

試題編號：07602-910202（簡稱 202）

主材料／組別	蝦仁	豬小排	全雞	墨魚	包心菜	蛋皮蔬菜捲	水餃皮
A組	炸杏片蝦球	粉蒸小排骨	蔥油雞	宮保墨魚捲	佛手白菜	三絲蛋皮捲	鮮肉水餃
B組	椒鹽蝦球	京都排骨	人參枸杞醉雞	家常墨魚捲	香菇白菜膽	高麗菜蛋皮捲	花素煎餃
C組	蝦丸蔬片湯	豉汁小排骨	玉樹上湯雞	金鉤墨魚絲	什錦白菜捲	豆芽菜蛋皮捲	香煎餃子
D組	時蔬燴蝦丸	蔥串排骨	燻雞	芫爆墨魚捲	銀杏白菜膽	韮黃蛋皮捲	蝦仁水餃
E組	三絲蝦球	紅燒排骨	家鄉屈雞	蔥油灼墨魚片	千層白菜	冬粉蛋皮捲	高麗菜水餃

備註：

1. 「粉蒸小排骨」須以小南瓜為盛具，其邊緣應修整之，成品的小南瓜為可食用。
2. 「全雞」類，雞均須去大骨切件排盤（可生或熟去骨）。「玉樹上湯雞」為雞調味蒸熱（可生或熟去骨），排盤後，再以芥蘭菜圍邊，雞湯勾薄芡淋上。
3. 「蔬菜蛋皮捲」類之蔬菜須使用三種以上之素菜為材料製作。

試題編號：07602-910203（簡稱 203）

主材料／組別	豬肉	鱸魚	雞	蝦	菇類	芥菜	芋頭
A組	滑豬肉片	五柳鱸魚	蒸一品雞排	威化香蕉蝦捲	洋菇海皇羹	干貝燴芥菜	八寶芋泥
B組	炒豬肉鬆	鱸魚兩吃	油淋去骨雞	百花豆腐	鮮菇三層樓	蟹肉燴芥菜	芋泥西米露
C組	蒸豬肉丸	松鼠鱸魚	香橙燒雞排	紫菜沙拉蝦捲	珍菇翡翠芙蓉羹	香菇燴芥菜	蛋黃芋棗
D組	乾炸豬肉丸	鱸魚羹	百花釀雞腿	蘋果蝦鬆	鮑菇燒白菜	蜊肉燴芥菜	紅心芋泥
E組	煎豬肉餅	麒麟蒸魚	八寶封雞腿	果律蝦球	碧綠雙味菇	芥菜鹹蛋湯	豆沙芋棗

備註：

1. 「蒸豬肉丸」其內須添加澱粉及蔬菜。
2. 「鱸魚」類須去大骨，再依題意製作烹調。「五柳鱸魚」、「松鼠鱸魚」、「麒麟蒸魚」成品應保留魚頭、魚尾排列成全魚形狀。
3. 「蒸一品雞排」、「油淋去骨雞」、「百花釀雞腿」、「八寶封雞腿」、「蒸豬肉丸」均須以蔬果做為盤飾。
4. 蝦須為帶殼蝦，經剝殼、挑沙、去筋再製作；「威化香蕉蝦捲」以威化紙包捲已燙熟之蝦仁及香蕉。「紫菜沙拉蝦捲」以紫菜皮包捲已燙熟之蝦仁及其他配料後再製作。「果律蝦球」為整尾蝦燙熟成球狀後，另以什錦水果切丁（水果切割應先減菌清洗處理後才以衛生手法作切割），運用果泥、煉乳及蛋黃醬調和再與蝦球拌勻。
5. 菇類用鮑魚菇、洋菇、秀珍菇等均為新鮮食材。「鮑菇燒白菜」須盤飾，「碧綠雙味菇」各以二種不同菇類為材料製作，並用盤飾區隔之。「鮮菇三層樓」以鮮菇及三種以上不同顏色蔬果組合，排列重疊成扇形狀（排列合計為三層或三層以上），淋上芡汁。
6. 八寶意為多寶，不一定要八種料全上，排列美感為其重點。
7. 夏季如芥菜缺貨，才可用澎湖絲瓜（約700～800公克）替代。

七、術科材料表

試題編號：07602-910201（簡稱 201）

公共區材料區以外的的材料，放置於考生工作檯。

項目	材料	規格	單位	數量	備註
1	牛後腿肉		公克	300	—
2	黃魚	未刮鱗、未去除內臟，約600g	尾	1	—
3	魷魚		公克	300	—
4	豬赤肉		公克	80	—
5	牡蠣		公克	150	—
6	芥菜心	完整約400g（含）以上	個	1	—
7	大黃瓜	半條，200g（含）以上	公克	200	—
8	小黃瓜	粗細均勻勿彎曲，約300g（含）以上	條	5	—
9	春捲皮		張	8	須以塑膠袋完整包覆。
10	腰果		公克	250	—
11	馬蹄	荸薺，約60g（含）以上	粒	6	—
12	綠豆芽		公克	75	—
13	青椒		公克	40	—
14	紅甜椒		公克	40	—
15	黃甜椒		公克	40	—
16	韮菜		公克	40	—
17	韮黃		公克	40	—
18	酸菜心		公克	150	—
19	筍		公克	300	新鮮帶殼鮮筍，亦可以罐頭製品代替，但不可帶酸味。
20	胡蘿蔔	中1條	公克	200	—
21	白蘿蔔		公克	150	—
22	洋蔥	約100g（含）以上	粒	1/2	—
23	西芹		公克	400	—
24	西生菜	葉片6大片以上	粒	1	—
25	洋菇	約40g（含）以上	粒	6	—
26	金針菇		公克	150	無生鮮材料，可用罐頭製品。
27	香菜		公克	30	—
28	燒賣皮	小黃皮	張	8	—
29	盒裝豆腐		盒	1/2	—
30	乾香菇		公克	20	—
31	乾木耳		公克	15	—
32	白果		公克	50	罐頭製品。
33	竹笙		公克	40	—
34	陳皮		片	1	—
35	雞蛋		個	2	—
36	鹹蛋	熟	個	1	—
37	皮蛋		個	1	—
38	柳丁		粒	2	—
39	檸檬		粒	2	—
41	蔥	約90g（含）以上	支	6	—
42	嫩薑		公克	75	—

續下頁

承上頁

<table>
<tr><th colspan="2">項目</th><th>材料</th><th>規格</th><th>單位</th><th>數量</th><th>備註</th></tr>
<tr><td colspan="2">43</td><td>蒜頭</td><td></td><td>粒</td><td>15</td><td>—</td></tr>
<tr><td colspan="2">44</td><td>紅辣椒</td><td>大支，約20g（含）以上</td><td>支</td><td>3</td><td>—</td></tr>
<tr><td colspan="2">45</td><td>白醋</td><td></td><td>公克</td><td>100</td><td>—</td></tr>
<tr><td colspan="2">46</td><td>烹調油</td><td></td><td>公克</td><td>1500</td><td>沙拉油、橄欖油、葵花油、玉米油皆可，並備有乾淨回鍋油。</td></tr>
<tr><td colspan="2">47</td><td>香油</td><td></td><td>公克</td><td>50</td><td>—</td></tr>
<tr><td colspan="2">48</td><td>米酒</td><td></td><td>公克</td><td>100</td><td>—</td></tr>
<tr><td colspan="2">49</td><td>鹽</td><td></td><td>公克</td><td>75</td><td>—</td></tr>
<tr><td colspan="2">50</td><td>糖</td><td></td><td>公克</td><td>600</td><td>—</td></tr>
<tr><td colspan="2">51</td><td>味精</td><td></td><td>公克</td><td>15</td><td>—</td></tr>
<tr><td colspan="2">52</td><td>醬油</td><td></td><td>公克</td><td>300</td><td>—</td></tr>
<tr><td colspan="2">53</td><td>花椒</td><td></td><td>粒</td><td>10</td><td>—</td></tr>
<tr><td colspan="2">54</td><td>紅茶葉</td><td></td><td>公克</td><td>40</td><td>—</td></tr>
<tr><td rowspan="11">公共材料區</td><td>55</td><td>麵粉</td><td></td><td>公克</td><td>300</td><td>序號55～65材料，置放於公共材料區。</td></tr>
<tr><td>56</td><td>太白粉</td><td></td><td>公克</td><td>300</td><td>—</td></tr>
<tr><td>57</td><td>地瓜粉</td><td></td><td>公克</td><td>100</td><td>—</td></tr>
<tr><td>58</td><td>五香粉</td><td></td><td>公克</td><td>10</td><td>—</td></tr>
<tr><td>59</td><td>白胡椒粉</td><td></td><td>公克</td><td>5</td><td>—</td></tr>
<tr><td>60</td><td>泡打粉</td><td></td><td>公克</td><td>15</td><td>—</td></tr>
<tr><td>61</td><td>辣豆瓣醬</td><td></td><td>公克</td><td>150</td><td>—</td></tr>
<tr><td>62</td><td>番茄醬</td><td></td><td>公克</td><td>150</td><td>—</td></tr>
<tr><td>63</td><td>黑醋</td><td></td><td>公克</td><td>20</td><td>—</td></tr>
<tr><td>64</td><td>辣油</td><td></td><td>公克</td><td>15</td><td>—</td></tr>
<tr><td>65</td><td>紅（黑）糖</td><td></td><td>公克</td><td>20</td><td>—</td></tr>
<tr><td colspan="2">66</td><td>芹菜</td><td></td><td>公克</td><td>20</td><td>—</td></tr>
</table>

備註：夏季如芥菜缺貨，才可用澎湖絲瓜（約700～800公克）替代。

試題編號：07602-910202（簡稱 202）

公共區材料區以外的的材料，放置於考生工作檯。

項目	材料	規格	單位	數量	備註
1	蝦仁	中型	公克	450	—
2	墨魚		公克	300	—
3	豬小排		公克	600	蔥串排骨須為圓骨。
4	豬胛心肉		公克	300	—
5	肥肉	白膘	公克	80	—
6	雞	光雞，約900g（含）以上	隻	1	—
7	大白菜	約600g（含）以上	顆	1	—
8	雞蛋		顆	8	—
9	水餃皮		張	15	須以塑膠袋完整包覆。
10	高麗菜		公克	200	—
11	馬蹄	荸薺	公克	40	—
12	綠豆芽		公克	120	C組須250公克。
13	韮黃		公克	80	—
14	青江菜		公克	200	—
15	芥蘭菜		公克	200	—
16	西芹		公克	300	2單支即可。
17	芹菜		公克	100	—
18	香菜		公克	50	D組須發100公克。
19	大黃瓜	半條，200g（含）以上	公克	200	—
20	筍		公克	300	無生鮮材料，可用罐頭製品，但不可帶酸味。
21	胡蘿蔔	中1條	公克	200	—
22	小南瓜	400公克以上	個	1	—
23	冬粉	約30g（含）以上	束	1	—
24	白果		公克	50	罐頭製品。
25	乾香菇		公克	20	—
26	五香豆乾		公克	75	—
27	柳丁		顆	2	—
28	檸檬		顆	2	—
30	杏仁片		公克	80	—
31	乾木耳		公克	15	E組須發25公克。
32	乾金針		公克	15	—
33	開陽		公克	10	—
34	參鬚		根	3	—
35	枸杞		粒	10	—
36	紅棗		粒	6	—
37	蔥	約150g（含）以上	支	9	—
38	嫩薑		公克	75	—
39	蒜頭		粒	10	—
40	紅辣椒	大支，約20g（含）以上	支	3	—
41	乾辣椒		公克	8	—
42	蒸肉粉		公克	80	—
43	烹調油		公克	1500	沙拉油、橄欖油、葵花油、玉米油皆可，並備有乾淨回鍋油。
44	醬油		公克	300	—
45	香油		公克	50	—
46	米酒		公克	100	—

續下頁

承上頁

項目		材料	規格	單位	數量	備註
47		鹽		公克	20	—
48		糖		公克	150	—
49		味精		公克	15	—
50		白醋		公克	30	—
51		豆豉		公克	30	—
公共材料區	52	八角		粒	2	序號52～64材料，置放於公共材料區。
	53	花椒		粒	10	—
	54	紅茶葉		公克	30	—
	55	太白粉		公克	150	—
	56	麵粉		公克	80	—
	57	五香粉		公克	5	—
	58	白胡椒粉		公克	10	—
	59	辣豆瓣醬		公克	40	—
	60	番茄醬		公克	150	—
	61	蠔油		公克	75	—
	62	紹興酒		公克	50	—
	63	甜麵醬		公克	75	—
	64	辣醬油		公克	75	—

試題編號：07602-910203（簡稱 203）

公共區材料區以外的的材料，放置於考生工作檯。

項目	材料	規格	單位	數量	備註
1	豬肉	豬後腿肉	公克	450	—
2	鱸魚	未刮鱗、未去內臟，約600g（含）以上	尾	1	—
3	蝦	整隻蝦不去殼	公克	450	—
4	蟹腿肉		公克	75	—
5	雞股腿	2支以上	公克	450	E組應發3支清雞腿或雞股腿。
6	雞蛋		粒	3	C組須發6粒以上。
7	蝌肉		公克	40	—
8	肥肉	白膘	公克	20	—
9	洋火腿		公克	40	—
10	乾木耳		公克	15	—
11	紅蘿蔔	中1條	公克	200	—
12	筍		公克	300	新鮮帶殼筍，亦可以罐頭製品代替。
13	青椒		公克	60	—
14	小黃瓜	1條以上	公克	60	—
15	大黃瓜	帶皮黃瓜半條，約200g（含）以上	公克	350	—
16	芥菜心	完整約400g（含）以上	個	1	—
18	西生菜		公克	300	—
19	青江菜		公克	300	E組須發400公克。
20	大白菜	約600g（含）以上	顆	1	—
21	蘆筍		公克	100	—
22	芹菜		公克	20	—
23	芋頭	約600g（含）以上	粒	1	—
24	馬蹄	荸薺	公克	40	—
25	金針菇		公克	60	—
26	鮑魚菇		公克	150	—
27	秀珍菇		公克	100	—
28	洋菇		公克	150	—
29	豆腐	盒裝豆腐300g（含）以上	盒	1	—
30	嫩薑		公克	75	—
31	青蔥	約60g（含）以上	支	4	—
32	蒜頭		公克	30	—
33	紅辣椒	大支紅辣椒3支	公克	30	—
34	奇異果		粒	3	—
35	柳丁		粒	2	C組須發4粒。
36	蘋果	每粒約100g（含）以上	粒	3	—
38	香蕉	每支約150g（含）以上	支	1	—
39	鳳梨罐	完整圓片5片	罐	1/2	—
40	哈蜜瓜	約300g（含）以上	個	1/4	—
41	乾米粉	細條	公克	20	—
42	乾香菇		公克	20	C組須發10朵以上。
43	干貝	約20g（含）以上	粒	2	—
44	枸杞子		公克	5	—
45	紅豆沙		公克	120	無油紅豆沙。

續下頁

承上頁

	項目	材料	規格	單位	數量	備註
	46	杏仁角		公克	80	—
	47	西谷米		公克	60	—
	48	甘納豆		公克	20	序號48～55發四種以上即可。
	49	金棗		公克	20	—
	50	紅棗		公克	30	必發
	51	葡萄干		公克	30	必發
	52	黑棗		公克	20	—
	53	鳳梨蜜餞		公克	20	—
	54	冬瓜糖	冬瓜條	公克	20	必發
	55	糖蓮子		公克	20	罐頭製品，必發。
	56	鹹蛋黃		粒	3	—
	57	生鹹蛋		個	2	—
	58	紫菜	捲壽司用	張	4	須以塑膠袋完整包覆。
	59	威化紙		張	10	須以塑膠袋完整包覆。
	60	長糯米		公克	80	—
	61	烹調油		公克	1500	沙拉油、葵花油、橄欖油、玉米油皆可，並備有乾淨回鍋油。
	62	香油		公克	30	—
	63	醬油		公克	100	—
	64	米酒		公克	30	—
	65	糖		公克	150	—
	66	鹽		公克	30	—
	67	低筋麵粉		公克	80	—
	68	太白粉		公克	100	—
	69	白胡椒粉		公克	3	—
公共材料區	70	蛋黃醬	沙拉醬	公克	40	序號70至81材料，置放於公共材料區。
	71	番茄醬		公克	50	—
	72	椰漿		公克	150	—
	73	辣醬油		公克	30	—
	74	黑醋		公克	50	—
	75	蝦米		公克	5	—
	76	花椒粉		公克	10	—
	77	紅蔥頭		粒	1	—
	78	泡達粉		公克	10	—
	79	味精		公克	15	—
	80	蠔油		公克	15	—
	81	麻油		公克	15	—

備註：夏季如芥菜缺貨，才可用澎湖絲瓜（約700～800公克）替代。

Unit 貳 菜餚盤飾技巧

根據衛生評審標準，生鮮盤飾應進行減菌處理，其方式分別是以飲用水洗滌或燙煮，一般較爲保險的作法是以滾水燙煮 5 秒，再泡入冷開水中降溫，以保持盤飾食材的色澤。常見的盤飾食材有青江菜、大黃瓜、小黃瓜、紅蘿蔔、辣椒、檸檬，通常以切成各種造型片作爲菜餚的妝點，如：月牙片、圓片、水花片⋯等。以點綴、圍邊與分隔三種方式呈現，點綴的方式較易操作，將盤飾食材排列於盤內的某一側或某幾點；圍邊須特別留意整齊度，將盤飾食材順著盤子的形狀排列；分隔則須符合菜餚題意，以盤飾食材將盤子劃分出幾個部分。

菜餚盤飾參考圖

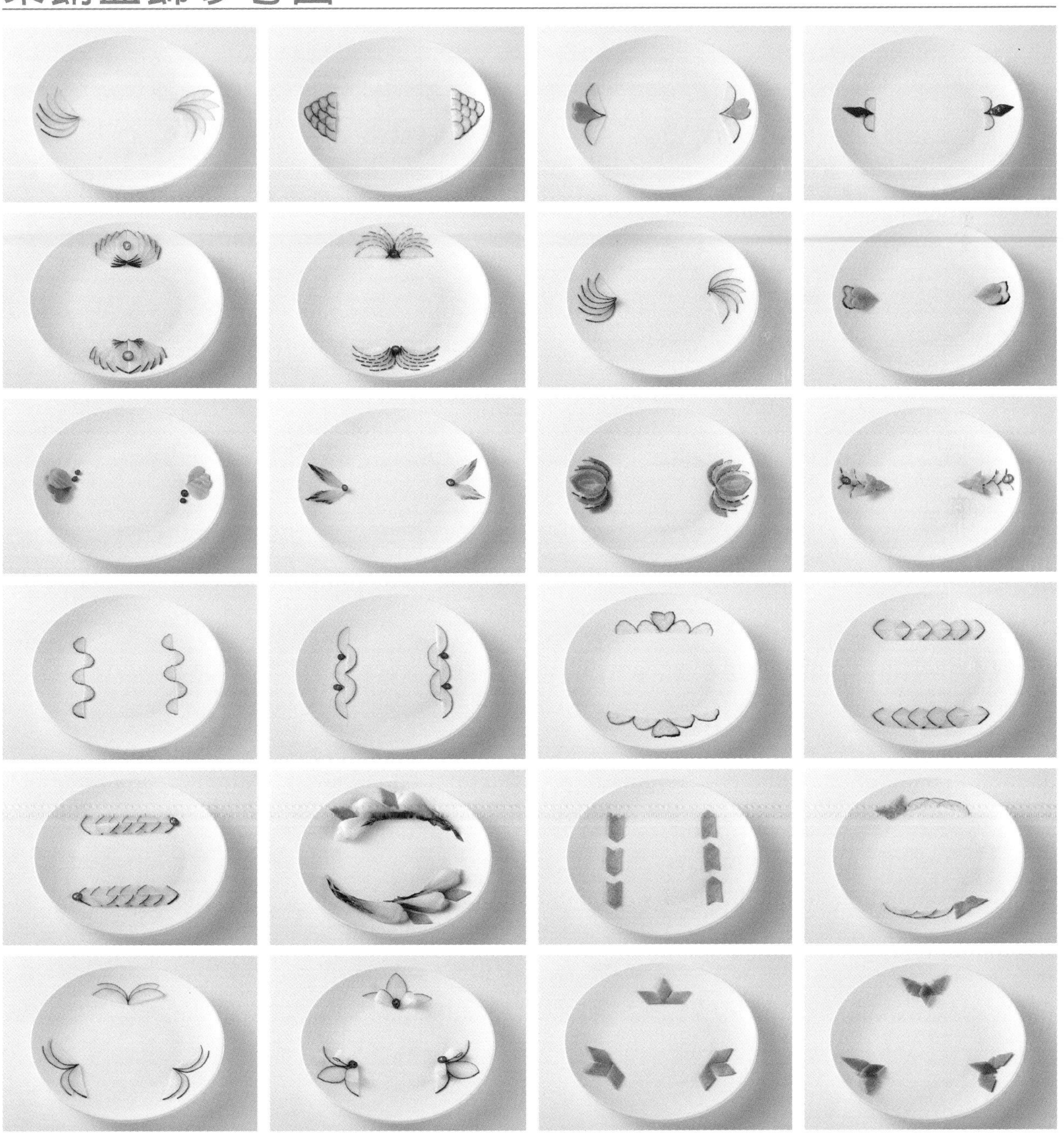

續下頁

承上頁

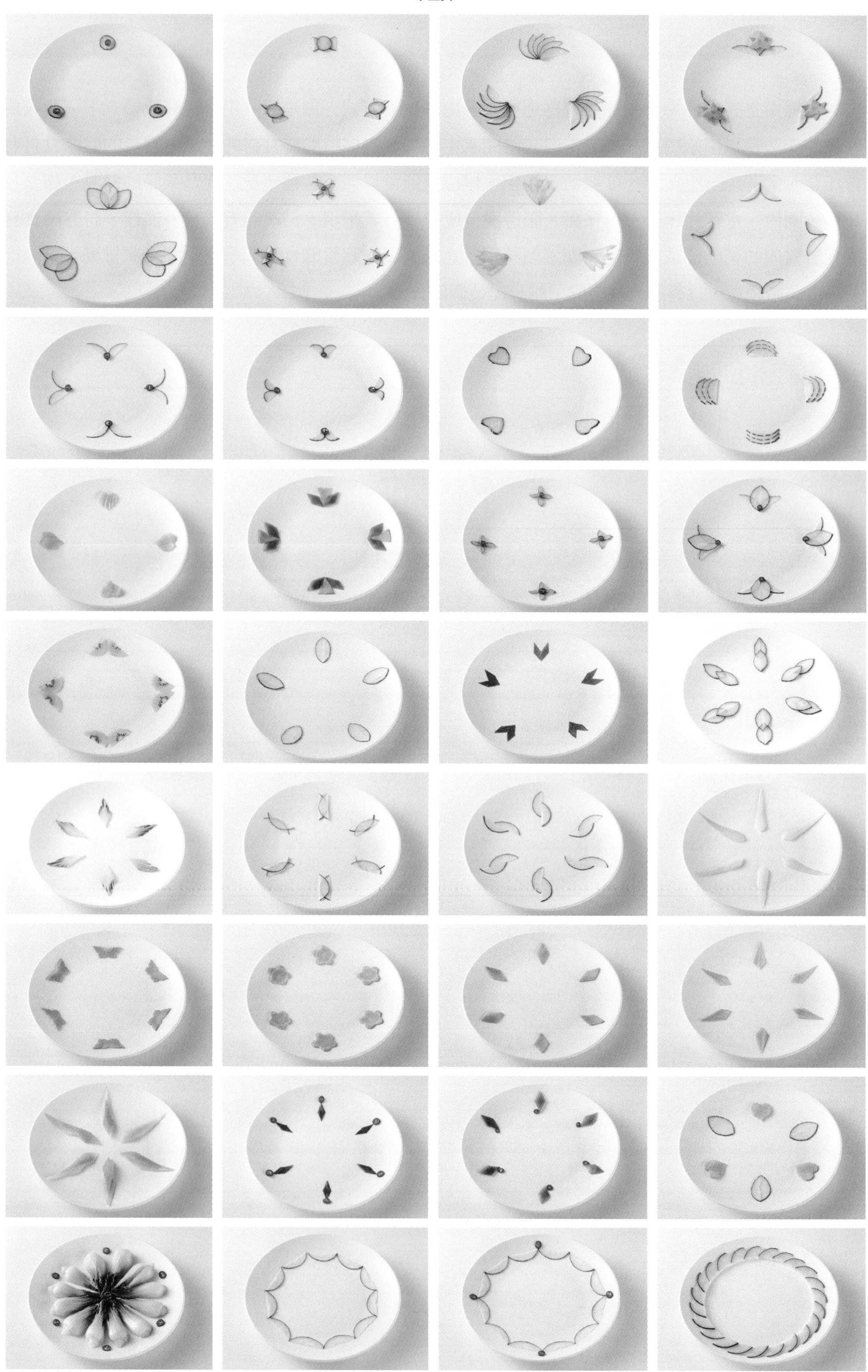

續下頁

承上頁

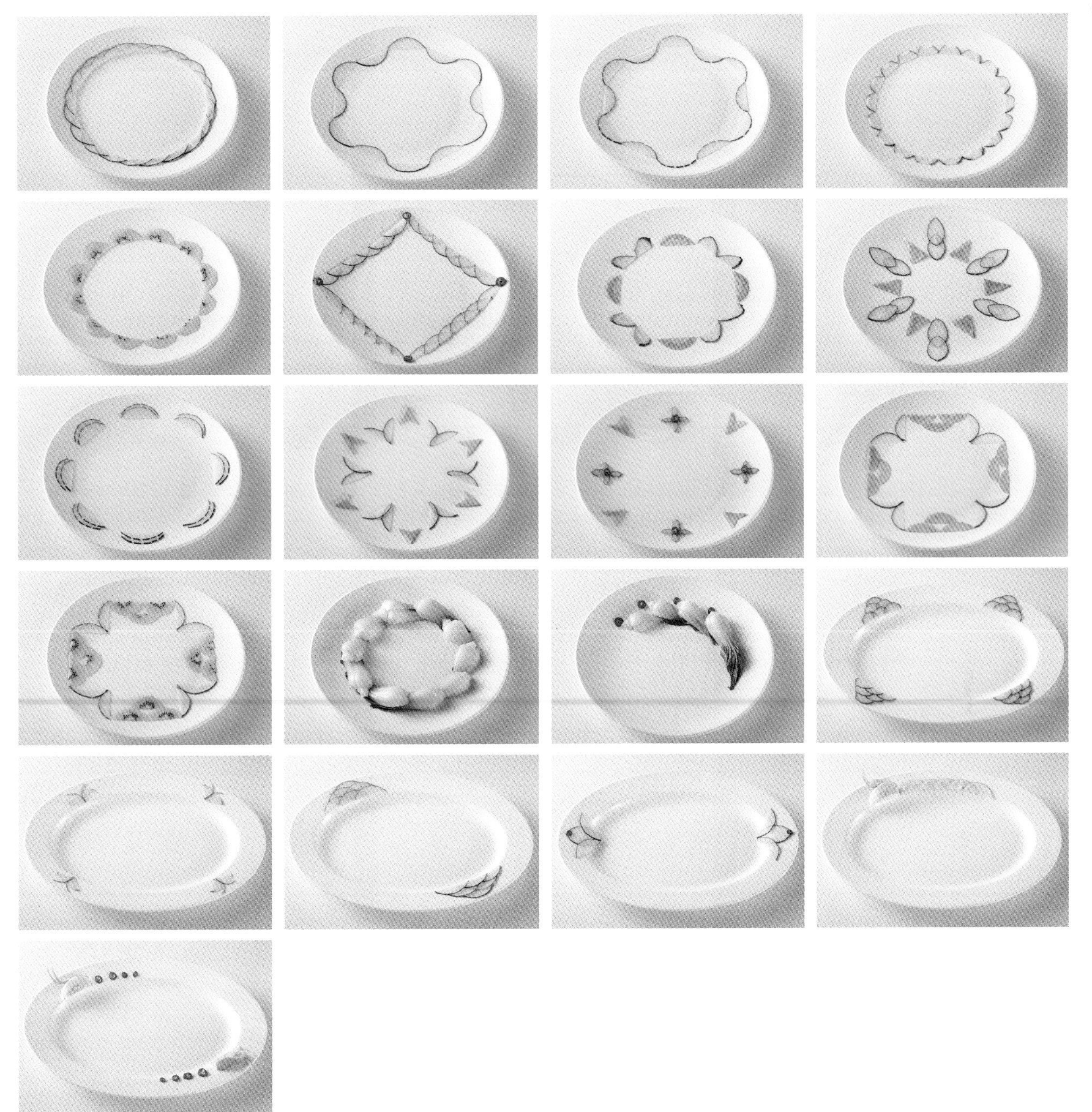

201 題組

201 試題總表

組別 主材料	A組	B組	C組	D組	E組
牛肉	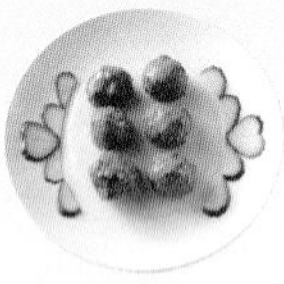 蒸牛肉丸(P.56)	 酸菜炒牛肉絲(P.72)	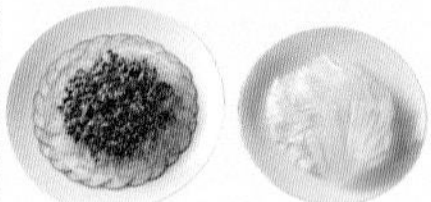 炒牛肉鬆(P.88)	 煎牛肉餅(P.104)	 彩椒滑牛肉片(P.120)
黃魚	 煙燻黃魚(P.58)	 松鼠黃魚(P.74)	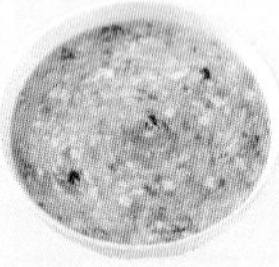 拆燴黃魚羹(P.90)	 酥炸黃魚條(P.106)	 蒜子燒黃魚(P.122)
魷魚	 五柳魷魚(P.60)	 白果炒魷魚(P.76)	 椒鹽魷魚(P.92)	 彩椒炒魷魚(P.108)	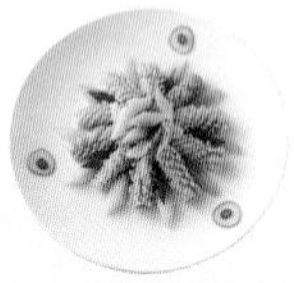 西芹炒魷魚(P.124)
小黃瓜 (涼拌菜)	 糖醋佛手黃瓜(P.62)	 涼拌佛手黃瓜(P.78)	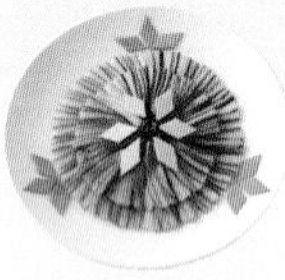 麻辣佛手黃瓜(P.94)	 酸辣黃瓜條(P.110)	 廣東泡菜(P.126)
芥菜	 白果燴芥菜(P.64)	 金銀蛋扒芥菜(P.80)	 金菇扒芥菜(P.96)	 三菇燴芥菜(P.112)	 竹笙燴芥菜(P.128)
腰果	 掛霜腰果(P.66)	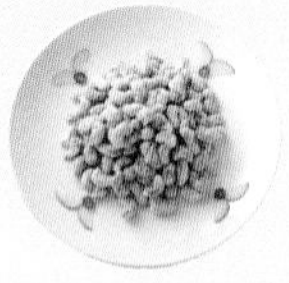 掛霜腰果(P.82)	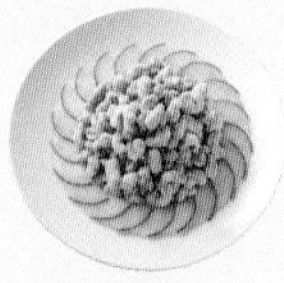 掛霜腰果(P.98)	 掛霜腰果(P.114)	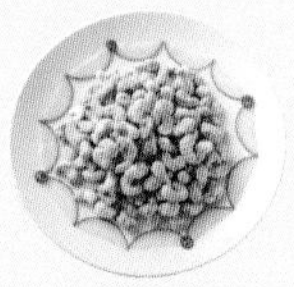 掛霜腰果(P.130)
春捲	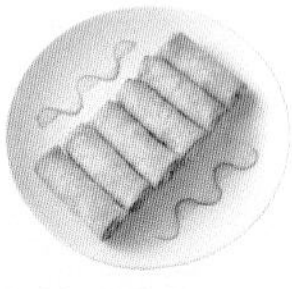 炸韮菜春捲(P.68)	 炸肉絲春捲(P.84)	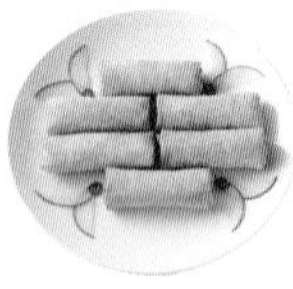 炸牡蠣春捲(P.100)	 炸韮黃春捲(P.116)	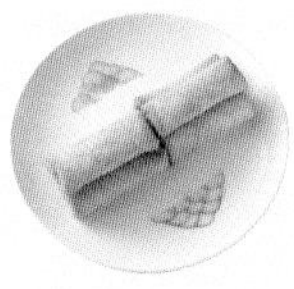 炸素菜春捲(P.132)

◎圖下側(P.○○○)為實作頁碼。

201 材料總表

本材料表為本書菜餚示範之食材用量，供練習採買時之參考，然而各食材的品質與使用耗損均有差異，建議可依此為基準，自行增減。檢定測試時，則視考場提供之材料妥善運用。

類別	名稱	A組	B組	C組	D組	E組
乾貨	腰果	250克	250克	250克	250克	250克
	乾香菇	−	2朵	4朵	3朵	2朵
	乾木耳	1片	−	−	−	−
	竹笙	−	−	−	−	40克
	紅茶葉	2大匙	−	−	−	−
	陳皮	2片	−	−	−	−
	花椒	−	−	2小匙	−	−
加工食品類（素）	春捲皮	8張	8張	8張	8張	8張
	涼筍	1/2顆	1/2顆	1/2顆	−	1/2顆
	白果	1/3罐	1/3罐	−	−	−
	酸菜心	−	120克	−	−	−
	燒賣皮（小黃皮）	−	−	10張	−	−
	盒裝豆腐	−	−	1/2盒	−	−
加工食品類（葷）	水發魷魚（半斤/條）	1條	1條	1條	1條	1條
	鹹蛋	−	1粒	−	−	−
	皮蛋	−	1粒	−	−	−
蔬果類	芥菜心	400克	400克	400克	400克	400克
	綠豆芽	60克	70克	70克	60克	80克
	紅蘿蔔	1條	1條	1條	1/2條	1條
	青椒	1/2顆	1/4顆		1/2顆	1/2顆
	小黃瓜	4條	4條	3條	4條	3條
	檸檬	1粒	−	−	1/2粒	−
	蔥	5支	3支	5支	3支	4支
	薑	120克	60克	80克	110克	80克
	蒜頭	2瓣	5瓣	6瓣	3瓣	10瓣
	紅辣椒	2支	4支	2支	2支	4支
	馬蹄	3粒	−	2粒	3粒	−
	韮菜	80克	−	40克	−	−
	韮黃	−	−	−	100克	−
	白蘿蔔	−	150克	−	−	200克
	大黃瓜	−	−	1/2條	−	1/2條
	洋蔥	−	1/4個	−	−	−
	紅甜椒	−	−	−	1/2個	1/2個
	黃甜椒	−	−	−	1/2個	1/2個
	洋菇	−	−	−	2朵	−
	西芹	−	−	−	−	3支
	西生菜	−	−	1/6個	−	−
	金針菇	−	−	1/2包	80克	−
	香菜	−	−	1株	−	−
牛羊肉	牛後腿肉	300克	300克	300克	300克	300克
豬肉	豬赤肉	80克	80克	−	80克	−
蛋類	雞蛋	−	−	1個	1個	−
水產類	黃魚（1斤/條）	1條	1條	1條	1條	1條
	牡蠣	−	−	150克	−	−

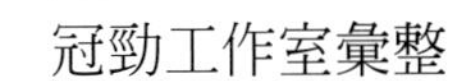
冠勁工作室彙整

201 食材刀工與菜餚塑型之技巧

一、食材刀工

黃魚前處理 <適用 201A-2 煙燻黃魚、201E-2 蒜子燒黃魚>

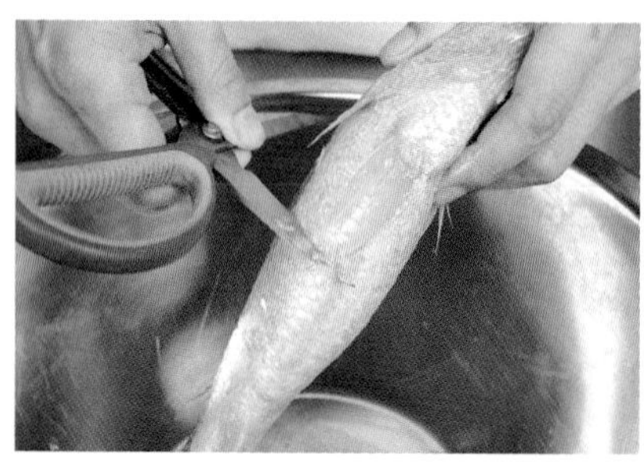

1 以刮鱗刀將魚鱗刮除乾淨，細微處可利用剪刀徹底刮除乾淨

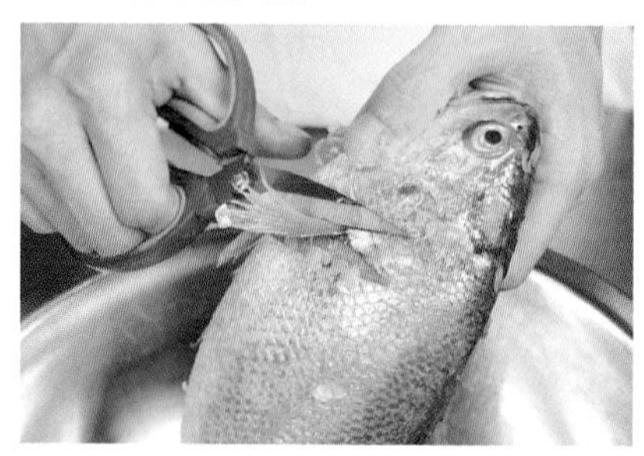

2 剪除胸鰭

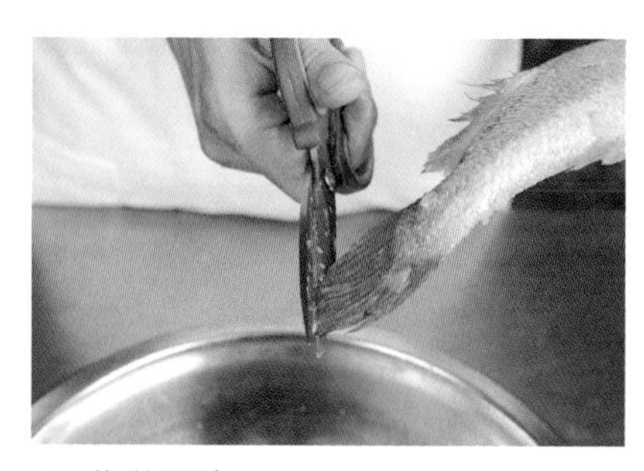

3 修剪尾鰭

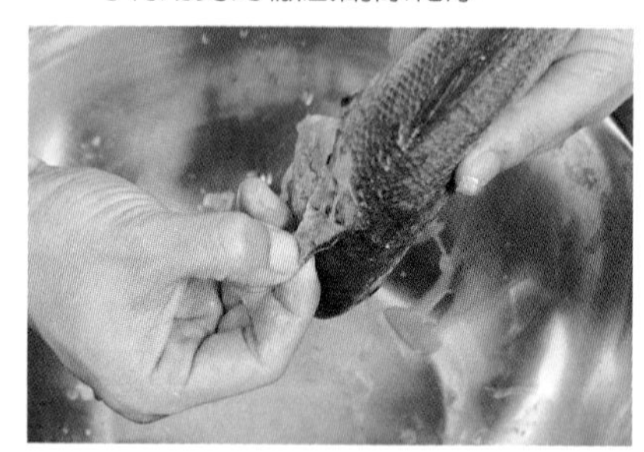

4 以手撕除魚頭的頭皮

5 魚頭頭皮撕好

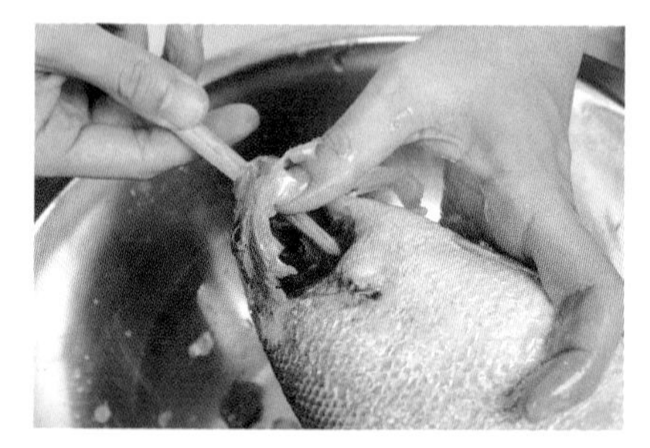

6 以長竹筷穿繞魚鰓兩側

7 將長竹筷穿入內臟，以同方向轉動

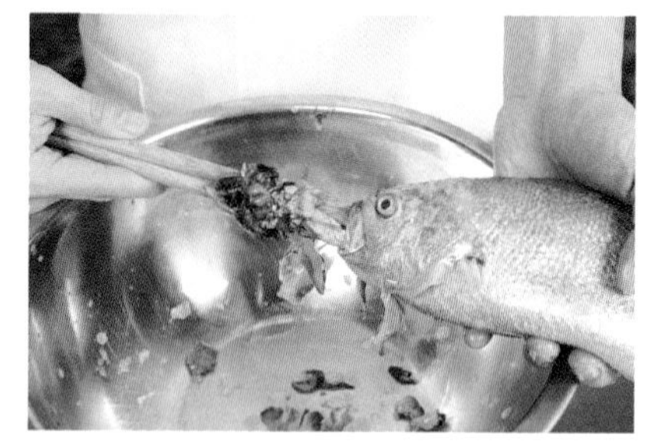

8 再將長竹筷抽出

9 沖洗乾淨

注意事項

黃魚頭皮撕除，魚頭骨呈蜂窩狀，將附著上方的腥味黏液洗淨。黃魚肚肉質薄，魚肉又易碎散。因此採不剖肚以長筷轉出內臟，較能保持成品完整性。因不剖肚，須注意確實將魚肚內臟清除乾淨，以免被扣衛生分數。

松鼠黃魚 <適用 201B-2 松鼠黃魚>

1 黃魚殺清洗淨，從魚頭部斜切開一刀至中骨

2 另一邊也斜切一刀至中骨

3 以剪刀剪除魚頭

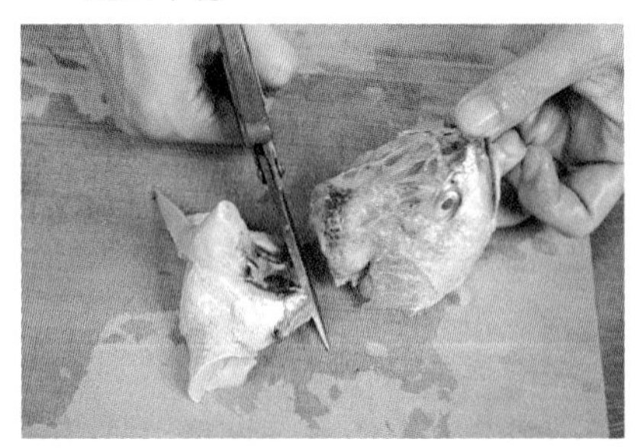

4 將魚下巴剪除

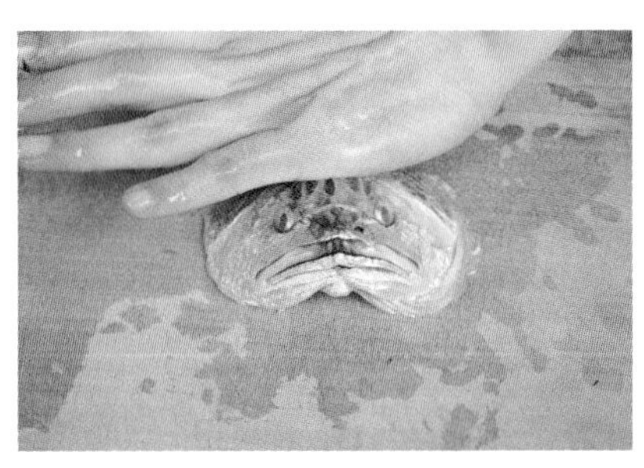

5 魚頭稍壓扁定型

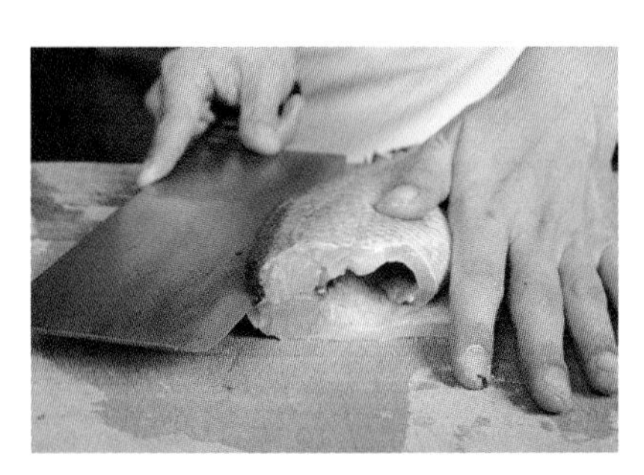

6 將魚頭向前轉與身體垂直，由背鰭處平切一刀至中骨突起處

7 再轉至魚尾朝前，腹部平切一刀至中骨突起處

8 將魚翻面，將魚尾向前轉與身體垂直，由背鰭處平切一刀，至中骨突起處

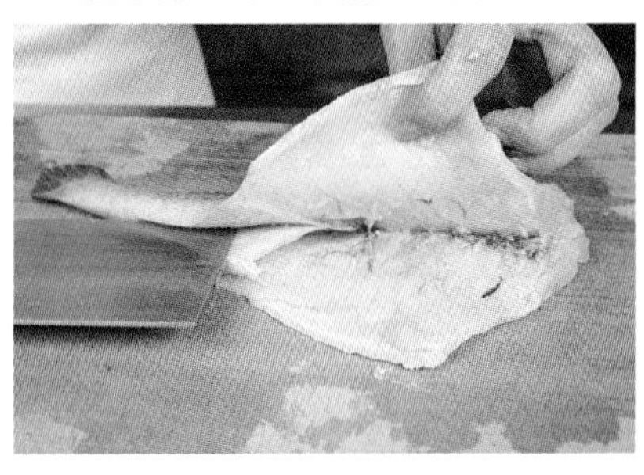

9 再轉邊，將腹部平切一刀至中骨突起處

10 平切兩面魚菲力，魚尾相連不斷

11 以剪刀將中骨剪掉

12 再將腹部的魚刺切掉

13 在魚肉上切橫向直紋，深度約至魚皮但不切斷

14 再以斜刀切入，間隔約1.5～2公分

魷魚花刀<適用 201A-3 五柳魷魚、201B-3 白果炒魷魚、201C-3 椒鹽魷魚、201D-3 彩椒炒魷魚、201E-3 西芹炒魷魚>

1 將魷魚腕部切5公分段

2 將頭部觸腕的相連處切開

3 順著腕部切開

4 魷魚鰭內面剖半，一分為二，再切剞花刀

直刀交叉十字剞花刀

1 以直刀在鰭內面切入，但不切斷

2 接著，以直刀從另一方向切入，亦不切斷

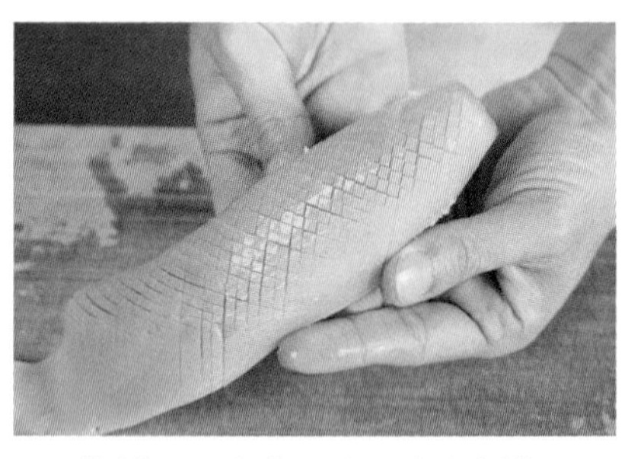

3 使其呈現出直刀交叉十字剞花刀

4 再將兩側切修整齊

5 分切片狀約8×4公分

6 將魷魚鰭也切交叉十字剞花刀

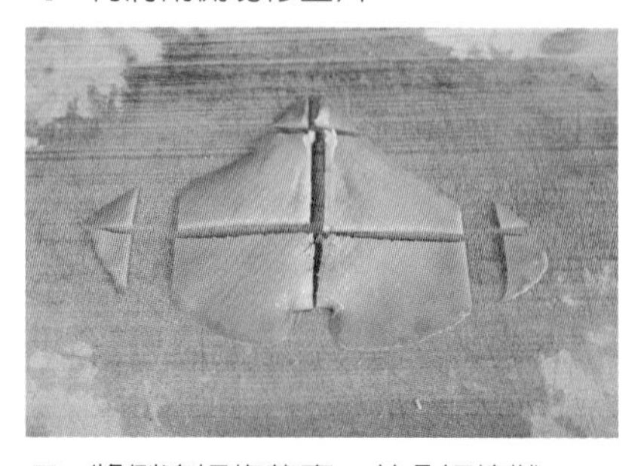

7 將側邊切修整齊，並分切塊狀

8 完成

斜刀交叉十字剞花刀

1 以斜刀在鰭內面切入，但不切斷

2 接著，以斜刀從另一方向切入，亦不切斷

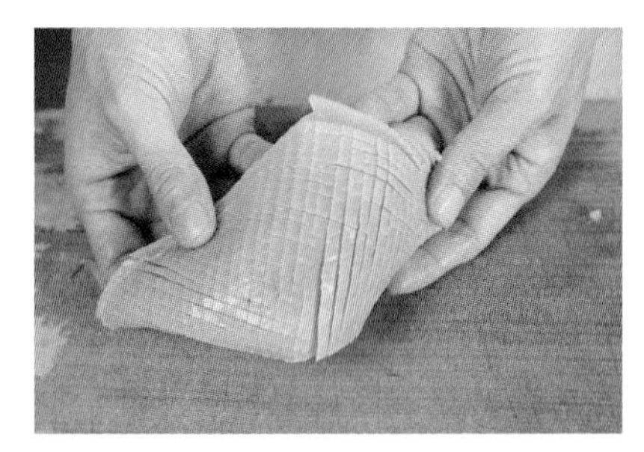

3 使其呈現出斜刀交叉十字剞花刀

4 再將兩側切修整齊

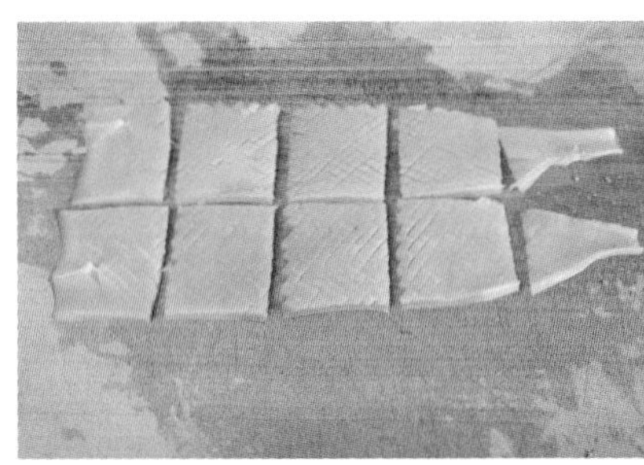

5 分切片狀約8×4公分

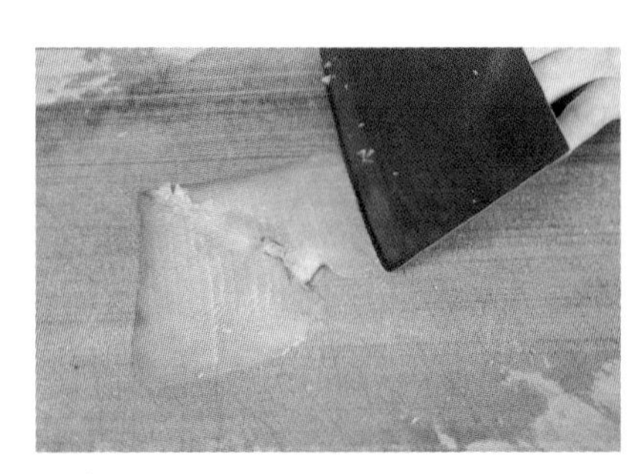

6 將魷魚鰭也斜刀切交叉十字剞花刀

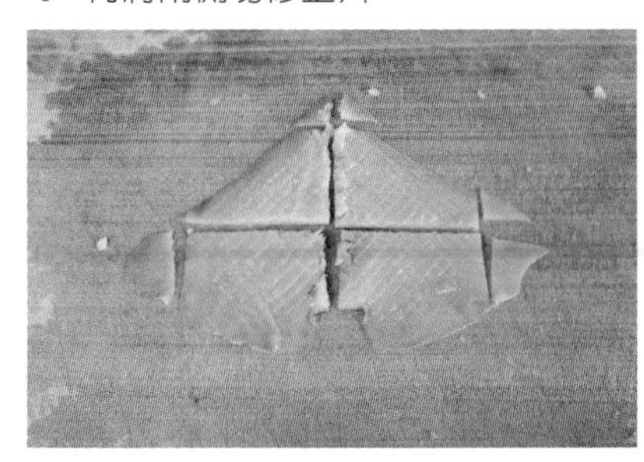

7 將側邊切修整齊，並分切塊狀

8 完成

注意事項

1. 魷魚內面近頭部兩側有兩凸點爲鰭的接合肉身面，剞花刀紋深度超過 2/3 厚度，川燙後較易捲曲，若切錯面就不捲曲；另外不太會捲曲還有一個原因，就是捲曲面積寬度不足。
2. 水發魷魚若是夠大隻，肉身足以直分切成四份者，可將頭部與鰭部回收；若只能直切成兩半，則須搭配使用增加份量，頭部除了觸腕切段，剩餘眼部可回收，不建議直切成三份，因爲中間有透明角質內殼紋，切花刀刀紋不易顯現。

佛手黃瓜 <適用 201A-4 糖醋佛手黃瓜、201B-4 涼拌佛手黃瓜、201C-4 麻辣佛手黃瓜>

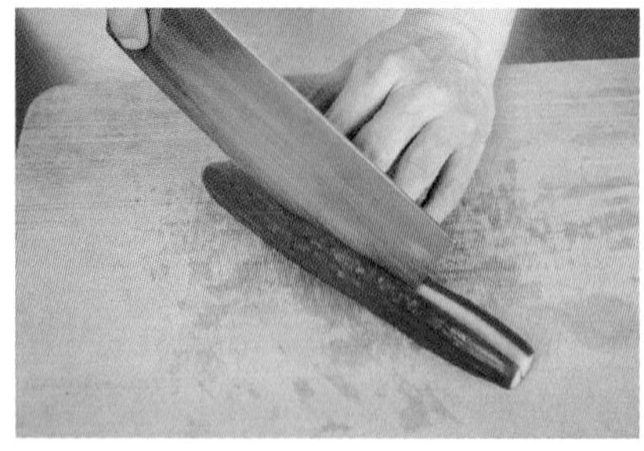

1 取一條小黃瓜，分切為兩半

2 切6公分長段

3 取一段小黃瓜，將其中一邊切平

4 再以刀尖劃切0.1公分的片狀，前端不切斷

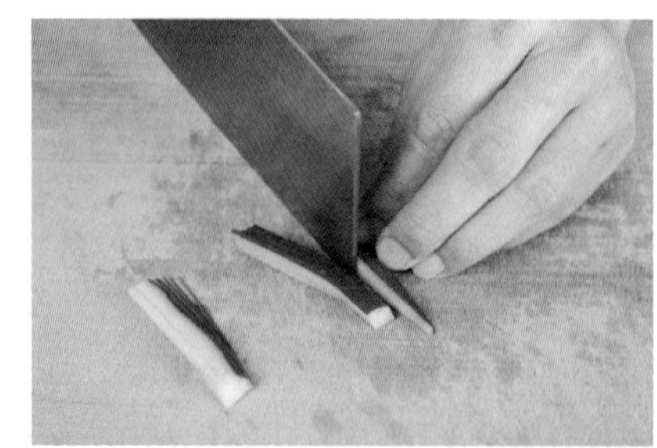

5 連續切劃4刀後，第5刀將前端切斷，產生5片連合的片狀

6 完成

注意事項

1. 201 題組術科測試參考試題備註中提到，小黃瓜涼拌菜可切割完後再做減菌清洗處理，所以可先以生食砧板切割，再以衛生手法減菌。
2. 每切劃一刀後，可利用刀尖略爲將小黃瓜片往旁邊撥去，可確保下一刀切入時較易控制厚薄度。
3. 小黃瓜可一開四長條後，去籽、切段，再切佛手片，但此法的片狀較窄，推展開的佛手片面積較小。

小黃瓜條 <適用 201D-4 酸辣黃瓜條>

1 小黃瓜直切1開4長條

2 平切去籽

3 將每條切修成粗細一致

4 再切成5～6公分段

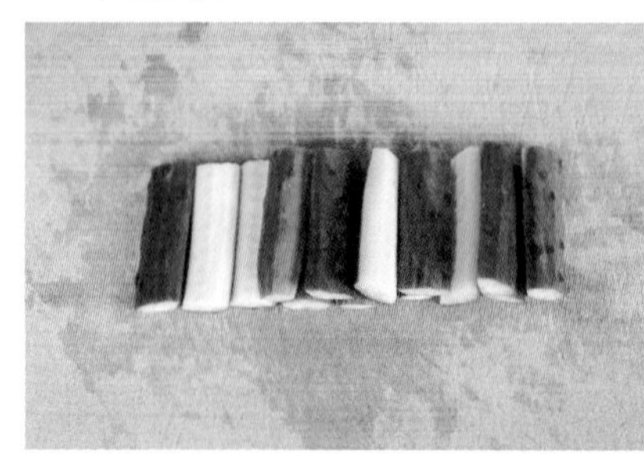

5 完成

注意事項

1. 201 題組術科測試參考試題備註中提到，小黃瓜涼拌菜可切割完後再做減菌清洗處理，意即可先以生食砧板切割，再以衛生手法減菌。
2. 小黃瓜亦可 1 開 6 長條後去籽再切段，數量較多但擺盤較費時。

芥菜修剪

<適用 201A-5 白果燴芥菜、201B-5 金銀蛋扒芥菜、201C-5 金茹扒芥菜、201D-5 三茹燴芥菜、201E-5 竹笙燴芥菜>

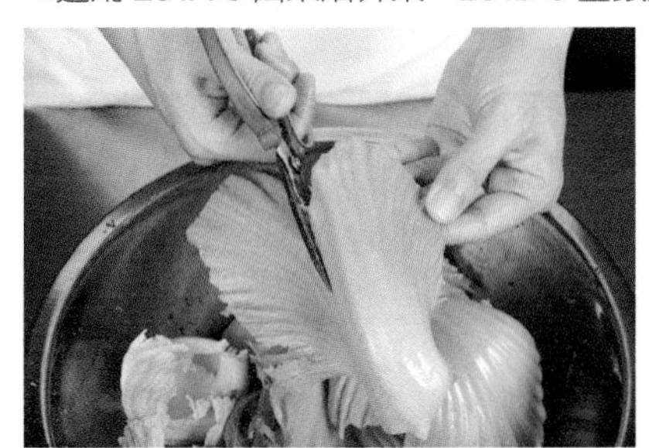

1 以剪刀修剪芥菜葉

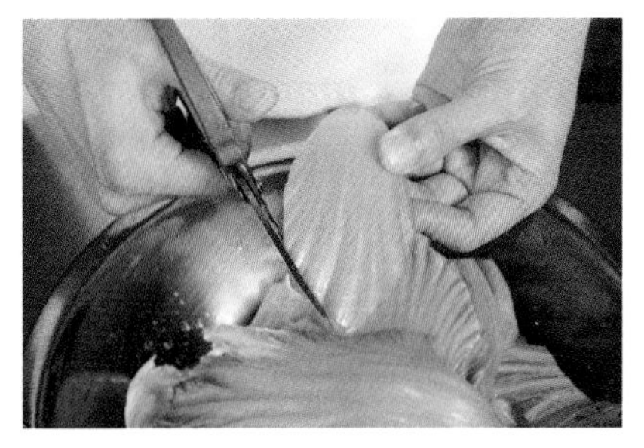

2 修成前尖後圓的鳳眼造型，約11×6公分

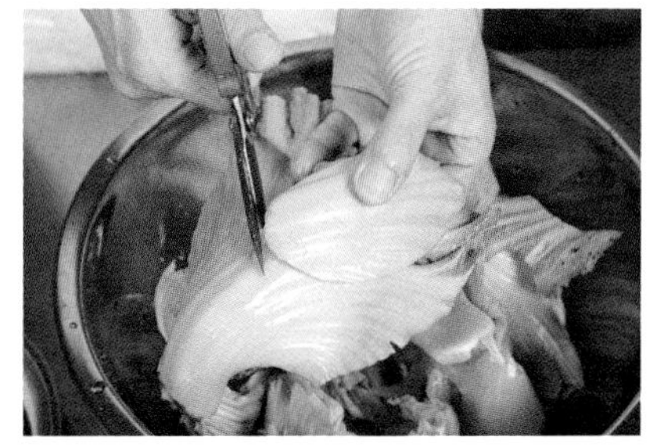

3 剪完一片後，可用第一片作為第二片的修剪範本

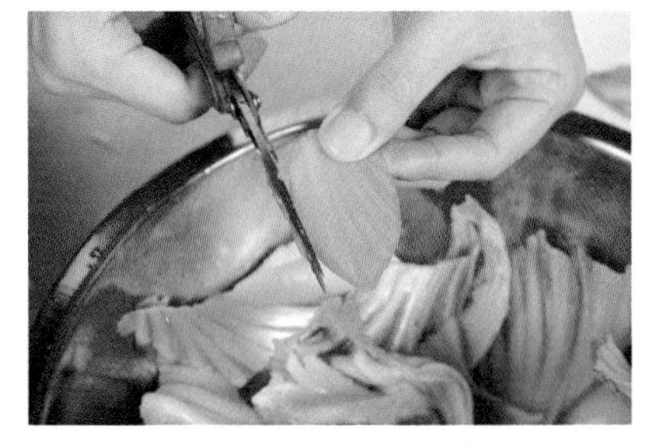

4 再修剪約8×4公分鳳眼造型

5 一道菜餚準備兩種大小尺寸各6片

注意事項

1. 芥菜心須依實際拿到的狀況做剪修，盡量有效利用每一葉面，修剪成所需大小數量，每葉愈靠近根部愈呈彎拱形，可以的話盡量不要取用此處，以免不好排盤。修剪剩餘的芥菜心應該還剩一半，小碎散的丟入廚餘，其餘的回收至考場回收區。
2. 芥菜心切配、修型時，因洗滌時間短暫，怕來不及清洗其他食材，可以雕刻刀或菜刀切修。

春捲皮切修類正方形

<適用 201A-7 炸韭菜春捲、201B-7 炸肉絲春捲、201C-7 炸牡蠣春捲、201D-7 炸韭黃春捲、201E-7 炸素菜春捲>

1 將春捲皮切修為類正方形

2 完成

注意事項

因春捲皮的餅皮較大，易使包捲起來體積過大，皮厚不易炸，故將春捲皮修成類方形可使成品體積不會太大。

西生菜修剪 <適用 201C-1 炒牛肉鬆、203B-1 炒豬肉鬆>

1 取美生菜葉，以剪刀順著葉片外圍修剪

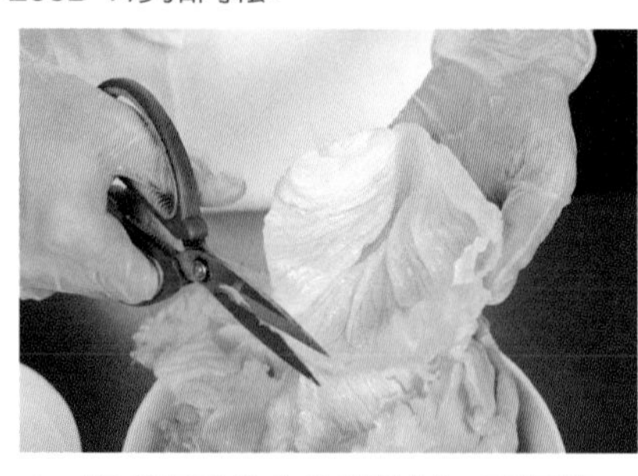

2 修成約手掌大的碗缽狀，直徑約10公分

3 以礦泉水沖洗乾淨

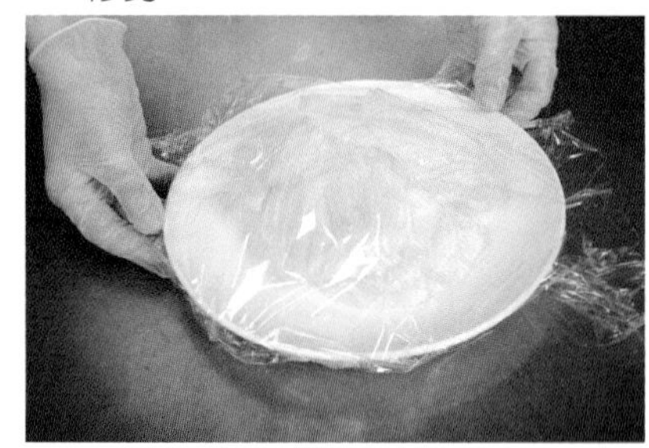

4 將西生菜葉排於盤中，蓋上保鮮膜備用

注意事項

西生菜修剪時，應戴上衛生手套，採熟食的處理方式。修剪完成後可再以礦泉水略微沖洗，因切配後至烹調完成有一段時間，爲避免汙染應蓋上保鮮膜。

酸菜切絲 <適用 201B-1 酸菜炒牛肉絲>

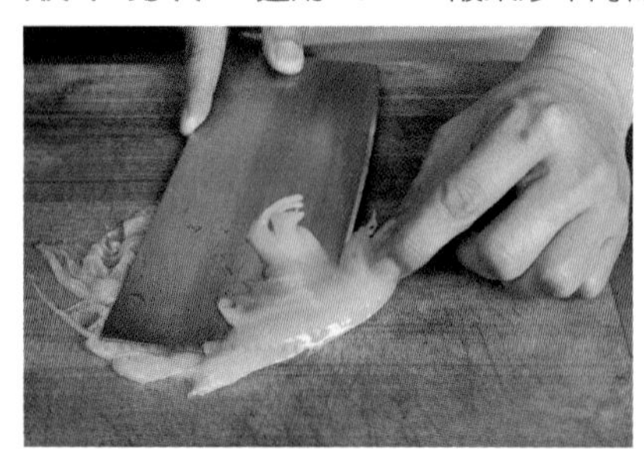

1 將酸菜葉，以平刀的方式片薄，約0.2公分厚

2 再切成6×0.2公分絲

3 完成

注意事項

酸菜梗葉厚薄差異大，須將厚梗處片薄，再切絲，才能使刀工勻稱。

二、菜餚塑型

牛肉丸 <適用 201A-1 蒸牛肉丸>

1 將牛後腿肉與蔥末、薑末、荸薺末、陳皮末、調味料一同攪拌，甩打至產生黏性

2 以手掌抓取肉餡

3 以虎口將肉餡擠形

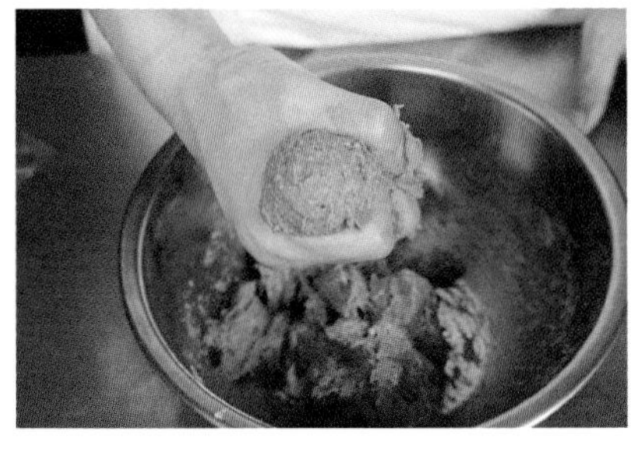

4 反覆以虎口將肉餡收回虎口，再擠出，使肉丸子呈現較平整的圓弧面

5 塑成直徑約4公分圓形丸子狀，以沙拉油、香油或水將其表面抹光滑

6 完成

牛肉餅 <適用 201D-1 煎牛肉餅>

1 將直徑約4公分的圓形牛肉丸，以沙拉油、香油或水將其表面抹光滑

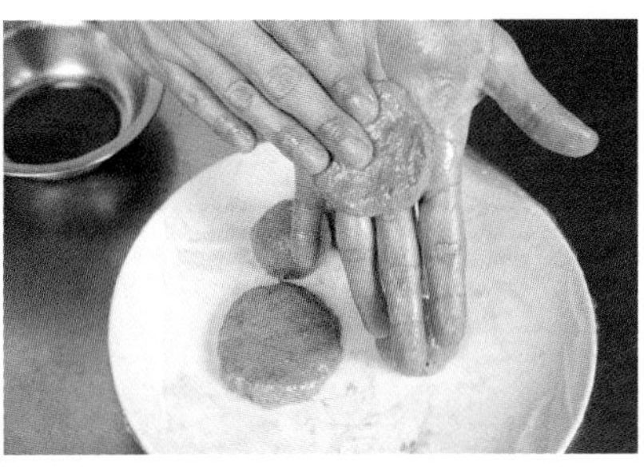

2 將丸子壓扁，塑成直徑約7公分的圓餅狀

3 完成

春捲包製 <適用 201A-7 炸韮菜春捲、201B-7 炸肉絲春捲、201C-7 炸牡蠣春捲、201D-7 炸韮黃春捲、201E-7 炸素菜春捲>

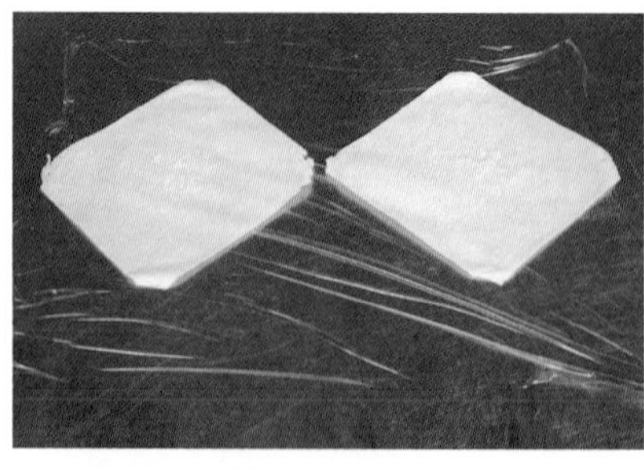

1 桌面鋪保鮮膜，春捲皮菱形放置

2 取適量炒好的餡料，放於操作者端

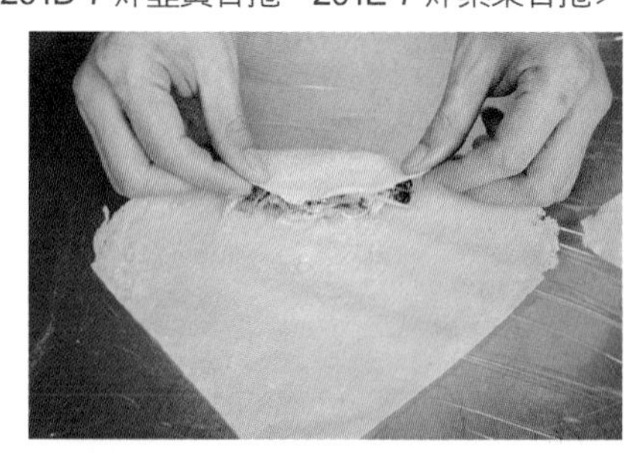

3 將春捲皮的一端折起

4 略為按壓

5 將一側餅皮往中間折

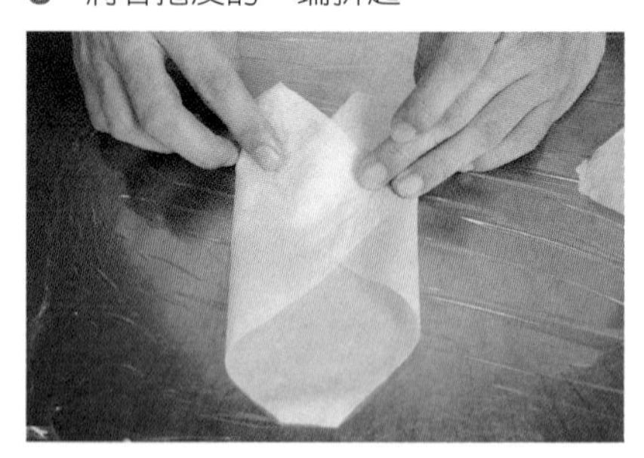

6 再將另一側餅皮往中間折

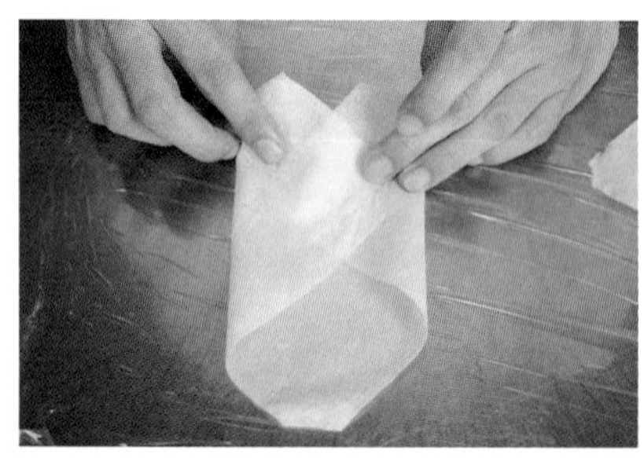

7 將兩側餅皮略微按壓

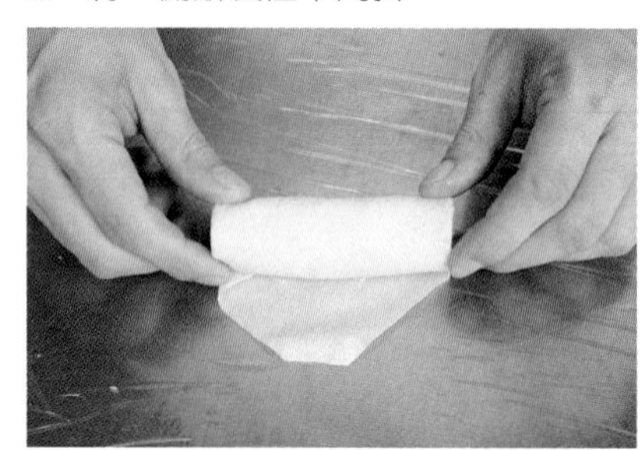

8 往前捲起

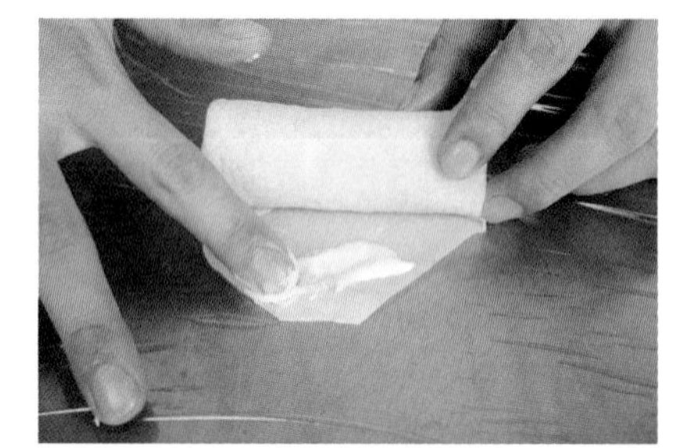

9 最前端的麵皮處，塗抹麵糊

10 捲好

注意事項

1. 春捲皮若冰過，會使澱粉老化，易乾裂，若發現考場發給的春捲皮彈性較差時，可置於盤中以小火入蒸 3 分鐘，變軟再包製，若強行包捲易破損。
2. 春捲包捲長度宜相同，才能使整體整齊美觀，長度約 8 ～ 10 公分，兩側餅皮向中間折時，盡可能使折線呈平行，並將第一折的春捲皮折入，兩側才不會突起或爆餡。

佛手黃瓜 <適用 201A-4 糖醋佛手黃瓜、201B-4 涼拌佛手黃瓜、201C-4 麻辣佛手黃瓜>

1 將每一個佛手黃瓜略微攤開，排入盤中

2 採圓形的方式排入

3 取2～3個佛手排入中間，填滿空隙

4 再排入一圈佛手黃瓜即可

注意事項

擺盤時戴手套將每個佛手片推開成扇形，以圓形方式排盤，可看出刀工的一致性，也較美觀。

201A 製作報告表

項目		第一道菜	第二道菜	第三道菜
評分標準 ＼ 菜名		蒸牛肉丸	煙燻黃魚	五柳魷魚
主材料	10%	牛後腿肉	黃魚	水發魷魚、乾木耳、青椒、涼筍、紅蘿蔔、紅辣椒
副材料	5%	陳皮、馬蹄、蔥、薑	蔥、薑	薑、蔥
調味料	5%	鹽、糖、胡椒粉、米酒、太白粉、麵粉	紅糖、麵粉、紅茶葉、香油	鹽、醬油、糖、烏醋、味精、米酒、水、香油、太白粉水
作法（重點過程）	20%	1. 主材料、副材料與調味料→攪拌→整形→丸 2. 牛肉丸→蒸熟→淋芡	1. 魚抓醃→蒸熟→放涼 2. 鋁箔紙、醃燻料、燻架、黃魚→入鍋→開火→燻	1. 主材料→川燙 2. 爆香蔥、薑→調味料→勾芡→水發魷魚→五柳絲料
刀工	20%	1. 牛後腿肉：細泥 2. 副材料：細末	1. 蔥：長段 2. 薑：斜片	1. 魷魚：剞花刀→片 2. 五柳材料、副材料：粗絲
火力	20%	蒸：中大火	蒸：大火 燻：中火→小火	川燙：中大火 溜：中大火
調味重點	10%	鹹味	鹹香味	鹹香味
盤飾	10%	小黃瓜片	檸檬角兔子、檸檬薄片	小黃瓜片

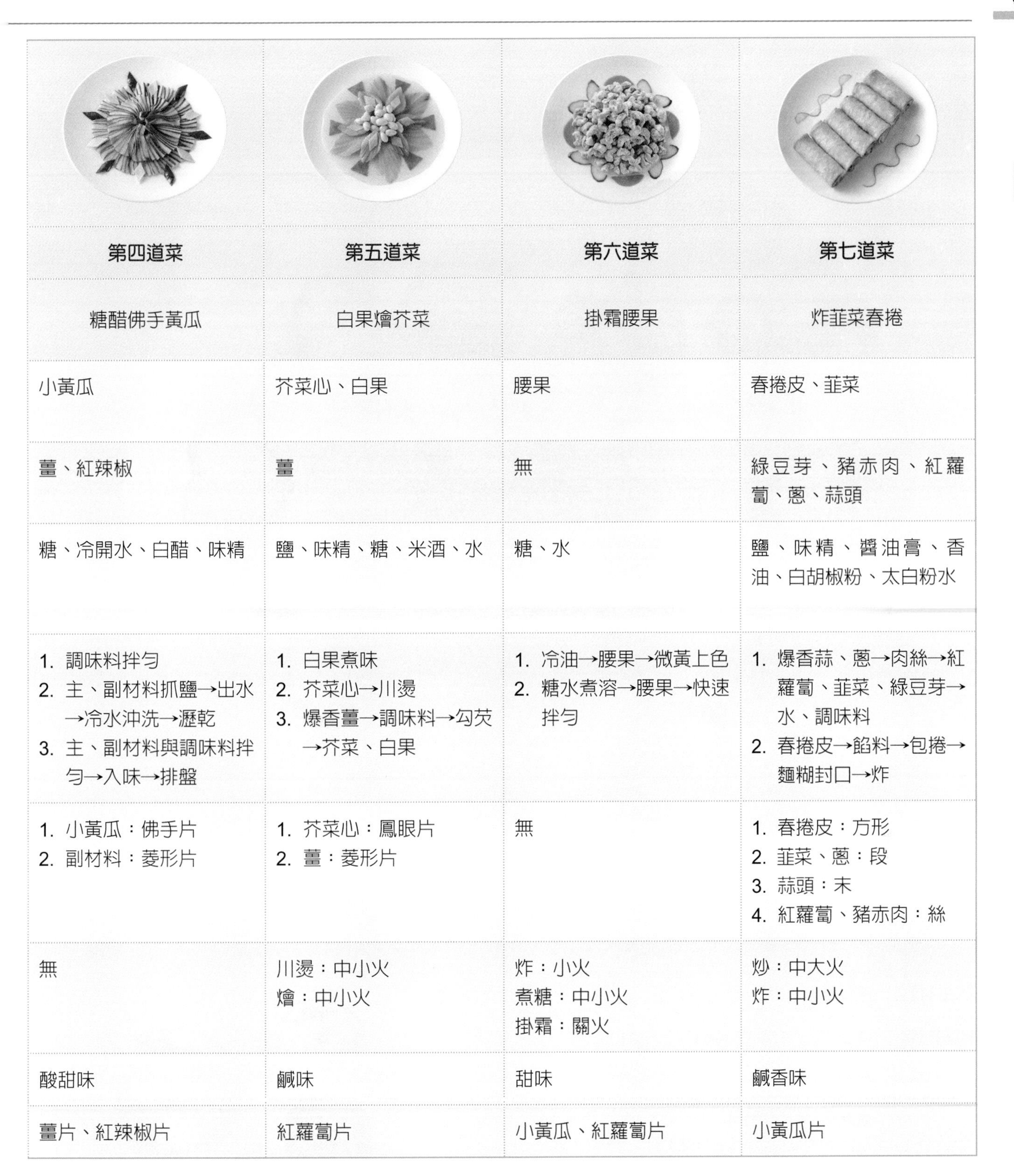

第四道菜	第五道菜	第六道菜	第七道菜
糖醋佛手黃瓜	白果燴芥菜	掛霜腰果	炸韭菜春捲
小黃瓜	芥菜心、白果	腰果	春捲皮、韭菜
薑、紅辣椒	薑	無	綠豆芽、豬赤肉、紅蘿蔔、蔥、蒜頭
糖、冷開水、白醋、味精	鹽、味精、糖、米酒、水	糖、水	鹽、味精、醬油膏、香油、白胡椒粉、太白粉水
1. 調味料拌勻 2. 主、副材料抓鹽→出水→冷水沖洗→瀝乾 3. 主、副材料與調味料拌勻→入味→排盤	1. 白果煮味 2. 芥菜心→川燙 3. 爆香薑→調味料→勾芡→芥菜、白果	1. 冷油→腰果→微黃上色 2. 糖水煮溶→腰果→快速拌勻	1. 爆香蒜、蔥→肉絲→紅蘿蔔、韭菜、綠豆芽→水、調味料 2. 春捲皮→餡料→包捲→麵糊封口→炸
1. 小黃瓜：佛手片 2. 副材料：菱形片	1. 芥菜心：鳳眼片 2. 薑：菱形片	無	1. 春捲皮：方形 2. 韭菜、蔥：段 3. 蒜頭：末 4. 紅蘿蔔、豬赤肉：絲
無	川燙：中小火 燴：中小火	炸：小火 煮糖：中小火 掛霜：關火	炒：中大火 炸：中小火
酸甜味	鹹味	甜味	鹹香味
薑片、紅辣椒片	紅蘿蔔片	小黃瓜、紅蘿蔔片	小黃瓜片

201A-1 蒸牛肉丸

主材料	牛後腿肉300克
副材料	陳皮2片、馬蹄3粒、蔥1/3支、薑10克
盤飾	小黃瓜1/8條
調味料	調味料（1）：鹽1/4小匙、糖1小匙、蠔油1小匙、米酒1小匙、太白粉2大匙、麵粉2大匙、白胡椒粉1/4小匙、香油1小匙、水3大匙
	調味料（2）：鹽1/2小匙、味精1/2小匙、水2/3杯、太白粉水2大匙
調味重點	鹹味
刀工	1. 牛後腿肉：細泥 2. 副材料：細末
火力	蒸：中大火
器皿	10吋圓盤

前處理	1. 陳皮泡水至軟後切細末 2. 蔥取蔥白切細末、薑去皮切細末、荸薺切細末擠乾水分、小黃瓜斜切6片橢圓薄片，再對角斜切 3. 牛後腿肉切剁成細泥狀
作法（重點過程）	1. 主材料、副材料與調味料→攪拌→整形→丸 2. 牛肉丸→蒸熟→淋芡

作法

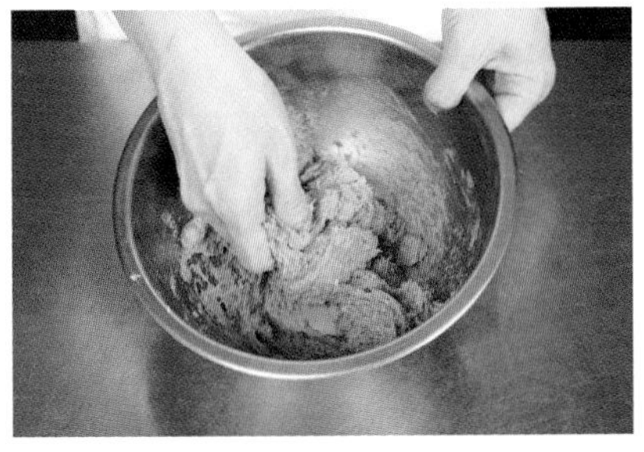

1 將牛後腿肉與蔥末、薑末、荸薺末、陳皮末、調味料（1）一同攪拌，甩打至產生黏性

2 以手掌的虎口將肉餡擠塑成直徑約4公分圓形丸子狀（至少做出6顆牛肉丸）（詳細步驟請參閱第51頁）

3 在牛肉丸表面上以沙拉油或水抹光滑

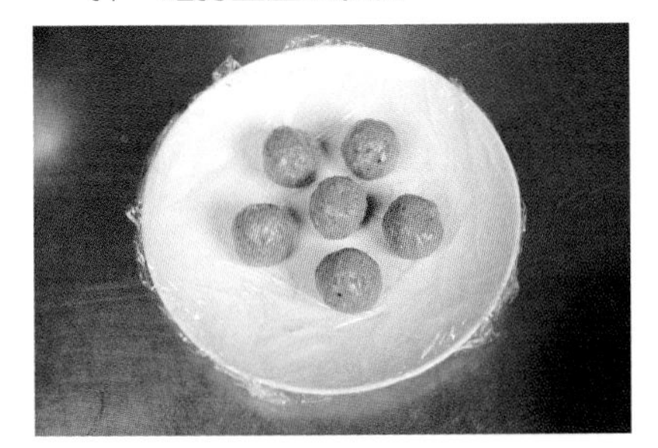

4 整型好的牛肉丸放在鋪好保鮮膜的瓷盤上

5 放入蒸籠鍋內，以中大火蒸15分鐘，取出

6 將蒸好的牛肉丸移入乾淨的瓷盤內

7 起水鍋，滾水川燙小黃瓜片5秒鐘，撈起泡冷開水

8 將調味料（2）煮滾並勾芡後，淋在蒸好的牛肉丸子上，以小黃瓜片盤飾即可

注意事項

1. 牛肉與各種副材料均要切剁至細，避免過大的顆粒使肉丸子表面不易光滑平整，塑型時用手沾油或水，將外表抹光滑，熟製後表面較優。
2. 陳皮牛肉丸是港式點心的佳餚之一，故製作牛肉丸會添加陳皮，但不加也不會不符題意。
3. 由於材料中沒有提供肥肉（板油），純瘦肉的丸子入蒸易乾裂，因此肉餡一定要攪拌出黏性。可添加澱粉，使肉餡的黏性較佳，一般以太白粉與麵粉的比例 1：1 逐步增加即可。
4. 攪拌肉餡時，加入適量的水可使口感不會過於乾硬，並分次慢慢加入，較易使肉餡均勻吸收，另外切勿加太多水導致肉餡過軟，成品易塌陷。
5. 剛蒸熟的丸子待冷後，外觀顏色會氧化加深變黑，此爲正常現象，建議剛蒸熟後立即淋上芡汁，可延緩此現象。
6. 蒸牛肉丸時，瓷盤中鋪上一張保鮮膜可避免牛肉丸沾黏盤底，得以維持較美的外觀，且脫除後盤子可保持乾淨。
7. 烹調的方式亦可如煮貢丸般，先將肉丸入微滾水中泡煮 3 分鐘，再撈起、盛盤、入蒸 10 分鐘，此法可使成品丸形漂亮。
8. 若有多餘肉餡勿隨意丟棄，可放置考場回收區。

201A-2 煙燻黃魚

主材料	黃魚1條
副材料	蔥2支、薑30克
盤飾	檸檬1粒
調味料	調味料（1）：鹽2小匙、米酒2大匙
	調味料（2）：紅糖1/2杯、麵粉1/2杯、紅茶葉2大匙
	調味料（3）：香油1大匙
調味重點	鹹香味
刀工	1. 蔥：長段 2. 薑：斜片
火力	蒸：大火 燻：中火→小火
器皿	12吋橢圓盤

前處理	1. 蔥切8公分長段；薑去皮、切0.2公分厚斜片；檸檬以衛生法切1個角形兔子，切數片月牙薄片 2. 黃魚不剖肚，殺清洗淨（詳細步驟請參閱第 44 頁）
作法（重點過程）	1. 魚抓醃→蒸熟→放涼 2. 鋁箔紙、醃燻料、燻架、黃魚→入鍋→開火→燻

作法

1 殺青的魚以調味料（1）均匀塗抹，抓醃10分鐘，放至鋪一層保鮮膜的魚盤上，放入黃魚，再鋪上薑片、蔥長段

2 大火入蒸12分鐘，熟後取出撿除蔥段、薑片，倒除蒸魚湯汁待涼

3 鍋蓋內面包覆一層鋁箔紙，再取一張鋁箔紙塑成類圓形容器盒，將調味料（2）煙燻料混勻後，平均鋪在鋁箔盒上

4 置於鍋中，放上抹過油的燻架，將黃魚移入燻架上

5 開中大火，待開始出煙後，蓋上鍋蓋，轉小火燜燻約2～3分鐘，待黃魚均匀上金黃微焦色後熄火

6 燻架與黃魚一同取出，將魚盤上的保鮮膜去除，戴上熟食手套，將黃魚移回魚盤中，以調味料（3）均匀塗抹魚身（向上面），再以檸檬角形兔子與月牙薄片盤飾即可

注意事項

1. 此菜餚採先蒸後燻，若剖肚熟製後再移動會增加碎散機會。魚身不切劃也是相同道理，要切亦可，不過建議貼魚盤面不切。
2. 檢定爲求方便快速，煙燻料基本上只要有糖即能發煙，常用煙燻料可發煙者大致有三種，一是木質材料，如各種木屑、甘蔗皮；二是澱粉質，如本法使用的麵粉或白米；三是糖。添加其他附香料，如茶葉、八角、花椒等，可使成品煙燻味具有多層次風味。
3. 糖愈深色則發煙愈色濃，故紅糖、二砂（黃砂糖）比白糖易上色。
4. 一開始開中大火是爲了快速發煙，待發煙後要轉小火，切記若持續大火高溫乾燒，會使煙燻料著火而附上焦苦味。
5. 煙燻時間須視實際上色情況而定，與火力也有相關，建議先燻 2 分鐘後，再每隔 1 分鐘快速微開蓋檢視上色程度，別一直開蓋或是大開鍋蓋，以免拉長煙燻時間。
6. 蒸魚盤鋪上保鮮膜，移動蒸熟的魚時，魚皮不會沾黏魚盤而破損，且掀掉後盤身仍乾淨，可繼續使用，魚蒸熟後須放涼再燻，否則馬上移動至燻架，過程易使魚肉崩離或魚皮破裂。
7. 成品抹上香油可使外觀增亮、增香，考場無提供毛刷，可套上衛生手套直接塗抹即可。
8. 燻色太淺或太深都不好，但絕對不宜太深色，除了外觀黑沉，也會使焦苦味更重。

201A-3 五柳魷魚

<table>
<tr><td>主材料</td><td>水發魷魚1條（半斤）、乾木耳1片、青椒1/2個、涼筍1/2個、紅蘿蔔1/4條、紅辣椒1支</td><td rowspan="9">前處理</td><td rowspan="9">
1. 乾木耳泡水至軟，去蒂、切6×0.3公分粗絲
2. 涼筍切6×0.3公分粗絲
3. 水發魷魚洗淨，頭部觸腕與腕部切5公分段，鰭內面切斜刀交叉十字剞花刀後分切四塊，肉身內面從中間透明角質內殼處直切兩半，分別切交叉十字剞花刀紋後，改切成8×4公分片（詳細步驟請參閱第47頁）
4. 青椒、紅蘿蔔、紅辣椒去籽，5×0.3公分粗絲，蔥、薑切粗絲、小黃瓜切6片圓薄片，3片對切</td></tr>
<tr><td>副材料</td><td>薑30克、蔥1支</td></tr>
<tr><td>盤飾</td><td>小黃瓜1/8條</td></tr>
<tr><td>調味料</td><td>鹽1/4小匙、醬油1小匙、糖1大匙、烏醋1小匙、味精1/2小匙、米酒1小匙、水1/2杯、香油1小匙、太白粉水1大匙</td></tr>
<tr><td>調味重點</td><td>鹹香味</td></tr>
<tr><td>刀工</td><td>1. 魷魚：剞花刀→片
2. 五柳材料、副材料：粗絲</td></tr>
<tr><td>火力</td><td>川燙：中大火
溜：中大火</td></tr>
<tr><td>器皿</td><td>10吋圓盤</td></tr>
<tr><td>作法（重點過程）</td><td>1. 主材料→川燙
2. 爆香蔥、薑→調味料→勾芡→水發魷魚→五柳絲料</td></tr>
</table>

作法

1 起水鍋，水滾川燙木耳、涼筍、紅蘿蔔1分鐘，再入紅辣椒、青椒川燙5秒後一同撈起，備用

2 入小黃瓜圓片川燙5秒，撈起泡冷開水

3 川燙魷魚1分鐘至熟，撈起瀝乾

4 另鍋，入油1大匙，爆香蔥絲、薑絲

5 入調味料勾芡煮至濃稠

6 入五柳絲料、魷魚炒勻排盤，以小黃瓜薄片盤飾即可

注意事項

1. 五柳意指以五種以上的粗絲料爲主材料，可自由搭配五種不同顏色的食材，五種食材的份量盡量相同，不偏重其中一色，蔥絲、薑絲則是設定爲副材料爆香用。
2. 此菜盛盤時，建議先將魷魚的頭部觸腕盛入盤中，作爲墊底，再將切花刀的魷魚捲排於上方，較能呈現刀工美感。

201A-4 糖醋佛手黃瓜

主材料	小黃瓜3條
副材料	薑30克、紅辣椒1支
盤飾	無
調味料	調味料（1）：鹽1小匙 調味料（2）：糖4大匙、冷開水3大匙、白醋3大匙、味精1/2小匙
調味重點	酸甜
刀工	1. 小黃瓜：佛手片 2. 副材料：菱形片
火力	無
器皿	10吋圓盤

項目	內容
前處理	薑、紅辣椒去籽，切菱形片；小黃瓜以直切對剖成兩半，再切成5～6公分段，每段切兩個五連刀片（佛手片，詳細步驟請參閱第48頁）
作法（重點過程）	1. 調味料拌勻 2. 主、副材料抓鹽→出水→冷水沖洗→瀝乾 3. 主、副材料與調味料拌勻→入味→排盤

作法

1 調味料（2）入碗公，拌勻至顆粒溶解

2 小黃瓜佛手片、薑片、紅辣椒片以調味料（1）拌勻，待出水後（約20分鐘）

3 以冷開水沖洗乾淨並瀝乾

4 放入瀝乾的小黃瓜佛手片、薑片、辣椒片，拌勻、醃漬1小時後，排盤（詳細步驟請參閱第53頁）即可

注意事項

1. 本法爲一般生醃法，即抓鹽、去澀水後，醃漬入味。也可用生食砧板切好佛手片後，入滾水川燙 5 秒後沖冷再醃漬的熟醃法操作，但須注意小黃瓜川燙僅是殺菁，過熟則變透明、軟爛、失去脆性，且燙過的小黃瓜葉綠素較不耐醋酸，醃漬過久色澤易變黃。
2. 糖醋的比例是糖：醋＝ 1：1，味精的作用爲增加鮮味，也可不加。

201A-5 白果燴芥菜

主材料	芥菜心1顆、白果1/3罐
副材料	薑20克
盤飾	紅蘿蔔1/8條
調味料	調味料（1）：鹽1/2小匙、味精1/2小匙、糖1小匙、米酒1小匙、水2杯
	調味料（2）：鹽1/2小匙、味精1/2小匙、太白粉水1.5大匙、水1杯
調味重點	鹹味
刀工	1. 芥菜心：鳳眼片 2. 薑：菱形片
火力	川燙：中小火 燴：中小火
器皿	12吋圓盤

前處理	薑切菱形片、芥菜心剪修為11×6、8×4公分鳳眼形，各6片（詳細步驟請參閱第49頁）、紅蘿蔔切等腰三角直松水花片6片
作法（重點過程）	1. 白果煮味 2. 芥菜心→川燙 3. 爆香薑→調味料→勾芡→芥菜、白果

作法

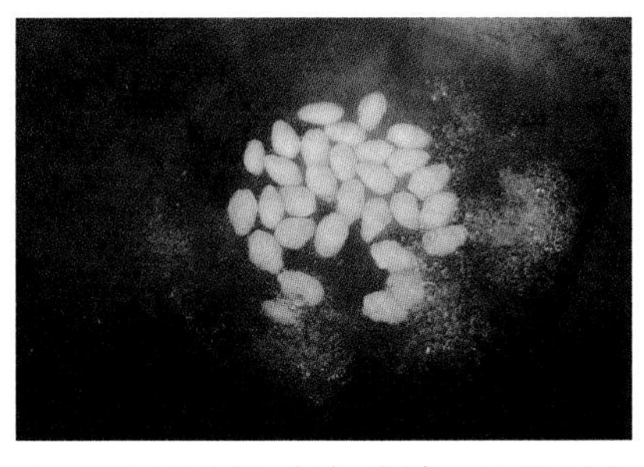

1 鍋入調味料（1）煮滾，入白果小火煮5分鐘後撈起瀝乾

2 起水鍋，水滾川燙芥菜心片至熟，約6分鐘撈起，續入紅蘿蔔水花片，燙15秒撈起、瀝乾

3 另鍋，入香油1大匙爆香薑片

4 入調味料（2）煮滾後勾芡

5 入芥菜心、白果與紅蘿蔔水花片，小火入煮15秒，即可熄火

6 依序將芥菜心片、薑片、白果、紅蘿蔔水花片整齊排入盤中，淋上適量燴芡，即可

注意事項

1. 罐頭白果已經煮熟，但白果燒煮入味較好吃，所以也可不先煮熟，與芥菜心一起川燙、燴製，即可。
2. 此菜盛盤時，宜先排入大片的芥菜心片，作爲定位，再排入小片的芥菜心片，再排其他材料，易滑動的白果，則排於中間。
3. 此菜爲「燴」，應有燴芡，盛盤時以燴芡蓋過芥菜片爲原則。
4. 如果在夏季應考，考場因芥菜缺貨，可改提供澎湖絲瓜。澎湖絲瓜的操作：
   （1）前處理－削皮：先削稜角處的表皮，削至稜角處的底部，再削除剩餘的澎湖絲瓜表皮。削皮時只削去外表皮，切勿將所有的綠色瓜肉層也削掉。
   （2）刀工－切菱形塊或長條塊：將去皮的澎湖絲瓜分切成 4 直條，平切去籽，斜切成菱形塊，或直切成長條塊。
   （3）烹調：以白果燴芥菜的作法調整。步驟 2，將芥菜心片換成澎湖絲瓜塊，入滾水川燙時間改 40 秒～ 1 分鐘，撈起，續川燙紅蘿蔔水花片 15 秒。步驟 5、6，將芥菜心片換成澎湖絲瓜塊，烹調方式不變。

201A-6 掛霜腰果

主材料	腰果250克	前處理	小黃瓜斜切橢圓薄片4片，再對角對切；紅蘿蔔切4片月牙水花片
副材料	無		
盤飾	小黃瓜1/8條、紅蘿蔔1/8條		
調味料	糖2/3杯、水1/4杯		
調味重點	甜味		
刀工	無		
火力	炸：小火 煮糖：中小火 掛霜：關火		
器皿	10吋圓盤	作法（重點過程）	1. 冷油→腰果→微黃上色 2. 糖水煮溶→腰果→快速拌匀

作法

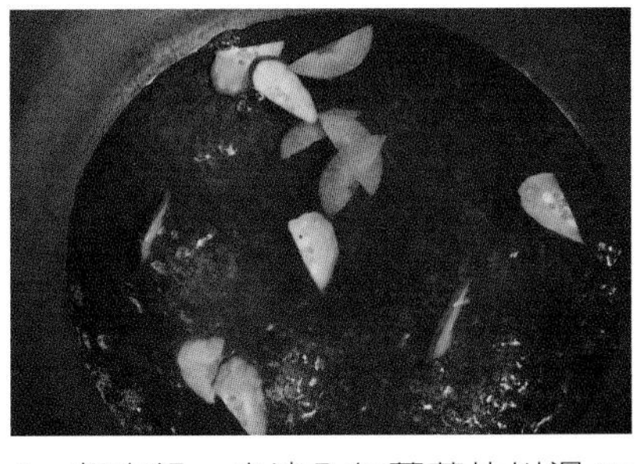

1 起水鍋，水滾入紅蘿蔔片川燙15秒、小黃瓜5秒，一同撈起、泡冷開水

2 起油鍋，冷油即倒入腰果

3 以漏勺墊於鍋底，開火慢慢加熱

4 小火炸至腰果微黃，約6分鐘

5 腰果撈起瀝油，倒開炸油

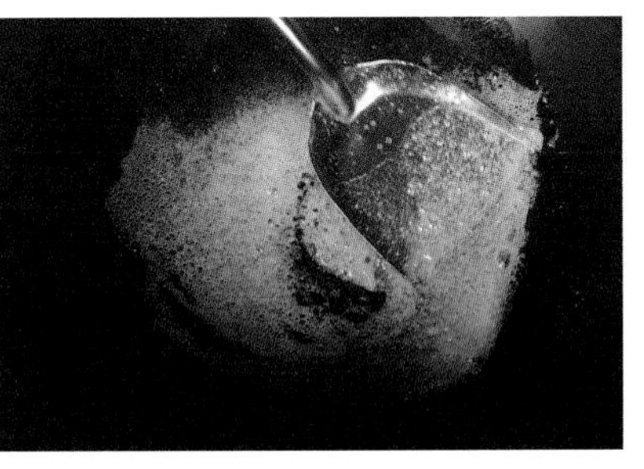

6 原鍋入糖、1/4杯水，以小火煮溶，水分蒸散完畢，熄火，入腰果

7 快速拌勻

8 使每粒腰果均勻裹上糖漿，期間須不斷攪拌

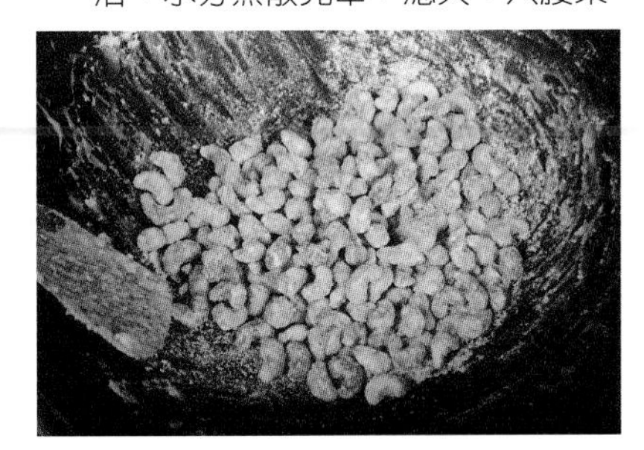

9 待全數腰果變白色後盛盤，以小黃瓜薄片、紅蘿蔔月牙水花片盤飾，即可

注意事項

1. 掛霜糖漿比拔絲易成功，僅須將水分完全煮至揮發，即可成功，水分若未完全揮發即下腰果，糖霜易呈半透明狀，不會雪白。
2. 糖漿煮好後，即熄火或離火是為了讓糖漿冷卻，隨著翻拌腰果拌入冷空氣，才能迅速結霜。
3. 入腰果後一開始要慢慢攪拌，使糖漿能完全包裹腰果。待糖漿開始反白結霜時，即迅速翻拌，這樣能使腰果粒粒分開且均勻裹上糖霜，掛霜最後階段若翻拌速度太慢，結霜後易黏住成團，此時再施力鏟開易使腰果碎裂且上霜不均。
4. 成品剛做好，食用時口感較軟不好吃，待涼後才會變硬脆。
5. 炸腰果或富含油脂的堅果類時，要控制好油溫，炸好撈起後中心溫度仍會繼續作用，使色澤加深，所以不能炸到剛好，要炸至偏淡金黃色。
6. 腰果洗淨後不建議泡水或川煮，會增加油炸時間，也不易掌控生熟。
7. 油炸時用漏杓墊於油鍋底，可避免腰果直接接觸鍋底而產生焦色，也可在油炸時不斷攪拌。

201A-7 炸韭菜春捲

主材料	春捲皮8張、韭菜80克
副材料	綠豆芽60克、豬赤肉80克、紅蘿蔔1/4條、蔥1支、蒜頭2粒
盤飾	小黃瓜1/4條
調味料	調味料（1）：鹽1/4小匙、味精1/2小匙、醬油膏1大匙、香油1小匙、白胡椒粉1/6小匙、太白粉水2小匙
	調味料（2）：麵粉2大匙、水2大匙
調味重點	鹹香味
刀工	1. 春捲皮：方形 2. 韭菜、蔥：段 3. 蒜頭：末 4. 紅蘿蔔、豬赤肉：絲
火力	炒：中大火 炸：中小火
器皿	10吋圓盤

項目	內容
前處理	1. 調味料（2）調成濃稠麵糊 2. 春捲皮切類方形（詳細步驟請參閱第49頁），以塑膠袋或保鮮膜封好備用 3. 綠豆芽摘去尾部、韭菜切5公分段、紅蘿蔔切5×0.2公分絲、蔥切2公分段、蒜頭切末、小黃瓜切半圓薄片 4. 豬赤肉切5×0.3公分絲
作法（重點過程）	1. 爆香蒜、蔥→肉絲→紅蘿蔔、韭菜、綠豆芽→水、調味料 2. 春捲皮→餡料→包捲→麵糊封口→炸

作法

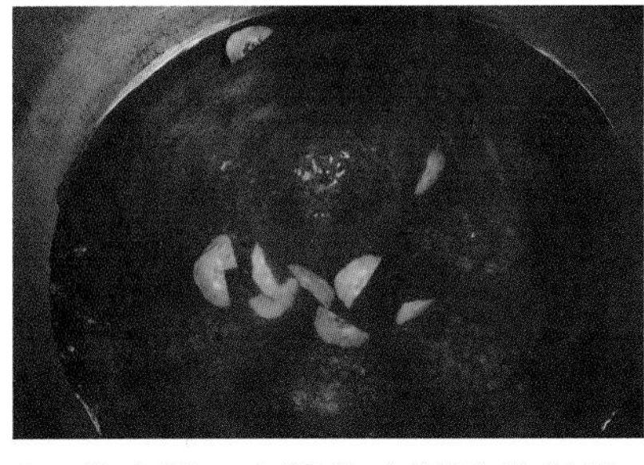

1 起水鍋，水滾入小黃瓜片川燙5秒，撈起泡冷開水

2 鍋入油2大匙，爆香蒜末、蔥段

3 入炒肉絲至熟

4 入紅蘿蔔、韮菜、綠豆芽、水3大匙炒熟

5 以調味料（1）調味後起鍋盛於配菜盤待涼

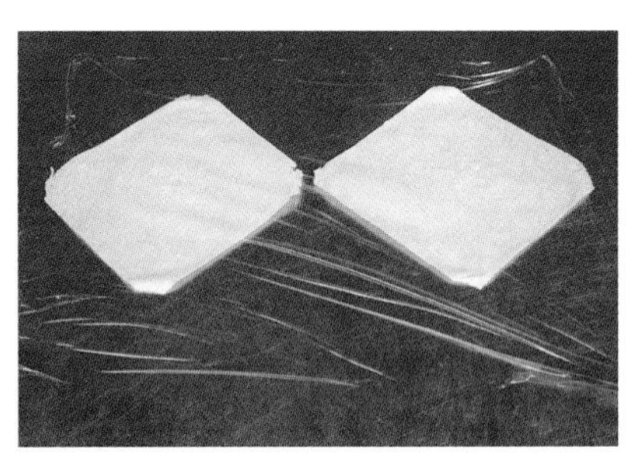

6 桌面鋪保鮮膜，春捲皮菱形放置

7 靠近操作者端，放上適量炒好的餡料，春捲皮向上捲起，將兩側餅皮往中間折，再捲起最前端的麵皮處，塗抹上麵糊封口，至少製作6捲（詳細步驟請參閱第52頁）

8 起油鍋，中油溫入炸至外表金黃酥脆，撈起、瀝油、排盤，以小黃瓜半圓薄片盤飾即可

注意事項

1. 春捲內餡宜濾掉湯汁，湯汁過多易使春捲皮快速受潮而破損，包捲後若兩側有破裂，又沒有多餘的麵皮時，可在兩側沾補麵糊入炸，以免餡料邊炸邊爆出來。
2. 炸油加溫時以鍋鏟或漏杓攪動，使溫度均勻上升，入炸春捲時也要不斷的翻動春捲，才能相輔相成，炸出外表均勻上色的金黃餅皮。

201B 製作報告表

項目		第一道菜	第二道菜	第三道菜
評分標準 \ 菜名		酸菜炒牛肉絲	松鼠黃魚	白果炒魷魚
主材料	10%	牛後腿肉、酸菜心	黃魚	水發魷魚、白果
副材料	5%	薑、蔥、紅辣椒、蒜頭	乾香菇、青椒、紅辣椒、涼筍、洋蔥	乾香菇、小黃瓜、白蘿蔔、蒜頭、蔥、紅辣椒
調味料	5%	鹽、味精、白胡椒粉、米酒、香油、水	番茄醬、糖、水、白醋、鹽、太白粉水	鹽、味精、香油、太白粉水、水
作法（重點過程）	20%	1. 牛後腿肉抓醃→過油 2. 酸菜→川燙 3. 爆香副材料→酸菜→牛肉→調味料	1. 黃魚→拍粉→炸 2. 青椒、洋蔥、紅辣椒→過油 3. 爆香香菇、涼筍→番茄醬→其餘調味料→淋魚→灑蔬菜片	1. 白果、白蘿蔔→煮味 2. 小黃瓜、香菇、水發魷魚→川燙 3. 爆香蒜頭、蔥白→紅辣椒→白果、其餘副食材、水發魷魚、蔥綠→調味料
刀工	20%	1. 牛後腿肉：絲 2. 蒜頭：碎 3. 其餘副材料：細絲	1. 黃魚：剞花刀 2. 副材料：小丁	1. 魷魚：剞花刀→片 2. 蒜頭：末 3. 蔥：斜段 4. 紅辣椒：菱形片 5. 其餘食材：菱形丁
火力	20%	川燙：中大火 炒：中大火	炸：中小火 溜：中小火	炒：中大火
調味重點	10%	鹹味	酸甜味	鹹味
盤飾	10%	芥菜片	小黃瓜片	紅蘿蔔片

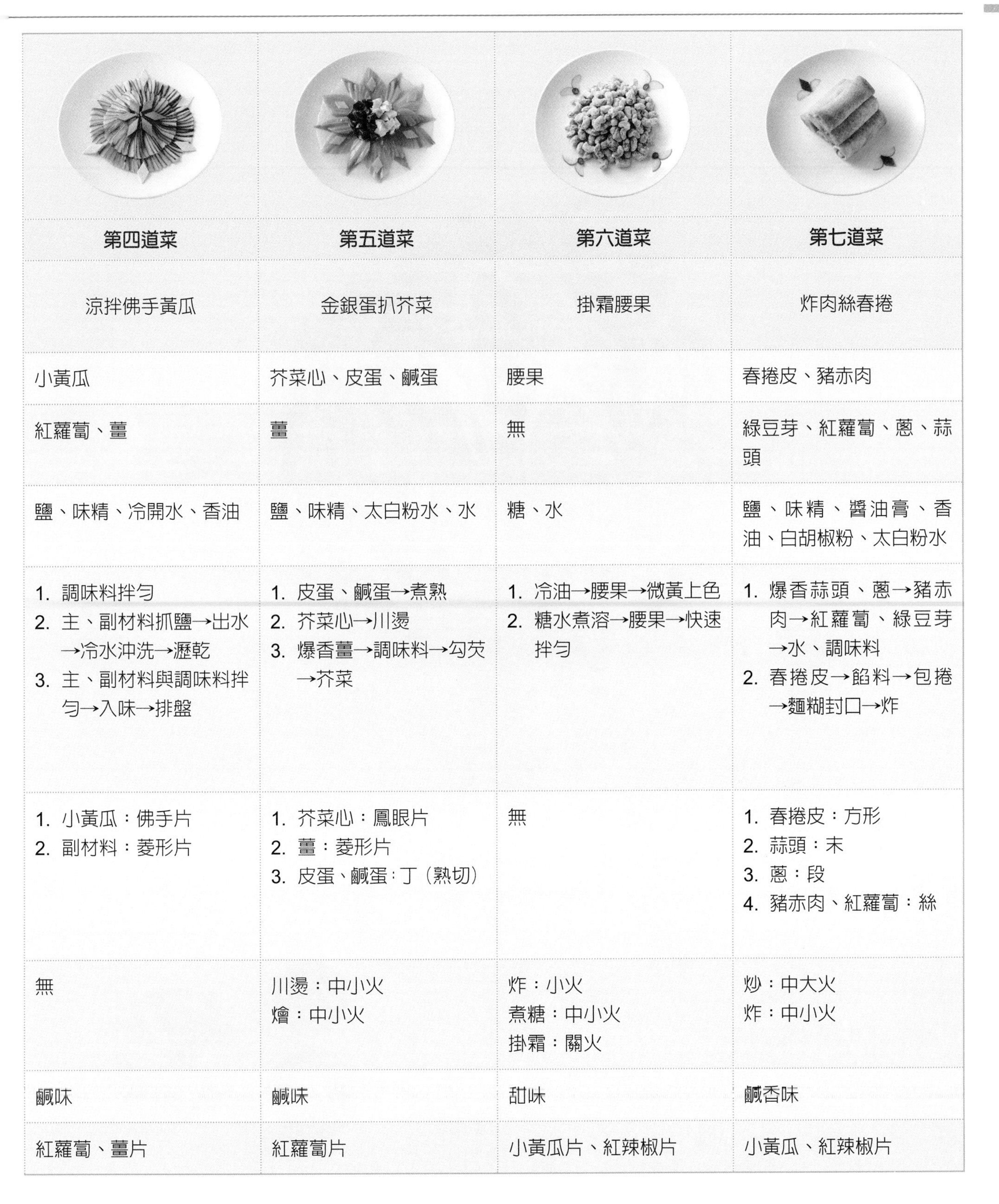

	第四道菜	第五道菜	第六道菜	第七道菜
	涼拌佛手黃瓜	金銀蛋扒芥菜	掛霜腰果	炸肉絲春捲
	小黃瓜	芥菜心、皮蛋、鹹蛋	腰果	春捲皮、豬赤肉
	紅蘿蔔、薑	薑	無	綠豆芽、紅蘿蔔、蔥、蒜頭
	鹽、味精、冷開水、香油	鹽、味精、太白粉水、水	糖、水	鹽、味精、醬油膏、香油、白胡椒粉、太白粉水
	1. 調味料拌勻 2. 主、副材料抓鹽→出水→冷水沖洗→瀝乾 3. 主、副材料與調味料拌勻→入味→排盤	1. 皮蛋、鹹蛋→煮熟 2. 芥菜心→川燙 3. 爆香薑→調味料→勾芡→芥菜	1. 冷油→腰果→微黃上色 2. 糖水煮溶→腰果→快速拌勻	1. 爆香蒜頭、蔥→豬赤肉→紅蘿蔔、綠豆芽→水、調味料 2. 春捲皮→餡料→包捲→麵糊封口→炸
	1. 小黃瓜：佛手片 2. 副材料：菱形片	1. 芥菜心：鳳眼片 2. 薑：菱形片 3. 皮蛋、鹹蛋：丁（熟切）	無	1. 春捲皮：方形 2. 蒜頭：末 3. 蔥：段 4. 豬赤肉、紅蘿蔔：絲
	無	川燙：中小火 燴：中小火	炸：小火 煮糖：中小火 掛霜：關火	炒：中大火 炸：中小火
	鹹味	鹹味	甜味	鹹香味
	紅蘿蔔、薑片	紅蘿蔔片	小黃瓜片、紅辣椒片	小黃瓜、紅辣椒片

201B-1 酸菜炒牛肉絲

主材料	牛後腿肉300克、酸菜心120克	前處理	1. 酸菜心剝葉、片約0.2公分薄片，再切成6×0.2公分絲（詳細步驟請參閱第50頁） 2. 薑、蔥、辣椒去籽，均切6×0.1公分細絲；蒜頭切末；芥菜刻4片心形片 3. 牛肉逆紋切6×0.3公分絲
副材料	薑40克、蔥2支、紅辣椒1支、蒜頭2瓣		
盤飾	芥菜心葉1片		
調味料	調味料（1）：醬油1小匙、白胡椒粉1/8小匙、香油1小匙、太白粉1大匙、水2大匙		
	調味料（2）：鹽1/2小匙、味精1/2小匙、白胡椒粉1/8小匙、米酒1小匙、香油1小匙、水2大匙		
調味重點	鹹味		
刀工	1. 牛後腿肉：絲 2. 蒜頭：碎 3. 其餘副材料：細絲		
火力	川燙：中大火 炒：中大火	作法（重點過程）	1. 牛後腿肉抓醃→過油 2. 酸菜→川燙 2. 爆香副材料→酸菜→牛肉→調味料
器皿	10吋圓盤		

作法

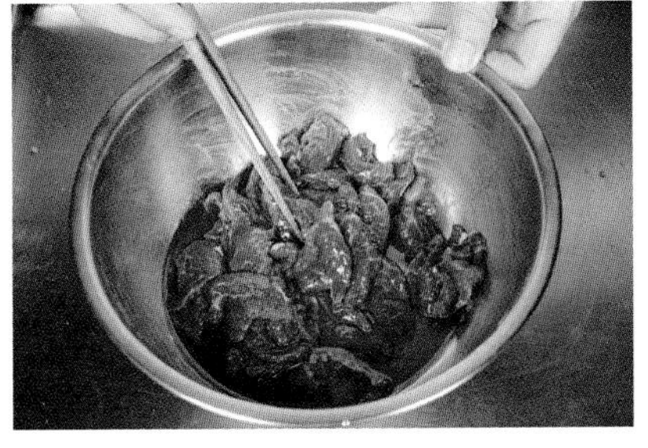

1 牛肉絲抓醃調味料（1）

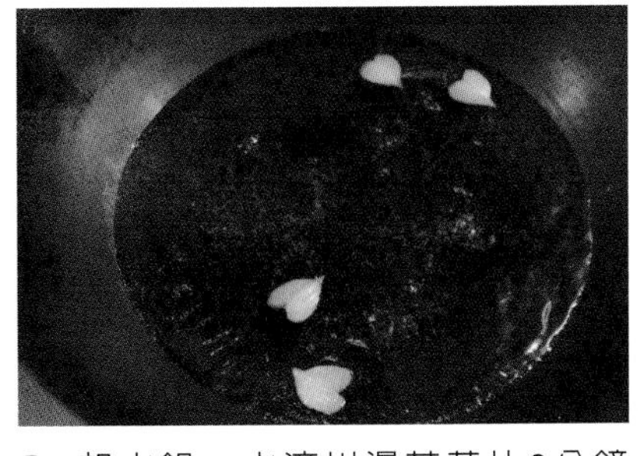

2 起水鍋，水滾川燙芥菜片3分鐘後、撈起，泡冷開水。滾水鍋續入酸菜絲，川燙1分鐘撈起、瀝乾

3 將醃好的牛肉絲拌入半杯油

4 起油鍋，以中低油溫入牛肉絲過油至熟，約20秒撈起瀝油

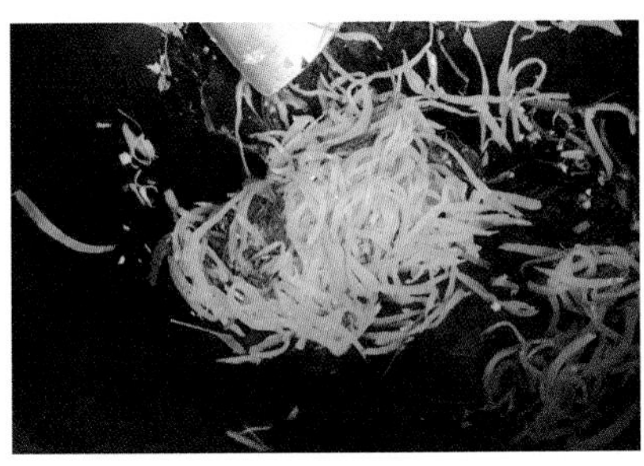

5 另鍋，入油1大匙爆香蒜末、蔥絲、薑絲、辣椒絲，入酸菜絲炒

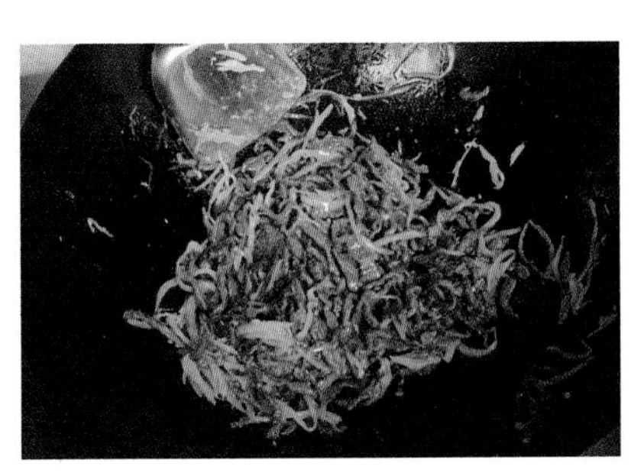

6 再入牛肉絲、調味料（2），快速拌炒均勻、盛盤，以芥菜心片盤飾即可

注意事項

1. 牛肉也可以川燙法熟製前處理，過油口感較滑潤，但須注意，牛肉絲變色即須撈起，以免肉質過老硬。入油溫勿過高，肉絲易成團不易散開。過油前拌入大量沙拉油，有助牛肉絲於油中迅速散開、不沾黏。
2. 酸菜絲川燙是為了燙去多餘的酸、鹹味，川煮後可先試吃酸鹹味，以免添加過多的調味料。

201B-2 松鼠黃魚

主材料	黃魚1條
副材料	乾香菇1個、青椒1/4個、紅辣椒1支、涼筍1/2個、洋蔥1/4個
盤飾	小黃瓜1/4條
調味料	調味料（1）：鹽1小匙、米酒2大匙
	調味料（2）：麵粉1/2杯、太白粉1/2杯
	調味料（3）：番茄醬4大匙、糖4大匙、水4大匙、白醋4大匙、鹽1/4小匙、太白粉水2大匙
調味重點	酸甜味
刀工	1. 黃魚：剞花刀 2. 副材料：小丁
火力	炸：中小火 溜：中小火
器皿	12吋橢圓盤

項目	內容
前處理	1. 乾香菇泡軟、去蒂、切0.8公分小方丁 2. 涼筍切0.8公分小方丁 3. 青椒、紅辣椒、洋蔥切0.8公分小丁片，小黃瓜切半圓薄片 4. 黃魚殺清，魚頭與魚身切開。魚身去骨，先直刀再斜刀，切十字剞花刀（詳細步驟請參閱第 45頁）
作法（重點過程）	1. 黃魚→拍粉→炸 2. 青椒、洋蔥、紅辣椒→過油 3. 爆香香菇、涼筍→番茄醬→其餘調味料→淋魚→灑蔬菜片

作法

1 起水鍋，水滾川燙小黃瓜片約5秒，撈起、泡冷開水

2 魚頭、魚身以調味料（1）抓醃，再均勻沾裹調味料（2）

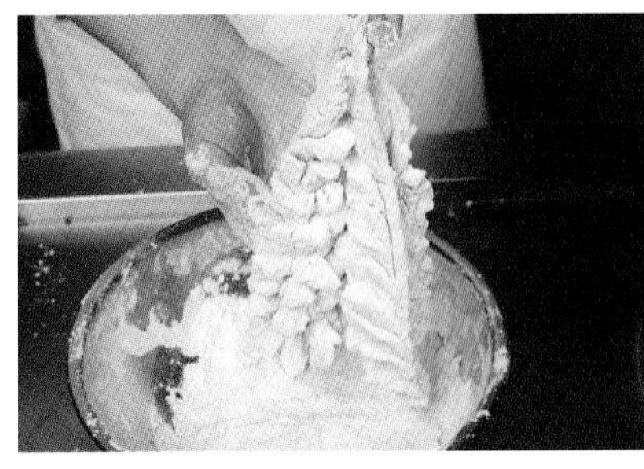

3 輕抖去除多餘粉料

4 起油鍋，中油溫入炸整好型的黃魚身約4分鐘，待熟且金黃上色後撈起瀝油，排入橢圓盤

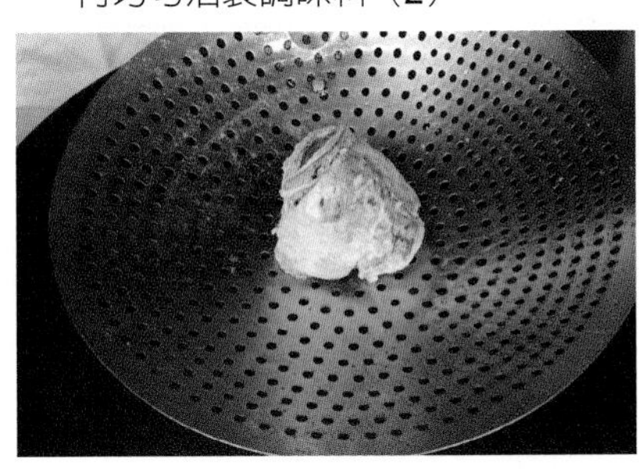

5 入魚頭炸約1分鐘，待熟且金黃上色後撈起瀝油，排入橢圓盤

6 撈除油中粉渣，再燒熱油溫，入炸青椒丁、洋蔥丁、紅辣椒丁片約5秒，撈起瀝油

7 另鍋，入1大匙油，小火爆香香菇丁、筍丁

8 入調味料（3）的番茄醬，約炒5秒

9 入其餘調味料，煮至濃稠後熄火，均勻淋於炸好的黃魚上，魚身中間放上已過油的青椒、洋蔥、紅辣椒片，以小黃瓜半圓片盤飾即可

注意事項

1. 魚頭以手壓扁有助成品較好站立於盤中。
2. 因魚肉切剞花刀紋須細心沾粉，建議先大部分沾裹一層粉料後，再橫向逐條刀紋翻開沾粉，最後再直向逐條翻開沾粉，可確保都有沾到粉料。
3. 沾好粉料整型時，將魚肚較薄處翻向外側，魚尾朝上，成品刀紋較明顯，置放於漏杓上以筷子控炸法比較保險，魚尾與魚肉較不易斷裂，但抓著魚尾使魚身先朝下入炸法，則可使魚肉外翻明顯，成品較為美觀有氣勢，不過有斷裂與噴濺到熱油的風險。
4. 此菜餚為炸溜法，芡汁須濃稠。
5. 所有材料若與糖醋醬同煮，則色澤全數被紅色掩蓋，且青椒易因醋酸導致變黃，故最後再鋪灑熟丁料可以使成品外觀色彩鮮明。
6. 松鼠魚炸好後魚身中間呈凹陷狀，可用副材料填補，但不建議隨處鋪灑，以免外觀較雜亂。
7. 201題組術科測試參考試題備註中提到，黃魚應保留魚頭、魚尾排列成全魚形狀。此菜餚並無歷史考究或硬性規定，魚的刀工處理是因俗成習，若將魚頭、尾分開，熟製、排盤亦符合題意。

201B-3 白果炒魷魚

主材料	水發魷魚1條、白果1/3罐
副材料	乾香菇1朵、小黃瓜1/2條、白蘿蔔100克、蒜頭1瓣、蔥1支、紅辣椒1支
盤飾	紅蘿蔔1/8條
調味料	調味料（1）：鹽1/2小匙、味精1/2小匙、糖1小匙、米酒1小匙、水2杯
	調味料（2）：鹽1/2小匙、味精1/2小匙、香油1小匙、太白粉水1/2小匙、水2大匙
調味重點	鹹味
刀工	1. 魷魚：剞花刀→片 2. 蒜頭：末 3. 蔥：斜段 4. 紅辣椒：菱形片 5. 其餘食材：菱形丁
火力	炒：中大火
器皿	10吋圓盤

項目	內容
前處理	1. 乾香菇泡軟去蒂切高1公分菱形丁 2. 魷魚洗淨，頭部觸腕與腕部切5公分段，鰭內面切直刀交叉十字剞花刀後分切四塊，肉身內面從中間透明角質內殼處直切兩半，分別切交叉十字剞花刀紋後，改切成8×4公分片（詳細步驟請參閱第46頁） 3. 小黃瓜直切三條去籽，再切高1公分菱形丁；白蘿蔔切高1公分、厚0.5公分菱形丁；蒜頭切末；蔥切斜段；紅辣椒去籽，切高1公分菱形片；紅蘿蔔切蝴蝶水花片6片
作法（重點過程）	1. 白果、白蘿蔔→煮味 2. 小黃瓜、香菇、水發魷魚→川燙 3. 爆香蒜頭、蔥白→紅辣椒→白果、其餘副食材、水發魷魚、蔥綠→調味料

作法

1 鍋入調味料（1）煮滾，入白果、白蘿蔔，以小火煮5分鐘，撈起、瀝乾

2 起水鍋，水滾川燙紅蘿蔔水花片約15秒，撈起泡冷開水

3 滾水鍋續入小黃瓜、香菇丁川燙約15秒，撈起、瀝乾

4 滾水鍋續川燙魷魚至熟，約1分鐘，撈起、瀝乾

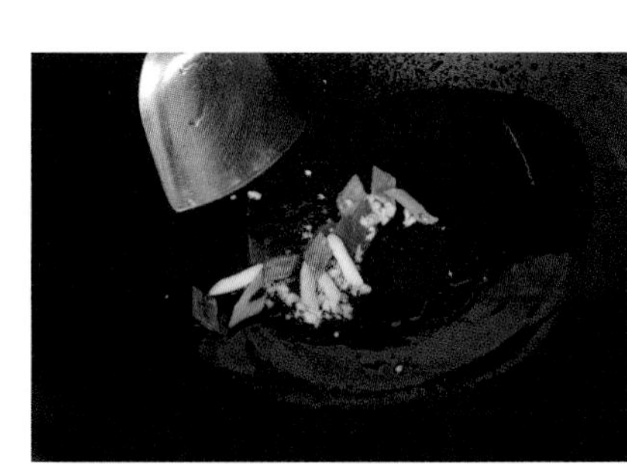

5 另鍋，入油1大匙爆香蒜末、蔥白段、紅辣椒片

6 入白果、白蘿蔔、小黃瓜、香菇丁、魷魚、蔥綠段、調味料（2），快速拌炒均匀後盛盤，以紅蘿蔔水花片盤飾即可

注意事項

1. 此為爆炒菜餚，添加一點薄太白粉水有助調味汁的附著，但不可添加過多，以免成燴不符題意。
2. 不建議白胡椒粉一起入炒，易使成品外觀看起來髒髒的。
3. 罐頭白果已熟，可直接川燙後入炒。
4. 此菜盛盤時，建議先將魷魚的頭部觸腕盛入盤中，作為墊底，再將切花刀的魷魚捲排於上方，較能呈現刀工美感。

201B-4 涼拌佛手黃瓜

主材料	小黃瓜3條
副材料	紅蘿蔔1/8條、薑30克
盤飾	副材料
調味料	調味料（1）：鹽1小匙 調味料（2）：鹽1小匙、味精1小匙、冷開水半杯、香油1/2小匙
調味重點	鹹味
刀工	1. 小黃瓜：佛手片 2. 副材料：菱形片
火力	無
器皿	10吋圓盤

項目	內容
前處理	薑、紅蘿蔔切厚0.2公分菱形片；小黃瓜以直切對剖成兩半，再切成5～6公分段，每段切兩個五連刀片（佛手片）切完（詳細步驟請參閱第48頁）
作法（重點過程）	1. 調味料拌勻 2. 主、副材料抓鹽→出水→冷水沖洗→瀝乾 3. 主、副材料與調味料拌勻→入味→排盤

作法

1 調味料（2）入碗公，攪拌至顆粒溶解

2 小黃瓜、薑、紅蘿蔔以調味料（1）拌勻，待出水（約20分鐘）

3 以冷開水沖洗乾淨並瀝乾

4 小黃瓜入碗公與調味料拌勻醃漬1小時後

5 排盤（詳細步驟請參閱第53頁），即可

注意事項

1. 涼拌沒有限定要什麼風味，方法較廣，建議不要調有醋酸的糖醋味，以降低小黃瓜變黃的機率。
2. 本法爲一般生醃法，即抓鹽、去澀水後，醃漬入味。也可用生食砧板切好佛手片後，入滾水川燙約 5 秒，沖冷，再醃漬的熟醃法操作，但須注意小黃瓜川燙僅是殺菁，川燙過熟易透明、軟爛，失去脆性。

201B-5 金銀蛋扒芥菜

主材料	芥菜心1顆、鹹蛋1粒、皮蛋1粒
副材料	薑30克
盤飾	紅蘿蔔1/8條
調味料	鹽1/2小匙、味精1/2小匙、太白粉水1.5大匙、水1杯
調味重點	鹹味
刀工	1. 芥菜心：鳳眼6片 2. 薑：菱形片 3. 皮蛋、鹹蛋：丁（熟切）
火力	川燙：中小火 燴：中小火
器皿	12吋圓盤

項目	內容
前處理	1. 薑切菱形片、芥菜心剪修為11×6、8×4公分鳳眼形各6片（詳細步驟請參閱第49頁）、紅蘿蔔切箏形水花片6片 2. 起冷水鍋（蓋過蛋），入鹹蛋、皮蛋煮，待水滾後轉小火約煮12分鐘，撈出以衛生手法剝殼，再分別切1.5公分丁狀
作法（重點過程）	1. 皮蛋、鹹蛋→煮熟 2. 芥菜心→川燙 3. 爆香薑→調味料→勾芡→芥菜

作法

1 起水鍋，水滾川燙芥菜心片至熟，約6分鐘，撈起。滾水續入紅蘿蔔水花片約燙15秒，撈起、瀝乾、泡冷開水

2 另鍋，入香油1大匙爆香薑片，入調味料煮滾、勾芡

3 入芥菜心、紅蘿蔔水花片，小火約煮15秒，即可熄火

4 依序將芥菜心片、薑片、紅蘿蔔水花片整齊排入盤中

5 分別排入鹹蛋、皮蛋丁

6 最後淋上適量燴芡即可

注意事項

1. 烹調法「扒」原是指食材整齊排在鍋中燴煮並勾芡，然後原形滑入盤中，再稍做整理即可，但此菜在外觀與技術上須做取捨，以熟前處理後先排於盤，再淋芡汁可保整齊美觀，金銀雙蛋丁要是入鍋與芥菜心片同燴，肯定會碎散且染糊芡汁。
2. 皮蛋要煮熟，再切丁才能保有完整性，蛋黃亦不會到處沾黏。
3. 此菜盛盤時，宜先排入大片的芥菜心片，作爲定位，再排入小片的芥菜心片，再排其他材料，鹹蛋丁與皮蛋丁則排於中間。
4. 此菜的芡汁以蓋過芥菜片爲原則。
5. 如果在夏季應考，考場因芥菜缺貨，可改提供澎湖絲瓜。澎湖絲瓜的操作：
   （1）前處理－削皮：先削稜角處的表皮，削至稜角處的底部，再削除剩餘的澎湖絲瓜表皮。削皮時只削去外表皮，切勿將所有的綠色瓜肉層也削掉。
   （2）刀工－切菱形塊或長條塊：將去皮的澎湖絲瓜分切成 4 直條，平切去籽，斜切成菱形塊，或直切成長條塊。
   （3）烹調：以金銀蛋扒芥菜的作法調整。步驟 1，將芥菜心片換成澎湖絲瓜塊，入滾水川燙時間改 40 秒～ 1 分鐘，撈起，續川燙紅蘿蔔水花片 15 秒。步驟 3 ～ 6，將芥菜心片換成澎湖絲瓜塊，烹調方式不變。

201B-6 掛霜腰果

主材料	腰果250克
副材料	無
盤飾	小黃瓜1/8條、辣椒1/8支
調味料	糖2/3杯、水1/4杯
調味重點	甜味
刀工	無
火力	炸：小火 煮糖：中小火 掛霜：關火
器皿	10吋圓盤

前處理	小黃瓜切半圓薄片8片、辣椒切圓片4片
作法（重點過程）	1. 冷油→腰果→微黃上色 2. 糖水煮溶→腰果→快速拌勻

作法

1 起水鍋，水滾入小黃瓜片、辣椒片，川燙約5秒，撈起泡冷開水

2 起油鍋，冷油即倒入腰果

3 以漏勺墊於鍋底，開火慢慢加熱

4 小火炸至微黃，約6分鐘，腰果撈起瀝油，倒開炸油

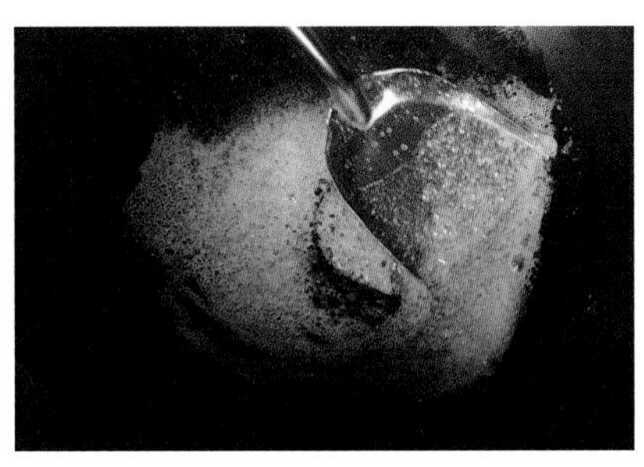

5 原鍋加糖、水1/4杯，小火煮到溶糖，待水分蒸散，熄火

6 入腰果，快速且不間斷地攪拌均勻，使每粒腰果均勻裹上糖漿

7 待全數腰果變白色後盛盤，以小黃瓜片、辣椒圓片盤飾

注意事項

1. 掛霜糖漿比拔絲易成功，僅須將水分完全煮至揮發，即可成功，水分若未完全揮發即下腰果，糖霜易呈半透明狀，不會雪白。
2. 糖漿煮好後，即熄火或離火是為了讓糖漿冷卻，隨著翻拌動作拌入冷空氣，才能迅速結霜。
3. 入腰果後一開始要慢慢攪拌均勻，使腰果能全包裹糖漿，待糖漿開始反白結霜時，即迅速翻拌，這樣能使腰果粒粒分開且均勻裹上糖霜，掛霜最後階段若翻拌速度太慢，結霜後就黏住成團，會結成好幾小團的腰果糖團，此時再施力鏟開易使腰果碎裂且上霜不均了。
4. 成品剛做好，食用時口感較軟不好吃，待涼後才變硬脆。
5. 炸腰果或富含油脂的堅果類時，要控制好油溫，炸好撈起後中心溫度仍會使其繼續作用變深色，所以不能炸到剛好色澤，要炸至偏淡金黃色，這樣後熟才不至於太深色或變黑。
6. 腰果洗淨後不建議泡水或川煮，會增加油炸時間不易掌控生熟。
7. 油炸時漏杓墊油鍋底，可避免腰果直接接觸鍋底易焦色，油炸時不斷攪拌也可達相同效果。

201B-7 炸肉絲春捲

主材料	春捲皮8張、豬赤肉80克
副材料	綠豆芽70克、紅蘿蔔1/4條、蔥2支、蒜頭2瓣
盤飾	小黃瓜1/8條、紅辣椒1/4支
調味料	調味料（1）：鹽1/4小匙、味精1/2小匙、醬油膏1大匙、香油1小匙、白胡椒粉1/6小匙、太白粉水2小匙
	調味料（2）：麵粉2大匙、水2大匙
調味重點	鹹香味
刀工	1. 春捲皮：方形 2. 蒜頭：末 3. 蔥：段 4. 豬赤肉、紅蘿蔔：絲
火力	炒：中大火 炸：中小火
器皿	10吋橢圓盤

項目	內容
前處理	1. 調味料（2）調成濃稠麵糊 2. 春捲皮切類方形（詳細步驟請參閱第49頁），以塑膠袋或保鮮膜封好備用 3. 綠豆芽摘去尾部、紅蘿蔔切5×0.2公分絲、蔥切2公分段、蒜頭切末、小黃瓜半圓薄片4片、紅辣椒去籽切菱形片2片 4. 豬赤肉切5×0.3公分絲
作法（重點過程）	1. 爆香蒜頭、蔥→豬赤肉→紅蘿蔔、綠豆芽→水、調味料 2. 春捲皮→餡料→包捲→麵糊封口→炸

作法

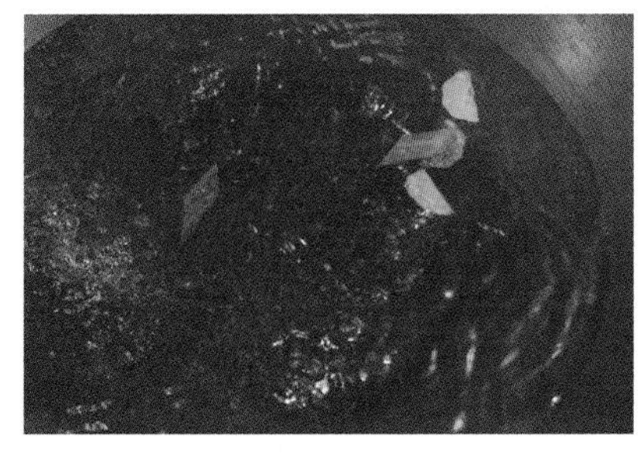

1 起水鍋，水滾入小黃瓜片、紅辣椒片川燙約5秒，撈起、泡冷開水

2 鍋入油3大匙，爆香蒜末、蔥段，入炒肉絲至熟

3 入紅蘿蔔、綠豆芽、水3大匙炒熟，以調味料（1）調味，起鍋盛於配菜盤待涼

4 桌面鋪保鮮膜，春捲皮轉成菱形放置，取適量炒好的餡料，放靠近操作者端

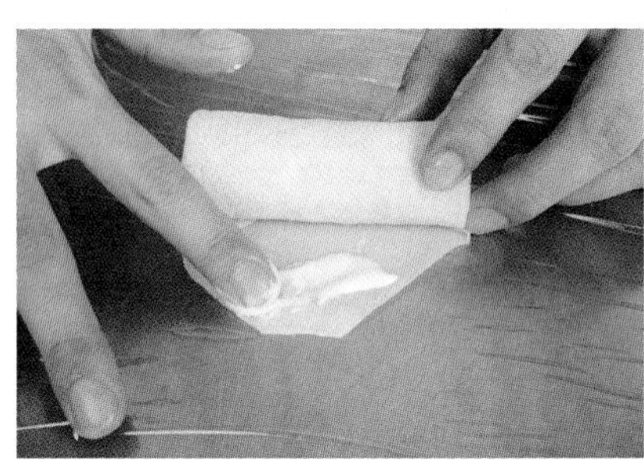

5 春捲皮向上捲起，將兩側餅皮往中間折，再捲起，麵皮最前端處塗抹麵糊、封口，至少製作6捲（詳細步驟請參閱第52頁）

6 起油鍋，中油溫入炸至外表金黃酥脆，撈起、瀝油、排盤，最後以小黃瓜片、紅辣椒片盤飾即可

注意事項

1. 春捲內餡宜濾掉湯汁，湯汁過多易使春捲皮快速受潮而破損，包捲後若兩側有破裂，又沒有多餘的麵皮時，可在兩側沾補麵糊入炸，以免餡料邊炸邊爆出來。
2. 炸油加溫時以鍋鏟或漏杓攪動，使溫度均勻上升，入炸春捲時也要不斷的翻動春捲，才能相輔相成，炸出外表均勻上色的金黃餅皮。

201C 製作報告表

項目		第一道菜	第二道菜	第三道菜
菜名 評分標準		炒牛肉鬆	拆燴黃魚羹	椒鹽魷魚
主材料	10%	牛後腿肉	黃魚	水發魷魚
副材料	5%	乾香菇、涼筍、燒賣皮、蒜頭、蔥、馬蹄、紅蘿蔔、西生菜	乾香菇、盒裝豆腐、涼筍、紅蘿蔔、蔥、雞蛋	蔥、蒜頭、紅辣椒、薑
調味料	5%	鹽、味精、白胡椒、米酒	鹽、味精、太白粉水、香油、米酒	鹽、味精、白胡椒粉
作法（重點過程）	20%	1. 牛後腿肉抓醃→拌油→過油 2. 燒賣皮→炸酥脆 3. 爆香蒜末、蔥花、香菇→其餘蔬菜粒→水→牛後腿肉→調味料→盛於燒賣皮上	1. 蛋白打勻 2. 黃魚蒸熟→涼→刮魚肉 3. 香菇、涼筍、紅蘿蔔→川燙 4. 水滾→調味→勾芡→蛋白→所有食材	1. 魷魚→川燙→擦乾水分→灑粉→炸 2. 爆香副材料→魷魚→調味料
刀工	20%	1. 燒賣皮：寬絲 2. 蒜頭：末 3. 蔥：蔥花 4. 牛後腿肉：碎粒 5. 西生菜：碗狀片 6. 其餘副食材：粒	1. 香菇：丁 2. 蔥：蔥花 3. 豆腐、涼筍、紅蘿蔔：丁片 4. 黃魚：兩片魚淨肉	1. 魷魚：剞花刀→片 2. 蒜頭、辣椒、薑：末 3. 蔥：細蔥花
火力	20%	過油：中小火 炸：中大火 炒：中大火	蒸：大火 羹：中小火	川燙：中大火 炸：中大火 炒：小火
調味重點	10%	鹹味	鹹鮮味	鹹鮮味
盤飾	10%	大黃瓜片	無	大黃瓜片

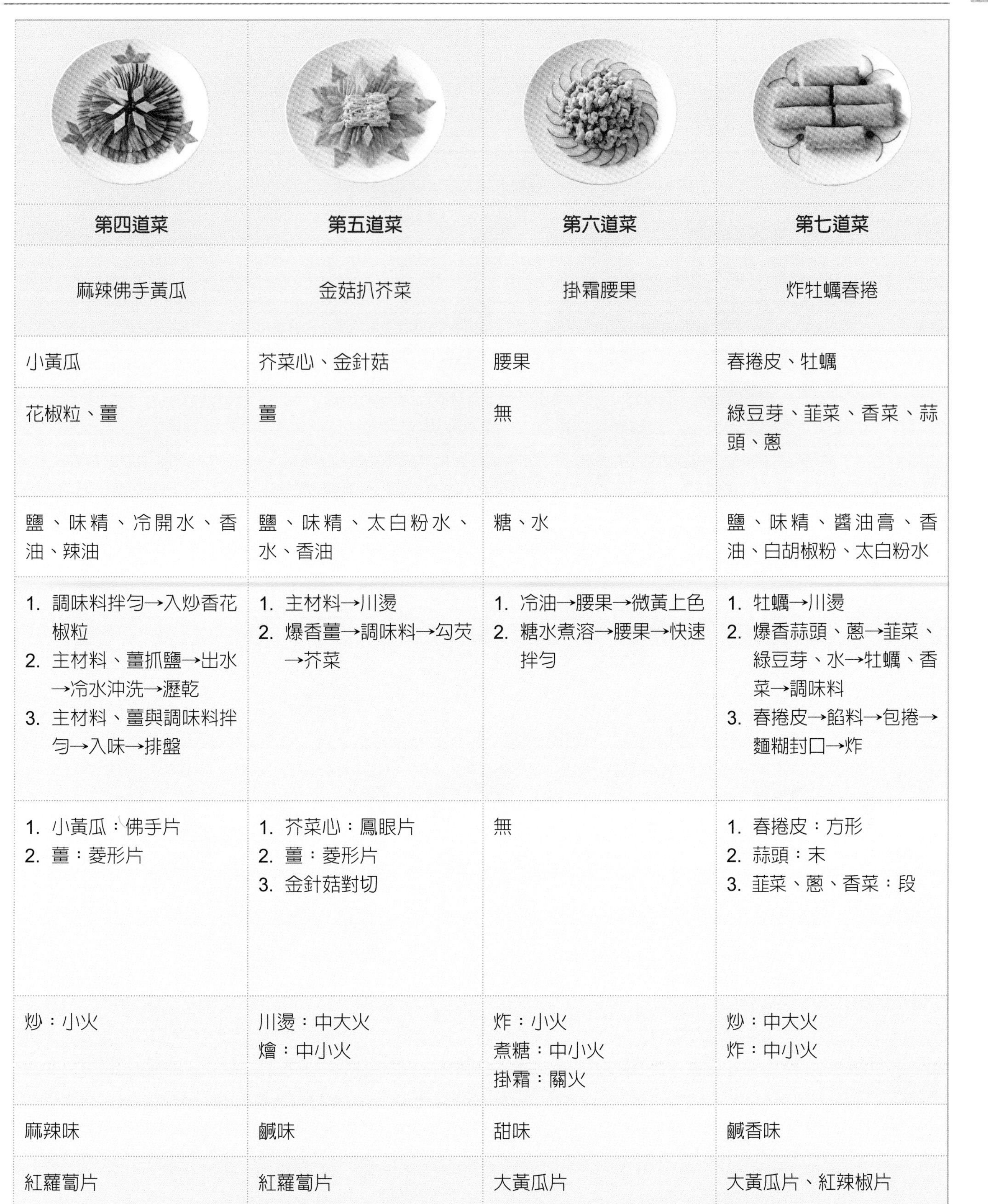

第四道菜	第五道菜	第六道菜	第七道菜
麻辣佛手黃瓜	金菇扒芥菜	掛霜腰果	炸牡蠣春捲
小黃瓜	芥菜心、金針菇	腰果	春捲皮、牡蠣
花椒粒、薑	薑	無	綠豆芽、韮菜、香菜、蒜頭、蔥
鹽、味精、冷開水、香油、辣油	鹽、味精、太白粉水、水、香油	糖、水	鹽、味精、醬油膏、香油、白胡椒粉、太白粉水
1. 調味料拌勻→入炒香花椒粒 2. 主材料、薑抓鹽→出水→冷水沖洗→瀝乾 3. 主材料、薑與調味料拌勻→入味→排盤	1. 主材料→川燙 2. 爆香薑→調味料→勾芡→芥菜	1. 冷油→腰果→微黃上色 2. 糖水煮溶→腰果→快速拌勻	1. 牡蠣→川燙 2. 爆香蒜頭、蔥→韮菜、綠豆芽、水→牡蠣、香菜→調味料 3. 春捲皮→餡料→包捲→麵糊封口→炸
1. 小黃瓜：佛手片 2. 薑：菱形片	1. 芥菜心：鳳眼片 2. 薑：菱形片 3. 金針菇對切	無	1. 春捲皮：方形 2. 蒜頭：末 3. 韮菜、蔥、香菜：段
炒：小火	川燙：中大火 燴：中小火	炸：小火 煮糖：中小火 掛霜：關火	炒：中大火 炸：中小火
麻辣味	鹹味	甜味	鹹香味
紅蘿蔔片	紅蘿蔔片	大黃瓜片	大黃瓜片、紅辣椒片

201C-1 炒牛肉鬆

主材料	牛後腿肉300克
副材料	乾香菇2朵、涼筍1/4個、燒賣皮10張、蒜頭2粒、蔥1支、馬蹄2粒、紅蘿蔔1/6條、西生菜1/6個
盤飾	大黃瓜1/8條
調味料	調味料（1）：醬油2小匙、白胡椒粉1/8小匙、太白粉1大匙、香油1小匙、水2大匙
	調味料（2）：鹽1/2小匙、味精1/2小匙、白胡椒粉1/8小匙、米酒1小匙
調味重點	鹹味
刀工	1. 燒賣皮：寬絲 2. 蒜頭：末 3. 蔥：蔥花 4. 牛後腿肉：碎粒 5. 西生菜：碗狀片 6. 其餘副食材：粒
火力	過油：中小火 炸：中大火 炒：中大火
器皿	12吋圓盤（牛肉鬆）、10吋圓盤（生菜葉）

項目	內容
前處理	1. 乾香菇泡軟去蒂切0.3公分粒狀 2. 涼筍切0.3公分粒狀、燒賣皮切0.3公分寬絲 3. 蒜頭切末、蔥切蔥花、馬蹄、紅蘿蔔切0.3公分粒狀、大黃瓜切去籽月牙薄片、西生菜以衛生手法修剪呈直徑約10公分碗狀片6片（詳細步驟請參閱第50頁）後瀝乾排盤，並以保鮮膜封起 4. 牛肉切0.3公分碎粒狀
作法（重點過程）	1. 牛後腿肉抓醃→拌油→過油 2. 燒賣皮→炸酥脆 3. 爆香蒜末、蔥花、香菇→其餘蔬菜粒→水→牛後腿肉→調味料→盛於燒賣皮上

作法

1 起水鍋，水滾川燙大黃瓜片約5秒，撈起、泡冷開水

2 牛肉切粒以調味料（1）抓醃，倒入半杯沙拉油拌勻

3 起油鍋，燒至低油溫，入牛肉過油至熟，約40秒，撈起、瀝油

4 另起油鍋，燒熱油至中高油溫，入炸燒賣皮絲至金黃酥脆，撈起、瀝油，排盤

5 另鍋，入油1大匙，爆香蒜末、蔥花、香菇

6 入炒馬蹄、紅蘿蔔、涼筍粒、水3大匙

7 入牛肉、調味料（2）拌炒均勻，盛於燒賣皮上，以大黃瓜月牙片盤飾，附上西生菜即可

注意事項

1. 牛肉切絲後切粒，不可使用刀剁，易大小不均。
2. 「鬆」大小爲一般的粒狀，是指刀工特徵與丁相同是立方，比丁小，丁的範圍 0.8 ～ 2 公分，粒的範圍是 0.1 ～ 0.5 公分，但是此菜炒起確實有鬆散爽脆口感與樣貌，易被誤認爲是指口感。
3. 牛肉過油或川燙法皆可，都須注意火侯與時間的掌控。
4. 西生菜洗滌時須先戴上手套，處理時先剪下蒂頭，放入碗公以礦泉水沖洗一下，剝葉再以剪刀修剪，修剪剩餘須放置考場回收區。
5. 同組有炸春捲，春捲皮會切修成類方形，切除的春捲皮可切成絲狀代替燒賣皮。
6. 盛盤時應注意擺放層次，炸燒賣皮絲要露於炒好牛肉鬆的外圍。

201C-2 拆燴黃魚羹

主材料	黃魚1條
副材料	乾香菇2朵、盒裝豆腐1/2盒、涼筍1/4個、紅蘿蔔條1/6條、蔥1支、雞蛋1個
盤飾	無
調味料	調味料（1）：鹽1/2小匙、米酒2大匙 調味料（2）：鹽1.5小匙、味精1小匙、太白粉水1/4杯、香油1小匙、米酒1大匙
調味重點	鹹鮮味
刀工	1. 香菇：丁 2. 蔥：蔥花 3. 豆腐、涼筍、紅蘿蔔：丁片 4. 黃魚：兩片魚淨肉
火力	蒸：大火 羹：中小火
器皿	10吋羹盤

前處理	1. 乾香菇泡軟去蒂，片薄，切0.8公分小方丁片 2. 豆腐修去周圍盒紋後，切0.8公分正方厚0.2公分小方丁片、涼筍切0.8公分正方厚0.2公分小方丁片 3. 紅蘿蔔切0.8公分正方厚0.2公分小方丁片、蔥切0.2公分蔥花 4. 雞蛋以三段式打蛋法取蛋白，打勻去除多餘浮沫 5. 黃魚殺清，取下兩片魚淨肉
作法（重點過程）	1. 蛋白打勻 2. 黃魚蒸熟→涼→刮魚肉 3. 香菇、涼筍、紅蘿蔔→川燙 4. 水滾→調味→勾芡→蛋白→所有食材

作法

1 魚淨肉抓醃調味料（1）

2 魚皮朝下鋪於配菜盤，以大火入蒸8分鐘，取出倒除湯汁、待涼

3 以湯匙將魚肉刮下呈小碎塊狀

4 起水鍋，水滾川燙香菇、涼筍、紅蘿蔔約2分鐘，撈起

5 另鍋，入水約七分滿羹盤量，開火煮滾，以鹽、味精調味後，入太白粉水勾濃芡

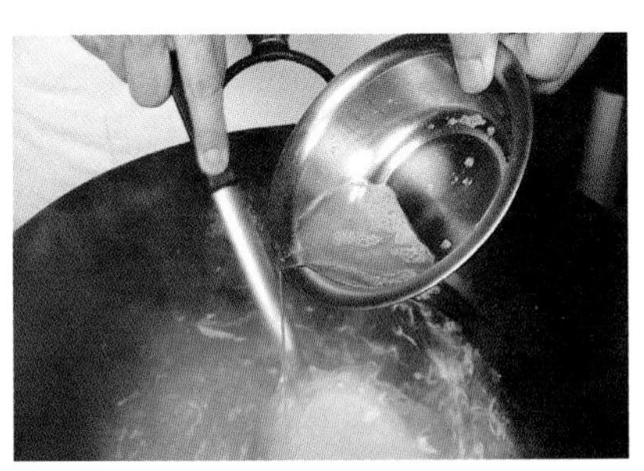

6 轉小火，以湯杓底接觸鍋底，快速推轉湯杓，慢慢倒入蛋白，使呈蛋白絲

7 入所有材料，輕輕混匀，加入香油，輕拌匀，盛盤即可

注意事項

1. 副材料切小丁亦可，切小丁片較容易飄浮於羹湯中，賣相較好。
2. 魚肉中的細刺須邊刮邊仔細檢查、剔除。
3. 蛋白絲可讓成品有豐富感，但須快速攪拌時入羹中。利用拉力將蛋白拉細，當然也須要配合打散程度，量也不能過多，會使湯變糊。此外，蛋白不能在加入易碎食材後才製做，以免食材破碎不成型。此羹湯宜做出可透見食材的透明羹芡。
4. 建議香菇不要在湯羹中煮過久，以免黑色素影響羹的透明度，故先川燙再入羹。
5. 拆剝魚肉時，因魚皮朝下入蒸，蒸熟後會黏在配菜盤中，再加上黃魚肉質地鬆散，所以易操作。
6. 羹中有豆腐與魚肉等易碎食材，攪拌時須非常輕盈，才能保持食材完整。
7. 出菜前可用湯匙或筷子在羹中做同方向稍微旋轉的攪動動作，使羹湯外觀有漩渦感較為美觀。

201C-3 椒鹽魷魚

主材料	水發魷魚1條
副材料	蔥1支、蒜頭3瓣、紅辣椒1支、薑10克
盤飾	大黃瓜1/8條
調味料	調味料（1）：太白粉2大匙 調味料（2）：鹽1/2小匙、味精1/2小匙、白胡椒粉1/2小匙
調味重點	鹹鮮味
刀工	1. 魷魚：剞花刀→片 2. 蒜頭、辣椒、薑：末 3. 蔥：細蔥花
火力	川燙：中大火 炸：中大火 炒：小火
器皿	10吋圓盤
前處理	1. 魷魚洗淨，頭部觸腕與腕部切5公分段，鰭內面切直刀交叉十字剞花刀，分切四塊，肉身內面從中間透明角質內殼處直切兩半，分別切交叉十字剞花刀紋，再切8×4公分片（詳細步驟請參閱第46頁） 2. 蔥切0.1公分細蔥花，蒜頭切末，紅辣椒去籽切末，薑切末，大黃瓜去籽、切鋸齒月牙薄片
作法（重點過程）	1. 魷魚→川燙→擦乾水分→灑粉→炸 2. 爆香副材料→魷魚→調味料

作法

1 起水鍋，水滾川燙大黃瓜薄片，約5秒，撈起、泡冷開水

2 滾水鍋續川燙魷魚約1分鐘至熟，撈起、瀝乾

3 擦乾魷魚外表水分

4 均勻灑上調味料（1）

5 起油鍋，燒至7～8成高油溫，入魷魚炸約10～15秒，至外表金黃微焦，撈起瀝油

6 另鍋，入油1大匙，爆香細蔥花、蒜末、紅辣椒末、薑末，入魷魚、調味料（2），以小火拌炒均勻，擺上大黃瓜片盤飾即可

注意事項

1. 魷魚是全水發的產品，已吸飽了水，放置仍會持續出水，建議此菜餚不要太早操作。炸前擦乾外表水分，是爲了避免沾上太厚的粉層，一旦高溫油炸易油爆，入炸時須立即以漏勺檔於油面上方，防止劇烈的油爆。
2. 油炸物有油爆的可能性時，避免炸物慢慢入油鍋，確實、快速一次倒入，並立刻以漏勺擋住油面，待成品快好時再翻動。
3. 秒數僅是參考，還是須依實際油溫而定，切記不能低油溫入炸，以免粉料脫除且易含油，也不能使油溫過高至發煙點，以免危險。
4. 此菜盛盤時，建議先將魷魚的頭部觸腕盛入盤中，作爲墊底，再將切花刀的魷魚捲排於上方，較能呈現刀工美感。

201C-4 麻辣佛手黃瓜

主材料	小黃瓜3條
副材料	花椒粒2小匙、薑30克
盤飾	紅蘿蔔1/8條
調味料	調味料（1）：鹽1小匙 調味料（2）：鹽1/2小匙、味精1/2小匙、冷開水半杯、香油1/2小匙、辣油1小匙
調味重點	麻辣味
刀工	1. 小黃瓜：佛手片 2. 薑：菱形片
火力	炒：小火
器皿	10吋圓盤

項目	內容
前處理	薑切菱形片、紅蘿蔔切菱形片9片；小黃瓜直切對剖成兩半，再切成5～6公分段，每段切兩個五連刀片（佛手片，詳細步驟請參閱第48頁），切完
作法（重點過程）	1. 調味料拌勻→入炒香花椒粒 2. 主材料、薑抓鹽→出水→冷水沖洗→瀝乾 3. 主材料、薑與調味料拌勻→入味→排盤

作法

1 調味料（2）入碗公，拌勻至顆粒溶解

2 乾鍋入花椒粒，炒香，泡入碗公中

3 小黃瓜、薑、紅蘿蔔以調味料（1）拌勻

4 待出水（約20分鐘）

5 以冷開水沖洗乾淨並瀝乾

6 小黃瓜入拌勻的調味料中拌勻，醃漬約1小時，再排盤（詳細步驟請參閱第53頁）即可

注意事項

1. 此菜有辣油，紅色汁液相當明顯，故成品入味後須瀝乾醃汁再排盤，以免盤面因流動湯汁染髒。
2. 花椒是麻、辣油是辣味，花椒粒可自行決定是否入盤，並無硬性規定，但若短時間不容易入味，還是放上少許花椒粒可讓評審知道有添加。
3. 本法爲一般生醃法，即抓鹽、去澀水後，醃漬入味。也可用生食砧板切好佛手片後，入滾水川燙 5 秒後沖冷再醃漬的熟醃法操作，但須注意小黃瓜川燙僅是殺菁，過熟則變爛，成品透明軟爛失去脆性。

201C-5 金菇扒芥菜

主材料	芥菜心1顆、金針菇半包
副材料	薑40克
盤飾	紅蘿蔔1/8條
調味料	鹽1/2小匙、味精1/2小匙、太白粉水2大匙、水1杯、香油1小匙
調味重點	鹹味
刀工	1. 芥菜心：鳳眼片 2. 薑：菱形片 3. 金針菇：對切
火力	川燙：中大火 燴：中小火
器皿	12吋圓盤

前處理	薑切菱形片；芥菜心剪修為11×6、8×4公分鳳眼形，各6片（詳細步驟請參閱第49頁）；金針菇切去尾部約1公分，再對切；紅蘿蔔切勝利形水花片6片
作法（重點過程）	1. 主材料→川燙 2. 爆香薑→調味料→勾芡→芥菜

作法

1 起水鍋，水滾川燙芥菜心片約6分鐘至熟，撈起

2 金針菇以漏勺排齊，入滾水鍋川燙約15秒至熟，撈起；續川燙紅蘿蔔水花片15秒，撈起、瀝乾

3 另鍋，入油1大匙，爆香薑片，入調味料煮滾，勾芡後入芥菜心，小火入煮15秒，即可熄火

4 依序整齊的將芥菜心片、薑片排入盤中

5 鋪上金針菇

6 再淋上適量燴芡，以紅蘿蔔水花片盤飾即可

注意事項

1. 烹調法「扒」原是指食材整齊排在鍋中燴煮並勾芡，然後原形滑入盤中，再稍做整理即可。
2. 此菜正統做法是材料川燙後入鍋排齊燒煮、勾芡，然後滑入盤中，所以金針菇會呈現亂絲狀，但是在外觀與技術上須做取捨，故以熟前處理後先排於盤後，淋芡汁可保整齊美觀。
3. 此菜盛盤時，宜先排入大片的芥菜心片，作為定位，再排入小片的芥菜心片，再排其他材料，金針菇則排於中間。
4. 此菜的芡汁以蓋過芥菜片為原則。
5. 如果在夏季應考，考場因芥菜缺貨，可改提供澎湖絲瓜。澎湖絲瓜的操作：
   (1) 前處理－削皮：先削稜角處的表皮，削至稜角處的底部，再削除剩餘的澎湖絲瓜表皮。削皮時只削去外表皮，切勿將所有的綠色瓜肉層也削掉。
   (2) 刀工－切菱形塊或長條塊：將去表皮的澎湖絲瓜分切成 4 直條，平切去籽，斜切成菱形塊，或直切成長條塊。
   (3) 烹調：以金菇扒芥菜的作法調整。步驟 1，將芥菜心片換成澎湖絲瓜塊，入滾水川燙時間改 40 秒～ 1 分鐘，撈起。步驟 3 ～ 6，將芥菜心片換成澎湖絲瓜塊，烹調方式不變。

201C-6 掛霜腰果

主材料	腰果250克	前處理	大黃瓜切半圓薄片
副材料	無		
盤飾	大黃瓜1/8條		
調味料	糖2/3杯、水1/4杯		
調味重點	甜味		
刀工	無		
火力	炸：小火 煮糖：中小火 掛霜：關火	作法（重點過程）	1. 冷油→腰果→微黃上色 2. 糖水煮溶→腰果→快速拌勻
器皿	10吋圓盤		

作法

1 起水鍋，水滾入大黃瓜，川燙約5秒，撈起泡冷開水

2 起油鍋，冷油即倒入腰果

3 以漏勺墊於鍋底，開火慢慢加熱

4 小火炸至微黃，約6分鐘，腰果撈起瀝油，炸油倒開

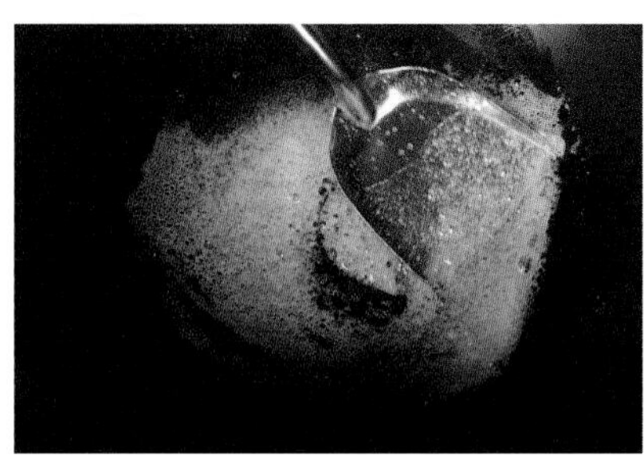

5 原鍋加糖、水1/4杯，小火煮到溶糖，待水分蒸散，熄火

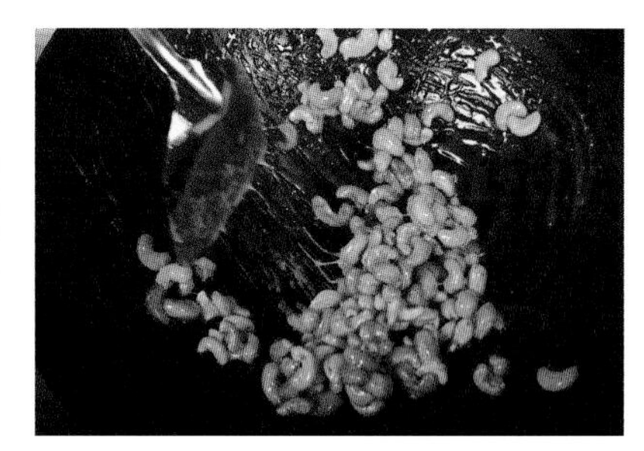

6 入腰果，快速且不間斷地攪拌均勻，使每粒腰果均勻裹上糖漿

7 待全數腰果變白色後盛盤，以大黃瓜薄片盤飾

注意事項

1. 掛霜糖漿比拔絲易成功，僅須將水分完全煮至揮發，即可成功，水分若未完全揮發即下腰果，糖霜易呈半透明狀，不會雪白。
2. 糖漿煮好後，即熄火或離火是為了讓糖漿冷卻，隨著翻拌動作拌入冷空氣，才能迅速結霜。
3. 入腰果後一開始要慢慢攪拌均勻，使腰果能全包裹糖漿，待糖漿開始反白結霜時，即迅速翻拌，這樣能使腰果粒粒分開且均勻裹上糖霜，掛霜最後階段若翻拌速度太慢，結霜後就黏住成團，會結成好幾小團的腰果糖團，此時再施力鏟開易使腰果碎裂且上霜不均了。
4. 成品剛做好，食用時口感較軟不好吃，待涼後才變硬脆。
5. 炸腰果或富含油脂的堅果類時，要控制好油溫，炸好撈起後中心溫度仍會使其繼續作用變深色，所以不能炸到剛好色澤，要炸至偏淡金黃色，這樣後熟才不至於太深色或變黑。
6. 腰果洗淨後不建議泡水或川煮，會增加油炸時間不易掌控生熟。
7. 油炸時漏杓墊油鍋底，可避免腰果直接接觸鍋底易焦色，油炸時不斷攪拌也可達相同效果。

201C-7 炸牡蠣春捲

主材料	春捲皮8張、牡蠣150克
副材料	綠豆芽70克、韮菜40克、香菜1株、蒜頭1瓣、蔥2支
盤飾	大黃瓜1/10條、紅辣椒1/2支
調味料	調味料（1）：鹽1/4小匙、味精1/2小匙、醬油膏1大匙、香油1小匙、白胡椒粉1/6小匙、太白粉水2小匙
	調味料（2）：麵粉2大匙、水2大匙
調味重點	鹹香味
刀工	1. 春捲皮：方形 2. 蒜頭：末 3. 韮菜、蔥、香菜：段
火力	炒：中大火 炸：中小火
器皿	10吋圓盤

前處理	1. 調味料（2）調成濃稠麵糊 2. 春捲皮切類方形（詳細步驟請參閱第49頁），以塑膠袋或保鮮膜封好備用 3. 綠豆芽摘去尾部、韮菜切3公分段、香菜切2公分段、蒜頭切末、蔥切2公分段、大黃瓜切去籽月牙片8片、紅辣椒切圓片4片
作法（重點過程）	1. 牡蠣→川燙 2. 爆香蒜頭、蔥→韮菜、豆芽菜、水→牡蠣、香菜→調味料 3. 春捲皮→餡料→包捲→麵糊封口→炸

作法

1 起水鍋，水滾入大黃瓜片、紅辣椒圓片約川燙5秒，撈起、泡冷開水

2 滾水鍋再煮滾，入牡蠣，約川燙30秒，撈起

3 鍋入油2大匙，爆香蒜末、蔥段，入韮菜、綠豆芽、水3大匙，炒熟

4 入牡蠣、香菜、調味料（1），拌匀，起鍋盛於配菜盤，待涼

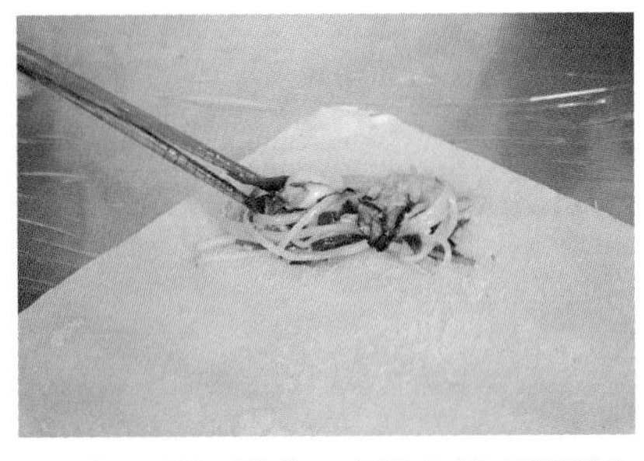

5 桌面鋪保鮮膜，春捲皮轉成菱形放置，取適量炒好的餡料，放靠近操作者端

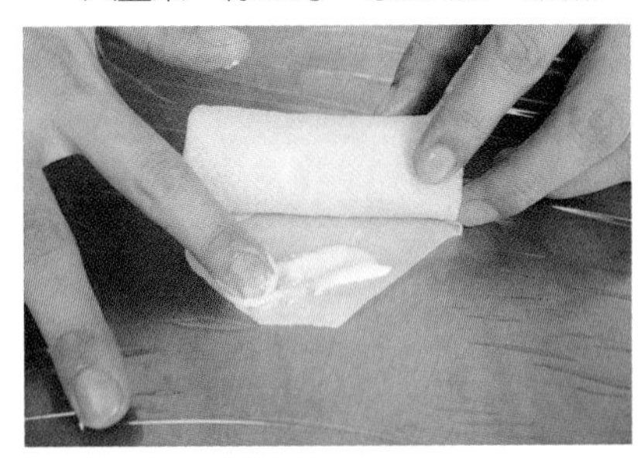

6 春捲皮向上捲起，將兩側餅皮往中間折，再捲起，最前端的麵皮處，塗抹上麵糊封口，至少製作6捲（詳細步驟請參閱第52頁）

7 起油鍋，中油溫入炸至外表金黃酥脆，撈起、瀝油、排盤，以大黃瓜片、紅辣椒片盤飾即可

注意事項

1. 記得包餡時須每條春捲都確定放入牡蠣，這也是評審查驗項目。
2. 春捲內餡宜濾掉湯汁，湯汁過多可能會使春捲皮快速受潮而有破損危險，包捲後若兩側有破裂，在沒有多餘的麵皮情況下，可兩側沾補麵糊入炸，可防餡料邊炸邊爆出來。
3. 炸油加溫時以鍋鏟或漏杓攪動使溫度均勻上升，入炸春捲時也要不斷的翻動春捲，才能相輔相成，炸出均勻上色的金黃外表餅皮。

201D 製作報告表

項目		第一道菜	第二道菜	第三道菜
評分標準 \ 菜名		煎牛肉餅	酥炸黃魚條	彩椒炒魷魚
主材料	10%	牛後腿肉	黃魚	水發魷魚、青椒、紅甜椒、黃甜椒
副材料	5%	馬蹄、蔥、薑、蛋白	無	薑、蔥、蒜頭
調味料	5%	鹽、糖、蠔油、米酒、太白粉、麵粉、白胡椒粉、香油、水	低筋麵粉、太白粉、泡打粉、沙拉油、水、白醋	鹽、味精、香油、太白粉水、水
作法（重點過程）	20%	1. 主材料、副材料與調味料→攪拌→整形→丸→圓餅 2. 牛肉餅→蒸熟→煎	1. 魚條抓醃 2. 調味料→拌→麵糊 3. 魚條裹麵糊→炸 4. 魚頭、尾→炸	1. 青椒、甜椒、魷魚→川燙 2. 爆香蒜、蔥白、薑→魷魚、青椒、甜椒、蔥綠、調味料
刀工	20%	1. 蔥白、薑、馬蹄：細末 2. 牛後腿肉：細泥	1. 黃魚：兩片魚淨肉→條	1. 魷魚：剞花刀→片 2. 蒜頭：片 3. 蔥：段 4. 其餘材料：長條片
火力	20%	蒸：中大火 煎：小火	炸：中大火	川燙：中大火 炒：中大火
調味重點	10%	鹹味	鹹鮮味	鹹鮮味
盤飾	10%	小黃瓜片	紅辣椒片、檸檬角兔	青椒、紅甜椒、黃甜椒

第四道菜	第五道菜	第六道菜	第七道菜
酸辣黃瓜條	三菇燴芥菜	掛霜腰果	炸韮黃春捲
小黃瓜	芥菜心、乾香菇、金針菇、洋菇	腰果	春捲皮、韮黃
薑、紅辣椒	薑	無	綠豆芽、豬赤肉、紅蘿蔔、蔥、蒜頭
白醋、味精、冷開水、香油、辣油	鹽、味精、太白粉水、水、香油	糖、水	鹽、味精、醬油膏、香油、白胡椒粉、太白粉水
1. 調味料拌勻 2. 主、副材料抓鹽→出水→冷水沖洗→瀝乾 3. 主、副材料與調味料拌勻→入味→排盤	1. 主材料→川燙 2. 爆香薑→調味料→勾芡→主材料	1. 冷油→腰果→微黃上色 2. 糖水煮溶→腰果→快速拌勻	1. 爆香蒜頭、蔥→豬赤肉→韮黃、其餘副材料、水→調味料 2. 春捲皮→餡料→包捲→麵糊封口→炸
1. 小黃瓜：一開四長條再切5公分段 2. 副材料：菱形片	1. 香菇、金針菇：對切 2. 薑：菱形片 3. 芥菜心：鳳眼片 4. 洋菇：片	無	1. 春捲皮：方形 2. 韮黃、蔥：段 3. 紅蘿蔔、豬赤肉：絲 4. 蒜頭：末
無	川燙：中小火 燴：中小火	炸：小火 煮糖：中小火 掛霜：關火	炒：中大火 炸：中小火
酸辣味	鹹味	甜味	鹹香味
紅蘿蔔片	紅蘿蔔片	小黃瓜片	小黃瓜片、紅辣椒片

201D-1 煎牛肉餅

主材料	牛後腿肉300克
副材料	馬蹄3粒、蔥1支、薑10克、蛋白1個
盤飾	小黃瓜1/6條
調味料	鹽1/4小匙、糖1小匙、蠔油1小匙、米酒1小匙、太白粉2大匙、麵粉2大匙、白胡椒粉1/4小匙、香油1小匙、水3大匙
調味重點	鹹味
刀工	1. 蔥白、薑、馬蹄：細末 2. 牛後腿肉：細泥
火力	蒸：中大火 煎：小火
器皿	10吋圓盤
前處理	1. 蔥取蔥白、切細末；薑去皮、切細末；荸薺切細末、擠乾水分；小黃瓜切橢圓斜片4片，再對角對切 2. 牛後腿肉切剁成細泥
作法（重點過程）	1. 主材料、副材料與調味料→攪拌→整形→丸→圓餅 2. 牛肉餅→蒸熟→煎

作法

1 將牛後腿肉與蛋白、蔥末、薑末、荸薺末、調味料一同攪拌，甩打至產生黏性

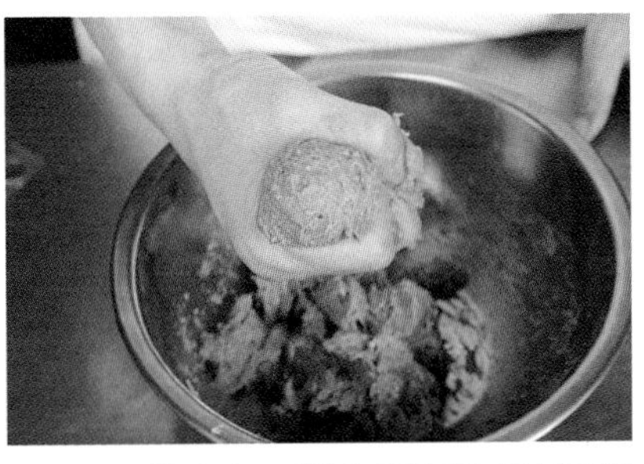

2 以手掌的虎口將肉餡擠塑成直徑約4公分圓形丸子狀（至少做出6顆牛肉丸）

3 牛肉丸表面以沙拉油或水抹光滑

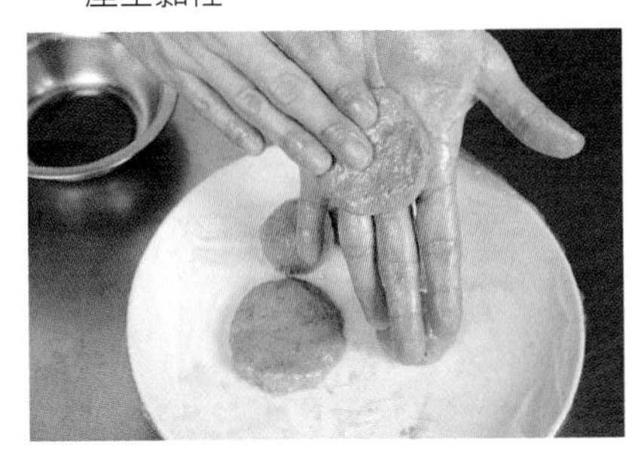

4 將丸子壓扁塑成直徑約7公分的圓餅狀（詳細步驟請參閱第51頁）

5 整型好的牛肉餅放在鋪好保鮮膜的瓷盤上，入蒸籠，以中大火蒸15分鐘，取出

6 起水鍋，水滾川燙小黃瓜片5秒，撈起泡冷開水

7 潤鍋後倒開餘油，約剩3大匙，小火入煎牛肉餅至兩面微焦上色，盛盤，以小黃瓜片盤飾即可

注意事項

1. 牛肉與各種副材料均要切剁至細，避免過大的顆粒使肉餅表面不易光滑平整。
2. 由於材料中沒有提供肥肉（板油），純瘦肉入蒸易乾裂，因此肉餡一定要攪拌出黏性。可添加澱粉，使肉餡的黏性較佳，一般以太白粉與麵粉的比例 1：1 逐步增加即可。
3. 攪拌肉餡時，加入適量的水可使口感不會過於乾硬，並分次慢慢加入，較易使肉餡均勻吸收，另外切勿加太多水導致肉餡過軟，成品易塌陷。
4. 若有多餘肉餡勿隨意丟棄，可放置考場的回收區。
5. 先塑成球形再壓扁，較易成圓餅形，全部入蒸盤上後，須再以手沾油抹平外圍，蒸熟成品才不會呈不規則狀
6. 本法先蒸後煎可保成品圓餅狀完整，生肉入煎餅較易變形。
7. 一定要潤鍋後才能入煎，以免黏鍋。

201D-2 酥炸黃魚條

主材料	黃魚1條
副材料	無
盤飾	檸檬1/2粒、紅辣椒1/2支
調味料	調味料（1）：鹽1/2小匙、味精1/2小匙、米酒2大匙、白胡椒粉1/6小匙
	調味料（2）：低筋麵粉2/3杯、太白粉1/3杯、泡打粉2小匙、沙拉油2大匙、水2/3杯、白醋1小匙
調味重點	鹹鮮味
刀工	黃魚：兩片魚淨肉→條
火力	炸：中大火
器皿	12吋橢圓盤

前處理	1. 紅辣椒切圓片、檸檬以衛生手法切兩個單耳兔角狀 2. 黃魚殺清，留頭、尾部，取下兩片魚淨肉，切成6×1公分條狀
作法（重點過程）	1. 魚條抓醃 2. 調味料（2）→拌→麵糊 3. 魚條裹麵糊→炸 4. 魚頭、尾→炸

作法

1 魚條抓醃調味料（1）

2 調味料（2）以打蛋器攪拌勻，呈濃稠麵糊

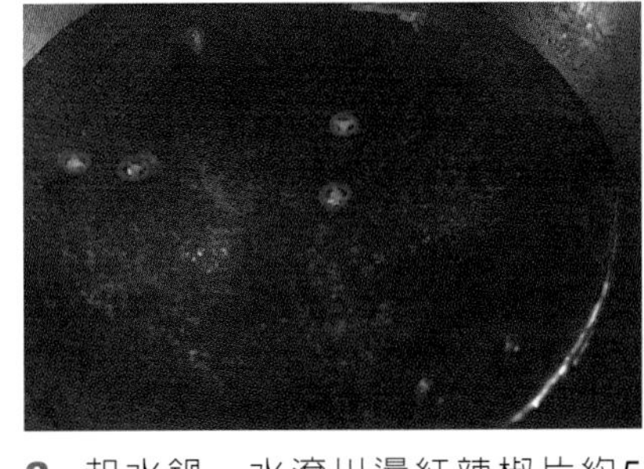

3 起水鍋，水滾川燙紅辣椒片約5秒，撈起、泡冷開水

4 起油鍋燒至中油溫，魚條均勻沾裹麵糊，一條條入炸

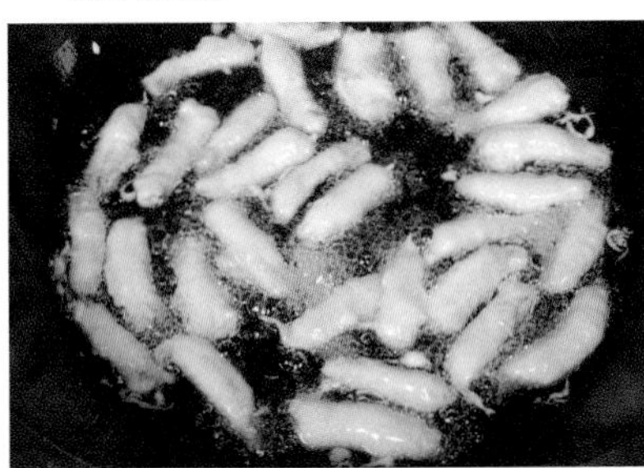

5 炸至麵糊外表膨發

6 外表金黃酥脆即可撈起，時間約4分鐘

7 魚尾的魚肉沾麵糊，入鍋炸

8 再放入魚頭炸熟、上色，撈起、排盤，以紅辣椒片、檸檬盤飾即可

注意事項

1. 魚頭以手壓扁有助成品較好站立於盤中。
2. 炸魚條起鍋前，油溫慢慢拉高，成品較不會含油。
3. 麵糊以手指試濃稠度，一沾裹不易從指上流掉即是適合的稠度。
4. 泡打粉遇水會起化學作用，產生二氧化碳氣體，使麵糊膨脹，一般添加泡打粉的麵糊須靜置一段時間，才能使其作用完成。泡打粉含蘇打粉的複合膨鬆劑，蘇打粉遇酸性液體會馬上產生二氧化碳，爲了使麵糊調製後能立即使用，因此會在麵糊中添加1小匙的白醋。泡打粉易因保存不當而受潮，無法作用，使用前可倒些於水中，判斷有無產氣聲，若沒有，則膨發效果會打折，建議更換泡打粉。泡打粉用量須適量，因過多會使產品產生苦澀味。
5. 魚條沾裹麵糊後盡量直立式放入油鍋中，較不會變型捲曲。

201D-3 彩椒炒魷魚

主材料	水發魷魚1條、青椒1/2個、紅甜椒1/2個、黃甜椒1/2個
副材料	薑30克、蔥1支、蒜頭1粒
盤飾	彩椒片
調味料	鹽1/2小匙、味精1/2小匙、香油1小匙、太白粉水1/2小匙、水2大匙
調味重點	鹹鮮味
刀工	1. 魷魚：剞花刀→片 2. 蒜頭：片 3. 蔥：段 4. 其餘材料：長條片
火力	川燙：中大火 炒：中大火
器皿	10吋橢圓盤

項目	內容
前處理	1. 魷魚洗淨，頭部觸腕與腕部切5公分段；鰭內面切直刀交叉十字剞花刀，再分切四塊；肉身內面從中間透明角質內殼處直切兩半，分別切交叉十字剞花刀紋，再切成8×4公分片（詳細步驟請參閱第46頁） 2. 青椒、紅甜椒、黃甜椒片薄內層，切5×1公分的長條片；薑切長條片、蒜頭切直片、蔥切2公分小段
作法（重點過程）	1. 青椒、甜椒、魷魚→川燙 2. 爆香蒜、蔥白、薑→魷魚、青椒、甜椒、蔥綠、調味料

作法

1 起水鍋，水滾入青椒、紅甜椒、黃甜椒川燙5秒，撈起

2 滾水鍋續川燙魷魚1分鐘至熟，撈起、瀝乾

3 另鍋，入油1大匙，爆香蒜片、蔥白段、薑片

4 入魷魚、青椒、紅甜椒、黃甜椒、蔥綠段、調味料，快速拌炒均勻，盛盤，以青椒、紅甜椒、黃甜椒盤飾即可

注意事項

1. 彩椒無規定要切何種刀工，只要能搭配魷魚即可，亦可切常見的菱形片，不過長條狀彩椒更適合條狀的魷魚捲。
2. 紅、黃甜椒肉質比青椒厚，須片薄才能使刀工較具一致性，青椒須要切除內面縱向白膜。
3. 此菜盛盤時，建議先將魷魚的頭部觸腕盛入盤中，作爲墊底，再將切花刀的魷魚捲排於上方，較能呈現刀工美感。

201D-4 酸辣黃瓜條

主材料	小黃瓜3條
副材料	薑30克、紅辣椒1支
盤飾	紅蘿蔔1/8條、副材料
調味料	調味料（1）：鹽1小匙 調味料（2）：白醋3大匙、味精1/2小匙、冷開水半杯、香油1/2小匙、辣油1小匙
調味重點	酸辣味
刀工	1. 小黃瓜：一開四長條再切5公分段 2. 副材料：菱形片
火力	無
器皿	10吋圓盤
前處理	薑切菱形片；紅辣椒去籽切菱形片；紅蘿蔔切長方箭頭水花片6片；小黃瓜以直切1開4長條，平切去籽後，將每條切修成粗細一致，再切成5～6公分段（詳細步驟請參閱第48頁）
作法（重點過程）	1. 調味料拌勻 2. 主、副材料抓鹽→出水→冷水沖洗→瀝乾 3. 主、副材料與調味料拌勻→入味→排盤

作法

1 調味料（2）入碗公，拌勻至顆粒溶解

2 小黃瓜、薑、辣椒以調味料（1）拌勻

3 待出水後（約20分鐘）

4 以冷開水沖洗乾淨並瀝乾

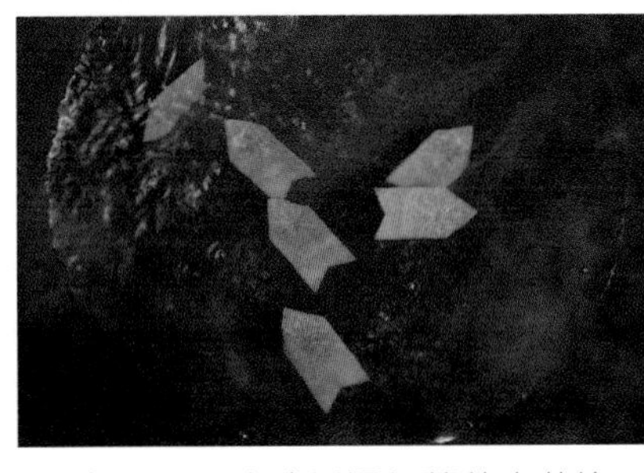

5 起水鍋，水滾川燙紅蘿蔔水花片，約15秒，撈起、泡冷開水

6 小黃瓜入調味料中拌勻，醃漬1小時、排盤，以紅蘿蔔水花片盤飾，即可

注意事項

1. 本法爲一般生醃法，即抓鹽、去澀水後，醃漬入味。也可用生食砧板切好佛手條後，入滾水川燙 5 秒沖冷再醃漬的熟醃法操作，但須注意小黃瓜川燙僅是殺菁，過熟則變爛，成品透明軟爛失去脆性。
2. 辣油適量即可，若添加太多，排盤時易產生浮油，不美觀。
3. 醃漬時間要足，以免沒入味。

201D-5 三菇燴芥菜

主材料	芥菜心1顆、乾香菇3朵、金針菇80克、洋菇2朵
副材料	薑40克
盤飾	紅蘿蔔1/8條
調味料	鹽1/2小匙、味精1/2小匙、太白粉水2大匙、水1杯、香油1小匙
調味重點	鹹味
刀工	1. 香菇、金針菇：對切 2. 薑：菱形片 3. 芥菜心：鳳眼片 4. 洋菇：片
火力	川燙：中小火 燴：中小火
器皿	12吋圓盤

項目	內容
前處理	1. 乾香菇泡軟去蒂，對切 2. 薑切菱形片、芥菜心剪修為11×6、8×4公分鳳眼形各6片（詳細步驟請參閱第49頁）、金針菇切去尾部約1公分再對切、洋菇切齊蒂頭再切0.5公分片、紅蘿蔔切菱形片6片
作法（重點過程）	1. 主材料→川燙 2. 爆香薑→調味料→勾芡→主材料

作法

1 起水鍋，水滾川燙芥菜心片約6分鐘至熟，撈起

2 金針菇排入漏杓，排齊，入滾水鍋川燙約15秒至熟，撈起

3 續入乾香菇、洋菇川燙2分鐘，撈起，紅蘿蔔水花片燙15秒，撈起、瀝乾

4 另鍋，入油1大匙，爆香薑片，入調味料煮滾、勾芡，入芥菜心、香菇、洋菇，小火入煮10秒，熄火

5 依序將芥菜心片、薑片、金針菇、香菇、洋菇整齊排入盤中，再淋上適量燴芡，以紅蘿蔔片盤飾即可

注意事項

1. 常見做法是將所有食材川燙熟後直接排盤，淋上燴芡即可，雖然成品差不多，但其實已遠離燴的本意，至少要在燴芡中稍煮過才能算燴法，檢定求快狠準，加上金針菇絲狀易散於燴芡中，建議川燙後等擺盤就好。
2. 三菇是指使用三種不同菇類，常見洋菇與香菇各排 6 個上盤，6 人份並非一定要所有食材皆為 6 或 6 的倍數，除非發到大小相等的洋菇、香菇。建議切片處理，較好擺盤也可以減少用量。
3. 此菜盛盤時，宜先排入大片的芥菜心片，作為定位，再排入小片的芥菜心片，再排其他材料，菇類則整齊的排於中間。
4. 此菜為「燴」，應有燴芡，盛盤時以燴芡蓋過芥菜片為原則。
5. 如果在夏季應考，考場因芥菜缺貨，可改提供澎湖絲瓜。澎湖絲瓜的操作：

（1）前處理－削皮：先削稜角處的表皮，削至稜角處的底部，再削除剩餘的澎湖絲瓜表皮。削皮時只削去外表皮，切勿將所有的綠色瓜肉層也削掉。

（2）刀工－切菱形塊或長條塊：將去表皮的澎湖絲瓜分切成 4 直條，平切去籽，斜切成菱形塊，或直切成長條塊。

（3）烹調：以三菇燴芥菜的作法調整。步驟 1，將芥菜心片換成澎湖絲瓜塊，入滾水川燙時間改 40 秒～ 1 分鐘，撈起。步驟 4、5，將芥菜心片換成澎湖絲瓜塊，烹調方式不變。

201D-6 掛霜腰果

主材料	腰果250克	前處理	小黃瓜切平頭弧片
副材料	無		
盤飾	小黃瓜1/2條		
調味料	糖2/3杯、水1/4杯		
調味重點	甜味		
刀工	無		
火力	炸：小火 煮糖：中小火 掛霜：關火		
器皿	10吋圓盤	作法（重點過程）	1. 冷油→腰果→微黃上色 2. 糖水煮溶→腰果→快速拌勻

作法

1 起水鍋，水滾入小黃瓜平頭弧片，川燙約5秒，撈起泡冷開水

2 起油鍋，冷油即倒入腰果

3 以漏勺墊於鍋底，開火慢慢加熱

4 小火炸至微黃，約6分鐘，腰果撈起瀝油，炸油倒開

5 原鍋加糖、水1/4杯，小火煮到溶糖，待水分蒸散，熄火

6 入腰果，快速且不間斷地攪拌均勻，使每粒腰果均勻裹上糖漿

7 待全數腰果變白色後盛盤，以小黃瓜薄片盤飾

注意事項

1. 掛霜糖漿比拔絲易成功，僅須將水分完全煮至揮發，即可成功，水分若未完全揮發即下腰果，糖霜易呈半透明狀，不會雪白。
2. 糖漿煮好後，即熄火或離火是爲了讓糖漿冷卻，隨著翻拌動作拌入冷空氣，才能迅速結霜。
3. 入腰果後一開始要慢慢攪拌均勻，使腰果能全包裹糖漿，待糖漿開始反白結霜時，即迅速翻拌，這樣能使腰果粒粒分開且均勻裹上糖霜，掛霜最後階段若翻拌速度太慢，結霜後就黏住成團，會結成好幾小團的腰果糖團，此時再施力鏟開易使腰果碎裂且上霜不均了。
4. 成品剛做好，食用時口感較軟不好吃，待涼後才變硬脆。
5. 炸腰果或富含油脂的堅果類時，要控制好油溫，炸好撈起後中心溫度仍會使其繼續作用變深色，所以不能炸到剛好色澤，要炸至偏淡金黃色，這樣後熟才不至於太深色或變黑。
6. 腰果洗淨後不建議泡水或川煮，會增加油炸時間不易掌控生熟。
7. 油炸時漏杓墊油鍋底，可避免腰果直接接觸鍋底易焦色，油炸時不斷攪拌也可達相同效果。

201D-7 炸韮黃春捲

主材料	春捲皮8張、韮黃100克
副材料	綠豆芽60克、豬赤肉80克、紅蘿蔔1/6條、蔥1支、蒜頭2瓣
盤飾	小黃瓜1/4條、紅辣椒1/10支
調味料	調味料（1）：鹽1/4小匙、味精1/2小匙、醬油膏1大匙、香油1小匙、白胡椒粉1/6小匙、太白粉水2小匙
	調味料（2）：麵粉2大匙、水2大匙
調味重點	鹹香味
刀工	1. 春捲皮：方形 2. 韮黃、蔥：段 3. 紅蘿蔔、豬赤肉：絲 4. 蒜頭：末
火力	炒：中大火 炸：中小火
器皿	10吋橢圓盤

前處理	1. 調味料（2）調成濃稠麵糊 2. 春捲皮切類方形（詳細步驟請參閱第49頁），以塑膠袋或保鮮膜封好備用 3. 綠豆芽摘去尾部、韮黃切5公分段、紅蘿蔔切5×0.2公分絲、蔥切2公分段、蒜頭切末、小黃瓜切月牙片8片、紅辣椒切圓片2片 4. 豬赤肉切5×0.3公分絲
作法（重點過程）	1. 爆香蒜頭、蔥→豬赤肉→韮黃、其餘副材料、水→調味料 2. 春捲皮→餡料→包捲→麵糊封口→炸

作法

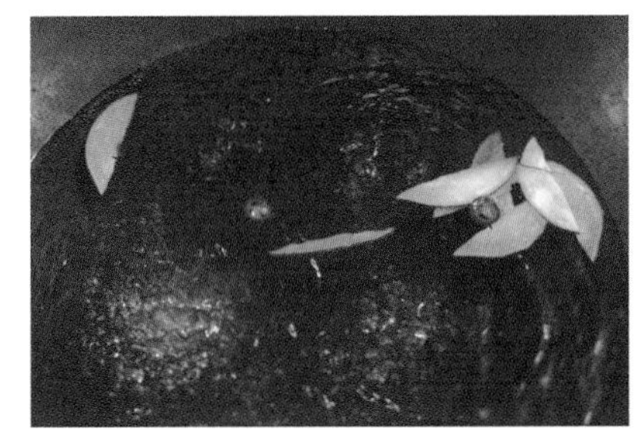

1 起水鍋，水滾入小黃瓜片、紅辣椒片川燙5秒，撈起、泡冷開水

2 鍋入油2大匙，爆香蒜末、蔥段

3 入炒肉絲至熟

4 入紅蘿蔔、韮黃、綠豆芽、水3大匙，炒熟

5 以調味料（1）調味，起鍋、盛於配菜盤待涼

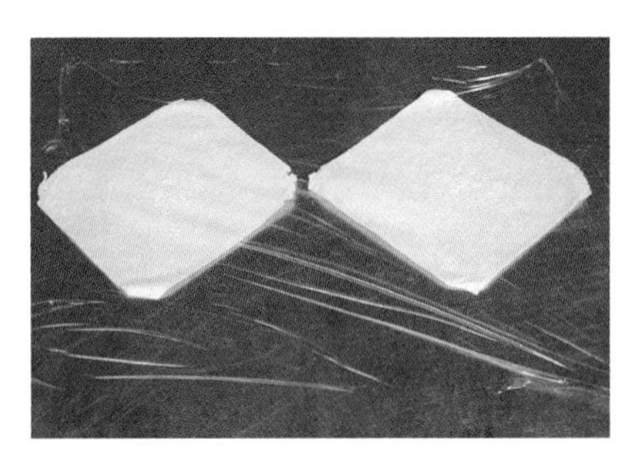

6 桌面鋪保鮮膜，春捲皮菱形放置

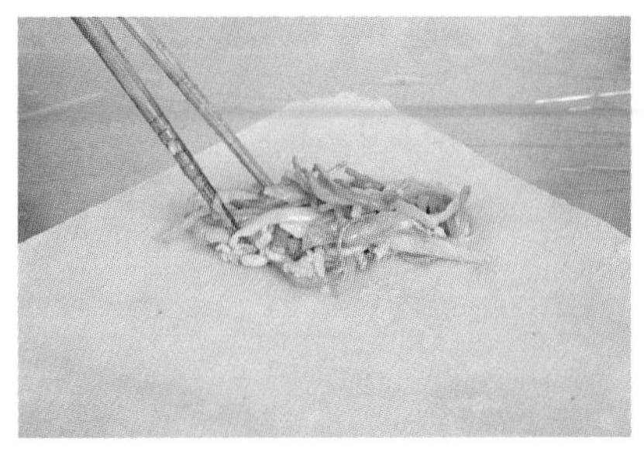

7 靠近操作者端，放上適量炒好的餡料，春捲皮向上捲起，將兩側餅皮往中間折，再捲起最前端的麵皮處，塗抹上麵糊封口，至少製作6捲（詳細步驟請參閱第52頁）

8 起油鍋，中油溫入炸至外表金黃酥脆，撈起、瀝油、排盤，以小黃瓜月牙片、辣椒片盤飾即可

注意事項

1. 春捲內餡宜濾掉湯汁，湯汁過多易使春捲皮快速受潮而破損，包捲後若兩側有破裂，又沒有多餘的麵皮時，可在兩側沾補麵糊入炸，以免餡料邊炸邊爆出來。
2. 炸油加溫時以鍋鏟或漏杓攪動，使溫度均勻上升，入炸春捲時也要不斷的翻動春捲，才能相輔相成，炸出外表均勻上色的金黃餅皮。

201E 製作報告表

項目		第一道菜	第二道菜	第三道菜
評分標準 \ 菜名		彩椒滑牛肉片	蒜子燒黃魚	西芹炒魷魚
主材料	10%	牛後腿肉、青椒、紅甜椒、黃甜椒	黃魚、蒜頭	水發魷魚、西芹
副材料	5%	蔥、蒜頭	蔥、薑	蒜頭、蔥、紅辣椒
調味料	5%	鹽、味精、白胡椒粉、米酒、太白粉水、水	醬油、味精、米酒、糖、香油、水	鹽、味精、香油、太白粉水、水
作法（重點過程）	20%	1. 牛後腿肉→抓醃→拌油→過油 2. 青椒、甜椒→川燙 3. 爆香蒜頭、蔥白→主材料、蔥綠、調味料	1. 黃魚→拍粉→炸 2. 蒜頭、蔥長段→炸 3. 爆香薑→調味料→炸蔥、蒜頭、黃魚→燒	1. 主材料→川燙 2. 爆香蒜頭、蔥白、紅辣椒→魷魚、西芹、蔥綠→調味料
刀工	20%	1. 蒜頭：末 2. 蔥：斜段 3. 青椒、甜椒：菱形片 4. 牛後腿肉：片	1. 蔥：段、對切 2. 薑：菱形片 3. 黃魚：劃刀	1. 魷魚：剞花刀→片 2. 蒜頭：片 3. 蔥：斜段 4. 紅辣椒、西芹：菱形片
火力	20%	過油：小火 滑炒：中大火	炸：中小火 燒：中小火	川燙：中大火 炒：中大火
調味重點	10%	鹹味	鹹鮮味	鹹鮮味
盤飾	10%	西芹片	大黃瓜片	小黃瓜片、紅辣椒片

第四道菜	第五道菜	第六道菜	第七道菜
廣東泡菜	竹笙燴芥菜	掛霜腰果	炸素菜春捲
小黃瓜、紅蘿蔔、白蘿蔔	芥菜心、竹笙	腰果	春捲皮、乾香菇、涼筍、紅蘿蔔、白蘿蔔、綠豆芽
紅辣椒	薑	無	薑
糖、白醋	鹽、味精、太白粉水、水、香油	糖、水	鹽、味精、白胡椒粉、香油、太白粉水
1. 調味料拌勻 2. 主、副材料抓鹽→出水→冷水沖洗→瀝乾 3. 主、副材料與調味料拌勻→入味→排盤	1. 主材料→川燙 2. 爆香薑→調味料→勾芡→主材料	1. 冷油→腰果→微黃上色 2. 糖水煮溶→腰果→快速拌勻	1. 乾香菇、涼筍、白蘿蔔、紅蘿蔔→川燙 2. 爆香薑→綠豆芽→其餘絲料→調味料 3. 春捲皮→餡料→包捲→麵糊封口→炸
1. 主、副材料：菱形丁	1. 竹笙：段 2. 薑：菱形片 3. 芥菜心：鳳眼片	無	1. 春捲皮：方形 2. 乾香菇、涼筍、白蘿蔔、紅蘿蔔、薑：絲
無	川燙：中小火 燴：中小火	炸：小火 煮糖：中小火 掛霜：關火	炒：中大火 炸：中小火
酸甜味	鹹味	甜味	鹹香味
無	紅蘿蔔片	小黃瓜、紅辣椒片	小黃瓜片

201E-1 彩椒滑牛肉片

主材料	牛後腿肉300克、青椒1/2個、紅甜椒1/2個、黃甜椒1/2個
副材料	蔥1支、蒜頭1瓣
盤飾	西芹1/2支
調味料	調味料（1）：醬油1小匙、白胡椒粉1/8小匙、太白粉2小匙、香油1小匙、水2大匙
	調味料（2）：鹽1/2小匙、味精1/2小匙、白胡椒粉1/8小匙、米酒1小匙、太白粉水1小匙、水3大匙
調味重點	鹹味
刀工	1. 蒜頭：末 2. 蔥：斜段 3. 青椒、甜椒：菱形片 4. 牛後腿肉：片
火力	過油：小火 滑炒：中大火
器皿	10吋圓盤
前處理	1. 青椒、紅甜椒、黃甜椒片薄內層，切高1.5公分的菱形片；蔥切小斜段；蒜頭切末；西芹切斜薄成勾形片9片 2. 牛後腿肉逆紋切8×4公分厚0.2公分的牛肉片
作法（重點過程）	1. 牛後腿肉→抓醃→拌油→過油 2. 青椒、甜椒→川燙 3. 爆香蒜頭、蔥白→主材料、蔥綠、調味料

作法

1 牛肉片以調味料（1）抓醃，入半杯沙拉油，拌勻

2 起油鍋，低油溫入牛肉片，過油約40秒至熟

3 將牛肉片撈起、瀝油

4 起水鍋，水滾川燙青椒、紅甜椒、黃甜椒，約5秒，撈起；續川燙西芹片20秒，撈起、泡冷開水

5 另鍋，入油1大匙，爆香蒜末、蔥白段

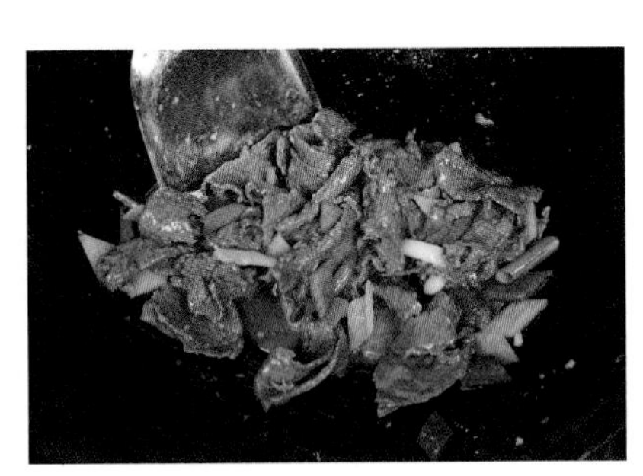

6 入牛肉片、青椒、紅甜椒、黃甜椒、蔥綠段、調味料（2），快速拌炒均勻，盛盤，再以西芹片盤飾即可

注意事項

1. 「滑」屬於烹調法「炒」中的「滑炒」，是指切配好的食材先進行上漿、過油，再入鍋快速翻炒，並不是多汁的「燴」法。肉片過油是以泡熟爲原則，並非炸上色，上漿後川燙熟亦可。
2. 紅、黃甜椒肉質比青椒厚，須片薄才能使刀工較一致，青椒須切除內面縱向白膜。
3. 牛肉片切面積一定要夠，熟製後尺寸會縮水，若太小，可能捲縮呈條狀、塊狀，而未符合題意「片」。

201E-2 蒜子燒黃魚

主材料	黃魚1條、蒜頭8瓣
副材料	蔥2支、薑30克
盤飾	大黃瓜1/3條
調味料	調味料（1）：太白粉1/2杯 調味料（2）：醬油2大匙、味精1小匙、米酒1大匙、糖1大匙、香油1小匙、水1.5杯
調味重點	鹹鮮味
刀工	1. 蔥：段、對切 2. 薑：菱形片 3. 黃魚：劃刀
火力	炸：中小火 燒：中小火
器皿	12吋橢圓盤

前處理	1. 蔥1支切2公分小段，1支對切；薑切菱形片；蒜頭去蒂；大黃瓜去籽、切月牙薄片 2. 起水鍋，水滾川燙大黃瓜片5秒，撈起、泡冷開水 3. 黃魚殺清、不剖肚、洗淨（詳細步驟請參閱第44頁），兩面魚身切劃數刀見骨的刀紋
作法（重點過程）	1. 黃魚→拍粉→炸 2. 蒜頭、蔥長段→炸 3. 爆香薑→調味料→炸蔥、蒜頭、黃魚→燒

前處理

1 魚身擦乾水分

2 輕拍一層調味料（1）

3 起油鍋，燒煮至中高油溫，入炸黃魚至熟透、微焦上色，約5分鐘，撈起瀝油

4 撈除粉渣後續炸蒜仁、蔥長段，至外表微焦，撈起瀝油

5 另鍋，入油1大匙，爆香薑片，入調味料（2）、炸蔥長段、蒜仁、黃魚

6 煮滾轉小火，燒煮5分鐘，撿除蔥長段，盛出

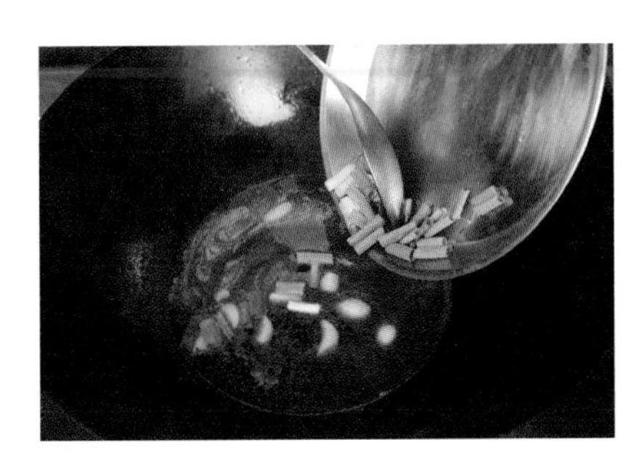

7 入蔥小段煮滾成燒汁

8 淋魚身上，蒜仁、蔥小段、薑片排列，以大黃瓜片盤飾即可

注意事項

1. 蒜子即是蒜仁意思，數量依考場配給量而定，至少要有 6 粒以上比較符合題意。
2. 蔥一開始就燒煮至盛盤時已糊爛，爲求美觀，預留 1 支蔥的段，可待魚起鍋後再入生蔥段稍煮片刻。
3. 黃魚沾上薄粉入炸，除了較不會油爆，還可使燒汁濃郁，不用額外勾芡，但勿沾裹過厚，以免燒煮時黏鍋。
4. 魚肚若剖開較好清洗，盡量偏一邊剪開魚肚，因爲入炸熟魚肚會有不同程度向內捲縮，成品較不美觀，如右圖所示。

201E-3 西芹炒魷魚

主材料	水發魷魚1條、西芹2支
副材料	蒜頭1瓣、蔥1支、紅辣椒1支
盤飾	小黃瓜1/8條
調味料	鹽1/2小匙、味精1/2小匙、香油1小匙、太白粉水1/2小匙、水2大匙
調味重點	鹹鮮味
刀工	1. 魷魚：剞花刀→片 2. 蒜頭：片 2. 蔥：斜段 3. 紅辣椒、西芹：菱形片
火力	川燙：中大火 炒：中大火
器皿	10吋圓盤

前處理	1. 魷魚洗淨，頭部觸腕與腕部切5公分段，鰭內面切斜刀交叉十字剞花刀後，分切四塊，肉身內面從中間透明角質內殼處直切兩半，分別切交叉十字剞花刀紋後，改切成8×4公分片（詳細步驟請參閱第47頁） 2. 蒜頭切直片；蔥切小斜段；紅辣椒切三圓片，再去籽、切菱形片；西芹直剖成兩條，修齊根部較寬處，切高2公分的菱形片；小黃瓜切圓薄片3片
作法（重點過程）	1. 主材料→川燙 2. 爆香蒜頭、蔥白、紅辣椒→魷魚、西芹、蔥綠→調味料

作法

1 起水鍋，水滾川燙小黃瓜、紅辣椒圓片5秒，撈起泡冷開水，入西芹川燙30秒撈起

2 滾水鍋續川燙魷魚1分鐘至熟，撈起、瀝乾

3 另鍋，入油1大匙，爆香蒜片、蔥白段、辣椒片

4 入魷魚、西芹、蔥綠段、調味料，快速拌炒均勻，盛盤，以小黃瓜、紅辣椒片盤飾即可

注意事項

1. 西芹要削除外表皮，對剖成兩長條，再切菱形片，成品較為平整、無凹槽，也要切除近根部較寬處，菱形片會較整齊。
2. 此菜盛盤時，建議先將魷魚的頭部觸腕盛入盤中，作為墊底，再將切花刀的魷魚捲排於上方，較能呈現刀工美感。

201E-4 廣東泡菜

主材料	小黃瓜2條、紅蘿蔔1/2條、白蘿蔔1/2條
副材料	紅辣椒1支
盤飾	無
調味料	調味料（1）：鹽1小匙 調味料（2）：糖1/3杯、白醋1/3杯
調味重點	酸甜味
刀工	主、副材料：菱形丁
火力	無
器皿	10吋圓盤

項目	內容
前處理	小黃瓜1開4長條，平切、去籽，修齊寬度，切高1.5公分菱形丁；紅蘿蔔、白蘿蔔切高1.5公分、厚0.5公分菱形丁；紅辣椒去籽，切高1.5公分菱形片
作法（重點過程）	1. 調味料拌勻 2. 主、副材料抓鹽→出水→冷水沖洗→瀝乾 3. 主、副材料與調味料拌勻→入味→排盤

作法

1 調味料（2）於碗公內拌勻至顆粒溶解

2 小黃瓜、紅蘿蔔、白蘿蔔、辣椒以調味料（1）拌勻，待出水後（約20分鐘）

3 以冷開水沖洗乾淨並瀝乾

4 將蔬菜菱形丁入拌勻的調味料（2），醃漬1小時

5 整齊排盤，先排出最底層的外圍菱形丁，再往上堆疊

注意事項

1. 201 題組術科測試參考試題備註中提到，小黃瓜涼拌菜可切割完後再做減菌清洗處理，意即可先以生食砧板切割，再以衛生手法減菌。
2. 廣東泡菜是糖醋味，又甜又酸，故糖與醋的比例相同。
3. 201是乙級考試題組中烹調工序較少的題組，若有時間的話，刻意的將食材分色間隔排列整齊，絕對有加分的作用。
4. 一般泡菜都要醃上幾天才會入味，由於考試時間緊湊，此菜須先行製作，讓其有足夠浸泡入味的時間，最後才瀝出湯汁排盤，爭取最長醃漬時間。
5. 本法爲一般生醃法，即抓鹽、去澀去水後，醃漬入味。也可以切好後，入滾水川燙 5 秒後沖冷再醃漬的熟醃法操作，但燙過的小黃瓜葉綠素較不耐醋酸，醃漬過久色澤易變黃。

201E-5 竹笙燴芥菜

主材料	芥菜心1顆、竹笙40克
副材料	薑30克
盤飾	紅蘿蔔1/8條
調味料	鹽1/2小匙、味精1/2小匙、太白粉水2大匙、水1杯、香油1小匙
調味重點	鹹味
刀工	1. 竹笙：段 2. 薑：菱形片 3. 芥菜心：鳳眼片
火力	川燙：中小火 燴：中小火
器皿	12吋圓盤

前處理	1. 竹笙泡軟、去蒂，菌傘部不使用，菌柄切2.5公分段 2. 薑切菱形片、芥菜心剪修為11×6、8×4公分鳳眼形各6片（詳細步驟請參閱第49頁）、紅蘿蔔切菱形片6片
作法（重點過程）	1. 主材料→川燙 2. 爆香薑→調味料→勾芡→主材料

作法

1 起水鍋，滾水川燙芥菜心片、竹筍約6分鐘至熟，撈起，紅蘿蔔菱形片燙15秒，撈起瀝乾

2 另鍋，入油1大匙，爆香薑片，入調味料煮滾、勾芡，入芥菜心、竹筍段，小火入煮10秒即可熄火

3 依序將芥菜心片、紅蘿蔔片、薑片、竹筍整齊排入盤中

4 淋上適量燴芡即可

注意事項

1. 竹筍愈白愈可能經漂白處理，要煮過才會消除藥味，沒漂白處理的竹筍呈黃色，若拿到偏黃的竹筍，可於川燙水中加白醋可助潔白。
2. 此菜盛盤時，宜先排入大片的芥菜心片，作為定位，再排入小片的芥菜心片，再排其他材料，竹筍則排於中間。
3. 此菜為「燴」，應有燴芡，盛盤時以燴芡蓋過芥菜片為原則。
4. 如果在夏季應考，考場因芥菜缺貨，可改提供澎湖絲瓜。澎湖絲瓜的操作：
   （1）前處理－削皮：先削稜角處的表皮，削至稜角處的底部，再削除剩餘的澎湖絲瓜表皮。削皮時只削去外表皮，切勿將所有的綠色瓜肉層也削掉。
   （2）刀工－切菱形塊或長條塊：將去皮的澎湖絲瓜分切成 4 直條，平切去籽，斜切成菱形塊，或直切成長條塊。
   （3）烹調：以竹筍燴芥菜的作法調整。步驟 1，川燙順序改成竹筍→澎湖絲瓜塊→紅蘿蔔水花片。所以，先將竹筍川燙 6 分鐘至熟，撈起，水滾入澎湖絲瓜塊，川燙 40 秒～ 1 分鐘，撈起，水滾再入紅蘿蔔水花片川燙 15 秒，撈起。步驟 2 ～ 4，將芥菜心片換成澎湖絲瓜塊，烹調方式不變。

201E-6 掛霜腰果

主材料	腰果250克
副材料	無
盤飾	大黃瓜1/8條、紅辣椒1/3支
調味料	糖2/3杯、水1/4杯
調味重點	甜味
刀工	無
火力	炸：小火 煮糖：中小火 掛霜：關火
器皿	10吋圓盤

前處理	大黃瓜切去籽月牙薄片、紅辣椒切圓片4片
作法（重點過程）	1. 冷油→腰果→微黃上色 2. 糖水煮溶→腰果→快速拌勻

作法

1 起水鍋，水滾入大黃瓜片、紅辣椒片，川燙約5秒，撈起、泡冷開水

2 起油鍋，冷油即倒入腰果

3 以漏勺墊於鍋底，開火慢慢加熱

4 小火炸至微黃，約6分鐘，腰果撈起瀝油，炸油倒開

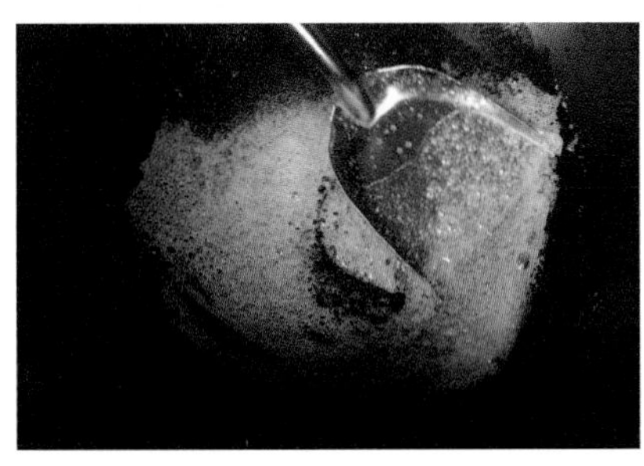

5 原鍋加糖、水1/4杯，小火煮到溶糖，待水分蒸散，熄火

6 入腰果，快速且不間斷地攪拌均勻，使每粒腰果均勻裹上糖漿

7 待全數腰果變白色後盛盤，以大黃瓜片、紅辣椒片盤飾

注意事項

1. 掛霜糖漿比拔絲易成功，僅須將水分完全煮至揮發，即可成功，水分若未完全揮發即下腰果，糖霜易呈半透明狀，不會雪白。
2. 糖漿煮好後，即熄火或離火是爲了讓糖漿冷卻，隨著翻拌動作拌入冷空氣，才能迅速結霜。
3. 入腰果後一開始要慢慢攪拌均勻，使腰果能全包裹糖漿，待糖漿開始反白結霜時，即迅速翻拌，這樣能使腰果粒粒分開且均勻裹上糖霜，掛霜最後階段若翻拌速度太慢，結霜後就黏住成團，會結成好幾小團的腰果糖團，此時再施力鏟開易使腰果碎裂且上霜不均了。
4. 成品剛做好，食用時口感較軟不好吃，待涼後才變硬脆。
5. 炸腰果或富含油脂的堅果類時，要控制好油溫，炸好撈起後中心溫度仍會使其繼續作用變深色，所以不能炸到剛好色澤，要炸至偏淡金黃色，這樣後熟才不至於太深色或變黑。
6. 腰果洗淨後不建議泡水或川煮，會增加油炸時間不易掌控生熟。
7. 油炸時漏杓墊油鍋底，可避免腰果直接接觸鍋底易焦色，油炸時不斷攪拌也可達相同效果。

201E-7 炸素菜春捲

主材料	春捲皮8張、乾香菇2朵、涼筍1/2個、紅蘿蔔1/4條、白蘿蔔80克、綠豆芽80克
副材料	薑20克
盤飾	小黃瓜1/2條
調味料	調味料（1）：鹽1/2小匙、味精1/2小匙、白胡椒粉1/6小匙、香油1小匙、太白粉水2小匙
	調味料（2）：麵粉2大匙、水2大匙
調味重點	鹹香味
刀工	1. 春捲皮：方形 2. 乾香菇、涼筍、白蘿蔔、紅蘿蔔、薑：絲
火力	炒：中大火 炸：中小火
器皿	10吋圓盤

前處理	1. 乾香菇泡軟去蒂切絲 2. 調味料（2）調成濃稠麵糊 3. 涼筍切5×0.2公分絲、春捲皮切類方形（詳細步驟請參閱第49頁）以塑膠袋或保鮮膜封好備用 4. 綠豆芽摘去尾部、薑切絲、紅蘿蔔、白蘿蔔切5×0.2公分絲、小黃瓜切半圓薄片
作法（重點過程）	1. 乾香菇、涼筍、白蘿蔔、紅蘿蔔→川燙 2. 爆香薑→綠豆芽→其餘絲料→調味料 3. 春捲皮→餡料→包捲→麵糊封口→炸

作法

1 起水鍋，水滾川燙小黃瓜片5秒，撈起、泡冷開水；滾水鍋續川燙紅蘿蔔、白蘿蔔、涼筍、香菇絲1分鐘，撈起

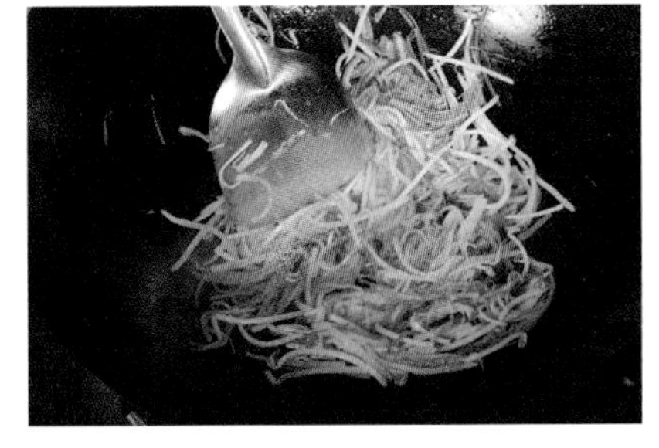

2 鍋入油2大匙，爆香薑絲，入綠豆芽、3大匙水，炒軟，入紅蘿蔔、白蘿蔔、涼筍、香菇絲、調味料（1）調味

3 起鍋盛於配菜盤，待涼

4 桌面鋪保鮮膜，春捲皮轉成菱形放置，取適量炒好的餡料，放靠近操作者端

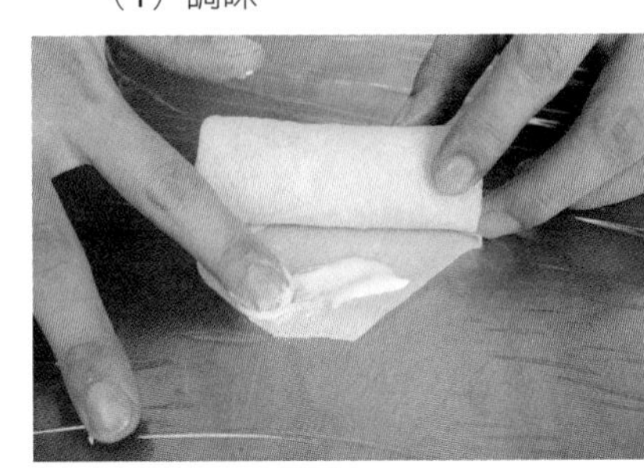

5 春捲皮向上捲起，兩側餅皮往中間折，再捲起，麵皮最前端塗抹麵糊，封口，至少製作6捲（詳細步驟請參閱第52頁）

6 起油鍋，中油溫入炸至外表金黃酥脆，撈起、瀝油、排盤，以小黃瓜片盤飾即可

注意事項

1. 素菜不能有葷食食材，如：蔥、蒜、洋蔥、韮菜等。
2. 春捲內餡宜濾掉湯汁，湯汁過多可能會使春捲皮快速受潮而有破損危險，包捲後若兩側有破裂，在沒有多餘的麵皮情況下，可兩側沾補麵糊入炸，可防餡料邊炸邊爆出來。

202 題組

202 試題總表

主材料＼組別	A組	B組	C組	D組	E組
蝦仁	 炸杏片蝦球(P.150)	 椒鹽蝦球(P.166)	 蝦丸蔬片湯(P.182)	 時蔬燴蝦丸(P.198)	 三絲蝦球(P.214)
豬小排	 粉蒸小排骨(P.152)	 京都排骨(P.168)	 豉汁小排骨(P.184)	 蔥串排骨(P.200)	 紅燒排骨(P.216)
全雞	 蔥油雞(P.154)	 人參枸杞醉雞(P.170)	 玉樹上湯雞(P.186)	 燻雞(P.202)	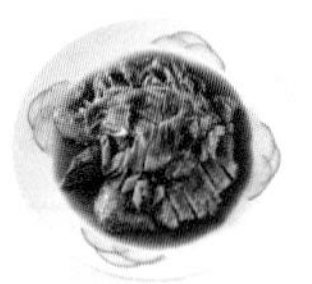 家鄉屈雞(P.218)
墨魚	 宮保墨魚捲(P.156)	 家常墨魚捲(P.172)	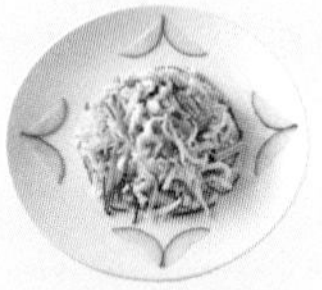 金鉤墨魚絲(P.188)	 芫爆墨魚捲(P.204)	 蔥油灼墨魚片(P.220)
包心菜	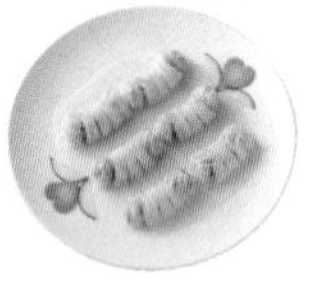 佛手白菜(P.158)	 香菇白菜膽(P.174)	 什錦白菜捲(P.190)	 銀杏白菜膽(P.206)	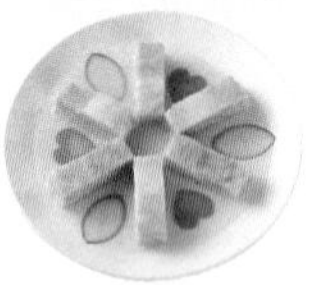 千層白菜(P.222)
蛋皮蔬菜捲	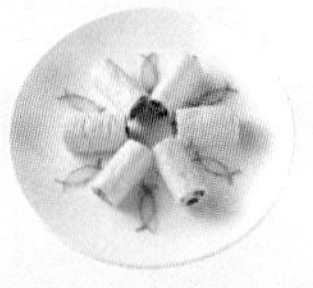 三絲蛋皮捲(P.160)	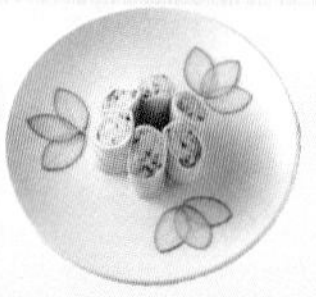 高麗菜蛋皮捲(P.146)	 豆芽菜蛋皮捲(P.192)	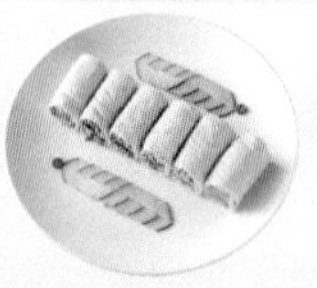 韭黃蛋皮捲(P.208)	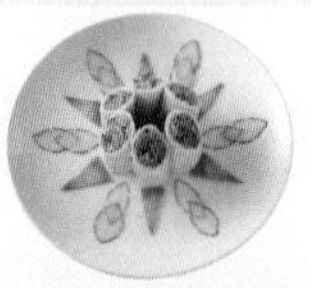 冬粉蛋皮捲(P.224)
水餃皮	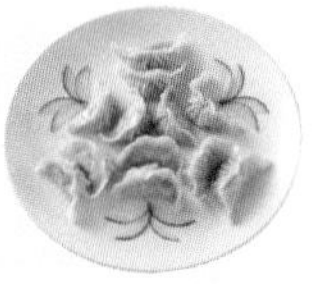 鮮肉水餃(P.162)	 花素煎餃(P.178)	 香煎餃子(P.194)	 蝦仁水餃(P.210)	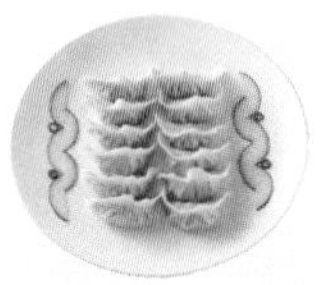 高麗菜水餃(P.226)

◎圖下(P.○○○)為實作頁碼。

202 材料總表

本材料表爲本書菜餚示範之食材用量，供練習採買時之參考，然而各食材的品質與使用耗損均有差異，建議可依此爲基準，自行增減。檢定測試時，則視考場提供之材料妥善運用。

類別	名稱	A組	B組	C組	D組	E組
乾貨	乾木耳	1片	1片	1片	1片	3片
	冬粉	–	1束	–	–	1束
	杏仁片	1杯	–	–	–	–
	乾金針	–	–	–	–	12支
	蝦米	–	–	20公克	–	–
	參鬚	–	1/3兩	–	–	–
	枸杞	–	20公克	–	–	–
	紅棗	–	6粒	–	–	–
	乾辣椒	5-8支	–	–	–	–
	乾香菇	–	6朵	2朵	–	–
	紅茶葉	–	–	–	2大匙	–
加工食品類（素）	水餃皮	15張	15張	15張	15張	15張
	涼筍	3/4支	3/4支	3/4支	1支	1支
	白果	–	–	–	1/3罐	–
	五香豆乾	–	3塊	–	–	–
	豆豉	–	–	20公克	–	–
	蒸肉粉	1/2杯	–	–	–	–
蔬果類	大白菜	1顆	1顆	1顆	1顆	1顆
	馬蹄	6粒	3粒	6粒	3粒	6粒
	青江菜	5株	5株	5株	5株	6株
	大黃瓜	1/2條	1/2條	1/2條	1/2條	1/2條
	紅蘿蔔	1條	1條	1條	1條	1條
	蔥	8支	2支	4支	10支	10支
	薑	80公克	70公克	110公克	100公克	90公克
	紅辣椒	2支	2支	2支	2支	2支
	高麗菜	1/6個	1/4個	1/4個	–	1/4個
	綠豆芽	–	–	300公克	–	–
	韮黃	2兩	–	2兩	4兩	2兩
	芥蘭菜	–	–	200公克	–	–
	西芹	2支	–	–	–	–
	芹菜	–	3支	3支	–	–
	香菜	–	2支	–	3兩	–
	蒜頭	4瓣	6瓣	3瓣	2瓣	2瓣
	小南瓜	1個		–	–	–
豬肉	豬小排	1斤	1斤	1斤	1斤	1斤
	豬胛心肉	8兩	–	8兩	–	8兩
	肥肉	2兩	–	2兩	2兩	1兩
雞鴨肉	全雞	1隻	1隻	1隻	1隻	1隻
蛋類	雞蛋	5個	5個	5個	5個	5個
水產類	蝦仁	10兩	10兩	10兩	12兩	12兩
	墨魚	1隻	1隻	1隻	1隻	1隻

冠勁工作室彙整

202 食材刀工與菜餚塑型之技巧

一、食材刀工

南瓜盅 <適用 202A-2 粉蒸小排骨>

1 小南瓜長邊從1/2～1/3處斜切一刀成兩半，取底部較寬的半顆

2 底部切一小刀（胖端）使其可平穩站立

3 以湯匙挖除籽囊，須挖乾淨

4 切口處以一刀直，一刀斜的方式，間隔約1.5～2公分，切出鋸齒狀

5 完成

注意事項

1. 小南瓜切除的 1/3 須回收至考場回收區，切開南瓜後若發現南瓜肉壁過厚，無法盛裝合宜的排骨份量，挖籽囊時須一併均勻挖薄瓜肉壁。
2. 202 題組術科測試參考試題備註中提到，小南瓜邊緣應修整之，切口切修呈鋸齒狀較簡單，因爲考試時間緊湊，可能沒時間以雕刻刀慢慢刻花樣。底部平切一刀勿切過大面積，以免底部瓜肉過薄，影響盛裝。

白菜膽白菜舟塊 <適用 202B-5 香菇白菜膽、202D-5 銀杏白菜膽>

1 白菜剝葉至直徑剩12公分

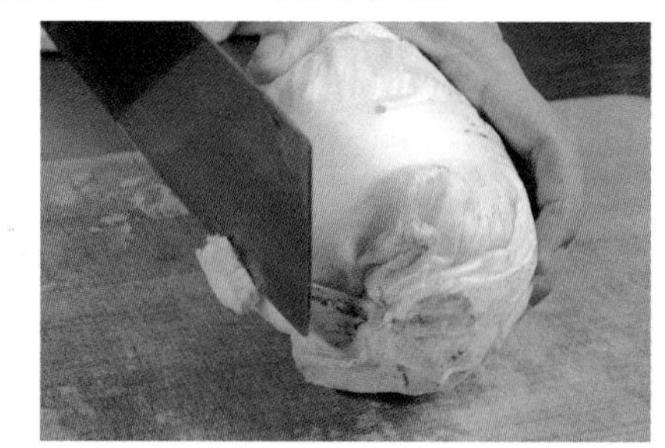

2 切去蒂頭

3 對半剖開，視白菜大小切修，若白菜的長度超過半個盤子，則切修控制大小

4 每棵連梗再分切4塊舟狀

5 稍微切修老硬梗部與過長的葉片

6 成品圖

注意事項

1. 白菜膽即是白菜心，不是舟狀塊才能稱爲白菜膽，僅是爲了成品外觀整齊、有刀工質感而切修。
2. 白菜每顆生長狀況不同，切開有時會發現有黑色蟲蛀洞，須清除乾淨，若太嚴重影響製作，須反映考場做更換。
3. 舟狀塊每塊盡量保留蒂頭，熟製後才能定型。
4. 白菜會切除一半左右的量，不使用的一定要回收。

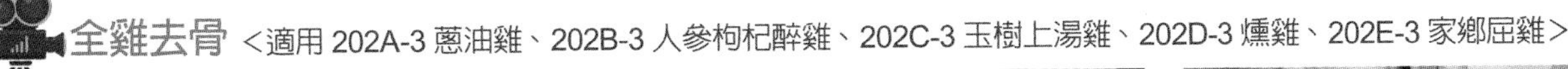

全雞去骨 <適用 202A-3 蔥油雞、202B-3 人參枸杞醉雞、202C-3 玉樹上湯雞、202D-3 燻雞、202E-3 家鄉屈雞>

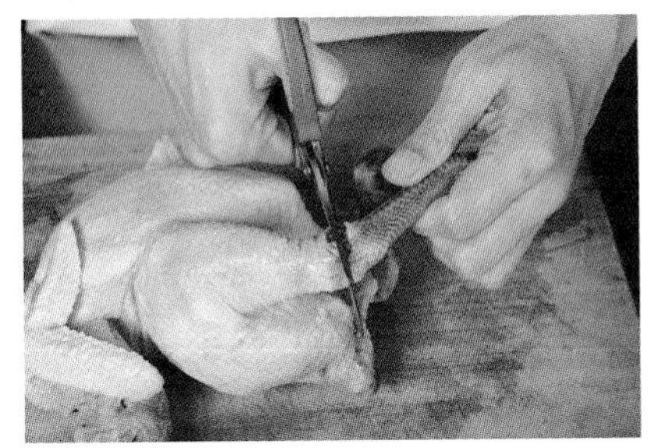

1 以剪刀將雞腳剪下

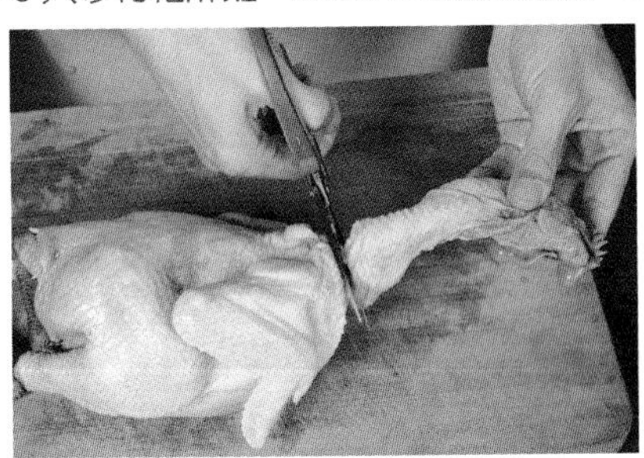

2 剪下雞脖子

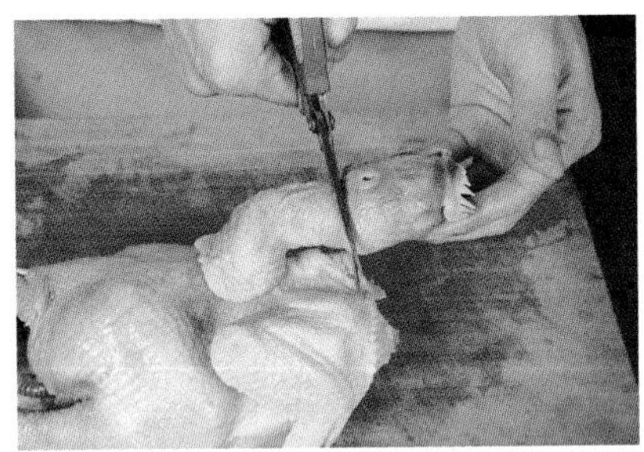

3 剪下雞頭

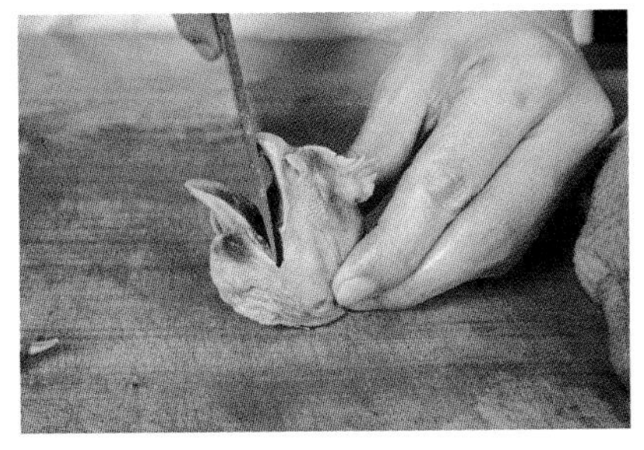

4 將雞頭順著雞嘴剁開

5 切下兩邊的三節翅

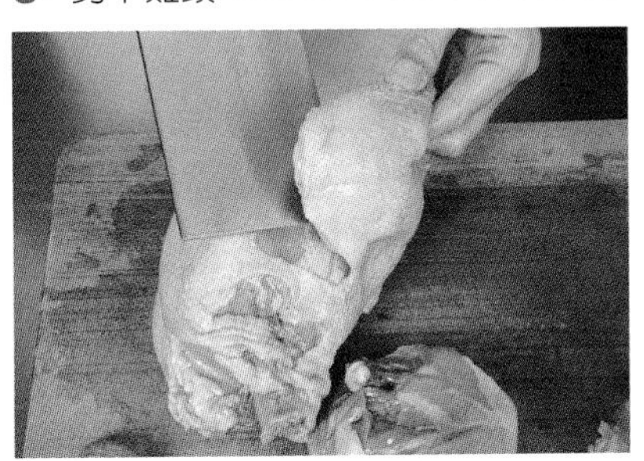

6 劃開L形雞股腿與雞胸相連的雞皮

7 切下兩邊的L形雞股腿

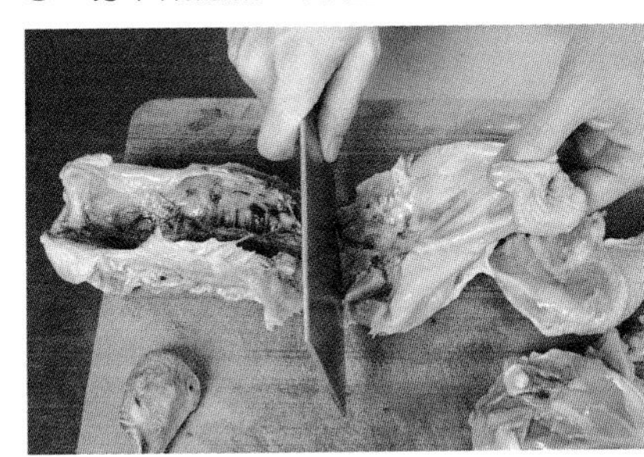

8 將雞胸與雞背剁分開

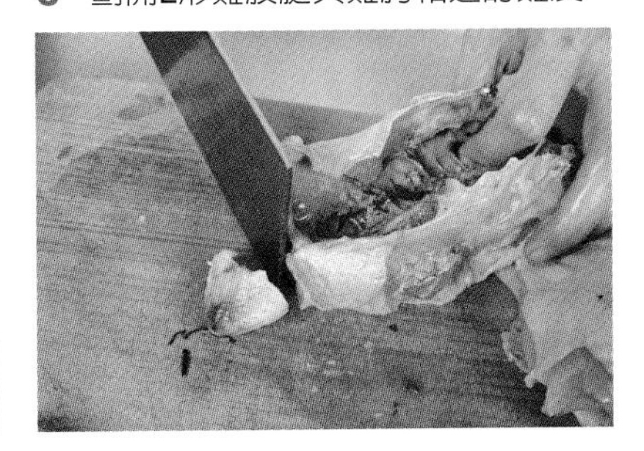

9 切下雞屁股

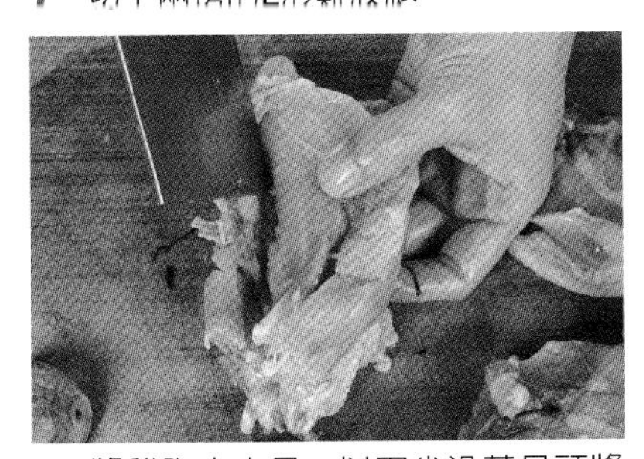

10 將雞胸肉去骨，以刀尖沿著骨頭將肉與骨頭劃開

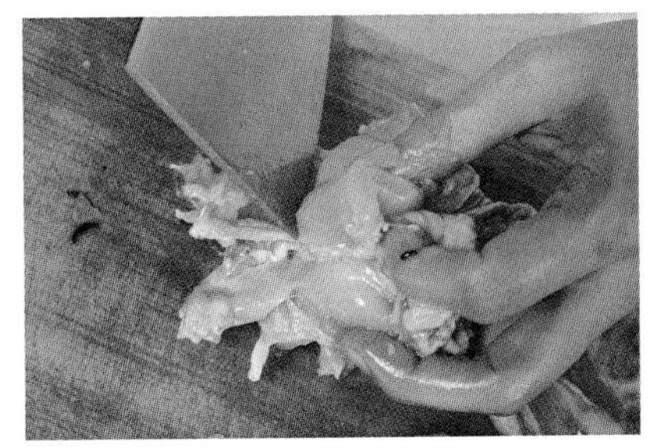

11 將雞胸肉的V形骨頭劃開

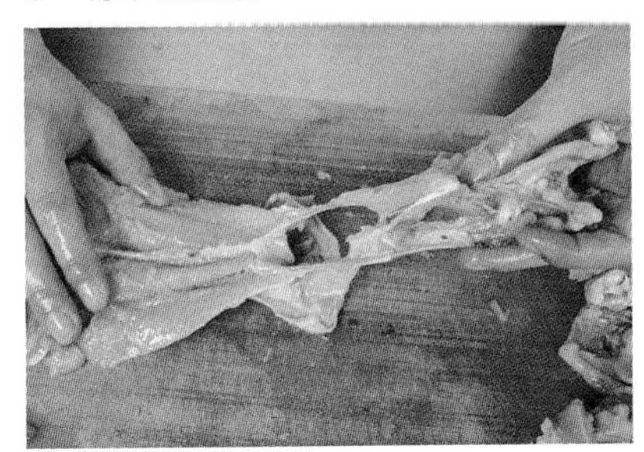

12 以手將肉與骨頭拉開、分離

續下頁

承上頁

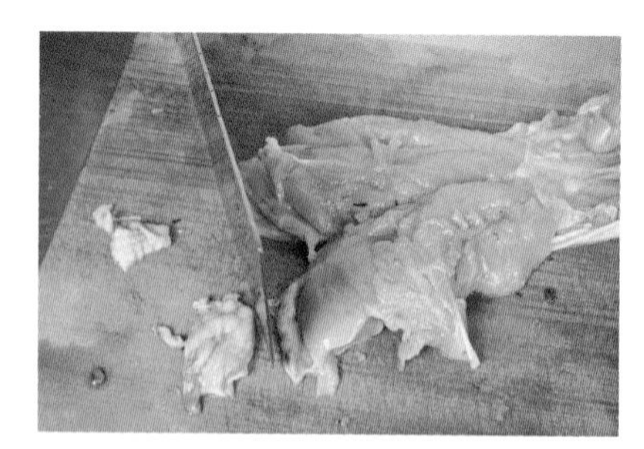
13 將多餘的油脂切除

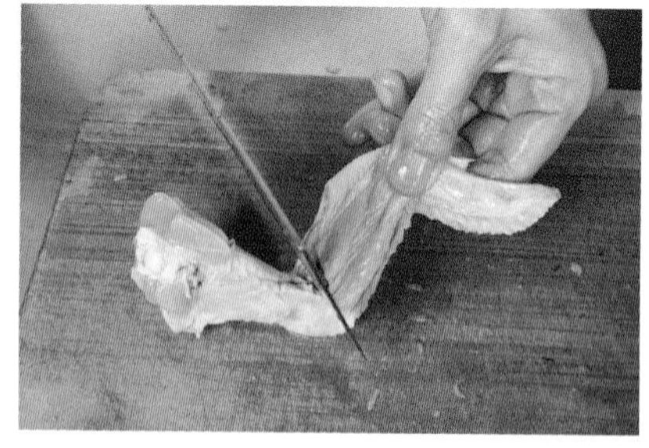
14 將三節翅的雞腿與翅切開

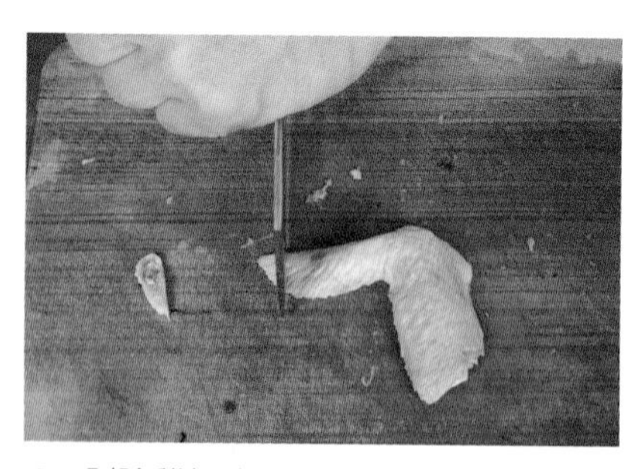
15 剁除雞翅尖

16 將三節翅的雞腿沿著一端的骨頭，以刀尖將肉與骨切劃開

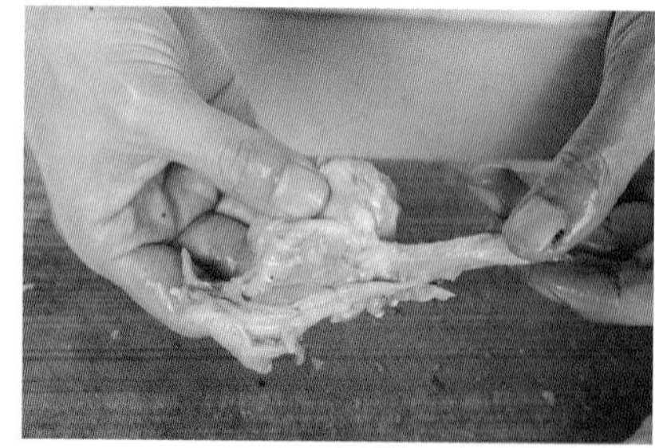
17 以手將肉與骨頭拉開分離，再將骨頭剁除

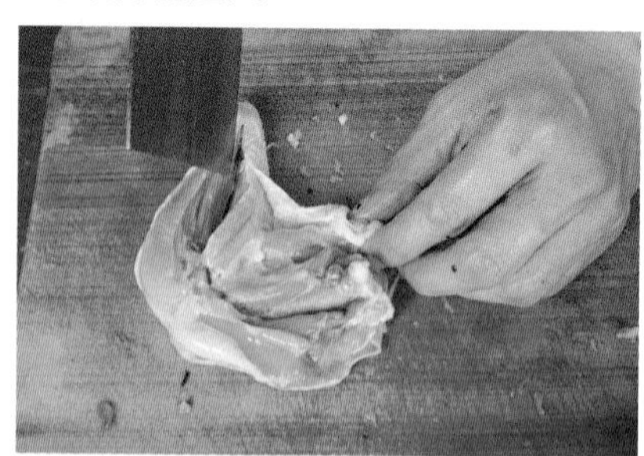
18 將L形雞股腿去骨，以刀尖沿著骨頭，將肉與骨頭劃開

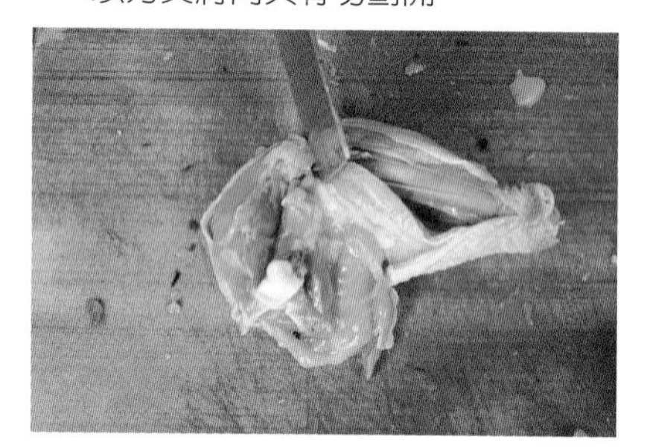
19 將L形雞骨的交接處切剁開

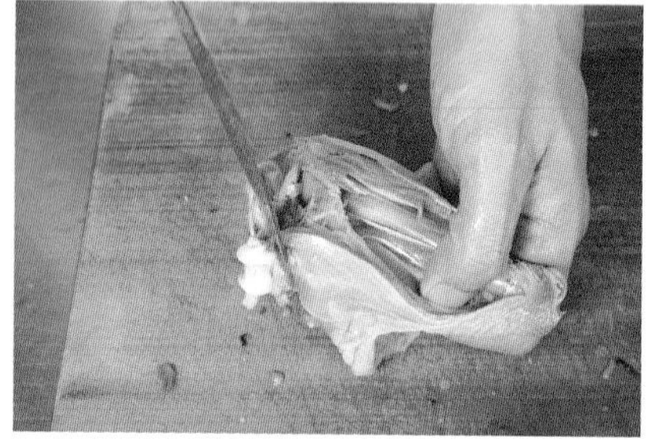
20 將雞骨反折，以刀尖剔下骨頭

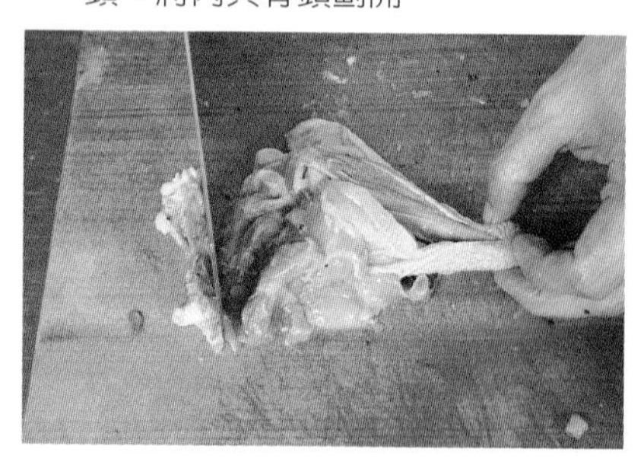
21 剔除骨頭

22 以刀背剁斷另一雞骨

23 將雞骨反折，以刀尖剔下骨頭

24 剔除牙籤骨

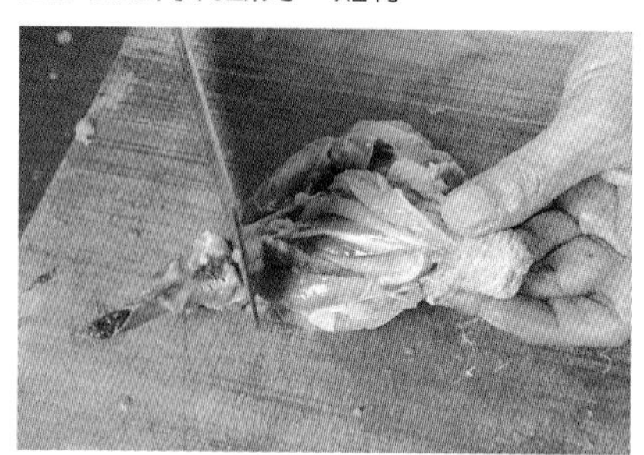
25 去除骨頭

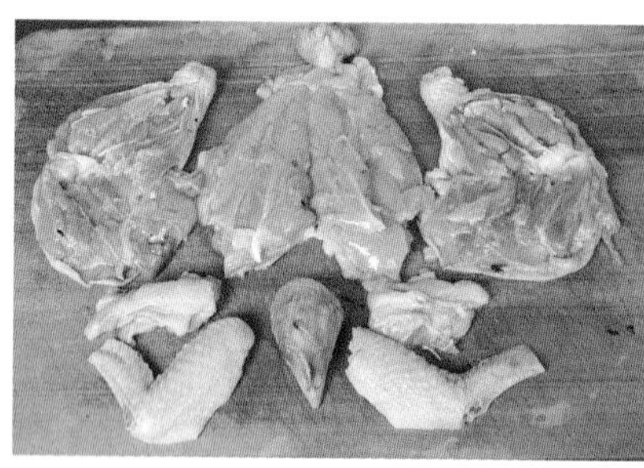
26 完成

27 依烹調需求排入盤內進行烹調

注意事項

1. 202 題組術科測試參考試題備註中提到,「全雞」類,雞均須去大骨、切件、擺盤(可生或熟去骨),故不是完全去骨。大骨是指胸骨架、雞腿 L 骨大部分剔除即可,別把雞脖子、三節雞翅全去骨了,雞脖子可剁小塊蒸熟上盤。
2. 建議考生以生去法操作較好拿捏,若是全雞熟製後才要剁切,必須等肉完全涼了才剁切,否則肉易碎散,使成品外觀不佳,且帶骨剁切施力較重,也不好操作。
3. 全雞洗滌時要把雜毛處理乾淨,特別是雞頭耳朵、雞冠下、雞屁股附近、翅膀腋窩的細毛。雞屁股開口的兩側有兩塊大脂肪,也須拔除。
4. 瓷盤鋪保鮮膜蒸製較方便、乾淨,脫除保鮮膜即可繼續使用。

墨魚捲 <適用 202A-4 宮保墨魚捲、202B-4 家常黑魚捲、202D-4 芫爆墨魚捲>

1 墨魚分切為2等份的長片狀

2 肉厚處以平刀的方式片薄成兩半

3 以直刀切劃出十字刀紋,每刀的深度約至2/3處

4 兩側切修整齊

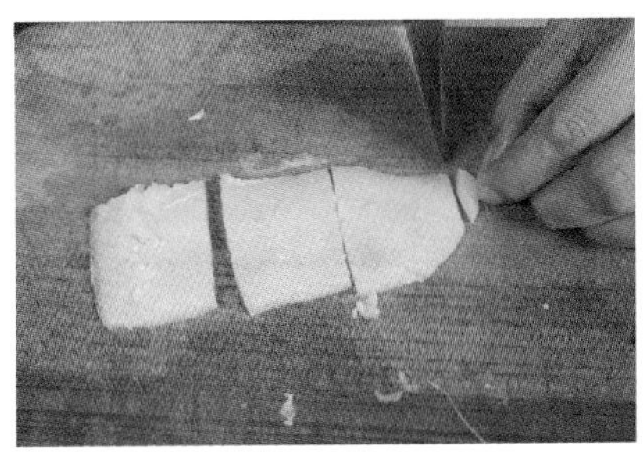

5 再切成5×4公分塊

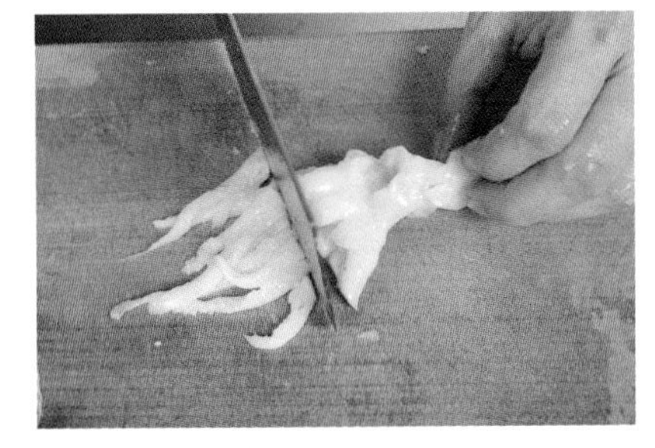

6 觸腕切小塊

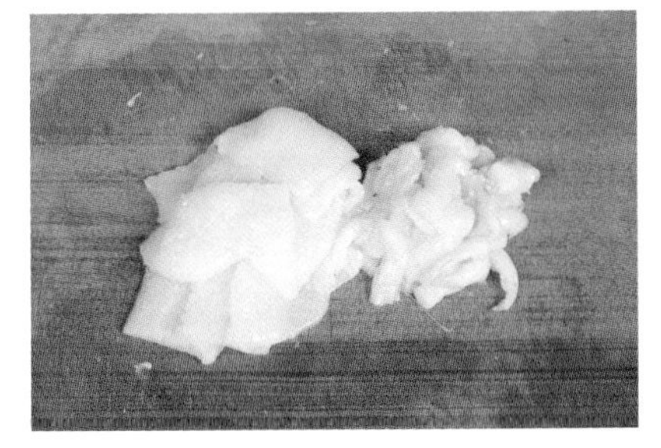

7 完成

注意事項

1. 墨魚外表有層外膜,撕除兩側鰭的同時,一併撕除。墨魚規定配給每隻 300 公克左右,含頭部不會很大隻,要切成 5×4 公分塊,肉身頂多能直切成兩長片,無法切三長片,但還是要依拿到的實體大小再做判斷。頭部除了眼窩處,以下切除與兩側鰭回收。若配菜份量夠,其他部位可自行決定使用或回收。
2. 墨魚中段肉質厚,頭尾薄,就算剞花刀紋切深,川燙後不見得捲曲的漂亮,建議以本法烹製時先將墨魚身片薄,或對剖成兩片再切剞花刀,不僅可多出幾捲,也可使捲的大小平均。

墨魚絲 <適用 202C-4 金鉤墨魚絲>

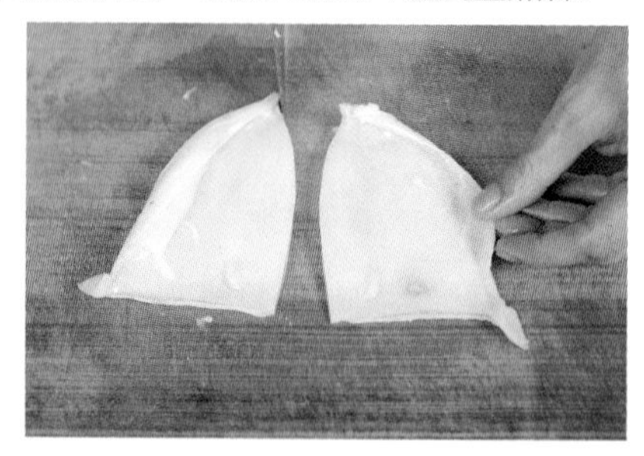

1 墨魚分切為2等份的長片狀

2 以斜刀切出兩邊薄中間厚的6公分寬片

3 再切0.3公分絲

4 完成

注意事項

墨魚頭部、兩側鰭部回收不用，因爲墨魚要切絲狀，頭足段與絲大小差異甚大，混用影響成品整齊外觀。

墨魚片 <適用 202E-4 蔥油灼墨魚片>

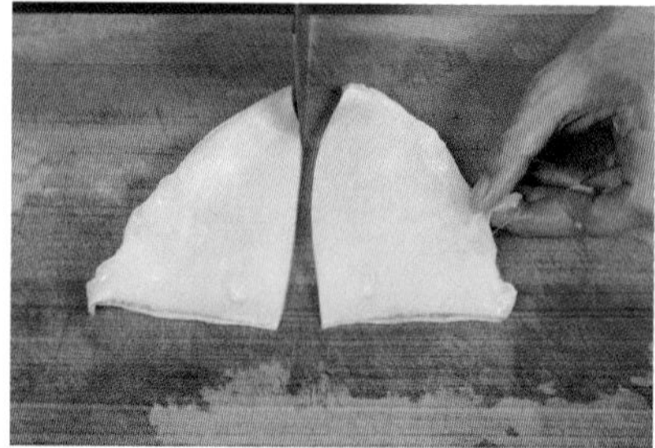

1 墨魚分切為2等份的長片狀

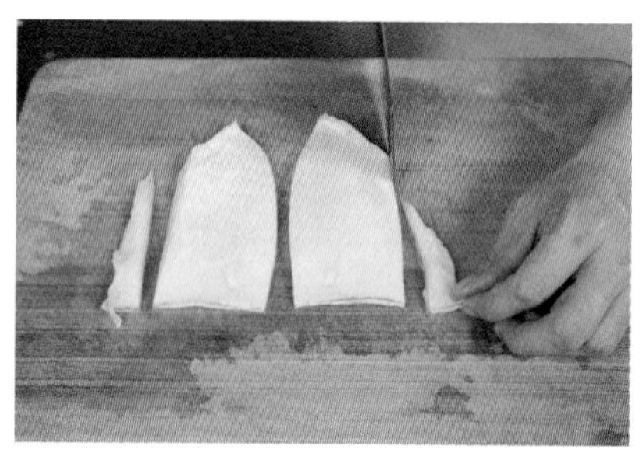

2 兩側切修整齊

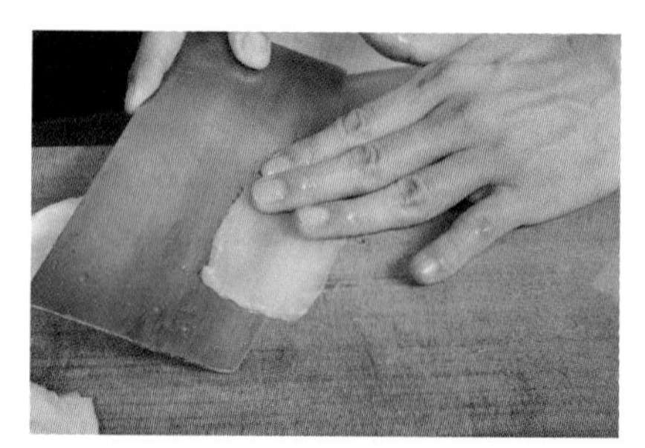

3 以斜刀分切成8×4公分薄片

4 觸腕切小塊

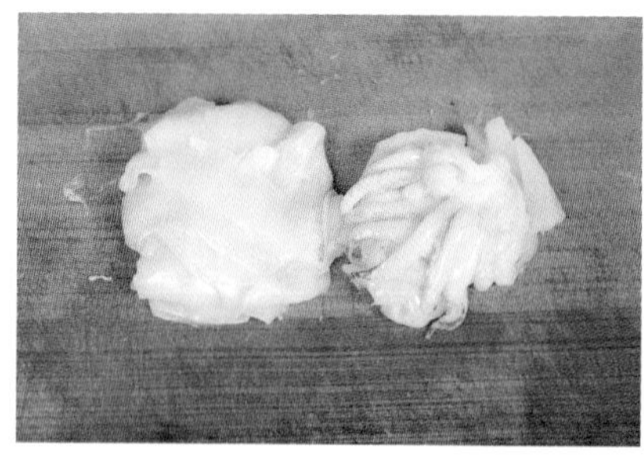

5 完成

注意事項

墨魚外表有層外膜，撕除兩側鰭的同時一併撕除，墨魚規定給 300 克左右，含頭部不會很大隻，要切成 8×4 公分塊，肉身頂多能切成兩長片，長度無法切三長片，要依拿到的大小再做判斷，頭部除了眼窩處，以下切除與兩側鰭回收。頭部可不使用而回收，若使用則墊底用。

二、菜餚塑型

蝦球與蝦丸 <適用 202A-1 炸杏片蝦球、202B-1 椒鹽蝦球、202C-1 蝦丸蔬片湯、202D-1 時蔬燴蝦丸 202E-1 三絲蝦球>

1 手掌抓取蝦餡

2 以虎口將蝦餡擠型，再反覆以虎口將肉餡收回虎口、再擠出，使肉丸子呈現較平整的圓弧面

3 塑成圓形丸子狀

4 若是蝦球外層須裹上其他食材時，直接將擠出的蝦餡沾裹食材（炸杏片蝦球、三絲蝦球），再塑圓，即完成整型

5 若不需沾裹其他食材（椒鹽蝦球、蝦丸蔬片湯、時蔬燴蝦丸），可將擠出的蝦餡以沙拉油或水，在表面抹光滑

6 再泡入水中備用

注意事項

1. 蝦仁一定要以餐巾紙擦乾水分，再剁泥，且務必剁成細泥，否則熟化後外表顆粒明顯而不圓滑。塑型時表面用手沾油、抹光滑，熟製後蝦球表面較優。塑型後泡入冷水中，可避免等待過程塌陷變形。
2. 蝦丸比蝦球直徑小，故可製作超過 6 顆以上成品。

全雞切件<適用 202A-3 蔥油雞、202B-3 人參枸杞醉雞、202C-3 玉樹上湯雞、202D-3 燻雞、202E-3 家鄉屈雞>

以衛生手法切件，擺置另一乾淨圓盤

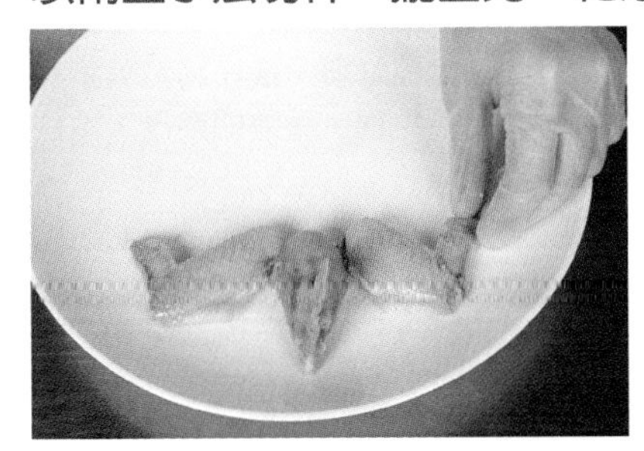

1 雞頭與二節翅擺入

2 三節翅的翅腿肉對切

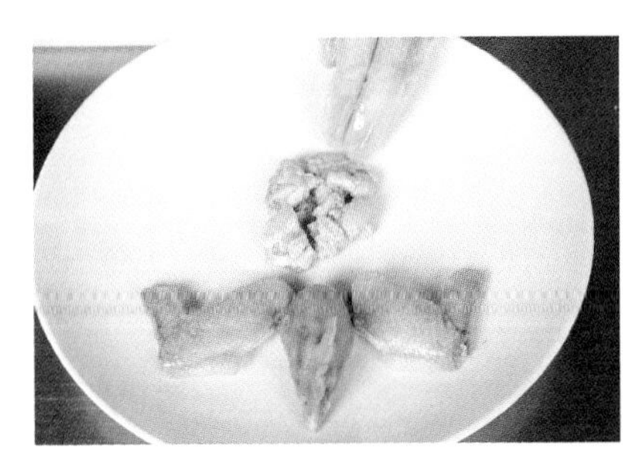

3 排入盤中

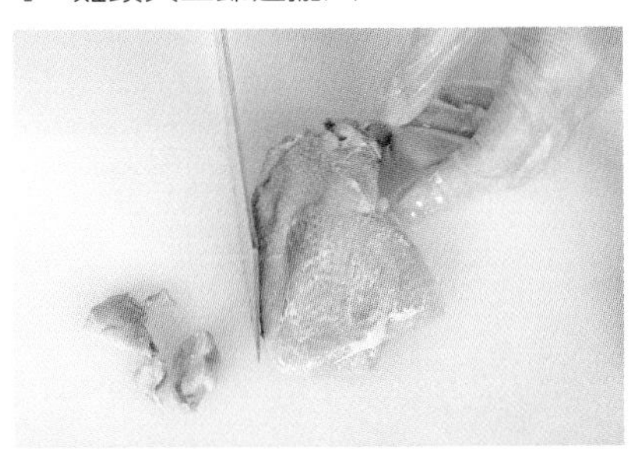

4 雞胸與雞股腿切修整齊

5 切下的肉塊排於翅腿肉下方

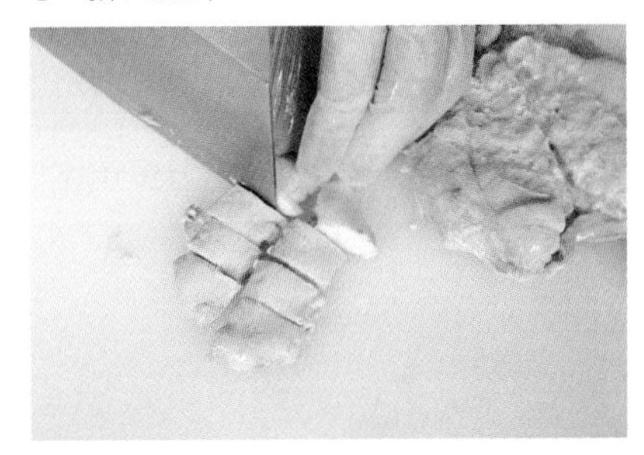

6 雞柳切塊

續下頁

承上頁

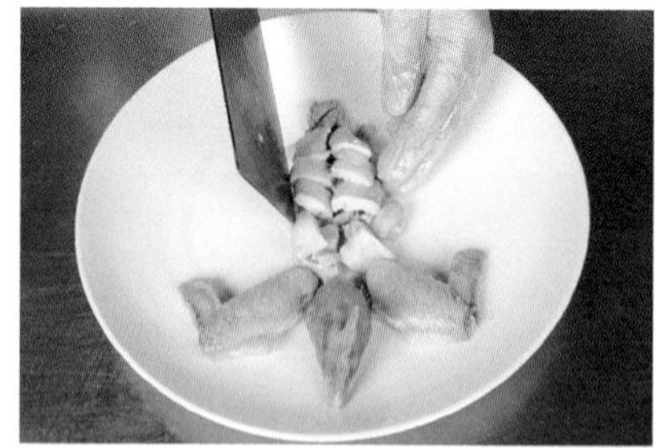

7 疊排於翅腿肉上方

8 雞股腿切塊

9 排於盤子一側

10 另一雞股腿也切塊

11 排於盤子另一側

12 排入雞屁股

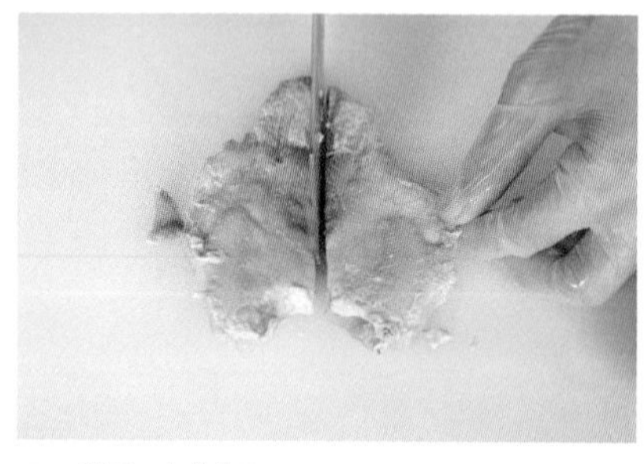

13 雞胸肉對切

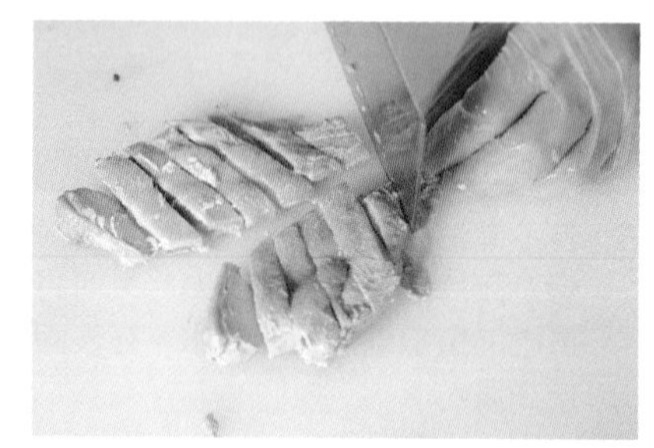

14 採對稱的方式切塊

15 排盤

佛手白菜 <適用 202A-5 佛手白菜>

1 將燙軟的白菜葉葉柄較厚處片薄

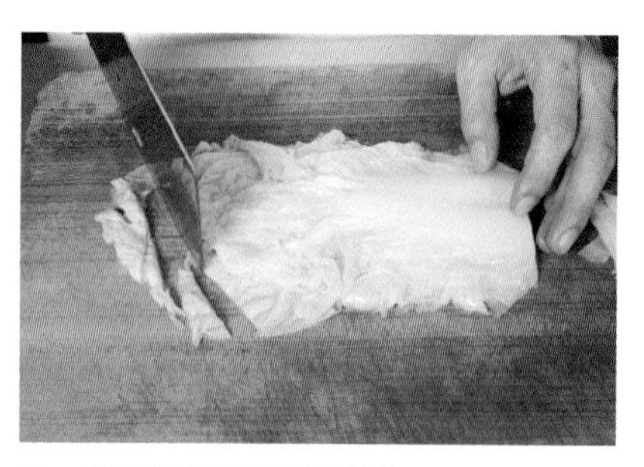

2 修齊葉柄尾端與兩側

3 桌面鋪上保鮮膜，依序將白菜葉柄切面朝下平鋪，葉端朝自己，葉柄朝前

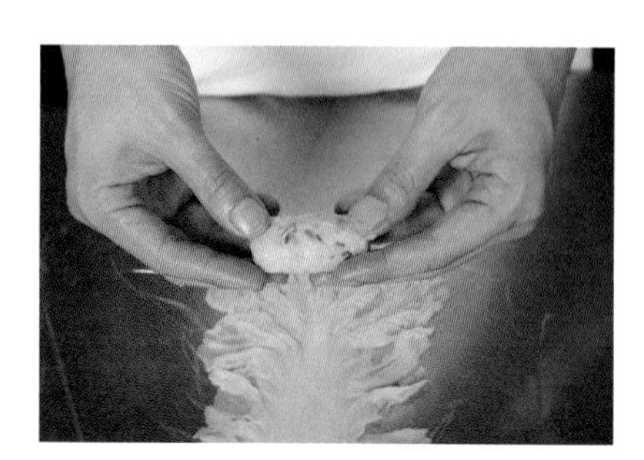

4 取適量肉餡，捏塑成5公分長條狀

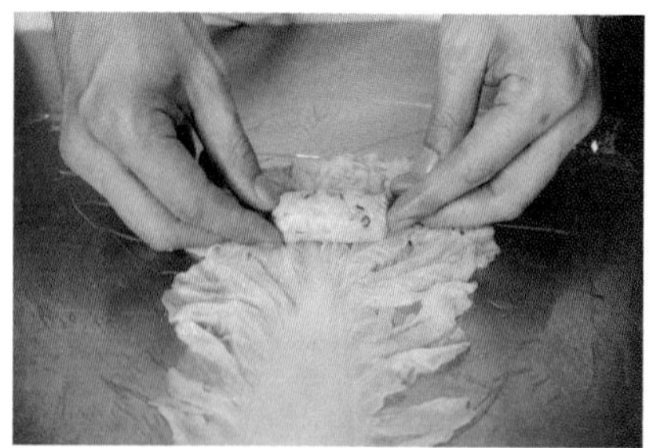

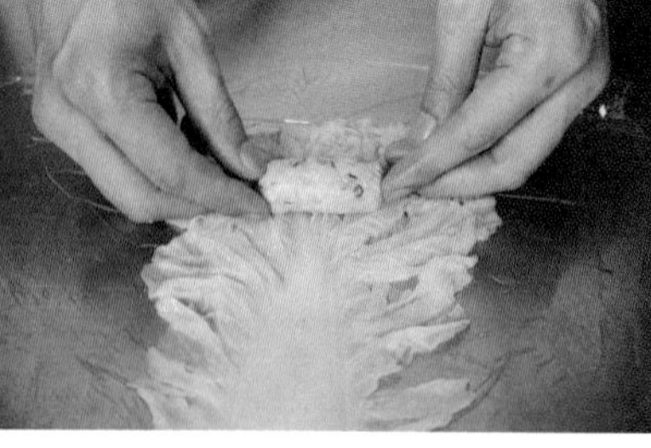

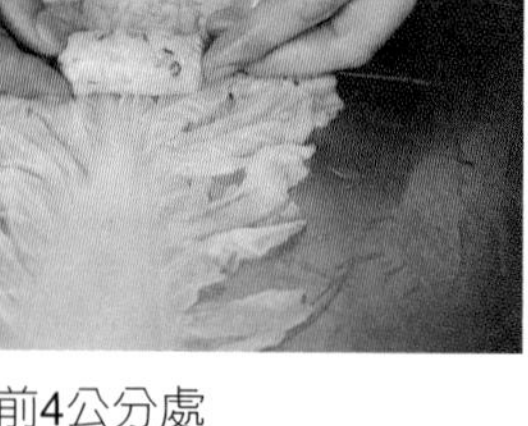

5 放於葉緣前4公分處

6 將白菜葉捲起

續下頁

承上頁

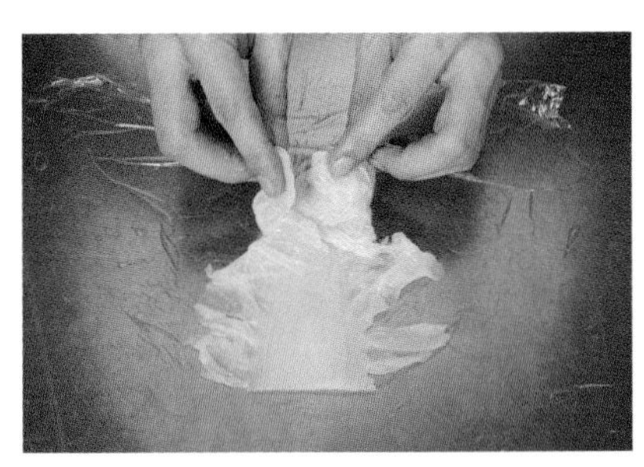

7 左右兩側往中間包起

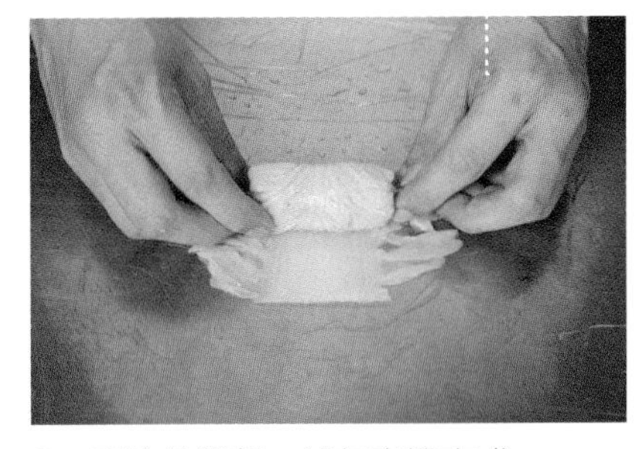

8 再往前捲起，如包春捲方式

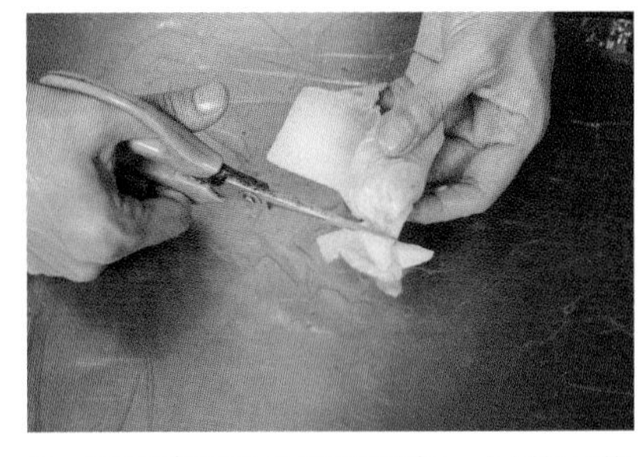

9 葉柄處留2公分不捲起，以剪刀修剪白菜葉

10 將葉柄修剪整齊

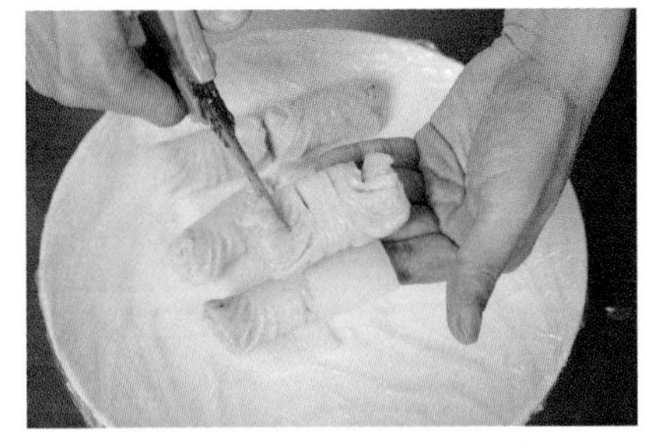

11 菜捲前緣等間距剪4刀，成4個開口，為佛手

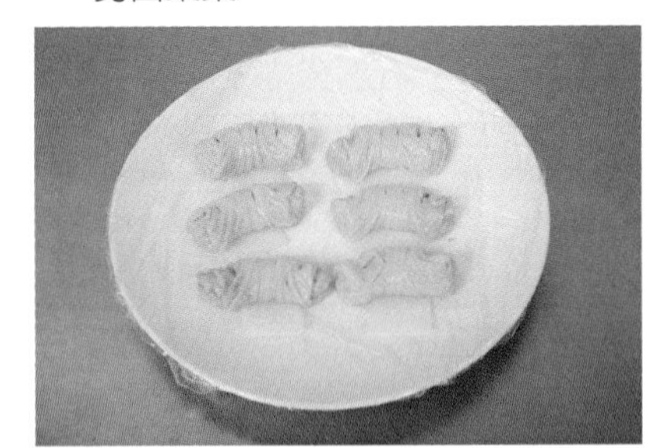

12 完成

注意事項

1. 大白菜葉柄尾端較厚，若沒片薄，則捲至厚處會回彈，菜捲中間較厚，較不美觀。
2. 大白菜葉每葉大小不盡相同，建議燙軟後，相疊切修成大小一致，再進行包捲。

白菜捲 <適用 202C-5 白菜捲>

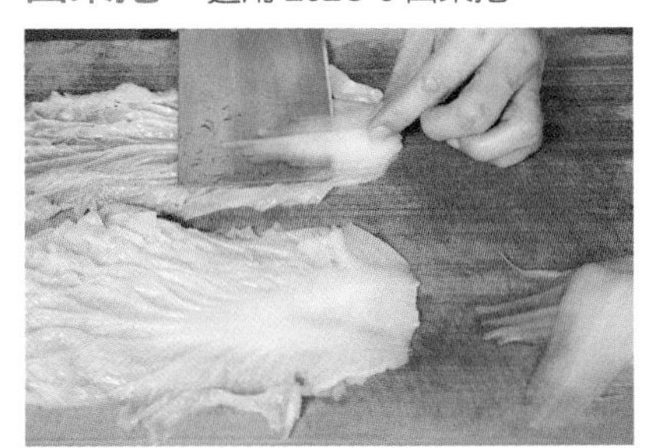

1 將燙軟的白菜葉葉柄較厚處片薄

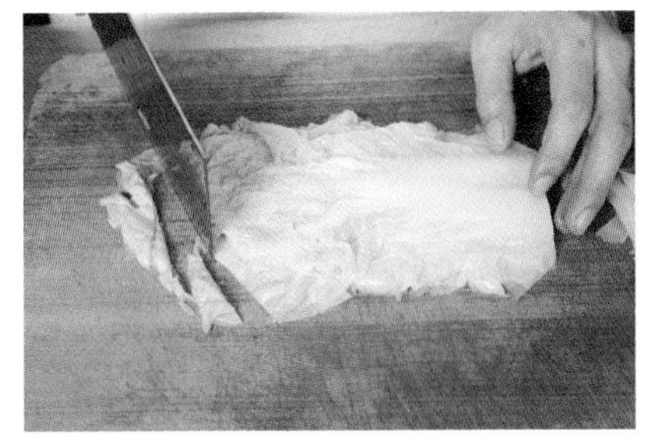

2 修齊葉柄尾端與兩側

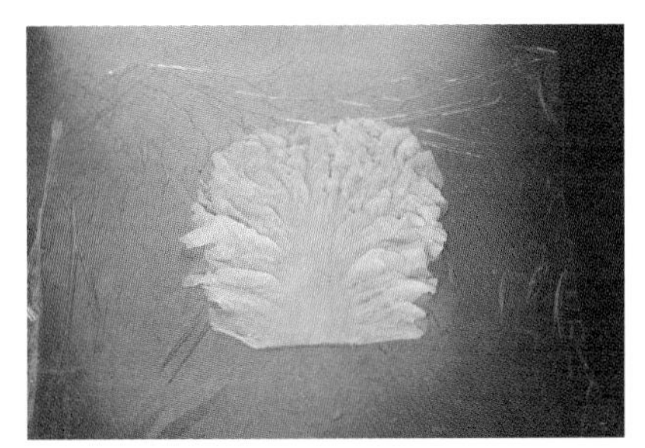

3 桌面鋪上保鮮膜，鋪平一片白菜葉

4 取適量肉餡捏塑成5公分長條狀

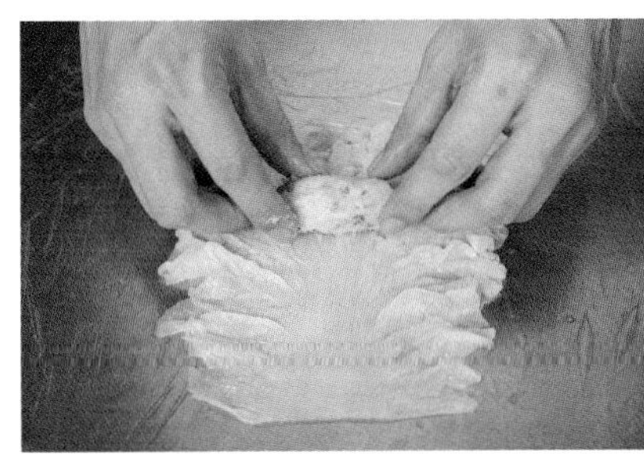

5 放於葉緣前4公分處

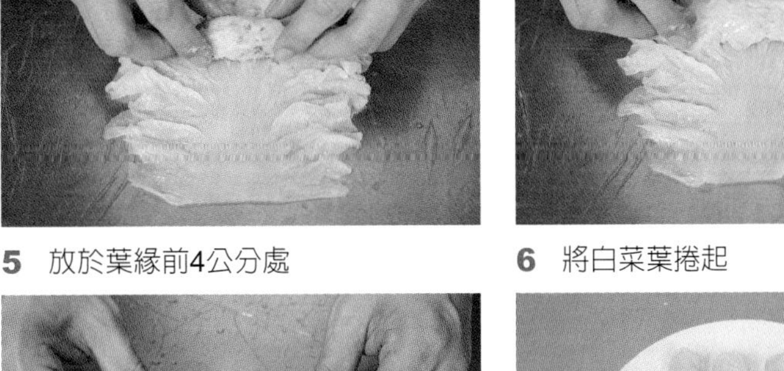

6 將白菜葉捲起

7 左右兩側往中間包起

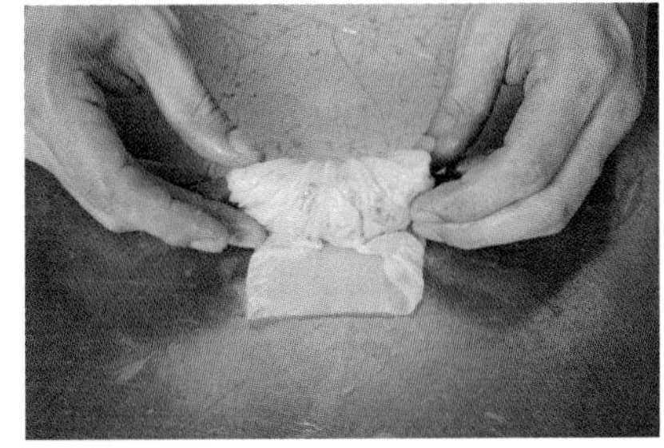

8 再往前捲起，如包春捲方式

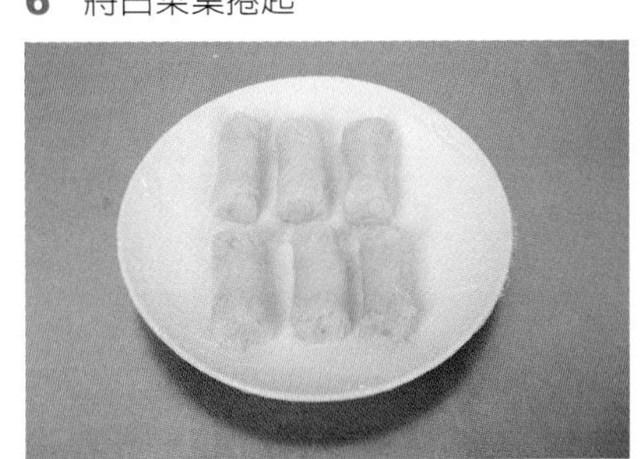

9 完成

注意事項

1. 大白菜葉柄尾端較厚，若沒片薄，則捲至厚處會彈回，菜捲的中間亦較厚。
2. 大白菜葉每葉大小不盡相同，建議燙軟後，相疊切修成大小一致，再進行包捲。

千層白菜 <適用 202E-5 千層白菜>

1 將燙軟的白菜葉葉柄較厚處片薄

2 桌面鋪上保鮮膜，鋪平一片白菜葉

3 灑上一層薄太白粉

4 取適量肉餡，手沾水鋪平一層肉餡

5 再灑上一層薄太白粉

6 再鋪上一片白菜葉，但與第一片反方向擺放

7 再灑太白粉、鋪餡、灑太白粉

8 再反方向鋪上一層白菜葉

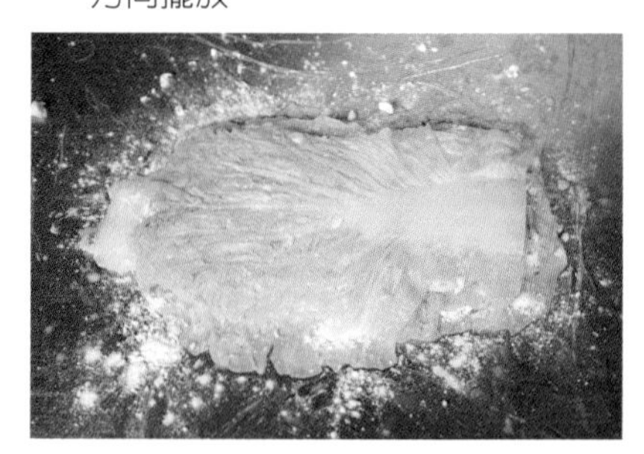

9 依上述順序，堆疊出4片白菜葉3層肉餡

10 完成

蛋皮捲

<適用 202A-6 三絲蛋皮捲、202B-6 高麗菜蛋皮捲、202C-6 豆芽菜蛋皮捲、202D-6 韭黃蛋皮捲、202E-6 冬粉蛋皮捲>

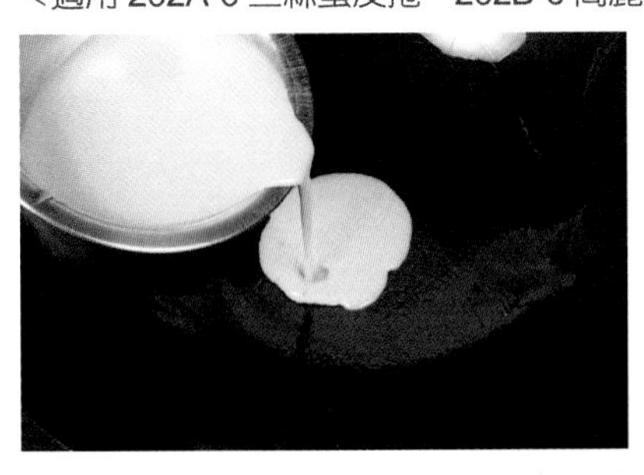

1 鍋潤鍋後，以紙巾將鍋面油擦抹均勻，入適量蛋液

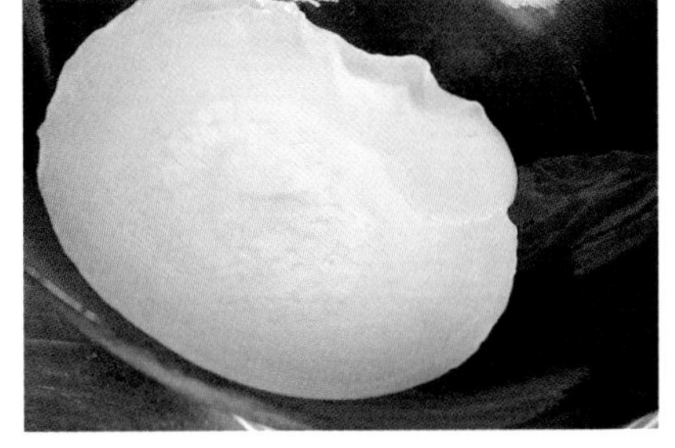

2 轉動鍋子，使蛋液繞成圓片狀

3 待蛋皮周圍略微翻起後，以手輕拉翻面

4 重覆上述動作，至少煎出3張蛋皮

5 桌面鋪保鮮膜，鋪上蛋皮，第一次接觸鍋的蛋皮面朝上

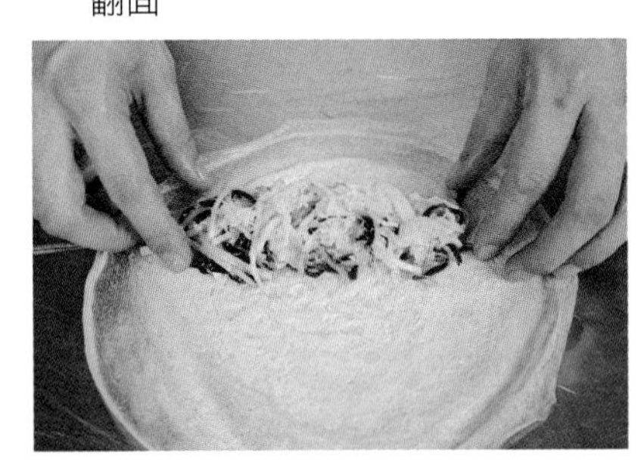

6 取適量餡料，集中排成長條狀

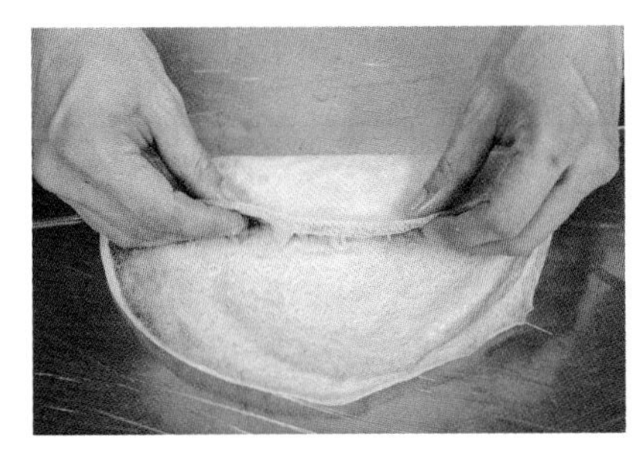

7 將蛋皮往前捲起

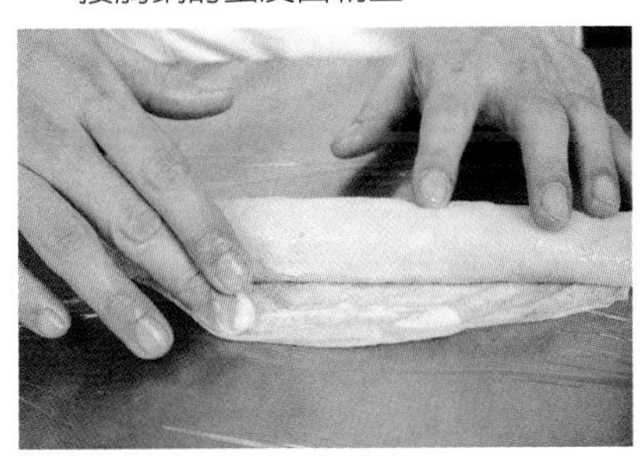

8 以麵糊封口

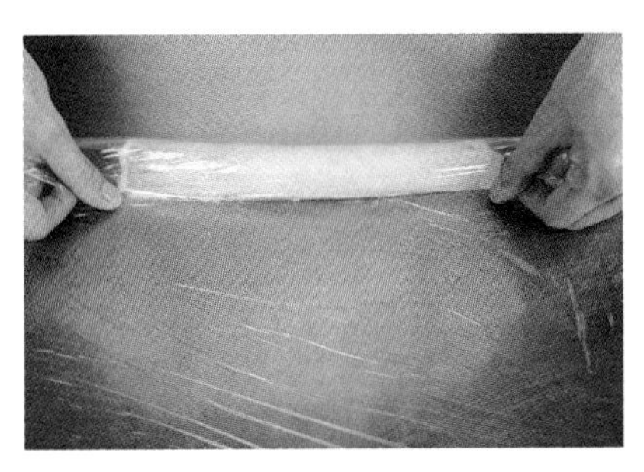

9 包捲起，再將保鮮膜捲起

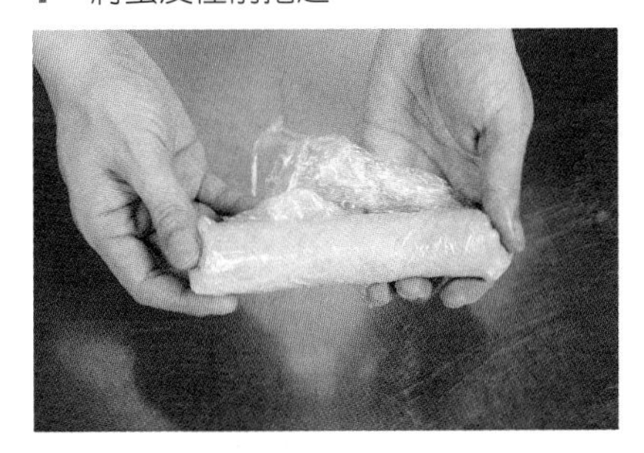

10 兩端往中間折起

11 完成

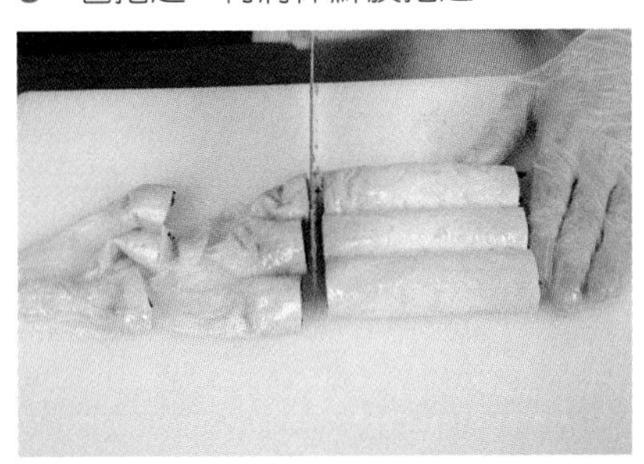

12 蒸熟的蛋皮捲兩端切修

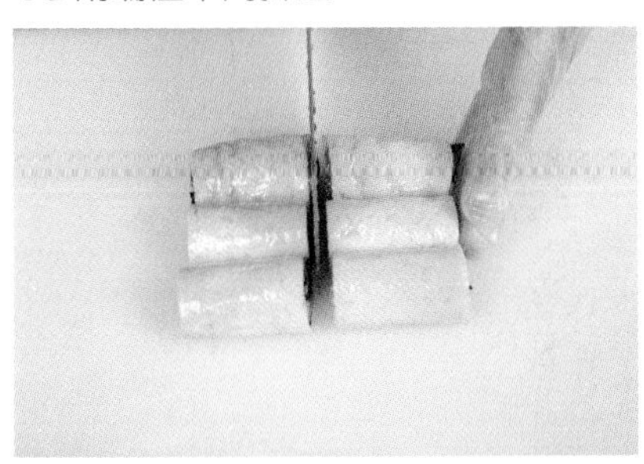

13 排列整齊後，中間直切一刀

14 或一條一條斜切

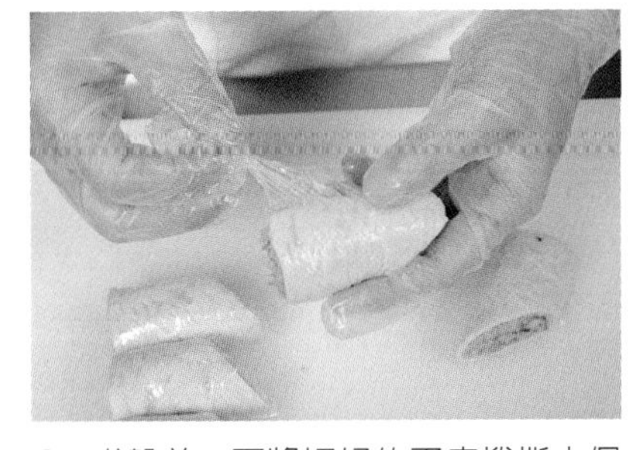

15 盛盤前，再將切好的蛋皮捲撕去保鮮膜

水餃 <適用 202A-7 鮮肉水餃、202B-7 花素煎餃、202C-7 香煎餃子、202D-7 蝦仁水餃、202E-7 高麗菜水餃>

造型一

1 取水餃皮放入適量餡料

2 水餃皮邊緣抹水

3 將水餃皮對摺，中間捏合

4 將一邊麵皮往中間折一摺，捏緊

5 再折一摺

6 將麵皮捏緊

7 另一邊麵皮也往中間折二摺

8 並捏緊

9 完成

造型二

1 取水餃皮放入適量餡料

2 以右手將水餃皮往中間輕推，呈U形弧度

3 將U形弧度的麵皮捏合

4 將麵皮捏合處略往中間壓入

5 將兩側麵皮依序往中間捏合

6 最後將麵皮收合，呈尖狀

續下頁

承上頁

7 完全捏緊

8 完成

造型三

1 取水餃皮放入適量餡料

2 水餃皮邊緣抹水

3 將水餃皮一邊捏合一角

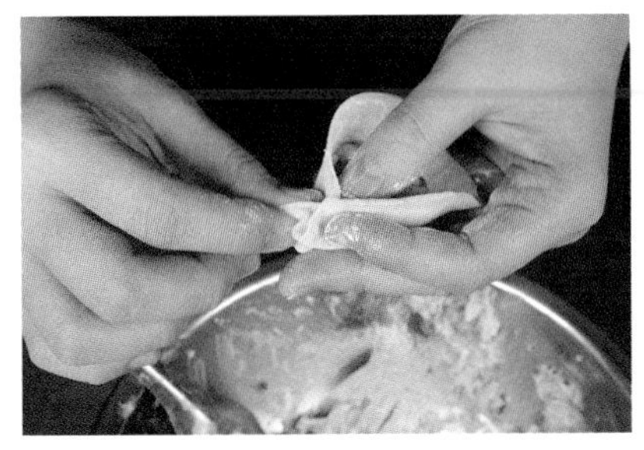

4 將麵皮往捏合處，一摺一摺摺起

5 使麵皮呈現波浪皺摺

6 最後將收口處的麵皮完全捏緊

7 完成

注意事項

1. 通常發材料時水餃皮會以小塑膠袋裝，拿到時請記得要將袋口封緊，以免接觸空氣太久，水分揮發而變硬、易乾裂，不好包餡。
2. 餃形並無硬性規定，可依自己擅長製作。

202A 製作報告表

項目		第一道菜	第二道菜	第三道菜
評分標準 ＼ 菜名		炸杏片蝦球	粉蒸小排骨	蔥油雞
主材料	10%	蝦仁、杏仁片	豬小排、蒸肉粉	全雞、蔥
副材料	5%	馬蹄、蔥、肥肉	小南瓜、蔥、蒜頭、薑	薑、紅辣椒
調味料	5%	鹽、味精、白胡椒粉、太白粉、中筋麵粉、香油	醬油膏、辣豆瓣醬、甜麵醬、米酒、糖、味精、香油	鹽、味精、米酒
作法（重點過程）	20%	1. 蝦泥、肥肉、調味料→甩打→馬蹄、蔥→拌勻→丸→裹杏仁片→炸	1. 豬小排→醃→拌蒸肉粉、水→蒸 2. 南瓜→蒸 3. 蔥花→川燙 4. 排骨→入南瓜盅→灑上蔥花	1. 雞→蒸→切→排盤 2. 爆香蔥、副材料→鋪在雞肉上→淋雞湯
刀工	20%	1. 馬蹄：碎 2. 蔥白：細蔥花 3. 蝦仁、肥肉：細泥	1. 蔥：蔥花 2. 蒜頭、薑：末 3. 小南瓜：鋸齒狀 4. 豬小排：塊狀	1. 蔥、副食材：細絲 2. 雞：去骨
火力	20%	炸：中小火	川燙：大火 蒸：大火	蒸：大火 炒：中小火
調味重點	10%	鹹鮮味	鹹味	鹹味
盤飾	10%	大黃瓜、紅蘿蔔片	青江菜、紅辣椒片	青江菜葉

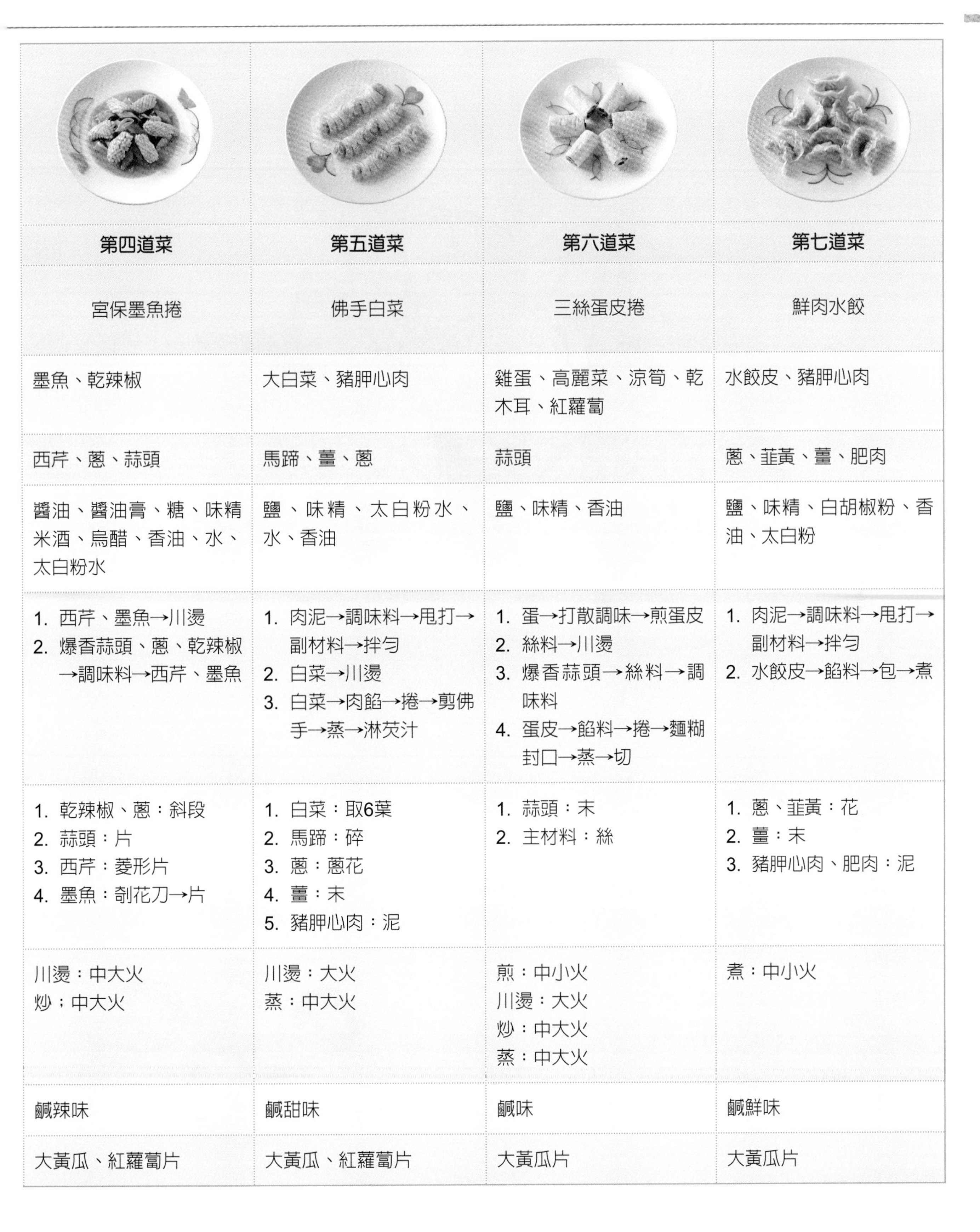

第四道菜	第五道菜	第六道菜	第七道菜
宮保墨魚捲	佛手白菜	三絲蛋皮捲	鮮肉水餃
墨魚、乾辣椒	大白菜、豬胛心肉	雞蛋、高麗菜、涼筍、乾木耳、紅蘿蔔	水餃皮、豬胛心肉
西芹、蔥、蒜頭	馬蹄、薑、蔥	蒜頭	蔥、韭黃、薑、肥肉
醬油、醬油膏、糖、味精米酒、烏醋、香油、水、太白粉水	鹽、味精、太白粉水、水、香油	鹽、味精、香油	鹽、味精、白胡椒粉、香油、太白粉
1. 西芹、墨魚→川燙 2. 爆香蒜頭、蔥、乾辣椒→調味料→西芹、墨魚	1. 肉泥→調味料→甩打→副材料→拌勻 2. 白菜→川燙 3. 白菜→肉餡→捲→剪佛手→蒸→淋芡汁	1. 蛋→打散調味→煎蛋皮 2. 絲料→川燙 3. 爆香蒜頭→絲料→調味料 4. 蛋皮→餡料→捲→麵糊封口→蒸→切	1. 肉泥→調味料→甩打→副材料→拌勻 2. 水餃皮→餡料→包→煮
1. 乾辣椒、蔥：斜段 2. 蒜頭：片 3. 西芹：菱形片 4. 墨魚：剞花刀→片	1. 白菜：取6葉 2. 馬蹄：碎 3. 蔥：蔥花 4. 薑：末 5. 豬胛心肉：泥	1. 蒜頭：末 2. 主材料：絲	1. 蔥、韭黃：花 2. 薑：末 3. 豬胛心肉、肥肉：泥
川燙：中大火 炒：中大火	川燙：大火 蒸：中大火	煎：中小火 川燙：大火 炒：中大火 蒸：中大火	煮：中小火
鹹辣味	鹹甜味	鹹味	鹹鮮味
大黃瓜、紅蘿蔔片	大黃瓜、紅蘿蔔片	大黃瓜片	大黃瓜片

202A-1 炸杏片蝦球

主材料	蝦仁10兩、杏仁片1杯
副材料	馬蹄3粒、蔥1支、肥肉1兩
盤飾	大黃瓜1/10條、紅蘿蔔1/8條
調味料	鹽1/2小匙、味精1/2小匙、白胡椒粉1/4小匙、太白粉1.5大匙、中筋麵粉1.5大匙、香油1小匙
調味重點	鹹鮮味
刀工	1. 馬蹄：碎 2. 蔥白：細蔥花 3. 蝦仁、肥肉：細泥
火力	炸：中小火
器皿	10吋圓盤

項目	內容
前處理	1. 馬蹄切細碎擠乾水分；蔥取蔥白，切細蔥花；大黃瓜去籽、切月牙薄片10片；紅蘿蔔切菱形片5片 2. 肥肉剁泥 3. 蝦仁用紙巾反覆擦乾水分，拍壓剁成細泥
作法（重點過程）	蝦泥、肥肉、調味料→甩打→馬蹄、蔥→拌勻→丸→裹杏仁片→炸

作法

1 肥肉加蝦泥、調味料，以同方向攪拌、摔打至產生黏性，拌入馬蹄、蔥花，拌勻

2 配菜盤平鋪上杏仁片，再以手掌虎口將肉餡擠出適量肉餡

3 均勻沾裹上杏仁片，塑成直徑約4公分圓形丸子狀，至少做出6顆

4 起水鍋，水滾後川燙紅蘿蔔片15秒、大黃瓜薄片5秒，撈起、泡冷開水

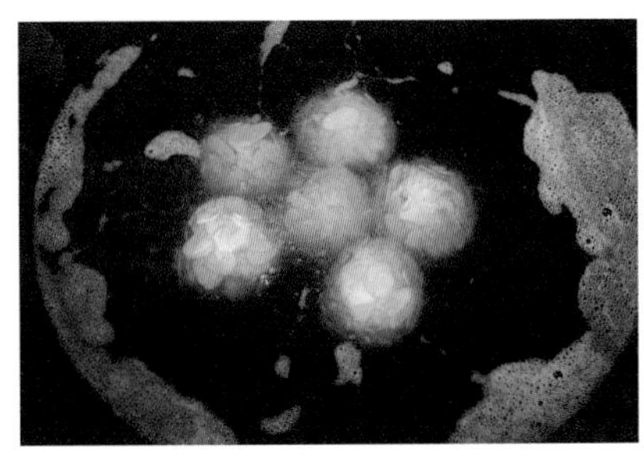

5 起油鍋，燒至中低油溫，入炸蝦球

6 待蝦球浮起且杏仁片金黃微焦上色約5分鐘撈起瀝油，以大黃瓜片、紅蘿蔔片盤飾即可

注意事項

1. 由於蝦球外表有杏仁片，故不須花太多時間剁細，均勻即可。
2. 蝦泥沾裹杏仁片後，每顆以手稍捏壓緊塑型，入炸較不易脫落。
3. 杏仁片與其他堅果相同，富涵油脂，溫度過高易焦黑，入炸前可先放入幾片杏仁片入炸測試，原則上是先泡炸至熟，才加溫上色逼油。

202A-2 粉蒸小排骨

主材料	豬小排1斤、蒸肉粉1/2杯
副材料	小南瓜1個、蔥1支、蒜頭1瓣、薑20克
盤飾	青江菜3株、紅辣椒1/2支
調味料	醬油膏1大匙、辣豆瓣醬1大匙、甜麵醬1大匙、米酒1小匙、糖1小匙、味精1小匙、香油1小匙
調味重點	鹹味
刀工	1. 蔥：蔥花 2. 蒜頭、薑：末 3. 小南瓜：鋸齒狀 4. 豬小排：塊狀
火力	川燙：大火 蒸：大火
器皿	10吋圓盤
前處理	1. 小南瓜直式從1/2～1/3處斜切一刀，去除蒂頭端（瘦端），底部切一小刀（胖端）使其可平穩站立，以湯匙挖除籽囊，切口處以一刀直、一刀斜，間隔約1.5公分，切出鋸齒狀南瓜盅（詳細步驟請參閱第136頁） 2. 蔥切蔥花；蒜頭切末；薑切末；紅辣椒切圓片；青江菜剝除外葉，使每株大小相同，再將蒂頭、葉子修尖、對剖 3. 小排骨剁成3公分塊狀
作法（重點過程）	1. 豬小排→醃→拌蒸肉粉、水→蒸 2. 南瓜→蒸 3. 蔥花→川燙 4. 排骨→入南瓜盅→灑蔥花

作法

1 調味料、蔥白花、蒜末、薑末拌勻，醃小排骨塊，約15分鐘

2 起水鍋，水滾川燙綠蔥花，約3秒，撈起、瀝乾

3 滾水鍋續川燙青江菜約1分鐘至熟，再入紅辣椒片再川燙5秒，一起撈起、泡冷開水

4 醃好的小排骨塊拌入蒸肉粉、1/4杯水，拌至吸收均勻

5 平鋪於鋪保鮮膜的盤中，大火入蒸至少1小時至排骨熟透

6 扣碗鋪保鮮膜，放上南瓜，入蒸20～30分鐘至南瓜熟透

7 將南瓜盅移入圓盤，小排骨以湯匙盛入南瓜盅內，粉蒸排骨灑上綠蔥花，以青江菜、紅辣椒片盤飾即可

注意事項

1. 小南瓜蒸熟的時間與南瓜的肉壁厚薄有關，基本20分鐘，可以筷子插試盅內底部的瓜肉，若輕易穿破即熟透，應立即取出，反之則續蒸，但蒸過熟形體易塌縮，甚至會裂開無法盛裝排骨。
2. 排骨不怕蒸爛怕蒸不熟，1小時一定會熟透，除非排骨未退冰完全。
3. 排骨先醃入味再拌蒸肉粉較有滋味，一同抓拌，調味料易被蒸肉粉吸附。
4. 蒸肉粉是調味過的米碎粒，蒸熟條件是水量要足，多少蒸肉粉就加多少水，比較能將米粒蒸熟。

202A-3 蔥油雞

主材料	全雞1隻、蔥3支
副材料	薑40克、紅辣椒1支
盤飾	青江菜8葉
調味料	鹽1.5小匙、味精1.5小匙、米酒1大匙
調味重點	鹹味
刀工	1. 蔥、副食材：細絲 2. 雞：去骨
火力	蒸：大火 炒：中小火
器皿	12吋圓盤

項目	內容
前處理	1. 蔥切6×0.1公分細絲；薑切0.1公分細絲；紅辣椒去籽，片薄內層，切6×0.1公分細絲；青江菜取葉柄與葉子中段，切菱形造形8片；蔥絲洗去黏液，與薑、紅辣椒絲泡水5分鐘，瀝乾 2. 全雞去骨（詳細步驟請參閱第137～138頁）
作法（重點過程）	1. 雞→蒸→切→排盤 2. 爆香蔥、副材料→鋪在雞肉上→淋雞湯

作法

1 去骨全雞以調味料抓醃15分鐘

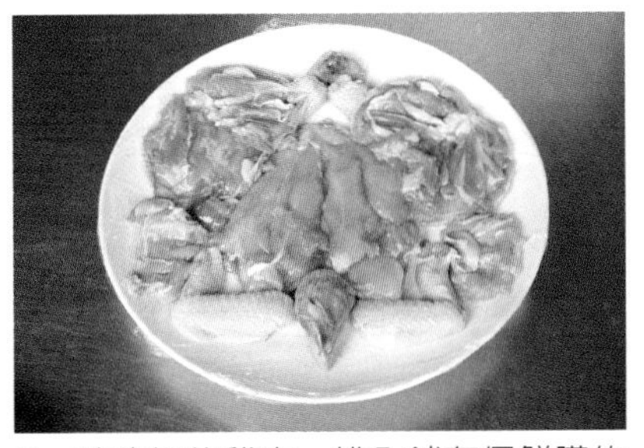

2 醃漬好的雞肉，排入鋪有保鮮膜的盤中，雞胸、2支雞腿的雞皮攤平朝下

3 以大火入蒸15分鐘，取出待涼

4 以衛生手法切件（詳細步驟請參閱第141～142頁），擺置另一乾淨圓盤，蒸雞湯瀝於碗內備用

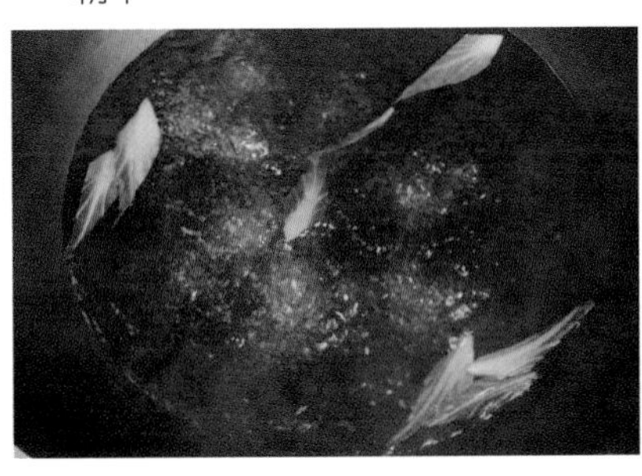

5 起水鍋，水滾川燙青江菜片約15秒，撈起、泡冷開水

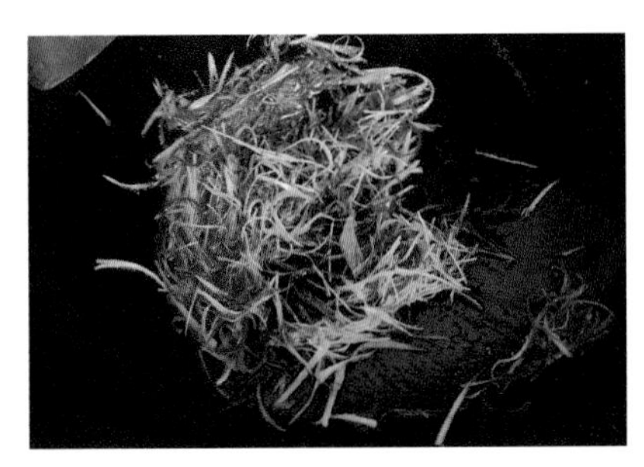

6 鍋入香油、沙拉油各1大匙，入炒蔥、薑、紅辣椒絲至熟，再鋪於雞肉上

7 淋上適量蒸雞湯，以青江菜片盤飾即可

注意事項

1. 爲了凸顯全雞擺盤的刀工，建議三絲不要鋪的全雞掩蓋，較爲美觀。
2. 三絲泡水可洗去黏液、稍去辛辣味。

202A-4 宮保墨魚捲

主材料	墨魚1隻、乾辣椒5-8支
副材料	西芹2支、蔥1支、蒜頭2瓣
盤飾	大黃瓜1/10條、紅蘿蔔1/8條
調味料	醬油1小匙、醬油膏1大匙、糖1大匙、味精1/2小匙、米酒1大匙、烏醋1小匙、香油1小匙、水3大匙、太白粉水2小匙
調味重點	鹹辣味
刀工	1. 乾辣椒、蔥：斜段 2. 蒜頭：片 3. 西芹：菱形片 4. 墨魚：剞花刀→片
火力	川燙：中大火 炒：中大火
器皿	10吋圓盤

項目	內容
前處理	1. 乾辣椒切斜段、抖除籽 2. 西芹切高1.5公分菱形片、蔥切小斜段、蒜頭切0.2公分厚的直片；大黃瓜去籽、切月牙薄片6片；紅蘿蔔切蝴蝶形水花片2片 3. 墨魚洗淨，觸腕切小塊，肉身片薄成兩半，切面切交叉十字剞花刀，深度2/3，再切成5×4公分塊（詳細步驟請參閱第139頁）
作法（重點過程）	1. 西芹、墨魚→川燙 2. 爆香蒜頭、蔥、乾辣椒→調味料→西芹、墨魚

作法

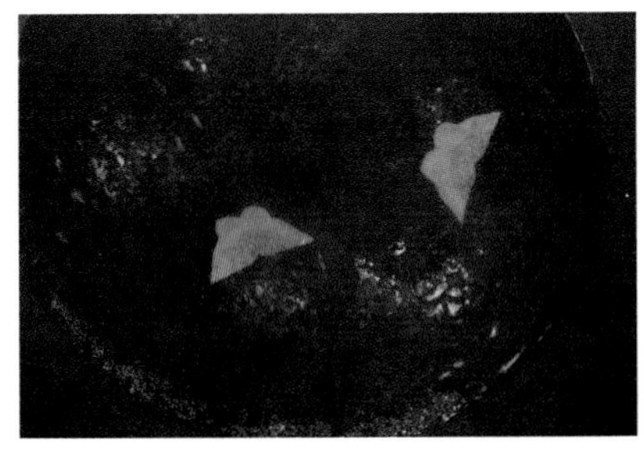

1 起水鍋，水滾川燙紅蘿蔔水花片約15秒，入大黃瓜片約川燙5秒，一同撈起、泡冷開水

2 滾水鍋入西芹片約川燙30秒，撈起

3 再川燙墨魚，約1分鐘至熟，撈起

4 另鍋，入油1大匙爆香蒜片、蔥段、乾辣椒段

5 入調味料，小火煮滾，入西芹、墨魚翻炒均勻，盛盤，以紅蘿蔔片、大黃瓜片盤飾即可

注意事項

1. 調味料可先行調勻成綜合調味料，入鍋時比較快速。
2. 乾辣椒要去籽，否則會影響成品外觀；爆香時火也不能過大，以免燒黑。
3. 此菜盛盤時，建議先將墨魚的觸腕盛入盤中，作為墊底，再將切花刀的墨魚捲排於上方，較能呈現刀工美感。

202A-5 佛手白菜

主材料	大白菜1顆、豬胛心肉3兩
副材料	馬蹄3粒、薑10克、蔥1支
盤飾	大黃瓜1/10條、紅蘿蔔1/8條
調味料	調味料（1）：鹽1/3小匙、味精1/3小匙、白胡椒粉1/8小匙、太白粉1大匙、香油1小匙 調味料（2）：鹽1/2小匙、味精1/2小匙、太白粉水2大匙、水1杯、香油1小匙
調味重點	鹹甜味
刀工	1. 白菜：取6葉 2.. 馬蹄：碎 3. 蔥：蔥花 4. 薑：末 5. 豬胛心肉：泥
火力	川燙：大火 蒸；中大火
器皿	12吋圓盤

項目	內容
前處理	1. 大白菜剝除外層老葉、破損葉，取完整6葉；馬蹄拍碎、剁細、擠乾水分；薑切末、蔥切蔥花、大黃瓜切去籽月牙薄片4片、紅蘿蔔切心形水花片2片 2. 豬胛心肉剁泥
作法（重點過程）	1. 肉泥→調味料→甩打→副材料→拌勻 2. 白菜→川燙 3. 白菜→肉餡→捲→剪佛手 →蒸→淋芡汁

作法

1 豬胛心肉泥加調味料（1）拌匀後，摔打至有黏性，再加馬蹄、薑末、蔥花拌匀

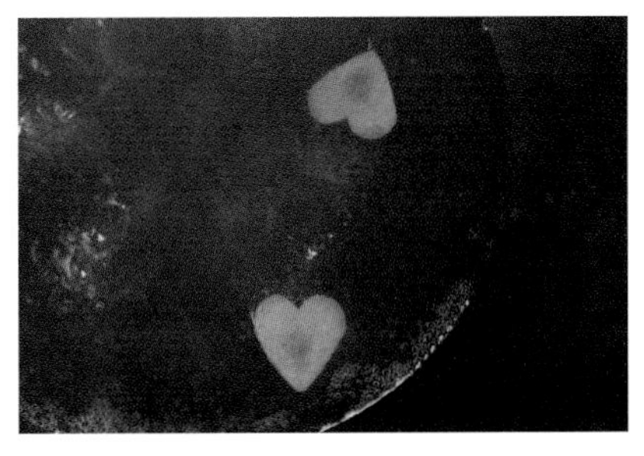

2 起水鍋，水滾川燙紅蘿蔔片15秒、大黃瓜5秒，一同撈起、泡冷開水

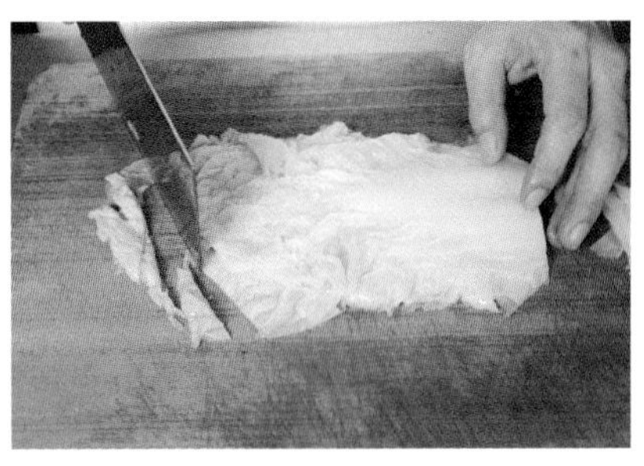

3 川燙大白菜葉至軟約2分鐘，撈起、泡冷水，冷卻後瀝乾，片薄葉柄較厚處，並修齊葉柄尾端與兩側

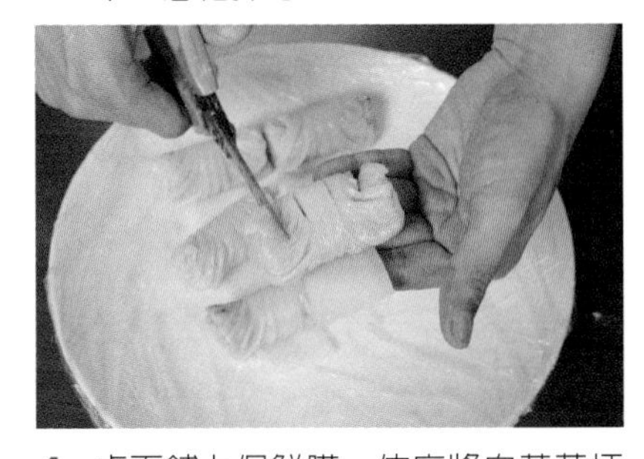

4 桌面鋪上保鮮膜，依序將白菜葉柄切面朝下平鋪，葉朝自己，葉柄朝前，取適量肉餡置葉緣前4公分處，捏塑成5公分條狀，以包春捲方式將白菜捲包捲好，葉柄處留2公分不捲起，以剪刀修剪，菜捲前緣等距剪4刀開口，成佛手（詳細步驟請參閱第142頁）

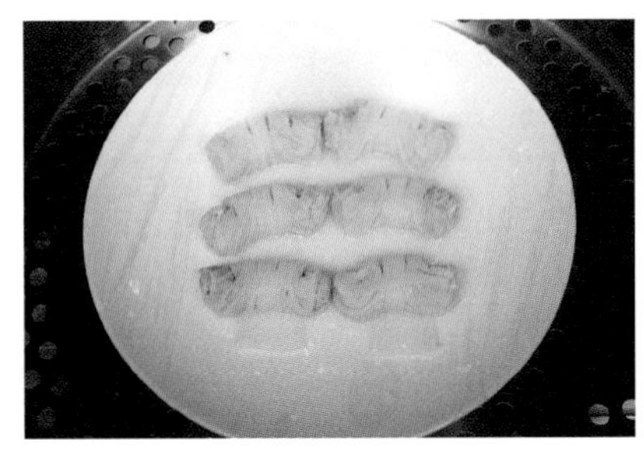

5 將白菜捲放入鋪有保鮮膜的盤子，入蒸12分鐘至熟，取出擺入另一盤

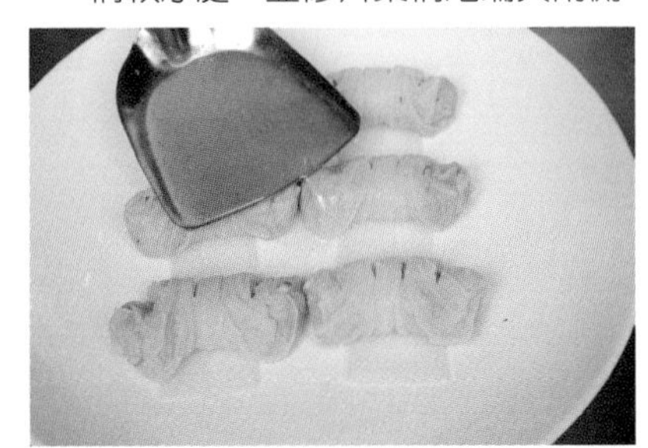

6 調味料（2）入鍋，煮成稠芡，淋在白菜捲上，以大黃瓜、紅蘿蔔片盤飾即可

注意事項

1. 剝剩下的大白菜要回收，有些考場直接提供 6 ～ 8 葉已剝好的大白菜葉。
2. 肉要剁細，剪開時才不會因顆粒粗，從剪縫掉出，導致形狀變形。
3. 肉餡要摔打出黏性，剪開時才不易掉出餡料，有黏性的肉餡亦較好塑型。

202A-6 三絲蛋皮捲

主材料	雞蛋5個、高麗菜1/6個、涼筍1/2支、乾木耳1片、紅蘿蔔1/3條
副材料	蒜頭1瓣
盤飾	大黃瓜1/8條
調味料	調味料（1）：鹽1/2小匙、味精1/2小匙、香油1小匙
	調味料（2）：麵粉2大匙、水2大匙
	調味料（3）：太白粉水1小匙
調味重點	鹹味
刀工	1. 蒜頭：末 2. 主材料：絲
火力	煎：中小火 川燙：大火 炒：中大火 蒸：中大火
器皿	10吋圓盤

項目	內容
前處理	1. 調味料（2）調成濃稠麵糊 2. 乾木耳泡軟去蒂切6×0.2公分絲 3. 涼筍切6×0.2公分絲 4. 高麗菜、紅蘿蔔切6×0.2公分絲、蒜頭切末、大黃瓜切去籽月牙薄片 5. 蛋以三段式打蛋法處理
作法（重點過程）	1. 蛋→打散調味→煎蛋皮 2. 絲料→川燙 3. 爆香蒜頭→絲料→調味料 4. 蛋皮→餡料→捲→麵糊封口→蒸→切

作法

1 蛋加調味料（3）打成均勻蛋液，以細油網過濾

2 起水鍋，水滾川燙大黃瓜片約5秒，撈起、泡冷開水

3 滾水鍋續入木耳、高麗菜、涼筍、紅蘿蔔絲，川燙約2分鐘，撈起、瀝乾

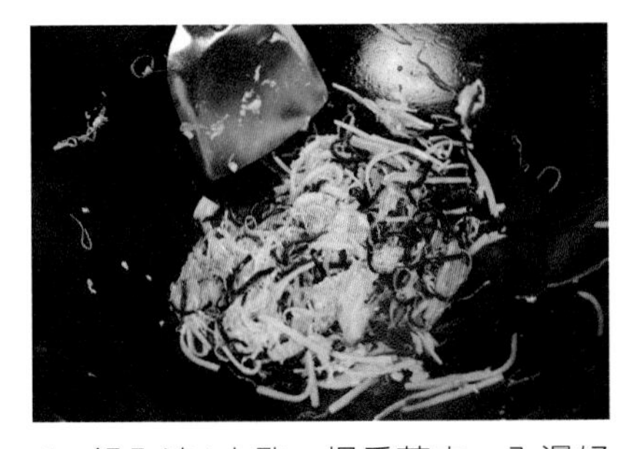

4 鍋入油1大匙，爆香蒜末，入燙好菜絲、調味料（1），拌炒均勻，盛盤待涼

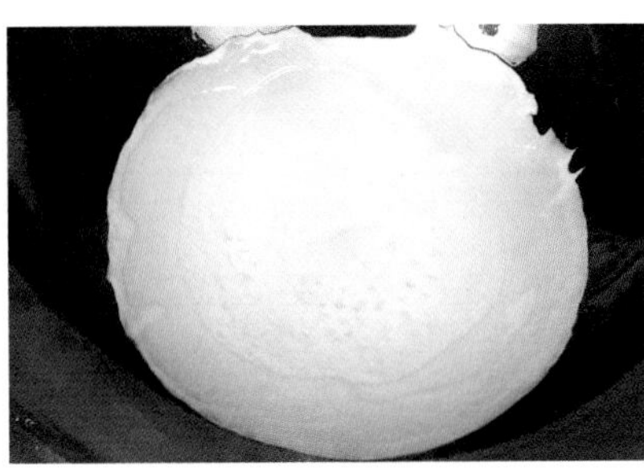

5 鍋潤鍋後，以紙巾將鍋面油擦抹均勻，入適量蛋液，以微火煎成直徑約18～20公分薄蛋皮，至少3張

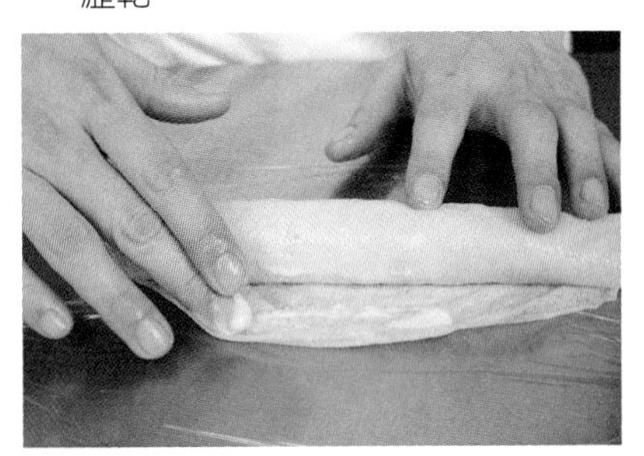

6 桌面鋪保鮮膜，鋪上蛋皮，放上適量餡料，捲成直徑約2.5公分長條，以麵糊封口再以保鮮膜包捲起，完成3捲（詳細步驟請參閱第145頁）

7 中火入蒸5分鐘，取出待涼，切修蛋捲頭尾端，再對切，去保鮮膜後擺盤，以大黃瓜薄片盤飾即可

注意事項

1. 202 題組術科測試參考試題備註中提到，「蔬菜蛋皮捲」類之蔬菜須使用三種以上之素菜為材料製作。
2. 蛋皮不用煎過大，一捲切兩份，一份長度 6 ～ 8 公分；可多煎幾張備用，包破時可替換。
3. 蛋液中添加太白粉水可增加一點彈性，不過包捲時施力要拿捏好，蛋皮出力一樣會破，在容許範圍下使餡料能包緊，切開較不易變形。過濾蛋液是能使蛋皮成品較為平整。
4. 蛋皮捲擺盤時，蛋皮黏合處朝下擺置較美觀。

202A-7 鮮肉水餃

主材料	水餃皮15張、豬胛心肉5兩
副材料	蔥1支、韮黃2兩、薑10克、肥肉1兩
盤飾	大黃瓜1/10條
調味料	鹽1/2小匙、味精1/2小匙、白胡椒粉1/6小匙、香油1小匙、太白粉1大匙
調味重點	鹹鮮味
刀工	1. 蔥、韮黃：花 2. 薑：末 3. 豬胛心肉、肥肉：泥
火力	煮：中小火
器皿	10吋圓盤

前處理	1. 蔥切蔥花、韮黃切碎如蔥花、薑切末、大黃瓜切去籽月牙薄片 2. 豬胛心肉與肥肉剁泥
作法（重點過程）	1. 肉泥→調味料→拌打→副材料→拌勻 2. 水餃皮→餡料→包→煮

作法

1 豬肉泥加調味料攪拌至有黏性，入蔥、薑、韭黃拌勻成餡料

2 取水餃皮包入適量餡料，餃皮邊緣抹水，包緊餃子，製作至少12粒（詳細步驟請參閱第146頁）

3 起水鍋，水滾川燙大黃瓜片5秒，撈起、泡冷開水

4 水滾續入煮餃子

5 待水再滾，轉中小火

6 煮至浮起、熟透，共約6分鐘，即可撈起、瀝乾、排盤，以大黃瓜片盤飾即可

注意事項

1. 此菜豬胛心肉與佛手白菜共用，可一起剁泥調味，再分開拌料，若考場依材料表規範發給約半斤豬肉量，這邊可使用 5 兩，佛手白菜使用 3 兩，若餡料過少可加入製作蝦球剩餘的餡料，但製作報告表的主材料要加添寫蝦仁。
2. 一般冷凍水餃的煮法是途中加冷水邊降溫邊升溫煮的作法即「點水法」，就是怕餃皮在熱水中過久而糊爛，內餡還在解凍中未熟，加冷水降溫一下，再爭取內餡熟成時間。而現包水餃很好煮，可不用點水，水餃皮爲冷水麵，耐久煮，但若持續以熱水大滾煮，較易造成漲裂，所以水滾後須轉中小火使其微滾，餃子下鍋後要稍微以鏟子撥動鍋底，以免水滾前黏鍋，水滾後水會流動，即可不用攪動。

202B 製作報告表

項目		第一道菜	第二道菜	第三道菜
評分標準 ＼ 菜名		椒鹽蝦球	京都排骨	人參枸杞醉雞
主材料	10%	蝦仁	豬小排	全雞、參鬚、枸杞
副材料	5%	馬蹄、蔥、紅辣椒、蒜頭	無	紅棗
調味料	5%	鹽、味精、白胡椒粉	番茄醬、辣醬油、糖、味精、米酒、白醋、水、太白粉水	鹽、味精、紹興酒
作法（重點過程）	20%	1. 蝦泥→調味→甩打→蔥白、馬蹄→丸→煮→炸 2. 爆香蔥、辣椒、蒜頭→蝦球→調味料	1. 豬小排→醃→炸 2. 調味料勾芡→排骨→溜	1. 雞→醃→蒸 2. 煮中藥材→入羹盤→調味料→調勻→入雞、雞湯→浸泡→切→排盤
刀工	20%	1. 馬蹄：碎 2. 蔥：蔥花 3. 紅辣椒、蒜：末 4. 蝦仁：泥	豬小排：段	全雞：去骨
火力	20%	煮：小火 炸：中小火	炸：中小火 溜：中小火	蒸：大火 煮：中大火
調味重點	10%	鹹味	酸甜味	鹹味、藥材香
盤飾	10%	大黃瓜片	青江菜梗	大黃瓜片

 第四道菜	 第五道菜	 第六道菜	 第七道菜
家常墨魚捲	香菇白菜膽	高麗菜蛋皮捲	花素煎餃
墨魚	大白菜、乾香菇	雞蛋、高麗菜	水餃皮、冬粉、五香豆乾、涼筍、紅蘿蔔、香菜、青江菜葉
芹菜、蒜頭、紅辣椒、薑	薑、蔥	乾木耳、涼筍、紅蘿蔔、蒜頭	薑
辣豆瓣醬、醬油、糖、米酒、味精、烏醋、香油、水、太白粉水	鹽、味精、太白粉水、水、香油	鹽、味精、香油	鹽、味精、白胡椒粉、香油、太白粉水
1. 墨魚→川燙 2. 爆香蒜頭、紅辣椒、薑→芹菜→調味料→墨魚	1. 香菇→煮味 2. 白菜→蒸→排盤→入排香菇 3. 調味料→勾芡→淋芡	1. 蛋→打散調味→煎蛋皮 2. 絲料→川燙 3. 爆香蒜頭→絲料→調味料 4. 蛋皮→餡料→捲→麵糊封口→蒸→切	1. 爆香薑→主材料→調味料 2. 水餃皮→餡料→包→蒸→煎
1. 芹菜：段 2. 蒜頭：末 3. 紅辣椒、薑：絲 4. 墨魚：剞花刀→片	1. 乾香菇：圓形 2. 大白菜：6舟塊狀、其餘小塊 3. 蔥：段 4. 薑：片	1. 蒜頭：末 2. 高麗菜、副材料：絲	1. 冬粉：軟→碎 2. 五香豆乾、涼筍、紅蘿蔔：粒 3. 薑：末 4. 香菜、青江菜：細碎
川燙：中大火 炒：中大火	煮：中小火 蒸：中大火	煎：中小火 川燙：大火 蒸：中大火 炒：中大火	蒸：中大火 煎：中小火
鹹鮮味	鹹味	鹹味	鹹味
大黃瓜片	紅蘿蔔片、青江菜梗	大黃瓜片	紅蘿蔔片、青江菜梗

202B-1 椒鹽蝦球

<table>
<tr><td>主材料</td><td>蝦仁10兩</td><td rowspan="7">前處理</td><td rowspan="7">1. 馬蹄拍碎，再剁細、擠乾水分；蔥切蔥花；紅辣椒去籽、切末；蒜頭切末；大黃瓜去籽、切月牙薄片
2. 蝦仁用紙巾反覆擦乾水分，拍、壓、剁成細泥</td></tr>
<tr><td>副材料</td><td>馬蹄3粒、蔥1支、紅辣椒1支、蒜頭2瓣</td></tr>
<tr><td>盤飾</td><td>大黃瓜1/8條</td></tr>
<tr><td rowspan="2">調味料</td><td>調味料（1）：鹽1/4小匙、味精1/4小匙、香油1小匙、白胡椒粉1/8小匙、太白粉1.5大匙、中筋麵粉1.5大匙</td></tr>
<tr><td>調味料（2）：鹽1/4小匙、味精1/4小匙、白胡椒粉1/8小匙</td></tr>
<tr><td>調味重點</td><td>鹹味</td></tr>
<tr><td>刀工</td><td>1. 馬蹄：碎
2. 蔥：蔥花
3. 紅辣椒、蒜：末
4. 蝦仁：泥</td></tr>
<tr><td>火力</td><td>煮：小火
炸：中大火</td><td rowspan="2">作法（重點過程）</td><td rowspan="2">1. 蝦泥→調味→甩打→蔥白、馬蹄→丸→煮→炸
2. 爆香蔥、辣椒、蒜頭→蝦球→調味料</td></tr>
<tr><td>器皿</td><td>10吋圓盤</td></tr>
</table>

作法

1 蝦泥加調味料（1）同方向攪拌摔打出黏性，拌入馬蹄、少許蔥白花

2 以手掌虎口將肉餡擠出適量肉餡，手抹油塑成直徑約4～5公分圓形丸子狀，至少做6顆（詳細步驟請參閱第141頁）

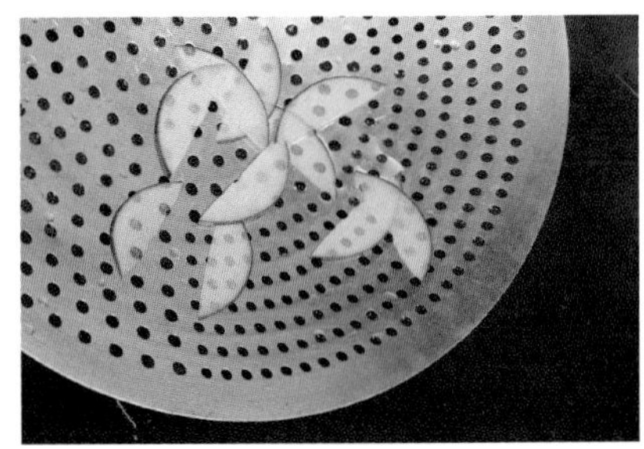

3 起水鍋，水滾川燙大黃瓜薄片約5秒，撈起、泡冷開水

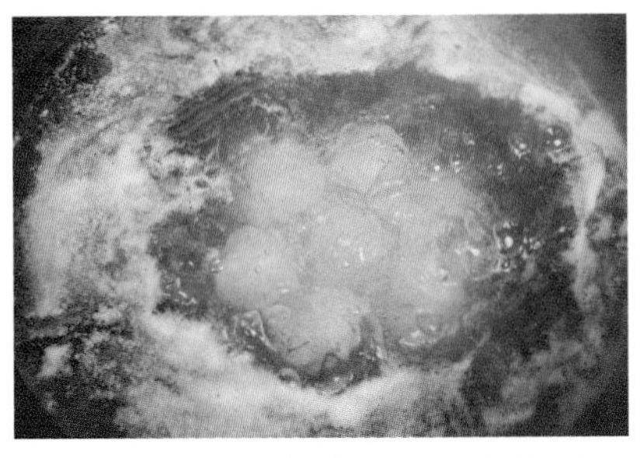

4 轉小火，水微滾，入川煮蝦球至熟、浮起，約4分鐘，撈起、瀝乾

5 起油鍋，燒至中高油溫，入炸蝦球

6 炸至外表金黃微焦上色約30秒，撈起瀝油

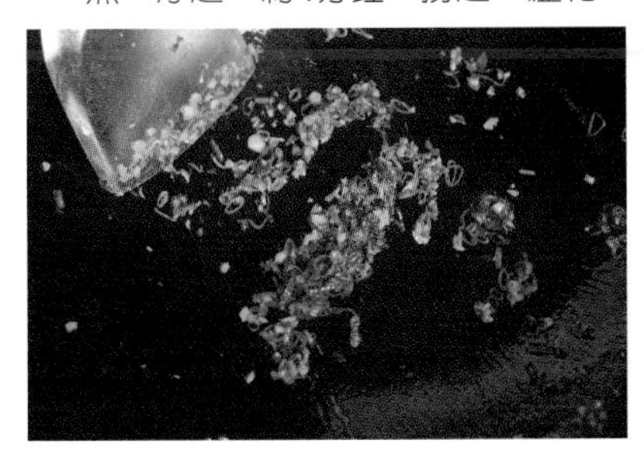

7 油倒開，餘油小火爆香蔥花、紅辣椒末、蒜末

8 入蝦球、調味料（2）拌勻盛盤，以大黃瓜片盤飾即可

注意事項

1. 可直接將塑好球形的蝦球入油鍋炸熟，一樣炸至浮起即熟，但蝦球熱漲冷縮的狀況比較明顯，直接油炸的起鍋後比較容易皺縮。可先蒸後炸，熟製後再炸較易掌握。
2. 蝦泥中盡量不要放蔥綠，油溫太高控制不當，易使蝦球表皮的蔥綠成焦色。
3. 蝦球以虎口擠出後，先置於冷水中，可維持球型不易變形，全部完成後，可連同浸泡蝦球的冷水一同入鍋煮。

202B-2 京都排骨

主材料	豬小排1斤
副材料	無
盤飾	青江菜6葉
調味料	調味料（1）：醬油1/2小匙、鹽1/4小匙、白胡椒粉1/4小匙、香油1小匙、太白粉1大匙 調味料（2）：番茄醬3大匙、辣醬油2大匙、糖3大匙、味精1/2小匙、米酒1大匙、白醋1大匙、水4大匙、太白粉水1大匙
調味重點	酸甜味
刀工	豬小排：段
火力	炸：中小火 溜：中小火
器皿	10吋圓盤

前處理	1. 青江菜葉取葉柄，切長箏形片狀 2. 豬小排剁成6公分長段
作法（重點過程）	1. 豬小排→醃→炸 2. 調味料勾芡→排骨→溜

作法

1 豬小排以調味料（1）抓醃15分鐘

2 起水鍋，水滾川燙青江菜片，約15秒，撈起、泡冷開水

3 起油鍋，中低油溫入炸排骨至熟、外表微焦上色，約8分鐘，撈起

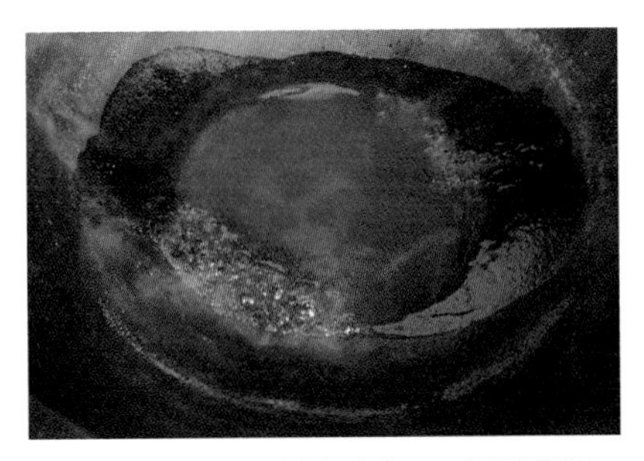

4 另鍋，入調味料（2），煮至濃稠

5 入排骨拌勻、盛盤，以青江菜片盤飾即可

注意事項

1. 此菜餚屬「焦溜」烹調法，帶骨的小排肉未熟製，是眾多考生常被評審扣分的項目之一。要炸熟透，不可使用過高油溫，一開始先泡炸，待熟再慢慢加溫，上色較好掌控，最好可泡炸 8～10 分鐘較爲安全。
2. 此菜餚是廣東菜，很多人誤解爲日本京都或是北京菜，據說是廣東師傅從京津飯館常見的炸醬改良的，也有人說是臺灣改良糖醋排骨而來，與糖醋排骨皆屬於酸甜醬汁，差別在於糖醋排骨重番茄醬味，而京都排骨果香味較重，色澤也不同，也常使用 A1 牛排醬，不過考場沒提供，至少要使用梅林辣醬油調味。
3. 由於成品爲深色，以翠綠對比色食材當盤飾較能凸顯。
4. 排骨不一定要剁長段，也可像粉蒸排骨剁切成大小一致的小塊狀。

202B-3 人參枸杞醉雞

主材料	全雞1隻、參鬚1/3兩、枸杞20克	前處理	1. 參鬚、枸杞、紅棗洗淨 2. 大黃瓜去籽、切月牙薄片8片 3. 全雞去骨（詳細步驟請參閱第137～138頁）
副材料	紅棗6粒		
盤飾	大黃瓜1/10條		
調味料	調味料（1）：鹽1.5小匙、米酒1大匙 調味料（2）：鹽1大匙、味精1大匙、紹興酒1杯		
調味重點	鹹味、藥材香		
刀工	全雞：去骨		
火力	蒸：大火 煮：中大火	作法（重點過程）	1. 雞→醃→蒸 2. 煮中藥材→入羹盤→調味料→調勻→入雞、雞湯→浸泡→切→排盤
器皿	12吋圓盤		

作法

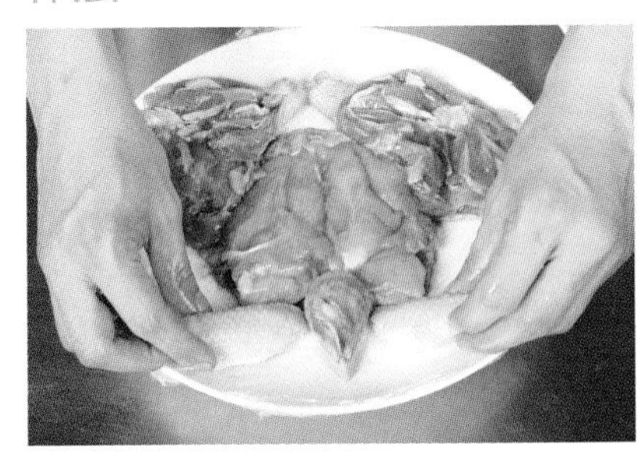

1 去骨雞肉以調味料（1）抓醃15分鐘，將雞肉所有盛盤部位排入鋪保鮮膜的盤中，雞胸、2支雞腿的雞皮攤平朝下

2 大火蒸15分鐘，取出

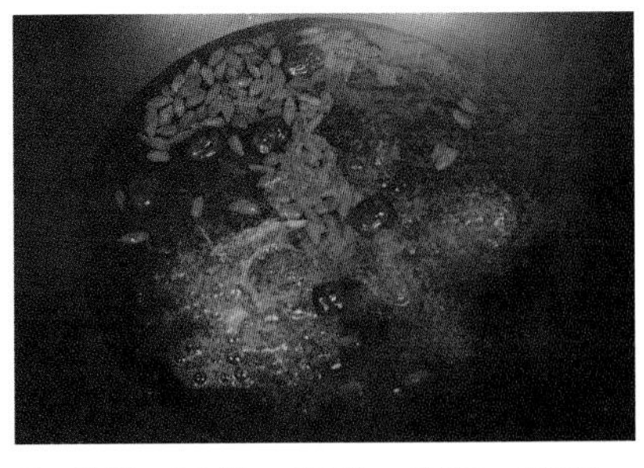

3 鍋入水3杯、參鬚、枸杞、紅棗，大火煮滾，轉小火煮5分鐘熄火，盛入羹盤或碗公

4 加入調味料（2）調勻，雞肉與蒸雞汁浸入藥酒汁中1小時

5 起水鍋，水滾川燙大黃瓜片約5秒，撈起、泡冷開水

6 浸好藥酒的雞肉以衛生手法切件、擺盤（詳細步驟請參閱第141～142頁），擺上大黃瓜片盤飾即可

注意事項

1. 一般醉雞須浸泡藥酒汁、冰藏數天才會入味，但考試僅能爭取有限時間浸泡，盡可能先製作此菜，使浸泡時間可以拉長，最後再切件擺盤。
2. 紹興酒要有一定的量才能在短時間內有酒香入味，不建議入鍋與藥汁同煮，酒味會揮發稀釋。

202B-4 家常墨魚捲

主材料	墨魚1隻
副材料	芹菜3支、蒜頭2瓣、紅辣椒1支、薑50克
盤飾	大黃瓜1/8條
調味料	辣豆瓣醬1大匙、醬油1小匙、糖1小匙、米酒1小匙、味精1/2小匙、烏醋1小匙、香油1/2小匙、水2大匙、太白粉水1小匙
調味重點	鹹鮮味
刀工	1. 芹菜：段 2. 蒜頭：末 3. 紅辣椒、薑：絲 4. 墨魚：剞花刀→片
火力	川燙：中大火 炒：中大火
器皿	10吋圓盤

前處理	1. 芹菜切5公分段、蒜頭切末、紅辣椒去籽切5×0.1公分絲、薑切5×0.1公分絲、大黃瓜去籽切月牙片 2. 墨魚洗淨，觸腕切小塊，肉身片薄成兩半，切面切交叉十字剞花刀，深度2/3，再切成5×4公分塊（詳細步驟請參閱第139頁）
作法（重點過程）	1. 墨魚→川燙 2. 爆香蒜頭、紅辣椒、薑→芹菜→調味料→墨魚

作法

1 起水鍋，水滾川燙大黃瓜片約5秒，撈起、泡冷開水

2 滾水鍋，入燙墨魚約1分鐘至熟，撈起

3 另鍋入油1大匙，爆香蒜末、辣椒絲、薑絲

4 入炒芹菜、調味料，轉小火煮滾

5 入墨魚翻炒拌勻、盛盤，以大黃瓜片盤飾即可

注意事項

1. 調味料可先行調勻成綜合調味料，烹調時較快速。
2. 此菜盛盤時，建議先將墨魚的觸腕盛入盤中，作爲墊底，再將切花刀的墨魚捲排於上方，較能呈現刀工美感。

202B-5 香菇白菜膽

主材料	大白菜1顆、乾香菇6朵
副材料	蔥1支、薑20克
盤飾	紅蘿蔔1/8條、青江菜6葉
調味料	調味料（1）：鹽1/2小匙、米酒1大匙、味精1/2小匙、水1杯
	調味料（2）：鹽1/2小匙、味精1/2小匙、太白粉水2大匙、水1杯、香油1小匙
調味重點	鹹味
刀工	1. 乾香菇：圓形 2. 大白菜：6舟塊狀、其餘小塊 3. 蔥：段 4. 薑：片
火力	煮：中小火 蒸：中大火
器皿	12吋圓盤

項目	內容
前處理	1. 乾香菇泡軟、去蒂，修剪成大小相同、直徑約3～4公分的圓形 2. 蔥切3公分段；薑切片；紅蘿蔔切箏形水花片6片；青江菜取葉柄切箏形水花片；大白菜剝葉成直徑約15公分的包心大小，修齊蒂頭，分切成1開8舟塊狀，取6塊修平葉尾成大小一致；取部分白菜葉切小塊
作法（重點過程）	1. 香菇→煮味 2. 白菜→蒸→排盤→入排香菇 3. 調味料→勾芡→淋芡

作法

1 鍋入油 1 大匙，爆香薑片、蔥段，入調味料（1）、香菇，煮滾，再倒入碗中

2 起水鍋，水滾川燙紅蘿蔔水花片、青江菜片15秒，泡冷開水，續川燙白菜葉約2分鐘至軟，撈起、瀝乾

3 將白菜舟塊以放射狀排於盤中，大火入蒸約12分鐘，取出、瀝乾盤中水分

4 燙好、瀝乾的白菜葉，鋪於中間凹槽處

5 再放上煮好、瀝乾的香菇

6 鍋入調味料（2）煮滾成芡汁，均勻淋在白菜香菇上，以青江菜、紅蘿蔔片盤飾即可

注意事項

1. 白菜舟塊中間鋪上一些白菜葉，可填平凹陷，有助於鋪排上層食材。
2. 香菇不一定要蒸，亦可直接入鍋煮入味，但不要在芡汁時煮過久，以免黑色素汙染透明芡汁。
3. 白菜若採用川燙法，請使用漏杓，別直接讓白菜塊入鍋滾煮，會潰不成形，較建議蒸製。

202B-6 高麗菜蛋皮捲

主材料	雞蛋5個、高麗菜1/4個
副材料	乾木耳1片、涼筍1/2支、紅蘿蔔1/6條、蒜頭2瓣
盤飾	大黃瓜1/8條
調味料	調味料（1）：鹽1/2小匙、味精1/2小匙、香油1小匙 調味料（2）：麵粉2大匙、水2大匙
調味重點	鹹味
刀工	1. 蒜頭：末 2. 副材料：絲
火力	煎：中小火 川燙：大火 蒸：中大火 炒：中大火
器皿	10吋圓盤

項目	內容
前處理	1. 調味料（2）調成濃稠麵糊 2. 乾木耳泡軟、去蒂、切6×0.2公分絲 3. 涼筍切6×0.2公分絲 4. 高麗菜、紅蘿蔔切6×0.2公分絲；蒜頭切末；大黃瓜去籽、切月牙薄片 5. 蛋以三段式打蛋法處理
作法（重點過程）	1. 蛋→打散調味→煎蛋皮 2. 絲料→川燙 3. 爆香蒜頭→絲料→調味料 4. 蛋皮→餡料→捲→麵糊封口→蒸→切

作法

1 蛋打散成均勻蛋液，以細油網過濾

2 起水鍋，水滾川燙大黃瓜片約5秒，撈起、泡冷開水

3 滾水鍋，入木耳、高麗菜、涼筍、紅蘿蔔絲約2分鐘，撈起、瀝乾

4 鍋入油1大匙，爆香蒜末，入燙好菜絲、調味料（1），炒勻、盛盤、待涼

5 鍋潤鍋後，以紙巾將鍋面的油抹均勻，倒入適量蛋液，以微火煎成直徑約18～20公分薄蛋皮，至少3張

6 桌面鋪保鮮膜，再放上蛋皮，放上適量餡料，包捲成直徑約為2.5公分長條，以麵糊封口，再以保鮮膜包捲起，捲3捲（詳細步驟請參閱第145頁）

7 中大火入蒸5分鐘，取出待涼，切修齊蛋捲頭尾端，每捲斜對切、擺盤，以大黃瓜薄片盤飾即可

注意事項

1. 202 題組術科測試參考試題備註中提到，「蔬菜蛋皮捲」類之蔬菜須使用三種以上之素菜爲材料製作。
2. 蛋皮不用煎過大，一捲切兩份，一份長度 6～8 公分；可多煎幾張備用，包破時可替換。
3. 蛋皮包捲時施力要拿捏好，過度出力易使蛋皮破裂，在容許範圍下使餡料能包緊，切開較不易變形。過濾蛋液是能使蛋皮成品較爲平整。
4. 蛋皮捲擺盤時，蛋皮黏合處朝下或內側擺置較美觀。

202B-7 花素煎餃

主材料	水餃皮15張、冬粉1束、五香豆乾3塊、涼筍1/4支、紅蘿蔔1/6條、香菜2支、青江菜5株
副材料	薑20克
盤飾	紅蘿蔔1/8條、青江菜葉1葉
調味料	鹽1/2小匙、味精1/2小匙、白胡椒粉1/6小匙、香油1大匙、太白粉水1大匙
調味重點	鹹味
刀工	1. 冬粉：軟→碎 2. 五香豆干、涼筍、紅蘿蔔：粒 3. 薑：末 4. 香菜、青江菜：細碎
火力	蒸：中大火 煎：中小火
器皿	10吋圓盤

前處理	1. 冬粉泡軟切0.5公分以下碎狀 2. 五香豆乾、涼筍切0.3公分以下的粒狀 3. 紅蘿蔔切0.3公分以下的粒狀；盤飾紅蘿蔔切等腰三角形水花片6片；香菜切細碎；青江菜葉取柄，切V形小片6片，餘切細碎；薑切末
作法（重點過程）	1. 爆香薑→主材料→調味料 2. 水餃皮→餡料→包→蒸→煎

作法

1 起水鍋，水滾川燙紅蘿蔔片約15秒、青江菜片5秒，撈起，再泡冷開水

2 鍋入油1大匙，爆香薑末，入炒紅蘿蔔、涼筍、豆乾、青江菜、香菜、冬粉、水2大匙，以調味料調味，熄火、盛盤、待涼為餡料

3 取水餃皮包入適量餡料，餃皮邊緣抹水，包緊餃子，至少製作12粒（詳細步驟請參閱第146～147頁）

4 中大火入蒸10分鐘，取出

5 鍋潤鍋，留餘油1大匙，排入餃子

6 煎至底部微焦上色，盛盤，以紅蘿蔔片、青江菜片盤飾即可

注意事項

1. 材料勿添加葷食材。
2. 花是指花形，餃形並無硬性規定，可依自己擅長的造型製作。
3. 材料沒有肉泥等黏性食材，建議餡料炒製時添加麵粉水或太白粉水勾芡，使有點黏性較好包製，否則材料碎散，邊沾水邊包餃，肯定材料黏的餃內外都有。
4. 不建議直接入鍋煎熟，由於僅須餃底有煎烙過，若全以煎法烹製，時間會拉長，上色不易拿捏，若邊加水煎，易相黏，提高破損率。

202C 製作報告表

項目		第一道菜	第二道菜	第三道菜
評分標準 ＼ 菜名		蝦丸蔬片湯	豉汁小排骨	玉樹上湯雞
主材料	10%	蝦仁、乾木耳、青江菜、紅蘿蔔、涼筍、薑	豬小排、豆豉	全雞、芥蘭菜
副材料	5%	馬蹄、肥肉	紅辣椒、蒜頭、蔥、薑	無
調味料	5%	鹽、味精、米酒、香油	醬油膏、鹽、糖、味精、米酒、香油、太白粉、水	鹽、味精、太白粉水
作法（重點過程）	20%	1. 蝦泥、肥肉→調味→甩打→馬蹄→拌勻→丸→川燙 2. 主材料→川燙 3. 水滾→調味料→蝦丸、蔬片	1. 豬小排→調味料→蔥白、豆豉、末料→蒸 2. 蔥花→川燙→排入	1. 雞→醃→蒸→取雞湯→切肉→排盤 2. 芥藍菜→川燙→排盤 3. 鍋入雞湯→調味料→淋雞肉、芥蘭菜
刀工	20%	1. 馬蹄→細碎 2. 主材料→菱形片 3. 蝦仁、肥肉→泥	1. 豆豉→碎 2. 蔥→蔥花 3. 其餘副材料→末 4. 豬小排→塊狀	1. 芥蘭菜→取芯部修長 2. 全雞→去骨
火力	20%	川燙：大火 煮：中小火	蒸：大火 川燙：中大火	蒸：大火 川燙：中大火 煮：中小火
調味重點	10%	鹹鮮味	鹹香味	鹹味
盤飾	10%	無	青江菜、紅蘿蔔片	紅蘿蔔片

第四道菜	第五道菜	第六道菜	第七道菜
金鈎墨魚絲	什錦白菜捲	豆芽菜蛋皮捲	香煎餃子
墨魚、蝦米	大白菜、肥肉、豬胛心肉、蔥、薑、馬蹄	雞蛋、綠豆芽	水餃皮、豬胛心肉
乾香菇、綠豆芽、芹菜、紅辣椒、蒜頭、蔥、薑	無	蒜頭、乾香菇、涼筍、紅蘿蔔、高麗菜	韮黃、蔥、薑
鹽、味精、米酒、太白粉水、香油、水	鹽、味精、白胡椒粉、太白粉、香油	鹽、味精、香油	鹽、味精、白胡椒粉、香油、太白粉
1. 蝦米→泡水 2. 芹菜、銀芽、墨魚→川燙 3. 爆香蝦米、香菇→蒜頭、蔥、薑、紅辣椒→芹菜、豆芽菜、墨魚→調味料	1. 豬肉、肥肉、調味料→甩打→蔥、馬蹄、薑→拌勻 2. 白菜→川燙 3. 白菜→肉餡→捲→蒸 4. 調味料→勾芡→淋芡	1. 蛋→打散調味→煎蛋皮 2. 高麗菜、紅蘿蔔、涼筍→川燙 3. 爆香蒜頭、香菇→絲料→調味料 4. 蛋皮→餡料→捲→麵糊封口→蒸→切	1. 肉泥→調味料→甩打→副材料→拌勻 2. 水餃皮→餡料→包→蒸→煎
1. 香菇、蔥、紅辣椒、薑→絲 2. 豆芽菜→去頭尾 3. 蒜頭→末 4. 芹菜→段 5. 墨魚→寬片→絲	1. 白菜→取6葉 2. 蔥→蔥花 3. 薑→末 4. 馬蹄→碎 5. 豬胛心肉、肥肉→泥	1. 蒜頭→末 2. 副材料→絲	1. 蔥、韮黃→花 2. 薑→末 3. 豬胛心肉→泥
川燙：中大火 炒：中大火	川燙：中大火 蒸：中大火	煎：中小火 川燙：大火 炒：中大火 蒸：中大火	蒸：中大火 煎：中小火
鹹鮮味	鹹甜味	鹹味	鹹味
大黃瓜片	青江菜、紅蘿蔔片	大黃瓜片	大黃瓜片

202C-1 蝦丸蔬片湯

主材料	蝦仁10兩、乾木耳1片、青江菜葉6葉、紅蘿蔔1/6條、涼筍1/4支、薑40克
副材料	馬蹄3粒、肥肉1兩
盤飾	無
調味料	調味料（1）：鹽1/3小匙、味精1/3小匙、白胡椒粉1/6小匙、太白粉1.5大匙、中筋麵粉1.5大匙、香油1小匙
	調味料（2）：鹽2小匙、味精2小匙、米酒1大匙、香油1/4小匙
調味重點	鹹鮮味
刀工	1. 馬蹄→細碎 2. 主材料→菱形片 3. 蝦仁、肥肉→泥
火力	川燙：大火 煮：中小火
器皿	碗公

前處理	1. 乾木耳泡軟、去蒂，切高1.5公分菱形片 2. 涼筍切高1.5公分、厚0.2公分菱形片 3. 青江菜取葉柄，切修成菱形片；紅蘿蔔、薑切高1.5公分、厚0.2公分菱形片；馬蹄拍碎、剁細、擠乾水分 4. 肥肉剁泥 5. 蝦仁用紙巾反覆擦乾水分，拍、壓、剁成細泥
作法（重點過程）	1. 蝦泥、肥肉→調味→甩打→馬蹄→拌勻→丸→川燙 2. 主材料→川燙 3. 水滾→調味料→蝦丸、蔬片

作法

1 蝦泥加肥肉、調味料（1），同方向攪拌、摔打出黏性，拌入馬蹄

2 以手掌虎口將肉餡擠出適量肉餡，手抹油塑成直徑約3～4公分圓形丸子狀，至少做出6顆（請細步驟請參考第141頁）

3 起水鍋，水滾川燙乾木耳、紅蘿蔔、涼筍20秒、青江菜10秒，撈起

4 轉小火，微滾水入蝦丸煮

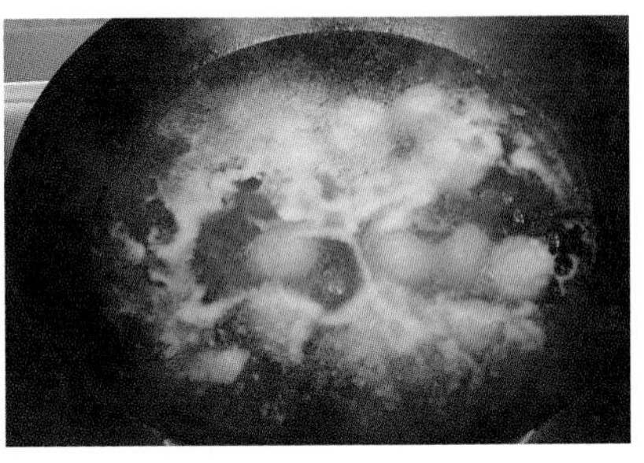

5 煮至蝦丸熟透、浮起，約4分鐘，撈起、瀝乾

6 另鍋，入水8分滿碗公的水量，入薑菱形片，煮滾後轉小火，以調味料（2）調味，入蝦丸、所有蔬菜菱形片，熄火、盛碗即可

注意事項

1. 不建議直接以川煮蝦丸的水做湯，易混濁不清澈，影響成品外觀。
2. 蔬菜片的刀工要一致，才不會影響成品的美觀。

202C-2 豉汁小排骨

主材料	豬小排1斤、豆豉20克
副材料	紅辣椒1支、蒜頭1瓣、蔥1支、薑10克
盤飾	青江菜3株、紅蘿蔔1/10條
調味料	醬油膏3大匙、鹽1/4小匙、糖2小匙、味精1小匙、米酒1大匙、香油1小匙、太白粉1大匙、水3大匙
調味重點	鹹香味
刀工	1. 豆豉→碎 2. 蔥→蔥花 3. 其餘副材料→末 4. 豬小排→塊狀
火力	蒸：大火 川燙：中大火
器皿	10吋圓盤

前處理	1. 豆豉切碎 2. 紅辣椒去籽、切末；蒜頭切末；蔥切0.1公分蔥花；薑切末；青江菜對剖、頭尾修尖；紅蘿蔔切菱形片4片 3. 豬小排剁成約3公分塊狀
作法（重點過程）	1. 豬小排→調味料→蔥白、豆豉、末料→蒸 2. 蔥花→川燙→排入

作法

1 豬小排塊與豆豉、紅辣椒末、蒜末、蔥白花、薑末抓拌均勻

2 平鋪於鋪有保鮮膜的盤中

3 大火入蒸1小時，取出，移入另一盤中

4 倒入適量蒸汁

5 起水鍋，水滾川燙青江菜1分鐘、紅蘿蔔片15秒，撈起、泡冷開水，續燙綠蔥花3秒，撈起、瀝乾，灑在排骨上，以青江菜、紅蘿蔔片盤飾即可

注意事項

1. 豆豉具有濃厚鮮鹹味，雖為主材料，但仍須酌量使用。
2. 排骨不怕蒸爛怕蒸不熟，1 小時一定會熟透，除非排骨未退冰完全。
3. 考場提供的小排骨大小不盡相同，順著骨頭橫剁小塊後，仍要以菜刀切修骨頭上的瘦肉，使每塊排骨大小一致。
4. 蒸汁會帶一點血水，熟化去浮末與浮油，可避免撈進成品盤中。
5. 由於成品為深色，以翠綠對比色食材當盤飾較能凸顯。

202C-3 玉樹上湯雞

主材料	全雞1隻、芥蘭菜200克
副材料	無
盤飾	紅蘿蔔1/8條
調味料	調味料（1）：鹽1.5小匙、味精1.5小匙、米酒1大匙、水1/4杯
	調味料（2）：鹽1/4小匙、味精1/4小匙、太白粉水2小匙
調味重點	鹹味
刀工	1. 芥蘭菜→取芯部修長 2. 全雞→去骨
火力	蒸：大火 川燙：中大火 煮：中小火
器皿	12吋圓盤

前處理	1. 芥藍菜取芯部，柄、葉切平，修成約12公分長；紅蘿蔔切鳥形水花片6片 2. 全雞去骨（詳細步驟請參閱第137～138頁）
作法（重點過程）	1. 雞→醃→蒸→取雞湯→切肉→排盤 2. 芥藍菜→川燙→排盤 3. 鍋入雞湯→調味料→淋雞肉、芥蘭菜

作法

1 去骨雞肉以調味料（1）抓醃15分鐘，將雞肉所有盛盤部位排入鋪有保鮮膜的盤中，雞胸、2支雞腿的雞皮攤平朝下，大火入蒸15分鐘，取出

2 以衛生手法切件、擺盤（詳細步驟請參閱第141～142頁）

3 起水鍋，水滾川燙紅蘿蔔水花片15秒，撈起、泡冷開水

4 滾水鍋，川燙芥藍菜約40秒至熟，撈起、排於盤中

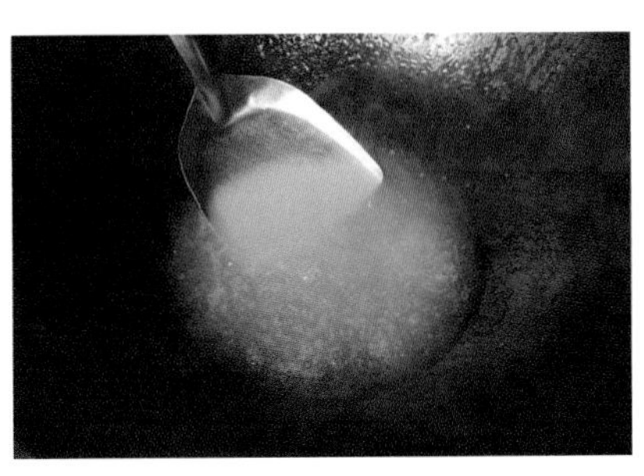

5 鍋入蒸雞湯汁，加調味料（2）煮成芡汁

6 均勻淋於雞肉、芥藍菜上，以紅蘿蔔片盤飾即可

注意事項

1. 蒸雞湯汁若無 2/3 杯量，須加水補足，芡汁才會足夠。
2. 玉樹是形容芥藍菜，上湯則是指以老母雞、干貝、金華火腿等食材，經長時間熬煮成金黃色湯汁，但試題備註中並無硬性規定要另外熬煮上湯，僅提到雞湯勾薄芡淋上，故使用蒸雞湯足矣。

202C-4 金鈎墨魚絲

主材料	墨魚1隻、蝦米20克
副材料	乾香菇1朵、綠豆芽100克、芹菜3支、紅辣椒1支、蒜頭1瓣、蔥1支、薑30克
盤飾	大黃瓜1/10條
調味料	鹽1/2小匙、味精1/2小匙、米酒1小匙、太白粉水1/2小匙、香油1小匙、水3大匙
調味重點	鹹鮮味
刀工	1. 香菇、蔥、紅辣椒、薑→絲 2. 豆芽菜→去頭尾 3. 蒜頭→末 4. 芹菜→段 5. 墨魚→寬片→絲
火力	川燙：中大火 炒：中大火
器皿	10吋圓盤
前處理	1. 乾香菇泡軟、去蒂、片薄，切0.2公分絲 2. 綠豆芽摘除頭尾成銀芽；芹菜切4公分段；紅辣椒去籽、切4×0.2公分絲；蒜頭切末；蔥、薑切4×0.2公分絲；大黃瓜切8片月牙片 3. 墨魚取肉身部位，直剖兩半，片兩邊、薄中間厚的6公分寬片，再切0.3公分絲（詳細步驟請參閱第140頁）、泡水
作法（重點過程）	1. 蝦米→泡水 2. 芹菜、銀芽、墨魚→川燙 3. 爆香蝦米、香菇→蒜頭、蔥、薑、紅辣椒→芹菜、綠豆芽、墨魚→調味料

作法

1 起水鍋，水滾川燙大黃瓜片5秒，撈起、泡冷開水

2 滾水鍋，入燙芹菜、銀芽川燙10秒，撈起

3 再入墨魚絲約15秒燙熟、撈起

4 另鍋，入油1大匙，爆香蝦米、香菇絲，再入蒜末、蔥絲、紅辣椒絲、薑絲

5 入炒芹菜、綠豆芽、墨魚絲、調味料，快速拌炒均勻，熄火、盛盤，以大黃瓜片盤飾即可

注意事項

1. 墨魚絲有黏液、易相黏，川燙時不易分開，故切完先以冷水泡，川燙不用費力拌開。
2. 金鈎是指金鈎蝦即蝦米，一般常被誤導爲墨魚切成鈎狀。墨魚直向切絲熟成會稍微捲曲，大部分這樣做是爲了配合主材料蝦米，形狀能介於蔬菜絲狀與蝦米鈎狀的選擇，橫切絲不捲曲亦可。

202C-5 什錦白菜捲

主材料	大白菜1顆、肥肉1兩、豬胛心肉 3 兩、蔥1支、薑10克、馬蹄3粒
副材料	無
盤飾	青江菜2株、紅蘿蔔1/10條
調味料	調味料（1）：鹽1/3小匙、味精1/3小匙、白胡椒粉1/8小匙、太白粉1大匙、香油1小匙 調味料（2）：鹽1/2小匙、味精1/2小匙、太白粉水2大匙、水1杯、香油1小匙
調味重點	鹹甜味
刀工	1. 白菜→取6葉 2. 蔥→蔥花 3. 薑→末 4. 馬蹄→碎 5. 豬胛心肉、肥肉→泥
火力	川燙：中大火 蒸：中大火
器皿	12吋圓盤

前處理	1. 大白菜剝除外層老葉、破損葉後，取完整6葉；蔥切蔥花；薑切末；馬蹄拍碎、剁細、擠乾水分；青江菜對剖、頭尾修尖；紅蘿蔔切6片筝形片 2. 豬胛心肉、肥肉一同剁泥
作法（重點過程）	1. 豬肉、調味料→甩打→蔥、馬蹄、薑→拌勻 2. 白菜→川燙 3. 白菜→肉餡→捲→蒸 4. 調味料→勾芡→淋芡

作法

1 豬肉泥加調味料（1）拌匀、摔打至有黏性，加蔥花、馬蹄、薑末，拌匀

2 起水鍋，水滾川燙青江菜約1分鐘、紅蘿蔔片約15秒，撈起、泡冷開水

3 滾水鍋，入大白菜葉約2分鐘至軟，撈起、泡冷水冷卻、瀝乾，片薄葉柄較厚處

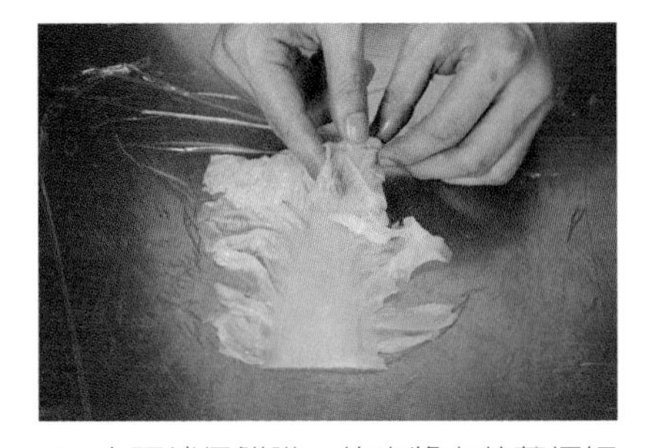

4 桌面鋪保鮮膜，依序將白菜葉柄切面朝下平鋪，葉朝自己，葉柄朝前，取適量肉餡置葉緣前端4公分處，捏塑成約8公分條狀，以包春捲方式將白菜捲包捲好（詳細步驟請參閱第143頁）

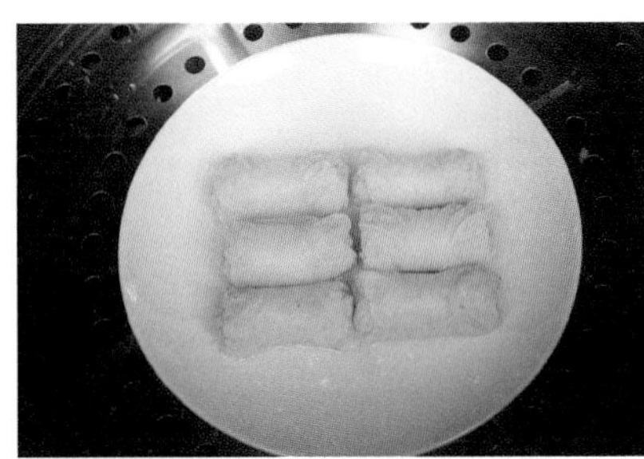

5 白菜捲放入鋪有保鮮膜的盤子，入蒸12分鐘至熟，取出擺入另一盤

6 將調味料（2）入鍋煮成稠芡，淋在白菜捲上，以青江菜、紅蘿蔔片盤飾即可

注意事項

1. 剝剩下的大白菜要回收，有的考場會直接發 6 ～ 8 葉已剝好的大白菜葉。
2. 6 個白菜捲的大小要一致，避免有大有小。

202C-6 豆芽菜蛋皮捲

主材料	雞蛋5個、綠豆芽200克	前處理	1. 調味料（2）調成濃稠麵糊 2. 乾香菇、泡軟、去蒂、片薄、切0.2公分絲 3. 涼筍切6×0.2公分絲 4. 綠豆芽撿除尾部；高麗菜、紅蘿蔔切6×0.2公分絲；蒜頭切末；大黃瓜切平頂月牙片 5. 蛋以三段式打蛋法打好
副材料	蒜頭1瓣、乾香菇1朵、涼筍1/2支、紅蘿蔔1/6條、高麗菜1/4個		
盤飾	大黃瓜1/8條		
調味料	調味料（1）：鹽1/2小匙、味精1/2小匙、香油1小匙 調味料（2）：麵粉2大匙、水2大匙		
調味重點	鹹味		
刀工	1. 蒜頭→末 2. 副材料→絲		
火力	煎：中小火 川燙：大火 炒：中大火 蒸：中大火		
器皿	器皿：10吋圓盤	作法（重點過程）	1. 蛋→打散調味→煎蛋皮 2. 高麗菜、紅蘿蔔、涼筍→川燙 3. 爆香蒜頭、香菇→絲料→調味料 4. 蛋皮→餡料→捲→麵糊封口→蒸→切

作法

1 蛋打散成均勻蛋液，以細油網過濾

2 起水鍋，水滾川燙大黃瓜片5秒，撈起、泡冷開水

3 滾水鍋，入高麗菜、涼筍、紅蘿蔔絲川燙2分鐘、綠豆芽10秒，撈起瀝乾

4 鍋入油1大匙，爆香蒜末、香菇絲，入燙好菜絲、調味料（1），炒勻、盛盤、待涼

5 鍋潤鍋，以紙巾將鍋面油抹勻，入適量蛋液，微火煎成直徑約18～20公分薄蛋皮（至少3張）（詳細步驟請參閱第145頁）

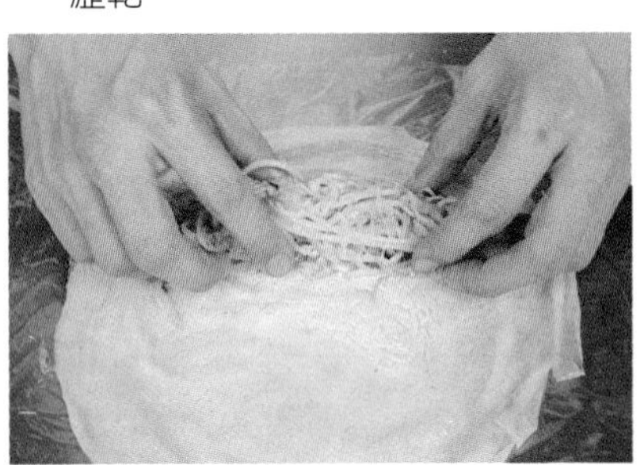

6 桌面鋪保鮮膜，放上蛋皮，放上適量餡料，捲起

7 以麵糊封口，捲成直徑約為2.5公分長捲，以保鮮膜包捲起，捲3捲

8 中大火入蒸5分鐘

9 取出待涼，切修蛋捲頭尾端，每捲斜對切、擺盤，再以大黃瓜片盤飾即可

注意事項

1. 202題組術科測試參考試題備註中提到，「蔬菜蛋皮捲」類之蔬菜須使用三種以上之素菜爲材料製作。
2. 蛋皮不用煎過大，一捲切兩份，一份長度6～8公分；可多煎幾張備用，包破時可替換。
3. 蛋皮包捲時施力還是要拿捏好，過度出力易使蛋皮破裂，在容許範圍下使餡料能包緊，切開較不易變型。過濾蛋液能使蛋皮成品較爲平整。
4. 蛋皮捲擺盤時，蛋皮黏合處朝下擺置較美觀。
5. 此菜的主材料爲豆芽菜，豆芽菜用量應與其他蛋皮捲要更多些，豆芽僅需撿除尾部，不須處理成銀芽。

202C-7 香煎餃子

主材料	水餃皮15張、豬胛心肉5兩
副材料	韮黃2兩、蔥1支、薑10克
盤飾	大黃瓜1/10條
調味料	鹽1/2小匙、味精1/2小匙、白胡椒粉1/6小匙、香油1小匙、太白粉1大匙
調味重點	鹹味
刀工	1. 蔥、韮黃→花 2. 薑→末 3. 豬胛心肉→泥
火力	蒸：中大火 煎：中小火
器皿	10吋圓盤

項目	內容
前處理	1. 蔥切蔥花、韮黃切碎如蔥花、薑切末，大黃瓜去籽、切月牙薄片 2. 豬胛心肉剁泥
作法（重點過程）	1. 肉泥→調味料→拌打→副材料→拌勻 2. 水餃皮→餡料→包→蒸→煎

作法

1 豬肉泥加調味料拌匀至有黏性，入蔥、薑、韮黃拌匀成餡料

2 起水鍋，水滾川燙大黃瓜片約5秒，撈起、泡冷開水

3 水餃皮包入適量餡料，水餃皮邊緣抹水，包緊餃子，製作12粒（詳細步驟請參閱第146～147頁）

4 中大火入蒸10分鐘，取出

5 鍋潤鍋，留餘油1大匙，排入餃子

6 煎至底部微焦上色，盛盤，以大黃瓜片盤飾即可

注意事項

1. 此菜豬胛心肉與什錦白菜捲共用，可一起剁泥調味，再分開拌料，若考場依材料表規範發給約半斤豬肉量，這邊可使用 5 兩，白菜捲使用 3 兩，但餡料仍過少，可將製作蝦球剩於餡料與其拌匀來增加餡料量，但主材料要添寫蝦仁。
2. 不建議直接入鍋煎熟，由於僅須餃底有煎烙過，若全以煎法烹製，時間會拉長，上色不易拿捏，若邊加水煎，則相黏與破損機率大。

202D 製作報告表

評分標準 ＼ 項目／菜名		第一道菜	第二道菜	第三道菜
菜名		時蔬燴蝦丸	蔥串排骨	燻雞
主材料	10%	蝦仁、乾木耳、涼筍、紅蘿蔔	豬小排、蔥	全雞
副材料	5%	馬蹄、蔥、薑、肥肉	無	無
調味料	5%	鹽、味精、太白粉水、水、香油	醬油、鹽、味精、糖、米酒、水	紅糖、麵粉、紅茶葉
作法（重點過程）	20%	1. 蝦仁、肥肉、調味→甩打→馬蹄→拌勻→丸→煮 2. 主材料→川燙 3. 爆香薑、蔥→調味料→主材料→燴煮→勾芡	1. 豬小排→醃→炸 2. 爆香蔥→調味料、排骨→蒸→取出骨頭→串蔥白 3. 濾蒸排骨的汁→煮滾→排骨→勾芡	1. 雞→醃→蒸→放涼 2. 鋁箔紙、醃燻料、燻架、雞肉→入鍋→開火→燻→切→排盤
刀工	20%	1. 蝦仁、肥肉：泥 2. 馬蹄：細碎 3. 蔥：斜段 4. 木耳、涼筍、紅蘿蔔、薑：菱形片	1. 蔥：段 2. 豬小排：塊	全雞：去骨
火力	20%	川燙：中小火 煮：中小火 燴：中小火	炸：中火 蒸：大火 燒：中小火	蒸：大火 燻：中小火
調味重點	10%	鹹鮮味	鹹味	鹹香味
盤飾	10%	青江菜	大黃瓜片	大黃瓜、紅蘿蔔片

第四道菜	第五道菜	第六道菜	第七道菜
芫爆墨魚捲	銀杏白菜膽	韮黃蛋皮捲	蝦仁水餃
墨魚、香菜	大白菜、白果	雞蛋、韮黃	水餃皮、蝦仁
紅辣椒、蔥、薑	薑	涼筍、乾木耳、蒜頭、紅蘿蔔	肥肉、蔥、薑、韮黃
鹽、味精、米酒、香油、水、太白粉水	鹽、味精、太白粉水、水、香油	鹽、味精、香油	鹽、味精、白胡椒粉、香油、太白粉
1. 墨魚→川燙 2. 爆香副材料→香菜→墨魚→調味料	1. 白果→煮味 2. 白菜→蒸→排盤→入排白果 3. 爆香薑→調味料→勾芡→淋芡	1. 蛋→打散調味→煎蛋皮 2. 木耳、涼筍、紅蘿蔔→川燙 3. 爆香蒜頭→韮黃→絲料→調味料 4. 蛋皮→餡料→捲→麵糊封口→蒸→切	1. 蝦肉泥→調味料→甩打→蔥、薑、韮黃→拌勻 2. 水餃皮→餡料→包→煮
1. 香菜：段 2. 紅辣椒、蔥、薑：絲 3. 墨魚：剞花刀→片	1. 薑：菱形片 2. 大白菜：6舟塊狀、其餘小塊	1. 韮黃：段 2. 蒜頭：末 3. 木耳、涼筍、紅蘿蔔：絲	1. 蔥、韮黃：花 2. 薑：末 3. 蝦仁、肥肉：泥
川燙：中小火 炒：中大火	煮：中小火 蒸：大火	煎：中小火 川燙：大火 炒：中大火 蒸：中小火	煮：中大火
鹹香味	鹹甜味	鹹味	鹹鮮味
大黃瓜、紅辣椒片	青江菜梗、紅蘿蔔片	大黃瓜、紅辣椒片	蔥、紅蘿蔔、紅辣椒片

202D-1 時蔬燴蝦丸

主材料	蝦仁8兩、乾木耳1片、涼筍1/2支、紅蘿蔔1/6條
副材料	馬蹄3粒、蔥1支、薑30克、肥肉1兩
盤飾	青江菜5株
調味料	調味料（1）：鹽1/2小匙、味精1/2小匙、白胡椒粉1/4小匙、太白粉1.5大匙、中筋麵粉1.5大匙、香油1小匙 調味料（2）：鹽1/2小匙、味精1/2小匙、太白粉水2大匙、水1杯、香油1小匙
調味重點	鹹鮮味
刀工	1. 蝦仁、肥肉：泥 2. 馬蹄：細碎 3. 蔥：斜段 4. 木耳、涼筍、紅蘿蔔、薑：菱形片
火力	川燙：中小火 煮：中小火 燴：中小火
器皿	10吋圓盤

前處理	1. 乾木耳泡軟、去蒂，切1.5公分高的菱形片 2. 涼筍切高1.5公分、厚0.2公分菱形片 3. 紅蘿蔔、薑切高1.5公分、厚0.2公分菱形片；馬蹄拍碎、剁細、擠乾水分；蔥切小斜段；青江菜剝除外葉，使每株大小相同，將蒂頭、葉子修尖、對剖 4. 肥肉剁泥 5. 蝦仁用紙巾反覆擦乾水分，再拍、壓、剁成細泥
作法（重點過程）	1. 蝦仁、肥肉、調味→甩打→馬蹄→拌勻→丸→煮 2. 主材料→川燙 3. 爆香薑、蔥→調味料→主材料→燴煮→勾芡

作法

1 蝦泥加肥肉、調味料（1），以同方向攪拌、摔打出黏性，拌入馬蹄

2 以手掌虎口將肉餡擠出適量肉餡，手抹油塑成直徑約3～4公分圓形丸子狀，做出6顆以上（詳細步驟請參閱第141頁）

3 起水鍋，水滾川燙青江菜1分鐘撈起，於盤中圍邊

4 續入乾木耳、紅蘿蔔、涼筍燙20秒撈起

5 轉小火微滾水，續入川煮蝦丸至熟浮起約4分鐘，撈起瀝乾

6 鍋入油1小匙爆香薑片、蔥段，入調味料（2）煮成芡汁後，入木耳片、紅蘿蔔片、涼筍片、蝦丸拌勻，盛入青江菜中即可

注意事項

1. 川煮蝦丸時，火侯不宜太大，避免水大滾，蝦丸互相碰撞，影響外觀。
2. 此菜利用青江菜圍圈的盤飾，有利於將蝦丸固定於盤中，避免滑動。

202D-2 蔥串排骨

主材料	豬小排1斤、蔥6支
副材料	無
盤飾	大黃瓜1/8條
調味料	調味料（1）：醬油1大匙、白胡椒粉1/4小匙、太白粉1大匙 調味料（2）：醬油3大匙、鹽1/3小匙、味精1小匙、糖1大匙、米酒1大匙、水2杯 調味料（3）：太白粉水1小匙、香油1/2小匙
調味重點	鹹味
刀工	1. 蔥：段 2. 豬小排：塊
火力	炸：中火 蒸：大火 燒：中小火
器皿	10吋圓盤

項目	內容
前處理	1. 蔥1支切5公分段；其餘取蔥白切5公分段；大黃瓜去籽、切月牙鋸齒薄片 2. 豬小排剁成4公分塊，切修肉，使每塊大小相同
作法（重點過程）	1. 豬小排→醃→炸 2. 爆香蔥→調味料、排骨→蒸→取出骨頭→串蔥白 3. 濾蒸排骨的汁→煮滾→排骨→勾芡

作法

1 豬小排塊抓醃調味料（1）

2 起油鍋，燒至中油溫，入炸小排骨塊微焦上色、撈起

3 鍋入油1大匙，爆香蔥段，入調味料（2）、小排骨塊，煮滾，盛入碗公中

4 大火入蒸1小時

5 起水鍋，水滾川燙大黃瓜片5秒，撈起、泡冷開水

6 蒸好的排骨小心取出，將排骨中間圓骨脫出

7 每塊圓骨頭處串入蔥白，使兩端露出蔥白

8 另鍋，濾入蒸排骨滷汁1杯，煮滾，轉小火，入串好的排骨，約煮30秒，撈出、盛盤；滷汁以調味料（3）勾芡，淋排骨上，以大黃瓜片盤飾即可

注意事項

1. 此菜是公認的地雷菜，因爲作法繁複，加上食材本身的限制，公告的材料寫到此菜考場要提供圓骨的小排骨，一般坊間皆是教學取 6 長段來製作，但有時拿到非足夠取 6 長段，建議依本示範取短塊，較好脫骨操作，也較好串蔥，並可多做幾塊做選擇。
2. 若拿到含軟骨的排骨後段，可切修成與帶圓骨的排骨相同大小的塊狀，熟製後可用筷子穿洞再串蔥。
3. 切修時圓骨兩側須留一點肉，脫骨時才不易破損。
4. 排骨須蒸至熟爛（約 1 小時），骨頭才易脫出，排骨炸時不用花太多時間炸熟，外表上色即可。
5. 蔥須斷生，不可只入鍋 2 ～ 3 秒就起鍋。
6. 由於成品爲深色，以翠綠對比色食材當盤飾較能凸顯。

202D-3 燻雞

主材料	全雞1隻
副材料	無
盤飾	大黃瓜1/10條、紅蘿蔔1/10條
調味料	調味料（1）：鹽1.5小匙、味精1.5小匙、米酒1大匙、水1/4杯
	調味料（2）：紅糖或黃砂糖半杯、麵粉1/2杯、紅茶葉2大匙
	調味料（3）：香油1大匙
調味重點	鹹香味
刀工	全雞：去骨
火力	蒸：大火 燻：中小火
器皿	12吋圓盤

前處理	1. 大黃瓜去籽，切月牙鋸齒薄片8片；紅蘿蔔切蝴蝶形水花片4片 2. 全雞去骨（詳細步驟請參閱第137～138頁）
作法（重點過程）	1. 雞→醃→蒸→放涼 2. 鋁箔紙、醃燻料、燻架、雞肉→入鍋→開火→燻→切→排盤

作法

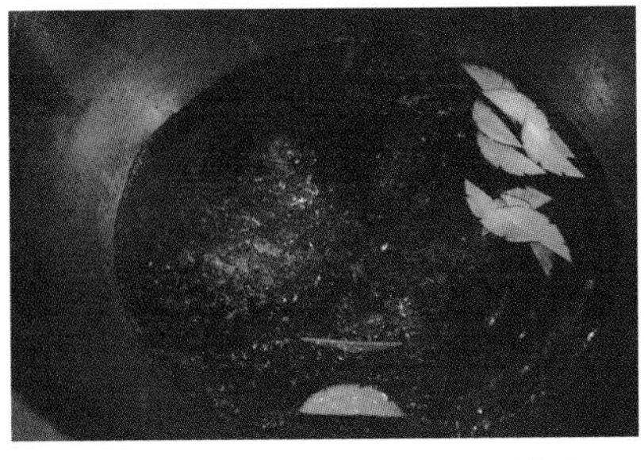

1 起水鍋，水滾川燙紅蘿蔔片約15秒、大黃瓜片5秒，一同撈起、泡冷開水

2 去骨雞肉以調味料（1）抓醃15分鐘，雞肉所有盛盤部位排入鋪保鮮膜的盤中，雞胸、2支雞腿的雞皮攤平朝下，大火入蒸15分鐘，取出

3 鍋蓋內面包覆一層鋁箔紙，再取一張鋁箔紙塑成類圓形容器盒，放入混勻的調味料（2），置於鍋中，放上抹過油的燻架

4 雞肉移入燻架上

5 開中大火，待開始出煙後，蓋上鍋蓋，轉小火燜燻約2～3分鐘，均勻上金黃微焦色，熄火、取出

6 均勻上金黃微焦色，熄火、取出，以調味料（3）均勻塗抹雞皮，以衛生手法切件、擺盤（詳細步驟請參閱第141～142頁），放上大黃瓜、紅蘿蔔片盤飾即可

注意事項

1. 檢定為求方便快速，煙燻料基本上只要有糖即能發煙，產生煙燻的效果。一般常用煙燻料可分為三大類，一是木質材料，如各種木屑、甘蔗皮；二是澱粉質，如本法使用的麵粉或白米；三是糖。若要使成品煙燻味具有多層次風味，可添加其他附香料，如茶葉、八角、花椒等。
2. 糖愈深色則發煙愈色濃，故紅糖、二砂（黃砂糖）比白糖易上色。
3. 一開始開中大火是為了快速發煙，待發煙後要轉小火。切記！若持續大火高溫乾燒，會使煙燻料著火而附上焦苦味。
4. 煙燻時間須視實際上色情況而定，與火力也有相關，建議先燻 2 分鐘後，再每隔 1 分鐘快速微開蓋，檢視上色程度，別一直開蓋或是大開鍋蓋，以免拉長煙燻時間。
5. 成品抹上香油可使外觀增亮、增香，考場無提供毛刷，使用衛生手套塗抹即可。
6. 燻色太淺、太深都不好，但絕對不宜太深色，除了外觀黑沉，味道更焦苦。
7. 雞皮須朝上置放於燻架上，因為雞皮朝下會產生燻架格紋，影響成品外觀。

202D-4 芫爆墨魚捲

主材料	墨魚1隻、香菜3兩
副材料	紅辣椒1支、蔥1支、薑30克
盤飾	大黃瓜1/10條、紅辣椒1/6支
調味料	鹽1/2小匙、味精1/2小匙、米酒1小匙、香油1小匙、水2大匙、太白粉水1/2小匙
調味重點	鹹香味
刀工	1. 香菜：段 2. 紅辣椒、蔥、薑：絲 3. 墨魚：片薄→剞花刀→片
火力	川燙：中小火 炒：中大火
器皿	10吋圓盤

項目	內容
前處理	1. 香菜切5公分段；紅辣椒去籽、切5×0.2公分絲；盤飾辣椒切圓片3片；蔥切5×0.2公分絲；薑切0.1公分絲；大黃瓜去籽，切雙飛片6片、月牙薄片6片 2. 墨魚洗淨，觸腕切小塊，肉身片薄成兩半，切面切交叉十字剞花刀，深度2/3，再切成5×4公分塊（詳細步驟請參閱第139頁）
作法（重點過程）	1. 墨魚→川燙 2. 爆香副材料→香菜→墨魚→調味料

作法

1 起水鍋，水滾川燙大黃瓜片、紅辣椒片，約5秒撈起、泡冷開水

2 滾水鍋，入墨魚川燙1分鐘至熟，撈起

3 另鍋，入油1大匙，爆香辣椒絲、薑絲、蔥絲

4 入炒香菜

5 入墨魚、調味料，翻炒均勻、盛盤，以大黃瓜雙飛、月牙片、辣椒圓片盤飾即可

注意事項

1. 香菜不可炒過熟爛，會發黑。
2. 此菜盛盤時，建議先將墨魚的觸腕盛入盤中，作爲墊底，再將切花刀的墨魚捲排於上方，較能呈現刀工美感。

202D-5 銀杏白菜膽

主材料	大白菜1顆、白果1/3罐
副材料	薑30克
盤飾	青江菜葉6葉、紅蘿蔔1/8條
調味料	調味料（1）：鹽1/2小匙、味精1/2小匙、糖1小匙、米酒1小匙、水2杯
	調味料（2）：鹽1/2小匙、味精1/2小匙、太白粉水2大匙、水1杯、香油1小匙
調味重點	鹹甜味
刀工	1. 薑：菱形片 2. 大白菜：6舟塊狀、其餘小塊
火力	煮：中小火 蒸：大火
器皿	12吋圓盤

前處理	薑切高1公分菱形片、紅蘿蔔切箏形水花片6片、青江菜取葉柄切箏形水花片；大白菜葉剝成直徑約12公分的包心大小，修齊蒂頭，分切成1開8舟塊狀，取6塊修平葉尾成大小一致，取部分白菜葉切小塊
作法（重點過程）	1. 白果→煮味 2. 白菜→蒸→排盤→入排白果 3. 爆香薑→調味料→勾芡→淋芡

作法

1 起水鍋，水滾川燙紅蘿蔔水花片、青江菜片15秒，撈起、泡冷開水，續川燙白菜葉約2分鐘至軟，撈起、瀝乾

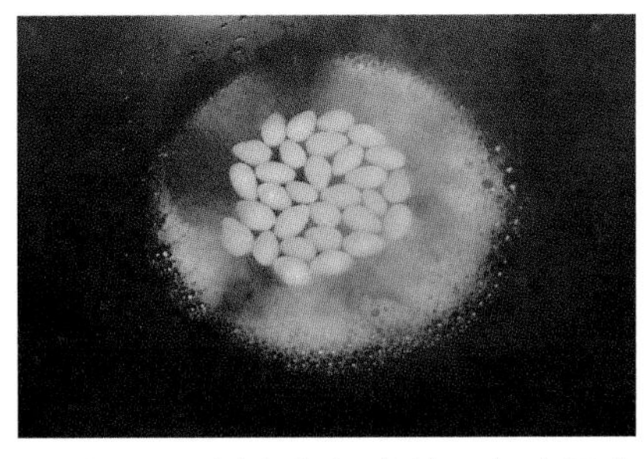

2 鍋入調味料（1）煮滾，加白果小火煮5分鐘，撈起、瀝乾

3 白菜舟塊置盤中，排放射狀，以大火入蒸12分鐘，取出

4 瀝乾盤中水分，將燙好瀝乾水分的白菜葉鋪於白菜舟塊中間

5 再排入白果

6 鍋入油1小匙，爆香薑片，入調味料（2）煮滾成芡汁，均勻淋在白菜白果上，以青江菜、紅蘿蔔片盤飾即可

注意事項

1. 白菜舟塊中間鋪上一些白菜葉，可填平凹陷，有助於鋪排上層食材。
2. 罐頭白果已經煮熟，燒煮入味較好吃，亦可不煮，直接川燙即可。
3. 白菜若要用川燙法，請使用漏勺，別直接讓白菜塊入鍋滾煮，會潰不成形，建議使用蒸法。

202D-6 韮黃蛋皮捲

主材料	雞蛋5個、韮黃3兩
副材料	涼筍1/2支、乾木耳1片、蒜頭2粒、紅蘿蔔1/6條
盤飾	大黃瓜1/8條、紅辣椒1/6支
調味料	調味料（1）：鹽1/2小匙、味精1/2小匙、香油1小匙 調味料（2）：麵粉2大匙、水2大匙
調味重點	鹹味
刀工	1. 韮黃：段 2. 蒜頭：末 3. 木耳、涼筍、蘿蔔：絲
火力	煎：中小火 川燙：大火 炒：中大火 蒸：中小火
器皿	10吋圓盤

項目	內容
前處理	1. 調味料（2）調成濃稠麵糊 2. 乾香菇、泡軟、去蒂、片薄、切0.2公分絲 3. 涼筍切6×0.2公分絲 4. 綠豆芽撿除尾部；高麗菜、紅蘿蔔均切6×0.2公分絲；韮黃切6公分段；蒜頭切末；大黃瓜切平頂月牙片；紅辣椒切圓片 5. 蛋以三段式打蛋法打好
作法（重點過程）	1. 蛋→打散調味→煎蛋皮 2. 木耳、涼筍、紅蘿蔔→川燙 3. 爆香蒜頭→韮黃→絲料→調味料 4. 蛋皮→餡料→捲→麵糊封口→蒸→切

作法

1 蛋打散成均勻蛋液以細油網過濾

2 起水鍋，水滾川燙大黃瓜、紅辣椒片約5秒，撈起、泡冷開水

3 滾水鍋，入燙木耳、涼筍、紅蘿蔔絲2分鐘，撈起瀝乾

4 鍋入油1大匙，爆香蒜末，入炒韮黃、燙好的菜絲、調味料（1），炒勻、盛盤、待涼

5 鍋潤鍋後，以紙巾將鍋面油擦抹均勻，取適量蛋液微火入鍋，煎成直徑約18～20公分薄蛋皮

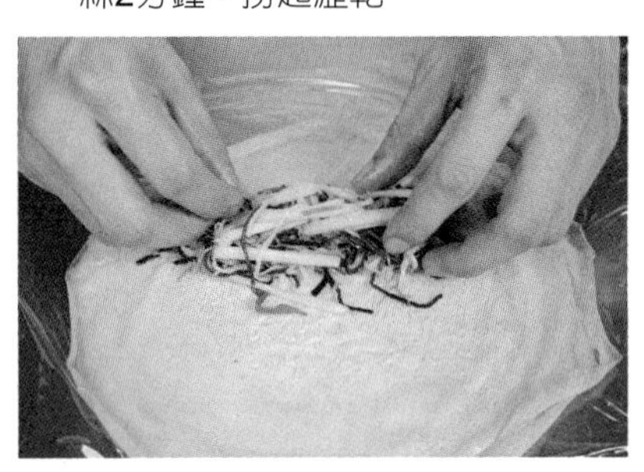

6 桌面鋪保鮮膜，鋪上蛋皮，取適量餡料

7 捲起，以麵糊封口包捲起，捲成直徑約為2.5公分長條，再以保鮮膜包捲起，捲3捲，以中火入蒸5分鐘，取出、待涼（詳細步驟請參閱第145頁）

8 切修齊蛋捲頭尾端，每捲對切、擺盤，以大黃瓜片、紅辣椒片盤飾，即可

注意事項

1. 202 題組術科測試參考試題備註中提到，「蔬菜蛋皮捲」類之蔬菜須使用三種以上之素菜爲材料製作。
2. 蛋皮不用煎過大，一捲切兩份，一份長度 6 ～ 8 公分；可多煎幾張備用，包破時可替換。
3. 蛋皮包捲時施力要拿捏好，過度出力易使蛋皮破裂，在容許範圍下使餡料能包緊，切開較不易變型。過濾蛋液能使蛋皮成品較爲平整。
4. 蛋皮捲擺盤時，蛋皮黏合處朝下擺置較美觀。

202D-7 蝦仁水餃

主材料	水餃皮15張、蝦仁4兩
副材料	肥肉1兩、蔥1支、薑10克、韮黃1兩
盤飾	蔥1支、紅蘿蔔1/8條、紅辣椒1/6支
調味料	鹽1/2小匙、味精1/2小匙、白胡椒粉1/6小匙、香油1小匙、太白粉1大匙
調味重點	鹹鮮味
刀工	1. 蔥、韮黃：花 2. 薑：末 3. 蝦仁、肥肉：泥
火力	煮：中大火
器皿	10吋圓盤

前處理	1. 蔥切蔥花；盤飾蔥取蔥綠、切斜段；韮黃切碎，如蔥花；薑切末；紅蘿蔔切菱形片；紅辣椒切圓片 2. 肥肉剁泥 3. 蝦仁用紙巾反覆擦乾水分，拍、壓、剁成細泥
作法（重點過程）	1. 蝦肉泥、肥肉泥→調味料→拌打→蔥、薑、韮黃→拌勻 2. 水餃皮→餡料→包→煮

作法

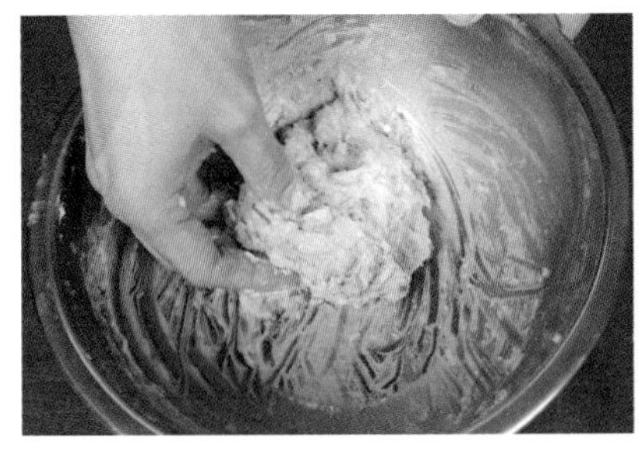

1 蝦仁泥加肥肉泥、調味料，攪拌、摔打至有黏性，入蔥、薑、韭黃拌匀成餡料

2 取水餃皮，包入適量餡料，餃皮邊緣抹水，包緊餃子，製作12粒（詳細步驟請參閱第147頁）

3 起水鍋水滾川燙紅蘿蔔片15秒、蔥段、紅辣椒片5秒，一同撈起、泡冷開水

4 水滾續入煮餃子

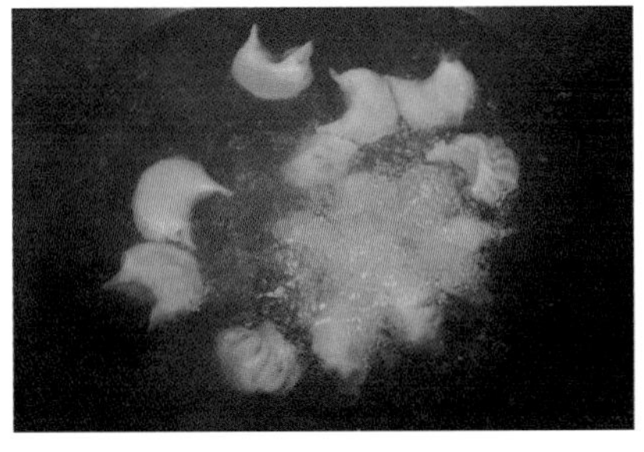

5 待水再滾，轉中小火，煮至浮起、熟透，共約6分鐘

6 撈起、瀝乾、排盤，以紅蘿蔔片、蔥段、紅辣椒片盤飾即可

注意事項

1. 此菜材料中的蝦仁與什蔬燴蝦丸共用，可一起剁泥調味，再分開拌料。
2. 一般冷凍水餃的煮法是途中加冷水邊降溫邊升溫煮的作法即「點水法」，就是怕水餃皮在熱水中過久而糊爛，但冷凍的內餡還在解凍中未熟，加冷水降溫一下，再爭取內餡熟成時間，而此爲現包水餃很好煮，可不用點水，水餃皮爲冷水麵，耐久煮，但若持續以熱水大滾煮，較易造成漲裂，所以水滾後須轉中小火使其微滾，餃子下鍋後要稍微以鏟子撥動鍋底，以免水滾前黏鍋，水滾後水會流動，即可不用攪動。

202E 製作報告表

項目		第一道菜	第二道菜	第三道菜
評分標準 ＼ 菜名		三絲蝦球	紅燒排骨	家鄉屈雞
主材料	10%	蝦仁、乾木耳、紅蘿蔔、涼筍	豬小排	全雞
副材料	5%	馬蹄	蔥	乾木耳、乾金針、蔥、薑、涼筍
調味料	5%	鹽、味精、太白粉水、水、香油	醬油、鹽、味精、糖、米酒、水	醬油、味精、糖、米酒、白胡椒粉、水、香油
作法（重點過程）	20%	1. 乾木耳、紅蘿蔔、涼筍→川燙 2. 蝦泥、調味料→甩打→馬蹄→拌勻→丸→裹絲料→蒸 3. 調味料→勾芡→淋芡	1. 豬小排→醃→炸 2. 爆香蔥段→調味料→豬小排→蒸 3. 濾排骨滷汁→排骨→勾芡	1. 雞→醃→蒸→炸 2. 爆香薑、蔥白→調味料→金針、木耳、涼筍→雞肉→燒→切→排盤→勾芡→淋芡
刀工	20%	1. 乾木耳、紅蘿蔔、涼筍：絲 2. 馬蹄：碎 3. 蝦仁：泥	1. 蔥：段 2. 豬小排：塊	1. 乾金針：打結 2. 蔥：斜段 3. 其餘副食材：菱形片 4. 全雞：去骨
火力	20%	川燙：中大火 蒸：中大火	炸：中小火 蒸：大火 燒：中小火	蒸：大火 炸：中小火 燒：小火
調味重點	10%	鹹鮮味	鹹甜味	鹹香味
盤飾	10%	青江菜梗、紅蘿蔔片	青江菜、紅辣椒片	大黃瓜片

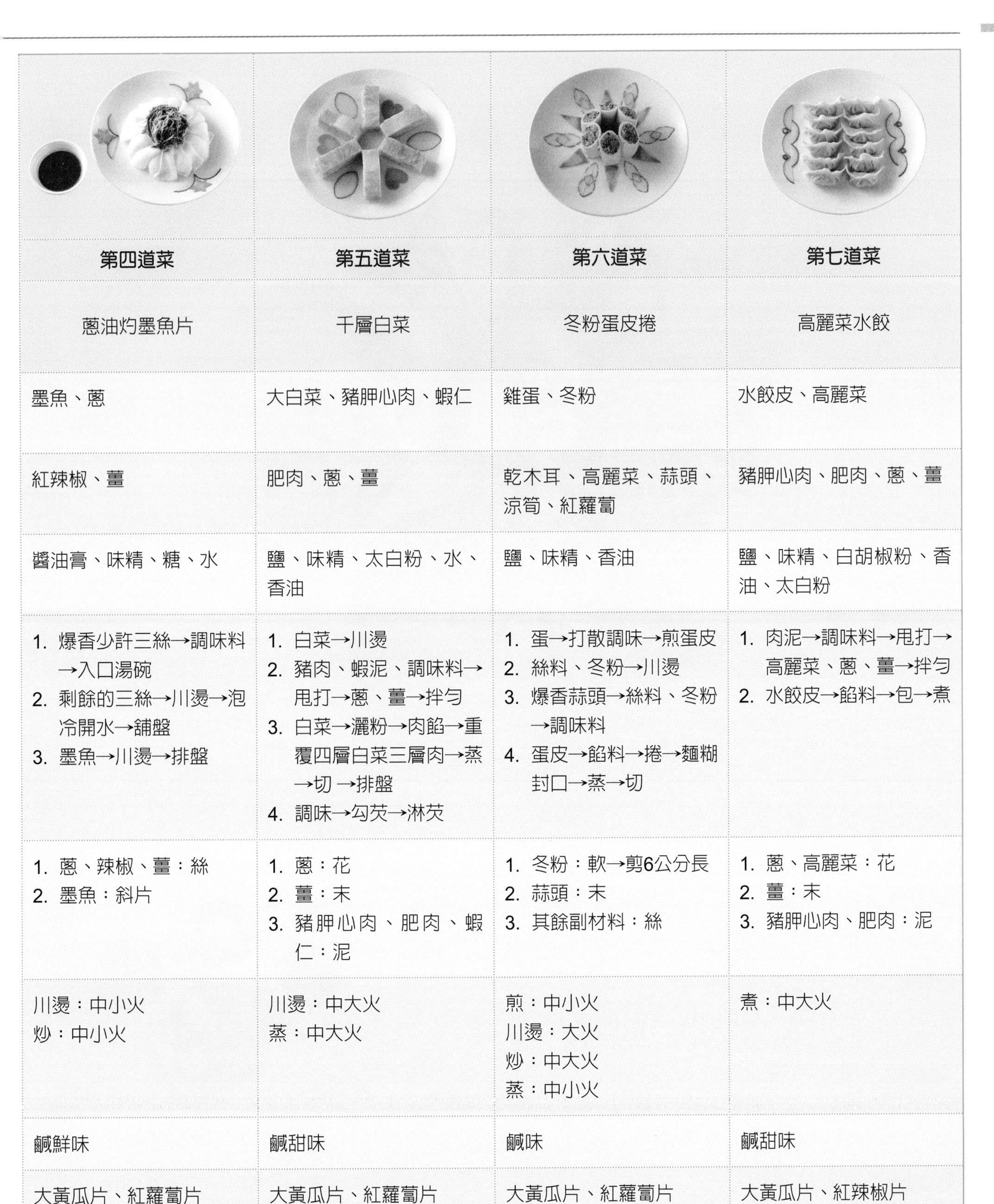

第四道菜	第五道菜	第六道菜	第七道菜
蔥油灼墨魚片	千層白菜	冬粉蛋皮捲	高麗菜水餃
墨魚、蔥	大白菜、豬胛心肉、蝦仁	雞蛋、冬粉	水餃皮、高麗菜
紅辣椒、薑	肥肉、蔥、薑	乾木耳、高麗菜、蒜頭、涼筍、紅蘿蔔	豬胛心肉、肥肉、蔥、薑
醬油膏、味精、糖、水	鹽、味精、太白粉、水、香油	鹽、味精、香油	鹽、味精、白胡椒粉、香油、太白粉
1. 爆香少許三絲→調味料→入口湯碗 2. 剩餘的三絲→川燙→泡冷開水→舖盤 3. 墨魚→川燙→排盤	1. 白菜→川燙 2. 豬肉、蝦泥、調味料→甩打→蔥、薑→拌勻 3. 白菜→灑粉→肉餡→重覆四層白菜三層肉→蒸→切→排盤 4. 調味→勾芡→淋芡	1. 蛋→打散調味→煎蛋皮 2. 絲料、冬粉→川燙 3. 爆香蒜頭→絲料、冬粉→調味料 4. 蛋皮→餡料→捲→麵糊封口→蒸→切	1. 肉泥→調味料→甩打→高麗菜、蔥、薑→拌勻 2. 水餃皮→餡料→包→煮
1. 蔥、辣椒、薑：絲 2. 墨魚：斜片	1. 蔥：花 2. 薑：末 3. 豬胛心肉、肥肉、蝦仁：泥	1. 冬粉：軟→剪6公分長 2. 蒜頭：末 3. 其餘副材料：絲	1. 蔥、高麗菜：花 2. 薑：末 3. 豬胛心肉、肥肉：泥
川燙：中小火 炒：中小火	川燙：中大火 蒸：中大火	煎：中小火 川燙：大火 炒：中大火 蒸：中小火	煮：中大火
鹹鮮味	鹹甜味	鹹味	鹹甜味
大黃瓜片、紅蘿蔔片	大黃瓜片、紅蘿蔔片	大黃瓜片、紅蘿蔔片	大黃瓜片、紅辣椒片

202E-1 三絲蝦球

主材料	蝦仁8兩、乾木耳1片、涼筍1/2支、紅蘿蔔1/4條
副材料	馬蹄6粒
盤飾	青江菜葉5葉、紅蘿蔔1/8條
調味料	調味料（1）：鹽1/4小匙、味精1/4小匙、香油1小匙、白胡椒粉1/8小匙、太白粉1.5大匙、中筋麵粉1.5大匙
	調味料（2）：鹽1/2小匙、味精1/2小匙、太白粉水2大匙、水1杯、香油1小匙
調味重點	鹹鮮味
刀工	1. 乾木耳、紅蘿蔔、涼筍：絲 2. 馬蹄：碎 3. 蝦仁：泥
火力	川燙：中大火 蒸：中大火
器皿	10吋圓盤

前處理	1. 乾木耳泡軟、去蒂、切6×0.1公分絲 2. 涼筍切6×0.1公分絲 3. 馬蹄切細碎、擠乾水分；紅蘿蔔切6×0.1公分絲；盤飾紅蘿蔔切鋸齒葉子水花片5片；青江菜葉取葉柄，切8公分等腰三角片5片 4. 蝦仁用紙巾反覆擦乾水分，拍、壓、剁成細泥
作法（重點過程）	1. 乾木耳、紅蘿蔔、涼筍→川燙 2. 蝦泥、調味料→甩打→馬蹄→拌勻→丸→裹絲料→蒸 3. 調味料→勾芡→淋芡

作法

1 蝦泥加調味料（1），同方向攪拌、摔打出黏性，拌入馬蹄

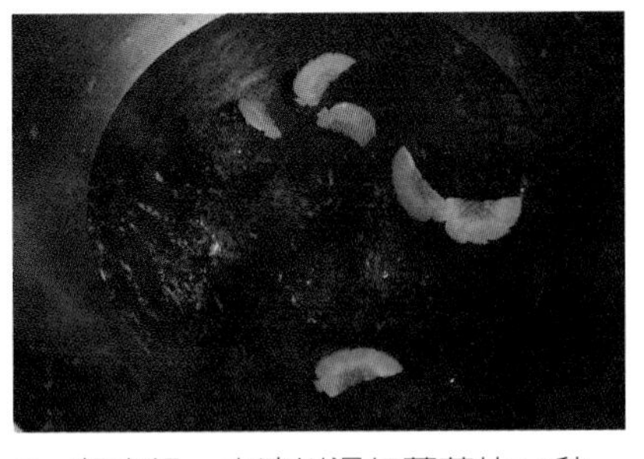

2 起水鍋，水滾川燙紅蘿蔔片15秒、青江菜片10秒，再一同撈起、泡冷開水

3 滾水鍋，入紅蘿蔔絲、木耳絲、涼筍絲川燙2分鐘，撈起、瀝乾，鋪於配菜盤中

4 手抹油，以手掌虎口取蝦餡，擠出適量蝦餡，塑成直徑約4公分圓形丸子狀，至少做出6顆（詳細步驟請參閱第141頁）

5 使丸子表面均勻沾裹蔬菜絲，稍微捏緊

6 放入鋪有保鮮膜的盤中，大火入蒸12分鐘，取出，排入另一盤中

7 鍋入調味料（2）煮成芡汁，淋於三絲蝦球上，以紅蘿蔔片、青江菜梗盤飾即可

注意事項

1. 三絲的份量與刀工的粗細比重應平均，外觀才不會偏重其中一色。
2. 由於蝦球外表有三絲，故蝦泥不需花太多時間剁細，均勻即可。
3. 蝦泥沾裹三絲後，須每顆以手稍捏、壓緊、塑型，較不易脫落。

202E-2 紅燒排骨

主材料	豬小排1斤
副材料	蔥2支
盤飾	青江菜6株、紅辣椒1/3支
調味料	調味料（1）：醬油1大匙、白胡椒粉1/4小匙、太白粉1大匙
	調味料（2）：醬油3大匙、鹽1/3小匙、味精1小匙、糖1大匙、米酒1大匙、水2杯
	調味料（3）：太白粉水1小匙、香油1/2小匙
調味重點	鹹甜味
刀工	1. 蔥：段 2. 豬小排：塊
火力	炸：中小火 蒸：大火 燒：中小火
器皿	10吋圓盤

項目	內容
前處理	1. 蔥1支切5公分段，1支切2公分段；青江菜剝除外葉，使每株大小相同，將蒂頭、葉子修尖並對剖；紅辣椒切圓片6片 2. 豬小排剁成4公分塊，切修豬小排塊，使每塊大小相同
作法（重點過程）	1. 豬小排→醃→炸 2. 爆香蔥段→調味料→豬小排→蒸 3. 濾排骨滷汁→排骨→勾芡

作法

1 豬小排塊抓醃調味料（1）

2 起油鍋，燒至中油溫，入炸小排骨微焦上色，撈起

3 鍋入油1大匙，爆香5公分蔥段，入調味料（2）、小排骨，煮滾

4 盛入碗公，大火入蒸40分鐘，取出，撈出排骨，滷汁過濾

5 起水鍋，水滾川燙青江菜約1分鐘、紅辣椒片約5秒，撈起，排入盤中

6 鍋入濾蒸排骨滷汁1杯，煮滾，轉小火，入排骨、2公分蔥段，稍煮15秒，以調味料（3）勾芡，盛盤即可

注意事項

1. 由於成品爲深色，以翠綠對比色食材當盤飾較能凸顯。
2. 排骨不一定要剁長段，如同粉蒸排骨可剁切成小塊狀，皆須大小切修成一致。
3. 此菜與蔥串排骨調味與做法大致相同，僅差在有無後製的串蔥，可以直接在鍋中加蓋小火燜煮，但占了一個爐台太多時間，入蒸可省去顧鍋的時間。

202E-3 家鄉屈雞

主材料	全雞1隻
副材料	乾木耳1片、乾金針12支、蔥1支、薑30克、涼筍1/4支
盤飾	大黃瓜1/8條
調味料	調味料（1）：醬油1大匙、味精1.5小匙、米酒1大匙
	調味料（2）：醬油2大匙、味精1/2小匙、糖1小匙、米酒1小匙、白胡椒粉1/6小匙、水1.5杯、香油1小匙
	調味料（3）：太白粉水1大匙
調味重點	鹹香味
刀工	1. 乾金針：打結 2. 蔥：斜段 3. 其餘副食材：菱形片 4. 全雞：去骨
火力	蒸：大火 炸：中小火 燒：小火
器皿	12吋圓盤

項目	內容
前處理	1. 乾木耳泡軟、去蒂、切高1.5公分菱形片；乾金針泡軟、剪除硬梗、打結 2. 涼筍切高1.5公分、厚0.2公分菱形片 3. 蔥切小斜段；薑切高1.5公分菱形片；大黃瓜切去籽月牙薄片 4. 全雞去骨（詳細步驟請參閱第137～138頁）
作法（重點過程）	1. 雞→醃→蒸→炸 2. 爆香薑、蔥白→調味料→金針、木耳、涼筍→雞肉→燒→切→排盤→勾芡→淋芡

作法

1 去骨雞肉以調味料（1）抓醃，將雞肉所有盛盤部位排入鋪保鮮膜的盤中，雞胸、2支雞腿的雞皮攤平朝下，大火入蒸15分鐘，取出，擦乾雞肉外表水分

2 起水鍋，水滾川燙大黃瓜片約10秒，撈起、泡冷開水

3 起油鍋，中高油溫入炸雞肉

4 炸至外表微焦上色，撈起、瀝油

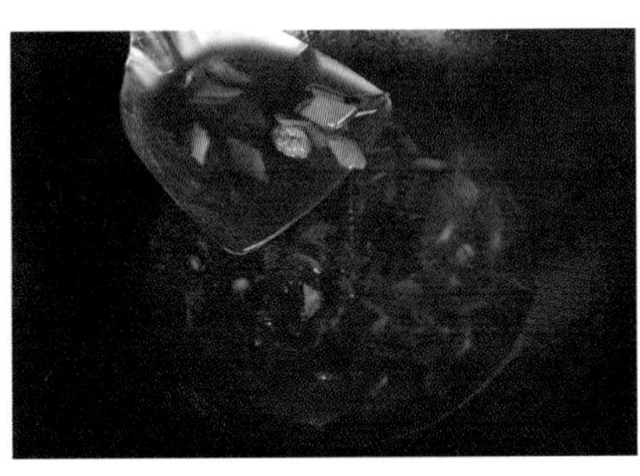

5 另鍋，入油1大匙，爆香薑片、蔥白段，入調味料（2）、金針、木耳、涼筍，煮滾

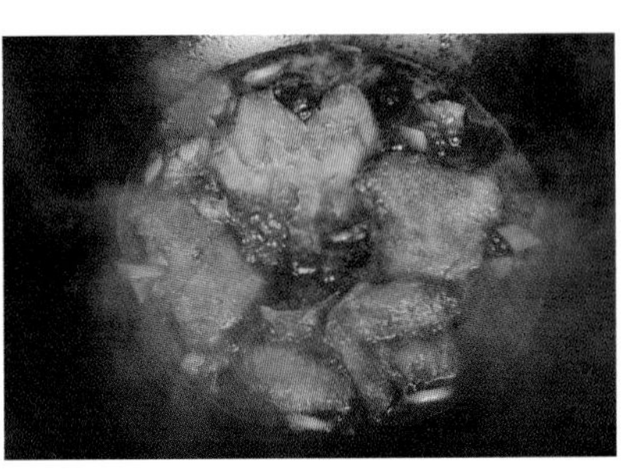

6 入雞肉，轉小火燒煮3分鐘

7 瀝出雞肉，以衛生手法切件、擺盤（詳細步驟請參閱第141～142頁）

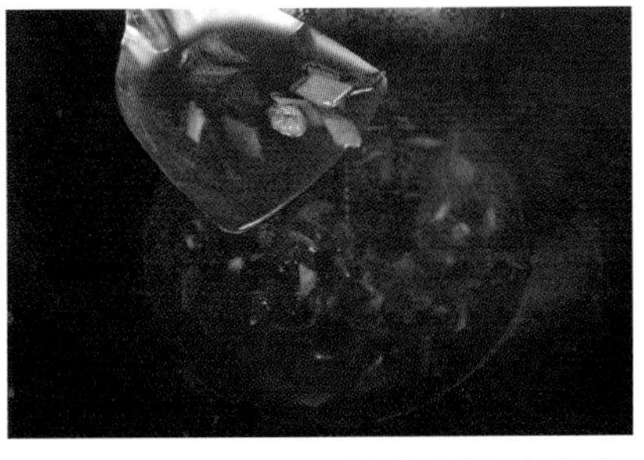

8 鍋內入蔥綠段，以調味料（3）勾芡，淋在雞肉上，以大黃瓜片盤飾即可

注意事項

1. 炸雞時須擦乾水分，因皮下仍會帶水分，高溫入炸須注意油爆噴濺，可以漏杓擋於油面上，以策安全。
2. 此菜是 202 題組全雞類中做法最繁複，先蒸、後炸、再燒，須掌握操作技巧與時間。
3. 乾金針打結，是爲了燒煮時不易散開。

202E-4 蔥油灼墨魚片

主材料	墨魚1隻、蔥5支
副材料	紅辣椒1支、薑40克
盤飾	大黃瓜1/10條、紅蘿蔔1/8條
調味料	醬油膏2大匙、味精1/3小匙、糖1小匙、水1/3杯
調味重點	鹹鮮味
刀工	1. 蔥、辣椒、薑：絲 2. 墨魚：斜片
火力	川燙：中小火 炒：中小火
器皿	10吋圓盤、口湯碗

前處理	1. 蔥切6×0.1公分絲，紅辣椒去籽、片薄、切6×0.1公分絲，薑切6×0.1公分絲，三絲混勻、泡水、瀝乾；大黃瓜去籽、切月牙薄片6片；紅蘿蔔切三菱水花片6片 2. 墨魚洗淨，觸腕切小塊，肉身直剖成兩半，斜切8×4公分薄片（詳細步驟請參閱第140頁），泡水
作法（重點過程）	1. 爆香少許三絲→調味料→入口湯碗 2. 剩餘的三絲→川燙→泡冷開水→舖盤 3. 墨魚→川燙→排盤

作法

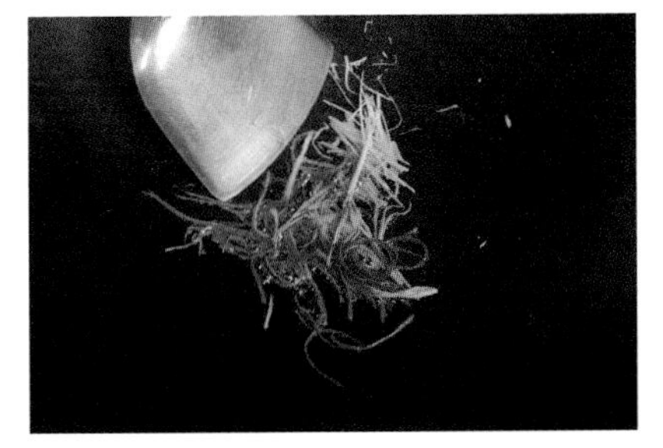

1 鍋入香油1大匙，爆香少許三絲

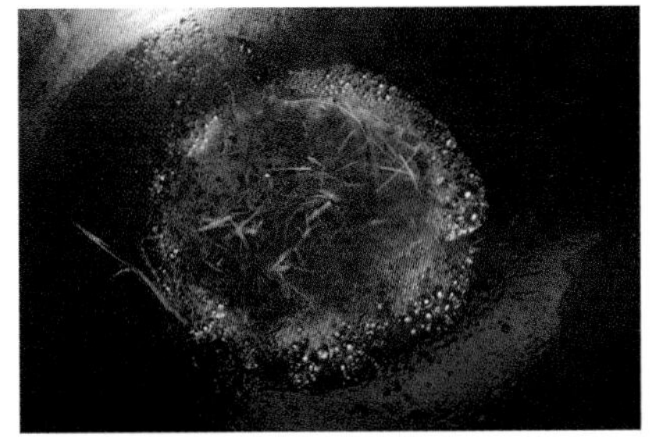

2 入調味料，煮滾、熄火，倒入口湯碗，即成蔥油醬汁

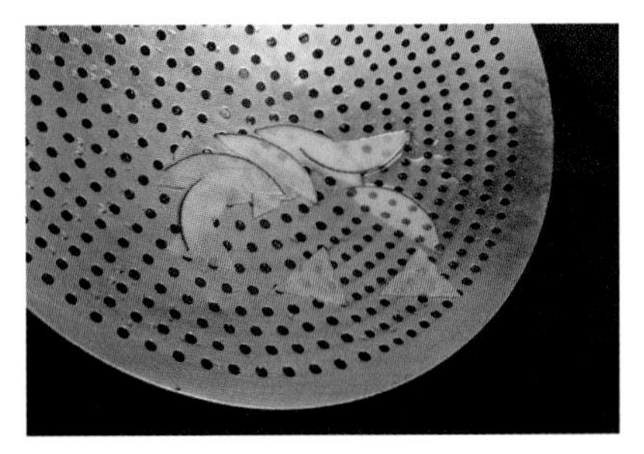

3 起水鍋，水滾川燙紅蘿蔔片15秒、大黃瓜片5秒，再一同撈起、泡冷開水

4 滾水鍋，入剩餘三絲，川燙約5秒、瀝乾、泡冷開水

5 滾水鍋轉小火，續川燙墨魚約40秒至熟，撈起、瀝乾、排入盤中，鋪上三絲，附上蔥油醬汁，以紅蘿蔔片、大黃瓜片盤飾即可

注意事項

1. 川燙墨魚片時，須以微滾水泡熟，才不會過度老化、捲曲變形，難以排盤。
2. 蔥油是指附上炒過的蔥油醬汁；切蔥絲會花費較多時間，數量夠擺盤就好。

202E-5 千層白菜

主材料	大白菜1顆、豬胛心肉4兩、蝦仁4兩
副材料	肥肉1兩、蔥1支、薑10克
盤飾	大黃瓜1/8條、紅蘿蔔1/8條
調味料	調味料（1）：鹽1/3小匙、味精1/3小匙、白胡椒粉1/8小匙、太白粉1大匙、香油1小匙
	調味料（2）：鹽1/2小匙、味精1/2小匙、太白粉水2大匙、水1杯、香油1小匙
調味重點	鹹甜味
刀工	1. 蔥：花 2. 薑：末 3. 豬胛心肉、肥肉、蝦仁：泥
火力	川燙：中大火 蒸：中大火
器皿	10吋圓盤

項目	內容
前處理	1. 大白菜剝除外層老葉、破損葉後，取完整4葉；蔥切蔥花；薑切末；大黃瓜去籽、切月牙薄片6片；紅蘿蔔切心形水花片3片 2. 豬胛心肉、肥肉一同剁泥 3. 蝦仁用紙巾反覆擦乾水分，再拍、壓、剁成細泥
作法（重點過程）	1. 白菜→川燙 2. 豬肉、蝦泥、調味料→甩打→蔥、薑→拌勻 3. 白菜→灑粉→肉餡→重覆四層白菜三層肉→蒸→切→排盤 4. 調味→勾芡→淋芡

作法

1 豬肉泥、蝦泥加調味料（1），攪勻、摔打至有黏性，加入蔥花、薑末，拌成肉餡

2 起水鍋，水滾川燙紅蘿蔔片15秒、大黃瓜片5秒，再一同撈起、泡冷開水

3 滾水鍋續入大白菜葉，約川燙2分鐘至軟，撈起、泡冷水，冷卻後瀝乾，再將葉柄較厚處片薄

4 桌面鋪保鮮膜，鋪平一白菜葉，灑上一層薄太白粉

5 放上適量肉餡，手沾水，均勻抹平肉餡為一層，以此順序再鋪兩層，共4葉3層肉餡（詳細步驟請參閱第144頁）

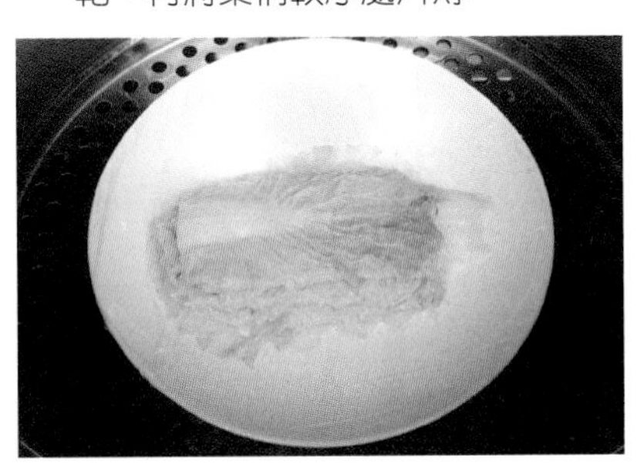

6 將白菜放入鋪有保鮮膜的盤子中，入蒸15～20分鐘至熟

7 取出待稍涼，以衛生手法切修6塊排盤，將調味料（2）入鍋煮成芡汁，淋在千層白菜上，以紅蘿蔔片、大黃瓜片盤飾即可

注意事項

1. 剝剩下的大白菜要回收，有些考場直接提供 6 ～ 8 葉已剝好的大白菜葉。
2. 每層相疊處均須灑上太白粉，使稍微有點黏性，但蒸熟分切時仍要注意施力，避免層次散開。
3. 千層非真的有千層，通常超過兩層者即可稱之。
4. 肉餡有限，且成品要分切 6 塊，若高麗菜水餃肉餡足夠，可將部分豬肉撥至此菜餚。

202E-6 冬粉蛋皮捲

主材料	雞蛋5個、冬粉1束
副材料	乾木耳1片、高麗菜1/8個、蒜頭2粒、涼筍1/4支、紅蘿蔔1/6條
盤飾	大黃瓜1/8條、紅蘿蔔1/8條
調味料	調味料（1）：鹽1/2小匙、味精1/2小匙、香油1小匙 調味料（2）：麵粉2大匙、水2大匙
調味重點	鹹味
刀工	1. 冬粉：軟→剪6公分長 2. 蒜頭：末 3. 其餘副材料：絲
火力	煎：中小火 川燙：大火 炒：中大火 蒸：中小火
器皿	10吋圓盤
前處理	1. 調味料（2）調成濃稠麵糊 2. 乾木耳泡軟、去蒂、切0.2公分絲；冬粉泡軟，剪成約6公分長 3. 涼筍切6×0.2公分絲 4. 高麗菜、紅蘿蔔切6×0.2公分絲；蒜頭切末；大黃瓜去籽、切月牙鋸齒薄片；紅蘿蔔切等腰三角形片6片 5. 蛋以三段式打蛋法打好
作法（重點過程）	1. 蛋→打散調味→煎蛋皮 2. 絲料、冬粉→川燙 3. 爆香蒜頭→絲料、冬粉→調味料 4. 蛋皮→餡料→捲→麵糊封口→蒸→切

作法

1 蛋加調味料（3）打成均勻蛋液，以細油網過濾

2 起水鍋，水滾川燙紅蘿蔔片15秒、大黃瓜片5秒，再一同撈起、泡冷開水

3 滾水鍋續入木耳、高麗菜、涼筍、紅蘿蔔絲，川燙約1分鐘，倒數20秒時，放入冬粉，最後一同撈起、瀝乾

4 鍋入油1大匙，爆香蒜末，入燙好材料、調味料（1），拌炒勻、盛盤、待涼

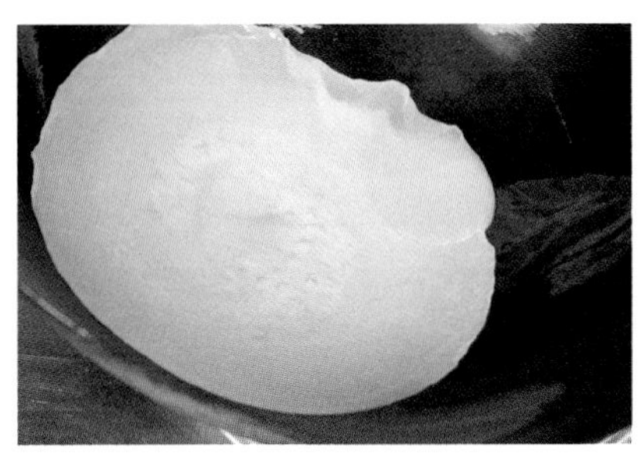

5 鍋潤鍋，以紙巾將鍋面油抹勻，入適量蛋液，以微火煎成直徑約18～20公分薄蛋皮（至少3張）

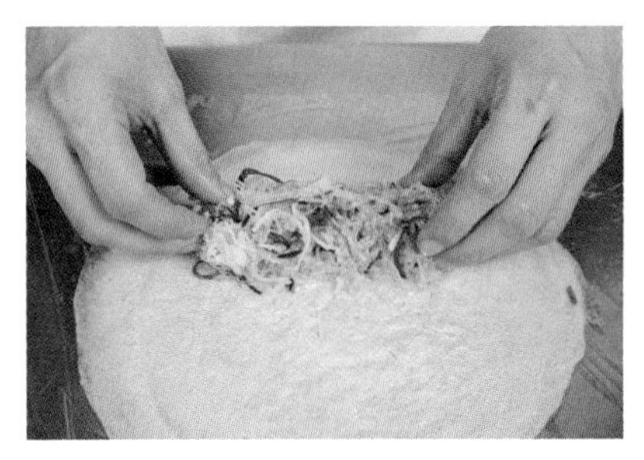

6 桌面鋪保鮮膜，鋪上蛋皮，入適量餡料，捲起，以麵糊封口包，捲成直徑約為2.5公分，再以保鮮膜包捲起，捲3捲（詳細步驟請參閱第145頁）

7 蛋皮捲以中火入蒸5分鐘，取出待涼，切修頭尾端，每捲斜對切、擺盤，以紅蘿蔔片、大黃瓜片盤飾，即可

注意事項

1. 202 題組術科測試參考試題備註中提到，「蔬菜蛋皮捲」類之蔬菜須使用三種以上之素菜爲材料製作。
2. 蛋皮不用煎過大，一捲切兩份，一份長度 6 ～ 8 公分；可多煎幾張備用，包破時可替換。
3. 蛋皮包捲時施力要拿捏好，過度出力易使蛋皮破裂，在容許範圍下使餡料能包緊，切開較不易變形。過濾蛋液能使蛋皮成品較爲平整。
4. 蛋皮捲擺盤時，蛋皮黏合處朝下或內側擺置較美觀。
5. 冬粉較其他蔬菜蓬鬆，包捲時需用雙手捲更扎實，否則切段時易掉出內餡且蛋捲變形。

202E-7 高麗菜水餃

主材料	水餃皮15張、高麗菜1/8個	前處理	1. 蔥切蔥花、高麗菜切碎如蔥花、薑切末、大黃瓜切月牙薄片、紅辣椒切圓片 2. 豬胛心肉與肥肉剁泥
副材料	豬胛心肉4兩、肥肉1兩、蔥1支、薑10克		
盤飾	大黃瓜1/8條、紅辣椒1/3支		
調味料	鹽1/2小匙、味精1/2小匙、白胡椒粉1/6小匙、香油1小匙、太白粉1大匙		
調味重點	鹹甜味		
刀工	1. 蔥、高麗菜：花 2. 薑：末 3. 豬胛心肉、肥肉：泥		
火力	煮：中大火	作法（重點過程）	1. 肉泥→調味料→拌打→高麗菜、蔥、薑→拌勻 2. 水餃皮→餡料→包→煮
器皿	10吋圓盤		

作法

1 豬肉泥加調味料攪拌至有黏性，再入蔥花、薑末、高麗菜碎，拌勻成餡料

2 取水餃皮，包入適量餡料，餃皮邊緣抹水，包緊餃子，製作12粒（詳細步驟請參閱第146頁）

3 起水鍋，水滾川燙大黃瓜片、紅辣椒片約5秒，撈起、泡冷開水

4 水滾續入煮餃子

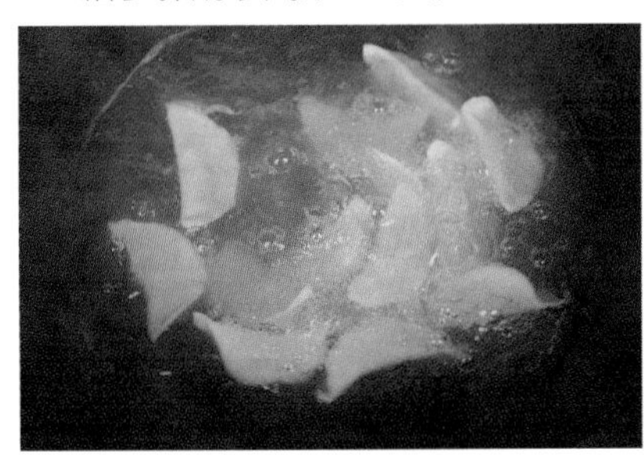

5 待水再滾，轉中小火

6 煮至浮起、熟透，共約6分鐘，即可撈起、瀝乾、排盤，以大黃瓜片、紅辣椒片盤飾即可

注意事項

1. 此菜豬胛心肉與千層白菜共用，可一起剁泥調味，再分開拌料。
2. 一般冷凍水餃的煮法是途中加冷水，邊降溫、邊升溫煮的作法即「點水法」，就是怕餃皮在熱水中過久而糊爛，內餡還在解凍中未熟，加冷水降溫一下，再爭取內餡熟成時間。而現包水餃很好煮，可不用點水，水餃皮爲冷水麵，耐久煮，但若持續以熱水大滾煮，較易造成漲裂，所以水滾後須轉中小火使其微滾，餃子下鍋後要稍微以鏟子撥動鍋底，以免水滾前黏鍋，水滾後水會流動，即可不用攪動。

203 題組

203 試題總表

組別 / 主材料	A組	B組	C組	D組	E組
豬肉	滑豬肉片(P.238)	炒豬肉鬆(P.254)	蒸豬肉丸(P.270)	乾炸豬肉丸(P.286)	煎豬肉餅(P.302)
鱸魚	五柳鱸魚(P.240)	鱸魚兩吃(P.256)	松鼠鱸魚(P.272)	鱸魚羹(P.288)	麒麟蒸魚(P.304)
雞	蒸一品雞排(P.242)	油淋去骨雞(P.258)	香橙燒雞排(P.274)	百花釀雞腿(P.290)	八寶封雞腿(P.306)
蝦	威化香蕉蝦捲(P.244)	百花豆腐(P.260)	紫菜沙拉蝦捲(P.276)	蘋果蝦鬆(P.292)	果律蝦球(P.308)
菇類	洋菇海皇羹(P.246)	鮮菇三層樓(P.262)	珍菇翡翠芙蓉羹(P.278)	鮑菇燒白菜(P.294)	碧綠雙味菇(P.310)
芥菜	干貝燴芥菜(P.248)	蟹肉燴芥菜(P.264)	香菇燴芥菜(P.280)	蜊肉燴芥菜(P.296)	芥菜鹹蛋湯(P.312)
芋頭	八寶芋泥(P.250)	芋泥西米露(P.266)	蛋黃芋棗(P.282)	紅心芋泥(P.298)	豆沙芋棗(P.314)

◎圖下（P. ○○○）為實作頁碼。

203 材料總表

本材料表爲本書菜餚示範之食材用量，供練習採買時之參考，然而各食材的品質與使用耗損均有差異，建議可依此爲基準，自行增減。檢定測試時，則視考場提供之材料妥善運用。

類別	名稱	A組	B組	C組	D組	E組
乾貨	乾香菇	2朵	3朵	9朵	5朵	5朵
	干貝	2顆	—	—	—	—
	乾木耳	2片	—	—	—	—
	杏仁角	50克	—	—	—	—
	紅棗	20個	—	—	—	—
	糯米紙	16張	—	—	—	—
	葡萄乾	40克	—	—	—	—
	乾細米粉	—	1把	—	1把	—
	西谷米	—	1/2杯	—	—	—
	紫菜	—	—	3張	—	—
	長糯米	—	—	—	—	150克
加工食品類（素）	涼筍	1/2支	3/4支	1/2支	1/2支	1/2支
	冬瓜糖	8條	—	—	—	—
	糖蓮子	10顆	—	—	—	—
	豆腐	1/2盒	1盒	—	—	—
	紅豆沙	—	—	100克	100克	100克
	鳳梨片	—	—	—	—	5片
加工食品類（葷）	蝌肉	1兩	—	—	2兩	—
	鹹蛋黃	—	—	3個	—	—
	火腿	—	—	—	50克	6片
	生鹹蛋	—	—	—	—	2個
蔬果類	芥菜心	1棵	1棵	1棵	1棵	1棵
	青江菜	3棵	6棵	300克	6棵	10棵
	芋頭	1個	1個	1個	1個	1個
	馬蹄	3粒	6粒	6粒	6粒	3粒
	老薑	40克	40克	40克	40克	10克
	嫩薑	70克	40克	20克	70克	60克
	蔥	2支	4支	3支	5支	1支
	紅蘿蔔	1條	1條	1條	1條	1條
	大黃瓜	1/4條	1/2條	1/2條	1/2條	1/4條
	紅辣椒	2支	2支	2支	1/2支	1支
	青椒	1.5個	1/2個	1/2個	—	—
	芹菜	—	2支	—	4支	—
	洋菇	5朵	—	—	—	10朵
	蒜頭	4瓣	—	—	—	—
	香蕉	1根	—	—	—	—
	西生菜	—	1個	1/6個	1個	—
	鮑魚菇	—	4片	—	4片	2片
	奇異果	—	1個	1個	1個	2個
	金針菇	—	30克	—	—	—
	小黃瓜	—	—	2條	—	—
	蘆筍	—	—	6支	—	—
	秀珍菇	—	—	2兩	—	—
	柳丁	—	—	2個	—	—
	蘋果	—	—	—	1個	1/2個
	大白菜	—	—	—	1/2個	—
	哈密瓜	—	—	—	—	1/8個
豬肉	豬肉	15兩	5兩	10兩	10兩	10兩
雞鴨肉	雞股腿	2支	2支	2支	2支	2支
蛋類	雞蛋	2個	—	6個	1個	1個
水產類	鱸魚	1條	1條	1條	1條	1條
	蝦	20隻	10隻	10隻	20隻	10隻
	蟹肉	2兩	2兩	—	—	—
調味料	蛋黃醬	30克	—	2大匙	—	2.5大匙
	椰漿	—	120cc	—	—	—
	煉乳	—	—	—	—	1小匙

冠勁工作室彙整

203 食材刀工與菜餚塑型之技巧

一、食材刀工

L 形雞股腿去骨

<適用 203A-3 蒸一品雞排、203B-3 油淋去骨雞、203C-3 香橙燒雞排、203D-3 百花釀雞腿、203E-3 八寶封雞腿>

1 將雞腿連著胸骨的地方扳開

2 再將骨頭切開

3 將雞腿的雞皮朝下，以刀尖沿著L骨形骨頭上方的雞肉切劃開，使骨頭與雞肉分離

4 以刀刮開肉，露出一半淨骨

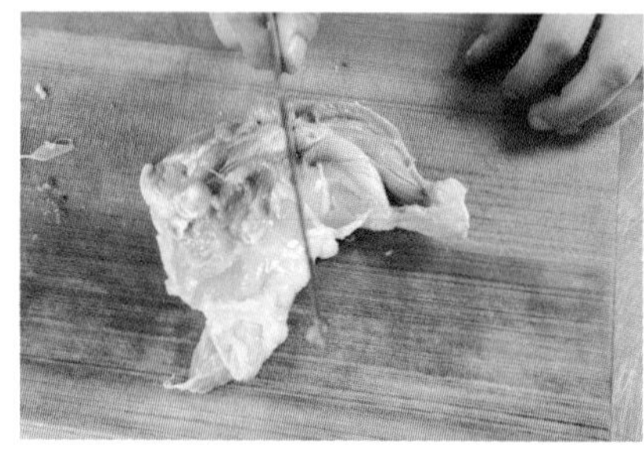

5 剁斷兩骨韌帶

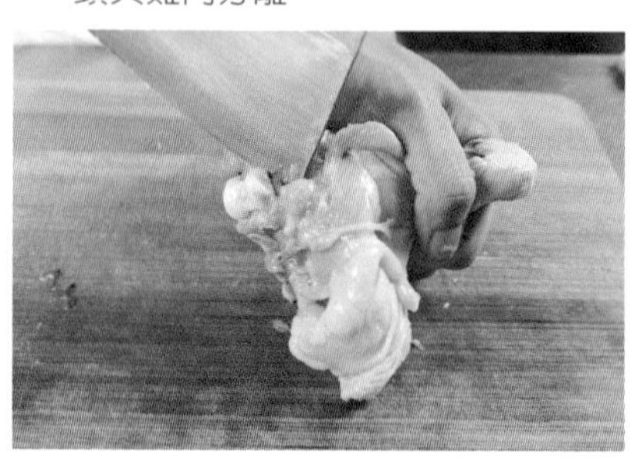

6 剁斷處反折，刀劃斷折處筋膜

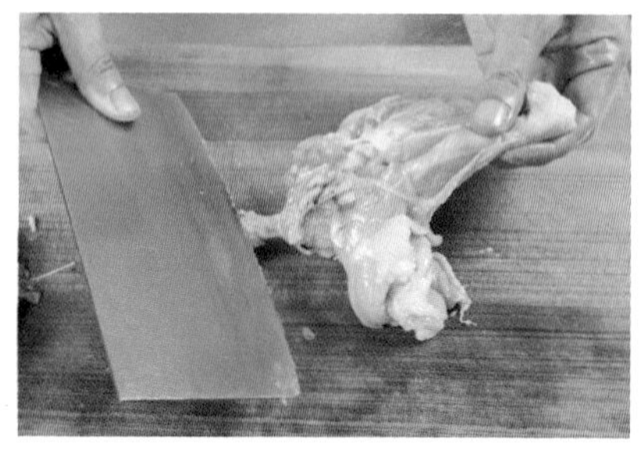

7 將大腿骨與腿肉切劃開

8 切除大腿骨

9 刀背敲斷小腿骨末端

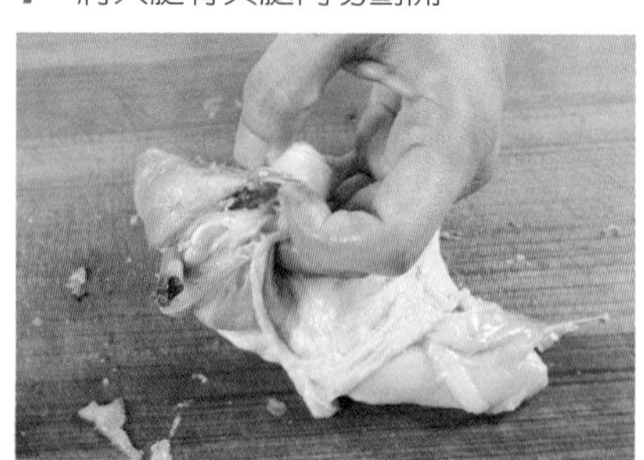

10 敲斷處反折

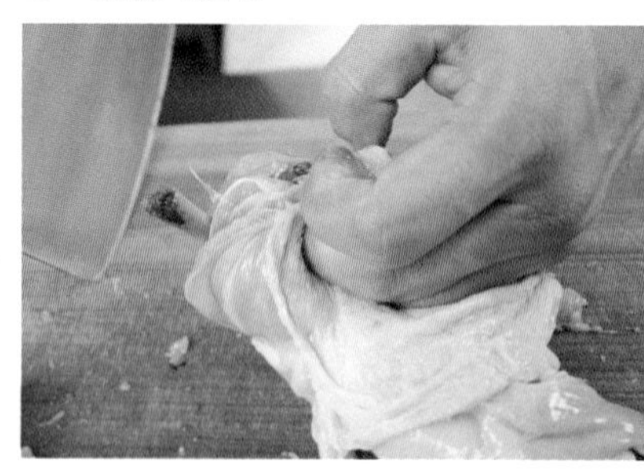

11 使小腿骨與牙籤骨露出

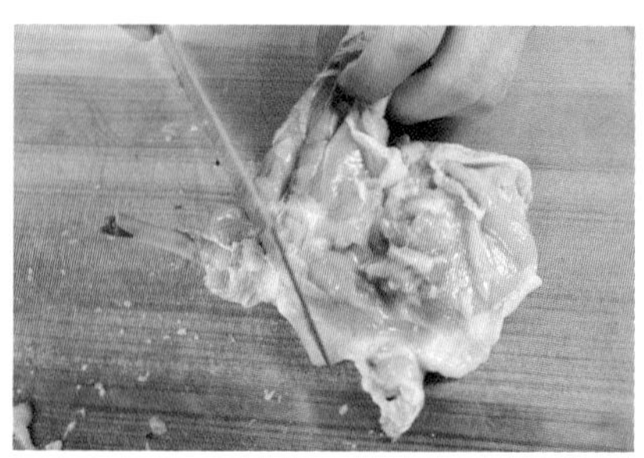

12 將小腿骨連同牙籤骨切除

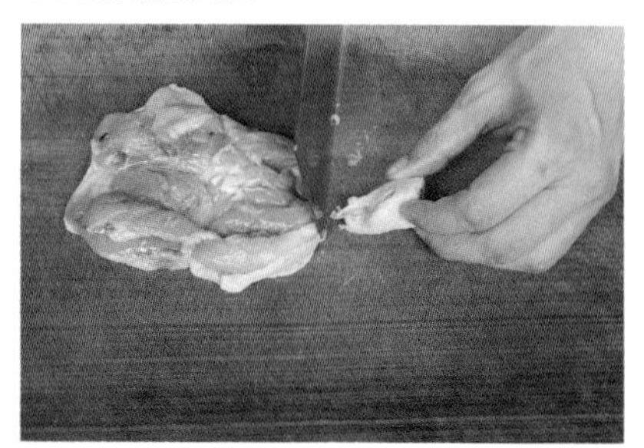

13 若製作一品雞排或是百花鑲雞腿，可將雞骨完全切除

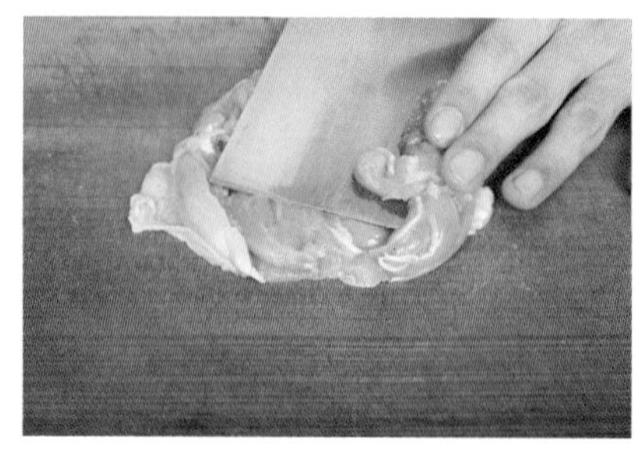

14 再以平刀的方式將雞腿肉片薄，使肉的厚薄度一致

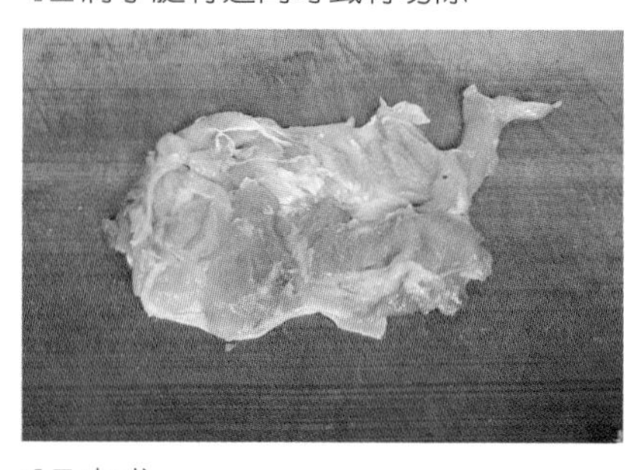

15 完成

棒棒腿去骨 <適用 203E-3 八寶封雞腿>

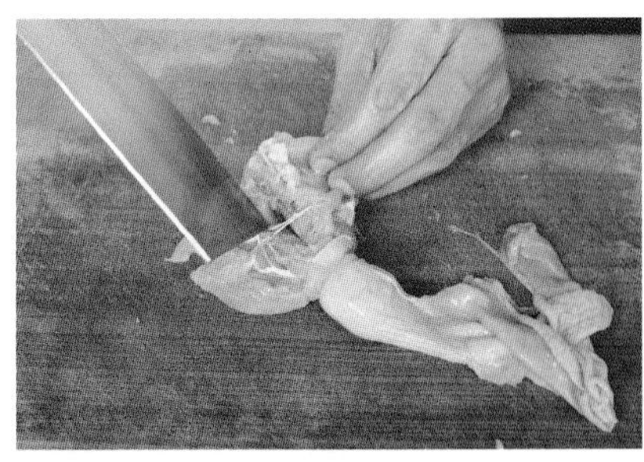

1 將棒棒腿的雞皮撕開，以刀尖沿著雞腿肉劃開至骨頭處

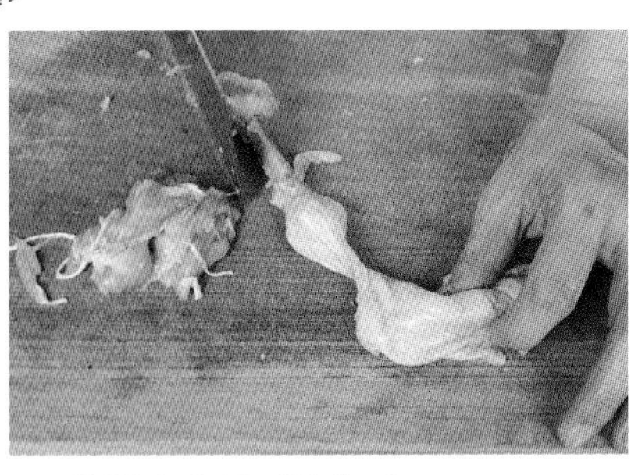

2 將雞肉全部剔除乾淨

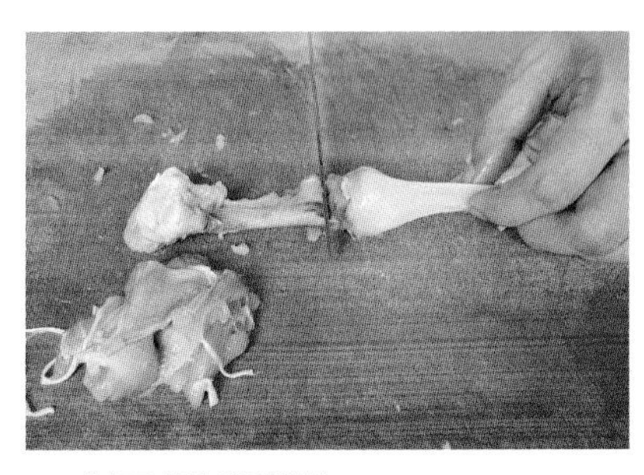

3 以刀背剁斷雞骨

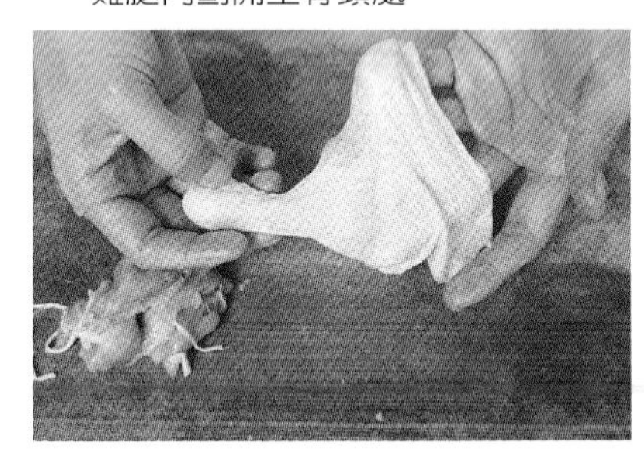

4 留雞皮即可

豆腐塊 <適用 203B-4 百花豆腐>

1 豆腐取出，修除盒紋

2 切5×3.5厚2公分長方塊，共6塊

注意事項

豆腐依此切法取塊較好操作，僅一盒足矣，否則可能需用到兩盒。

五柳鱸魚 <適用 203A-2 五柳鱸魚>

1 鱸魚殺清洗淨，從魚頭部斜切一刀至中骨

2 將魚頭向前轉與身體垂直，由背鰭處平切一刀至中骨突起處

3 再轉至魚尾朝前，腹部平切一刀至中骨突起處

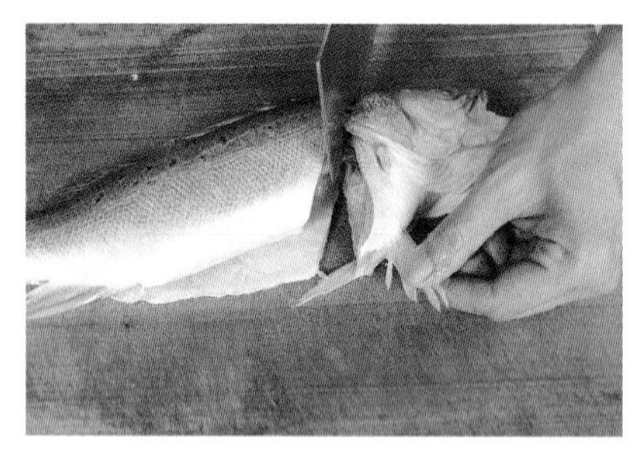

4 翻面也從魚頭部斜切一刀至中骨

5 再將魚尾向前轉與身體垂直，由背鰭處平切一刀至中骨突起處，轉邊，將腹部平切一刀至中骨突起處

6 以剪刀剪除魚頭

7 剪除魚下巴

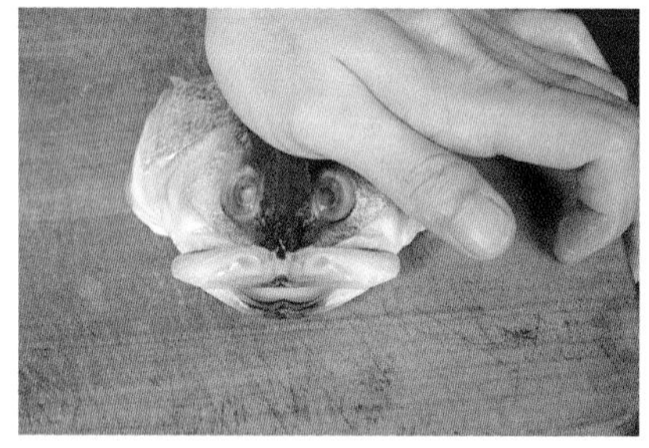

8 魚頭稍壓扁定型

9 平切兩面魚菲力，魚尾相連不斷

10 以剪刀將中骨剪掉

11 切掉腹部的魚刺

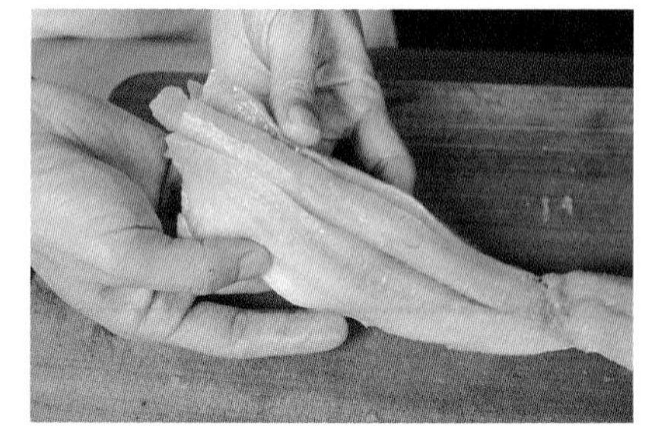

12 在魚肉上切橫向直紋，深度約至魚皮但不切斷

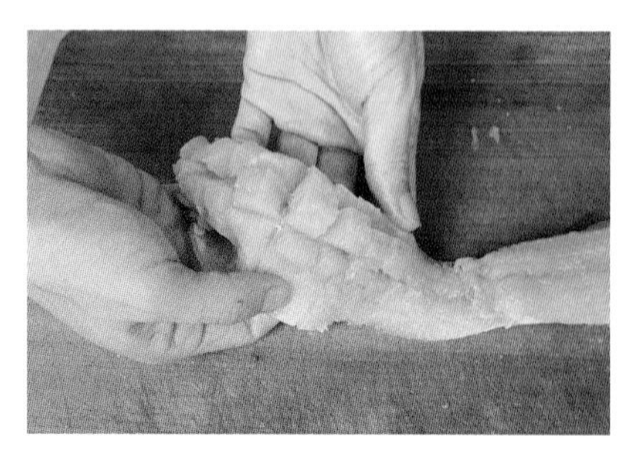

13 再以直刀切入，間隔約1.5～2公分

松鼠鱸魚 <適用 203C-2 松鼠鱸魚>

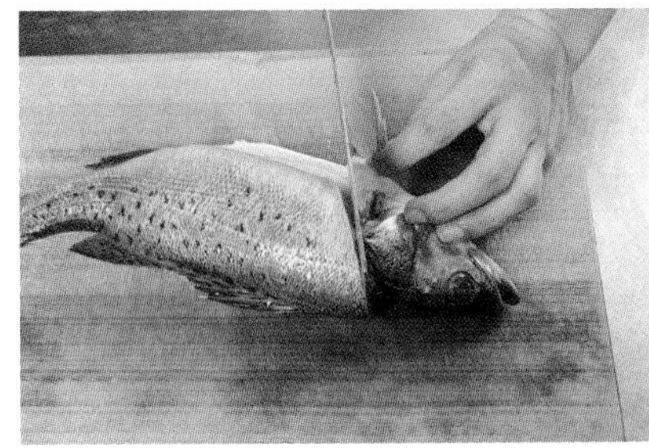

1 鱸魚殺清洗淨，從魚頭部斜切開一刀至中骨

2 將魚頭向前轉與身體垂直，由背鰭處平切一刀至中骨突起處

3 再轉至魚尾朝前，腹部平切一刀至中骨突起處

4 將魚翻面，再從魚頭部斜切開一刀至中骨

5 將魚尾向前轉與身體垂直，由背鰭處平切一刀至中骨突起處

6 再轉至魚頭朝前，腹部平切一刀至中骨突起處

7 剪除頭部

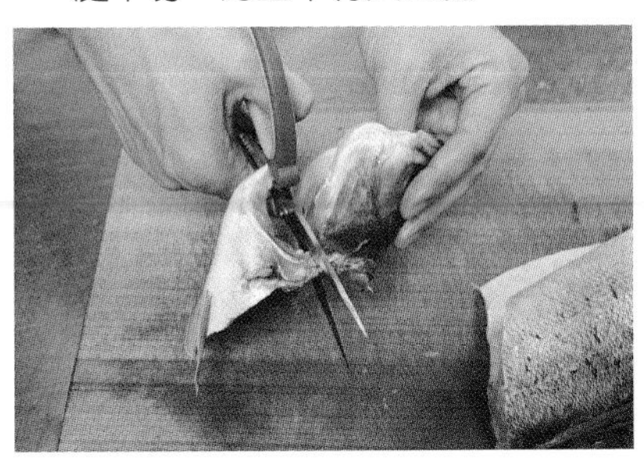

8 魚下巴剪除

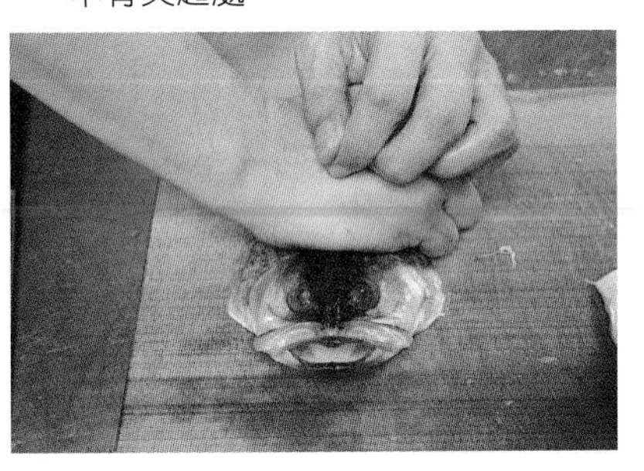

9 魚頭稍壓扁定型

10 平切兩面魚菲力，魚尾相連不斷

11 以剪刀將中骨剪掉

12 再將腹部的魚刺切掉

13 在魚肉上切橫向直紋，深度約至魚皮但不切斷

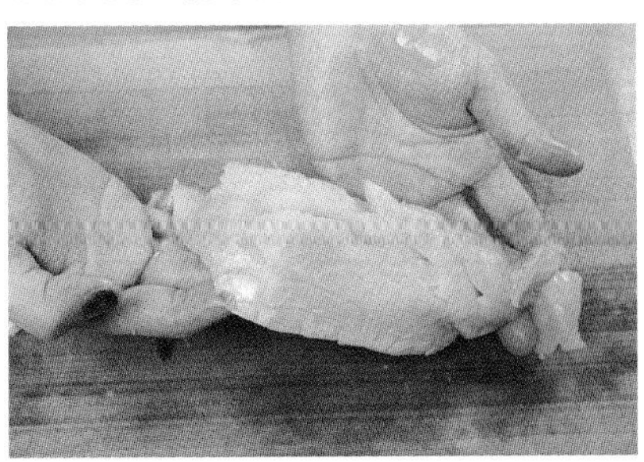

14 再以斜刀切入，間隔約1.5～2公分

二、菜餚塑型

豬肉丸 <適用 203C-1 蒸豬肉丸、203D-1 乾炸豬肉丸>

1 以手掌抓取肉餡，並以虎口將肉餡擠型，反覆以虎口將肉餡收回虎口，再擠出，使肉丸子呈現較平整的圓弧面

2 塑成直徑約4公分圓形丸子狀，以沙拉油或水將其表面抹光滑

3 完成

芋棗 <適用 203C-7 蛋黃芋棗、203E-7 豆沙芋棗>

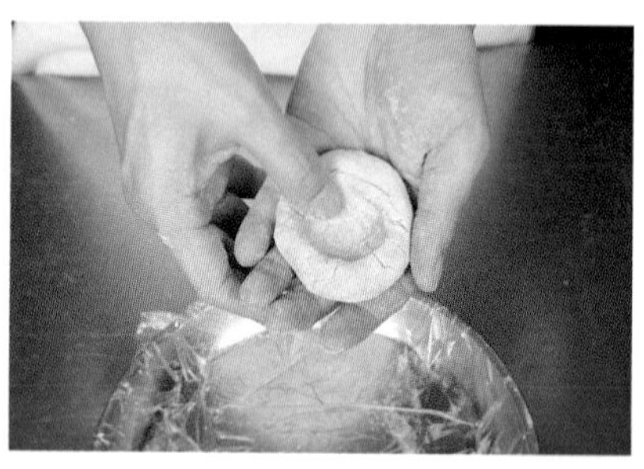

1 將芋泥中間壓一凹槽

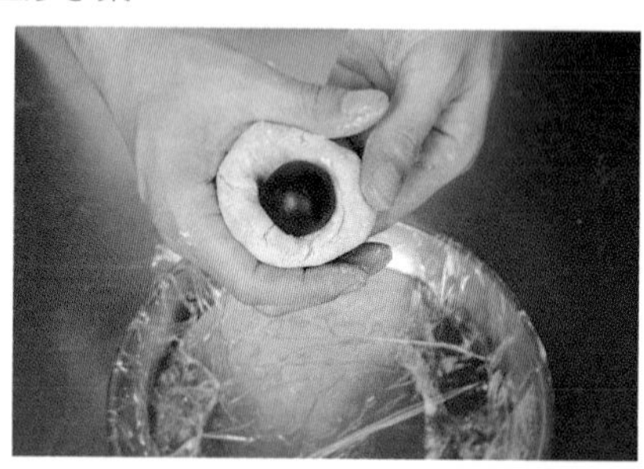

2 包入內餡

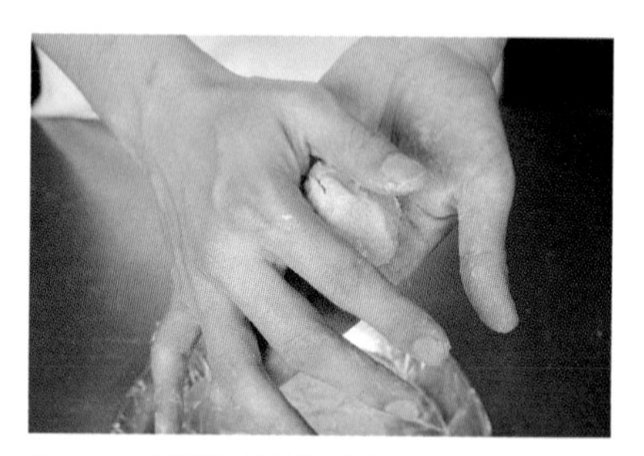

3 以虎口將芋泥收合捏緊

4 搓圓

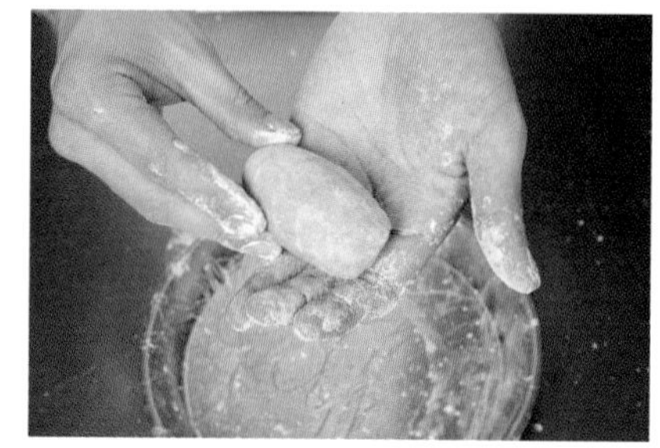

5 再塑成圓柱棗形

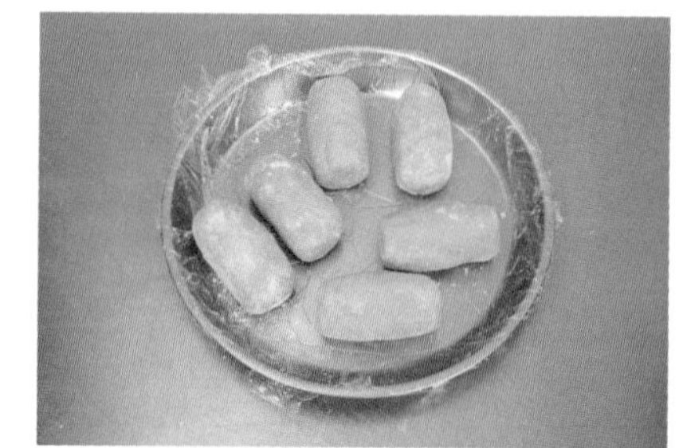

6 完成

八寶封雞腿 <適用 203E-7 八寶封雞腿>

以雞股腿包製

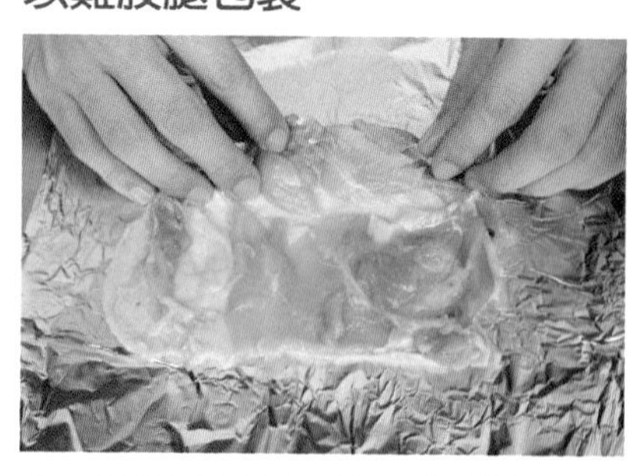

1 桌面鋪鋁箔紙，雞皮朝下鋪平

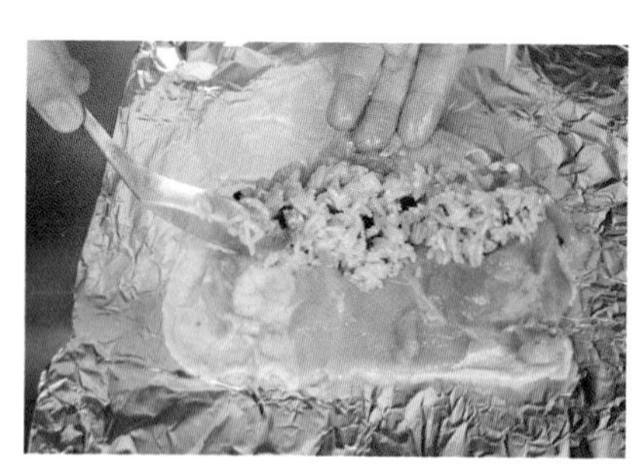

2 取適量餡料

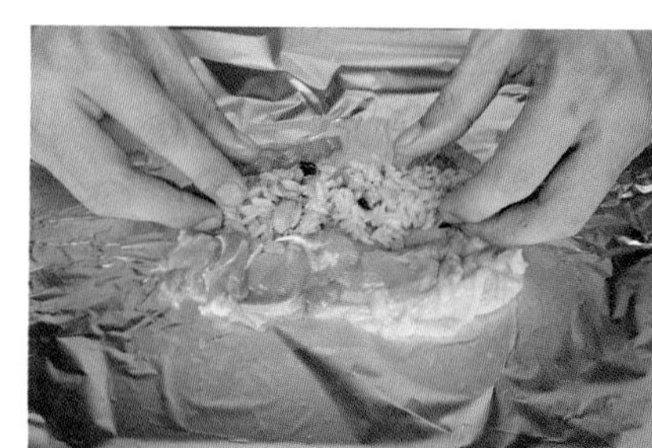

3 於雞腿上捏塑成長形

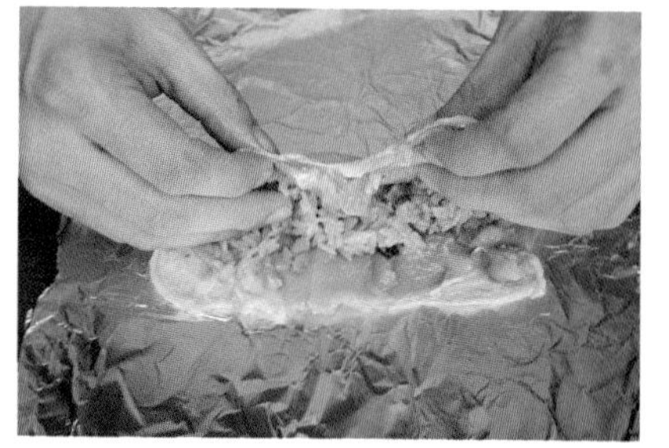

4 將雞腿捲起

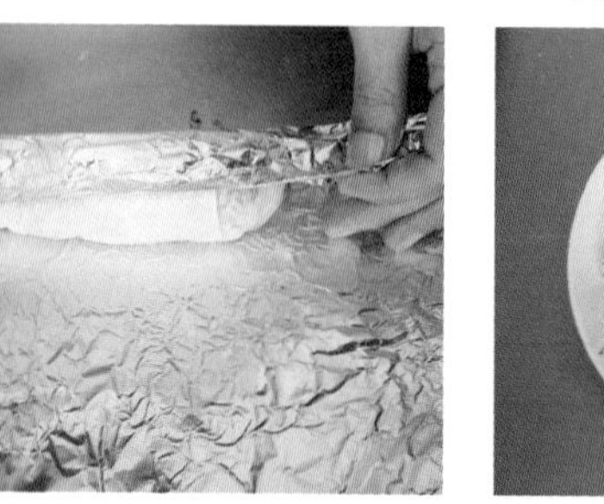

5 以鋁箔紙捲緊

6 完成

以棒棒腿包製

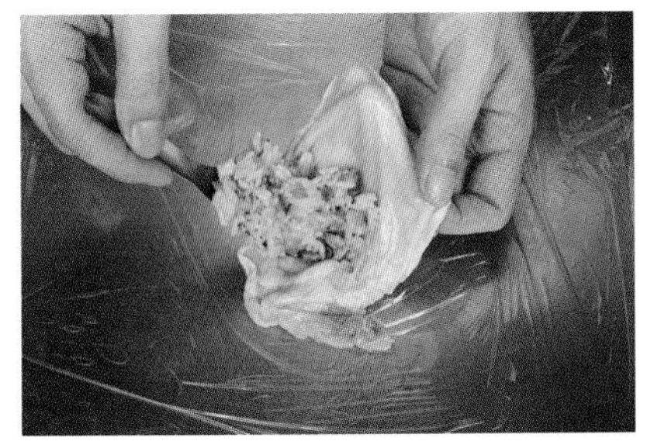

1 桌面鋪保鮮膜，將雞皮撐開，填入餡料

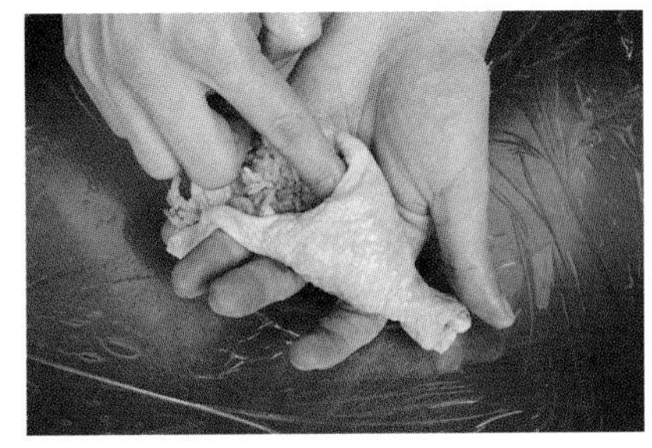

2 將餡料填緊實

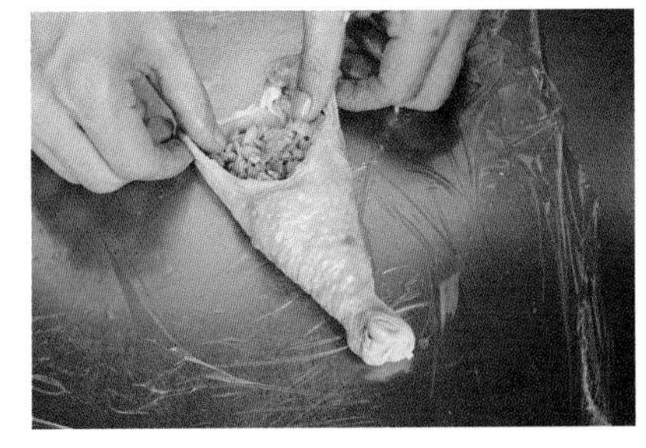

3 雞皮拉開

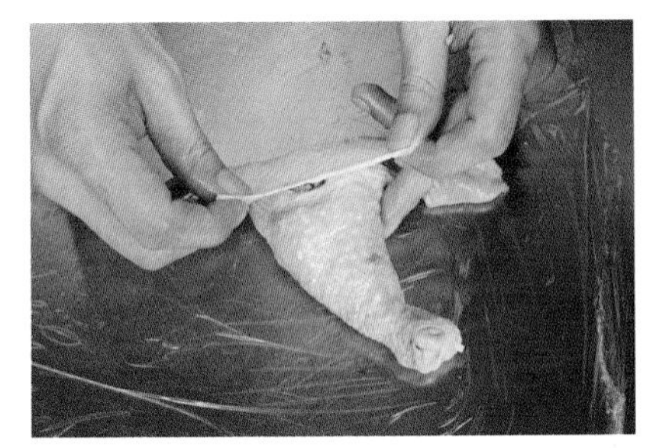

4 包起、封口

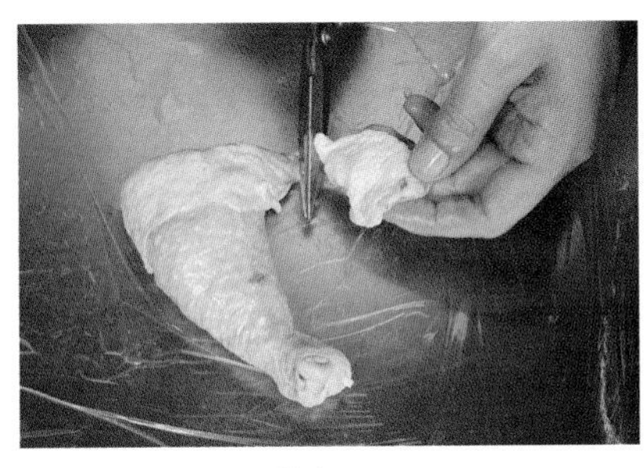

5 剪除多餘的雞皮

6 以保鮮膜包捲

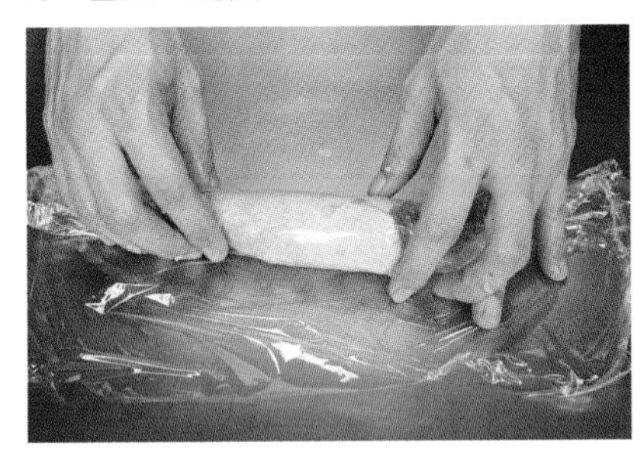

7 塑成長條狀

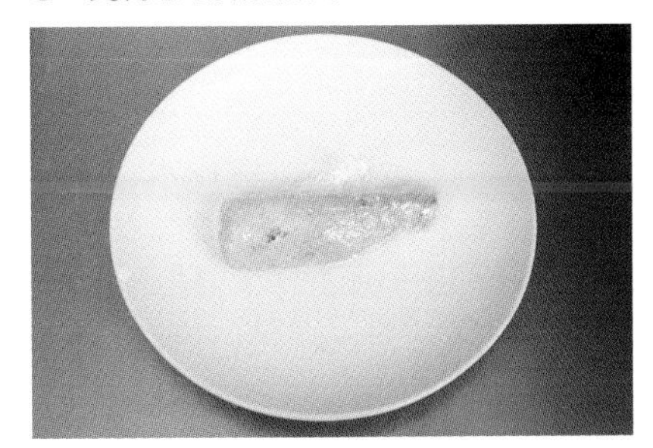

8 完成

203A 製作報告表

項目		第一道菜	第二道菜	第三道菜
評分標準 \ 菜名		滑豬肉片	五柳鱸魚	蒸一品雞排
主材料	10%	豬肉	鱸魚、乾木耳、涼筍、紅辣椒、青椒、紅蘿蔔	雞腿、豬肉、蝦
副材料	5%	乾木耳、紅辣椒、青椒、老薑、蒜頭、蔥	嫩薑	蔥、馬蹄
調味料	5%	鹽、味精、白胡椒粉、米酒、太白粉水、水	醬油、鹽、味精、糖、烏醋、米酒、香油、水、太白粉水	鹽、味精、太白粉水、水、香油
作法(重點過程)	20%	1. 豬肉→醃→拌油→過油 2. 木耳→川燙 3. 爆香蒜頭、蔥白、薑、紅辣椒→青椒、木耳→豬肉片→蔥綠→調味料	1. 鱸魚→沾粉→炸 2. 其餘主材料→川燙 3. 爆香薑、辣椒→調味料→絲料→淋在魚上	1. 豬肉、蝦→甩打→副材料→拌勻 2. 雞腿→太白粉→肉餡→抹平→蒸→切→排盤 3. 調味→勾芡→淋芡
刀工	20%	1. 蒜:末 2. 蔥:斜段 3. 其餘副材料:片 4. 豬肉:片	1. 鱸魚:剞花刀 2. 其餘主、副食材:粗絲	1. 蔥白:蔥花 2. 馬蹄:碎 3. 雞腿:去骨 4. 豬肉、蝦子:泥
火力	20%	過油:中小火 川燙:中大火 炒:中小火	川燙:中大火 炸:中大火 溜:中小火	蒸:中大火
調味重點	10%	鹹味	酸甜味	鹹味
盤飾	10%	大黃瓜片	青江菜梗	青江菜梗、紅蘿蔔片

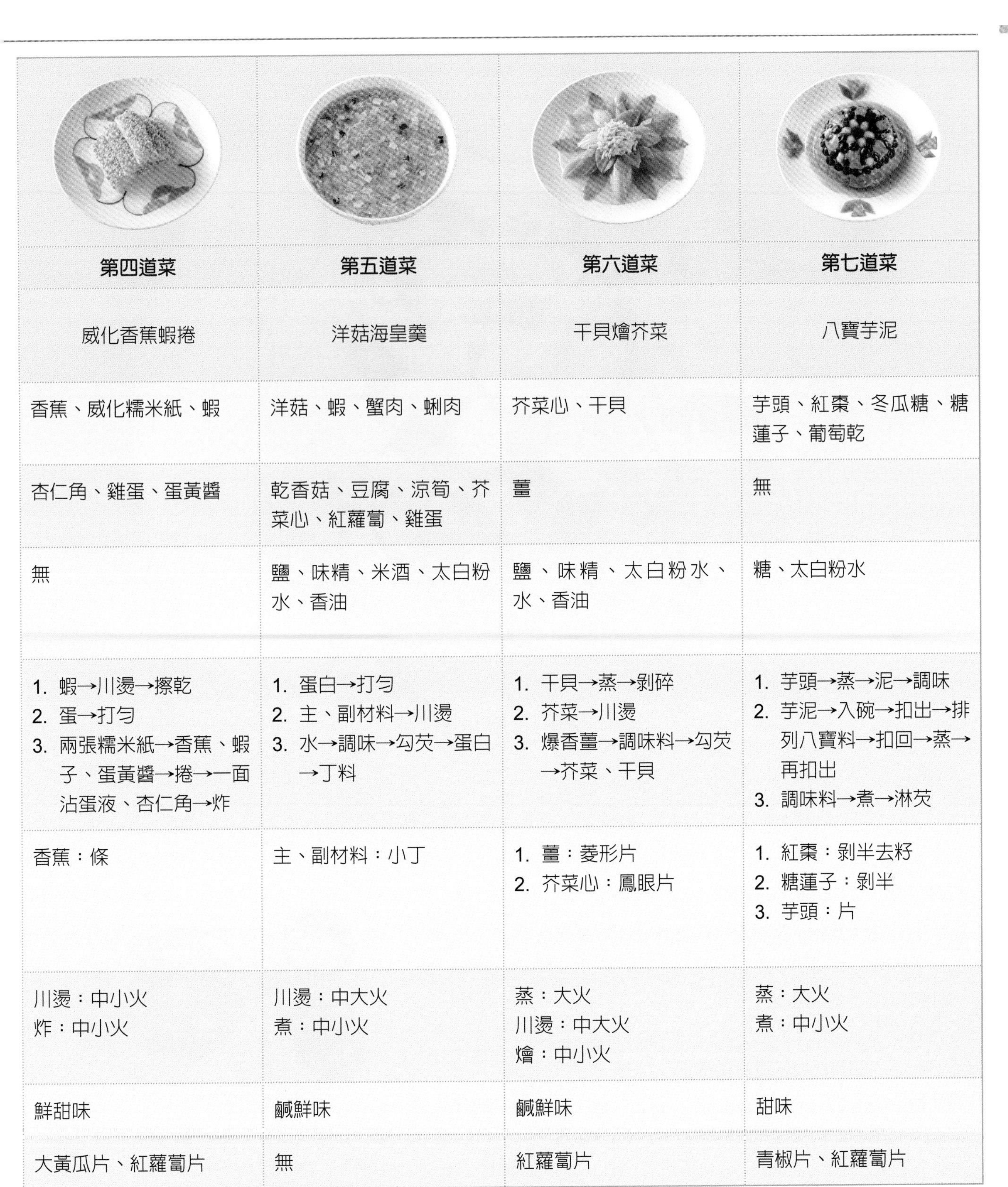

第四道菜	第五道菜	第六道菜	第七道菜
威化香蕉蝦捲	洋菇海皇羹	干貝燴芥菜	八寶芋泥
香蕉、威化糯米紙、蝦	洋菇、蝦、蟹肉、蛷肉	芥菜心、干貝	芋頭、紅棗、冬瓜糖、糖蓮子、葡萄乾
杏仁角、雞蛋、蛋黃醬	乾香菇、豆腐、涼筍、芥菜心、紅蘿蔔、雞蛋	薑	無
無	鹽、味精、米酒、太白粉水、香油	鹽、味精、太白粉水、水、香油	糖、太白粉水
1. 蝦→川燙→擦乾 2. 蛋→打勻 3. 兩張糯米紙→香蕉、蝦子、蛋黃醬→捲→一面沾蛋液、杏仁角→炸	1. 蛋白→打勻 2. 主、副材料→川燙 3. 水→調味→勾芡→蛋白→丁料	1. 干貝→蒸→剝碎 2. 芥菜→川燙 3. 爆香薑→調味料→勾芡→芥菜、干貝	1. 芋頭→蒸→泥→調味 2. 芋泥→入碗→扣出→排列八寶料→扣回→蒸→再扣出 3. 調味料→煮→淋芡
香蕉：條	主、副材料：小丁	1. 薑：菱形片 2. 芥菜心：鳳眼片	1. 紅棗：剝半去籽 2. 糖蓮子：剝半 3. 芋頭：片
川燙：中小火 炸：中小火	川燙：中大火 煮：中小火	蒸：大火 川燙：中大火 燴：中小火	蒸：大火 煮：中小火
鮮甜味	鹹鮮味	鹹鮮味	甜味
大黃瓜片、紅蘿蔔片	無	紅蘿蔔片	青椒片、紅蘿蔔片

203A-1 滑豬肉片

主材料	豬肉300克
副材料	乾木耳1片、紅辣椒1支、青椒1/2個、老薑40克、蒜頭2瓣、蔥1支
盤飾	大黃瓜1/8條
調味料	調味料（1）：鹽1/4小匙、白胡椒粉1/8小匙、太白粉2小匙、香油1小匙、水2大匙
	調味料（2）：鹽1/2小匙、味精1/2小匙、白胡椒粉1/8小匙、米酒1小匙、太白粉水1小匙、水2大匙
調味重點	鹹味
刀工	1. 蒜：末 2. 蔥：斜段 3. 其餘副材料：片 4. 豬肉：片
火力	過油：中小火 川燙：中大火 炒：中小火
器皿	10吋圓盤
前處理	1. 乾木耳泡軟、去蒂，切高1.5公分菱形片 2. 紅辣椒、青椒去籽、片薄，與薑切高1.5公分的菱形片；蒜頭切末；蔥切小斜段；大黃瓜去籽、切月牙薄片 3. 豬肉逆紋切8×4公分、厚0.2公分片
作法（重點過程）	1. 豬肉→醃→拌油→過油 2. 木耳→川燙 3. 爆香蒜頭、蔥白、薑、紅辣椒→青椒、木耳→豬肉片→蔥綠→調味料

作法

1 肉片以調味料（1）抓醃15分鐘，入半杯沙拉油拌勻

2 起油鍋，豬肉過油

3 低油溫過油至熟約40秒，撈起瀝乾

4 起水鍋，水滾川燙大黃瓜片約5秒，撈起，續川燙木耳20秒，撈起

5 另鍋，入油1大匙，爆香蒜末、蔥白段、薑片、紅辣椒片

6 入炒青椒、木耳，再入豬肉片、蔥綠、調味料（2），快速拌炒均勻，盛盤，以大黃瓜盤飾即可

注意事項

1. 這裡指的滑是烹調法「炒」中的「滑炒」，是將切配好的食材先進行上漿過油，再入鍋快速翻炒，並不是多汁的「燴」法，肉片過油是以泡熟爲原則，並非炸上色，上漿後川燙熟亦可。
2. 青椒要切除內面的縱向白膜，使厚薄一致。
3. 肉片切面積一定要夠，熟製後尺寸還會縮水，若太小，可能捲縮後呈條狀、塊狀。

203A-2 五柳鱸魚

主材料	鱸魚1條、乾木耳1片、涼筍1/4支、紅辣椒1支、青椒1/2個、紅蘿蔔1/6條
副材料	嫩薑30克
盤飾	青江菜葉6葉
調味料	調味料（1）：鹽1小匙、米酒2大匙 調味料（2）：麵粉1杯、太白粉1杯 調味料（3）：醬油1/2小匙、鹽1/3小匙、味精1/2小匙、糖2大匙、烏醋2大匙、米酒1大匙、香油1小匙、水1杯、太白粉水2大匙
調味重點	酸甜味
刀工	1. 鱸魚：剞花刀 2. 其餘主、副食材：粗絲
火力	川燙：中大火 炸：中大火 溜：中小火
器皿	12吋橢圓盤
前處理	1. 乾木耳泡軟、切6×0.3公分絲 2. 涼筍切6×0.3公分絲 3. 紅辣椒、青椒去籽、片薄與紅蘿蔔均切成6×0.3公分絲；薑切6×0.2公分絲；青江菜取葉柄，切箏形片6片 4. 鱸魚殺清，魚肉以交叉十字剞花刀，切好刀紋（詳細步驟請參閱第232頁）
作法（重點過程）	1. 鱸魚→沾粉→炸 2. 其餘主材料→川燙 3. 爆香薑、辣椒→調味料→絲料→淋在魚上

作法

1 起水鍋，水滾川燙青江菜15秒，撈起、泡冷開水，續入乾木耳、涼筍、紅蘿蔔川燙1分鐘、青椒5秒

2 魚身、魚頭以調味料（1）抓醃

3 調味料（2）粉料混勻，入抓醃好的魚身、魚頭，均勻沾裹，並輕抖除多餘粉料

4 起油鍋，中油溫，入炸沾好粉料的魚肉，約4分鐘，熟且金黃上色，撈起、瀝乾

5 再入炸沾粉魚頭約1分鐘，撈起、瀝乾，魚頭、魚肉排入橢圓盤中

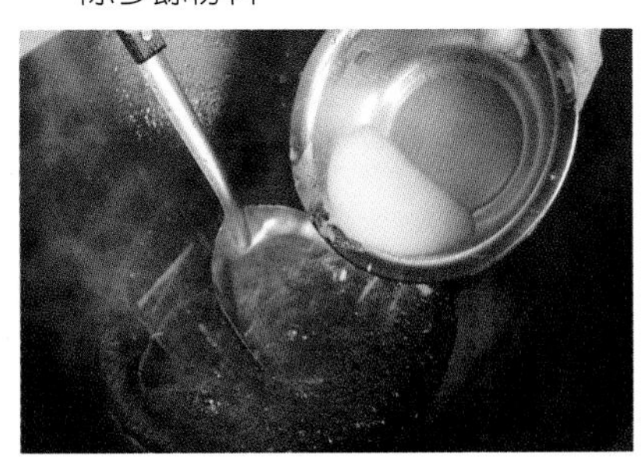

6 另鍋，入1大匙油，小火爆香薑絲、辣椒絲，入調味料（3）煮至濃稠，熄火

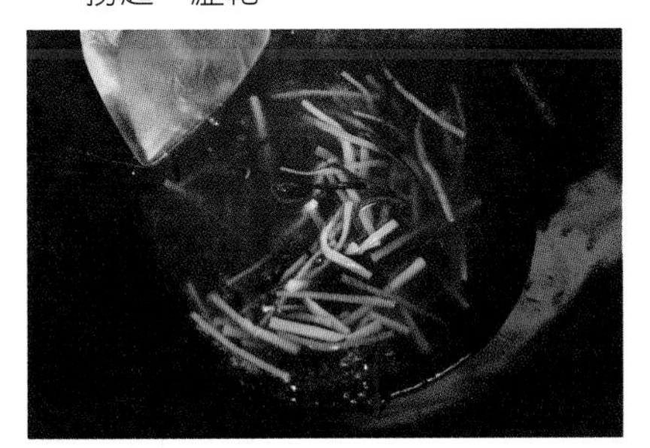

7 入蔬菜絲拌勻

8 將五柳料與醬汁均勻淋於炸好鱸魚上，以青江菜盤飾即可

注意事項

1. 203 題組術科測試參考試題備註中規定，「鱸魚」類須去大骨，再依題意製作烹調。成品應保留魚頭、魚尾排列成全魚形狀，五柳剞花刀與松鼠魚一樣並無硬性規定，因規定須去大骨，故魚肉切花刀較有刀工性。
2. 本菜係臺灣名菜「五柳枝」，緣由眾說紛紜，從宋嫂魚羹到陶淵明的五柳先生都有。做法為脆溜，淋上酸甜醬汁。

203A-3 蒸一品雞排

主材料	雞股腿2支、豬肉250克、蝦8隻
副材料	蔥1支、馬蹄3粒
盤飾	青江菜葉6葉、紅蘿蔔1/6條
調味料	調味料（1）：鹽1/3小匙、味精1/3小匙、白胡椒粉1/8小匙、太白粉1大匙、香油1小匙 調味料（2）：鹽1/2小匙、味精1/2小匙、太白粉水2大匙、水1杯、香油1小匙
調味重點	鹹味
刀工	1. 蔥白：蔥花 2. 馬蹄：碎 3. 雞腿：去骨 4. 豬肉、蝦子：泥
火力	蒸：中大火
器皿	10吋圓盤

前處理	1. 蔥取蔥白、切蔥花；馬蹄拍、壓、剁碎、擠乾水分；青江菜葉取葉柄，切箏形片6片；紅蘿蔔切鋸齒箏形水花片6片 2. 豬肉剁泥 3. 雞腿去骨，將肉厚處向外片開，使面積增大（詳細步驟請參閱第230頁） 4. 蝦剝殼，取蝦仁，剔腸泥，擦乾水分，剁泥
作法（重點過程）	1. 豬肉、蝦→甩打→副材料→拌勻 2. 雞腿→太白粉→肉餡→抹平→蒸→切→排盤 3. 調味→勾芡→淋芡

作法

1 蝦泥與豬肉、調味料（1）攪拌匀，摔打至有黏性，入蔥花、馬蹄末，拌成肉餡

2 取一盤子鋪保鮮膜，雞腿皮朝下攤平，肉上面灑上一層薄太白粉

3 鋪上一層肉餡

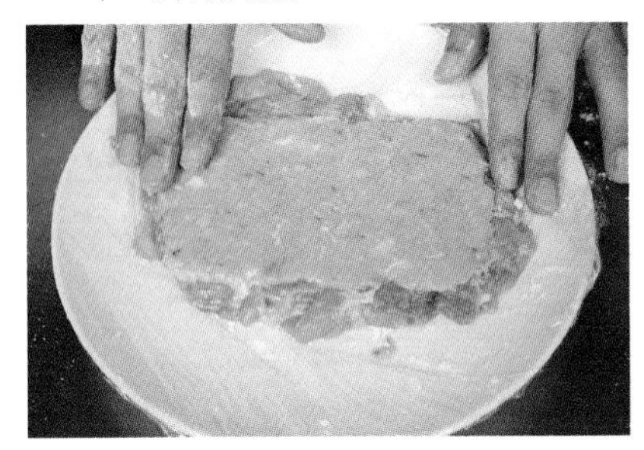

4 手沾水，抹平表面

5 大火入蒸雞排至熟約15分鐘取出

6 起水鍋滾水川燙青江菜片、紅蘿蔔片15秒，撈起泡冷開水

7 雞排以衛生手法切6塊排入盤中

8 鍋入調味料（2）煮成芡汁，淋於雞排上，以青江菜、紅蘿蔔片盤飾即可

注意事項

1. 203 題組術科測試參考試題備註中規定，此菜須以蔬果做爲盤飾。
2. 雞腿去骨後要以刀跟輕剁斷筋，蒸熟後較不易收縮的太厲害因而變形。
3. 鋪餡後要以手沾水或油抹平，成品表面才會平整，鋪餡時要清楚切塊方位，餡料若要切長方塊，則鋪成長方形。
4. 雞腿肉與餡料間須輕拍一層薄粉，有助黏合。

203A-4 威化香蕉蝦捲

主材料	香蕉1根、威化糯米紙16張、蝦6隻
副材料	杏仁角50克、雞蛋1個、蛋黃醬30克
盤飾	大黃瓜1/8條、紅蘿蔔1/8條
調味料	無
調味重點	鮮甜味
刀工	香蕉：條
火力	川燙：中小火 炸：中小火
器皿	10吋圓盤

項目	內容
前處理	1. 香蕉切6×1公分條狀；大黃瓜去籽、切月牙薄片；紅蘿蔔切月牙薄片 2. 蝦剝殼取蝦仁，挑除腸泥，以牙籤插入蝦身固定，呈直條狀 3. 雞蛋以三段式打蛋法打好，打成均勻蛋液
作法（重點過程）	1. 蝦→川燙→擦乾 2. 蛋→打勻 3. 兩張糯米紙→香蕉、蝦子、蛋黃醬→捲→一面沾蛋液、杏仁角→炸

作法

1 起水鍋，水滾川燙大黃瓜、紅蘿蔔片15秒，撈起、泡冷開水

2 轉小火，續燙熟蝦仁約40秒，撈起、瀝乾、抽去牙籤、擦乾水分

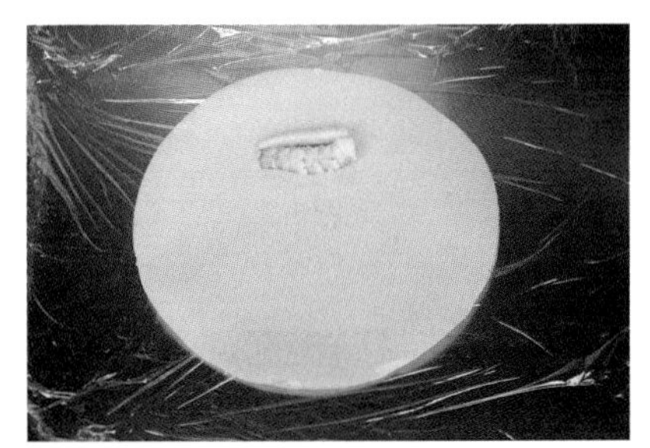

3 桌面鋪保鮮膜，放上兩張相疊的威化糯米紙，香蕉、蝦仁放入靠近操作者端，擠上一點蛋黃醬

4 將糯米紙捲起，兩側紙往中間折

5 由靠身體側往前捲起，最前端塗抹蛋液封口

6 一面沾上蛋液

7 再沾杏仁角，至少製做6捲

8 起油鍋，以中油溫入炸威化捲

9 炸至杏仁角金黃微焦上色，約1分鐘，撈起、瀝油、排盤，以大黃瓜、紅蘿蔔片盤飾即可

注意事項

1. 203 題組術科測試參考試題備註中規定，須以威化紙包捲已燙熟之蝦仁及香蕉，故為熟餡。
2. 威化糯米紙非常怕潮濕，一碰水則軟化、易破，包裹的食材應盡量擦乾水分，一捲以兩張相疊包捲，其實很好操作。
3. 香蕉切成與蝦相同的條狀較好包捲，切成橢圓片狀與條狀蝦反而不好配合。
4. 由於內餡是熟料，僅須將外表的杏仁角炸熟上色即可，但杏仁角與腰果相同，富含油脂，高溫處理易焦，故入炸油溫不可過高，亦不能過低以免含油。

203A-5 洋菇海皇羹

主材料	洋菇5朵、蝦6隻、蟹肉2兩、蚵肉1兩
副材料	乾香菇2朵、豆腐1/2盒、涼筍1/4支、芥菜心1小葉、紅蘿蔔1/6條、雞蛋1個
盤飾	無
調味料	鹽1.5小匙、味精1小匙、米酒1大匙、太白粉水1/4杯、香油1小匙
調味重點	鹹鮮味
刀工	主、副材料：小丁
火力	川燙：中大火 煮：中小火
器皿	10吋羹盤

前處理	1. 乾香菇泡軟、去蒂、片薄、切0.8公分小方丁片 2. 豆腐修去周圍盒紋，切厚0.8公分×0.2公分丁片；涼筍切厚0.8公分×0.2公分小方丁片 3. 洋菇、芥菜心、紅蘿蔔切厚0.8公分×0.2公分小方丁片 4. 蝦剝殼取蝦仁，挑除腸泥，與蟹肉均切0.8公分丁 5. 雞蛋以三段式打蛋法取蛋白，打勻去除多餘浮末
作法（重點過程）	1. 蛋白→打勻 2. 主、副材料→川燙 3. 水→調味→勾芡→蛋白→丁料

作法

1 起水鍋，水滾川燙香菇、涼筍、芥菜心、洋菇、紅蘿蔔2分鐘，撈起

2 續川燙蝦仁、蟹肉、蛌肉約40秒至熟，撈起

3 另鍋，入水約七分滿羹盤量，開火煮滾以鹽、味精調味，入太白粉水勾濃芡

4 轉小火，以湯杓底接觸鍋底，快速推轉羹湯杓，羹湯流動紋路呈細絲狀，慢慢倒入蛋白，呈蛋白絲

5 入所有材料，輕輕混匀，加入香油混匀，盛盤即可

注意事項

1. 切成丁片狀在羹湯中較能飄浮不沉底，主副食材全切成丁狀亦可，效果沒這麼明顯而已。
2. 海皇在中餐命名中是指多種海鮮料的美化名稱。
3. 羹湯宜搭配不同顏色的蔬菜，此題組有芥菜心，可利用修剪剩的來切丁片，若有多餘青江菜葉柄也可選用，而蔥綠較不適合的原因是較易變黃，除非是另外燙熟出菜前拌入。
4. 蛋白絲於羹湯中可使外觀具有材料豐富的作用，須快速攪拌時入羹中，所以不能在易碎食材進入後才製做，以免食材破碎不成型，利用拉力將蛋白拉細，當然也須要配合打散程度，量也不能過多，會使湯變糊，此羹湯宜做出可透見食材的透明羹芡。
5. 建議香菇不要在湯羹中煮過久，以免黑色素漸漸染黑羹透明度，故以川燙方式再入羹。
6. 羹中有豆腐易碎食材，攪拌時須非常輕盈，才能保持食材完整。
7. 出菜前可用湯匙或筷子在羹中做同方向的作稍微旋轉攪動，使羹湯外觀有漩渦感較爲美觀。

203A-6 干貝燴芥菜

主材料	芥菜心1棵、干貝2顆
副材料	嫩薑40克
盤飾	紅蘿蔔1/6條
調味料	調味料（1）：米酒1大匙、水1杯 調味料（2）：鹽1/3小匙、味精1/2小匙、太白粉水2大匙、水1/3杯、香油1小匙
調味重點	鹹鮮味
刀工	1. 薑：菱形片 2. 芥菜心：鳳眼片
火力	蒸：大火 川燙：中大火 燴：中小火
器皿	12吋圓盤

前處理	1. 干貝入配菜碗，加調味料（1），大火入蒸30分，取出待涼，瀝出蒸汁，將干貝剝碎 2. 薑切菱形片、芥菜心剪修為11×6、8×4公分鳳眼形各6片（詳細步驟請參閱第49頁）；紅蘿蔔切鳳眼鋸齒水花片6片
作法（重點過程）	1. 干貝→蒸→剝碎 2. 芥菜→川燙 3. 爆香薑→調味料→勾芡→芥菜、干貝

作法

1 起水鍋，水滾川燙芥菜心片約6分鐘至熟，撈起

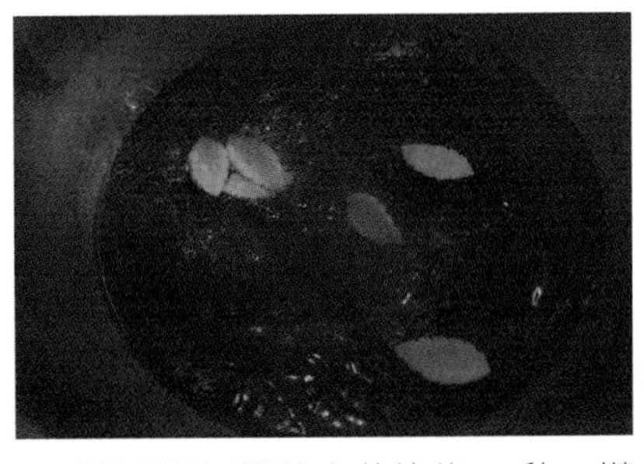

2 續川燙紅蘿蔔水花片約15秒，撈起、瀝乾

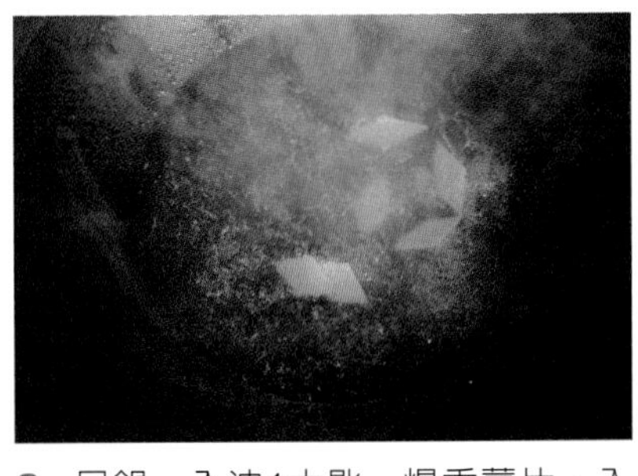

3 另鍋，入油1大匙，爆香薑片，入調味料（2）、干貝蒸汁，煮滾，勾芡

4 入芥菜心，轉小火煮15秒，熄火，依序將芥菜心片、薑片整齊排盤

5 將干貝碎入芡汁，煮滾、混勻

6 淋在排好芥菜心片、薑片上，以紅蘿蔔水花片盤飾即可

注意事項

1. 此菜正統做法是所有材料入鍋勾芡燴煮，但干貝絲較細，會藉由芡汁黏附於芥菜上，不易整齊、乾淨排盤，故先排於盤再淋芡汁，可保整齊美觀。
2. 此菜盛盤時，宜先排入大片的芥菜心片，作爲定位，再排入小片的芥菜心片，再排其他材料，干貝碎則排於中間。
3. 此菜爲「燴」，應有燴芡，盛盤時以燴芡蓋過芥菜片爲原則。
4. 如果在夏季應考，考場因芥菜缺貨，可改提供澎湖絲瓜。澎湖絲瓜的操作：
   （1）前處理－削皮：先削稜角處的表皮，削至稜角處的底部，再削除剩餘的澎湖絲瓜表皮。削皮時只削去外表皮，切勿將所有的綠色瓜肉層也削掉。
   （2）刀工－切菱形塊或長條塊：將去皮的澎湖絲瓜分切成 4 直條，平切去籽，斜切成菱形塊，或直切成長條塊。
   （3）烹調：以干貝燴芥菜的作法調整。步驟 1，將芥菜心片換成澎湖絲瓜塊，入滾水川燙時間改 40 秒～ 1 分鐘，撈起。步驟 4、6，將芥菜心片換成澎湖絲瓜塊，烹調方式不變。

203A-7 八寶芋泥

主材料	芋頭1個、紅棗20個、冬瓜糖8條、糖蓮子10顆、葡萄乾40克
副材料	無
盤飾	青椒1/4個、紅蘿蔔1/8條
調味料	調味料（1）：糖1/2杯 調味料（2）：糖5大匙、太白粉水2大匙
調味重點	甜味
刀工	1. 紅棗：剝半去籽 2. 糖蓮子：剝半 3. 芋頭：片
火力	蒸：大火 煮：中小火
器皿	10吋圓盤

項目	內容
前處理	1. 紅棗泡軟、切半、去籽 2. 冬瓜糖切0.3公分片狀、糖蓮子剝半 3. 青椒片薄、切菱形片8片；紅蘿蔔切等腰三角片4片；芋頭切薄片
作法（重點過程）	1. 芋頭→蒸→泥→調味 2. 芋泥→入碗→扣出→排列八寶料→扣回→蒸→再扣出 3. 調味料→煮→淋芡

作法

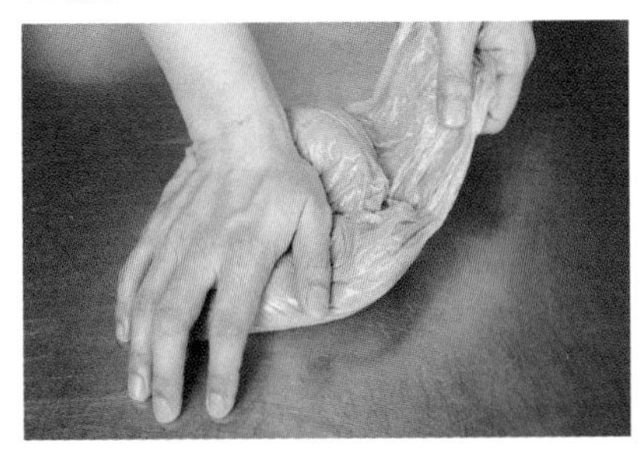

1 芋頭薄片鋪於配菜盤，封上保鮮膜，大火入蒸至熟約30分鐘，取出入耐熱塑膠袋，加調味料（1），揉壓成泥

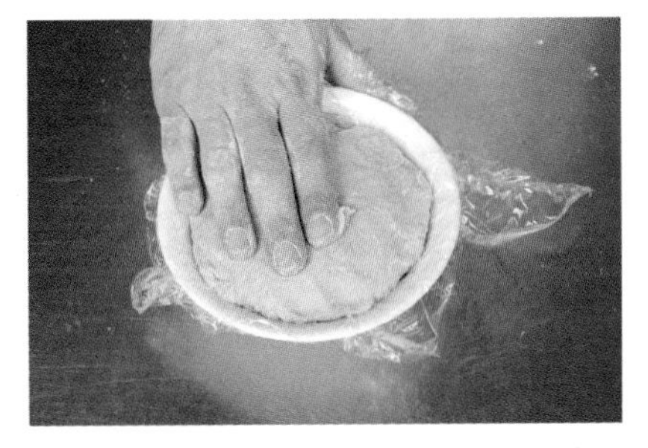

2 扣碗鋪上保鮮膜，入芋泥，填滿、壓實

3 將芋泥倒扣在配菜盤上，芋泥表面整齊、分色貼上紅棗、冬瓜糖、葡萄乾、糖蓮子

4 扣碗再蓋回芋泥

5 大火入蒸30分鐘，取出後，倒扣於盤中

6 起水鍋，水滾川燙紅蘿蔔片、青椒片15秒，撈起，泡冷開水

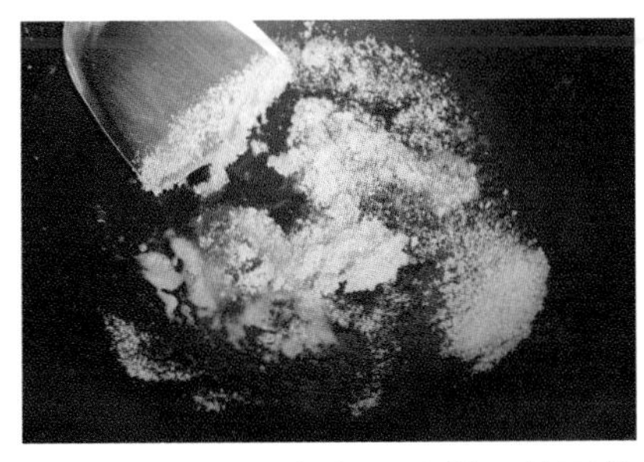

7 鍋入調味料（2）中的糖，炒至焦糖色

8 加水1杯，煮滾，加太白粉水勾芡

9 淋於八寶芋泥上，以青椒片、紅蘿蔔片盤飾即可

注意事項

1. 芋泥很黏或水分很多時，可拌入適量澱粉，此菜爲「扣」，不易變形，且拌入澱粉再入蒸會稍微膨脹。
2. 蒸芋泥可封上保鮮膜，以免內含過多水分，影響成型，芋泥可在砧板上壓、剁，也可在鋼盆中匙壓，但以塑膠袋操作較爲方便、乾淨，考場並無提供，可自行攜帶。
3. 芋頭外表層蒸熟後較不易成泥，削皮時可切厚一些，但須注意份量是否足夠。
4. 203題組術科測試參考試題備註中規定，八寶意爲多寶，不一定要八種料全上，排列美感爲其重點。依考場提供的蜜餞材料做彩色搭配，原則是分色排列較爲美觀。倒扣的芋泥表面不用全部貼滿八寶料，約一半面積即可。
5. 煮焦糖時要注意砂糖變色即可，煮過頭除了顏色更黑，味道會反苦。

203B 製作報告表

項目		第一道菜	第二道菜	第三道菜
評分標準＼菜名		炒豬肉鬆	鱸魚兩吃	油淋去骨雞
主材料	10%	豬肉	鱸魚	雞腿
副材料	5%	乾香菇、乾細米粉、涼筍、芹菜、西生菜、馬蹄、蔥、紅蘿蔔	紅辣椒、青椒、嫩薑	蔥
調味料	5%	鹽、味精、白胡椒、米酒	番茄醬、糖、白醋、水、太白粉水	梅林辣醬油、味精、糖、烏醋、米酒、水、太白粉水
作法（重點過程）	20%	1. 豬肉→醃→拌油→過油 2. 米粉→炸→排盤 3. 爆香→蔥白、香菇→蔬菜粒、豬肉→調味料→蔥綠→盛於米粉上	1. 魚條、魚片、魚頭魚尾→沾麵糊→炸→排盤 2. 副材料→川燙 3. 油炒調味料→淋魚片→入副材料	1. 雞腿→醃→蒸→放涼擦乾→淋熱油→上色→切→排盤 2. 蔥→川燙→放雞腿上 3. 調味料→煮→淋芡
刀工	20%	1. 西生菜：碗狀片 2. 蔥：花 3. 芹菜：珠 4. 豬肉：碎粒 5. 其餘副材料：粒	1. 副材料：菱形片 2. 鱸魚：條、片	1. 蔥：花 2. 雞腿：去骨
火力	20%	過油：中小火 炸：中大火 炒：中大火	炸：中大火 川燙：中大火 炒：中小火	蒸：中大火 川燙：中大火 油淋炸：中大火
調味重點	10%	鹹味	鹹鮮味、酸甜味	鹹甜味
盤飾	10%	大黃瓜片、紅辣椒片	大黃瓜片	奇異果片、大黃瓜片

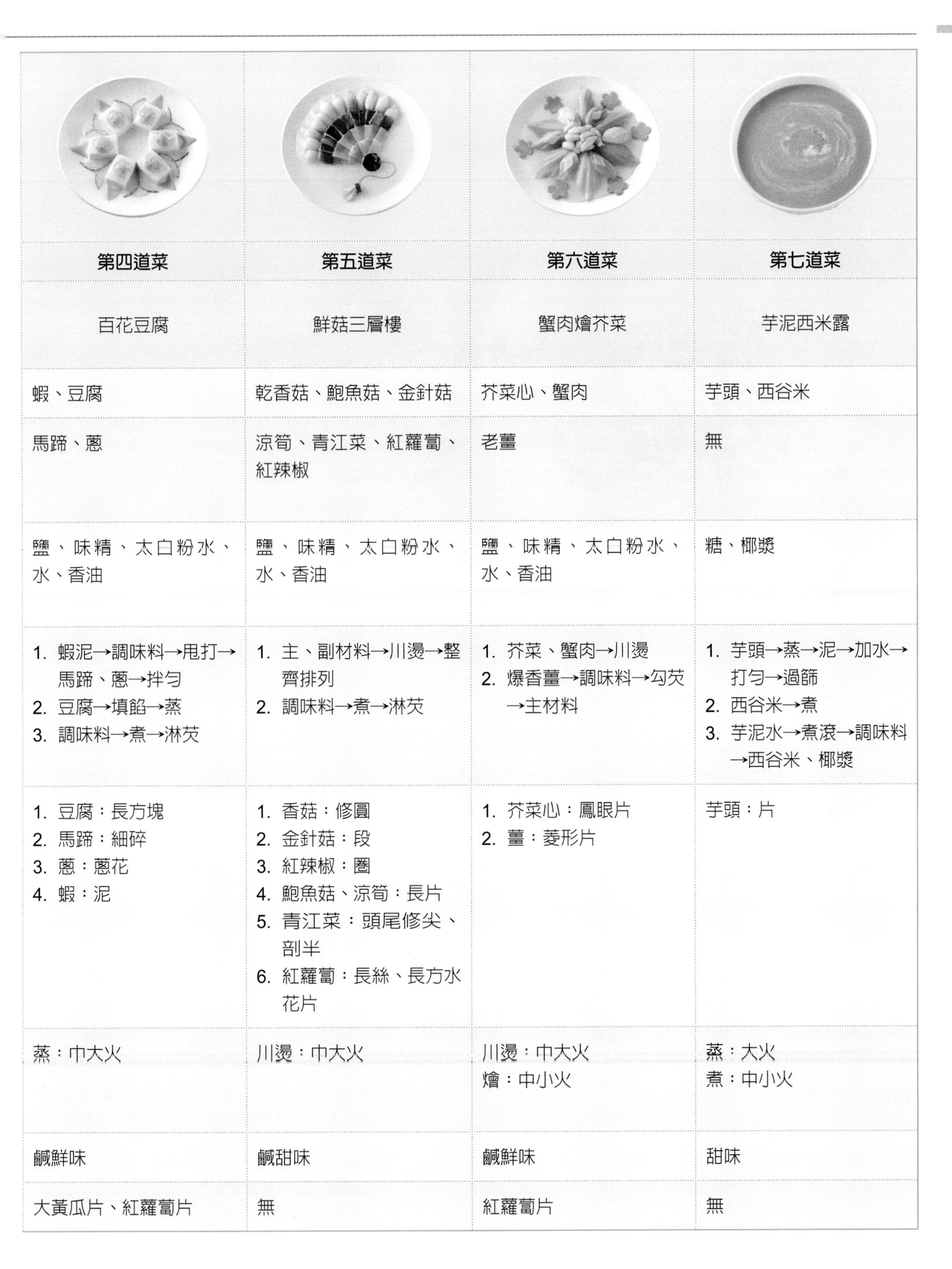

第四道菜	第五道菜	第六道菜	第七道菜
百花豆腐	鮮菇三層樓	蟹肉燴芥菜	芋泥西米露
蝦、豆腐	乾香菇、鮑魚菇、金針菇	芥菜心、蟹肉	芋頭、西谷米
馬蹄、蔥	涼筍、青江菜、紅蘿蔔、紅辣椒	老薑	無
鹽、味精、太白粉水、水、香油	鹽、味精、太白粉水、水、香油	鹽、味精、太白粉水、水、香油	糖、椰漿
1. 蝦泥→調味料→甩打→馬蹄、蔥→拌勻 2. 豆腐→填餡→蒸 3. 調味料→煮→淋芡	1. 主、副材料→川燙→整齊排列 2. 調味料→煮→淋芡	1. 芥菜、蟹肉→川燙 2. 爆香薑→調味料→勾芡→主材料	1. 芋頭→蒸→泥→加水→打勻→過篩 2. 西谷米→煮 3. 芋泥水→煮滾→調味料→西谷米、椰漿
1. 豆腐：長方塊 2. 馬蹄：細碎 3. 蔥：蔥花 4. 蝦：泥	1. 香菇：修圓 2. 金針菇：段 3. 紅辣椒：圈 4. 鮑魚菇、涼筍：長片 5. 青江菜：頭尾修尖、剖半 6. 紅蘿蔔：長絲、長方水花片	1. 芥菜心：鳳眼片 2. 薑：菱形片	芋頭：片
蒸：中大火	川燙：中大火	川燙：中大火 燴：中小火	蒸：大火 煮：中小火
鹹鮮味	鹹甜味	鹹鮮味	甜味
大黃瓜片、紅蘿蔔片	無	紅蘿蔔片	無

203B-1 炒豬肉鬆

主材料	豬肉5兩
副材料	乾香菇2朵、乾細米粉1把、涼筍1/4支、芹菜2支、西生菜1個、馬蹄4粒、蔥2支、紅蘿蔔1/6條
盤飾	大黃瓜1//8條、紅辣椒1/6支
調味料	調味料（1）：鹽1/4小匙、白胡椒粉1/8小匙、太白粉1小匙、香油1小匙、水2大匙 調味料（2）：鹽1/2小匙、味精1/2小匙、白胡椒粉1/8小匙、米酒1小匙
調味重點	鹹味
刀工	1. 西生菜：碗狀片 2. 蔥：花 3. 芹菜：珠 4. 豬肉：碎粒 5. 其餘副材料：粒
火力	過油：中小火 炸：中大火 炒：中大火
器皿	12吋圓盤（豬肉鬆）、10吋圓盤（西生菜）

前處理	1. 乾香菇泡軟、去蒂、切0.3公分粒狀 2. 涼筍切0.3公分粒狀 3. 蔥切蔥花；芹菜切珠；馬蹄、紅蘿蔔切0.3公分粒狀；大黃瓜去籽、切月牙薄片；紅辣椒切圓片；西生菜以衛生手法修剪，呈直徑約10公分碗狀片，共6片，瀝乾、排盤，以保鮮膜封起（詳細步驟請參閱第50頁） 4. 豬肉切0.3公分碎粒狀
作法（重點過程）	1. 豬肉→醃→拌油→過油 2. 米粉→炸→排盤 3. 爆香→蔥白、香菇→蔬菜粒、豬肉→調味料→蔥綠→盛於米粉上

作法

1 起水鍋，水滾川燙大黃瓜片、紅辣椒片約5秒，撈起、泡冷開水

2 豬肉粒以調味料（1）抓醃15分鐘，入半杯沙拉油，拌勻

3 起油鍋，燒至低油溫，入豬肉粒

4 過油至熟，約40秒，撈起、瀝油

5 燒熱油至高油溫，入炸米粉

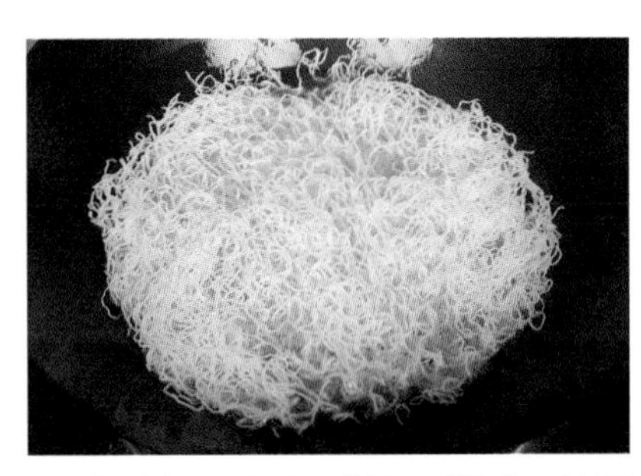

6 炸米粉至膨發，撈起、瀝油，稍壓碎、排盤

7 另鍋，入油1大匙，爆香蔥白、香菇，入炒馬蹄、紅蘿蔔、涼筍粒、水3大匙

8 再入豬肉、調味料（2）、蔥綠，拌炒均勻

9 盛於米粉上，以大黃瓜片、紅辣椒片盤飾，附上西生菜盤即可

注意事項

1. 豬肉切絲後切粒，不可使用刀剁，以免大小不均。
2. 「鬆」大小爲一般的粒狀，是指刀工特徵與丁相同是立方，比丁小，丁的範圍 0.8 ～ 2 公分，粒的範圍是 0.1 ～ 0.5 公分，但是此菜炒起確實有鬆散爽脆口感與樣貌，易被誤認爲是指口感。
3. 豬肉過油或川燙法皆可，同須注意火侯與時間的掌控。
4. 西生菜洗滌時，須先戴上手套，剪下蒂頭，放入碗公以礦泉水沖洗 下，剝葉再以剪刀修剪，修剪剩餘西生菜則回收考場回收區。
5. 盛盤時應注意擺放層次，炸米粉要露於炒好豬肉鬆的外圍，最外圍依配色擺上大黃瓜盤飾。

203B-2 鱸魚兩吃

主材料	鱸魚1條
副材料	紅辣椒1支、青椒1/2個、嫩薑40克
盤飾	大黃瓜1/8條
調味料	調味料（1）：鹽1/2小匙、白胡椒粉1/8小匙、米酒2大匙
	調味料（2）：低筋麵粉3/4杯、太白粉1/4杯、泡打粉2小匙、沙拉油2大匙、水2/3杯、白醋1小匙
	調味料（3）：低筋麵粉3/4杯、太白粉1/4杯、沙拉油3大匙、水2/3杯
	調味料（4）：番茄醬3大匙、糖3大匙、白醋3大匙、水3大匙、太白粉水1大匙
調味重點	鹹鮮味、酸甜味
刀工	1. 副材料：菱形片 2. 鱸魚：條、片
火力	炸：中大火 川燙：中大火 炒：中小火
器皿	12吋圓盤

前處理	1. 紅辣椒與青椒去籽、片薄，切1.5公分菱形片；薑切1.5公分菱形片；大黃瓜切半圓平頭厚片 2. 鱸魚殺清，取下兩片魚淨肉，留魚頭、魚尾；魚尾修剪，斜去骨使可站立，一片魚肉切6×1公分條狀，一片魚肉斜切8×4公分、厚1公分片
作法（重點過程）	1. 魚條、魚片、魚頭魚尾→沾麵糊→炸→排盤 2. 副材料→川燙 3. 油炒調味料→淋魚片→入副材料

作法

1 魚淨肉、魚頭、魚尾分別抓醃調味料（1）；調味料（2）、（3）分別以打蛋器攪拌勻，呈濃稠麵糊

2 起水鍋，水滾川燙紅辣椒、青椒、薑片約5秒，撈起、泡冷開水，再川燙大黃瓜片5秒，撈起，再泡冷開水

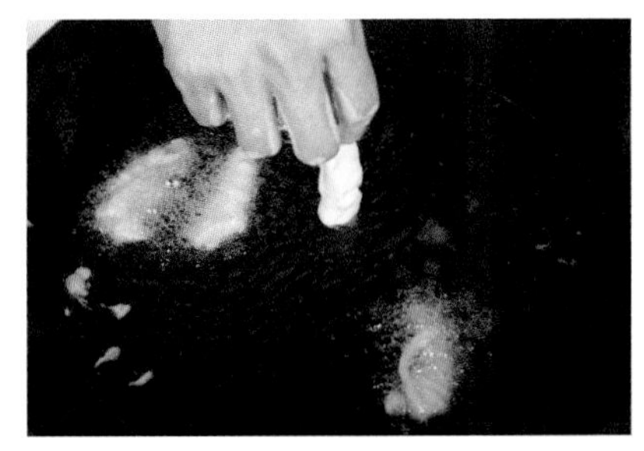

3 起油鍋，燒至中油溫，魚條均勻沾裹調味料（2）的麵糊，入炸

4 炸至外表金黃上色且熟製，撈起、瀝油

5 魚片均勻沾裹調味料（3）麵糊，入炸

6 炸至外表金黃上色且熟製，撈起、瀝油

7 魚頭、魚尾肉沾裹調味料（2）的麵糊，入炸定型且熟製

8 分別將魚條、魚片排入盤中，整齊分置兩側，魚頭、魚尾分置中間兩端，鍋入油1大匙，入調味料（4）煮成糖醋芡汁，淋於魚片上，排上紅辣椒、青椒、薑片，以大黃瓜片盤飾即可

注意事項

1. 203 題組術科測試參考試題備註中規定，「鱸魚」類須去大骨，再依題意製作烹調。只有「五柳鱸魚」、「松鼠鱸魚」、「麒麟蒸魚」成品應保留魚頭、魚尾，排列成全魚形狀。此菜並無規定要上魚頭尾，不用亦可。
2. 「兩吃」與「雙味」相同，考生可自行搭配，刀工、烹調法、味型皆有不同最好，若調一麵糊兩種刀工魚肉皆沾此糊炸，一吃附上不同味型醬當然亦符合題意。
3. 糖醋汁用量要注意，別溢流而遭扣分。

203B-3 油淋去骨雞

主材料	雞股腿2支
副材料	蔥1支
盤飾	奇異果1個、大黃瓜1/10條
調味料	調味料（1）：醬油2小匙、米酒1大匙、味精1/2小匙、白胡椒粉1/6小匙
	調味料（2）：梅林辣醬油2大匙、味精1/3小匙、糖1大匙、烏醋1大匙、米酒1小匙、水2大匙、太白粉水1/2小匙
調味重點	鹹甜味
刀工	1. 蔥：花 2. 雞腿：去骨
火力	蒸：中大火 川燙：中大火 油淋炸：中大火
器皿	10吋圓盤

前處理	1. 蔥切蔥花；奇異果切半圓、厚0.3公分片，共12片；大黃瓜去籽、切月牙薄片8片 2. 雞腿去骨（詳細步驟請參閱第230頁）
作法（重點過程）	1. 雞腿→醃→蒸→放涼擦乾→淋熱油→上色→切→排盤 2. 蔥→川燙→放雞腿上 3. 調味料→煮→淋芡

作法

1 去骨雞腿以調味料（1）抓醃，置鋪保鮮膜的盤中，雞皮朝下，大火入蒸12分鐘，取出

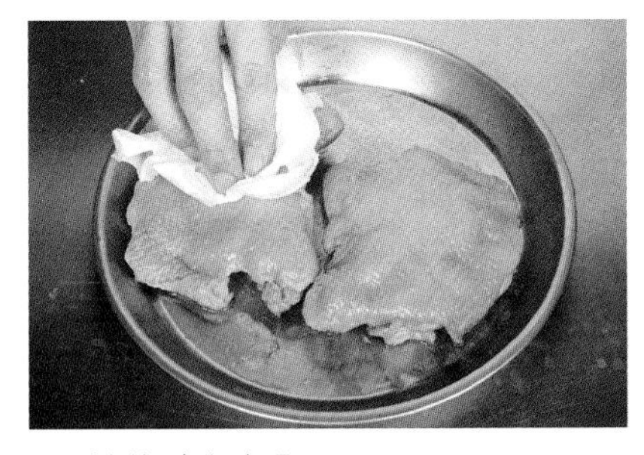

2 擦乾外表水分

3 起油鍋，燒至中高油溫，雞肉皮朝上，置漏杓，舀熱油反覆淋炸雞肉，至外表微焦上色

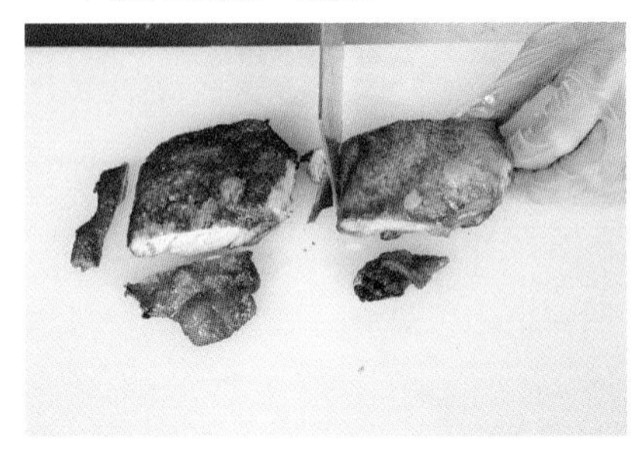

4 以衛生手法將雞腿切塊排盤

5 起水鍋，水滾分別川燙大黃瓜5秒，撈起、泡冷開水，奇異果片2秒，撈起、泡冷開水，蔥花3秒，撈起、瀝乾、灑雞肉上

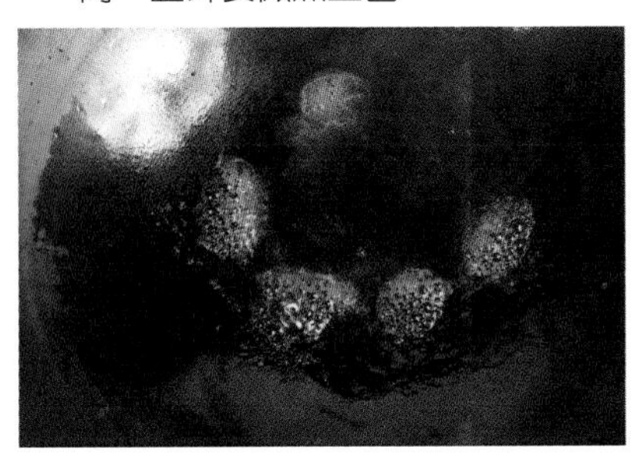

6 鍋入調味料（2），煮滾、熄火，淋於雞肉上，以大黃瓜片、奇異果片盤飾即可

注意事項

1. 雞皮擦乾仍富含水分與油脂，以中高溫油淋炸時須注意，雞皮仍有機會爆裂，若淋炸時看到雞皮有如水泡般慢慢膨起，就應停止向此處淋油，以免爆裂噴濺。
2. 雞腿去骨後要以刀跟輕剁、斷筋，蒸熟後較不易過度收縮而變形。
3. 203 題組術科測試參考試題備註中規定，此菜須以蔬果做為盤飾。
4. 油淋法並非直接丟入油鍋中炸製，也無硬性規定不行，雖然雞皮成品雷同。

203B-4 百花豆腐

主材料	蝦10隻、豆腐1盒
副材料	馬蹄2粒、蔥1/2支
盤飾	大黃瓜1/10條、紅蘿蔔1/8條
調味料	調味料（1）：鹽1/4小匙、味精1/4小匙、香油1/2小匙、太白粉1小匙
	調味料（2）：鹽1/2小匙、味精1/2小匙、太白粉水2大匙、水1杯、香油1小匙
調味重點	鹹鮮味
刀工	1. 豆腐：長方塊 2. 馬蹄：細碎 3. 蔥：蔥花 4. 蝦：泥
火力	蒸：中大火
器皿	10吋圓盤

前處理	1. 豆腐取出，修除盒紋，切5×3.5公分厚2公分長方塊，共6塊（詳細步驟請參閱第231頁） 2. 馬蹄拍、壓、剁細，擠乾水分；蔥切細蔥花；大黃瓜去籽、切鋸齒月牙薄片；紅蘿蔔切小勝利水花片6片 3. 蝦剝殼、取蝦仁、挑除腸泥、擦乾水分、剁泥
作法（重點過程）	1. 蝦泥→調味料→甩打→馬蹄、蔥→拌勻 2. 豆腐→填餡→蒸 3. 調味料→煮→淋芡

作法

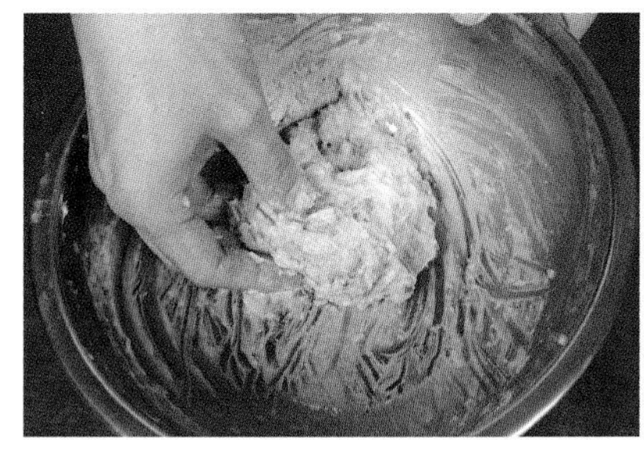

1 蝦泥加調味料（1）拌勻，摔打至有黏性，入蔥花、馬蹄末，攪拌均勻，成餡

2 豆腐置鋪保鮮膜的盤中，以湯匙柄小心挖出一個邊長2×深1公分的洞

3 豆腐洞內灑少許太白粉

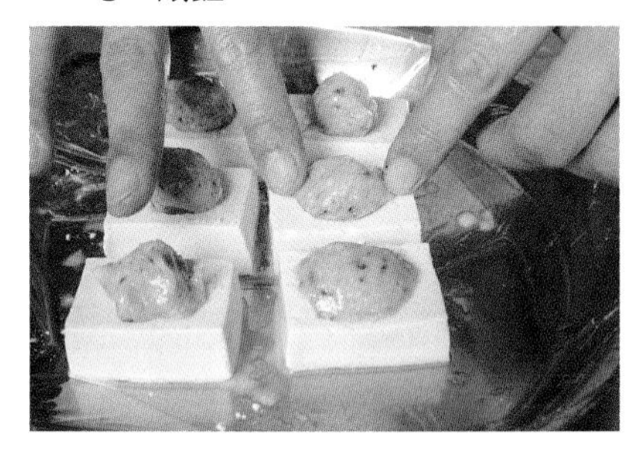

4 填入適量餡料，沾水將餡外表抹呈圓頂光滑面

5 中大火入蒸6分鐘，取出，排入另一盤中

6 起水鍋，水滾川燙大黃瓜、紅蘿蔔片5秒，撈起、泡冷開水

7 鍋入調味料（2）煮成芡汁，淋豆腐上，再以大黃瓜、紅蘿蔔片盤飾即可

注意事項

1. 由於沒有提供挖球器，若以鐵湯匙操作易將豆腐挖壞，用匙柄缺口小，較安全。
2. 豆腐洞中灑點太白粉有助與餡料黏合。
3. 盒豆腐不耐蒸，餡料不宜太多，以免增加蒸製時間。
4. 蒸熟後移動至另一盤時，須小心注意，此時若因操作不當而破損較爲可惜。
5. 此菜原由爲廣東菜「江南百花雞」，是指蝦剁泥拌打起膠（有黏性），以蝦膠釀雞，後來只要以蝦漿爲餡的菜式皆以百花稱之。

203B-5 鮮菇三層樓

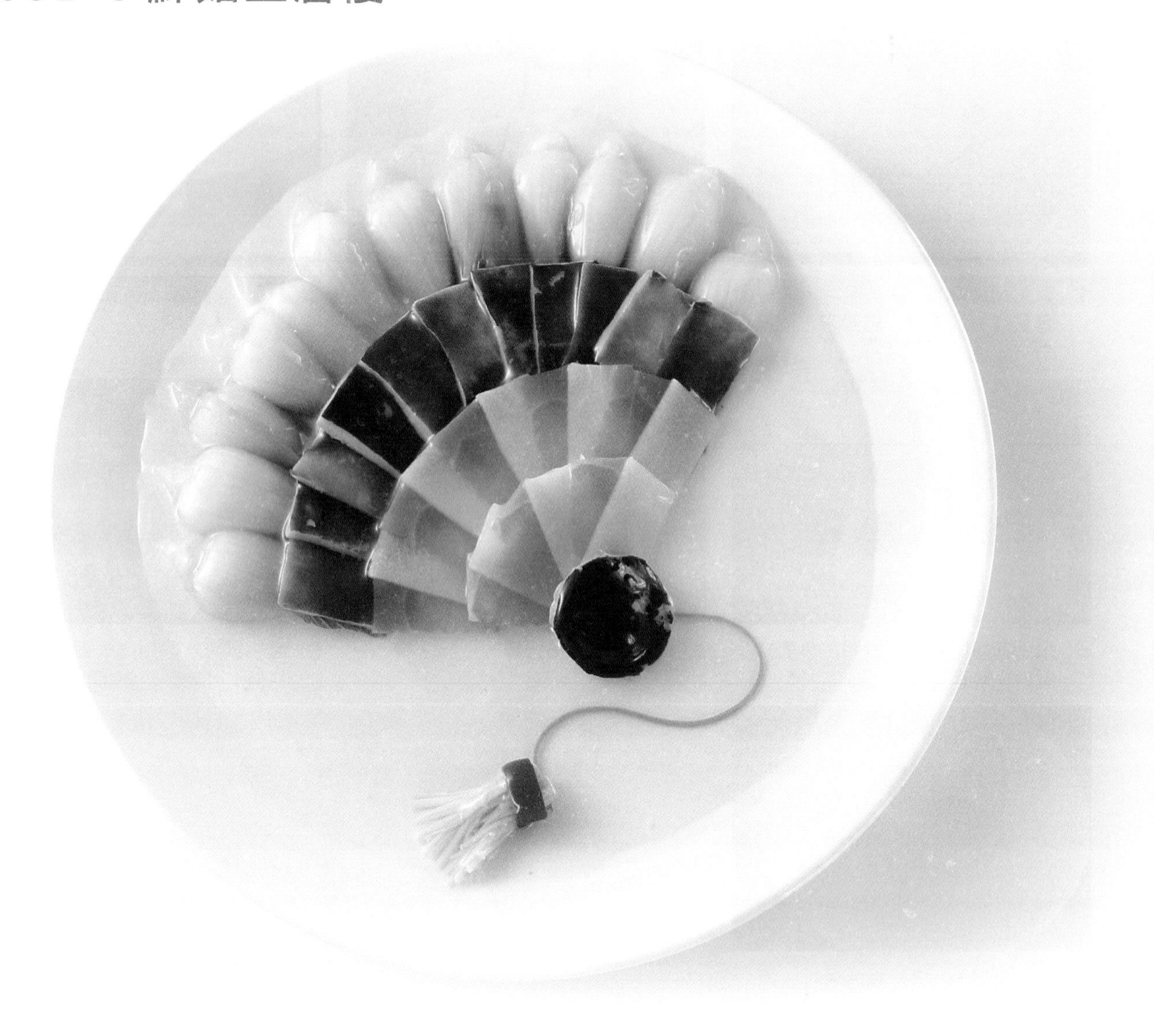

主材料	乾香菇1朵、鮑魚菇4片、金針菇30克
副材料	涼筍1/2支、青江菜6棵、紅蘿蔔1/3條、紅辣椒1/2支
盤飾	無
調味料	調味料（1）：鹽2大匙、味精2大匙 調味料（2）：鹽1/2小匙、味精1/2小匙、太白粉水2大匙、水1杯、香油1小匙
調味重點	鹹甜味
刀工	1. 香菇：修圓 2. 金針菇：段 3. 紅辣椒：圈 4. 鮑魚菇、涼筍：長片 5. 青江菜：頭尾修尖、剖半 6. 紅蘿蔔：長絲、長方水花片
火力	川燙：中大火
器皿	12吋圓盤

前處理	1. 香菇泡軟、去蒂，修剪成直徑3.5公分的圓形 2. 涼筍切4×2公分厚0.2公分長方片 3. 鮑魚菇片薄厚處，切5×2.5公分長方片；金針菇切4公分段；青江菜剝成大小一致，頭尾修尖對剖；紅蘿蔔切長薄片，再切12×0.1公分長絲，另取一塊切4×2×0.2公分鋸齒長方水花片；紅辣椒去籽，切1公分圈
作法（重點過程）	1. 主、副材料→川燙→整齊排列 2. 調味料→煮→淋芡

作法

1 起水鍋，水滾加調味料（1），川燙青江菜、涼筍、香菇、紅蘿蔔、鮑魚菇約1分鐘至熟，撈起，續燙紅辣椒、金針菇10秒，撈起、瀝乾

2 戴衛生手套，將所有食材從外圍向內整齊分層排成一把扇子形，先排列青江菜，再排入鮑魚菇與金針菇

3 將涼筍與紅蘿蔔採間隔式排列於金針菇上方，再排兩層涼筍與紅蘿蔔

4 放上修圓的香菇與紅蘿蔔長絲

5 最後放上以辣椒圈套金針菇的扇子流蘇

6 鍋入調味料（2）煮滾成芡汁，淋在盤中即可

注意事項

1. 203 題組術科測試參考試題備註中規定，以鮮菇及三種以上不同顏色蔬果組合，排列重疊成扇形（排列合計爲三層或三層以上），故須排成扇形，而不可用 201D 三菇燴芥菜的相疊排盤方式呈現。
2. 扇形首重打開的兩側是否成直線，鋪排食材時可邊檢視，這樣即可排出漂亮整齊的扇形。
3. 每樣食材應切修大小一致，排列原則是分層、分色較爲美觀。
4. 淋芡時，須注意沖淋動作別過大、過多，以免排好扇形的食材滑動。

203B-6 蟹肉燴芥菜

主材料	芥菜心1棵、蟹肉2兩	前處理	薑切菱形片；芥菜心剪修為11×6、8×4公分鳳眼形，各6片（詳細步驟請參閱第49頁）；紅蘿蔔切修五角櫻花水花片6片
副材料	老薑40克		
盤飾	紅蘿蔔1/8條		
調味料	鹽1/2小匙、味精1/2小匙、太白粉水2大匙、水1杯、香油1小匙		
調味重點	鹹鮮味		
刀工	1. 芥菜心：鳳眼片 2. 薑：菱形片		
火力	川燙：中大火 燴：中小火	作法（重點過程）	1. 芥菜、蟹肉→川燙 2. 爆香薑→調味料→勾芡→主材料
器皿	12吋圓盤		

作法

1 起水鍋，水滾川燙芥菜心片約6分鐘至熟，撈起，續川燙紅蘿蔔水花片15秒，撈起、瀝乾；再川燙蟹肉約30秒至熟，撈起

2 另鍋入油1大匙，爆香薑片，入調味料煮滾勾芡，入芥菜心與蟹肉，中小火入煮15秒，即可熄火

3 依序將芥菜心片、薑片、蟹肉整齊排入盤中，淋上適量燴芡，以紅蘿蔔水花片盤飾即可

注意事項

1. 清洗蟹腿肉時，須檢視有無殘留碎殼。
2. 此菜盛盤時，宜先排入大片的芥菜心片，作為定位，再排入小片的芥菜心片，再排其他材料，蟹腿肉則排於中間。
3. 此菜為「燴」，應有燴芡，盛盤時以燴芡蓋過芥菜片為原則。
4. 如果在夏季應考，考場因芥菜缺貨，可改提供澎湖絲瓜。澎湖絲瓜的操作：
   （1）前處理－削皮：先削稜角處的表皮，削至稜角處的底部，再削除剩餘的澎湖絲瓜表皮。削皮時只削去外表皮，切勿將所有的綠色瓜肉層也削掉。
   （2）刀工－切菱形塊或長條塊：將去皮的澎湖絲瓜分切成 4 直條，平切去籽，斜切成菱形塊，或直切成長條塊。
   （3）烹調：以蟹肉燴芥菜的作法調整。步驟 1，將芥菜心片換成澎湖絲瓜塊，入滾水川燙時間改 40 秒～ 1 分鐘，撈起，續川燙紅蘿蔔水花片與蟹肉的方式不變。步驟 2、3，將芥菜心片換成澎湖絲瓜塊，烹調方式不變。

203B-7 芋泥西米露

主材料	芋頭1個、西谷米1/2杯
副材料	無
盤飾	無
調味料	糖1/2杯、椰漿1/2杯
調味重點	甜味
刀工	芋頭：片
火力	蒸：大火 煮：中小火
器皿	10吋羹盤

項目	內容
前處理	芋頭切薄片
作法（重點過程）	1. 芋頭→蒸→泥→加水→打匀→過篩 2. 西谷米→煮 3. 芋泥水→煮滾→調味料→西谷米、椰漿

作法

1 起水鍋，冷水入西谷米，煮滾、轉小火

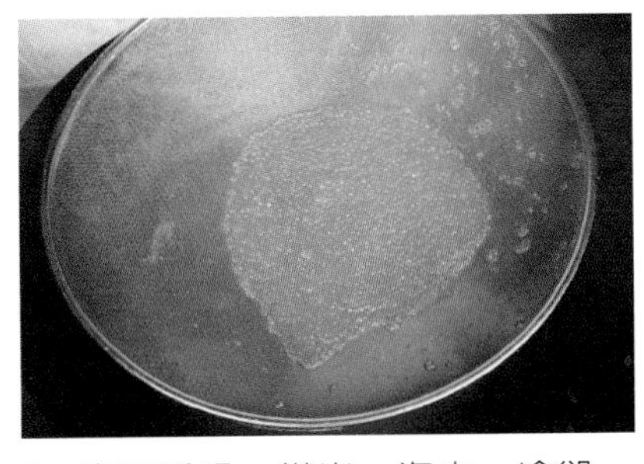

2 煮至透明，撈出、泡水、冷卻、瀝乾

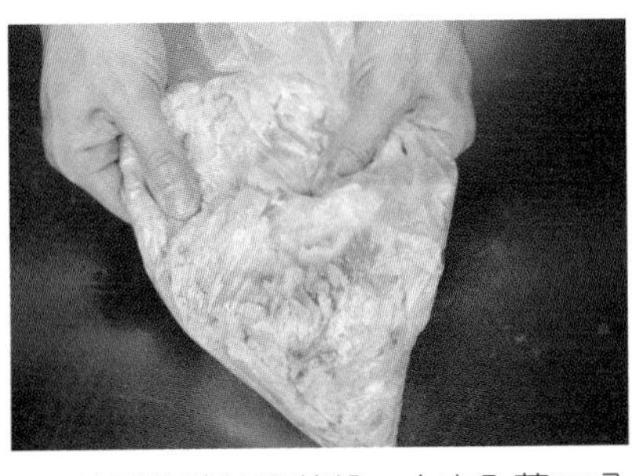

3 芋頭片鋪於配菜盤，大火入蒸30分鐘，取出，入耐熱塑膠袋，再捏、壓成泥

4 倒入鋼盆，加入6分滿羹盤的水量，以打蛋器慢慢打散均勻

5 過篩，再入鍋煮

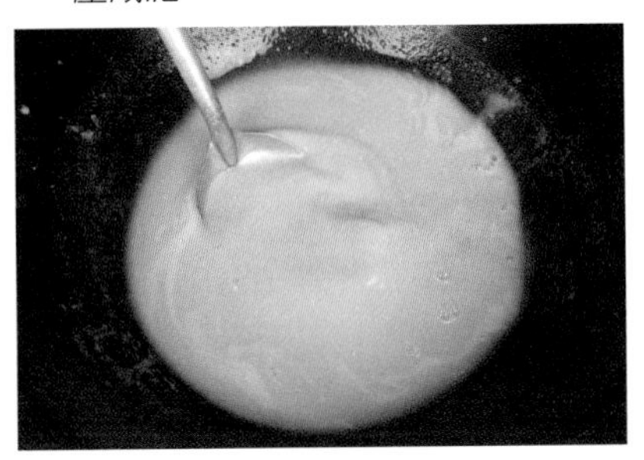

6 大火煮滾，轉小火煮至濃稠加糖、椰漿（留3大匙）調味，入西谷米拌勻、熄火，盛盤，淋上椰漿即可

注意事項

1. 此菜因為要煮湯，蒸芋泥可不封保鮮膜，芋泥可在砧板上壓剁，也可在鋼盆中以湯匙壓，或用塑膠袋操作較方便、乾淨。
2. 芋頭外表層較不易成泥，削皮時可削厚一些，但須注意份量是否足夠，以免削過頭而不足。
3. 芋頭稍微搗泥即可，加水拌勻後要再過篩，若考場無提供麵粉篩網，可使用洗乾淨的細油網，若篩網上剩芋頭小硬塊，不影響整體份量，可不用浪費時間硬過篩。
4. 一般以羹盤水量加約 1 斤的芋頭稠度應該夠，甚至過稠，除非削皮或過篩時浪費過多，稠度若嚴重不足，可以太白粉水稍做勾芡，但不可太稠。
5. 西谷米要煮至完全透明，即熟透，但繼續煮下去就會糊爛、化掉，應立即撈起沖冷，不可再浸泡水中。
6. 椰漿可留幾大匙淋於成品羹面上，有點綴效果。

203C 製作報告表

評分標準 ＼ 項目 ＼ 菜名		第一道菜 蒸豬肉丸	第二道菜 松鼠鱸魚	第三道菜 香橙燒雞排
主材料	10%	豬肉	鱸魚	雞腿、柳丁
副材料	5%	馬蹄、蔥、薑	乾香菇、青椒、紅辣椒、涼筍	蔥
調味料	5%	鹽、味精、米酒、太白粉、麵粉、白胡椒粉、香油、水	番茄醬、糖、水、白醋、鹽、太白粉水	番茄醬、糖、白醋、水
作法（重點過程）	20%	1. 豬肉、蔬菜末、調味料→甩打→丸→蒸 2. 調味料→煮→淋芡	1. 鱸魚→沾粉→炸 2. 青椒、紅辣椒→過油 3. 爆香→香菇、涼筍→番茄醬→其餘調味料→淋芡→灑蔬菜丁片	1. 雞腿→醃→蒸→拍粉→炸 2. 爆香→蔥白、調味料→雞腿、橙汁→燒→雞腿取出→切→醬汁入白醋、果肉→勾芡→淋芡
刀工	20%	1. 豬肉：細泥 2. 蔥白、薑、馬蹄：細末	1. 鱸魚：剞花刀 2. 副材料：小丁	1. 蔥白：段 2. 柳丁：丁、汁 3. 雞腿：去骨
火力	20%	蒸：中大火	炸：中大火 過油：中大火 溜：中小火	蒸：大火 炸：中大火 燒：中小火
調味重點	10%	鹹味	酸甜味	酸甜味
盤飾	10%	小黃瓜片、紅辣椒片	小黃瓜片	大黃瓜片

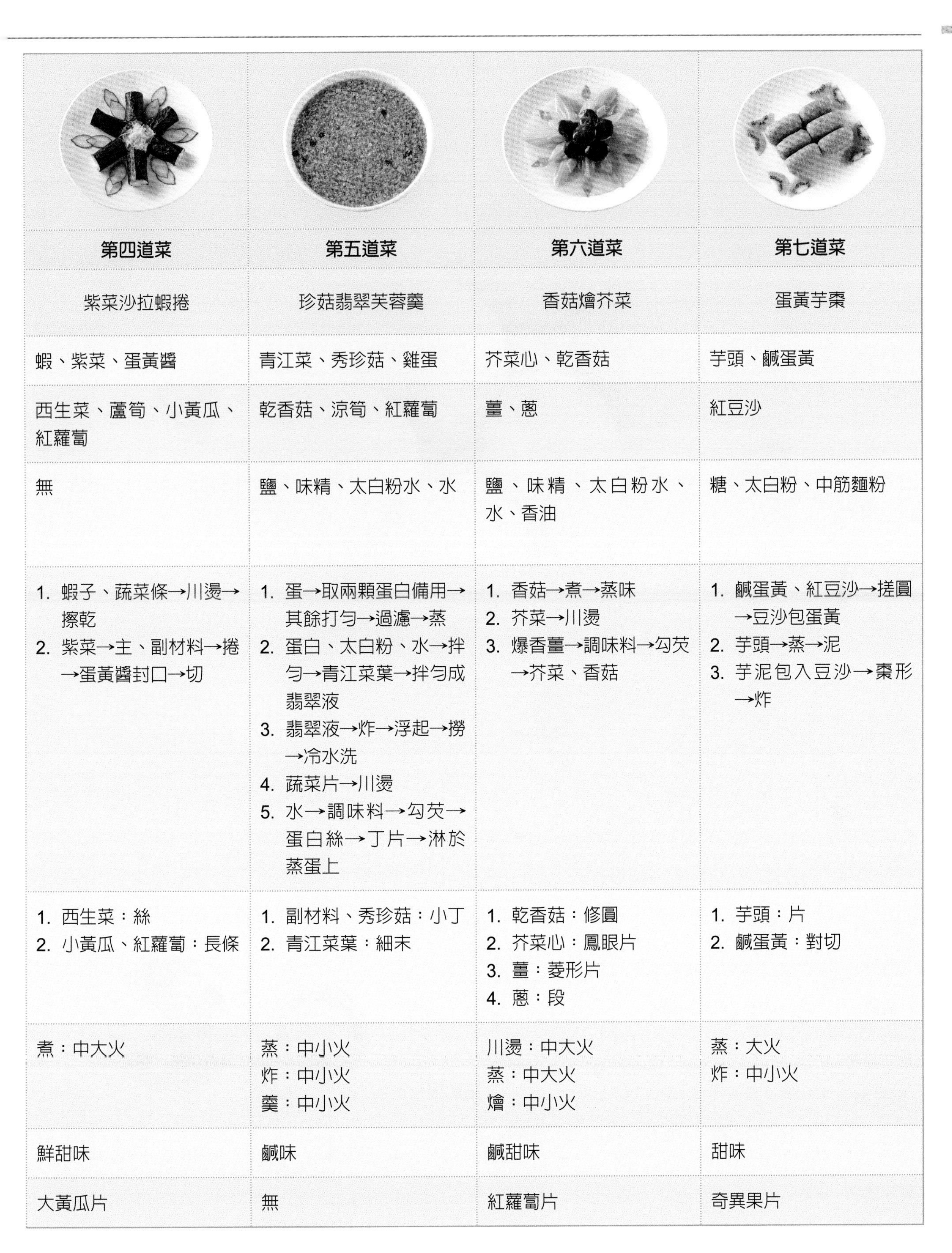

第四道菜	第五道菜	第六道菜	第七道菜
紫菜沙拉蝦捲	珍菇翡翠芙蓉羹	香菇燴芥菜	蛋黃芋棗
蝦、紫菜、蛋黃醬	青江菜、秀珍菇、雞蛋	芥菜心、乾香菇	芋頭、鹹蛋黃
西生菜、蘆筍、小黃瓜、紅蘿蔔	乾香菇、涼筍、紅蘿蔔	薑、蔥	紅豆沙
無	鹽、味精、太白粉水、水	鹽、味精、太白粉水、水、香油	糖、太白粉、中筋麵粉
1. 蝦子、蔬菜條→川燙→擦乾 2. 紫菜→主、副材料→捲→蛋黃醬封口→切	1. 蛋→取兩顆蛋白備用→其餘打勻→過濾→蒸 2. 蛋白、太白粉、水→拌勻→青江菜葉→拌勻成翡翠液 3. 翡翠液→炸→浮起→撈→冷水洗 4. 蔬菜片→川燙 5. 水→調味料→勾芡→蛋白絲→丁片→淋於蒸蛋上	1. 香菇→煮→蒸味 2. 芥菜→川燙 3. 爆香薑→調味料→勾芡→芥菜、香菇	1. 鹹蛋黃、紅豆沙→搓圓→豆沙包蛋黃 2. 芋頭→蒸→泥 3. 芋泥包入豆沙→棗形→炸
1. 西生菜：絲 2. 小黃瓜、紅蘿蔔：長條	1. 副材料、秀珍菇：小丁 2. 青江菜葉：細末	1. 乾香菇：修圓 2. 芥菜心：鳳眼片 3. 薑：菱形片 4. 蔥：段	1. 芋頭：片 2. 鹹蛋黃：對切
煮：中大火	蒸：中小火 炸：中小火 羹：中小火	川燙：中大火 蒸：中大火 燴：中小火	蒸：大火 炸：中小火
鮮甜味	鹹味	鹹甜味	甜味
大黃瓜片	無	紅蘿蔔片	奇異果片

203C-1 蒸豬肉丸

主材料	豬肉10兩
副材料	馬蹄6粒、蔥1支、嫩薑20克
盤飾	小黃瓜1/6條、紅辣椒1/6支
調味料	調味料（1）：鹽1/4小匙、味精1/4小匙、米酒1小匙、太白粉2大匙、麵粉2大匙、白胡椒粉1/4小匙、香油1小匙、水2大匙
	調味料（2）：鹽1/2小匙、味精1/2小匙、水2/3杯、太白粉水2大匙
調味重點	鹹味
刀工	1. 豬肉：細泥 2. 蔥白、薑、馬蹄：細末
火力	蒸：中大火
器皿	10吋圓盤

項目	內容
前處理	1. 蔥取蔥白、切細末；薑切細末；馬蹄切細末、擠乾水分；小黃瓜切半圓薄片16片；紅辣椒切圓片4片 2. 豬肉切剁成細泥狀
作法（重點過程）	1. 豬肉、蔬菜末、調味料→甩打→丸→蒸 2. 調味料→煮→淋芡

作法

1 起水鍋，水滾川燙小黃瓜、紅辣椒片約5秒，撈起、泡冷開水

2 將豬肉與蔥末、薑末、馬蹄末、調味料（1）一同攪拌，甩打至產生黏性

3 以手掌虎口將肉餡擠型成直徑約4公分圓形丸子狀（詳細步驟請參閱第234頁）

4 肉丸子表面以沙拉油抹光滑（至少做出6顆）

5 將肉丸放鋪保鮮膜的瓷盤上，入蒸鍋，以中大火蒸15分鐘，取出，移入乾淨的瓷盤內

6 調味料（2）煮滾、勾芡，淋在蒸好的肉丸子上，以小黃瓜片、紅辣椒片盤飾即可

注意事項

1. 豬肉與各種副材料均要切剁至細，避免過大的顆粒使肉丸子表面不易光滑平整，塑型時用手沾油抹光滑外表，熟製後肉丸表面較優。
2. 由於材料並沒有板油，純瘦肉的丸子入蒸易乾裂，肉餡一定要攪拌出黏性，可添加澱粉，使肉餡的黏性較佳，以太白粉與麵粉的比例 1：1 逐步增加即可。
3. 攪拌肉餡時，加入適量的水可以使口感不會過於乾硬，可分次加入，較易使肉餡吸收均勻，切勿加太多水導致肉餡過軟，成品塌陷。
4. 蒸肉丸時，瓷盤中鋪上一張保鮮膜的作用，是使肉丸不沾黏盤底，可維持外觀，且脫盤後可保持乾淨。
5. 肉丸子可先入微滾水中泡煮 3 分鐘，再撈起、盛盤、入蒸 10 分鐘，此法可使成品漂亮。
6. 多餘肉餡勿隨意丟棄，可回收考場的回收區。
7. 203 題組術科測試參考試題中規定，此菜須以蔬果做爲盤飾。

203C-2 松鼠鱸魚

主材料	鱸魚1條
副材料	乾香菇1朵、青椒1/2個、紅辣椒1支、涼筍1/4支
盤飾	小黃瓜1/6條
調味料	調味料（1）：鹽1小匙、米酒2大匙
	調味料（2）：麵粉1杯、太白粉1杯
	調味料（3）：番茄醬4大匙、糖4大匙、水4大匙、白醋4大匙、鹽1/4小匙、太白粉水2大匙
調味重點	酸甜味
刀工	1. 鱸魚：剞花刀 2. 副材料：小丁
火力	炸：中大火 過油：中大火 溜：中小火
器皿	12吋橢圓盤

前處理	1. 乾香菇泡軟、去蒂、切0.8公分小方丁 2. 涼筍切0.8公分小方丁 3. 青椒、紅辣椒去籽、片薄、切0.8公分小丁片；小黃瓜切半圓薄片8片，切開綠皮至3/4處 4. 鱸魚殺清，魚肉切直刀再斜刀的剞花刀紋（詳細步驟請參閱第233頁）
作法（重點過程）	1. 鱸魚→沾粉→炸 2. 青椒、紅辣椒→過油 3. 爆香→香菇、涼筍→番茄醬→→其餘調味料→淋芡→灑蔬菜丁片

作法

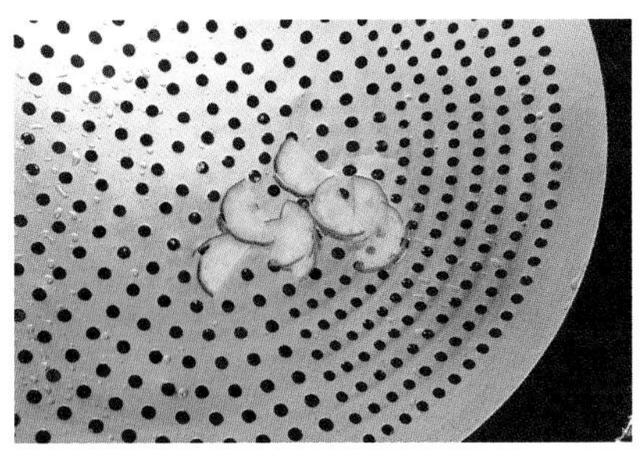

1 起水鍋，水滾川燙小黃瓜片2秒，撈起、泡冷開水

2 魚身與魚頭以調味料（1）抓醃後，再入混勻的調味料（2），使魚身、魚頭均勻沾裹

3 輕抖去除多餘粉料

4 起油鍋，中油溫，入炸鱸魚身約4分鐘，待熟且金黃上色，撈起、瀝乾；再入炸魚頭約1分鐘，撈起、瀝乾

5 炸好的魚身、魚頭排入橢圓盤，撈除油中粉渣，再燒熱油溫，入炸青椒、紅辣椒丁片約5秒，撈起

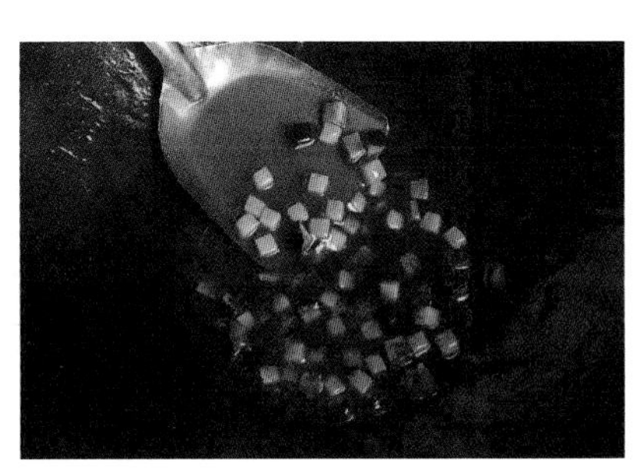

6 另鍋，入1大匙油，爆香香菇、筍丁，入調味料（3）中的番茄醬炒5秒，再入其餘調味料，煮至濃稠，熄火，即為糖醋醬

7 糖醋醬均勻淋於炸好鱸魚上，魚身中間灑上過油的青椒、紅辣椒片，以小黃瓜片盤飾即可

注意事項

203 題組術科測試參考試題備註中規定，「鱸魚」類須去大骨，再依題意製作烹調。成品應保留魚頭、魚尾排列成全魚形狀。松鼠魚刀工並無歷史考究或硬性規定，魚尾與兩片魚淨肉相連的切法因規定要去大骨，與剞花刀應是因俗成習，將魚頭、尾分開，魚肉分別炸熟、排盤亦符合題意。

203C-3 香橙燒雞排

主材料	雞股腿2支、柳丁2個
副材料	蔥1支
盤飾	大黃瓜1/8條
調味料	調味料（1）：醬油2小匙、米酒1大匙、味精1/2小匙、白胡椒粉1/6小匙 調味料（2）：番茄醬1大匙、糖2大匙、白醋2大匙、水1/2杯
調味重點	酸甜味
刀工	1. 蔥白：段 2. 柳丁：丁、汁 3. 雞腿：去骨
火力	蒸：大火 炸：中大火 燒：中小火
器皿	10吋圓盤

前處理	1. 蔥取蔥白、切2公分段；柳丁1個去皮、切扇形丁、去籽；另1個柳丁榨汁；大黃瓜去籽、切月牙薄片 2. 雞腿去骨（詳細步驟請參閱第230頁）
作法（重點過程）	1. 雞腿→醃→蒸→拍粉→炸 2. 爆香→蔥白、調味料→雞腿、橙汁→燒→雞腿取出→切→醬汁入白醋、果肉→勾芡→淋芡

作法

1 起水鍋，水滾川燙大黃瓜片5秒，撈起、泡冷開水

2 去骨雞腿以調味料（1）抓醃，置鋪保鮮膜的盤中，雞皮朝下，大火入蒸12分鐘

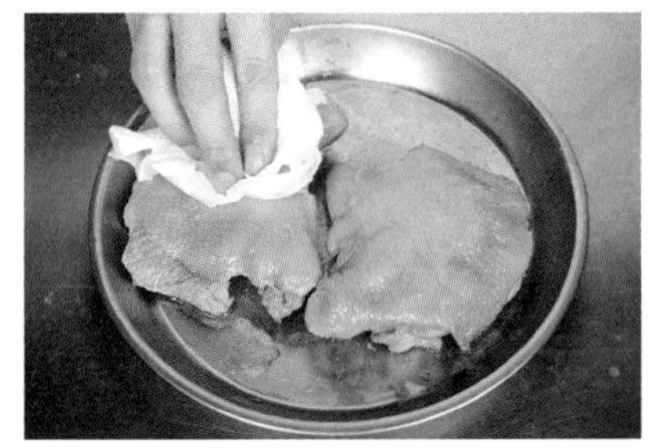

3 取出雞腿，擦乾外表水分

4 拍一層薄太白粉

5 起油鍋，燒至中高油溫，入炸蒸好的雞腿，至外表微焦上色，撈起、瀝油

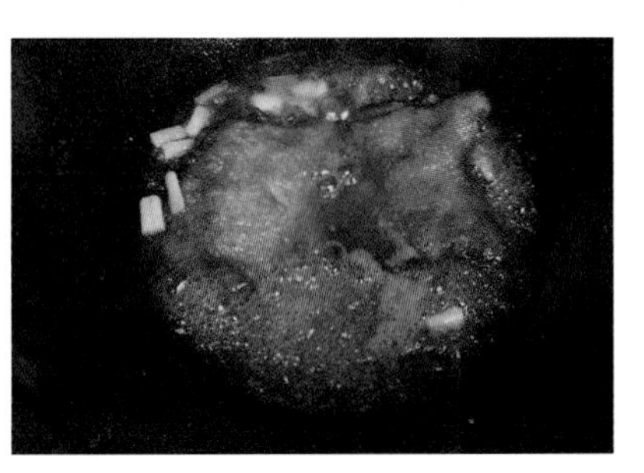

6 另鍋入油1大匙，爆香蔥白段，入除白醋以外的調味料（2）煮滾，入雞腿、橙汁，以小火燒煮1分鐘

7 將雞腿撈起，以衛生手法分切成長條塊狀，排入盤中

8 鍋內再入白醋、柳丁果肉，燒煮10秒，熄火、勾芡，淋於雞腿上，以大黃瓜片盤飾即可

注意事項

1. 雞皮擦乾、拍粉可能仍含水分與油脂，入炸須注意爆裂的可能。
2. 雞腿去骨後要以刀跟輕剁、斷筋，蒸熟後較不易收縮過度而變形。
3. 醋酸會使鐵鍋起化學變化，醬汁亦會變黑變味，故最後階段再下。
4. 柳橙果肉不耐熱，煮過久易糊爛、果粒散開，不宜久煮。
5. 由於一顆柳丁汁的量不夠燒煮，故加點番茄醬、水調色，雞腿排上因爲有鋪太白粉，煮汁會有濃稠感。

203C-4 紫菜沙拉蝦捲

主材料	蝦10隻、紫菜3張、蛋黃醬2大匙
副材料	西生菜1/6個、蘆筍6支、小黃瓜1條、紅蘿蔔1/3條
盤飾	大黃瓜1/10條
調味料	無
調味重點	鮮甜味
刀工	1. 西生菜：絲 2. 小黃瓜、紅蘿蔔：長條
火力	煮：中大火
器皿	10吋圓盤

項目	內容
前處理	1. 西生菜以衛生手法切絲、擦乾水分；蘆筍削除尾端硬皮；小黃瓜去籽、切15公分×1開8長條；紅蘿蔔切15×0.6×0.6公分長條3條；大黃瓜切月牙片 2. 蝦剝殼取蝦仁，挑除腸泥，以牙籤插入蝦身，固定呈直條狀
作法（重點過程）	1. 蝦子、蔬菜條→川燙→擦乾 2. 紫菜→主、副材料→捲→蛋黃醬封口→切

作法

1 起水鍋，水滾川燙紅蘿蔔、蘆筍約1分半鐘，小黃瓜30秒、大黃瓜片5秒，撈起、泡冷開水，轉小火，續川燙蝦仁約40秒至熟，撈起、瀝乾、抽去牙籤、擦乾水分

2 取一盤鋪保鮮膜，放入紫菜、蘆筍、小黃瓜、紅蘿蔔、蝦仁

3 擠上蛋黃醬

4 放入西生菜絲

5 包捲起，以蛋黃醬封口，再以保鮮膜包捲起，捲3捲，以衛生手法切除紫菜捲頭、尾，對半切，以西生菜絲、大黃瓜片盤飾即可

注意事項

1. 203 題組術科測試參考試題備註中規定，此菜是以紫菜皮包捲已燙熟之蝦仁及其他配料再製作。
2. 帶殼蝦剝蝦仁後，以牙籤串直煮熟，可保蝦子直條狀，有助包捲。
3. 紫菜易受潮而變軟，包捲的食材尤其是生菜絲應盡量擦乾水分，可以的話在此題組菜餚都做完後，最後一道再來包捲，成品較不會外觀太差。紫菜則應放在塑膠袋中才不會軟的難以包捲，若以軟化，可乾鍋入鍋稍後煎烤回乾。考場發給紫菜時，應以置放於塑膠袋中，若狀況良好則可不用再入鍋煎烤。
4. 外面捲保鮮膜較好定型切割，切好再拆掉擺盤。

203C-5 珍菇翡翠芙蓉羹

主材料	青江菜300克、秀珍菇2兩、雞蛋6個
副材料	乾香菇2朵、涼筍1/4支、紅蘿蔔1/8條
盤飾	無
調味料	調味料（1）：鹽1/2小匙、味精1/2小匙、水2杯
	調味料（2）：太白粉1.5大匙、水1/3杯
	調味料（3）：鹽1/2小匙、味精1小匙、太白粉水1/4杯、水3杯
調味重點	鹹味
刀工	1. 副材料、秀珍菇：小丁 2. 青江菜葉：細末
火力	蒸：中小火 炸：中小火 羹：中小火
器皿	10吋羹盤

前處理	1. 乾香菇泡軟、去蒂、片薄、切0.8公分小方丁片 2. 涼筍切厚0.8公分×0.2公分小方丁片 3. 青江菜取葉、剁切成細末；秀珍菇切0.8公分小方丁；紅蘿蔔切厚0.8公分×0.2公分小方丁片 4. 雞蛋以三段式打蛋法，取2個蛋白於1碗、其他於1碗
作法（重點過程）	1. 蛋→取兩顆蛋白備用→其餘打勻→過濾→蒸 2. 蛋白、太白粉、水→拌勻→青江菜葉→拌勻成翡翠液 3. 翡翠液→炸→浮起→撈→冷水洗 4. 蔬菜片→川燙 5. 水→調味料→勾芡→蛋白絲→丁片→淋於蒸蛋上

作法

1 取1.5顆蛋白量入調味料（2）、青江菜末，拌勻成翡翠液

2 起油鍋，低油溫入炸翡翠液，一邊倒入一邊攪動鍋鏟

3 待顆粒浮起

4 撈起入冷水冷卻，並將結糰的顆粒以手指捏分開、瀝乾

5 含蛋黃蛋液加調味料（1），混勻、過濾，入羹盤，以保鮮膜封緊，中火入蒸12分鐘，熟後取出，撕除保鮮膜

6 起水鍋，水滾川燙秀珍菇、涼筍、紅蘿蔔、香菇2分鐘，撈起、瀝乾

7 另鍋入調味料（3），開火煮滾成羹芡，轉小火，以湯杓底接觸鍋底，快速推轉羹湯杓，使羹湯流動紋成細絲狀，慢慢倒入剩餘蛋白，使呈蛋白絲

8 入翡翠、秀珍菇、涼筍、紅蘿蔔、香菇，輕輕攪拌、混勻，入香油1小匙，拌勻、盛入蒸蛋上即可

注意事項

1. 翡翠在中餐大多是指綠葉菜或是綠色食材的美稱，本法以蛋白澱粉綠菜混合液，油炸出的小顆粒也稱翡翠，一般是用果汁機打汁，過不過濾皆可，依一定的粉水比例操作。市售也有加工品，不過經冷凍解凍後如凍豆腐，口感老化不及現炸，通常是配羹色用。因無硬性規定，故用青江菜葉碎煮羹亦符合題意，本題組材料有發雞蛋 6 顆，製作手工繁複的翡翠分數自然較高。
2. 炸翡翠油溫一定要低，蛋白熟成溫度是 60℃，入油溫太高則立即浮起，成攤開黏糊狀。倒入蔬菜混合液後以鍋鏟貼鍋底來回攪拌，速度愈快顆粒愈細。翡翠顆粒浮起、撈出、入冷水，有降溫與去油、分粒的作用。
3. 珍菇是指秀珍菇；芙蓉是指蒸蛋。
4. 本法蒸蛋的蛋、水比，約 1：2，水愈多則口感愈嫩，但不可加太多，而超過凝結限度，難以凝結。封保鮮膜可防蒸龍鍋內滴水，影響羹盤中間蛋液凝結，中小火入蒸較好掌控，切勿蒸過頭，否則蒸蛋盤緣會膨起，甚至會產生硫化鐵的顏色，可輕敲羹盤或蒸龍鍋，檢視蒸蛋是否全熟，若蛋液還有水波紋晃動，即未熟，再續蒸。

203C-6 香菇燴芥菜

主材料	芥菜心1棵、乾香菇6朵
副材料	老薑40克、蔥1支
盤飾	紅蘿蔔1/8條
調味料	調味料（1）：鹽1/2小匙、米酒1大匙、味精1/2小匙、水1杯
	調味料（2）：鹽1/2小匙、味精1/2小匙、太白粉水2大匙、水1杯、香油1小匙
調味重點	鹹甜味
刀工	1. 乾香菇：修圓 2. 芥菜心：鳳眼片 3. 薑：菱形片 4. 蔥：段
火力	川燙：中大火 蒸：中大火 燴：中小火
器皿	12吋圓盤

項目	內容
前處理	1. 乾香菇泡軟、去蒂，修剪成大小相同、直徑約3～4公分的圓形 2. 薑切菱形片；蔥切段；芥菜心剪修為11×6、8×4公分鳳眼形各6片（詳細步驟請參閱第49頁）；紅蘿蔔切菱形片6片
作法（重點過程）	1. 香菇→煮→蒸味 2. 芥菜→川燙 3. 爆香薑→調味料→勾芡→芥菜、香菇

作法

1 起水鍋，水滾川燙芥菜心片約6分鐘至熟，撈起，續入紅蘿蔔菱形片燙15秒，撈起、瀝乾

2 鍋入油1大匙，爆香蔥段，入調味料（1）、香菇煮滾後

3 倒入碗中，大火入蒸12分鐘，取出、瀝乾

4 另鍋，入油1大匙，爆香薑片，入調味料（2）煮滾、勾芡，入芥菜心與香菇，小火入煮10秒，即可熄火，依序將芥菜心片、薑片、香菇整齊排入盤中，再淋上適量燴芡，以紅蘿蔔菱形片盤飾即可

注意事項

1. 香菇不一定要蒸，亦可直接入鍋煮入味，但不要在芡汁中煮過久，以免黑色素汙染透明芡汁。
2. 此菜盛盤時，宜先排入大片的芥菜心片，作爲定位，再排入小片的芥菜心片，再排其他材料，香菇則排於中間。
3. 此菜爲「燴」，應有燴芡，盛盤時以燴芡蓋過芥菜片爲原則。
4. 如果在夏季應考，考場因芥菜缺貨，可改提供澎湖絲瓜。澎湖絲瓜的操作：
   （1）前處理－削皮：先削稜角處的表皮，削至稜角處的底部，再削除剩餘的澎湖絲瓜表皮。削皮時只削去外表皮，切勿將所有的綠色瓜肉層也削掉。
   （2）刀工－切菱形塊或長條塊：將去皮的澎湖絲瓜分切成 4 直條，平切去籽，斜切成菱形塊，或直切成長條塊。
   （3）烹調：以香菇燴芥菜的作法調整。步驟 1，將芥菜心片換成澎湖絲瓜塊，入滾水川燙時間改 40 秒～ 1 分鐘，撈起，續川燙紅蘿蔔水花片 15 秒。步驟 4，將芥菜心片換成澎湖絲瓜塊，烹調方式不變。

203C-7 蛋黃芋棗

主材料	芋頭1個、鹹蛋黃3個
副材料	紅豆沙100克
盤飾	奇異果1個
調味料	糖3大匙、太白粉1/2杯、中筋麵粉1/2杯
調味重點	甜味
刀工	1. 芋頭：片 2. 鹹蛋黃：對切
火力	蒸：大火 炸：中小火
器皿	10吋圓盤

前處理	1. 紅豆沙分成6份，搓圓 2. 鹹蛋黃對切 3. 奇異果切半圓片、芋頭切薄片
作法（重點過程）	1. 鹹蛋黃、紅豆沙→搓圓→豆沙包蛋黃 2. 芋頭→蒸→泥 3. 芋泥包入豆沙→棗形→炸

作法

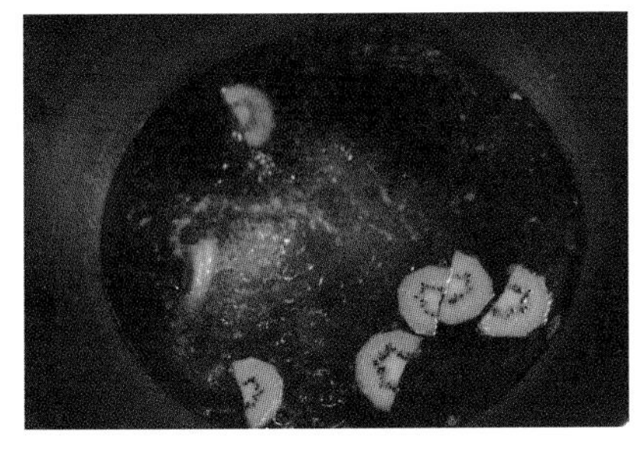

1 起水鍋，水滾川燙奇異果片2秒，撈起、泡冷開水降溫、瀝乾

2 鹹蛋黃稍微捏圓，放配菜盤，以大火入蒸15分鐘，取出

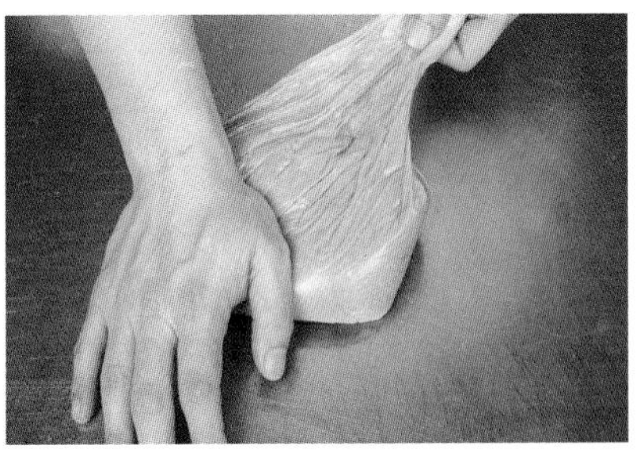

3 芋頭薄片鋪於配菜盤中，封上保鮮膜，大火入蒸30分鐘，取出入耐熱塑膠袋，加調味料，捏、壓成泥

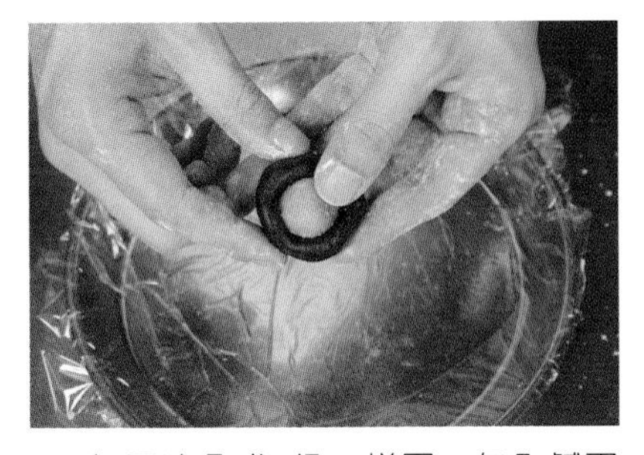

4 紅豆沙分成6份，搓圓，包入鹹蛋黃，搓圓

5 取6份芋泥，搓圓，包入紅豆沙球

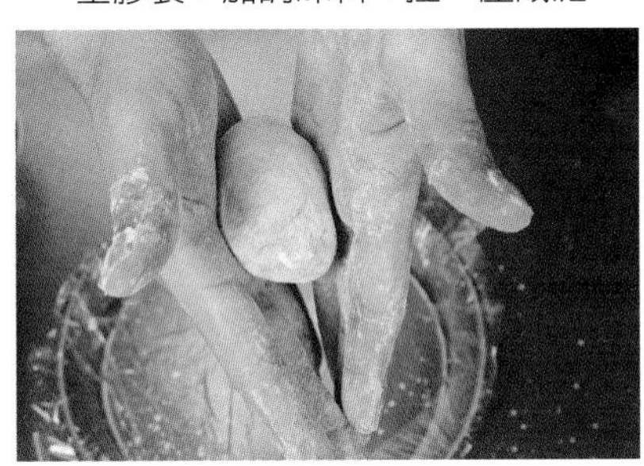

6 搓塑成圓柱棗形

7 起油鍋，中低油溫入炸芋棗，炸至浮起、外表微焦上色，撈起、瀝油、排盤，以奇異果片盤飾即可

注意事項

1. 芋泥除了要徹底壓泥以外，加入澱粉一定要拌到不黏手的情況才好操作，若太濕軟，只能再加澱粉調整軟硬度。
2. 鹹蛋黃捏圓，是為了包豆沙與芋泥時搓圓好操作。
3. 塑成棗形後外層要沾太白粉入炸亦可，但要沾裹均勻，否則成品上色較易不均，切記一入鍋即要搖動油鍋，不然就是以漏杓墊底，含糖的芋泥稍微在鍋底停留即可產生焦色。
4. 炸芋棗先中低油溫入鍋，待芋棗稍微浮起即可慢慢增溫至撈起，不可使用大火高油溫炸，易使芋棗產生裂紋或爆裂，爆裂的成因還有澱粉量過多。

203D 製作報告表

項目		第一道菜	第二道菜	第三道菜
評分標準	菜名	乾炸豬肉丸	鱸魚羹	百花釀雞腿
主材料	10%	豬肉	鱸魚	蝦、雞腿
副材料	5%	馬蹄、蔥、薑	乾香菇、涼筍、洋火腿、蔥、青江菜葉、紅蘿蔔、雞蛋	乾香菇、馬蹄、芹菜、蔥、薑
調味料	5%	鹽、味精、米酒、太白粉、麵粉、白胡椒粉、香油	鹽、味精、米酒、太白粉水、香油	鹽、味精、太白粉水、水、香油
作法（重點過程）	20%	豬肉、副材料、調味料→甩打→丸→蒸→炸	1. 蛋白→打匀 2. 蔬菜丁、鱸魚→川燙 3. 爆香蔥→水→調味料→勾芡→蛋白絲→主、副材料	1. 蝦、調味料→甩打→碎（除芹菜）、末料→拌匀 2. 雞腿→灑粉→肉餡→蒸→切→排盤 3. 調味料→芹菜→淋芡
刀工	20%	1. 蔥白：花 2. 馬蹄：碎 3. 薑：末 4. 豬肉：泥	1. 蔥白：粒狀 2. 主、副材料：丁	1. 蝦：泥 2. 蔥白、香菇、馬蹄、芹菜：碎 3. 薑：末
火力	20%	蒸：大火 炸：中大火	川燙：中小火 羹：中小火	蒸：中大火 煮：中小火
調味重點	10%	鹹味	鹹鮮味	鹹味
盤飾	10%	大黃瓜片、紅辣椒片	無	青江菜梗

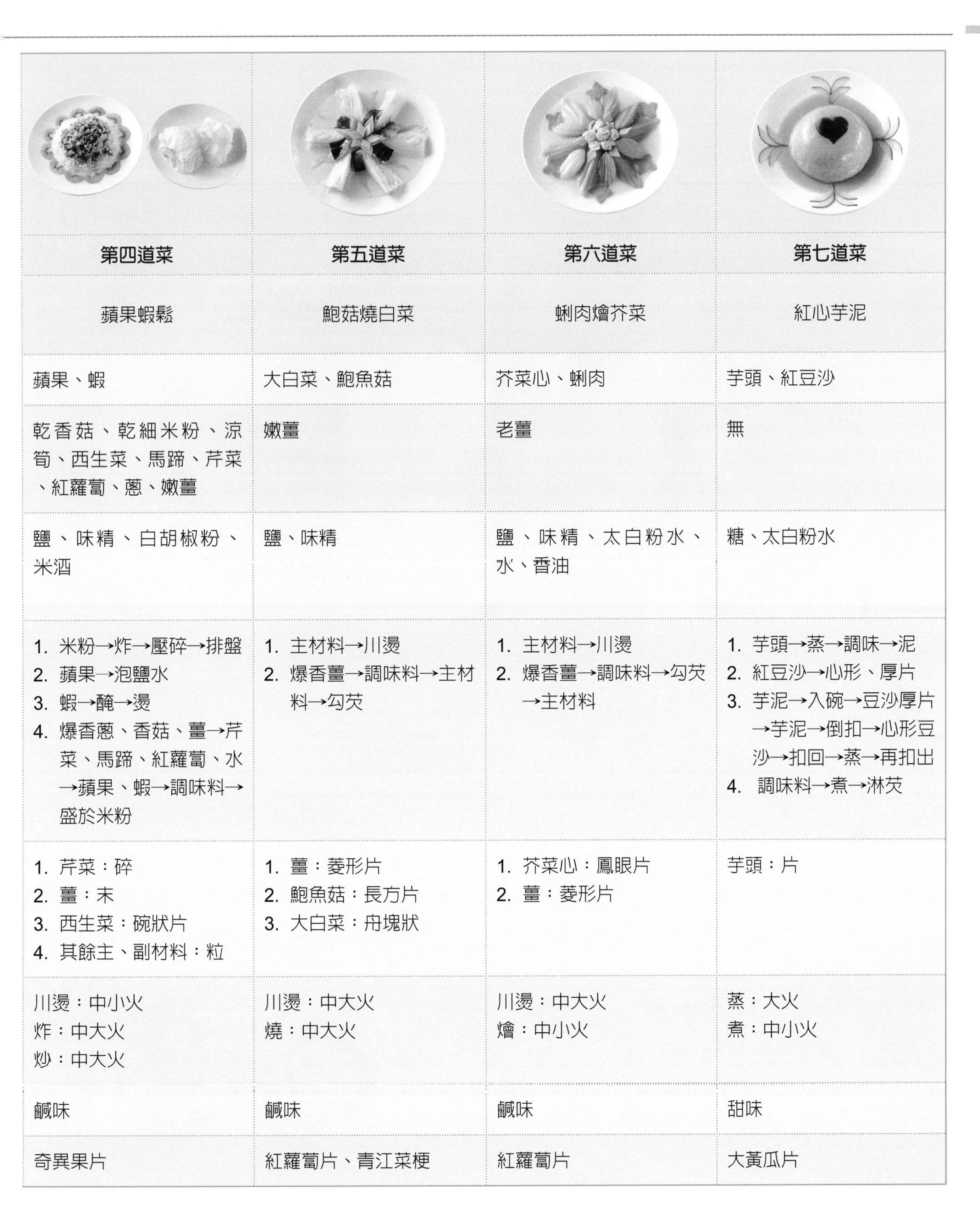

第四道菜	第五道菜	第六道菜	第七道菜
蘋果蝦鬆	鮑菇燒白菜	蝌肉燴芥菜	紅心芋泥
蘋果、蝦	大白菜、鮑魚菇	芥菜心、蝌肉	芋頭、紅豆沙
乾香菇、乾細米粉、涼筍、西生菜、馬蹄、芹菜、紅蘿蔔、蔥、嫩薑	嫩薑	老薑	無
鹽、味精、白胡椒粉、米酒	鹽、味精	鹽、味精、太白粉水、水、香油	糖、太白粉水
1. 米粉→炸→壓碎→排盤 2. 蘋果→泡鹽水 3. 蝦→醃→燙 4. 爆香蔥、香菇、薑→芹菜、馬蹄、紅蘿蔔、水→蘋果、蝦→調味料→盛於米粉	1. 主材料→川燙 2. 爆香薑→調味料→主材料→勾芡	1. 主材料→川燙 2. 爆香薑→調味料→勾芡→主材料	1. 芋頭→蒸→調味→泥 2. 紅豆沙→心形、厚片 3. 芋泥→入碗→豆沙厚片→芋泥→倒扣→心形豆沙→扣回→蒸→再扣出 4. 調味料→煮→淋芡
1. 芹菜：碎 2. 薑：末 3. 西生菜：碗狀片 4. 其餘主、副材料：粒	1. 薑：菱形片 2. 鮑魚菇：長方片 3. 大白菜：舟塊狀	1. 芥菜心：鳳眼片 2. 薑：菱形片	芋頭：片
川燙：中小火 炸：中大火 炒：中大火	川燙：中大火 燒：中大火	川燙：中大火 燴：中小火	蒸：大火 煮：中小火
鹹味	鹹味	鹹味	甜味
奇異果片	紅蘿蔔片、青江菜梗	紅蘿蔔片	大黃瓜片

203D-1 乾炸豬肉丸

主材料	豬肉10兩
副材料	馬蹄2粒、蔥1支、嫩薑10克
盤飾	大黃瓜1/8條、紅辣椒1/8支
調味料	鹽1/2小匙、味精1/2小匙、米酒1小匙、太白粉2大匙、麵粉2大匙、白胡椒粉1/4小匙、香油1小匙、水2大匙
調味重點	鹹味
刀工	1. 蔥白：花 2. 馬蹄：碎 3. 薑：末 4. 豬肉：泥
火力	蒸：大火 炸：中大火
器皿	10吋圓盤

前處理	1. 馬蹄拍壓、剁細、擠乾水分；蔥取蔥白，切細蔥花；薑切末；大黃瓜去籽，切平頭月牙薄片20片、紅辣椒圓片2片 2. 豬肉切剁成細泥狀
作法（重點過程）	豬肉、副材料、調味料→甩打→丸→蒸→炸

作法

1 豬肉與蔥末、薑末、馬蹄末、調味料（1）一同攪拌，並甩打至產生黏性

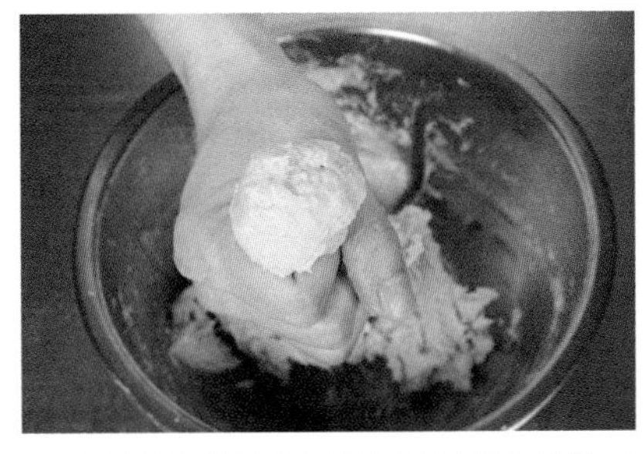

2 再以手掌的虎口將肉餡擠形並塑成直徑約4公分圓形丸子狀（詳細步驟請參閱第234頁）

3 在肉丸表面上以沙拉油抹光滑（至少做出6顆）

4 整型好的肉丸放在鋪好保鮮膜的瓷盤上，放入蒸籠鍋內，以中大火蒸15分鐘至熟取出

5 起水鍋，水滾川燙大黃瓜、紅辣椒片，約5秒撈起，泡冷開水

6 起油鍋，中高油溫入炸肉丸，待外表微焦上色，撈起、瀝油、排盤，以大黃瓜片、紅辣椒片盤飾即可

注意事項

1. 豬肉與各種副材料均要切剁至細，避免過大的顆粒使肉丸子表面不易光滑平整，塑型時用手沾油抹光滑外表，熟製後肉丸表面較優。
2. 由於材料並沒有板油，純瘦肉的丸子入蒸易乾裂，肉餡一定要攪拌出黏性，可利用澱粉的添加，使肉餡的黏性較佳，以太白粉與麵粉的比例 1：1 逐步增加即可。
3. 攪拌肉餡時，加入適量的水可以使口感不會過於乾硬，可分次慢慢加入，較易使肉餡吸收均勻，另外切勿加太多水導致肉餡過軟，成品丸形塌陷。
4. 蒸肉丸時，瓷盤中鋪上一張保鮮膜的作用是肉丸不沾黏盤底，得以維持較美的外觀，且脫除後盤子可保持乾淨。
5. 烹調的方式亦可將肉丸先入微滾水中泡煮 3 分鐘，再撈起盛盤入蒸 10 分鐘，此法可使成品丸形漂亮。
6. 若有多餘肉餡勿隨意丟棄，可回收考場的回收區。

203D-2 鱸魚羹

主材料	鱸魚1條
副材料	乾香菇2朵、涼筍1/4支、洋火腿50克、蔥1支、青江菜4葉、紅蘿蔔1/8條、雞蛋1個
盤飾	無
調味料	調味料（1）：鹽1/2小匙、米酒2大匙、白胡椒粉1/8小匙、太白粉1大匙 調味料（2）：鹽1.5小匙、1小匙、米酒1大匙、太白粉水1/4杯、香油1小匙
調味重點	鹹鮮味
刀工	1. 蔥白：粒狀 2. 主、副材料：丁
火力	川燙：中小火 羹：中小火
器皿	10吋羹盤

項目	內容
前處理	1. 乾香菇泡軟、去蒂、切0.8公分丁狀 2. 涼筍切0.8公分方丁 3. 洋火腿切0.8公分方丁 4. 蔥取蔥白，切0.8公分粒狀；青江菜取葉柄，切0.8公分方丁片；紅蘿蔔切0.8公分方丁 5. 雞蛋以三段式打蛋法取蛋白，打勻、去除多餘浮末 6. 鱸魚殺清，取魚淨肉，去皮，切成1公分方丁
作法（重點過程）	1. 蛋白→打勻 2. 蔬菜丁、鱸魚→川燙 3. 爆香蔥→水→調味料→勾芡→蛋白絲→主、副材料

作法

1 鱸魚丁以調味料（1）抓醃

2 起水鍋，水滾川燙香菇、涼筍、紅蘿蔔1分鐘、洋火腿20秒、青江菜5秒，一同撈起、瀝乾

3 續入魚丁，小火燙熟約1分鐘，撈起瀝乾

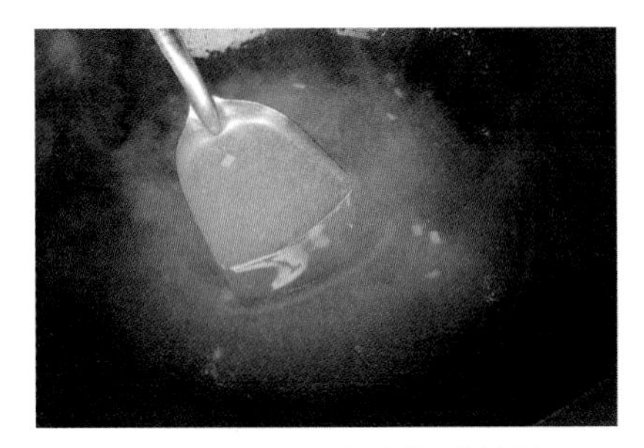

4 另鍋，入香油1小匙爆香蔥粒，入水約7分滿羹盤量煮滾，入調味料（2）勾濃芡後轉小火

5 以湯杓底接觸鍋底方式，快速推轉羹湯，慢慢倒入細絲狀蛋白，煮成蛋白絲

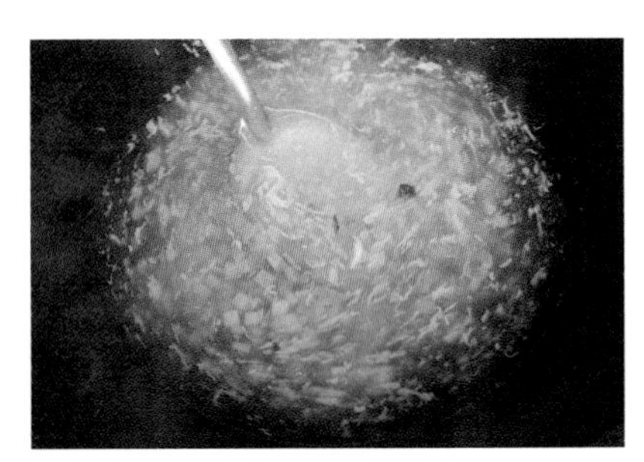

6 入魚丁、香菇、涼筍、紅蘿蔔、洋火腿、青江菜混勻即可

注意事項

1. 蛋白絲於羹湯中可使外觀具有材料豐富的作用，須快速攪拌時入羹中，所以不能在易碎食材進入後才製做，以免食材破碎不成型，利用拉力將蛋白拉細，當然也須要配合打散程度，量也不能過多，會使湯變糊，此羹湯宜做出可透見食材的透明羹芡。
2. 建議香菇不要在湯羹中煮過久，以免黑色素漸漸染黑羹透明度，故以川燙方式再入羹。
3. 魚肉易碎，攪拌時須非常輕盈，才能保持食材完整。
4. 出菜前可用湯匙或筷子在羹中做同方向的作稍微旋轉攪動，使羹湯外觀有漩渦感較為美觀。
5. 魚肉去不去皮都可以，要注意魚刺有無去乾淨。

203D-3 百花釀雞腿

主材料	蝦10隻、雞腿2支
副材料	乾香菇1朵、馬蹄2粒、芹菜1支、蔥1支、嫩薑10克
盤飾	青江菜葉6葉
調味料	調味料（1）：鹽1/3小匙、味精1/3小匙、白胡椒粉1/8小匙、太白粉1大匙、香油1小匙 調味料（2）：鹽1/2小匙、味精1/2小匙、太白粉水1.5大匙、水1杯、香油1小匙
調味重點	鹹味
刀工	1. 蝦：泥 2. 蔥白、香菇、馬蹄、芹菜：碎 3. 薑：末
火力	蒸：中大火 煮：中小火
器皿	10吋圓盤

前處理	1. 乾香菇泡軟、去蒂、切碎 2. 蔥取蔥白切碎；馬蹄拍壓、剁碎、擠乾水分；芹菜切碎；薑切細末；青江菜取葉柄，切帶葉箏形片 3. 雞腿去骨，將肉厚處切修平整（詳細步驟請參閱第230頁） 4. 蝦剝殼，取蝦仁，挑除腸泥後剁泥
作法（重點過程）	1. 蝦、調味料→甩打→碎（除芹菜）、末料→拌勻 2. 雞腿→灑粉→肉餡→蒸→切→排盤 3. 調味料→芹菜→淋芡

作法

1 蝦泥加調味料（1）拌匀，摔打至有黏性，加香菇碎、蔥碎、馬蹄末、薑末，拌勻成百花餡

2 取一鋪好保鮮膜盤子，雞腿皮朝下攤平，肉上面灑上一層薄太白粉

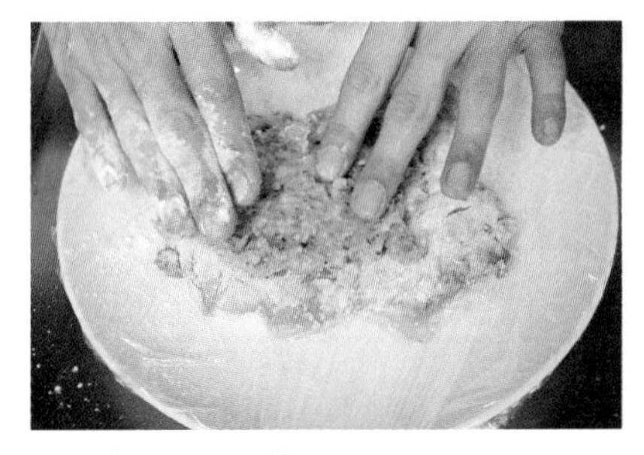

3 鋪上一層百花餡

4 沾水抹平表面

5 大火入蒸雞排約15分鐘至熟，取出

6 起水鍋，水滾川燙青江菜片約5秒，撈起泡冷開水

7 雞排以衛生手法切6塊，排入盤中

8 鍋入調味料（2）、芹菜碎，煮成芡汁，淋於雞排上，以青江菜片盤飾即可

注意事項

1. 203 題組術科測試參考試題備註中規定，此菜須以蔬果做爲盤飾。
2. 雞腿去骨後要以刀跟輕剁斷筋，蒸熟後較不易收縮的太厲害因而變形。
3. 鋪餡後要以手沾水或油抹平，成品表面才會平整，鋪餡時要清楚切塊方位，餡料若要切長方塊，則鋪成長方形，到處亂鋪熟成後仍是切除。
4. 雞腿肉與餡料間拍一層薄粉有助黏合。
5. 此菜原由爲廣東菜「江南百花雞」，是指蝦剁泥拌打起膠，蝦膠釀雞，後來只要以蝦漿爲餡的菜式皆以百花稱之，碎料可不添加。

203D-4 蘋果蝦鬆

主材料	蘋果1個、蝦10隻	前處理	1. 乾香菇泡軟、去蒂、切0.3公分粒狀 2. 涼筍切0.3公分粒狀 3. 芹菜切碎、蔥切蔥花、馬蹄、紅蘿蔔切0.3公分粒狀、薑切末、蘋果切0.3公分粒狀，泡調味料（1）之鹽水；奇異果切半圓片；西生菜以衛生手法修剪，呈直徑約10公分碗狀片6片，瀝乾、排盤，並以保鮮膜封起（詳細步驟請參閱第50頁） 4. 蝦剝殼，取蝦仁，挑除腸泥，切0.3公分碎粒狀
副材料	乾香菇2朵、乾細米粉1把、涼筍1/4支、西生菜1個、馬蹄2粒、芹菜3支、紅蘿蔔1/8條、蔥2支、嫩薑10克		
盤飾	奇異果1個		
調味料	調味料（1）：鹽1/2小匙、水2杯 調味料（2）：米酒1小匙、太白粉1小匙、香油1/2小匙 調味料（3）：鹽1/2小匙、味精1/2小匙、白胡椒粉1/8小匙、米酒1小匙		
調味重點	鹹味		
刀工	1. 芹菜：碎 2. 薑：末 3. 西生菜：碗狀片 4. 其餘主、副材料：粒		
火力	川燙：中小火 炸：中大火 炒：中大火	作法（重點過程）	1. 米粉→炸→壓碎→排盤 2. 蘋果→泡鹽水 3. 蝦→醃→燙 4. 爆香蔥、香菇、薑→芹菜、馬蹄、紅蘿蔔、水→蘋果、蝦→調味料→盛於米粉
器皿	12吋圓盤（蝦鬆）、10吋圓盤（美生菜）		

作法

1 蝦仁碎粒以調味料（2）抓醃

2 起水鍋，水滾川燙奇異果約2秒，撈起泡冷開水降溫、瀝乾，轉小火續入蝦粒約15秒燙熟，撈起瀝乾

3 起油鍋，燒熱油至高油溫，入炸米粉至膨發，撈起瀝油，稍壓碎排盤

4 另鍋，入油1大匙，爆香蔥白、香菇、薑末

5 入炒芹菜、馬蹄、紅蘿蔔、涼筍粒、水3大匙

6 入蘋果粒、蝦碎、調味料（3）、蔥綠拌炒均勻，盛於米粉上，以奇異果片盤飾，附上西生菜盤即可

注意事項

1. 蝦仁不可使用刀剁，易大小不均。
2. 「鬆」大小爲一般的粒狀，是指刀工，特徵與丁相同是立方，比丁小，丁的範圍 0.8 ～ 2 公分，粒的範圍是 0.1 ～ 0.5 公分，但是此菜炒起確實有鬆散爽脆口感與樣貌，易被誤認爲是指口感。
3. 蝦粒過油或川燙法皆可，同需注意火侯與時間的掌控。
4. 西生菜洗滌時先戴上手套剪下蒂頭，放入碗公以礦泉水沖洗一下，剝葉再以剪刀修剪，修剪剩於西生菜則回收考場回收區。
5. 盛盤時應注意擺放層次，炸米粉要露於炒好豬肉鬆的外圍，而大黃瓜盤飾則又更在最外圍配色。
6. 去皮蘋果易變黑，炒製前先泡水防氧化。

203D-5 鮑菇燒白菜

主材料	大白菜1/2個、鮑魚菇4片
副材料	嫩薑40克
盤飾	紅蘿蔔1/8條、青江菜葉6葉
調味料	調味料（1）：鹽1/2小匙、味精1/2小匙、水1.5杯
	調味料（2）：太白粉水2.5大匙
調味重點	鹹味
刀工	1. 薑：菱形片 2. 鮑魚菇：長方片 3. 大白菜：舟塊狀
火力	川燙：中大火 燒：中大火
器皿	12吋圓盤

項目	內容
前處理	薑切高1.5公分的菱形片；紅蘿蔔切菱形水花片6片；青江菜取葉柄切長S形片；鮑魚菇片平較厚處，切成5×2.5公分長方片；大白菜剝葉，成直徑約15公分的包心大小，修齊蒂頭，分切成1開8舟塊狀，取6塊修平葉尾（詳細步驟請參閱第136頁）
作法（重點過程）	1. 主材料→川燙 2. 爆香薑→調味料→主材料→勾芡

作法

1 起水鍋，水滾川燙青江菜梗、紅蘿蔔菱形片15秒，泡冷開水；續入鮑魚菇約2分鐘燙熟，撈起瀝乾

2 將白菜排於漏勺上，入滾水中川燙90秒撈起

3 鍋入香油1小匙，爆香薑片，入調味料（1）煮滾後，排入白菜、鮑魚菇，小火稍煮30秒

4 將白菜與鮑魚菇撈起盛盤

5 湯汁以調味料（2）勾芡，將川燙後的青江菜梗、紅蘿蔔片與爆香的薑片排盤，淋上芡汁即可

注意事項

1. 本法僅是爲了成品外觀整齊而有刀工質感而這樣切修，若能以其他白菜膽烹煮熟後整齊排列的方法亦可。
2. 白菜每顆生長狀況不同，尤其切開有時會發現有黑色蟲蛀洞，須注意清除乾淨，若太嚴重影響製作，須向考場反應進行更換。
3. 舟狀塊每塊盡量須留有蒂頭，熟製後才能乖乖定型。
4. 基本上白菜會切除一半左右上的量，不使用的一定要回收。
5. 中間鋪上一些白菜葉，可填平凹陷，有助於鋪排上層食材。
6. 白菜若要用川燙法，請使用漏勺，別直接讓白菜塊入鍋滾煮，會潰不成形，建議使用蒸法。
7. 203 題組術科測試參考試題備註中規定，此菜須盤飾。

203D-6 蝌肉燴芥菜

主材料	芥菜心1棵、蝌肉2兩
副材料	老薑40克
盤飾	紅蘿蔔1/4條
調味料	鹽1/2小匙、味精1/2小匙、太白粉水2大匙、水1杯、香油1小匙
調味重點	鹹味
刀工	1. 芥菜心：鳳眼片 2. 薑：菱形片
火力	川燙：中大火 燴：中小火
器皿	12吋圓盤

前處理	薑切菱形片；芥菜心剪修為11×6、8×4公分鳳眼形各6片（詳細步驟請參閱第49頁）；紅蘿蔔切十字飛鏢水花片6片
作法（重點過程）	1. 主材料→川燙 2. 爆香薑→調味料→勾芡→主材料

作法

1 起水鍋，水滾川燙芥菜心片約6分鐘至熟撈起，續入紅蘿蔔水花片，燙15秒撈起瀝乾，再入蝌肉川燙至熟，約10秒撈起

2 另鍋入油1大匙，爆香薑片，入調味料（2）煮滾、勾芡後，入芥菜心與蝌肉，小火入煮15秒即可熄火

3 依序將芥菜心片、薑片、蝌肉整齊排入盤中，再淋上適量燴芡，以紅蘿蔔水花片盤飾即可

注意事項

1. 此菜盛盤時，宜先排入大片的芥菜心片，作爲定位，再排入小片的芥菜心片，再排其他材料，蝌肉則排於中間。
2. 此菜爲「燴」，應有燴芡，盛盤時以燴芡蓋過芥菜片爲原則。
3. 如果在夏季應考，考場因芥菜缺貨，可改提供澎湖絲瓜。澎湖絲瓜的操作：
   （1）前處理－削皮：先削稜角處的表皮，削至稜角處的底部，再削除剩餘的澎湖絲瓜表皮。削皮時只削去外表皮，切勿將所有的綠色瓜肉層也削掉。
   （2）刀工－切菱形塊或長條塊：將去皮的澎湖絲瓜分切成 4 直條，平切去籽，斜切成菱形塊，或直切成長條塊。
   （3）烹調：以蝌肉燴芥菜的作法調整。步驟 1，將芥菜心片換成澎湖絲瓜塊，入滾水川燙時間改 40 秒～ 1 分鐘，撈起，續川燙紅蘿蔔水花片、蝌肉，作法不變。步驟 2、3，將芥菜心片換成澎湖絲瓜塊，烹調方式不變。

203D-7 紅心芋泥

主材料	芋頭1個、紅豆沙3兩
副材料	無
盤飾	大黃瓜1/8條
調味料	調味料（1）：糖1/2杯 調味料（2）：糖5大匙、太白粉水2大匙
調味重點	甜味
刀工	芋頭：片
火力	蒸：大火 煮：中小火
器皿	10吋圓盤

前處理	1. 紅豆沙取25克，捏塑成心形片，其餘紅豆沙搓圓，壓成直徑約8公分扁餅狀 2. 大黃瓜去籽，切月牙薄片；芋頭切薄片
作法（重點過程）	1. 芋頭→蒸→調味→泥 2. 紅豆沙→心形、厚片 3. 芋泥→入碗→豆沙厚片→芋泥→倒扣→心形豆沙→扣回→蒸→再扣出 4. 調味料→煮→淋芡

作法

1 芋頭薄片鋪於配菜盤中，封上保鮮膜，大火入蒸至熟約30分鐘，取出入耐熱塑膠袋，加調味料（1）揉壓成泥

2 扣碗鋪保鮮膜，先填入半碗芋泥

3 放入紅豆沙餅

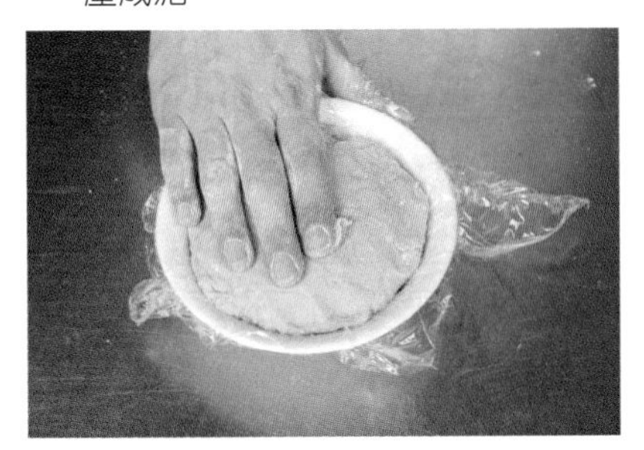

4 以芋泥填滿、壓實

5 倒扣出配菜盤，於芋泥表面，鑲入心形紅豆沙

6 扣碗再壓回芋泥

7 大火入蒸10分鐘，取出後，倒扣於盤中

8 起水鍋，水滾川燙大黃瓜片5秒，撈起泡冷開水

9 鍋入調味料（2）中的糖，炒至焦糖色後，加水1杯煮滾

10 加太白粉水勾芡

11 淋於芋泥上，以大黃瓜片盤飾即可

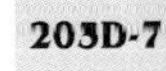

注意事項

1. 芋泥很黏很水時，可拌入適量澱粉，此菜的技法爲扣，不易變形，拌入澱粉入蒸會稍微膨脹。
2. 蒸芋泥可封上保鮮膜，以免有過多的水分，影響成形，芋泥可在砧板上壓剁，也可在鋼盆中匙壓，在塑膠袋裡面操作較爲方便乾淨。
3. 靠近芋頭外表層的芋頭蒸熟後較不易成泥，可連皮稍切除一些，方便操作，但須注意份量是否足夠，以免浪費太多而份量不足。
4. 紅心是指芋泥中包有紅豆沙餡，頂層留一點豆沙點綴用，要搓成一點小珠或是像本法相同刻意塑成愛心狀更符合題意。
5. 煮焦糖時要注意砂糖變色即可，煮過頭除了顏色更黑，味道更會反苦。

203E 製作報告表

項目		第一道菜	第二道菜	第三道菜
評分標準 \ 菜名		煎豬肉餅	麒麟蒸魚	八寶封雞腿
主材料	10%	豬肉	鱸魚	雞腿、長糯米、乾香菇、火腿
副材料	5%	馬蹄、嫩薑、蔥	乾香菇、火腿、涼筍、青江菜	老薑
調味料	5%	鹽、味精、米酒、白胡椒粉、香油、太白粉、麵粉	鹽、味精、太白粉水、香油	醬油、鹽、味精、白胡椒粉
作法（重點過程）	20%	豬肉、副材料、調味料→甩打→虎口適量擠餡→丸→壓扁→蒸→煎	1. 鱸魚、香菇、涼筍、火腿→排列整齊→蒸 2. 青江菜→川燙→排入魚中 3. 調味料→勾芡→淋芡	1. 糯米→浸泡→炒乾→蒸 2. 爆香薑、香菇、火腿→肉丁→調味料 3. 雞腿→餡料→捲蒸→切
刀工	20%	1. 薑：末 2. 蔥白：花 3. 馬蹄：碎 4. 豬肉：泥	1. 香菇：斜切 2. 涼筍、火腿：長方片 3. 鱸魚：魚片 4. 青江菜：修尖、對剖	1. 乾香菇、火腿：丁 2. 薑：末 3. 雞腿：去骨、肉丁
火力	20%	蒸：中大火 煎：中小火	蒸：中大火	炒：中小火 蒸：大火
調味重點	10%	鹹味	鹹味	鹹味
盤飾	10%	大黃瓜片	無	青江菜梗、紅蘿蔔片

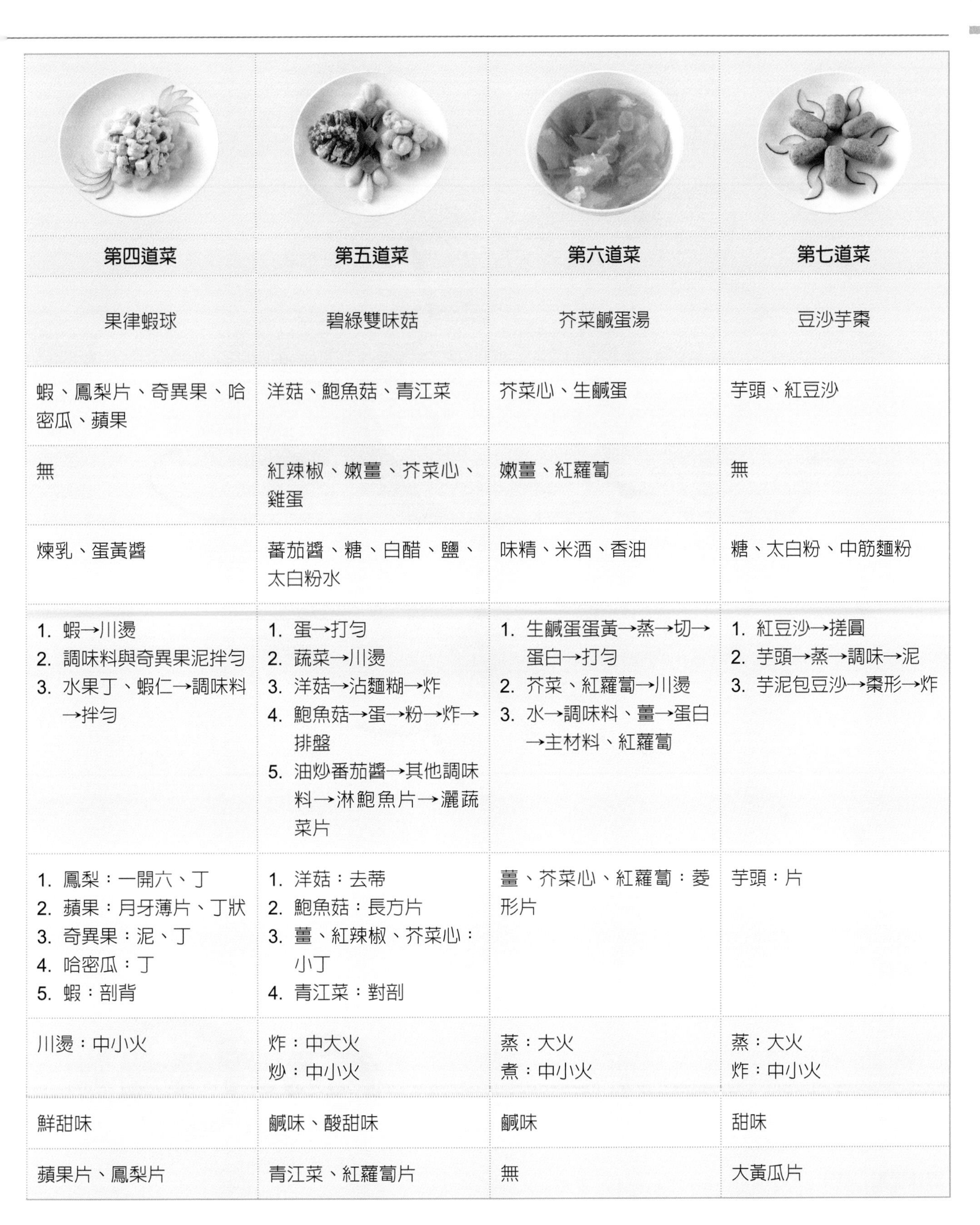

第四道菜	第五道菜	第六道菜	第七道菜
果律蝦球	碧綠雙味菇	芥菜鹹蛋湯	豆沙芋棗
蝦、鳳梨片、奇異果、哈密瓜、蘋果	洋菇、鮑魚菇、青江菜	芥菜心、生鹹蛋	芋頭、紅豆沙
無	紅辣椒、嫩薑、芥菜心、雞蛋	嫩薑、紅蘿蔔	無
煉乳、蛋黃醬	蕃茄醬、糖、白醋、鹽、太白粉水	味精、米酒、香油	糖、太白粉、中筋麵粉
1. 蝦→川燙 2. 調味料與奇異果泥拌勻 3. 水果丁、蝦仁→調味料→拌勻	1. 蛋→打勻 2. 蔬菜→川燙 3. 洋菇→沾麵糊→炸 4. 鮑魚菇→蛋→粉→炸→排盤 5. 油炒番茄醬→其他調味料→淋鮑魚片→灑蔬菜片	1. 生鹹蛋蛋黃→蒸→切→蛋白→打勻 2. 芥菜、紅蘿蔔→川燙 3. 水→調味料、薑→蛋白→主材料、紅蘿蔔	1. 紅豆沙→搓圓 2. 芋頭→蒸→調味→泥 3. 芋泥包豆沙→棗形→炸
1. 鳳梨：一開六、丁 2. 蘋果：月牙薄片、丁狀 3. 奇異果：泥、丁 4. 哈密瓜：丁 5. 蝦：剖背	1. 洋菇：去蒂 2. 鮑魚菇：長方片 3. 薑、紅辣椒、芥菜心：小丁 4. 青江菜：對剖	薑、芥菜心、紅蘿蔔：菱形片	芋頭：片
川燙：中小火	炸：中大火 炒：中小火	蒸：大火 煮：中小火	蒸：大火 炸：中小火
鮮甜味	鹹味、酸甜味	鹹味	甜味
蘋果片、鳳梨片	青江菜、紅蘿蔔片	無	大黃瓜片

203E-1 煎豬肉餅

<table>
<tr><td>主材料</td><td>豬肉10兩</td><td rowspan="6">前處理</td><td rowspan="6">1. 馬蹄拍壓、剁細、擠乾水分；蔥取蔥白，切細蔥花；薑切末；大黃瓜切去籽，切月牙薄片
2. 豬肉切剁成細泥</td></tr>
<tr><td>副材料</td><td>馬蹄3粒、蔥1支、嫩薑10克</td></tr>
<tr><td>盤飾</td><td>大黃瓜1/8條</td></tr>
<tr><td>調味料</td><td>鹽1/2小匙、味精1/2小匙、米酒1小匙、太白粉2大匙、麵粉2大匙、白胡椒粉1/4小匙、香油1小匙、水2大匙</td></tr>
<tr><td>調味重點</td><td>鹹味</td></tr>
<tr><td>刀工</td><td>1. 薑：末
2. 蔥白：花
3. 馬蹄：碎
4. 豬肉：泥</td></tr>
<tr><td>火力</td><td>蒸：中大火
煎：中小火</td><td rowspan="2">作法
（重點
過程）</td><td rowspan="2">豬肉、副材料、調味料→甩打→虎口適量擠餡→丸→壓扁→蒸→煎</td></tr>
<tr><td>器皿</td><td>10吋圓盤</td></tr>
</table>

作法

1 豬肉泥與蔥末、薑末、馬蹄末、調味料一同攪拌，並甩打至產生黏性，以手掌的虎口將肉餡擠塑成直徑約4公分圓形丸子狀，至少做出6顆，肉丸表面以沙拉油抹光滑

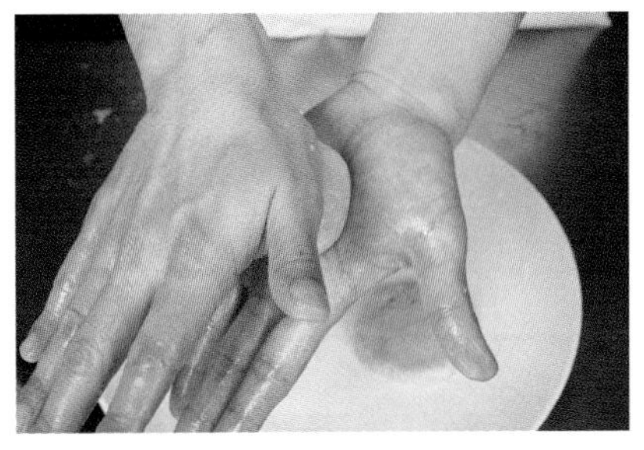

2 將丸子再壓扁塑成直徑約7公分的圓餅狀

3 整型好的肉丸放在鋪好保鮮膜的瓷盤上

4 放入蒸籠鍋內，以中大火蒸15分鐘至熟，取出

5 起水鍋，水滾川燙大黃瓜片5秒，撈起、泡冷開水

6 潤鍋，倒開餘油剩3大匙，中小火入煎豬肉餅

7 煎至兩面微焦上色，即可盛盤，以大黃瓜片盤飾即可

注意事項

1. 豬肉與各種副材料均要切剁至細，避免過大的顆粒使肉餅表面不易光滑平整。
2. 由於材料中沒有提供肥肉（板油），純瘦肉入蒸易乾裂，因此肉餡一定要攪拌出黏性，可利用澱粉的添加，使肉餡的黏性較佳。一般以太白粉與麵粉的比例 1：1 逐步增加即可。
3. 攪拌肉餡時，加入適量的水可以使口感不會過於乾硬，可分次慢慢加入，較易使肉餡吸收均勻，另外切勿加太多水導致肉餡過軟，成品丸形塌陷。
4. 若有多餘肉餡勿隨意丟棄，可回收考場的回收區。
5. 先塑成球形再壓扁較易成圓餅形，全部入蒸盤上後，須再以手沾油抹平外圍，蒸熟成品才不會呈不規則狀。
6. 本法先蒸後煎可保成品圓餅狀完整，生肉入煎餅較易變形。
7. 一定要潤鍋後才入能入煎，以免黏鍋。

203E-2 麒麟蒸魚

主材料	鱸魚1條
副材料	乾香菇4朵、涼筍1/2支、火腿4片、青江菜5棵
盤飾	無
調味料	調味料（1）：鹽1/2小匙、米酒2大匙
	調味料（2）：鹽1/2小匙、味精1/2小匙、太白粉水2大匙、水1杯、香油1/2小匙
調味重點	鹹味
刀工	1. 香菇：斜切 2. 涼筍、火腿：長方片 3. 鱸魚：魚片 4. 青江菜：修尖、對剖
火力	蒸：中大火
器皿	12吋橢圓盤

項目	內容
前處理	1. 香菇泡軟、去蒂，一朵斜切成三片，切修成5公分寬 2. 涼筍切5×2公分長方片 3. 火腿切5×2公分長方片 4. 青江菜蒂頭與葉尾修尖、對剖 5. 鱸魚殺清，取二片魚淨肉，魚片斜切成12片魚片，魚頭稍微壓扁，魚尾鰭修剪後斜去骨
作法（重點過程）	1. 鱸魚、香菇、涼筍、火腿→排列整齊→蒸 2. 青江菜→川燙→排入魚中 3. 調味料→勾芡→淋芡

作法

1 處理好的鱸魚抓醃調味料（1），將魚頭、尾、魚肉整齊排入盤中

2 依序將香菇片、涼筍片、火腿片各一片為一組

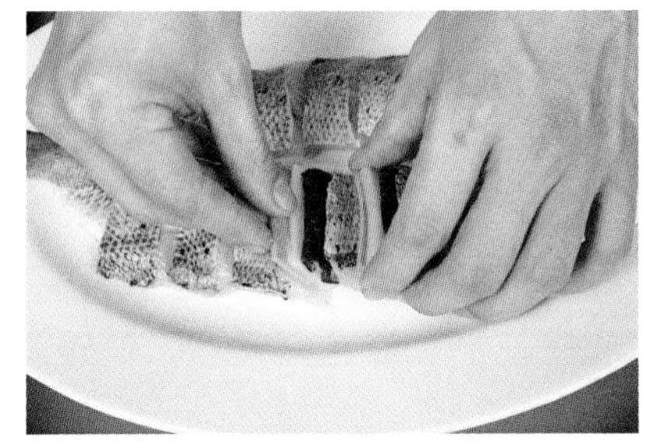

3 分別排魚片中

4 大火入蒸8分鐘取出，倒掉湯汁

5 起水鍋，滾水川燙青江菜至熟約1分鐘，撈起、瀝乾，排入蒸好的魚肉中間

6 另鍋入調味料（2）煮成芡汁，淋於盤中即可

注意事項

1. 203 題組術科測試參考試題備註中規定，「鱸魚」類須去大骨，再依題意製作烹調。成品應保留魚頭、魚尾排列成全魚形狀。
2. 麒麟爲中國傳說中的一種祥瑞聖獸，形似鹿，全身有麟甲，再中餐烹調中多是形容食材一片片層疊出的樣貌來比喻麒麟身上麟甲，象徵祥瑞福至。
3. 帶骨全魚蒸製時間依體積大小有所不同，一般約爲 12 ～ 15 分鐘，去骨的魚片不可蒸製相同時間，以免肉質乾柴、鮮味盡失，約 6 ～ 8 分鐘即可。
4. 配料可自由搭配，並無硬性規定，原則是分色對比，火腿可換紅蘿蔔、涼筍可換嫩薑。

203E-3 八寶封雞腿

主材料	雞腿2支、長糯米150克、乾香菇1朵、火腿50克
副材料	老薑10克
盤飾	青江菜葉6葉、紅蘿蔔1/8條
調味料	調味料（1）：鹽1/2小匙、白胡椒粉1/8小匙、米酒1大匙 調味料（2）：醬油1小匙、鹽1/4小匙、味精1/2小匙、白胡椒粉1/8小匙、水2大匙
調味重點	鹹味
刀工	1. 乾香菇、火腿：丁 2. 薑：末 3. 雞腿：去骨、肉丁
火力	炒：中小火 蒸：大火
器皿	10吋圓盤

項目	內容
前處理	1. 長糯米洗淨、加水150c.c.、浸泡；乾香菇泡軟、去蒂、切0.5公分丁 2. 火腿切0.5公分方丁 3. 薑切末；青江菜切帶柄葉箏形片6片；紅蘿蔔切菱形水晶水花片6片 4. 雞腿去骨，平切修肉厚處（詳細步驟請參閱第230頁），切下的雞肉切0.5公分丁
作法（重點過程）	1. 糯米→浸泡→炒乾→蒸 2. 爆香薑、香菇、火腿→肉丁→調味料 3. 雞腿→餡料→捲蒸→切

作法

1 起水鍋，水滾川燙青江菜、紅蘿蔔15秒，撈起泡冷開水

2 糯米連水入鍋，中小火炒至水收乾

3 平鋪於配菜盤中，大火入蒸10分鐘至熟，取出

4 鍋入麻油2大匙，爆香薑末、香菇、火腿

5 入炒雞肉丁、調味料（2）、熟糯米飯，拌勻後盛起成餡料

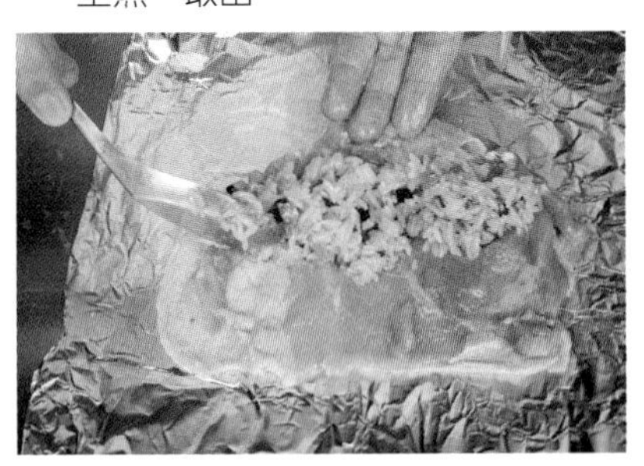

6 雞腿抓醃調味料（1），桌面鋪鋁箔紙，雞皮朝下、鋪平，放上適量餡料

7 於雞腿上捏塑成長形，雞腿捲起

8 鋁箔紙捲起

9 捲緊

10 做好兩捲，大火入蒸20分鐘

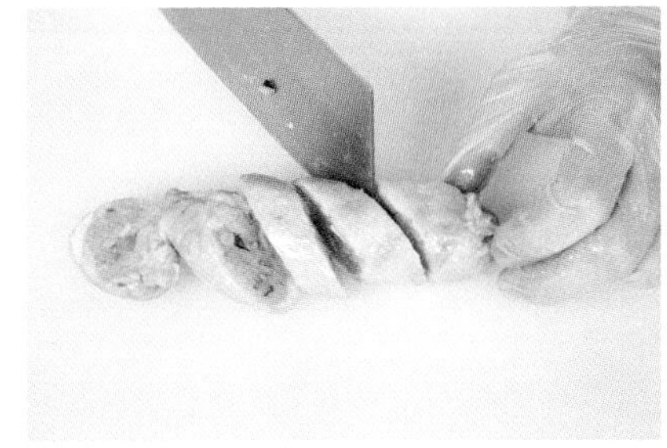

11 斜切厚片、排盤，以青江菜片、紅蘿蔔片盤飾即可

注意事項

1. 以本法入鍋炒至收水後入蒸的糯米，口感粒而不爛，快速易熟。
2. 八寶意為多寶，在此是指有料的糯米飯，「封」與「扣」相同是技法而非烹調法，將餡料嵌、釀、包入主材料中都可。
3. 若是以本法去骨後捲餡，則 2 支雞腿即足切 6 片，倘若考場發棒棒腿，那依規定應發 3 支，製作 3 支，1 支斜切 2 片，塑型時還須盡量塑成粗細相同的長棒狀，片才會平均大小，作 2 支，1 支若要切 3 片得要切薄（詳細步驟請參考第 235 頁）。
4. 外面有包覆鋁箔紙較不易熟，本來 12 分至 15 分可蒸熟，要拉長至 20 分鐘較為保險，寧可蒸久一點以免切開才發現未熟再入蒸，平整外觀會變形。
5. 203 題組術科測試參考試題備註中規定，此菜須以蔬果做為盤飾。

203E-4 果律蝦球

主材料	蝦10隻、鳳梨片5片、哈密瓜1/8個、蘋果1/2個、奇異果2個
副材料	無
盤飾	主材料
調味料	調味料（1）：鹽1小匙 調味料（2）：鹽1/2小匙、米酒1小匙 調味料（3）：煉乳1小匙、蛋黃醬2.5大匙
調味重點	鮮甜味
刀工	1. 鳳梨：一開六、丁 2. 蘋果：月牙薄片：丁狀 3. 奇異果：泥、丁 4. 哈密瓜：丁 5. 蝦：剖背
火力	川燙：中小火
器皿	10吋圓盤
前處理	1. 鳳梨2片切1開六扇形塊，其餘切約1.5公分丁狀 2. 以衛生手法處理水果，哈密瓜去皮、去籽、切1.5公分丁；蘋果切一塊，改切月牙薄片，其餘去皮、去籽、切1.5公分丁，加調味料（1），一同泡冷開水，再瀝乾；奇異果去皮，1.5個切1.5公分丁，半個剁泥 3. 蝦剝殼，取蝦仁，挑除腸泥，剖背
作法（重點過程）	1. 蝦→川燙 2. 調味料與奇異果泥拌勻 3. 水果丁、蝦仁→調味料→拌勻

作法

1 蝦仁抓醃調味料（2）

2 起水鍋，煮滾後轉小火，入蝦仁川燙至熟約20秒，撈起泡冷開水冷卻後瀝乾

3 調味料（3）與奇異果泥拌勻，成果泥沙拉醬

4 鳳梨扇形塊圍於盤邊

5 水果丁、蝦仁擦乾，入碗公加果泥沙拉醬，拌勻，盛於盤中，以蘋果片盤飾即可

注意事項

1. 203 題組術科測試參考試題備註中規定，此菜爲整尾蝦燙熟成球狀後，另以什錦水果切丁（水果切割應先減菌、清洗處理後，才以衛生手法作切割），運用果泥、煉乳及蛋黃醬調和再與蝦球拌勻。
2. 果泥沒有限定是哪種水果，亦可使用適量蘋果或哈密瓜，除了在熟食砧板上剁泥也可以使用磨薑板，沙拉醬拌任何果泥都會變稀，適量就好，過稀拌材料時易出水。
3. 所有食材在拌沙拉醬前應先盡量擦乾水分。
4. 蝦仁剖背要從頭至尾都剖到，在不剖成兩半前題下，切劃愈深則熟後愈成球狀，川燙時以微滾水泡熟爲原則，以免收縮太快口感老化變柴。
5. 鳳梨數量夠，可取一些來圍邊增加美觀，當然也可以全切丁拌合，另作綠色盤飾。

203E-5 碧綠雙味菇

主材料	洋菇10朵、鮑魚菇2片、青江菜3棵
副材料	紅辣椒1支、嫩薑20克、芥菜心1/2葉、雞蛋1個
盤飾	紅蘿蔔1/8條
調味料	調味料（1）：低筋麵粉2/3杯、太白粉1/3杯、泡打粉2小匙、沙拉油1大匙、水2/3杯、白醋1小匙、鹽1/小匙、味精1小匙、白胡椒粉1/3小匙
	調味料（2）：低筋麵粉1/2杯、太白粉1/2杯
	調味料（3）：番茄醬4大匙、糖4大匙、水4大匙、白醋4大匙、鹽1/4小匙、太白粉水2大匙
調味重點	鹹味、酸甜味
刀工	1. 洋菇：去蒂 2. 鮑魚菇：長方片 3. 薑、紅辣椒、芥菜心：小丁 4. 青江菜：對剖
火力	炸：中大火 炒：中小火
器皿	12吋圓盤
前處理	1. 洋菇切平蒂頭；鮑魚菇切5×2.5公分長方片；紅辣椒去籽與芥菜心、嫩薑切0.8公分小丁片；青江菜剝除外葉，使每株大小相同後，將蒂頭、葉子修尖並對剖；紅蘿蔔切波浪小花水花片 2. 雞蛋以三段式打蛋法打勻成蛋液
作法（重點過程）	1. 蛋→打勻 2. 蔬菜→川燙 3. 洋菇→沾麵糊→炸 4. 鮑魚菇→蛋→粉→炸→排盤 5. 油炒番茄醬→其他調味料→淋鮑魚片→灑蔬菜片

作法

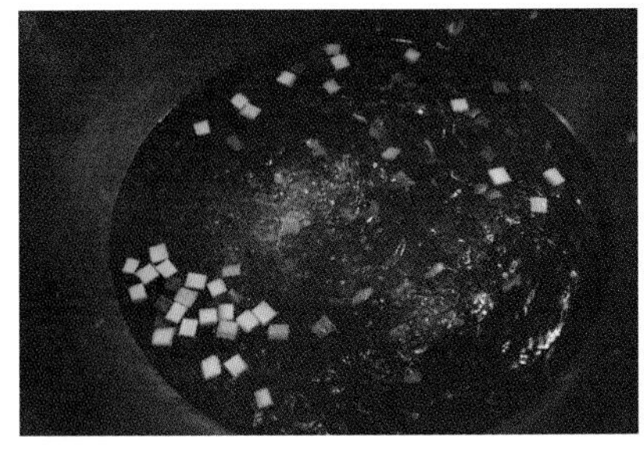

1 起水鍋，水滾川燙青江菜、紅蘿蔔水花片約1分鐘至熟，撈起瀝乾排入盤中，續入芥菜心、紅辣椒、薑片30秒，撈起

2 調味料（1）調成濃稠麵糊，入洋菇沾麵糊

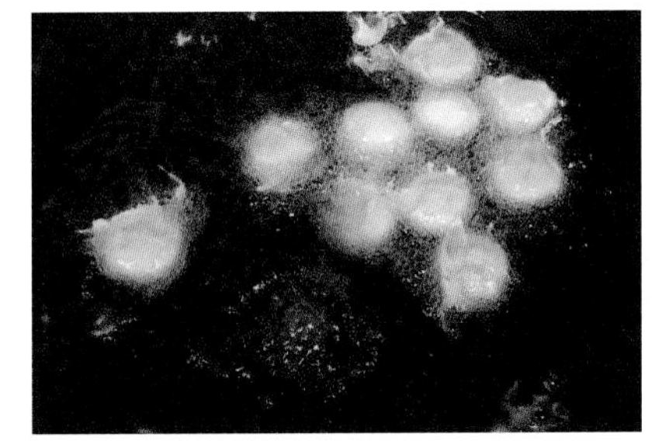

3 入炸至熟，外表金黃微焦

4 撈起瀝油、排盤

5 鮑魚菇加蛋液抓勻，再均勻沾裹事先混勻的調味料（2）

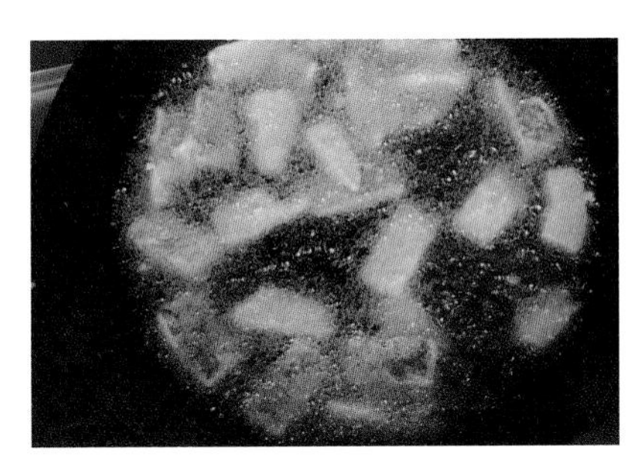

6 大火入炸至熟、外表金黃微焦

7 撈起瀝油、排盤

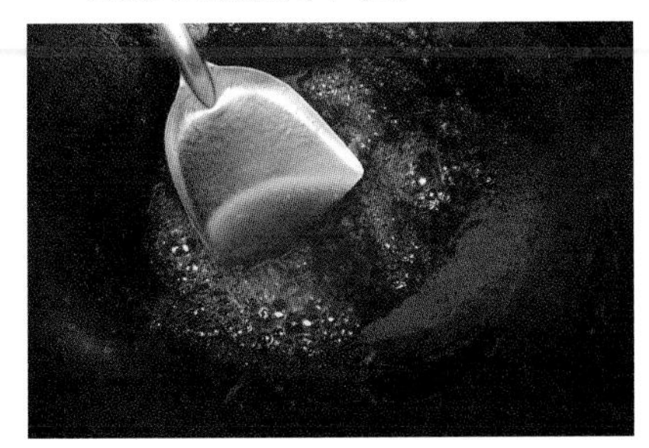

8 另鍋，入油1小匙、調味料（3）煮成糖醋芡汁，淋在鮑魚菇上，灑上芥菜心、紅辣椒、薑片，以紅蘿蔔水花片盤飾即可

注意事項

1. 203題組術科測試參考試題備註中規定，此菜各以二種不同菇類爲材料製作，並用盤飾區隔之，故碧綠不一定是青江菜，可視材料決定。
2. 「雙味」與「兩吃」相同，考生可自行搭配，刀工、烹調法、味型皆有不同最好。若調一麵糊兩種菇皆沾此糊炸，一吃附上不同味型醬，當然也符合題意。
3. 糖醋汁用量要注意，別溢流太多導致過界。

203E-6 芥菜鹹蛋湯

主材料	芥菜心1棵、生鹹蛋2個	前處理	1. 生鹹蛋剝開，分開鹹蛋黃，鹹蛋白打勻 2. 芥菜心切高3公分菱形片、薑與紅蘿蔔切高2公分菱形片各6片
副材料	嫩薑30克、紅蘿蔔1/8條		
盤飾	無		
調味料	味精、米酒、香油		
調味重點	鹹味		
刀工	薑、芥菜心、紅蘿蔔：菱形片		
火力	蒸：大火 煮：中小火		
器皿	大碗公	作法（重點過程）	1. 生鹹蛋蛋黃→蒸→切→蛋白→打勻 2. 芥菜、紅蘿蔔→川燙 3. 水→調味料、薑→蛋白→主材料、紅蘿蔔

作法

1 鹹蛋黃大火入蒸15分鐘，取出放涼，1個切3片共6片

2 起水鍋，水滾川燙芥菜心約6分鐘至熟，撈起，續入紅蘿蔔片燙15秒，撈起

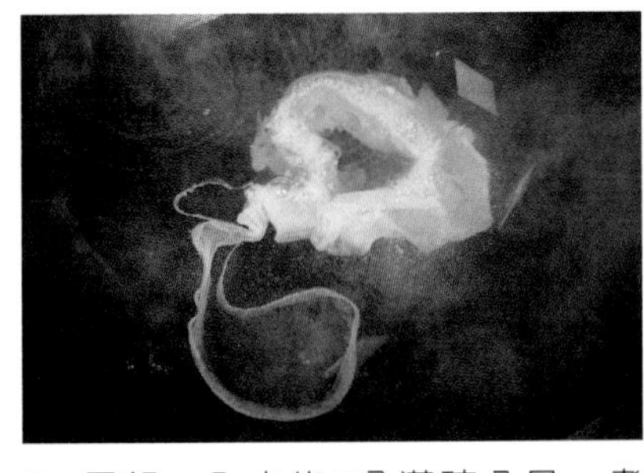

3 另鍋，入水約7分滿碗公量，煮滾，轉小火，加調味料、薑片、1個鹹鴨蛋白，煮成蛋花後

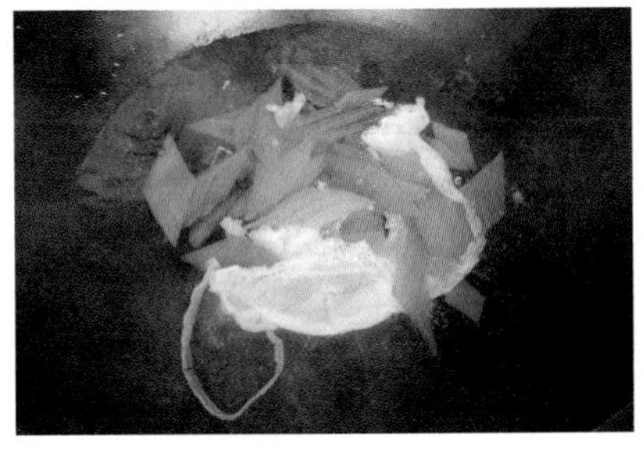

4 再入芥菜心、紅蘿蔔，最後放入鹹蛋黃煮滾，熄火，盛入碗公即可

注意事項

1. 芥菜心須依實際拿到的狀況做切修判斷，每葉愈靠近根部則愈呈彎拱形，使用此處要片薄，修剪剩餘的芥菜心數量應該還剩一半，不一定要切成菱形片，只要整齊且數量夠即可，除了將小碎散的丟入廚餘，其餘的應回收至考場回收區。
2. 生鹹蛋黃較軟黏，先切片易變形，故先蒸熟再切片。鹹蛋黃不可在湯中滾煮太久，會出油且易碎散。
3. 生鹹蛋白味道死鹹，以一顆鹹蛋白量，可斟酌添加一點鹽，若加 2 顆則不再加鹽，打開蛋殼發現有腐敗味則應要求考場更換。
4. 湯應呈現清澈外觀較佳，亦可一眼就看出湯中材料。
5. 如果在夏季應考，考場因芥菜缺貨，可改提供澎湖絲瓜。澎湖絲瓜的操作：
   (1) 前處理－削皮：先削稜角處的表皮，削至稜角處的底部，再削除剩餘的澎湖絲瓜表皮。削皮時只削去外表皮，切勿將所有的綠色瓜肉層也削掉。
   (2) 刀工－切菱形塊或長條塊：將去皮的澎湖絲瓜分切成 4 直條，平切去籽，斜切成菱形塊，或直切成長條塊。
   (3) 烹調：以芥菜鹹蛋湯的作法調整。步驟 2，將芥菜心片換成澎湖絲瓜塊，入滾水川燙時間改 40 秒～ 1 分鐘，撈起，續川燙紅蘿蔔水花片 15 秒。步驟 4，將芥菜心片換成澎湖絲瓜塊，烹調方式不變。

203E-7 豆沙芋棗

主材料	芋頭1個、紅豆沙3兩
副材料	無
盤飾	大黃瓜1/8條
調味料	糖3大匙、太白粉1/2杯、中筋麵粉1/2杯
調味重點	甜味
刀工	芋頭：片
火力	蒸：大火 炸：中小火
器皿	10吋圓盤

前處理	1. 紅豆沙分成6份、搓圓 2. 大黃瓜去籽切月牙薄片12片，芋頭切薄片
作法（重點過程）	1. 紅豆沙→搓圓 2. 芋頭→蒸→調味→泥 3. 芋泥包豆沙→棗形→炸

作法

1 芋頭薄片鋪於配菜盤中，封上保鮮膜，大火入蒸30分鐘，取出入耐熱塑膠袋，加調味料，捏壓成泥

2 取6份芋泥搓圓，依序將芋泥中間壓一凹槽

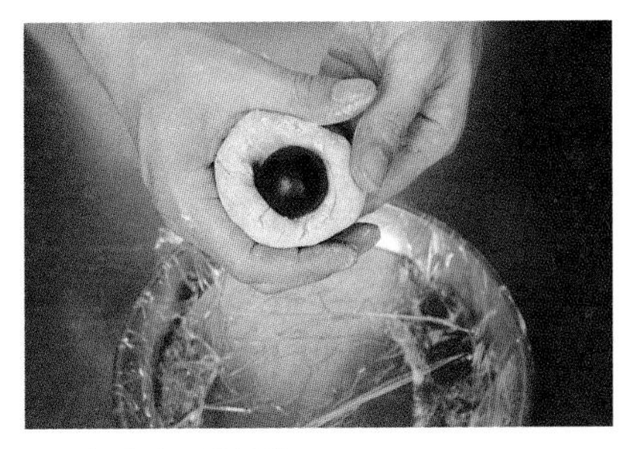

3 包入紅豆沙球

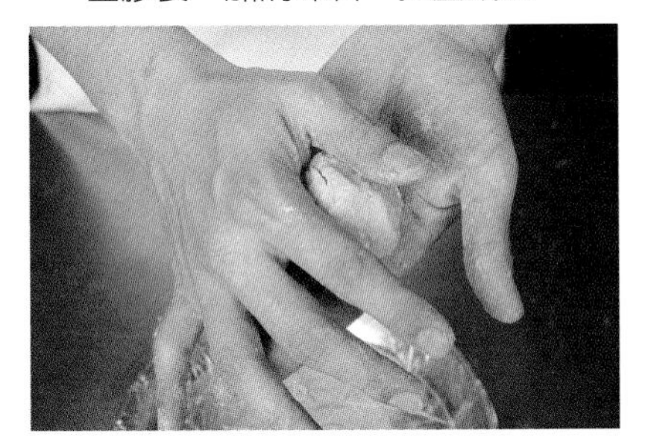

4 以虎口將芋泥收合、捏緊

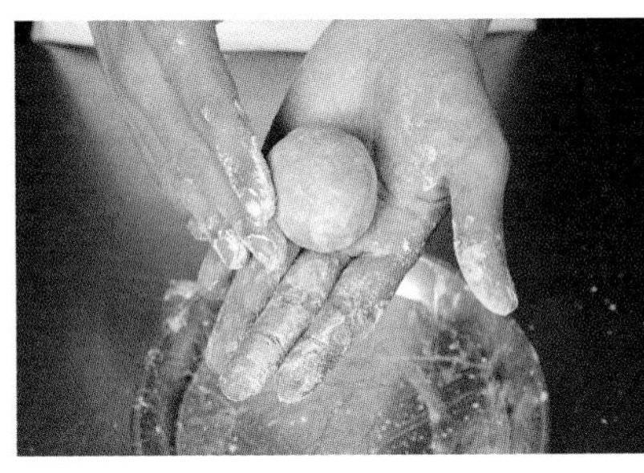

5 搓圓

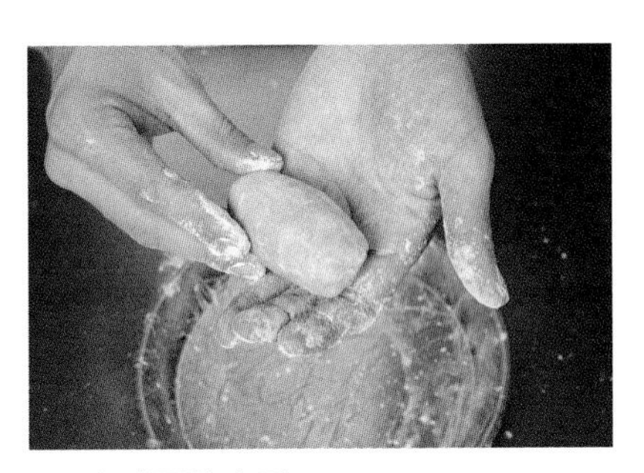

6 塑成圓柱棗形

7 起水鍋，水滾川燙大黃瓜片5秒，撈起泡開水

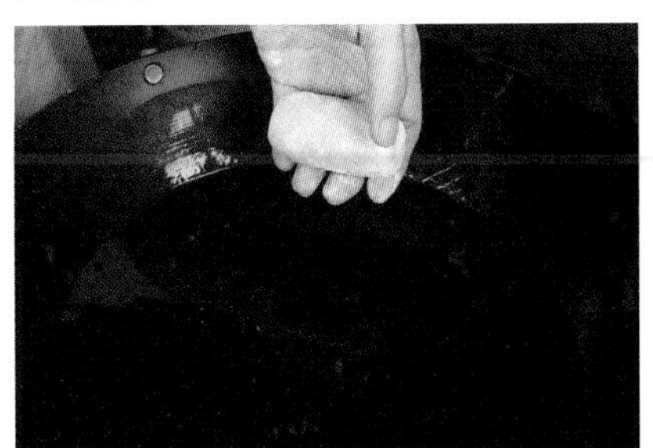

8 起油鍋，中油溫入炸芋棗

9 浮起且外表微焦上色，撈起、瀝油，排盤，以大黃瓜片盤飾即可

注意事項

1. 蒸芋泥可封上保鮮膜，以免有過多的水分，影響成形，芋泥可在砧板上壓剁，也可在鋼盆中匙壓，在塑膠袋裡面操作較爲方便乾淨。
2. 靠近芋頭外表層的芋頭蒸熟後較不易成泥，可連皮稍切除一些，方便操作，但須注意份量是否足夠，以免浪費太多而份量不足。
3. 芋泥除了要徹底壓泥以外，加入澱粉一定要拌到不黏手的情況才好操作，若太濕軟，只能再加澱粉調整軟硬度。
4. 塑成棗形後外層要沾太白粉入炸亦可，但要沾裹均勻，否則成品上色較易不均，切記一入鍋即要搖動油鍋，不然就是以漏杓墊底，含糖的芋泥稍微在鍋底停留即可產生焦色。
5. 炸芋棗先中低油溫入鍋，待芋棗稍微浮起即可慢慢增溫至撈起，不可使用大火高油溫炸，易使芋棗產生裂紋或爆裂，爆裂的成因還有澱粉量過多。

Part 3
學科篇

UNIT

07602 中餐烹調 (葷食) 乙級

工作項目 1　食物性質之認識
工作項目 2　食物選購
工作項目 3　食物貯藏
工作項目 4　食物製備
工作項目 5　排盤與裝飾
工作項目 6　器具設備之認識
工作項目 7　營養知識
工作項目 8　成本控制
工作項目 9　衛生知識
工作項目 10　衛生法規

90010 食品安全衛生及營養相關職類共同科目

工作項目 1　食品安全衛生
工作項目 2　食品安全衛生相關法規
工作項目 3　營養及健康飲食

90006　職業安全衛生共同科目

90007　工作倫理與職業道德共同科目

90008　環境保護共同科目

90009　節能減碳共同科目

小叮嚀

1. 學科應檢時須攜帶：
   (1) 證件：准考證、身分證或其他法定身分證件。
   (2) 文具：2B 鉛筆、橡皮擦。
2. 學科測試抽題，單選 60 題，複選 20 題，共 80 題。比例與題數分配如下：

內容	比例	單選題數	複選題數
07602 中餐乙級	60%	28	20
90010 共同科目	20%	16	0
90006 共同科目	5%	4	0
90007 共同科目	5%	4	0
90008 共同科目	5%	4	0
90009 共同科目	5%	4	0
合　計	100%	60	20

07602 中餐烹調（葷食）乙級

工作項目 1　食物性質之認識

（ 2 ） 1. 將蛋放入：① 1% ② 6% ③ 16% ④ 20%　的鹽水中，會下沉的表示愈新鮮。

解析 新鮮雞蛋的密度約 1.07 ～ 1.09（g/cm^2）之間，當雞蛋存放的時間愈久，密度也會逐漸下降，若下降至 1.02（g/cm^2）以下時，則雞蛋已經產生變質的現象。而 6% 的鹽水密度爲 1.027（g/cm^2），將雞蛋放入時，若浮起則代表雞蛋的密度小於 1.027（g/cm^2），也就是不新鮮。

（ 1 ） 2. 水煮蛋煮太久時，蛋黃表面會呈現暗綠色，此乃由於蛋中含硫胺基酸在高溫分解所產生的硫化氫與蛋黃中的？①鐵 ②銅 ③鎂 ④鋅　發生化學變化。

解析 蛋的營養價值豐富，烹煮水煮蛋產生的蛋黃表面變暗綠色是蛋黃產生了琉化鐵，也就是蛋白中的琉與蛋黃中的鐵產生變化。

（ 3 ） 3. 蛋黃中含有何種物質，具有乳化油脂之作用？①維生素 B_1 ②鐵質 ③卵磷脂 ④脂肪酸。

解析 卵磷脂是蛋黃中富含的營養之一，因其具有乳化油脂的作用，因此經常被用來製作蛋黃醬。

（ 4 ） 4. 下列各糖以何者的甜度爲最高？①葡萄糖 ②乳糖 ③蔗糖 ④果糖。

解析 以蔗糖的甜度 100 爲基準，乳糖的甜度爲 30，葡萄糖的甜度爲 64，果糖的甜度可至 150 ～ 170，因此果糖的甜度最高。

（ 3 ） 5. 添加後可促進砂糖加熱的轉化並防止再結晶的是：①鹽 ②澱粉 ③醋 ④味精。

解析 醋含有酸性物質可促進砂糖的加熱轉化，也可用檸檬汁…等取代。

（ 4 ） 6. 下列何者不是製造豆腐的凝固劑？①氯化鎂 ②硫酸鈣 ③氯化鈣 ④氯化鉀。

解析 根據「食品添加物使用範圍及限量暨規格標準（105.02.17）」之規定，製作豆腐的凝固劑屬於第七類品質改良用、釀造用及食品製造用劑，氯化鎂、硫酸鈣、氯化鈣均屬於該分類。而氯化鉀則屬於第十一類調味劑。

（ 2 ） 7. 人造奶油亦即瑪琪琳是從下列何者分離得來？①牛奶中 ②植物油氫化 ③鯨魚油 ④牛脂中。

解析 人造奶油是以植物油氫化而成，一般植物油含有豐富的多元不飽和脂肪酸，在室溫中成液狀，而爲了使其更爲穩定、呈現固狀，透過氫化的方式，即可達到。但這過程中會產生反式脂肪，較不健康。

（ 3 ） 8. 全脂奶粉的油脂之含量在：① 14%以上 ② 20%以上 ③ 26%以上 ④ 30%以上。

解析 全脂奶粉的油脂含量應達 26%以上，水分含量應爲 4%以下。

（ 1 ） 9. 造成油炸食物不夠脆的最主要原因？①油溫不夠高 ②油中含有許多雜質 ③使用舊油 ④有回鍋搶酥

解析 若油溫不夠高時，放入食材，則會使食材與外層粉衣分離，並使油炸後的食物含油量過高，不酥脆。

（ 1 ）10. 淡味醬油即薄鹽醬油，其含鹽量約爲：①一般醬油的一半 ②約 2% ③約 15% ④不含鈉鹽。

解析 薄鹽醬油是目前飲食趨勢中的產品，以低鹽作爲訴求。

（ 2 ）11. 釀造醬油的主要原料是：①鹽及色素 ②黃豆與小麥 ③黃豆及鹽 ④米及鹽。

解析 釀造醬油的作法是將黃豆浸漬蒸煮破碎、小麥焙炒，種麴製麴，再加入酵母、麴菌、食鹽水，進行釀造，變成醬油膠後再經過熟成，加熱蒸煮壓榨成生醬油，最後經過殺菌。

（ 3 ）12. 釀造醬油的主要原料是：①玉米、小麥及食鹽 ②黃豆、白米及食鹽 ③黃豆、小麥及食鹽 ④白米、小麥及食鹽。

解析 同第 11 題。

（ 3 ）13. 甜麵醬是以下列何種食材經特殊發酵製成的？①太白粉 ②豆粉 ③麵粉 ④米粉。

解析 甜麵醬是將麵粉和成麵糰後，蒸熟加入麴黴進行發酵，再加入鹽水繼續發酵熟成。

（ 1 ）14. 酥油（白油）主要用途是：①油炸或烘烤 ②一般家庭烹調 ③調製沙拉醬 ④蛋黃醬　之製作。

解析 酥油與白油均為氫化後的油脂，一般多用於烘焙糕點產品。

（ 3 ）15. 加鹼處理的米或麵類加工品，會：①增加硬度 ②增加營養價值 ③減少營養素 ④增加黏度。

解析 米和麵類的加工品，加鹼可使麵粉的筋性提高，加工而成的產品較具強韌性且彈性較Q，但也會使流失部分的營養價值。

（ 2 ）16. 麵粉加等量的水可作成具延展性的麵糰，是因下列何種成分的關係？①維生素 ②麵筋 ③澱粉 ④麵麩。

解析 麵粉中的麥穀蛋白與膠蛋白不溶於水，加水後可形成麵筋，產生彈性與延展性。

（ 2 ）17. 米、麥等主食類中所含的澱粉其特性是下列何者？①在水中一段時間即能自行溶解，故易被人體消化 ②必須加水加熱，經過糊化，才能被人體消化 ③生吃、熟吃都一樣有甜味 ④加熱即能分解成葡萄糖。

解析 米、麥均須加熱才易被人體吸收，泡水是為了讓米、麥當中的澱粉吸收水分，使烹調時較易熟成。且必須透過加熱烹調，才可藉由咀嚼品嚐出其中澱粉的葡萄糖甜味。

（ 3 ）18. 高筋麵粉比低筋麵粉所含：①油脂 ②澱粉 ③蛋白質 ④纖維質　的含量較高。

解析 高筋麵粉的蛋白質含量最高，其次為中筋麵粉、低筋麵粉。

（ 4 ）19. 將米加水煮成飯，是出於何種作用所致？①蛋白質變性 ②油脂氧化 ③澱粉老化 ④澱粉糊化。

解析 米與水在加熱的過程中，米的澱粉會開始吸收水分，而產生黏性，此過程稱為糊化，也稱為澱粉的 α 化。

（ 3 ）20. 作為主食的穀類食品，含有何種主要成分，在水中一段時間再經加熱即易被人體消化利用？①食物纖維質 ②蛋白質 ③澱粉 ④油脂。

解析 穀類產品含有豐富的澱粉，透過添加水分或泡水可使澱粉糊化較完全，較易被吸收。

（ 2 ）21. 高筋麵粉所含何種成分比低筋麵粉多？①澱粉 ②蛋白質 ③維生素 B_1 ④油脂。

解析 高筋麵粉的蛋白質含量最高，其次為中筋麵粉、低筋麵粉。

（ 2 ）22. 米飯放在冰箱中會變得較乾硬是因為：①脂肪氧化 ②澱粉老化 ③蛋白質硬化 ④礦物質鈣化　之作用。

解析 米中的澱粉在熟製後，經冷卻後或於室溫中一段時間，會失去部分水分，而使得米製的菜餚或點心變得較為乾硬，此為澱粉老化。

（ 4 ）23. 高筋麵粉的蛋白質含量是：① 6% ② 8% ③ 10% ④ 11%以上。

解析 高筋麵粉的蛋白質含量為 11.5 ～ 13.5%，中筋麵粉的蛋白質含量為 8.5 ～ 11.5%，低筋麵粉的蛋白質含量為 8.5%以下。

（ 2 ）24. 魚類在冷藏不足的情況下，很容易釋出高量：①蛋白質 ②組織胺 ③胺基酸 ④脂肪酸。

解析 當魚類冷藏不足時，極可能產生腐敗的現象，魚肉中的游離組織酸會轉變為組織胺，此轉變的現象在腐敗的初期不易辨別，且烹調的過程無法消除組織胺，因此若不慎食用易產生組織胺中毒現象。

（ 2 ）25. 市售的魚肉煉製品（如魚丸、甜不辣）中，食鹽添加量通常為：① 1%以下 ② 2 ～ 3% ③ 4 ～ 6% ④ 10%以上。

解析 以魚肉為原料製作而成的加工品須將魚肉製成魚漿，在擂潰魚漿的過程中添加食鹽可使魚漿中的鹽溶性蛋白溶出呈網狀結構，以利後續加工製成的塑形。

（ 3 ）26. 下列哪一種佐料沒有經過發酵？①醬油 ②醋 ③番茄醬 ④豆豉。

解析 番茄醬是用番茄、調味料與辛香料…等各種材料加熱濃縮製成。醬油與豆豉均是大豆的發酵製品，醋依製成的方式常分為釀造醋與合成醋，釀造醋大多以含有澱粉的材料製作，如：米。

（ 3 ）27. 3 公斤的沙拉油比 3 公升的沙拉油之容量：①少 ②一樣 ③多 ④無法比較。

解析 沙拉油的密度爲 0.91 ～ 0.95（g/cm^3），1 公升的沙拉油約 910 ～ 950 克，而 1 公斤的沙拉油爲 1000 克，因此 3 公斤的沙拉油比 3 公升的沙拉油容量較多。

（ 4 ）28. 抗氧化劑的主要用途爲：①防腐 ②漂白 ③殺菌 ④防止油脂氧化。

解析 抗氧化劑的作用複雜，有的抗氧化劑因容易被氧化，因此與氧產生反應，添加於食品中時，可保護食品。如：油脂，一般油脂若產生氧化作用時，會產生不良的氣味，因此市售的油脂大多會添加抗氧化劑，以避免油脂氧化作用。

（ 3 ）29. 下列食品中加冷水攪拌會產生「筋」的是：①甘藷粉 ②太白粉 ③麵粉 ④玉米粉。

解析「筋」是來自於澱粉中的蛋白質，當澱粉中的蛋白質與水結合後，產生筋性與彈性，以麵粉中的蛋白質含量較其他粉類多。

（ 4 ）30. 乾鮑魚、乾魷魚表面有許多白色粉末，係因：①添加了多量的調味料 ②添加了多量的鹽 ③發霉 ④本身所具有的胺基酸晶析 所致。

解析 水產類乾貨的表面白色粉末是水產品在進行加工的過程中產生的，是本身的胺基酸，也是烹調時的鮮味來源。

（ 3 ）31. 哪種蔬菜的顏色受酸、鹼、鹽的影響較少？①青江菜 ②白色花菜 ③紅番茄 ④紫色高麗菜。

解析 橙黃色蔬菜較不受高溫、酸、鹼的影響，此類蔬菜含有豐富的葉黃素、胡蘿蔔素，如：紅蘿蔔、番茄、南瓜…等，在烹調時較易保持其鮮艷的顏色。

（ 4 ）32. 以發酵程度而言，下列哪一種茶葉泡出來的茶水汁液顏色偏紅褐色？①綠茶 ②包種茶 ③烏龍茶 ④紅茶。

解析 以茶的發酵程度可分爲不發酵茶、部分發酵茶與全發酵茶。發酵程度愈高、茶湯顏色愈偏紅褐色；發酵程度愈低、茶湯顏色愈偏淡黃綠色。綠茶爲不發酵茶、包種茶與烏龍茶爲部分發酵茶、紅茶爲全發酵茶。

（ 3 ）33. 下列何種茶葉屬於完全發酵茶？①綠茶 ②烏龍茶 ③紅茶 ④包種茶。

解析 綠茶爲不發酵茶、包種茶與烏龍茶爲部分發酵茶、紅茶爲全發酵茶。

（ 1 ）34. 下列何者屬於乳化肉製品？①熱狗 ②臘肉 ③中式香腸 ④中式火腿。

解析 乳化肉製品是指將肉類透過肉類蛋白質透過細切化的過程，將其中的肌動蛋白和肌球蛋白產生游離現象，使蛋白質、水、脂肪形成乳化，製作成穩定的乳化肉漿，再進行加工。常見的有：熱狗、西式法蘭克福香腸、西式火腿。

（ 3 ）35. 含碘的鹽是：①粗鹽 ②精鹽 ③高級精鹽 ④代鹽。

解析 碘的攝取量不足會導致甲狀腺素製造不足，進而造成甲狀腺低能症和甲狀腺腫大…等疾病，我國自 56 年實施全國食鹽加碘政策，但 93 年開放自由進口後，市售的鹽品種類繁多，選購食鹽時，可從包裝外查看是否有「碘酸鉀」或「碘化鉀」的成分，若有即是含碘的鹽，一般最常見的爲高級精鹽。

（ 3 ）36. 團體膳食所使用的「鹽」應爲下列哪一種？①粗鹽 ②精鹽 ③高級精鹽 ④都可以。

解析 團體膳食應使用高級精鹽，除了方便使用之外，更能符合消費者的健康需求。

（ 4 ）37. 經過發酵的牛奶帶有酸酸甜甜的味道是因爲加了糖及：①醋在其中 ②發酵時自然產生的檸檬酸 ③發酵時自然產生的醋酸 ④發酵時自然產生的乳酸 的緣故。

解析 牛奶中的乳糖與乳酸菌經過發酵後，會形成乳酸，而產生酸味。

（ 3 ）38. 有些人因喝牛奶而腹瀉，是因對牛奶中的：①油脂 ②維生素 B_1 ③乳糖 ④鈣質 無法分解吸收所致。

解析 此現象稱爲乳糖不耐症、乳糖消化不良，主要的原因是消化系統中缺乏分解乳糖的乳糖酶。

(2) 39. 天然的綠、黃色蔬菜中含有兩種天然的抗氧化劑是：①葉綠素及維生素 B_1 ②維生素 C 及維生素 E ③鐵及鎂 ④花青素及水分。

解析 綠色蔬菜含豐富的葉綠素、維生素 C，黃色蔬菜則含有豐富的胡蘿蔔素、維生素 E。

(4) 40. 最易溶於水的天然色素爲下列何者？①類胡蘿蔔素 ②葉綠素 ③花黃素 ④花青素。

解析 花青素易溶於水，遇酸會變紅，遇鹼會變藍。

(4) 41. 根據我國國家標準「濃縮果汁」的定義是凡以新鮮成熟之果實，經過：①加糖煮成濃稠汁者 ②榨汁調香味者 ③去皮研磨成漿再加水者 ④榨汁濃縮，未加糖、色素及任何人工添加物者。

解析 根據經濟部標準局訂定的中華民國國家標準 2377 號「水果及蔬菜汁飲料（已包裝）」濃縮果汁爲由天然果汁濃縮爲原來可溶性固型物之 1.5 倍以上，不供爲直接飲用之果汁。意即濃縮果汁是直接將水果進行榨汁濃縮。

(2) 42. 下列加工食品中，何者之硝酸鹽含量最高？①皮蛋 ②香腸 ③鹹魚 ④脫水蔬菜。

解析 根據食品添加物使用範圍及限量暨規格標準（2016.02.17），硝酸鹽是屬於第五類—保色劑，可使用於肉類製品與魚肉製品，生鮮肉類、生鮮魚肉類及生鮮魚卵不得使用。因此僅有香腸與鹹魚中含有硝酸鹽，而製作的過程中，以香腸的含量較高。

(1) 43. 在各種食材中，殘留抗生素出現機率最多者爲：①鮮乳類 ②魚類 ③蔬菜類 ④禽畜肉類。

解析 抗生素通常是飼養禽畜類的過程中施打於禽畜體內，透過禽畜的體液或血液輸送於全身，以禽畜的乳汁較禽畜的肉體殘留含量較高。

(4) 44. 下列何種食物最易吸收周圍的氣味？①肉類 ②魚類 ③洋蔥 ④奶油。

解析 奶油與其他三種食物比較之下可溶成液狀，在液態的狀況下較易吸附其他氣味。而其他三種食物均有其較爲獨特的氣味，因此較不易吸收周圍的味道。

(3) 45. 以澱粉勾芡時，下列敘述何者正確？①加酸可促進稠度的形成 ②加糖可使稠度增加 ③先加冷水調勻再加入熱溶液中 ④加油拌合後再加入熱溶液中。

解析 以澱粉要進行勾芡時，不論是哪一種澱粉，如：太白粉、玉米粉…等，均建議先與冷水調勻，再入烹調中的菜餚或湯汁，因若直接將乾的澱粉添加入烹調中的菜餚和湯汁中，則不易使澱粉溶於其中，無法使勾芡完成。

(4) 46. 蛋在貯存時的變化，下列何者正確？①氣室收縮 ②比重增加 ③蛋白黏性增加 ④鹼度增加。

解析 蛋在儲存的過程中，水分與氣體會慢慢的流失，而使氣室變大、比重減少；蛋白中的厚蛋白會變少、稀蛋白變多，使蛋白黏性降低。

(1) 47. 白水煮蛋時間過久，造成蛋黃呈暗綠色的原因是下列何種因素所形成？①鐵質與硫的反應 ②蛋白質變性 ③脂肪與鐵質的反應 ④蛋白質與脂肪的結合。

解析 蛋的營養價值豐富，烹煮水煮蛋產生的蛋黃表面變暗綠色是蛋黃產生了琉化鐵，也就是蛋白中的琉與蛋黃中的鐵產生變化。

(2) 48. 雞蛋中蛋黃所占的重量約爲：① 10% ② 30% ③ 55% ④ 70%。

解析 雞蛋的蛋黃約佔重量的 30%、蛋白約佔重量的 70%。

(2) 49. 肉類貯藏時會發生一些變化，下列何者爲非？①腐敗 ②脂肪酸流失 ③重量減少 ④肉色改變。

解析 肉類一旦不當儲存極可能發生腐敗現象，改變其肉色、氣味，且儲存過程中肉類的水分會逐漸減少，而使重量減少。

(1) 50. 蘋果切開或削去皮後產生褐變的原因爲：①酵素的氧化 ②葡萄糖的褐化 ③維生素 C 的氧化 ④脂肪酸的氧化　作用。

解析 蘋果含有豐富的氧化酶，果肉與空氣接觸後易變色。

(4) 51. 下列蔬菜中含胡蘿蔔素量最高的是？①白心地瓜 ②山東白菜 ③蘿蔔 ④茼蒿。

解析 根據衛福部食藥署食品營養成分資料庫的資料顯示，100 公克的茼蒿含有 2633ug 的 β- 胡蘿蔔素，而 100 公克的黃肉甘藷含有 70ug 的 β- 胡蘿蔔素、100 公克的山東白菜含有 20ug 的 β- 胡蘿蔔素、白蘿蔔不含 β- 胡蘿蔔素。四者相較之下，茼蒿的胡蘿蔔素含量最高。

（ 1 ）52. 花青素會在什麼溶液中顏色變得更鮮艷美麗？①酸性溶液 ②鹼性溶液 ③中性溶液 ④鹽性溶液。

解析 花青素易溶於水，遇酸會變紅，遇鹼會變藍。

（ 4 ）53. 下列食品中何者最易受日光照射而變質？①白麵干 ②通心麵 ③意大利麵 ④速食麵。

解析 4 個選項中以速食麵的含油量較高，因此較易受日光照射而變質。

（ 2 ）54. 下列何種方法可保持茄子外皮的顏色呈鮮艷的紫紅色？①燙過熱水 ②烹煮時添加些醋 ③烹煮時添加些油 ④烹煮時添加些小蘇打。

解析 茄子的含有花青素，而花青素易溶於水，遇酸會變紅，遇鹼會變藍，因此若是水煮建議添加酸性物質，如：醋，或者以高溫油炸的方式，使其保有鮮豔的色澤。

（ 2 ）55. 下列何種方法能保持茄子鮮艷的紫紅色？①加糖 ②加酸 ③加鹼 ④燙過熱水（殺菁）。

解析 茄子的含有花青素，而花青素易溶於水，遇酸會變紅，遇鹼會變藍。

（ 3 ）56. 醋的功用不包括下列敘述中的哪一項？①去除魚腥味 ②使白色蔬菜色澤更好 ③使綠色蔬菜色澤更好 ④去黏、除澀作用。

解析 綠色蔬菜若遇酸性物質易使呈黃綠色。

（ 3 ）57. 添加醋對下列何種蔬菜的顏色變化影響最大？①胡蘿蔔 ②玉米 ③小黃瓜 ④高麗菜。

解析 四種蔬菜中，以小黃瓜爲綠色蔬菜，而綠色蔬菜若遇酸性物質易變成黃綠色。

（ 4 ）58. 關於肉類的保水性，下列的敘述何者正確？①脂肪含量高時，保水性差 ② pH 值較高時，保水性較差 ③里脊肉比後腿瘦肉保水性差 ④加磷酸鹽可增加保水性。

解析 肉類加工時添加食鹽、磷酸鹽，會改變肉的肌肉蛋白質 pH 值，增加肌肉蛋白質的負電荷，進而增加保水能力。

（ 1 ）59. 魚類較瘦肉易腐敗的原因是死後：①自身消化作用快速 ②光合作用快速 ③體積作用快速 ④腥味作用快速。

解析 魚類的酵素作用較瘦肉快，使得死後僵直的時間減少，自體消化的速度變快。

（ 4 ）60. 以同量的油放在鍋中，同火候加熱：①大豆油 ②花生油 ③豬油 ④米糠油　不易冒煙。

解析 大豆油的發煙點爲 160℃、花生油的發煙點爲 160℃、豬油的發煙點爲 182℃、米糠油的發煙點爲 254℃。

（ 2 ）61. 含有維生素 C、E 兩種天然抗氧化劑是：①紅、白色蔬菜 ②綠、黃色蔬菜 ③紫、橙色蔬菜 ④紅、紫色蔬菜。

解析 綠色蔬菜含豐富的葉綠素、維生素 C，黃色蔬菜則含有豐富的胡蘿蔔素、維生素 E。

（ 1 ）62. 下列何種食用油含有較高的反式脂肪酸？①乳瑪琳 ②豬油 ③椰子油 ④棕櫚油。

解析 乳瑪琳是屬於氫化油，而豬油、椰子油、棕櫚油均是天然的動、植物油。以氫化油含的反式脂肪酸較高。

（ 4 ）63. 香辛料中花椒的主要功能是下列何者？①爆香作用 ②著色作用 ③除臭作用 ④刺激味蕾作用。

解析 花椒中含有辛辣味，因此具有刺激味蕾的作用。

（ 3 ）64. 大部分植物的果實顏色有紅、藍、紫色色素，大多屬於：①葉綠素 ②花黃素 ③花青素 ④類胡蘿蔔素。

解析 花青素在中性的環境中是呈現紫色，在酸性環境中呈紅色，在鹼性環境中呈藍色。

（ 4 ）65. 食品中之天然色素，下列哪一項較不會受熱影響而變色？①葉綠素 ②花黃素 ③花青素 ④類胡蘿蔔素。

解析 類胡蘿蔔素遇熱的安定性較高，僅遇油時較易改變其色澤。

(1) 66. 茄子切開後：①多酚酵素 ②維生素 ③纖維素 ④類胡蘿蔔素　接觸到空氣中的氧氣而產生氧化作用，使得茄子的切面變色。

解析 茄子的紫色外皮爲紫色含有豐富的花青素，而花青素正屬於一種多酚。

(3) 67. 麵粉中因含有蛋白質：① 6%～ 12% ② 7%～ 13% ③ 8%～ 14% ④ 9%～ 15%　而使麵粉帶有筋性。

解析 高筋麵粉的蛋白質含量爲 11.5 ～ 13.5%，中筋麵粉的蛋白質含量爲 8.5 ～ 11.5%，低筋麵粉的蛋白質含量爲 8.5%以下。

(4) 68. 使用糯米粉製作糕點，可於揉粉時加點開水，開水與冷水的比例爲：① 1：6 ② 1：7 ③ 1：8 ④ 1：9　這樣比完全用冷水揉的性質好。

解析 以糯米粉製作點心時，添加少許的熱水，可使搓揉後的糯米糰成品口感較好。

(1) 69.「爆」比「炒」加熱的時間短，火力：①更大 ②更小 ③微火 ④相同　可保持肉類的鮮嫩美味。

解析 爆的烹調時間較炒少，所須的火力也較大。

(34) 70. 下列哪些屬於高纖維蔬果？①葡萄 ②西瓜 ③竹筍 ④芹菜。

解析 葡萄和西瓜的水分含量較多，纖維含量較竹筍、芹菜少。

(24) 71. 提供（奶素）素食餐時，下列哪些食材不應加入？①香菜 ②洋蔥 ③菠菜 ④韮菜。

解析 洋蔥、韮菜、蔥、蒜均非素食食材。

(12) 72. 下列哪些油品適合高溫油炸？①豬油 ②棕櫚油 ③葡萄籽油 ④橄欖油。

解析 以發煙點高的油脂較適合油炸，豬油的發煙點爲 182℃、棕櫚油 230℃、葡萄籽油 216℃、橄欖油 160℃。

(124) 73. 選用油品時應注意之事項？①勿買散裝或來路不明的油品 ②勿重複使用或使用不新鮮油品 ③油炸食品不需區分何種油質 ④煎炸食品以豬油或動物性油脂較宜。

解析 油炸食物應選選發煙點高的油脂。

(134) 74. 何者屬於鹽的妙用？①讓蔬菜顏色更鮮豔 ②延長白米飯的保存期限 ③可防止切開的蘋果產生褐變 ④使煮好的蛋殼好剝除。

解析 要延長白米飯的保存期限，可在烹煮的過程中添加少許的醋。

(23) 75. 全穀類食物包括以下哪幾項？①山藥 ②小麥 ③燕麥 ④馬鈴薯。

解析 山藥與馬鈴薯均屬於根莖類蔬菜。

(134) 76. 食用紅色色素有哪幾號？① 6 ② 4 ③ 7 ④ 40。

解析 食用紅色色素爲 6、7、40 號。

(14) 77. 製造香腸時加硝的目的爲？①保持色澤 ②縮短醃製的時間 ③增加維生素含量 ④抑制細菌生長。

解析 製作香腸添加硝類添加物的用意爲保色、抑制肉毒桿菌的生長、抑制脂肪酸酸敗，並賦予特殊香氣。

(14) 78. 下列何者爲酸性食物？①肉類 ②油脂 ③奶類 ④蛋類。

解析 油脂是屬於中性食物、奶類是屬於弱鹼性食物。

(123) 79. 何者爲沙拉醬製造主要成分？①蛋黃 ②醋 ③油脂 ④醬油。

解析 沙拉醬是將蛋黃、油進行攪打、乳化而成，再添加醋、糖調味。

(123) 80. 下列何者爲製造豆腐時所使用的凝固劑？①石膏 ②硫酸鈣 ③氯化鈣 ④碳酸鈣。

解析 可用於製作豆腐的凝固劑有食用石膏、硫酸鈣、氯化鈣，而碳酸鈣不能直接當豆腐凝固劑，須將硫酸鈣加醋，產生醋酸鈣，才具有凝固作用。

(123) 81. 下列何者爲發酵食品？①醬油 ②米酒 ③泡菜 ④香油。

解析 香油是以芝麻爲原料製作而成的油脂。

（ 234 ）82. 下列何者爲合法食品添加物？①硼砂 ②碳酸氫鈉 ③亞硝酸鈉 ④亞硫酸鈉。

解析 硼砂不得添加於食品中。

（ 123 ）83. 下列何者不可添加於食品中？①鹽基介黃 ②吊白塊 ③硼砂 ④硝酸鹽。

解析 鹽基介黃、吊白塊、硼砂均爲非法的食品添加物。

（ 34 ）84. 下列有關米的敘述何者正確？①在來米黏性較糯米大 ②在來米又稱秈米，屬於軟質米 ③糯米分爲長糯及圓糯 ④蓬萊米又稱粳米，屬於軟質米。

解析 ③ 糯米的黏性較在來米大
④ 在來米是屬於硬質米

（ 23 ）85. 下列敘述何者正確？①沙公、沙母四季皆可食用，但春、夏時口感更佳 ②養殖之螃蟹有大閘蟹、沙公、沙母 ③野生之螃蟹有花蟹、三點蟹 ④螃蟹最好生吃。

解析 ① 沙公、沙母在秋冬的口感較佳。
④ 螃蟹不宜生食。

（ 13 ）86. 以下哪些蔬果一旦切開或碰撞受損，很快變成褐色、紅色或灰色？①蘋果 ②哈密瓜 ③馬鈴薯 ④青椒。

解析 蘋果和馬鈴薯均含有豐富的氧化酶，去除外皮後與空氣接觸易變色。

（ 12 ）87. 以下何者爲不可食用的花朵？①水仙 ②竹桃 ③萱草（金針花）④蓮花。

解析 水仙與竹桃均含有毒性，不宜食用。

（ 123 ）88. 以下何者屬於紅藻？①海苔 ②鹿角菜 ③紫菜 ④海帶。

解析 海帶是屬於一種褐藻類。

（ 134 ）89. 瘦肉由以下哪些種基本物質構成？①脂肪 ②維生素 ③水 ④蛋白質。

解析 瘦肉以蛋白質、脂肪、水爲構成元素，較不含維生素。

（ 13 ）90. 大麥除了含有澱粉外，還含有哪些碳水化合物？①聚戊醣 ②水蘇四糖 ③聚葡萄糖 ④蜜三醣。

解析 聚戊醣、聚葡萄糖與澱粉均是大麥的甜味來源。

（ 234 ）91. 澱粉粒所含澱粉分子，細分爲「直鏈澱粉」及「支鏈澱粉」兩類。生澱粉粒則同時包含直鏈分子及支鏈分子。請問以下所述關於糯米的澱粉粒含量，何者不正確？①幾乎全爲純正支鏈澱粉 ②含 30%直鏈澱粉 ③含 15%直鏈澱粉 ④含 20%支鏈澱粉。

解析 糯米幾乎是支鏈澱粉，所以黏性較大。

工作項目 2　食物選購

（ 1 ） 1. 醬油露售價較普通醬油貴的原因是？①含純釀造醬油所佔比例較高 ②含化學油比例較高 ③添加了澱粉 ④鹽分含量較少。

解析 目前市售的醬油品項繁多，購買前應仔細查看標籤上的內容，以符合消費期待。

（ 1 ） 2. 牛屠體中肉質較硬，適合長時間滷煮的部位爲：①腱肉 ②肋條 ③腓力 ④沙朗。

解析 腱肉含有較多筋與堅韌肌肉纖維，較適合長時間烹調。

（ 4 ） 3. 豬肉屠體中肉質最柔嫩的部位是：①里脊肉 ②胛心肉 ③後腿肉 ④腰裡肉。

解析 腰裡肉又稱爲小里肌肉。

（ 3 ） 4. 一般製造素肉（人造肉）的原料是：①玉米 ②雞蛋 ③黃豆 ④生乳。

解析 製作素肉時多以植物性蛋白爲主，最常使用的爲黃豆。

（ 4 ） 5. 肉類的嫩度與下列何種因素無關？①脂肪的分布 ②動物的年齡 ③筋的多少 ④蛋白質含量。

解析 脂肪愈多愈嫩、動物年齡愈少愈嫩、筋愈少愈嫩。

（ 1 ） 6. 下列瘦肉以何者所含的脂肪量最低？①雞肉 ②豬肉 ③牛肉 ④羊肉。

解析 這四種肉品以豬肉的脂肪含量最高、雞肉的脂肪含量最低。

（ 1 ） 7. 肉類、乳品皆因含有充分的：①蛋白質 ②油脂 ③維生素 B_2 ④水分　極易腐敗，腐敗後具有毒性，因此保鮮方法很重要。

解析 肉類與乳品均含有優質的蛋白質，若儲存不當極易腐敗。

（ 1 ） 8. 新鮮的豬肉，其特徵是：①呈淡紅色、紅潤有光澤 ②暗紅色、不含水分 ③灰紅色、有油滴 ④灰白色、水樣化。

解析 新鮮的豬肉應呈現淡紅色，且具有水分與光澤度。

（ 3 ） 9. 選擇鮮魚，其肉質鬆緊有彈性，其鰓之顏色應爲：①暗紅色 ②深紫色 ③鮮紅色 ④淡青綠色。

解析 新鮮的魚，魚鰓緊閉且爲鮮紅色、魚肉有彈性且結實、魚鱗緊附魚身。

（ 3 ） 10. 罐頭食品能保存較長久的時間，其原因爲下列何者？①加了防腐劑在內 ②加了多量的鹽或糖在內 ③經過脫氣、密封、殺菌的處理過程 ④添加抗氧化劑在內。

解析 罐頭食品是指利用高熱將食品中具有危害人體健康的微生物殺死，或破微生物對人體的危害力，使它們處於休眠狀態，無法再造成食品腐敗。並將將罐頭容器內的氧氣驅除，避免它和食物中的成分進一步作用，更透過密封緊閉的環境，防止外界的微生物再度汙染。經過這一連串的程序，罐頭食品的產品才能在一般室溫下長期的保存，並且不會有微生物的繁殖，更不會含有危害人體的活性微生物存在。

（ 2 ） 11. 罐頭不須冷藏而不會壞掉，主要係下列何種原因？①含有防腐劑 ②經過密封後加熱殺菌 ③添加防腐劑後經過密封 ④添加殺菌劑。

解析 同第 10 題。

（ 4 ） 12. 冷凍食品的完整標示應包括：①廠商的廠名、地址、電話 ②製造日期和保存期限 ③「冷凍食品」字樣及食物名稱 ④品名、內容物、淨重、食品添加物、製造廠商、電話號碼與地址、原產地、有效日期、營養標示、保存方法及條件。

解析 根據「食品衛生管理法（106.11.15）」第 22 條與「市售包裝冷凍食品標示規定（102.11.20）」，食品及食品原料之容器或外包裝，應以中文及通用符號，明顯標示下列事項：品名；內容物名稱，其爲二種以上混合物時，應依其含量多寡由高至低分別標示之；淨重、容量或數量；食品添加物名稱，混合二種以上食品添加物，以功能性命名者，應分別標明添加物名稱；製造廠商或國內負責廠商名稱、電話號碼及地址，國內通過農產品生產驗證者，應標示可追溯之來源，有中央農業主管機關公告之生產系統者，應標示生產系統；原產地（國）；有效日期；營養標示；含基因改造食品原料；保存方法及條件。

(2) 13. 冷凍食品的意思是下列何者?①從市場買回家的生鮮食品立刻放入冰箱冷凍 ②把品質良好又新鮮的食物經過加工處理,放在零下 18℃以下急速冷凍 ③即將變壞的食品,儘快放入冰箱的上層冷凍 ④煮熟的食品,立刻放入冰箱的上層冷凍。

解析 冷凍食品定義爲將生鮮食材經前處理及加工調理作業,並利用急速凍結保持凍結狀態且產品品溫保持在-18℃以下儲運販售的包裝食品,可分爲五大類:水產冷凍食品、農產冷凍食品、畜產冷凍食品、調理冷凍食品及其他冷凍食品。

(2) 14. 河豚毒性最強的部位爲:①精巢 ②卵巢 ③肌肉 ④骨骼。

解析 河豚毒是屬於一種神經毒,最毒的部分是卵巢、肝臟,其次是腎臟、皮膚、眼、鰓,而肌肉並無毒素。

(1) 15. 黃麴毒素較常在下列何種食品中滋長?①花生 ②黃豆 ③小麥 ④豌豆。

解析 黃麴毒素屬於一種黴菌毒素,花生、玉米、大豆較易被汙染,以花生爲最易被汙染的食物。

(2) 16. 速食麵內使油脂不致酸敗,主要加有:①防腐劑 ②抗氧化劑 ③維生素 A ④殺菌劑。

解析 速食麵的多經過油炸處理,因此透過添加抗氧化劑可使麵條表面沾附的油脂不易氧化而產生酸敗現象。

(4) 17. 我買的金針菜色澤很好,它可能含有:①維生素 C ②維生素 E ③高蛋白質 ④二氧化硫 殘留,對人體健康有害。

解析 金針菜的顏色偏暗,賣相較差,因此市售的乾燥金針菜多以二氧化硫作爲漂白劑,使金針菜具有鮮豔的色澤。

(3) 18. 選購醃漬食品時,應選:①外觀美 ②氣味特別芳香 ③汁液澄清 ④汁液混濁 的產品。

解析 醃漬品的汁液若呈現混濁的狀況則可能已產生腐敗的現象,而氣味若過度特別芳香,易可能是添加過多的添加物。

(4) 19. 鹽漬法是食物常用的貯藏法,普通可抑制細菌生長的食鹽濃度是下列何者?① 5% ② 10% ③ 15% ④ 23%以上。

解析 耐鹽菌可在 20%的鹽水中生存,因此若要以鹽作爲食物的保存方式,應採用 20%以上的鹽水,才可抑制細菌的生長。

(1) 20. 選購乳品應注意:①標示完整,製造日期愈近愈好 ②標價,價格愈貴愈好 ③廠牌,愈常聽到的廠牌愈好 ④包裝,愈華麗愈好。

解析 市售的乳品品項豐富,選購時應挑選標示完整,明確的揭露產品資訊,且製造日期應距離選購日期愈近愈好,代表愈新鮮。

(3) 21. 食品經過加工的主要目的是:①增加食品外觀之接受性 ②提高食品之售價 ③增加保存性及經濟性 ④變化食物的口味。

解析 食品加工是將各種生鮮食材透過加工程序,使其可以長時間的保存,進行販售。

(2) 22. 根據先進先出之原則,食物的使用是與:①份量的多寡 ②貨到的順序 ③最新的先用 ④食物的價錢 有關係。

解析 先進先出(First In First Out)是採購的原則,先採購的東西應先使用,以避免產生過期、變質的現象。

(3) 23. 市售中筋麵粉含蛋白質量約:① 14% ② 12% ③ 10% ④ 15%。

解析 高筋麵粉的蛋白質含量爲 11.5 ~ 13.5%,中筋麵粉的蛋白質含量爲 8.5 ~ 11.5%,低筋麵粉的蛋白質含量爲 8.5%以下。

(3) 24. 購買沙拉油時,要注意比較包裝重量及價格,1 公升的沙拉油比:① 1 公斤 ② 26 兩 ③ 2 磅 ④ 1000 公克 的沙拉油還重一點。

解析 沙拉油的密度爲0.91~0.95(g/cm^3),1公升的沙拉油約910~950克。1公斤=1000公克,26兩=975公克,2磅=908公克。

(4) 25. 蒜苗每臺斤 45 元，折算每公斤：① 60 元 ② 65 元 ③ 70 元 ④ 75 元。

解析 1 臺斤＝ 600 公克，45 元；1 公克＝ 0.075 元；1 公斤＝ 1000 公克；0.075×1000 ＝ 75 元。

(1) 26. 以均衡飲食爲原則，用 1000 公克的米煮飯，做爲一餐成年人的飯量（約 400 公克），足夠供應給：① 6 ～ 7 人 ② 8 ～ 10 人 ③ 10 ～ 12 人 ④ 12 ～ 14 人　食用。

解析 白米經過烹調後成白米飯，漲縮率約 2.5%，係指 1000 公克的白米可烹調出 2500 公克的米飯。而 2500÷400 ＝ 6.25，可知 1000 公克的白米可供應 6 ～ 7 人食用。

(3) 27. 食品因受到：①體積大小 ②重量限制 ③保存期限 ④空間問題　的限制，使得食材成本較難事先估算。

解析 不同的食品保存期限均不相同，因此儲存的時間也不同，而使食材成本較難預估。

(34) 28. 下列何者爲選購鱸魚時的要訣？①鰓呈暗紅色 ②鰓摸起來有黏液狀 ③魚眼睛無凹陷狀 ④腹部肉堅實有彈性。

解析 ① 鰓要呈鮮紅色。
② 若有濃厚的黏液狀爲不新鮮。

(124) 29. 下列何者爲新鮮蛋的特徵？①粗糙的蛋殼 ②同樣大小的蛋，應挑手感較重的 ③有怪異味道 ④搖晃蛋時，蛋黃無移動的感覺。

解析 ③ 有怪異味道時，雞蛋已經變質。

(1234) 30. 下列何者爲蔥選購時的要訣？①蔥白長且柔嫩 ②蔥葉上有較多白色的蠟粉 ③蔥管壁周圍有厚厚一層黏液 ④葉尖翠綠。

解析 4 個選項內容均爲選購蔥的要訣。

(23) 31. 下列乾貨何者爲佳？①干貝色澤呈暗咖啡色 ②菇類紋路分明且呈象牙色 ③干貝顏色呈琥珀色 ④蝦米顏色鮮豔。

解析 ① 應選琥珀色且具光澤者。
④ 應選淡黃紅色，過度鮮豔者可能是經過染色。

(134) 32. 如何選購品質好的高麗菜？①最外層的高麗菜葉包覆較廣 ②高麗菜結球部位太緊實 ③高麗菜的莖完整截切 ④顏色翠綠。

解析 ② 應選結球部位較蓬鬆者。

(34) 33. 如何挑選新鮮蝦子？①蝦頭呈黑色 ②頭部、蝦足呈現紅色 ③整隻色澤未變 ④頭未鬆脫。

解析 ① 蝦頭變黑時，即爲不新鮮。
② 新鮮蝦子並非爲紅色，應是藍灰色。

(14) 34. 雜糧的挑選要訣爲何？①小米的硬度要高 ②黑糯米按壓即破碎 ③燕麥顏色要深 ④雜糧挑選時要購買無刺鼻異味者。

解析 ② 應選米粒飽滿完整者。
③ 應選偏土褐色者。

(34) 35. 下列有關蓮藕之敘述何者正確？①盡量選取藕節數目少的 ②盡量選取藕節粗且長的 ③蓮藕盡量選取外型要飽滿 ④藕節間距長，表示熟度高，口感較鬆軟。

解析 ① 蓮節的數目多寡與品質無關。
② 應選蓮節粗且短者，品質較佳。

(234) 36. 有關鳳梨之選購何者錯誤？①有草的部分爲鳳梨的尾，尾部愈綠表示愈新鮮 ②果實最好呈瘦長型 ③成熟果色爲暗黃帶綠色 ④鳳梨主要產期爲冬天。

解析 ② 果實應爲矮胖型。
③ 果色應爲黃橙色。
④ 產期爲一年四季。

（ 13 ）37. 選購食材時應避免買到「水樣肉」。而以下何者是造成「水樣肉」的原因？①加工處理 ②氣候 ③飼養方式 ④冷凍。

解析 水樣肉的原因可追溯至飼養的方式、運輸的過程、屠宰的程序以及加工的處理。

（ 24 ）38. 選購新鮮肉類時，若從肉類外觀上看應具備哪些條件？①肉汁混濁 ②色澤光潤，肉的斷面呈現暗鮮紅色 ③手按下不會馬上恢復原狀 ④稍微濕潤無異味而不黏。

解析 ① 肉汁混濁代表肉已經變質，極可能有細菌的孳生。
③ 新鮮的肉質應具有彈性。

（ 34 ）39. 選購紅蘿蔔應注意？①形體彎曲 ②有鬚根 ③表皮光滑 ④色澤鮮豔。

解析 ① 形體彎曲並非不新鮮，但可能會造成過度的耗損。
② 有鬚根也非選購的守則。

（ 14 ）40. 良好皮蛋的性質有哪些？①外殼沒有或只有少數斑點 ②大量斑點 ③蛋白無松花 ④剝皮時不黏殼。

解析 ② 皮蛋在製作個過程中，大多在外殼會有少數的斑點。
③ 皮蛋的蛋白松花是選購皮蛋的指標之一。

（ 24 ）41. 光面洋香瓜的選購條件？①蒂頭鮮綠色 ②蒂頭產生裂痕 ③瓜體柔軟 ④表皮顏色鮮麗。

解析 ① 蒂頭鮮綠色代表尚未完全成熟。
③ 瓜體須硬實。

（ 13 ）42. 以下何種水果，在臺灣地區非一年四季皆有生產？①李子 ②木瓜 ③桃子 ④芭樂。

解析 ① 李子的產季爲 4 ～ 6 月。
③ 桃子的產季爲 4 ～ 6 月。

（ 134 ）43. 判別海帶品質應以：①體質厚實 ②邊緣泛黃 ③曬得乾透 ④呈現深黑綠色　爲佳。

解析 ② 應爲綠色。

（ 134 ）44. 挑選蝦米時應挑選？①顏色爲橘紅色 ②蝦身潮濕 ③不含碎屑與雜物 ④體型大而均勻。

解析 ② 應爲乾燥狀，若潮濕可能是蝦米已經受潮，極可能產生變質的現象。

工作項目 3　食物貯藏

（ 2 ） 1. 解凍後再冷凍之肉品會有下列何種情況？①肉質風味更好 ②肉質易於劣化 ③品質不變 ④可貯藏更久。

解析 冷凍肉品經過解凍再冷凍的過程，肉品在解凍的過程中易使肉品中的微生物增強其活動力與繁殖力，而再次冷凍時，孳生的微生物已存在其中，進而使肉品較易腐敗。

（ 1 ） 2. 家禽肉的冷藏保鮮時間是多少？① 1 ～ 2 天 ② 3 ～ 4 天 ③ 10 天 ④ 1 ～ 2 星期。

解析 冷藏的溫度爲 7℃以下，肉類若置於冷藏室應在 1 ～ 2 天使用完畢，避免肉類變質。

（ 2 ） 3. 生鮮肉類放入冰箱冷凍層之前①不必清洗 ②先沖洗、瀝水、以保鮮膜或塑膠袋包好 ③用鹽稍醃過 ④先煮半熟　再放入冷凍。

解析 選購後的生鮮肉類應先沖洗乾淨，瀝乾水分，妥善包裝後，再進行冷凍儲存。

（ 4 ） 4. 生鮮肉末（碎肉）在冷藏層的保鮮時間爲：①無限期 ② 1 星期 ③ 2 ～ 3 天 ④ 1 ～ 2 天。

解析 碎肉與空氣接觸的面積相當大，因此變質的速度也較快，以冷藏 7℃以下的保存條件，應在 1 ～ 2 天內使用完畢。

（ 2 ） 5. 儲存香蕉不宜放在冰箱中，這是爲了避免香蕉？①失去風味 ②表皮迅速變黑 ③果肉變軟 ④果肉　褐化。

解析 香蕉皮遇低溫時，或碰撞受損時，易使香蕉皮中的酵素產生變化，而使色澤變黑。

（ 3 ） 6. 一般來講冷藏庫的溫度大約是：① -18℃ ② -5℃ ③ 5℃ ④ 12℃。

解析 冷藏的溫度爲 7℃以下，一般多控制在 4 ～ 5℃。

（ 4 ） 7. 依食物貯存原理，下列何種食物無法保存較久？①高酸性 ②高鹽度 ③低水量 ④低鹽度。

解析 高酸性、高鹽性、低水性均可抑制微生物的滋長，避免食物腐敗，蘿蔔乾、泡菜…等醃漬品均是利用此原理。

（ 3 ） 8. 食品貯藏量最多佔冷藏庫容積的：① 20% ② 30% ③ 60% ④ 80%。

解析 爲了使冷藏庫的效能得以發揮，最多儲存量應爲 50 ～ 60%，應避免存放過滿的食品。

（ 4 ） 9. 經急速冷凍及中心溫度保持在 -18℃以下之冷凍豬肉，其保存期限最長爲：① 2 ～ 4 天 ② 15 天 ③ 1 個月 ④ 3 ～ 6 個月。

解析 急速冷凍可使肉品在短時間內結凍，使肉品中的微生物無法滋長，因此可達 3 ～ 6 個月的保存時間。

（ 1 ） 10. 下列何種方法可防止冷藏（凍）庫的交叉汙染？①各類食品分類貯藏 ②遠離熱源 ③經常除霜 ④減少開冷藏（凍）庫門的次數。

解析 不同品項品類的食品應分別包裝，再進行儲存，可避免交叉汙染的現象。遠離熱源、經常除霜與減少開門次數均是爲了維持冷藏冷凍庫的效能。

（ 2 ） 11. 有關魚類貯存，下列何者不正確？①新鮮的魚應貯藏在 4℃以下 ②魚覆蓋的冰塊愈大塊愈好 ③魚覆蓋碎冰時要避免使魚泡在冰水中 ④魚片應冷藏保存在防潮密封包裝袋內。

解析 覆蓋魚的冰塊應以碎冰爲主，較易達到冷卻的效果。

（ 4 ） 12. 爲有效利用冷藏冷凍庫之空間並維持其品質，一般冷藏或冷凍庫宜保留多少的儲存空間？① 10% ② 20% ③ 30% ④ 40%。

解析 爲了使冷藏冷凍庫的效能得以發揮，最多儲存量應爲 50 ～ 60%，應避免存放過滿的食品，因此應保留 40 ～ 50%的空間。

（ 1 ） 13. 下列有關食物低溫保存的敘述，哪一項是錯誤的？①魚肉蔬果盡量放在一起保存 ②冷藏庫定期清洗保養 ③盡量減少食物存取次數 ④食材包裝良好預防血水外滲。

解析 不同品項品類的食品應分別包裝，再進行儲存，可避免交叉汙染的現象。

（ 2 ）14. 買冷藏豬肉的最好方法是？①觸摸豬肉感覺冰涼即好 ②買有「優良肉品 CAS」之標誌者 ③包裝良好，不必有「優良肉品 CAS」之標誌 ④肉色鮮紅者。

解析 CAS 是臺灣優質農產品標章 Certified Agricultural Standards，認證的品項有 16 大項，包括肉品、冷凍食品、果蔬汁、食米、醃漬蔬果、即食餐食、冷藏調理食品、生鮮食用菇、釀造食品、點心食品、蛋品、生鮮截切蔬果、水產品、羽絨、乳品、林產品。

（ 1 ）15. 食用油應放在：①陰涼乾燥處 ②日光可直射到的地方 ③爐灶旁 ④隨便擺放，以便隨時取用。

解析 油脂易因高溫而產生劣變，應放於陰涼乾燥之處保存。

（ 2 ）16. 炸過食物的油可：①放回原來的油桶中與新油摻和，以後再用 ②另用容器裝好，短期間內儘速把它用來煎炒其他食物 ③倒起，要炸東西時再繼續使用，可炸好幾次 ④隨個人喜好。

解析 油炸過後的油脂因經過高溫加熱，不建議再次高溫加熱使用，可在短時間內快速使用完畢。但若是油炸油中已殘留食物的氣味或有異味時，則不建議再次利用，應回收丟棄。

（ 2 ）17. 貯存香辛料之溫度通常是在：① 0℃以下 ② 4 ～ 10℃ ③ 40 ～ 50℃ ④ 70℃以上。

解析 辛香料大多經過乾燥的處理，建議以冷藏的方式儲存，以維持其品質。

（ 4 ）18. 食物的熱藏（高溫貯存）溫度應保持在攝氏幾度以上？① 30℃以上 ② 40℃以上 ③ 50℃以上 ④ 60℃以上。

解析 4 ～ 60℃是食物的危險溫度，也就是細菌最易孳生的溫度，因此熱藏須控制在 60℃以上，冷藏須在 4℃以下。

（ 2 ）19. 保存板豆腐（傳統式豆腐）的好方法是？①用鹽醃 ②泡在清水中放於冰箱冷藏並經常換水 ③放入冷凍庫 ④通風的室溫。

解析 豆腐含有豐富的蛋白質，易腐敗，透過泡水的方式儲存可使豆腐與空氣暫時隔絕，並於低溫中，以避免腐壞。

（ 1 ）20. 蛋類的貯藏應先：①洗淨外殼汙物，鈍端向上冷藏 ②鈍端向上冷凍 ③尖端向上冷藏 ④尖端向上冷凍　爲宜。

解析 蛋的鈍端爲氣室，應此存放時應鈍端朝上、尖端朝下，放於冷藏儲存即可。

（ 1 ）21. 將蛋鈍端向上放在冰箱蛋架上以保鮮，主要因爲蛋之氣室位於蛋之：①鈍端 ②尖端 ③兩端 ④四周。

解析 蛋的鈍端爲氣室，應此存放時應鈍端朝上、尖端朝下，放於冷藏儲存即可。

（ 4 ）22. 蛋貯藏一段時間，品質會產生變化，下列何者爲正確？①比重增加 ②氣室縮小 ③蛋黃圓且濃厚 ④蛋白黏度降低。

解析 同第 21 題。

（ 3 ）23. 米穀類應貯存在：①密閉、乾燥容器內，置高溫處 ②通風處，不要密閉 ③密閉乾燥而陰涼處 ④有陽光之處。

解析 米穀類存放的環境應爲乾燥陰涼，避免潮濕而使米穀類變質、產生黴菌。

（ 1 ）24. 開罐後的鮮奶應？①儘快喝完 ②冷藏多久沒關係 ③冷凍較安全 ④煮開後放在室溫下可以保鮮數日。

解析 鮮奶的保存期限相當短，開罐後應盡快喝完，避免變質。

（ 4 ）25. 冷凍食品之中心溫度，從製造、倉儲、輸送、販賣到消費者購買、存放，都應保持在攝氏幾度？①零度以下 ②零下 5 度以下 ③零下 10 度以下 ④零下 18 度以下。

解析 冷凍食品定義爲將生鮮食材經前處理及加工調理作業，並利用急速凍結保持凍結狀態且產品品溫保持在 -18℃以下儲運販售的包裝食品，可分爲五大類：水產冷凍食品、農產冷凍食品、畜產冷凍食品、調理冷凍食品及其他冷凍食品。

（ 4 ）26. 如果你想將熱食物放進冷藏庫，你應該？①先放於凍藏層 ②先放於冷凍層 ③先放於爐頭上過夜再置於冷藏庫 ④先將其迅速冷卻，然後再置於冷藏庫。

解析 熱食物應先經過冷卻，再放入冷藏庫中儲存，但冷卻的時間不得過久。

（ 1 ）27. 麵粉在貯存期間產生酸敗的味道，是由於何因素所造成？①脂肪的分解 ②澱粉的分解 ③礦物質的分解 ④維生素的分解。

解析 麵粉以澱粉爲主，但產生酸敗的現象是其中的脂肪所造成，麵粉在儲存的過程中，脂肪開始分解，而使儲存的時間縮短。

（ 4 ）28. 下列哪種糖的吸濕力最差？①果糖 ②蜂蜜 ③玉米糖漿 ④葡萄糖。

解析 糖的吸濕性以果糖最強、葡萄糖最低，吸濕作用可運用於麵糰、糖果…等加工品的製作。

（ 134 ）29. 食物置於冰箱，下列哪些正確？①至少每星期清理 1 次 ②熱食若和其他食物中間留有空間，則可馬上放入冰箱 ③冰冷藏溫度最好保持攝氏 5 度以下 ④食物要分類冷藏或冷凍。

解析 ② 任何的食物放入冰箱中冷藏、冷凍均應先冷卻

（ 34 ）30. 乳酪和奶油要保持緊密的包裝是爲了以下哪些狀況發生？①防止破碎 ②保持溫度 ③防止乾燥 ④防止香味散失。

解析 乳酪和奶油均應低溫儲存，透過緊密的包裝可避免外層水分與香氣散失。

（ 12 ）31. 下列哪些物品的貯存應介於攝氏 5 ～ 10 度之間？①大部分新鮮的水果 ②新鮮蔬菜 ③白馬鈴薯 ④香蕉。

解析 馬鈴薯與香蕉於室溫儲存即可。

（ 1234 ）32. 下列何者爲冷凍食品的優點？①清潔衛生 ②減少廚房廢棄物 ③抑制微生物生長 ④保存食品原有風味。

解析 冷凍食品的製造應達一定的標準，清潔與衛生爲基本條件，除了保有食品的風味之外，更可抑制食品中的微生物，並使廚房中的廢棄物降低。

（ 123 ）33. 乾貨原料的儲存應注意下列哪些事項？①物品應分類貯放於棧板、貨架上或採取其他有效措施，不得直接放置地面 ②經常使用的物品放在靠近出入的貨架上 ③較重的物品須放置於貨架的底部 ④出清存貨以「後進先出」的原則。

解析 ④ 貨品使用的原則爲「先進先出 First In First Out」。

（ 23 ）34. 有關蛋的保存何者錯誤？①勿與味道較重之物品放置在一起 ②雞蛋尖端朝上 ③蛋盡量放置在高溫處 ④水洗再冷藏。

解析 ② 鈍端朝上。
③ 低溫冷藏。

（ 134 ）35. 關於食物儲存下列敘述何者正確？①乾料放入儲藏室其實數量不得超過儲藏室空間的 60% ②乾貨庫房相對濕度控制 20 ～ 30% ③冷凍櫃溫度應保持在 -18 度以下 ④食品之熱藏，溫度應保持 60 度以上。

解析 ② 相對溼度應控制在 50 ～ 60%。

（ 14 ）36. 有關大蒜的儲存下列何者正確？①去除底部可預防發芽 ②爲了預防發芽盡量將大蒜擺置於冰箱冷藏室 ③大蒜在夏天容易發芽 ④冷藏保存較久。

解析 ② 乾燥陰涼處。
③ 春天。

（ 134 ）37. 冷藏食品儲存應注意下列哪些？①不可將食品直接放置於地面或基座上 ②每一星期檢查水果及蔬菜是否有損壞 ③建立冷藏設備維修計畫 ④出清存貨以「先進先出」爲原則。

解析 ② 水果與蔬菜的儲存時間短，應每天檢查。

工作項目 4　食物製備

（ 2 ）1. 魚香茄子的材料有下列何種組合？①蔥、薑、魚、茄子 ②蔥、薑、蒜、辣豆瓣醬、肉末、茄子 ③蒜、辣椒、魚、茄子 ④豆豉、薑、蔥、蒜、肉末、茄子。

解析 「魚香」是四川菜的特色味型之一，蔥、薑、蒜、辣豆瓣醬爲菜餚的風味來源，再搭配絞肉與茄子烹調而成。

（ 2 ）2. 做松鼠黃魚時，刀紋要切在？①魚的表面 ②魚肉內面 ③魚的腹部 ④任何部位都可以。

解析 松鼠黃魚可展現刀工技法的精湛，利用在魚肉內面切割紋路，使烹調後產生造形。

（ 3 ）3. 砂鍋魚頭最好用？①黃魚頭 ②虱目魚頭 ③大頭鰱魚頭 ④赤鯮魚頭。

解析 砂鍋魚頭大多是使用大頭鰱的魚頭烹調而成，其他三種魚類的魚頭較小，黃魚與赤魚較少單獨使用頭部，而虱目魚頭大多以紅燒的方式烹調。

（ 1 ）4. 醃製香酥鴨需用？①花椒與鹽 ②硝與鹽 ③八角與嫩精 ④醬油與硝。

解析 一般醃製香酥鴨的調味料有鹽、花椒、八角、米酒、蔥、薑。

（ 1 ）5. 熬湯時的火候是？①先旺火後文火 ②先文火後旺火 ③都用旺火 ④隨意。

解析 熬湯應先以旺火（大火）將水與材料煮滾，再以文火（小火）慢煮。

（ 4 ）6. 炸腰果、松子時應用？①熱油、大火 ②熱油、小火 ③冷油、大火 ④冷油、小火。

解析 腰果與松子均爲堅果類食材，應以冷油小火的方式慢炸，使堅果完全熟透，若以熱油大火的方式易使堅果外表焦黑而爲熟透。

（ 1 ）7. 做汆的菜，材料應切成？①薄片 ②厚片 ③塊狀 ④隨意。

解析 汆是短時間的烹調技法，應搭配薄片的食材烹調。

（ 3 ）8. 爆炒的菜應切成？①塊 ②條 ③片 ④丁。

解析 爆炒是短時間的烹調技法，一般多搭配片狀或絲狀的食材烹調。

（ 3 ）9. 切割雞塊時爲使雞皮能與肉附著不脫離，應該用？①拉刀法 ②片刀法 ③剁刀法 ④反刀法。

解析 剁可將雞塊順利分離。

（ 4 ）10. 炒飯要炒得乾香可口，宜於烹調最後階段用？①微火 ②小火 ③中火 ④旺火　均勻翻炒。

解析 炒飯最後應以旺火（大火）快炒，使米飯中快速受熱、水分蒸發。

（ 1 ）11. 通常用於切割帶有骨或骨質堅硬的材料，如金華火腿或豬腳，是用？①直劈刀法 ②鍘劈刀法 ③平刀法 ④拍刀法。

解析 直劈刀法即爲剁。

（ 4 ）12. 烹飪方法之一的「貼」，其特點是將食物的：①雙面烤黃 ②單面烤黃 ③雙面煎黃 ④單面煎黃使食物熟。

解析 貼是一種特殊的煎法，簡單說就是只煎一面，不翻動食材。

（ 1 ）13. 等量的麵條放在半鍋滾水（100℃）中煮，比放進 1/3 鍋滾水（100℃）中煮？①較快熟 ②較慢熟 ③所需時間相同 ④無法比較。

解析 水量愈多較易使麵條熟透。

（ 3 ）14. 蔬菜的正確洗滌法？①切好再洗 ②快速洗一洗 ③爲顧慮農藥的殘留應整棵多洗幾次 ④先浸泡在清潔劑中之後再沖洗。

解析 蔬菜的外層表面應先清洗乾淨，再進行切配。

（ 3 ）15. 烹調法中之軟炸是材料沾滿？①麵包粉 ②麵粉 ③蛋麵糊 ④太白粉。

解析 軟炸是指食材掛上厚漿或蛋粉糊後，入鍋油炸，使菜餚呈淡黃色，具外脆內嫩的口感。

（ 2 ）16. 爲了除去腰花的腥味，切好後應泡入？①油 ②冷水 ③熱水 ④小蘇打水　之中。

解析 腰花是以豬腰切割，切好後可泡冷水，並多次換水可去除腥味。

(2) 17. 添加下列何種食物可加速肉類於烹飪過程中的軟化？①番茄 ②木瓜 ③南瓜 ④冬瓜。

解析 木瓜、鳳梨均含有酵素具有軟化肉質的作用。

(1) 18. 使用蛋做餐點時，下列方法何者為錯？①打蛋時拌打愈久，起泡力愈好 ②蒸蛋宜用小火 ③炒蛋油應多 ④新鮮的蛋較易打發起泡。

解析 蛋拌打時間愈久，蛋的起泡狀況會變成乾燥、無光澤，呈現出棉絮狀，則無任何的起發作用。

(4) 19. 蛋黃醬的原料中添加蛋黃提供了產品的安定性，主要是因為蛋黃？①增加外觀色澤 ②增加營養 ③增加風味 ④增加乳化作用。

解析 蛋黃醬是利用蛋黃的乳化作用，使蛋黃與油脂可充份的結合。

(1) 20. 下列等重食品何者含油脂量較少？①倫教糕 ②馬拉糕 ③千層糕 ④炸馬蹄糕。

解析 炸馬蹄糕的烹調法為炸，所以含油量最高；倫敦糕、馬拉糕、千層糕的烹調法均為蒸，但倫敦糕不添加油脂，是一種以米食點心，製作的材料為米、糖、酵母與水。

(1) 21. 馬鈴薯澱粉、麵粉、在來米粉三者依加熱糊化的溫度高低排列順序為①在來米粉＞麵粉＞馬鈴薯澱粉 ②麵粉＞馬鈴薯澱粉＞在來米粉 ③馬鈴薯澱粉＞麵粉＞在來米粉 ④麵粉＞在來米粉＞馬鈴薯澱粉。

解析 糊化是指澱粉加熱後，產生澱粉分裂、溶脹現象，而形成均勻的糊狀。

(1) 22. 下列蔬菜何者最耐烹煮，不受酸、鹼、熱的影響而改變顏色？①番茄 ②茄子 ③高麗菜 ④芥菜。

解析 橙黃色蔬菜含豐富的葉黃素、胡蘿蔔素，如：紅蘿蔔、番茄…等，在烹調時較易保持其鮮艷的顏色，較不受高溫、酸、鹼的影響。

(1) 23. 下列何種蔬菜最耐煮，不受長時間的烹煮而影響顏色？①胡蘿蔔 ②大白菜 ③洋蔥 ④紫色高麗菜。

解析 同第 22 題。

(1) 24. 下列何種蔬菜的顏色較不穩定，易受酸、鹼的影響而改變？①茄子 ②青椒 ③胡蘿蔔 ④玉米。

解析 紫紅色蔬菜含有花青素，如：茄子、紫高麗菜、紅鳳菜…等，在烹調時易變色，因花青素易溶於水，遇酸會變紅，遇鹼會變藍。

(1) 25. 白色的蔬菜在下列何種情況下烹調，比較能夠保持原來的色澤？①酸 ②鹼 ③糖 ④熱。

解析 白色蔬菜含有黃鹼醇、黃鹼素，如：洋蔥、大白菜…等。黃鹼醇、黃鹼素與油一同加熱過久時易使蔬菜的色澤變暗，遇鹼亦同，但遇酸則會更白。

(4) 26. 將下列蔬菜過油後，油的顏色改變最小的是？①胡蘿蔔 ②紅辣椒 ③青椒 ④四季豆。

解析 四季豆與其他 3 種蔬菜比較之下，所含的天然色素比例較少。

(1) 27. 做雞凍時，不使用下列何種物質做膠凝？①玉米粉 ②洋菜 ③豬皮 ④明膠粉（吉利丁）。

解析 玉米粉雖然具有凝膠作用，但通常用來製作甜點。

(4) 28. 調拌軟炸里脊的裹衣時，宜選用何種麵粉？①特高筋麵粉 ②高筋麵粉 ③中筋麵粉 ④低筋麵粉。

解析 軟炸里脊的裹衣是屬於麵糊，為了麵糊中含水量較佳，宜選吸水性較高的低筋麵粉。

(3) 29. 燙發海蜇皮時，水溫以幾度最為適宜？① 45℃ ② 65℃ ③ 85℃ ④ 100℃。

解析 燙發海蜇皮時，水溫不可過高，以免使海蜇皮過度收縮，而影響口感，一般建議以 80 ～ 85℃的水溫為佳。

(2) 30. 澈底洗清泡發香菇的泥沙，較適當方法為：①浸泡在水裏 ②泡水來回反覆攪動 ③泡蘇打水 ④沖熱水。

解析 透過泡水與攪動的方式，可使香菇中的泥沙掉落水中。

（ 1 ）31. 豆瓣醬略帶酸澀味，需經何種方法，可去除酸味？①油炒 ②蒸 ③烤 ④拌鹽。

解析 透過油炒的方式可使豆類發酵品調味料中的酸味散去。

（ 1 ）32. 烹調食物時，加酒和醋有去腥的功用，並可增添風味，其添加順序，以下列何者效果較佳？①先加酒，起鍋前再加醋 ②先加醋，起鍋前再加酒 ③醋、酒一起放 ④放醋、酒的順序無所謂。

解析 醋的酸味易揮發，所以建議烹調完成前再添加。

（ 4 ）33. 魚肉的肌肉纖維細軟，切成丁、片後，在加工的過程中很容易破碎，爲保持形體完整，可添加何物一起醃，較不易破碎？①麵粉 ②味精 ③糖 ④鹽。

解析 鹽巴能使蛋白質凝固，利用鹽醃魚肉，可使魚肉表層的蛋白質略微聚集，較不易碎散。

（ 3 ）34. 通常吃清蒸蟹皆伴同下列哪一項調味汁上席？①蠔油汁 ②蒜泥汁 ③薑醋汁 ④麻辣汁。

解析 蟹是屬於一種寒性的食材，因此食用時多搭配熱性食材—薑，一同食用。

（ 1 ）35. 椒鹽適用於：①軟炸和酥炸類 ②爆炒類 ③燒煎類 ④糖溜類　菜餚的食用。

解析 椒鹽通常用於油炸類的菜餚，直接做爲調味料或沾醬，如：椒鹽排骨、椒鹽杏鮑菇…等。

（ 1 ）36. 在粉糊內加入油調製而成，可以使粉糊快速脫水變成脆而酥外殼的炸法，可以稱爲：①酥炸 ②清炸 ③乾炸 ④捲裹原料。

解析 在麵糊中添加油脂，可使油炸後的麵糊較爲酥脆，一般稱爲酥炸。

（ 1 ）37. 肉絲漿（醃）好，欲炒得鬆散適度，前處理宜使用？①熱鍋冷油 ②直接下鍋炒 ③熱油熱鍋 ④冷鍋冷油。

解析 以熱鍋冷油的方式炒肉絲，利用冷的油脂可使肉絲較易拌炒至條條分明，不易結團。

（ 3 ）38. 經烹煮後顏色較易保持綠色的蔬菜爲：①小白菜 ②空心菜 ③芥蘭菜 ④大白菜。

解析 芥蘭菜的安定性較佳，是綠色蔬菜中較不易變色的一種。

（ 4 ）39. 將食物煎或炸以後再加入醬油、糖、酒及水等佐料放在慢火上烹煮，稱之爲：①燴 ②溜 ③爆 ④紅燒。

解析 以醬油、糖爲主要調味料，再添加水分，以慢火烹煮，即爲紅燒。

（ 2 ）40. 假設製作下列菜餚的魚在烹調前都一樣新鮮，你認爲烹調後何者可放置較長的時間？①清蒸魚 ②糖醋魚 ③紅燒魚 ④生魚片。

解析 糖醋魚與其他三者相較之下的調味較重，以番茄醬、糖、醋爲調味料，可放置較長的時間，但仍應留意避免於室溫中放置過久。

（ 2 ）41. 牛肉不易燉爛，於烹煮前可加入些：①小蘇打 ②青木瓜 ③鹼粉 ④泡打粉　浸漬，促使牛肉易爛且不會破壞其中所含有的維生素。

解析 青木瓜含有木瓜酵素，具有軟化肉質的作用。

（ 2 ）42. 做爲盤飾的蔬果，下列的條件何者爲錯誤？①外形好且乾淨 ②用量可以超過主體 ③葉面不宜有蟲咬的痕跡 ④選擇可使用的食材。

解析 盤飾的作用爲點綴菜餚，因此用量不宜超過菜餚主體。

（ 3 ）43. 爲避免汙染，食材流向以：①低潔度往低潔度走 ②高潔度往高潔度走 ③低潔度往高潔度走 ④高潔度往低潔度走。

解析 由低潔度往高潔度走可避免食材產生汙染，因食材從採買至烹調完成，最後應是最乾淨的。

（ 1 ）44. 添加下列何種材料，可使蛋白打得更發？①檸檬汁 ②沙拉油 ③蛋黃 ④鹽。

解析 酸性物質可使蛋白的起泡性增加，並穩定。

（ 3 ）45.「京醬肉絲」傳統的作法，舖底是用：①蒜白 ②筍絲 ③蔥絲 ④綠豆芽。

解析 京醬肉絲的材料以里肌肉、蔥爲主，並以甜麵醬作爲主要的調味料。

（ 24 ）46. 製備食物下列何者爲正確流程？①前處理→儲存→驗收→製備→供膳 ②驗收→前處理→儲存→製備→供膳 ③驗收→製備→前處理→儲存→供膳 ④驗收→儲存→前處理→製備→供膳。

解析 食材選購後應先進行驗收，方能確定品質、數量…等，是否符合製備需求，接著視食材的類別決定是否進行前處理，若是乾貨、加工食品類的食材通常可直接儲存。

（ 13 ）47. 蛋白的打發，下列何者有助於穩定作用？①酸 ②鹽 ③糖 ④油。

解析 ① 酸可使蛋白泡沫的形成較慢，但泡沫的穩定性較佳。
③ 糖可延緩蛋白的泡沫體形成，但可增加泡沫的穩定與品質。

（ 234 ）48. 牛奶與蔬果一起煮的時候，會因爲蔬果中的酸及單寧而產生凝結作用，下列何者屬之？①白花菜 ②蘆筍 ③檸檬 ④紅蘿蔔。

解析 ① 白花菜所含的酸與單寧物質較少。

（ 24 ）49. 下列何者適合用高油溫（160℃以上）過油或油炸？①水煮過的腰果 ②紫色的茄子 ③日式炸豬排 ④麵托絲瓜。

解析 ① 腰果應以低油溫慢炸。
③ 日式炸豬排外層裹了麵包粉，應以中低油溫炸，避免豬排尚未熟透，麵包粉已焦黑。

（ 34 ）50. 可生食之蔬菜，其咀嚼性、顏色、香氣甚佳，如：①市場販售的竹筍 ②茄子 ③紅蘿蔔 ④高苣。

解析 竹筍與茄子均不得生食，否則易引起食物中毒。

（ 123 ）51. 何時應更換油炸油？①炸油顏色太深 ②油質變黏稠 ③炸油酸價過高 ④不要浪費，炸油不需更換。

解析 炸油顏色太深、變稠黏、酸價過高均是炸油的品質產生劣變的現象，應更換。

（ 24 ）52. 爲了料理一道海鮮魚卷，只切割可用部分，所剩魚材如何處理？①丟棄不用 ②取其他部分再應用 ③回收當廚餘 ④提煉魚高湯使用。

解析 面對食材應秉持著一種珍惜的信念，善用每一種食材。

（ 24 ）53. 何者不宜作爲製作「燉蒸」食物使用的容器？①碗 ②淺盤 ③盅 ④骨盤。

解析 燉蒸類的菜餚通常以湯品爲主，須要可裝液體的容器，因此淺盤與骨盤均不適合。

（ 123 ）54. 下列哪些材質的容器，適合在微波爐內加熱？①耐熱塑膠 ②玻璃 ③陶瓷 ④不鏽鋼。

解析 不鏽鋼、鐵、鋁製的容器均不得放入微波爐內加熱。

（ 13 ）55. 酸菜、酸筍等醃製食物，宜使用下列哪些容器盛裝？①玻璃罐 ②鋁罐 ③陶瓷罐 ④鐵罐。

解析 酸菜、酸筍均屬於酸性的食物，若以鋁罐、鐵罐盛裝，易溶出酸性物質。

（ 124 ）56. 下列哪些食材是製作宮保雞丁的材料？①乾辣椒 ②蒜頭 ③豬肉 ④雞肉。

解析 宮保雞丁的主要材料爲雞肉、乾辣椒、花生仁、蒜頭、蔥。

（ 124 ）57. 下列哪些食材常用剞刀法切割？①花枝 ②水發魷魚 ③羊肉 ④雞胗。

解析 剞刀法可使食材烹煮後產生紋路，而羊肉較少以剞刀法切割。

（ 34 ）58. 下列哪些菜餚是湖南菜？①檸檬雞 ②糖醋鯉魚 ③蒜苗炒臘肉 ④湯泡魚生。

解析 ① 檸檬雞是廣東菜。
② 糖醋鯉魚是山東菜。

（ 134 ）59. 下列哪些食材是煙燻的材料？①麵粉 ②鹽 ③白米 ④糖。

解析 一般煙燻的材料可分爲 3 類，一是木質材料如各種木屑、甘蔗皮；二是澱粉質如本法使用的麵粉或白米；三是糖。若要使煙燻成品具有多層次風味，可再添加其他附香材料，如：茶葉、八角、花椒…等。

（ 134 ）60. 下列哪些菜餚是臺灣菜系的菜色？①五味透抽 ②東坡肉 ③丁香花生 ④豆鼓鮮蚵。

解析 ②東坡肉是江浙菜。

工作項目 5　排盤與裝飾

（ 3 ）1. 所謂四色拼盤是指：①四種切法不同的食物拼成 ②四種不同烹調法的食物拼成 ③四種不同材料的食物拼成 ④四盤不同顏色的食物拼成。

解析 一般四色拼盤是指以四種不同的食材組成，而這四種食材通常會選擇搭配不同的顏色。

（ 4 ）2. 用來密封冷盤之保潔膜除了安全、無毒、無味外，還需兼顧哪些特性？①低透氣性、高透濕性 ②高透氣性、低透濕性 ③高透氣性、耐冷熱性 ④低透氣性、低透濕性。

解析 低透氣性與低透濕性可使密封的食材盡可能的保持原本的樣貌。

（ 1 ）3. 排盤裝飾用的生鮮材料不能和熟食接觸，其目的在防止？①細菌感染 ②氧化作用 ③還原作用 ④乳化作用。

解析 生鮮食材未經過加熱殺菌處理，含菌數較高，若和熟食接觸較易產生交叉汙染的限像。

（ 3 ）4. 冷盤排盤時，將主材料圍成花形，副材料堆放中央當作花心，稱作：①堆 ②砌 ③圍 ④疊。

解析 圍的技法將使拼盤呈現有次序的視覺效果。

（ 1 ）5. 切雕、排盤屬造型藝術，下列何項爲第一優先？①決定主題 ②構思選料 ③設計製作 ④層次調和。

解析 主題是切雕與排盤的第一要件，悉知主題內容才能透過切雕與排盤達到既定的效果。

（ 3 ）6. 菜餚排盤時，不必注意？①配色 ②容器形狀 ③營養價值 ④刀工及形狀。

解析 營養價值是菜餚設計時應考慮的，在進行菜餚烹調前，透過食材的選用、搭配訂定菜餚的營養價值。

（ 2 ）7. 根據已確定的題意和作品的特點，選擇材質和色澤稱之爲下列何者？①因形立意 ②因意定形 ③隨形選用 ④無一而立。

解析 因意定形是切雕與排盤的守則。

（ 1 ）8. 分別用幾種不同質地、色澤雕刻成作品各個部分，然後再予以組合，成爲一個完整作品，稱之爲：①零雕整合 ②散切組合 ③隨興組合 ④隨雕隨組。

解析 零雕整合大多利用三秒膠、牙籤…等輔助工具完成組合。

（ 2 ）9. 蔬果餐盤裝飾與熟食菜餚搭配時，應避免？①量多即好 ②喧賓奪主 ③填補空間 ④拼湊份量。

解析 蔬果盤飾具有畫龍點睛之妙，應避免喧賓奪主。

（ 4 ）10. 紅燒蹄膀不宜搭配下列何種材料墊底？①筍絲 ②青江菜 ③豆苗 ④粉絲。

解析 紅燒蹄膀的醬汁偏鹹，若以粉絲墊底，粉絲易吸取湯汁，使粉絲入口時口味過鹹。

（ 4 ）11. 直接覆蓋於熟食上之盤飾，下列何者非爲考量重點？①低水活性 ②高酸性 ③含硫化物高的食材 ④酸度介於 4.6 ～ 9 之間的食材。

解析 Ph 值 7 爲中性，而 4.6 ～ 9 之間屬於低酸性至低鹼性，因此此酸度的盤飾不適合用於直接覆蓋於熟食上。

（ 3 ）12. 下列何者食材不適合做爲沾料？①低水活性 ②高酸性 ③低糖度 ④高鹽度。

解析 低糖度微生物較易生長，因此若要作爲沾料，建議以低水活性、高酸性、高糖度、高鹽度。

（ 2 ）13. 盤飾是爲增進菜餚的美感效果，材料多爲蔬果切雕而成，但不可超過？① 1/2 ② 1/4 ③ 1/6 ④ 1/8 的比例。

解析 蔬果盤飾具有畫龍點睛之妙，應避免喧賓奪主。

（ 134 ）14. 蔬果擺盤應注意哪些事項？①擺盤應有適當比例 ②儘量擺盤不用考慮比例 ③避免生熟食交叉汙染 ④避免使用食品添加物。

解析 ② 須考慮比例，蔬果盤飾具有畫龍點睛之妙，應避免喧賓奪主。

(123) 15. 製作盤飾時，應注意哪些事項？①衛生 ②配色 ③刀工 ④火侯。

解析 ④ 火侯爲菜餚烹調的過程中所應注意的。

(24) 16. 盤飾常用材料爲：①塑膠花 ②新鮮蔬果 ③鮮花 ④煮熟蔬菜。

解析 塑膠花與鮮花均不適合用來作爲盤飾。

(123) 17. 菜餚排盤時應注意下列哪些事項？①容器形狀 ②刀工 ③菜餚份量 ④營養價值。

解析 營養價值是菜餚設計時應考慮的，在進行菜餚烹調前，透過食材的選用、搭配訂定菜餚的營養價值。

(12) 18. 爲了保持青江菜翠綠色，可添加何者物質？①鹼 ②鹽 ③白醋 ④米酒。

解析 ① 綠色蔬菜中的葉綠素遇酸會變黃，但若是遇鹼則會變綠。
② 綠色蔬菜可利用川燙的方式達到定色的效果，在川燙水中加入鹽巴，具有抑制氧化的作用。

(34) 19. 何者適合作爲食材的沾料？①低糖度 ②低鹽度 ③低水活性 ④高酸性。

解析 低糖度、低鹽度均易提供微生物生長，因此若要作爲沾料，建議以高糖度、高鹽度、低水活性、高酸性。

工作項目 6　器具設備之認識

（ 3 ） 1. 蒸麵食時之蒸籠以何者最爲理想？①鋁製 ②不銹鋼製 ③竹製 ④任何材質均可，沒有差異。

解析 竹製蒸籠的透氣性最佳，可避免蒸籠內聚集過多的水分，而影響蒸製麵實的外觀。

（ 3 ） 2. 爲了維護安全與衛生，器具、用具與食物接觸的部分，其材質最好選用？①木製 ②鐵製 ③不銹鋼製 ④ PVC 塑膠製。

解析 不鏽鋼製的器具安全性最高，木製器具易發霉，鐵製器具易產生鐵鏽，PVC 塑膠製器具易溶出塑化劑。

（ 1 ） 3. ①鐵炒鍋 ②鋁炒鍋 ③琺瑯鍋 ④不銹鋼炒鍋　容易生銹，使用後須清洗乾淨並晾乾。

解析 鐵製鍋具與器具易因清洗後，水分未晾乾或擦乾，而產生生鏽的狀況。

（ 4 ） 4. 使用蒸氣鍋爐可以不必有？①排水設備 ②通風設備 ③排氣設備 ④自動清洗設備。

解析 一般自動清洗設備以排油煙機較爲常見。

（ 3 ） 5. 哪一種用具必須有排氣孔？①電鍋 ②烤爐 ③壓力鍋 ④微波爐。

解析 壓力鍋是一種利用高壓來縮短加熱時間的鍋具，必須有排氣孔將鍋內的水蒸氣排出，避免鍋內的壓力過大，而產生危險。

（ 1 ） 6. 用過的砧板於清洗消毒過後應立即：①側立或豎放 ②平放 ③倒放 ④重疊　於指定場所。

解析 砧板應採立放的方式收納，避免相疊。

（ 4 ） 7. 烹調器具的使用散熱速率最慢者爲：①鐵鍋 ②鋁鍋 ③不銹鋼鍋 ④砂鍋。

解析 砂鍋是以砂質的陶土製作，聚熱與保溫效果較好，因此散熱的速率最慢。

（ 4 ） 8. 高溫洗碗機第三槽的水溫應高於攝氏：① 50 ② 60 ③ 70 ④ 80　度以上。

解析 餐具的清洗不論式高溫自動洗滌設備或人工三槽式餐具洗滌設備，均應符合下列條件：
（1）洗滌槽：具有 45℃以上含洗潔劑的熱水。
（2）沖洗槽：具有充足流動的水，且能將洗潔劑沖洗乾淨。
（3）有效殺菌槽：水溫應在 80℃以上（人工洗滌應浸 2 分鐘以上）。

（ 1 ） 9. 低溫洗碗機第三槽的水溫因不符合洗滌要求，所以應添加下列何藥劑以補充洗滌能力之不足？①殺菌劑 ②氧化劑 ③還原劑 ④乳化劑。

解析 洗碗機的第三槽爲殺菌槽，因此若水溫未達 80℃以上，應添加殺菌劑。

（ 2 ） 10. 枸橼類水果含有：①酸 ②萜 ③鹽 ④柿　可溶解 PS（聚苯乙烯）材質容器，造成單體溶出而危害人體。

解析 枸櫞類水果有柳丁、橘子、檸檬、柚子、葡萄柚…等。

（ 3 ） 11. 下列何種金屬材質之合金不可作爲食品容器用？①鋁 ②鐵 ③鉛 ④鉻。

解析 以鉛作爲食品容器時易產生鉛中毒現象，因此食品容器不得有鉛的成分。

（ 2 ） 12. 下列何種材質器皿不可用於微波爐？① PP（聚丙烯）②不銹鋼 ③瓷盤 ④ PE（聚乙烯）。

解析 不鏽鋼、鐵、鋁製的容器均不得放入微波爐內加熱。

（ 3 ） 13. 下列何者爲食品用紙？①道林紙 ②聖經紙 ③原生紙 ④再生紙。

解析 道林紙、聖經紙均是書寫用、印刷用紙，而再生紙不得用於食品包裝。

（ 1 ） 14. 剁排骨時應用？①剁刀 ②刀片 ③尖刀 ④任何種刀都可。

解析 剁刀的刀身較厚，適合用來剁食材；片刀的刀身較薄，適用用來切食材。

（ 1 ） 15. 水龍頭和水槽的高度：①水龍頭高 ②水槽高 ③一樣高 ④沒規定都可以。

解析 水龍頭的高度應比水槽的滿水位線還高。

（ 4 ） 16. 微波爐是利用下列何者產生熱能而使食物變熟？①瓦斯 ②蒸氣 ③水力 ④電磁波。

解析 微波爐是一種利用電磁波產生熱能的加熱設備。

(2) 17. 油煙罩的長度要比爐台檯面長：① 0 ～ 5 公分 ② 10 ～ 15 公分 ③ 20 ～ 25 公分 ④ 30 ～ 40 公分　爲宜。

解析 油煙罩應比爐台檯面長，使油煙罩發揮最大效用，但不須過長。

(4) 18. 清洗餐器具的先後順序，下列何者正確：⑴磁、不銹鋼餐具　⑵鍋具　⑶烹調用具　⑷刀具　⑸熟食砧板　⑹生食砧板　⑺抹布？① 5432167 ② 7654321 ③ 3246715 ④ 1234567。

解析 清洗餐器具的順序以汙染性低至汙染性高的順序清洗。

(1) 19. 火災現場離地面距離愈高其溫度？①愈高 ②愈低 ③沒有差別 ④視情況而定。

解析 熱空氣往空氣上層跑、冷空氣則往空氣下層跑。

(3) 20. 現代化廚房的滅火系統是：①滅火器 ②滅火砂 ③自動滅火系統 ④水柱。

解析 現代化的廚房可透過自動滅火設備降低火災時的損害。

(1) 21. 排油煙機應：①每日清洗 ②隔日清洗 ③三日清洗 ④每週清洗。

解析 爲了使排油煙機發揮最大功率，應每日清洗。

(1) 22. 廚房清潔區之空氣壓力應爲：①正壓 ②負壓 ③低壓 ④介於正壓與負壓之間。

解析 氣流方向爲正壓往負壓移動，清潔區應爲正壓，避免準清潔區與汙染區的氣味汙染清潔區。

(3) 23. 乾貨庫房的相對溼度應維持在：① 80%以上 ② 60 ～ 80% ③ 40 ～ 60% ④ 20 ～ 40%。

解析 乾貨庫房的濕度不得過高，避免產生黴菌的孳生。

(4) 24. 爲有效利用冷藏冷凍庫之空間並維持其品質，一般冷藏或冷凍庫的儲存食物量宜佔其空間的 ① 100% ② 90% ③ 80% ④ 60%以下。

解析 冷藏或冷凍庫的儲存量會影響冷藏、冷凍庫內的冷空氣循環，若無空間，則會使冷藏或冷凍庫的效能變差。

(1) 25. 廚房內的食品、餐具不可與地面直接接觸，應放置在高於地面起碼多少公分之處？① 30cm ② 60cm ③ 80cm ④ 100cm。

解析 廚房內的物品均不得直接與地面接觸，除此也不得靠牆。

(1) 26. 火災時會造成休克的元兇是？①一氧化碳 ②二氧化碳 ③臭氧 ④氫氣。

解析 火災的現場充斥許多一氧化碳，若不慎吸入過多，會造成一氧化碳中毒而休克死亡。

(3) 27. 餐飲業者使用地下水源者，其水源應與化糞池廢棄物堆積場所等汙染源至少保持？① 5 公尺 ② 10 公尺 ③ 15 公尺 ④ 20 公尺　之距離。

解析 根據「食品良好衛生規範（103.11.7）」，使用地下水源者，其水源與化糞池、廢棄物堆積場所等汙染源，應至少保持 15 公尺之距離。

(2) 28. 廚房備有空氣補足系統，下列何者不爲其優點？①降溫 ②降壓 ③隔熱 ④補足空氣。

解析 廚房中的排油煙機在運轉時，會將廚房的油煙排出，使時會連同空氣一併排出，而使廚房局部呈低壓狀態，進而造成廚房人員身體不適。因此，透過空氣補足系統，可補足空氣，並降溫、隔熱。

(2) 29. 假設氣流的流向是從高壓到低壓，你認爲餐廳營業場所氣流壓力應爲：①低壓 ②高壓 ③負壓 ④真空壓。

解析 餐廳營業場所是提供消費者用餐的環境，因此該場所的氣流必須是高壓，以避免髒空氣飄入。

(2) 30. 烹調區屬於：①清潔區 ②準清潔區 ③汙染區 ④一般作業區。

解析 廚房的工作區域可分爲清潔區、準清潔區與汙染區，烹調區歸屬於準清潔區。

(3) 31. 洗滌區屬於：①清潔區 ②準清潔區 ③汙染區 ④一般作業區。

解析 同第 30 題。

（ 4 ）32. 團膳廚房的人員動線，以下述何者為佳？①汙染區→清潔區→準清潔區 ②汙染區→準清潔區→清潔區 ③準清潔區→清潔區→汙染區 ④清潔區→準清潔區→汙染區。

解析 廚房的工作區域可分為清潔區、準清潔區與汙染區，人員的動線應由汙染性低至汙染性高移動，避免各種汙染源汙染清潔區。

（ 4 ）33. 廚房與廁所應？①距離 5 公尺 ②距離 10 公尺 ③距離 15 公尺 ④完全隔離。

解析 廁所的汙染源相當多，因此應與廚房完全隔離。

（ 4 ）34. 廚房的溫度宜控制在：① 5℃～ 10℃ ② 10℃～ 15℃ ③ 15℃～ 20℃ ④ 20℃～ 25℃。

解析 廚房的溫度應控制在舒適的溫度，避免過低或過高。

（ 1 ）35. 舀拿冰塊使用的冰杓材質，下列何者為非？①玻璃瓷器 ②不鏽鋼 ③塑膠 ④竹製品。

解析 玻璃瓷器較易破損，因此不適合作為冰杓的材質。

（ 4 ）36. 罐頭食品及其他包裝好的食物要妥善存放，較重及較大的應放在架子的：①最上層 ②上層 ③中層 ④底層。

解析 較重的物品應放在底層，除了較易拿取之外，也較安全。

（ 3 ）37. 為方便清理，廚房工作檯最適合選用？① SUS201 不銹鋼材料 ② SUS202 不銹鋼材料 ③ SUS304 不銹鋼材料 ④鋁質材料。

解析 廚房工作檯面以不銹鋼材質最為適合，而不鏽鋼材質的種類相當多，以 304 最適合作為食品、餐飲的生產設備。

（ 2 ）38. 廚房排水口前需裝設油脂截油槽設備，將汙水中油脂、殘渣成分從汙水中分離出來，加以清除後，則油脂、殘渣成分將不再隨廚房汙水流出，其截流之順序是：①固體雜物、油水分離、沉澱、油脂、排放 ②固體、殘渣、油脂、油水分離、沉澱、排放 ③油水分離、固體雜物、油脂、沉澱、排放 ④固體雜物、沉澱、排放、油脂、油水分離。

解析 油脂截油槽設備的截流順序為由大至小的固體、殘渣、油脂分離，再將油水分離、沉澱後，才排放汙水。

（ 14 ）39. 下列哪幾種刀具適合剁雞或剁排骨時所使用？①骨刀 ②雕刻刀 ③片刀 ④斬刀。

解析 剁刀的刀身較厚，適合用來剁食材；片刀的刀身較薄，適用用來切食材；骨刀與斬刀均是剁刀的別稱。

（ 13 ）40. 下列哪幾項是針對器具加熱消毒殺菌法的優點①無殘留 ②好用方便 ③消滅微生物 ④具滲透性

解析 加熱消毒殺菌最主要的目的是將器具中的細菌消滅，確保器具的乾淨、衛生。

（ 13 ）41. 下列哪幾項不是餐具洗滌的最後步驟？①清洗及沖洗 ②乾燥 ③預洗 ④保存。

解析 ① 清洗與沖洗是餐具洗滌的第 2 步驟。③ 預洗是餐具洗滌的第 1 步驟。

（ 123 ）42. 下列哪幾項是餐具預洗的目的？①節省清潔劑 ②節省時間 ③節省水量 ④節省空間。

解析 ④ 節省空間與餐具預洗無關。

（ 234 ）43. 下列哪幾項是餐具消毒使用的條件？① 110℃乾熱 15 分鐘 ② 110℃乾熱 30 分鐘 ③浸泡 200ppm 氯水溶液中 2 分鐘 ④ 100℃熱水沸煮 1 分鐘。

解析 ① 110℃乾熱應消毒 30 分鐘。

（ 123 ）44. 下列哪幾項是超高音波洗碗機的優點？①可清洗汙穢及殺菌 ②餐具不需整齊排列 ③節省水量 ④清洗速度快。

解析 ④ 清洗速度並非超高音波洗碗機的優點

（ 134 ）45. 下列哪些材質適合作為酸性食物容器的材質？①陶瓷 ②鋁製 ③耐酸鹼性塑膠 ④玻璃。

解析 ② 若以鋁製容器盛裝酸性物質，易有重金屬溶出的現象。

（ 134 ）46. 下列哪幾項是不鏽鋼工作檯的優點？①容易清洗 ②容易腐蝕 ③不容易生鏽 ④使用年限長。

解析 ② 不鏽鋼工作檯不易腐蝕。

工作項目 7　營養知識

（ 2 ） 1. 下列何種油脂含較多的必需脂肪酸？①花生油 ②紅花子油 ③棉子油 ④豬油。

解析 必需脂肪酸是人體無法自行合成的脂肪酸，必須透過食物攝取，主要的來源有：紅花子油、月見草油、葡萄籽油、亞麻仁油、深海魚油…等。

（ 4 ） 2. 下列何種油脂含有較多的飽和脂肪酸？①花生油 ②麻油 ③玉米油 ④椰子油。

解析 飽和脂肪酸以動物性油脂中含量較多，而植物性油脂僅有椰子油與棕櫚油含有飽和脂肪酸。

（ 3 ） 3. 小張晚餐與朋友聚餐，共攝取了蛋白質 45 公克、脂肪 40 公克、醣類 165 公克、酒精 10 公克，試問其一共攝取的熱量爲？① 1200 ② 1240 ③ 1270 ④ 1290　大卡。

解析 1 公克的蛋白質可提供 4 大卡的熱量，1 公克的脂肪可提供 9 大卡的熱量，1 公克的醣類可提供 4 大卡的熱量，1 公克的酒精可提供 7 大卡的熱量。因此可寄算出題目中的熱量，45×4+40×9+165×4+10×7 ＝ 1270。

（ 2 ） 4. 水果中的①芒果 ②酪梨 ③葡萄 ④龍眼　爲脂肪的豐富來源。

解析 根據衛福部食藥署食品營養成分資料庫的資料顯示，100 公克的酪梨含有 4.8 公克的脂肪，而 100 公克的芒果含有 0.21 ～ 0.25 公克的脂肪、100 公克的葡萄含有 0.15 ～ 0.4 公克的脂肪、100 公克的龍眼含有 0.53 公克的脂肪。四者相較之下，酪梨的脂肪含量相當豐富。

（ 4 ） 5. 何種礦物質與出血時血液之凝結有關？①鈉 ②鉀 ③氟 ④鈣。

解析 血液的凝結與凝血因子有關，而鈣離子具有活化凝血因子的作用。

（ 2 ） 6. 與鈣同爲骨骼牙齒之主要構成分的礦物質爲①鈉 ②磷 ③銅 ④鐵。

解析 骨骼與牙齒均以礦物質作爲組成的成分，這當中以鈣與磷的成分最多。

（ 2 ） 7. 可以增加牙齒對齲齒的抵抗力之礦物質爲①銅 ②氟 ③碘 ④錳。

解析 氟化物可使牙齒更堅固，保護牙齒並防止蛀牙。

（ 2 ） 8. 可以促進鐵吸收之因子爲①維生素 A ②維生素 C ③維生素 D ④草酸。

解析 維生素 C 可使鐵離子還原成亞鐵離子，使鐵離子更易被人體吸收利用。

（ 4 ） 9. 與促進血液凝固有關的維生素爲①維生素 A ②維生素 D ③維生素 E ④維生素 K。

解析 維生素 K 是一種脂溶性維生素，在人體中具有維持正常凝血機制的作用。

（ 1 ） 10. 常食生蛋白可能會引起何種維生素之不足？①生物素 ②葉酸 ③菸鹼酸 ④維生素 D。

解析 生蛋白中含有卵白素（avidin），會與生物素在腸道中結合，導致生物素缺乏的症狀。而蛋白經過加熱後，會破壞卵白素，因此蛋白不宜生吃。

（ 3 ） 11. 何種維生素之需要量與蛋白質攝取量的多寡有關？①維生素 B_1 ②維生素 B_2 ③維生素 B_6 ④維生素 C。

解析 維生素 B_6 能將蛋白質代謝，轉換成身體所須的養分，因此高蛋白飲食者應攝取足夠的維生素 B_6。

（ 2 ） 12. 根據膳食調查報告，國人最缺乏的維生素爲①維生素 B_1 ②維生素 B_2 ③維生素 B_{12} ④維生素 C。

解析 乳製品、全穀、堅果…等均含有豐富的維生素 B_2，而維生素 B_2 在水溶液中受光照容易破壞，因此一般市售的液態乳品多以不透明的塑膠或紙製容器盛裝，以避開光線。

（ 4 ） 13. 下列哪些食物含較多量的維生素 B_{12}？①綠葉蔬菜 ②小麥胚芽 ③豆類製品 ④蛋及肉類。

解析 維生素 B_{12} 中含有礦物質元素鈷，也稱爲鈷維生素或鈷胺素類，其由微生物合成，動物經由食物鏈而儲存於體內，因此動物性食品均可提供維生素 B_{12}。而植物性食品不含維生素 B_{12}，因此純素食者可能會有維生素 B_{12} 的缺乏症。

（ 3 ） 14. 何種食物含較豐富的維生素 E？①蛋黃 ②肝臟 ③胚芽 ④肉類。

解析 維生素 E 是一種脂溶性維生素，可透過堅果、胚芽、植物油（橄欖油、棕櫚油…等）…等天然食物中攝取。

(4) 15. 下列何種早餐組合較為營養？①豆漿、燒餅、油條 ②可樂、薯餅 ③泡沫紅茶、蔥油餅 ④牛奶、三明治。

解析 牛奶與三明治是四種早餐組合中營養價值較高的。

(3) 16. 廚師患有皮下或牙齦出血時，可能因欠缺？①維生素 B_1 ②維生素 B_2 ③維生素 C ④維生素 D 所致。

解析 維生素 C 須由食物攝取，具促進膠原蛋白合成與傷口癒合，缺乏時易發生皮下出血、壞血病。

(3) 17. 與人體內膠原之形成有關之維生素是？①維生素 B_1 ②維生素 B_2 ③維生素 C ④維生素 D。

解析 同 16 題。

(4) 18. 下列簡餐何者營養較為均衡？①速食麵 ②可樂、漢堡 ③牛肉蒸餃、普洱茶 ④什錦炒飯、青菜豆腐湯。

解析 四種餐點的搭配以炒飯與青菜豆腐湯的營養較均衡，包含有穀類、青菜與豆製品。

(2) 19. 能促進人體細胞間質形成之維生素為：①維生素 B_1 ②維生素 C ③維生素 D ④維生素 E。

解析 維生素 C 具有促進膠原蛋白合成與傷口癒合的作用，可增加人體細胞間質的形成。

(4) 20. 可以促進傷口出血停止之維生素為：①維生素 A ②維生素 D ③維生素 E ④維生素 K。

解析 維生素 K 是一種脂溶性維生素，在人體中具有維持正常凝血機制的作用。

(2) 21. 下列哪一種維生素可稱之為陽光維生素？①維生素 A ②維生素 D ③維生素 E ④維生素 K。

解析 維生素 D 可透過日曬由身體自行轉換而成，進而幫助鈣質的吸收與利用。

(4) 22. 維生素 B_{12} 含在哪一類食物中？①五穀類 ②蔬菜類 ③水果類 ④肉、魚、奶、蛋類。

解析 維生素 B_{12} 在動物性食品中均有含量，但植物性食品不含維生素 B_{12}，因此純素食者可能會有維生素 B_{12} 的缺乏症。

(1) 23. 同時是維生素 A、B_1、B_2 的好來源是？①蛋 ②香蕉 ③柳丁 ④麵條。

解析 維生素 A 的食物來源有魚肝油、肝臟、蛋黃、全脂奶、深綠色蔬菜、橘黃色蔬果…等；維生素 B_1 的食物來源有豬牛肉類、堅果類、全穀類、雞蛋…等；維生素 B_2 的食物來源有乳製品、全穀類、堅果類、蛋、肝等內臟。由此可知，蛋是三種營養成分的好來源。

(1) 24. 食物經過高溫長時間烹調，受破壞最多的是？①維生素 B_1 ②維生素 B_2 ③維生素 B_6 ④維生素 B_{12}。

解析 維生素 B_1 較易受到烹調時高溫加熱的破壞。

(4) 25. 下列何種水果含有較多的維生素 A？①水梨 ②香瓜 ③番茄 ④芒果。

解析 根據衛福部食藥署食品營養成分資料庫的資料顯示，水梨不含維生素 A，100 公克的香瓜含有 75 ～ 923I.U. 的維生素 A，100 公克的番茄含有 1691 ～ 11625I.U. 的維生素 A，100 公克的芒果含有 1091 ～ 1864 I.U. 的維生素 A。

(3) 26. 對傷口癒合有促進作用的維生素為：①維生素 A ②維生素 B_2 ③維生素 C ④維生素 E。

解析 維生素 C 具有促進膠原蛋白合成與傷口癒合的作用。

(1) 27. 蛋白質多，但脂肪少而澱粉多之豆類為：①紅豆 ②黃豆 ③皇帝豆 ④花生。

解析 根據衛福部食藥署食品營養成分資料庫的資料顯示，100 公克的紅豆含有 20.9 公克的蛋白質、0.6 公克的脂肪、61.5 公克的碳水化合物；100 公克的黃豆含有 35.7 公克的蛋白質、15.7 公克的脂肪、32.9 公克的碳水化合物；100 公克的花生含有 15.5 公克的蛋白質、27.2 公克的脂肪、12.2 公克的碳水化合物。相較之下紅豆為蛋白質含量多、脂肪少、澱粉多。

(3) 28. 穀類中含蛋白質最多的為：①米 ②小麥 ③燕麥 ④玉米。

解析 根據衛福部食藥署食品營養成分資料庫的資料顯示，100 公克的燕麥含有 10.9 公克的蛋白質，而 100 公克的蓬萊米有 7 公克的蛋白質、100 公克的小麥含有 14.1 公克的蛋白質、100 公克的玉米含有 3.4 公克的蛋白質。四者相較之下，燕麥的蛋白質含量較高。

(1) 29. 蛋白質之消化率較脂肪爲：①低 ②高 ③沒有區別 ④無法比較。

解析 蛋白質消化率爲 92%、脂肪消化率爲 95%、醣類消化率爲 98%。

(2) 30. 下面哪一種是修補體質最重要的營養素？①醣類 ②蛋白質 ③油脂類 ④鐵質。

解析 蛋白質是構成人體的重要營養成分，提供身體細胞生長與修補時所需的必需胺基酸。

(1) 31. 下列何種食物蛋白質的品質最優良？①蛋 ②奶 ③肉 ④黃豆。

解析 蛋的蛋白質是屬於完全蛋白質，可提供人體足夠的必需胺基酸，是其他食物無法取代的。

(1) 32. 食鹽中加下列何者可預防甲狀腺腫大？①碘 ②氟 ③鉀 ④鈣。

解析 在民國 60 年前，因飲食缺碘的原因，使國人的甲狀腺腫大狀況約有 30%以上，因此政府在民國 56 年後全面實施食鹽加碘的政策。

(4) 33. 下列食物中何者含碘較少？①海苔 ②紫菜 ③海帶 ④木耳。

解析 海苔、紫菜、海帶、昆布均是含碘豐富的食物。

(2) 34. 牛奶中所含最豐富的礦物質是？①鐵 ②鈣 ③鋅 ④磷。

解析 根據衛福部食藥署食品營養成分資料庫的資料顯示，100 公克的牛奶含 100mg 的鈣、83 mg 的磷、0.4 mg 的鋅、0.1 mg 的鐵。

(1) 35. 不要吃太鹹以免影響健康，是因爲食鹽、味精等調味料中含有：①鈉 ②鐵 ③銅 ④鈣　的關係。

解析 食鹽主要的成分爲氯化鈉。

(2) 36. 鈣的吸收與利用與何種維生素有關？①維生素 A ②維生素 D ③維生素 E ④維生素 K。

解析 維生素 D 可幫助鈣與磷的吸收與利用。

(2) 37. 下列食物何者鈣質含量較豐富？①胡蘿蔔 ②空心菜 ③高麗菜 ④番茄。

解析 根據衛福部食藥署食品營養成分資料庫的資料顯示，100 公克的空心菜含 70 mg 的鈣，而 100 公克的胡蘿蔔含 27mg 的鈣、100 公克的高麗菜含 47mg 的鈣、100 公克的番茄含 10mg 的鈣。四者相較之下，空心菜的鈣含量最高。

(3) 38. 根據飲食指標，醣類之攝取量宜約佔總熱量需要量的：① 40% ② 50% ③ 60% ④ 70%。

解析 根據「新版每日飲食指南」(101 年) 建議三大營養素佔熱量比例範圍爲蛋白質 10 ～ 20%、脂質 20 ～ 30%、醣類 50 ～ 60%。

(2) 39. 醣類可調節何種營養素之正常代謝？①蛋白質 ②脂質 ③維生素 ④礦物質。

解析 醣類的消化率爲 98%，其次是脂肪消化率 95%、蛋白質消化率 92%。當醣類不足時，身體會改以脂肪作爲熱量的來源，但此時容易發生酮酸中毒現象，而醣類若足夠時，可調節脂肪的正常代謝。

(4) 40. 下列何種醣類本身不被人體消化，故不具熱量值？①肝醣類 ②乳糖 ③澱粉 ④纖維素。

解析 纖維素是一種多醣，但不具熱量，具有促進腸胃蠕動。

(3) 41. 醣類主要含在哪一大類食物中？①水果類 ②蔬果類 ③五穀類 ④肉、魚、豆、蛋、奶類。

解析 五穀類含有豐富的澱粉，而澱粉正是醣類。

(3) 42. 若某甲在一餐中共攝取了蛋白質 33 公克、醣類 200 公克、油脂 30 公克，則其熱量之可獲量約爲多少大卡？① 1000 ② 1100 ③ 1200 ④ 1300。

解析 1 公克的蛋白質可提供 4 大卡的熱量，1 公克的醣類可提供 4 大卡的熱量，1 公克的脂肪可提供 9 大卡的熱量。因此可計算出題目中的熱量，$33\times4+200\times4+30\times9=1200$。

(3) 43. 食物纖維對現代人的飲食十分重要，含在下面哪一種食物中？①肉 ②魚 ③蔬菜、水果 ④蛋。

解析 蔬菜與水果含有豐富的膳食纖維，可促進腸胃蠕動。

(4) 44. 我們三餐要吃米飯或麵食，因爲它們是提供我們①蛋白質 ②脂質 ③維生素 ④醣類　最好的來源。

解析 五穀類含有豐富的澱粉，而澱粉正是醣類。

(3) 45. 大豆油是提供我們：①胺基酸 ②飽和脂肪酸 ③必需脂肪酸 ④檸檬酸　最好的來源。

解析 油脂含豐富的脂肪酸，植物油中含的大多是不飽和脂肪酸，而大豆油含有豐富的必需胺基酸。

(2) 46. 若老陳一日之總熱量需要量爲 2000 大卡，則其醣類攝取量宜約爲？① 250 公克 ② 300 公克 ③ 350 公克 ④ 400 公克。

解析 根據「新版每日飲食指南」（101 年）建議三大營養素佔熱量比例範圍爲蛋白質 10 ～ 20%、脂質 20 ～ 30%、醣類 50 ～ 60%，1 公克的醣類可提供 4 大卡的熱量。以 50% 計算，2000×50%＝ 1000，1000÷4 ＝ 250，以 60% 計算，2000×60%＝ 1200，1200÷4 ＝ 300。

因此本題的醣類攝取量爲 250 ～ 300 公克。

(2) 47. 爲維持身體的健康，膽固醇的每日攝取量以不超過多少量爲宜？① 400 微克 ② 400 毫克 ③ 400 公克 ④ 600 公克。

解析 2010 年版《美國民眾膳食指南》建議每天最多只能攝取 300 毫克膽固醇，因此膽固醇的每日攝取量不宜超過 400 毫克。

(3) 48. 米飯與下列何種食物混合食用，可達到蛋白質營養價值互補的效果？①玉米 ②小麥 ③綠豆 ④芝麻。

解析 穀類食物缺乏離胺酸，而豆類食物含豐富離胺酸，因此一同食用，可達到營養互補的效果。

(3) 49. 缺乏哪兩種礦物質會導致貧血？①鐵、鋅 ②鋅、銅 ③鐵、銅 ④錳、鋁。

解析 鐵是構成血紅素的重要礦物質，銅是協助鐵離子被身體吸收利用的重要礦物質，因此若缺乏鐵與銅易導致貧血。

(4) 50. 下列何種礦物質不爲人體所需？①鋅 ②銅 ③錳 ④汞。

解析 汞對人體有害，若不慎食入，易產生中毒現象。

(3) 51. 主要在作爲建造及修補人體組織的食物爲：①五穀類 ②油脂類 ③肉、魚、蛋、豆、奶類 ④水果類。

解析 蛋白質是建造與修補人體組織的重要食物，而肉、魚、蛋、豆、奶類正含有豐富的蛋白質。

(3) 52. 下列何種食物的蛋白質品質屬於不完全蛋白質？①米 ②麥 ③玉米 ④甘藷。

解析 蛋白質可分爲完全蛋白質、半完全蛋白質、不完全蛋白質，玉米含不完全蛋白質。

(4) 53. 下列水果何者爲酸性食物？①葡萄柚 ②奇異果 ③金桔 ④李子。

解析 大部分的水果是屬於鹼性食物，而李子是屬於酸性食物。

(4) 54. 肉類不含下列何者？①蛋白質 ②脂肪 ③水分 ④維生素 C。

解析 維生素 C 以蔬菜水果含量較多。

(2) 55. 蛋白質需要量佔總熱量需要量的：① 58% ② 12% ③ 25% ④ 24%。

解析 同第 38 題。

(2) 56. 熟澱粉在口腔中可被消化爲下列何者？①葡萄糖 ②麥芽糖 ③果糖 ④乳糖。

解析 口腔中的唾液可分解熟澱粉。

(4) 57. 體內再吸收水分的部位是下列何者？①小腸 ②骨 ③直腸 ④大腸。

解析 小腸最主要是吸收營養、少許水分，而大腸則主要是再次吸收水分。

(3) 58. 下列哪一項食物是中性食物？①肉類 ②水果 ③糖 ④奶類。

解析 一般穀類、豆蛋魚肉類均屬於酸性食物，奶類與蔬菜水果類屬於鹼性食物，而糖、油、醋、茶則屬於中性食物。

(4) 59. 下列哪一項食物是鹼性食物？①肉類 ②魚類 ③糖 ④牛奶。

解析 一般穀類、豆蛋魚肉類均屬於酸性食物，奶類與蔬菜水果類屬於鹼性食物，而糖、油、醋、茶則屬於中性食物。

(3) 60. 哪一種食物的鈣質吸收率最高？①牛肉 ②豆乾 ③牛奶 ④菠菜。

解析 一般而言，人體對牛奶的鈣質吸收率約 30%。

(1) 61. 肝糖可以儲存在？①肌肉 ②小腸 ③血液 ④腎臟。

解析 肝醣主要儲存在肝臟與肌肉之間。

(3) 62. 正常人每日需要水分：① 1000 毫升以下 ② 1000 ～ 2000 毫升 ③ 2000 毫升～ 3000 毫升 ④ 5000 毫升以上。

解析 以成人而言，每天至少要攝取 2000 ～ 2500 毫升的水。

(4) 63. 食鹽每日攝取量爲多少較佳？①無限制 ② 15 公克以上 ③ 8 ～ 10 公克 ④ 6 公克以下。

解析 行政院衛生署建議國人的鈉鹽的攝取量每日不超過 2400 毫克，而每公克的食鹽可提供 400 毫克的鈉，因此食鹽的每日攝取量應不超過 6 公克。

(2) 64. 患有骨質疏鬆症者應多攝取下列何種食物？①香蕉 ②小魚乾 ③香菇 ④蘿蔔乾。

解析 骨質疏鬆症者應多攝取含鈣的食物，根據衛福部食藥署食品營養成分資料庫的資料顯示，100 公克的香蕉含 5 mg 的鈣，100 公克的小魚乾含 2213mg 的鈣，100 公克的香菇含 3mg 的鈣，100 公克的蘿蔔乾含 92mg 的鈣。四者相較之下以小魚乾的鈣含量最高，應多攝取。

(3) 65. 下列何者食物膽固醇含量較少？①蛋黃 ②烏魚子 ③海蜇皮 ④豬腦。

解析 根據衛福部食藥署食品營養成分資料庫的資料顯示，100 公克的海蜇皮含 21.8mg 的膽固醇，100 公克的蛋黃含 1173 mg 的膽固醇，100 公克的烏魚子含 658.5mg 的膽固醇，100 公克的豬腦含 2074.7mg 的膽固醇。

(3) 66. 蛋白質生物價值最高的食物是？①黃豆 ②玉米 ③蛋 ④魚。

解析 蛋的蛋白質是屬於完全蛋白質，可提供人體足夠的必需胺基酸，是其他食物無法取代的。

(2) 67. 1 杯（200c.c.）含 3.5%酒精的啤酒可以提供：① 28 ② 49 ③ 63 ④ 140　卡的熱量。

解析 1 公克的酒精可提供 7 大卡的熱量，3.5%酒精 200 c.c. 爲 200×3.5%＝ 7（公克），7×7 ＝ 49。

(2) 68. 1 份肉類含 7 公克蛋白質、5 公克脂質，可提供多少卡的熱量？① 48 卡 ② 73 卡 ③ 83 卡 ④ 108 卡。

解析 1 公克的蛋白質可提供 4 大卡的熱量，1 公克的脂肪可提供 9 大卡的熱量。因此可計算出題目中的熱量，7×4+5×9 ＝ 73。

(4) 69. 下列食物中何者含脂肪量較少？①花生 ②培根 ③香腸 ④洋火腿。

解析 根據衛福部食藥署食品營養成分資料庫的資料顯示，100 公克的洋火腿（切片火腿—豬肉）含 4.4g 的脂肪，而 100 公克的花生含 27.2g 的脂肪，100 公克的香腸含 25.3g 的脂肪，100 公克的培根含 34g 的脂肪。四者相較之下洋火腿的脂肪含量最低。

(4) 70. 水產品中含肝醣較多的爲？①魚 ②蝦 ③墨魚 ④牡蠣。

解析 牡蠣中所含的醣類以肝醣爲主。

(4) 71. 健康的飲食應以下列何者爲基礎？①蔬菜水果類 ②奶類 ③蛋、豆、魚、肉類 ④五穀根莖類。

解析 據「新版每日飲食指南」（101 年）建議三大營養素佔熱量比例範圍爲蛋白質 10 ～ 20%、脂質 20 ～ 30%、醣類 50 ～ 60%。而醣類的主要來源正是五穀根莖類，每日建議攝取 1.5 ～ 4 碗。

(1) 72. 下列營養素何者可活化酵素、平衡酸鹼值、調節生理機能？①維生素和礦物質 ②醣類和脂肪 ③蛋白質和水 ④脂肪和維生素。

解析 維生素和礦物質與身體的生理機能息息相關。

(3) 73. 當熱能性營養素的攝取量超過身體實際的需要量時，可能會產生？①注意力不易集中 ②對傳染病抵抗力差 ③肥胖 ④消瘦。

解析 當熱能營養素攝取過多時，身體會逐漸累積過多的熱量，而產生肥胖的狀況。

（ 2 ）74. 有關醣類的功能，下列何者為非？①供給熱量 ②增加蛋白質的消耗 ③構成身體組織 ④促進脂肪代謝。

解析 醣類與蛋白質均是熱量的來源，而醣類與蛋白質的消耗無關。

（ 4 ）75. 富含維生素 B 群和醣類的食物為：①蘋果 ②香蕉 ③肝臟 ④糙米。

解析 未精製穀物的麩皮、胚芽…等部分含有豐富的維生素 B 群。

（ 1 ）76. 新生兒缺乏維生素 E，血球易破裂而貧血，此稱為：①溶血性貧血 ②惡性貧血 ③營養性貧血 ④巨球性貧血。

解析 維生素 E 可避免紅血球氧化破裂，而使血紅素溶出。

（ 3 ）77. 人體內缺乏何種維生素時，易造成皮下出血？①維生素 A ②維生素 B_6 ③維生素 C ④維生素 E。

解析 維生素 C 具有促進膠原蛋白合成與傷口癒合的作用，可增加人體細胞間質的形成。

（ 3 ）78. 有關鈣的功能，下列何者為非？①使血液呈鹼性，預防酸中毒 ②預防抽筋 ③具有造血功能 ④維持心搏正常。

解析 造血功能為鐵與銅的作用。

（ 1 ）79. 近年來臨床醫學上發現多攝取芹菜可降低血壓，主要是因為芹菜中富含何種礦物質，可促進鈉的排除？①鉀 ②氯 ③鎂 ④鐵。

解析 鉀可抑制血管收縮系統，幫助血管擴張，以維持正常血壓。

（ 1 ）80. 懷孕婦女的飲食中長期缺乏碘時，嬰兒出生後，智力遲緩，骨骼停止生長，此即所謂的？①呆小症 ②佝僂症 ③甲狀腺腫大 ④侏儒症。

解析 碘缺乏會導致呆小症。

（ 2 ）81. 一個正常人當其體內水分攝取不足時，腎臟會採取何種方式以維持水分的平衡？①排出較多的尿液 ②排出較少而濃度較高的尿液 ③毛孔關閉 ④由皮膚排汗。

解析 當水分攝取不足時，身體機能會自行將腎臟中的尿液回收濃縮，以避免身體產生脫水現象。

（ 2 ）82. 下列何者含量多時，會使肉的嫩度增加，並且烹調時更容易熟？①肌纖維 ②脂肪組織 ③結締組織 ④骨骼。

解析 脂肪組織具有提高肉質嫩度的作用。

（ 3 ）83. 近十幾年來臺灣地區十大死因中，多屬慢性疾病、代謝性疾病和腫瘤，這些疾病的發生和下列何項關聯較小？①工業汙染 ②空氣汙染 ③飲用水 ④食物的攝取。

解析 飲用水與慢性疾病、代謝性疾病…等，無關聯性。

（ 3 ）84. 小美喝了 1 杯可樂含有蔗糖 60 克，其可提供的熱量是多少大卡？① 360 大卡 ② 100 大卡 ③ 240 大卡 ④ 720 大卡。

解析 1 公克的醣類可提供 4 大卡的熱量，$60 \times 4 = 240$。

（ 2 ）85. 阿美得了腳氣病，請問她應該要多補充什麼食物？①牛奶 ②小麥胚芽 ③綠色蔬菜 ④水果。

解析 腳氣病是缺乏維生素 B_1 的疾病，而含有豐富維生素 B_1 的食物有全穀、豬肉、牛奶…等。

（ 3 ）86. 小黃有心肌炎，他可能缺乏？①銅 ②鋅 ③硒 ④錳。

解析 心肌炎是缺乏硒的疾病。

（ 2 ）87. 琪琪在天氣炎熱的夏天突然有腹部痙攣、昏睡及尿少的現象，你認為最有可能的原因是？①體內鈉質太多 ②體內鈉質太少 ③體內鈣質太多 ④體內鈣質太少。

解析 鈉與身體中的神經、肌肉傳導有關，當鈉攝取過少時，身體中分泌的賀爾蒙會使腎臟再次吸收鈉，而減少尿液。

（ 34 ）88. 人體必須攝取油脂的理由在：①其為熱量的精華 ②其可增加食物的美味和飽食感 ③其可提供必需脂肪酸 ④其可幫助脂溶性維生素的吸收。

解析 ① 熱量的攝取以蛋白質、醣類較爲優質。

③ 油脂確實可增加食物的美味，但並非是必須攝取油脂的理由。

(23) 89. 下列何者不是蛋白質的主要功能？①構成身體組織 ②運送脂溶性維生素 ③保護內臟器官 ④調節生理機能。

解析 運送脂溶性維生素與保護內臟器官均爲脂肪的功能。

(123) 90. 下列何者營養素有供給熱量的功能？①醣類 ②蛋白質 ③脂肪 ④礦物質。

解析 礦物質、維生素與水分均不提供熱量。

(24) 91. 攝取醣類的營養素，我們並不會想要由下列何者獲得？①糯米 ②雞肉 ③綠豆 ④雞蛋。

解析 雞肉與雞蛋主要是攝取蛋白質。

(14) 92. 脂質在烹調中有直接關聯的功能是？①促進食慾 ②保護內臟器官 ③運送脂溶性維生素 ④提供美味。

解析 保護內臟器官與運送脂溶性維生素是屬於維護身體機能。

(123) 93. 蛋白質互補作用的吃法應用，下列何者爲是？①饅頭夾蛋 ②燒餅加豆漿 ③豆腐配稀飯 ④牛奶加荷包蛋。

解析 牛奶與荷包蛋均是屬於完全蛋白質的食物，無互補的作用。

(23) 94. 想獲得蛋白質的營養素我們並不會想要由下列何者獲得？①鱸魚 ②竹筍 ③番茄 ④豆包。

解析 竹筍與番茄是屬於蔬菜類食物。

(234) 95. 下列何者爲水溶性維生素？① A ② B_2 ③菸鹼酸 ④ C。

解析 維生素 A、D、E、K 爲脂溶性維生素，其他維生素均爲水溶性維生素。

(134) 96. 下列何者爲脂溶性維生素？① A ② B_2 ③ D ④ K。

解析 維生素 A、D、E、K 爲脂溶性維生素，其他維生素均爲水溶性維生素。

(12) 97. 對人體而言，下列何者屬於主要礦物質？①鈉 ②鎂 ③鋅 ④鐵。

解析 鈉、鉀、氯、鈣、磷、鎂、硫均爲人體的主要礦物質。

(34) 98. 對人體而言，下列何者屬於微量礦物質？①鈉 ②鎂 ③鋅 ④鐵。

解析 鐵、鋅、銅、錳、碘、氟、鉻均爲人體的微量礦物質。

(123) 99. 下列哪幾種人比較可能有骨質疏鬆的危險？①蛋白質攝取不足的人導致鈣質吸收率降低 ②維生素 D 不足的人導致鈣質吸收率降低 ③比較不喜歡活動的人 ④ 30 歲以前年齡的人。

解析 30 歲以前較不易發生骨質疏鬆的狀況。

(34) 100. 下列何者含鈣量偏少而磷含量卻偏高（每 100g 食物含 50 ～ 100mg 以上）？①乳酪 ②豆干 ③豬肉 ④米飯。

解析 根據衛福部食藥署食品營養成分資料庫的資料顯示，100 公克的乳酪含 605.7 mg 的鈣、431.5mg 的磷，100 公克的豆干含 685 mg 的鈣、246.7 mg 的磷，100 公克的豬肉含 4.7 mg 的鈣、208mg 的磷，100 公克的米飯含 1.4 mg 的鈣、39.2 mg 的磷。

(13) 101. 身體質量指數 BMI 值，下列何者是不錯的範圍？① 20 ② 30 ③ 22 ④ 27。

解析 理想的 BMI 值爲 18.5 ～ 24。

(234) 102. 下列何者是良好的鈣質攝取來源？①菠菜 ②高麗菜 ③油菜 ④芥蘭菜。

解析 根據衛福部食藥署食品營養成分資料庫的資料顯示，100 公克的菠菜含 82.7 mg 的鈣，100 公克的高麗菜含 45.6 mg 的鈣，100 公克的油菜含 99.9mg 的鈣，100 公克的芥蘭菜含 195.5 mg 的鈣。本題答案應更改爲①、③、④。

(234) 103. 下列哪些是醣類的主要功能？①運送脂溶性維生素 ②避免酮酸中毒 ③保護體組織蛋白 ④合成肝醣儲存。

解析 運送脂溶性維生素是脂肪的功能。

(123)104. 下列哪些是飲食纖維的功能？①改善便秘情況 ②調節脂肪與糖分的吸收 ③可降低血膽固醇 ④充分吸收爲體內營養分子。

解析 纖維與充分吸收體內營養無關。

(124)105. 下列何者爲國民飲食建議？①均衡攝食各類食物 ②盡量選用高纖維食物 ③三餐以蔬菜爲主食 ④多攝食鈣質豐富的食物。

解析 三餐應以全穀雜糧作爲主食。

(124)106. 下列哪些食物種類含有多量的膳食纖維？①水果類 ②五穀根莖類 ③肉魚豆蛋類 ④蔬菜類。

解析 肉魚豆蛋類提供較多的蛋白質。

(14)107. 下列何者正確？①半乳糖是單醣類 ②果糖是雙醣類 ③麥芽糖是單醣類 ④肝醣是多醣類。

解析 果糖是單醣類、麥芽糖是雙醣類。

(123)108. 下列何者爲膳食纖維？①果膠 ②纖維素 ③洋菜膠 ④肝醣。

解析 肝醣是多醣類。

(123)109. 下列何者食物可提供維生素 B_{12}？①豬肝 ②奶類 ③牛肉 ④菠菜。

解析 動物性食物均含維生素 B_{12}。

(12)110. 下列何者含有較多的維生素 C？①芭樂 ②桔子 ③牛肉 ④豬肉。

解析 蔬菜水果含有較多的維生素 C。

(123)111. 下列何者與鈣質的利用較有相關性？①維生素 D ②陽光 ③蛋白質 ④脂肪。

解析 ② 維生素 D 有助於鈣質的吸收。
③ 陽光有助於維生素 D 的活化利用。
④ 蛋白質可避免骨質疏鬆症的發生。

(134)112. 下列哪幾項是影響酵素的因素？①溫度 ②色素 ③ pH 值 ④水活性。

解析 ② 溫度可增加酵素反應，但不可過高。
③ pH 值過高或過低會使酵素無法活動。
④ 高水活性會增加酵素的反應。

(234)113. 下列哪幾項是動物、植物的食物中，不會共同擁有的色素？①類胡蘿蔔素 ②花青素 ③葉綠素 ④肌紅素。

解析 ② 花青素僅存在於植物性食物。
③ 葉綠素僅存在於植物性食物。
④ 肌紅素僅存在於動物性食物。

(124)114. 下列哪些是發酵食品？①醬油 ②優酪乳 ③豆花 ④納豆。

解析 豆花是豆漿添加凝固劑製作而成。

(134)115. 人體攝取水分的主要來源有哪些？①飲用的液體 ②食物的溫度 ③食物的水分 ④營養代謝所產生的水分。

解析 食物的溫度與水分無關。

(234)116. 下列哪些是人體需求的主要礦物質？①鐵 ②鉀 ③氯 ④磷。

解析 鈉、鉀、氯、鈣、磷、鎂、硫均爲人體的主要礦物質。

(123)117. 水果中的營養成分有哪些？①水分 ②醣類 ③維生素 ④維生素 B_{12}。

解析 維生素 B_{12} 主要存在動物性食物中。

(234)118. 蔬菜中所能提供的主要營養成分有哪些？①維生素 B_{12} ②維生素 ③礦物質 ④纖維素。

解析 維生素 B_{12} 主要存在動物性食物中。

(124)119. 下列哪些是動物性油脂？①乳酪 ②豬油 ③椰子油 ④魚肝油。

解析 椰子油是屬於植物性油脂。

(123)120. 我國准許使用的食品人工著色劑有哪些？①紅色 6 號 ②黃色 4 號 ③綠色 3 號 ④藍色 5 號。

解析 可食用的人工色素爲：藍色 1 號、2 號；綠色 3 號；黃色 4 號、5 號；紅色 6 號、7 號、40 號。

(34)121. 下列哪些是以提供熱量爲主的食物？①水 ②根莖類 ③穀類 ④油脂類。

解析 據「新版每日飲食指南」（101 年）建議三大營養素佔熱量比例範圍爲蛋白質 10 ～ 20%、脂質 20 ～ 30%、醣類 50 ～ 60%。

(14)122. 脂肪的主要建構材料爲脂肪酸，以下何者爲「必需脂肪酸」？①亞麻油酸 ②多元未飽和脂肪酸 ③飽和脂肪酸 ④亞麻脂酸。

解析 亞麻油酸、亞麻脂酸、次亞麻油酸均屬於必需脂肪酸。

(13)123. 黃豆依不同程度加工，其營養成分也會有所改變；加工後的大豆分離蛋白因已去除哪些碳水化合物成分，因此不會引起脹氣？①水蘇四糖 ②蛋白質 ③蜜三醣 ④異黃酮。

解析 黃豆引起脹氣的原因主要是其中的寡糖，如：水蘇四糖、蜜三醣（棉仔糖）、阿拉伯糖…等。

(134)124. 脂溶性維生素與水溶性維生素之比較，以下何者正確？①脂溶性維生素溶於油脂或有機溶劑但不溶於水；水溶性維生素則溶於水 ②兩種在攝取後皆容易儲存於人體中 ③脂溶性維生素其吸收需靠油脂的存在；水溶性維生素則不需要 ④脂溶性維生素對光、溫度、空氣較穩定；水溶性維生素則對光、溫度、空氣較不穩定。

解析 ②水溶性維生素易隨著尿液或汗液排出體外。

(13)125. 維生素 B_2 又稱核黃素，爲水溶性維生素，一般成人適度活動量者其建議攝取量，男性爲 1.0 ～ 1.6 毫克，女性爲①最低 0.9 ②最低 0.8 ③最高 1.3 毫克 ④最高 1.5 毫克。

解析 維生素 B_2 的女性每日建議攝取量爲 0.9 ～ 1.3 毫克。

(14)126. 下列關於影響維生素 B_6 利用率因素之敘述，何者正確？①在酸性情形下較穩定 ②在鹼性環境較穩定 ③不受烹煮過程之光線與熱影響 ④烹煮過程之光線與熱會降低穩定性。

解析 ②在酸性環境中較穩定。
④易受到烹煮加熱破壞。

(12)127. 陽光可能是素食者最主要的維生素 D 來源。但是皮膚對於維生素 D 的合成仍受到什麼因素影響？①年齡 ②區域、季節與天氣 ③高矮 ④性別。

解析 高矮與性別對維生素 D_2 的合成無關。

(24)128. 長期鈣質不足時，會發生：①器官鈣化 ②軟骨症 ③結石 ④骨質疏鬆。

解析 ① 器官鈣化的原因很多，可能是飲食、病毒或藥物所造成。
③ 結石的原因可能是遺傳、水分攝取不足。

(134)129. 素食者針對鐵質吸收，以下哪些方法可增加攝取量及生物利用率？①食用含維生素 C 高的水果 ②餐後飲用茶或咖啡 ③避免與高鈣食物同時食用 ④食用鐵質豐富的食物。

解析 ②餐後飲用茶或咖啡會影響鐵質的吸收與利用。

(34)130. 單醣類不包含以下哪種糖？①葡萄糖 ②果糖 ③肝糖 ④蔗糖。

解析 ③肝醣屬於多醣類。
④蔗糖屬於雙醣類。

工作項目 8　成本控制

（ 3 ） 1. 帶殼蛋每公斤 38 元，但帶殼蛋的破損率為 15%，連在蛋殼上的蛋液有 5%，蛋殼本身佔全蛋的 10%，因此帶殼蛋真正可利用的蛋液，每公斤的價格應為？① 45.6 元 ② 50.6 元 ③ 52.3 元 ④ 62.5 元。

解析 先計算出每公斤的帶殼但實際的可用的蛋液重量：1000 公克 ×85%（破損率 15%，代表可利用率為 85%）×90%（蛋殼佔 10%，代表剝去蛋殼後剩 90%）×95%（蛋殼上的蛋液佔 5%，代表可用的蛋液為 95%）= 726.75 公克
再計算出價格：38÷726.75×1,000 = 52.28 ≒ 52.3（元）

（ 1 ） 2. 無水奶油每公斤新臺幣 160 元，含水奶油每公斤 140 元，依實際油量核算，則含水奶油每公斤比無水奶油？①貴 15 元 ②相同 ③便宜 15 元 ④便宜 20 元　（含水奶油水分佔 17%，鹽佔 3%）。

解析 含水奶油的奶油成分為 80%，所以 800 公克 140 元的含水奶油，換算成 1 公斤的價格為 140÷800×1,000 = 175 元。與無水奶油比較，貴了 15 元

（ 4 ） 3. 產品售價包含直接人工成本 15%，如果廚師月薪連食宿可得新臺幣 2 萬 1 仟元，則其每天需生產產品的價值為？① 2,824 元 ② 3,212 元 ③ 3,840 元 ④ 4,666 元。

解析 先計算出廚師每天的薪資 21,000÷30 = 700，再計算出每天須生產的產品價格 700÷15% = 4,666.67

（ 3 ） 4. 胡蘿蔔的廢棄率佔 12%，如需使用去了皮後的胡蘿蔔 22 斤，應購買胡蘿蔔？① 19.4 斤 ② 22 斤 ③ 25 斤 ④ 28.4 斤。

解析 廢棄率＝不可食用的重量 ÷ 採購總重 ×100%，因此假設採購的總重為 X，則
（X–22）÷22×100%＝ 12%，X = 25

（ 4 ） 5. 瘦豬肉 1 斤 75 元（廢棄率 0%），雞肉 1 斤 35 元（廢棄率佔 55%），蛋 1 斤 29 元（廢棄率佔 12%），魚 1 斤 60 元（廢棄率佔 45%），如以可食部分同等量來計算，則：①瘦豬肉 ②雞 ③蛋 ④魚　價格最貴。

解析 可食用率＝ 100%－廢棄率，1 斤＝ 600 公克
① 瘦豬肉的可食用率為 100%，因此 1 公克的瘦豬肉價格為 75÷600 = 0.125（元）
② 雞肉的可食用率為 45%，因此 35÷（600×45%）= 0.13（元）
③ 蛋的可食用率為 88%，因此 29÷（600×88%）= 0.55（元）
④ 魚的可食用率為 55%，因此 60÷（600×55%）= 0.18（元）
由上述計算可知魚的價格最高。

（ 3 ） 6. 有一食物，廢棄率佔 25%，欲供應每人份可食部分為 100 公克，做 100 人份的餐盒時，需購買？① 7.5 公斤 ② 10 公斤 ③ 13.3 公斤 ④ 25 公斤　的原料。

解析 廢棄率＝不可食用的重量 ÷ 採購總重 ×100%，1 公斤＝ 1000 公克，因此假設採購的總重為 X，（X － 100）÷X×100%＝ 25%，X = 133.3（公克），133.3×100÷1000 = 13.3（公斤）

（ 4 ） 7. 絲瓜的廢棄率 18%，希望能供應 1 公斤的可食量絲瓜，需購買的絲瓜量多少？① 1000 公克 ② 1090 公克 ③ 1180 公克 ④ 1220 公克。

解析 廢棄率＝不可食用的重量 ÷ 採購總重 ×100%，1 公斤＝ 1000 公克，因此假設採購的總重為 X，（X–1000）÷X×100%＝ 18%，X = 1219.5（公克）

（ 3 ） 8. 欲供應帶骨的炸豬排每片約 2 兩半重，購買 1 斤帶骨的豬排時約可切成？① 2 片 ② 4 片 ③ 6 片 ④ 10 片。

解析 1 斤＝ 16 兩，16÷2.5 = 6.4

(2) 9. 若豬排由生至熟的收縮率爲 20%，要做一塊 80 公克熟豬排，應用多重的里脊肉？① 80 公克 ② 100 公克 ③ 120 公克 ④ 160 公克。

解析 收縮率＝（烹調前的食材總重—餚成品總重）÷ 烹調前的食材總重 ×100%，因此假設烹調前的食材總重爲 X，（X—80）÷X ＝ 20%，X ＝ 100

(2) 10. 假設乾鮑魚每公斤進價 4000 元，乾鮑魚與發好鮑魚比重爲 1：1.5，則發好鮑魚每臺兩成本約 ① 80 元 ② 100 元 ③ 120 元 ④ 160 元。

解析 1 公斤＝ 1000 公克，1 臺兩＝ 37.5 公克，1000 公克乾鮑魚可得發鮑魚 1000×1.5 ＝ 1500 公克，因此 1500÷4000×37.5 ＝ 99.99 ≒ 100（元）

(2) 11. 黑刺蔘每盅售價爲 840 元，每兩成本爲 500 元，每盅用量爲 8 錢，則此道黑刺蔘成本率爲？① 40% ② 50% ③ 55% ④ 60%。

解析 成本率＝成本 ÷ 售價 ×100%，1 兩＝ 10 錢
（500×0.8）÷840×100%＝ 47.6%≒ 48%
本題選項中無 48%，因此選擇最接近值 50%

(4) 12. 牛肉每公斤購買價格爲 360 元，處理後可使用率爲 80%，計算成本時每公斤成本爲？① 288 元 ② 310 元 ③ 400 元 ④ 450 元。

解析 360÷（1×80%）＝ 450（元）

(2) 13. 當某道菜每臺斤購買進價是 360 元，若每人份需材料 4 兩，食物成本佔售價 40%，則此道菜的售價應訂多少？① 400 元 ② 225 元 ③ 155 元 ④ 105 元。

解析 1 臺斤＝ 16 兩，（360÷16×4）÷40%＝ 225（元）

(3) 14. 若一桌菜的生鮮食物成本佔 35%、乾料成本佔 5%，一桌售價爲 10,000 元的酒席，其食物成本不可高於多少元？① 3,000 元 ② 3,500 元 ③ 4,000 元 ④ 4,500 元。

解析 10,000×（35%＋ 5%）＝ 4,000（元）

(3) 15. 大白菜的烹煮收縮率爲 50%，若每人需食用 100 公克的大白菜，則供應 50 人份的大白菜，應採購大白菜多少量？① 25 公斤 ② 20 公斤 ③ 10 公斤 ④ 5 公斤。

解析 收縮率＝（烹調前的食材總重—菜餚成品總重）÷ 烹調前的食材總重 ×100%，因此假設烹調前的食材總重爲 X，50 人所食的大白菜重量爲 100×50÷1000 ＝ 5（公斤），
（X—5）÷X ＝ 50%，X ＝ 10

(4) 16. 一桌新臺幣 6,000 元的酒席，食物成本佔 40%，其中熱炒大菜佔 65%，冷盤佔 20%，水果、點心佔 15%，則熱炒大菜的費用約爲？① 3,900 元 ② 2,400 元 ③ 2,100 元 ④ 1,560 元。

解析 6,000×40% ×65%＝ 1,560（元）

(3) 17. 下列各項何者成本最低？①進貨價格每「公斤」360 元，可使用率 80% ②進貨價格每「臺斤」210 元，可使用率 70% ③進貨價格每「臺兩」12 元，可使用率 80% ④進貨價格每包（500 公克）220 元，可使用率 100%。

解析 將各選項的單位均換算成公克，計算出每公克的價格
①1 公斤＝ 1000 公克，360 元，可使用率 80%，可計算出 1 公克的價格爲
360÷（1000×80%）＝ 0.45（元）
②1 臺斤＝ 600 公克，210 元，可使用率 70%，可計算出 1 公克的價格爲
210÷（600×70%）＝ 0.5（元）
③1 臺兩＝ 37.5 公克，12 元，可使用率 80%，可計算出 1 公克的價格爲
12÷（37.5×80%）＝ 0.4（元）⟶**成本最低**。
④1包，500公克，220元，可使用率100%，可計算出1公克的價格爲
220÷500＝0.44（元）

（ 2 ）18. 一項物料在無其他外力因素且品質相同的狀況下，進貨價格對成本控制最佳者？①每「臺斤」960 元 ②每「公斤」1,250 元 ③每「臺兩」54 元 ④每包（300 公克）420 元。

解析 將各選項的單位均換算成公克，計算出每公克的價格
①1 臺斤＝600 公克，可計算出 1 公克的價格爲 960÷600 ＝ 1.6（元）
②1 公斤＝1000 公克，可計算出 1 公克的價格爲 1250÷1000 ＝ 1.25（元）
③1 臺兩＝37.5 公克，可計算出 1 公克的價格爲 54÷37.5 ＝ 1.44（元）
④1 包，300 公克，可計算出 1 公克的價格爲 420÷300 ＝ 1.4（元）
因此可知，選項 2 的成本最低。

（ 2 ）19. 某一餐廳其食物成本占售價之 40%，現今使用每斤 320 元之材料，6 兩作爲某道菜餚原料，試問此道菜餚之售價應訂爲多少？① 200 元 ② 300 元 ③ 400 元 ④ 500 元。

解析 1 斤＝600 公克，1 兩＝37.5 公克，6 兩＝225 公克
6 兩食材的成本爲 320÷600×225 ＝ 119.99 ≒ 120（元）
120÷40%＝ 300（元）

（ 4 ）20. 同樣供給 1 公克的蛋白質，其食物來源以：①牛肉 ②豬肉 ③蝦 ④蛋　最便宜。

解析 4 個選項中以蛋的售價最低。

（ 4 ）21. 1 磅約等於？①半斤 ②半市斤 ③半公斤 ④ 12 臺兩。

解析 1 磅＝453.6 公克
① 半斤＝300 公克
② 半市斤＝250 公克
③ 半公斤＝500 公克
④ 12 臺兩＝ 12×37.5 ＝ 450 公克

（ 4 ）22. 英制單位中的 2 磅相當於公制單位的？① 202 公克 ② 404 公克 ③ 606 公克 ④ 907 公克。

解析 1 磅＝453.6 公克，2×453.6 ＝ 907.2

（ 4 ）23. 最便宜的蛋白質來源爲？①家禽類 ②畜肉類 ③奶類 ④蛋類。

解析 4 個選項中以蛋的售價最低。

（ 3 ）24. 罐頭的內容量是指？①固形物之重量 ②填充液之重量 ③固形物與填充液之重量 ④罐重、固形物、填充液總重量。

解析 內容量指的是罐頭內的重量，不論是固形物或是液體均含括其中。

（ 2 ）25. 若一道菜售價爲 180 元，當食物成本率爲 30%時，則成本爲？① 45 元 ② 54 元 ③ 58 元 ④ 60 元。

解析 180×30%＝ 54（元）

（ 4 ）26. 1 顆 3 公斤的鳳梨每公斤 40 元，去皮後的廢棄率爲 25%，因此眞正可食用的果肉價格爲？① 60 元 ② 70 元 ③ 80 元 ④ 90 元。

解析 鳳梨的可食用率爲 75%，3×75%＝ 2.25（公斤）
40×2.25 ＝ 90（元）

（ 4 ）27. 純豆漿每公斤 100 元，加水豆漿每公斤 80 元，依實際豆漿量核算，則純豆漿比加水豆漿價錢①貴 10 元 ②貴 15 元 ③貴 20 元 ④相同　（加水豆漿水分佔 20%）。

解析 純豆漿每公克的價格爲 100÷1000 ＝ 0.1（元）
加水豆漿的純豆漿成分爲 80%，每公克的價格爲 80÷（1000×80%）＝ 0.1（元）
因此可知，價錢相同。

（ 2 ）28. 馬鈴薯廢棄率佔 8%，如需使用去了皮的馬鈴薯 25 公斤，應購買馬鈴薯？① 26 公斤 ② 27.2 公斤 ③ 29 公斤 ④ 30 公斤。

解析 廢棄率＝不可食用的重量÷採購總重×100%，因此假設採購的總重爲 X，（X － 25）÷X×100%＝ 8%，X ＝ 27.2（公斤）

(4) 29. 羊肉 1 斤 120 元（廢棄率 0%），大雞腿 1 斤 60 元（廢棄率 35%），魚 1 斤 100 元（廢棄率 25%），豬腳 1 斤 80 元（廢棄率 55%），如以可食部分同等量來計算？①羊肉 ②大雞腿 ③魚 ④豬腳　價格最貴。

解析 1 斤＝ 600 公克，可食用率＝ 100% －廢棄率
① 羊肉可食用率 100%，可計算出 1 公克的價格爲 120÷600 ＝ 0.2（元）
② 大雞腿的可食用率爲 65%，可計算出 1 公克的價格爲 60÷（600×65%）≒ 0.15（元）
③ 魚的可食用率爲 75%，可計算出 1 公克的價格爲 100÷（600×75%）≒ 0.22（元）
④ 豬腳的可食用率爲 45%，可計算出 1 公克的價格爲 80÷（600×45%）≒ 0.3（元）
因此可知，選項 4 的價格最貴。

(4) 30. 這個月喜餅銷售額含直接人工成本 12%，若此廚師月薪爲貳萬肆仟元，則其每天生產喜餅的價値爲？① 5,555 元 ② 5,566 元 ③ 5,666 元 ④ 6,666 元。

解析 先計算出廚師每天的薪資：24,000÷30 ＝ 800，
再計算出每天須生產的產品價格：800÷12%≒ 6,666.67

(3) 31. 餐飲業原料成本＝期初存貨＋進貨－期末存貨－員工的？①交通成本 ②薪資成本 ③膳食成本 ④服裝成本。

解析 餐飲業的原料包含提供給員工的膳食，因此計算成本時應扣除。

(4) 32. 成本總額隨著營業量的變動而成正比例，稱爲？①固定成本 ②半固定成本 ③半變動成本 ④變動成本。

解析 以餐飲業而言，食物成本就是屬於變動成本，營業量愈大，所須的食物成本就愈多。

(4) 33. 固定成本＋半變動成本＋變動成本，稱爲？①營業收入 ②損益平衡 ③利潤 ④總成本。

解析 固定成本是指不受營業量增減的成本，如：租金、正職員工的薪資；半變動成本是指受營業而增減的成本，但無增減的比例規則，如：電話費、布品洗滌費；變動成本是指受營業而增減的成本，如：食物成本、臨時員工的薪資。

(2) 34. 餐廳供應 200 人午餐，其中一道菜爲「青椒炒肉絲」，其量比例爲 3：1，若肉絲的採購量爲 8 公斤，則青椒應採購（不計漲縮率與廢棄率）① 20 公斤 ② 24 公斤 ③ 30 公斤 ④ 35 公斤。

解析 青椒：肉絲＝ 3：1，肉絲 8 公斤，青椒則應採購 8×3 ＝ 24（公斤）

(3) 35. 對經營宴席餐廳者而言，食材的成本約佔經營成本之？① 20 ～ 25% ② 30 ～ 35% ③ 40 ～ 45% ④ 50 ～ 55%。

解析 宴席餐廳的食物成本較高，也是最主要的成本。

(4) 36. 通常鹽水漬的罐頭食品在保存：① 1 個月 ② 2 個月 ③ 3 個月 ④ 6 個月　以上較適合食用。

解析 鹽水漬的罐頭食品保存期限較長。

(123) 37. 餐飲業的成本結構，包括直接成本和間接成本兩大類。而所謂的間接成本又包含了哪些項目？①員工伙食 ②設備裝潢之折舊 ③店面租金 ④材料費。

解析 間接成本是指稱生產過程中與銷售無直接關聯的成本，材料費是與銷售營運有直些關聯，是屬於直接成本。

(34) 38. 5 公斤約等於多少？① 7.3335 臺斤 ② 130.333 臺兩 ③ 5000 公克 ④ 8.3333 臺斤。

解析 1 公斤＝ 1000 公克，1 臺斤＝ 600 公克，1 臺兩＝ 37.5 公克
① 7.3335 臺斤＝ 4400.1 公克
② 130.333 臺兩＝ 4887.4875 公克
④ 8.3333 臺斤＝ 4999.98 公克

(23) 39. 下列何者食品產量的多少與季節差異最少？①虱目魚 ②雞肉 ③豬肉 ④白蝦。

解析 虱目魚與白蝦屬於海產類食材，較易受到氣候的影響。

(13) 40. 下列敘述何者錯誤？①吳郭魚爲水產中易受季節影響之一 ②菠菜盛產期冬季 ③白帶魚以冬春爲盛產期 ④國產的孟宗筍屬於冬春季食材。

解析 ① 吳郭魚是屬於養殖水產，且較可適應各種養殖環境。
③ 白帶魚的盛產期爲農曆 6 月～隔年 2 月。

(1234) 41. 預估銷售量時需注意哪些項目？①平日或假日 ②季節 ③重要慶典 ④流行話題。

解析 預估銷售量時應通盤考量，較能達到準確的預估。

(34) 42. 某食材之廢棄率爲 20%，希望能供應出 5 公斤可食部分，而需購買多少份量？而求出之份量介於哪兩者之間？① 4 ② 5 ③ 6 ④ 7。

解析 廢棄率＝不可食用的重量 ÷ 採購總重 ×100%，因此假設採購的總重爲 X，
(X－5) ÷X×100%＝ 20%，X ＝ 6.25（公斤）

(12) 43. 下列哪些狀況易造成食物成本增加？①製備時之消耗 ②儲存不當 ③服務良好 ④食物分量控制適當。

解析 製備時之消耗、儲存不當均會造成食材的浪費，而使食材成本增加。

(34) 44. 何者爲採購與庫存管理員需注意的要點？①口味是否符合大眾口味 ②員工之薪資管理 ③如何準確預測銷售 ④定時盤點。

解析 準確預估銷售可確保採購量與銷售量得以平衡，定時盤點可避免食材浪費。

(24) 45. 若食物的直接成本佔售價的 35%，則一道 140 元材料費的餐點其售價至少介於哪兩者之間？① 280 ② 380 ③ 180 ④ 480。

解析 140÷35%＝ 400（元）

(123) 46.「主觀價格法」包含以下何種方法？①合理定價法 ②高價定價法 ③測試市場定價法 ④係數定價法。

解析 係數定價法是以售價與食材成本間之關聯所計算出的一個係數，做爲定價的參考值。

(124) 47. 食品成本控制要點包含？①採購 ②驗收 ③裝潢 ④儲存。

解析 裝潢與食物成本控制無直接關聯。

(123) 48. 大部分的飯店與餐廳認定，在廚房冷凍冷藏庫的食品原料尚未售出，即不能是爲產品的銷售成本，其原因包含？①盤點因素 ②存貨特性 ③控制食品成本 ④製造費用。

解析 製造費用與冷凍冷藏庫的食品原料成本是不同的成本。

(123) 49. 食品收入的定義不包含？①營業稅 ②服務費 ③最低消費額收入 ④餐飲產品銷售收入。

解析 食品收入指的就是餐飲產品銷售收入。

工作項目 9 ： 衛生知識

(2) 1. 以漂白水消毒屬於下列何種細菌、消毒方法？①物理性 ②化學性 ③生物性 ④自然性。

解析 漂白水能使蛋白質失去活性，而達到殺菌的目的，是屬於一種化學性的殺菌方式。

(2) 2. 下列食物何種較易受汙染或變質造成食物中毒？①五穀類 ②沙拉 ③水果 ④汽水。

解析 沙拉以生食爲主，未經加熱殺菌，較易受到汙染。

(2) 3. 界面活性劑屬於下列何種殺菌、消毒方法？①物理性 ②化學性 ③生物性 ④自然性。

解析 界面活性劑溶於水後可分解離子，是屬於一種化學性的殺菌方式。

(1) 4. 乾熱殺菌法屬於下列何種殺菌、消毒方法？①物理性 ②化學性 ③生物性 ④自然性。

解析 乾熱是利用高溫殺菌，不會破壞細胞結構，是屬於一種物理性的殺菌方式。

(2) 5. 無機汙垢物的去除宜以何種性質的清潔劑爲佳？①鹹性 ②酸性 ③中性 ④鹼性。

解析 清潔劑可分爲酸性、中性、弱鹼性、鹼性與強檢性，酸性清潔劑用於無機汙垢的去除。

(4) 6. 食用河豚中毒會發生何種現象？①失眠 ②嘔吐腹瀉 ③出汗 ④四肢麻木。

解析 河豚中毒是屬於一種神經毒。

(3) 7. 當發生腸炎弧菌中毒時，有關中毒症狀的敘述下列何者錯誤？①潛伏期較長 ②腹瀉 ③沒有發燒 ④腹痛。

解析 腸炎弧菌中毒的主要症狀爲噁心、嘔吐、腹痛、水樣腹瀉、頭痛、發燒、發冷，發病的潛伏期爲 4 ～ 90 小時。

(2) 8. 肉毒桿菌的特性爲：①好氣 ②厭氣 ③介於二者之間 ④視外界情況而定　，所以常存在於罐頭食品中。

解析 肉毒桿菌的特性之一爲厭氧菌，在缺氧狀態下易培養且產生毒素。

(4) 9. 腸炎弧菌大多存在於：①畜肉 ②蛋類 ③禽肉 ④魚貝類　中。

解析 腸炎弧菌主要存在於生鮮海產、魚貝類。

(1) 10. 從業人員若手部有膿瘡，其可能含有？①葡萄球菌 ②腸炎弧菌 ③沙門氏桿菌 ④肉毒桿菌　而汙染食品。

解析 在於發炎或化膿的傷口上容易藏有大量的金黃色葡萄球菌，此病菌的耐熱性高，無法因高溫而消滅，因此是食物中毒的主要病原之一。

(4) 11. 下列何種措施不適用於預防金黃色葡萄球菌的汙染？①保持手部清潔 ②有傷口時不接觸食品 ③不對食品打噴嚏咳嗽 ④將食物煮熟。

解析 金黃色葡萄球菌的耐熱性高，無法因高溫而消滅。

(4) 12. 金黃色葡萄球菌會引起中毒是因爲①菌數增生過多 ②放出過敏原 ③引起酸鹼不平衡 ④產生內毒素。

解析 經入金黃色葡萄球菌分泌的腸毒素而造成毒素中毒。

(1) 13. 餐廳營業場所和廚房的空氣流向是？①營業場所流向廚房 ②廚房流向營業場所 ③對流 ④流向無硬性規定。

解析 餐廳的營業場所是提供給消費者用餐的環境，因此該場所的氣流必須是高壓，以避免髒空氣飄入。所以營業場所與廚房的空氣氣流爲營業場所流向廚房。

(1) 14. 沙門氏菌通常來自？①被感染者與其他動物 ②海水或海產品 ③鼻子、皮膚以及被感染的人與動物傷口 ④土壤。

解析 沙門氏菌主要的中毒原因是食品爲受汙染的畜肉、禽肉、鮮蛋、乳品、魚肉煉製品等動物性食品。

（ 3 ）15. 金黃色葡萄球菌通常來自？①被感染者與其他動物 ②海水或海產品 ③鼻子、皮膚以及被感染的人與動物傷口 ④土壤。

解析 金黃色葡萄球菌常存於人體的皮膚、毛髮、鼻腔及咽喉等黏膜及糞便中，尤其是化膿的傷口，因此極易經由人體而汙染食品。

（ 1 ）16. 水產品若生食可能會汙染？①腸炎弧菌 ②葡萄球菌 ③大腸菌 ④肉毒桿菌。

解析 ①腸炎弧菌的主要中毒原因是食品爲生鮮海產、魚貝類或受其汙染的其他食品。
②金黃色葡萄球菌常存於人體的皮膚、毛髮、鼻腔及咽喉等黏膜及糞便中，或化膿的傷口。
③大腸桿菌主要存在於牛、羊的腸道與排泄物內。
④肉毒桿菌主要是在食品加工過程中，混入菌體或芽胞，又未依規定冷儲食品且殺菌條件不足而形成，或在低酸厭氧狀態有利該菌生長的條件下，放置足夠的時間，常見於罐頭食品。

（ 3 ）17. 夏天氣候潮濕，五穀類容易發黴，對我們危害最大，且爲我們所熟悉的黴菌毒素爲？①綠麴毒素 ②紅麴毒素 ③黃麴毒素 ④黑麴毒素。

解析 黃麴毒素也稱黃麴黴素，是一種有強烈生物毒性的化合物，常由黃麴黴及寄生麴黴等另外幾種黴菌在黴變的穀物中產生，如大米、豆類、花生等。

（ 1 ）18. 對於肉毒桿菌的敘述，下列何種爲錯？①酸度 4.8 以下，可以抑制 ②加硝酸鹽可以抑制 ③充氧可以抑制 ④爲毒素型細菌。

解析 適合肉毒桿菌生長的 pH 值爲 4.6～9.0，因此應控制在 4.6 以下。

（ 2 ）19. 下列哪種中毒，可再經由排泄物傳染？①葡萄球菌 ②傷寒 ③腸炎弧菌 ④大腸桿菌。

解析 ① 金黃色葡萄球菌常存於人體皮膚、毛髮、鼻腔及咽喉等黏膜及糞便中，尤其是化膿的傷口。
② 傷寒的傳染途徑爲食入被患者、帶菌者糞便或尿所汙染之食物、飲水而傳染。
③ 腸炎弧菌的主要中毒原因是食品爲生鮮海產、魚貝類，或受其汙染的其他食品。
④ 大腸桿菌主要存在於牛、羊的腸道與排泄物內。
此題答案建議修改爲 ②、④。

（ 3 ）20. 一般而言，下列病原菌何者有較長的潛伏期？①毒貝類 ②金黃色葡萄球菌 ③腸炎弧菌 ④毒菇。

解析 ① 毒貝類的潛伏期爲 30 分鐘至 2～3 小時。
② 金黃色葡萄球菌的潛伏期爲 1～7 小時，平均爲 2～4 小時。
③ 腸炎弧菌的潛伏期爲 4～90 小時，平均約 17 小時。
④ 毒菇的潛伏期爲 30 分鐘至 10 小時。

（ 4 ）21. 最好的消毒方法爲：①強力消毒水 ②純酒精 ③高錳酸鉀溶液 ④高溫高壓水　清洗，保持衛生清潔。

解析 高溫高壓的原理是將高溫高壓的水分子均勻的滲透進入，使病原體因熱與濕的作用，而使蛋白質凝固變性，此方式可消滅所有的微生物。

（ 4 ）22. 下列何種菜餚有較高的危險性？①低水活性 ②高酸性 ③高於 70℃ ④低於 30℃。

解析 冷藏溫度爲 7℃以下，熱藏溫度爲 60℃以上，因此 7～60℃屬於危險溫度的範圍。

（ 4 ）23. 水活性係數多少以下即可抑制黴菌之繁殖？① 0.95 ② 0.90 ③ 0.85 ④ 0.80。

解析 黴菌的水活性值爲 0.8，因此若要抑制黴菌則須將水活性控制在 0.8 以下。

（ 3 ）24. 細菌極易在下列哪一種溫度區域繁殖？① 74℃～121℃ ② 65℃以上 ③ 16℃～49℃ ④ 7℃以下。

解析 同第 22 題。

（ 4 ）25. 葡萄球菌食物中毒所產生之毒素？①於沸水中煮沸 10 分鐘即可破壞 ② 65℃以上即可破壞 ③ 85℃以上即可破壞 ④沸水中煮沸 10 分鐘亦不會破壞。

解析 金黃色葡萄球菌的耐熱性高，無法因高溫而消滅。

(3) 26. 沙門氏菌易存在於下列何種食物上？①海產類 ②蔬菜類 ③肉類、蛋類 ④水果類。

解析 沙門氏菌主要中毒原因是食品受汙染的畜肉、禽肉、鮮蛋、乳品、魚肉煉製品等動物性食品。

(2) 27. 下列哪兩種病原菌屬於嗜鹽菌？①腸炎弧菌和仙人掌桿菌 ②腸炎弧菌和金黃色葡萄球菌 ③金黃色葡萄球菌和大腸桿菌 ④腸炎弧菌和大腸桿菌。

解析 腸炎弧菌、仙人掌菌、金黃色葡萄球菌、大腸桿菌均是兼性厭氧菌，但腸炎弧菌具嗜鹽性。本題正確解答應爲腸炎弧菌。

(1) 28. 煮飯時加點醋，主要可以抑制下列何種細菌？①仙人掌桿菌 ②金黃色葡萄球菌 ③沙門氏菌 ④肉毒桿菌。

解析 米飯或澱粉製品保存不當易孳生仙人掌桿菌，利用烹調時加醋可避免米飯變質。

(3) 29. 市面上常有不法商人在四破魚、魩仔魚中添加？①水楊酸 ②奶油黃 ③螢光增白劑 ④福馬林。

解析 螢光增白劑可使魚肉顏色較爲亮白、賣相變佳，但此舉會破壞食物本身的營養與食用的安全。

(1) 30. 小型的餐飲業者，通常以冰箱做爲法令規定的冷凍、冷藏庫，對於溫度計的規定是？①一定要有 ②無所謂 ③不需要有 ④沒有規定。

解析 溫度計可隨時監控冷凍冷藏庫的溫度，以確保運轉的效能。

(3) 31. 殺蟲劑是用來消滅廚房中的病媒，爲了使用上方便，它擺設的位置？①廚房蟑螂常出現處 ②食品貯藏室內 ③應與食品隔離保管 ④任何位置皆可。

解析 清潔用品必須專櫃存放、專人保管，不得與食材存放在一起，以避免發生汙染中毒事件。

(1) 32. 以紙爲包裝材料，最可能引起之安全問題爲？①螢光增白劑 ②單體物質 ③有害金屬 ④抗氧化劑。

解析 螢光增白劑可使紙看起來更亮白，但以此包裝的食物，可能會遭到汙染，而產生食用的安全。

(4) 33. 下列敘述何者不正確？① PP（聚丙烯）質的保鮮膜較能耐高溫 ② PE（聚乙烯）質的保鮮膜較無毒性 ③ PVC（聚氯乙烯）質的保鮮膜只可用於低溫食品 ④ PVC（聚氯乙烯）質的保鮮膜可用於微波。

解析 保鮮膜材質可分 PE、PVC、PVDC、PMP 四種，PE 聚乙烯的保鮮膜透性性佳、無毒、不含氯，可用來包覆冷藏、加熱的食物；PVC 聚氯乙烯的保鮮膜含氯，遇高溫有毒，僅可用來包覆冷藏食物，不可用來加熱或微波；PVDC 聚篇二氯乙烯的保鮮膜含氯，僅可用來包覆冷藏食物，與油脂食物接觸加熱時會產生毒素；PMP 聚甲基戊烯不含氯，可用來包覆冷藏、加熱的食物。

(1) 34. 廚房工作的砧板質料以：①白色無毒合成塑膠 ②木頭製 ③不銹鋼 ④鋁質　爲佳。

解析 以結晶性塑膠耐龍 66（Nylon66）製成的白色無毒合成砧板，耐磨性佳且強韌。

(1) 35. 洗好的乾淨碗盤應置於：①清潔區 ②準清潔區 ③汙染區 ④行政管理區。

解析 廚房的工作區域可分爲清潔區、準清潔區與汙染區，清潔的碗盤歸放於清潔區。

(3) 36. 餐廳所使用的竹筷子：①可以 ②洗淨後可以 ③不可以 ④不清楚　回收。

解析 竹筷子不得回收再利用。

(3) 37. 餐飲從業人員在從業期間：①有時間就參加 ②不必參加 ③應接受 ④沒有規定要參加　各級衛生主管機關或其認可之單位舉辦的衛生講習。

解析 根據「食品良好衛生規範（103.11.7）」之規定，餐飲、食品從業人員於從業期間應接受衛生主管機關或其認可之相關機構所辦之衛生講習或訓練。

(4) 38. 近海有「紅潮」的跡象，則：①可食海藻類 ②可食魚貝類 ③對生物無影響 ④應避免食用魚貝類。

解析 紅潮是一種優養化現象，會導致海洋中的藻類驟生，而使水中的產生變化。近海主要是貝類的繁衍地，若有紅潮現象，增生的藻類極可能產生毒素，並透過食物鏈累積再魚貝類中，若不愼誤食，易發生中毒現象。

（ 1 ）39. 烹飪好的食物應置於①清潔區 ②汙染區 ③只要有位子擺即可 ④看情況而定。

解析 廚房的工作區域可分爲清潔區、準清潔區與汙染區，烹飪好的食物應放於清潔區。

（ 2 ）40. 薑黃素試紙用來檢測下列何者？①抗氧化劑 ②硼砂 ③二氧化硫 ④漂白劑。

解析 抗氧化劑須由儀器檢測，二氧化硫與漂白劑均可用 HSII 試劑檢測。

（ 4 ）41. 洗衣粉不可以用來洗滌餐具，是因爲它？①含有界面活性劑 ②洗了手變乾燥 ③洗了手粗糙 ④含有螢光劑的緣故，會產生致癌作用。

解析 大部分的洗衣粉均含有螢光增白劑，可使清洗後的衣服更爲潔白，但若不慎食入，易危害人體健康。

（ 3 ）42. 以餐廳危險因子危害分析觀點來說：①菜樣愈多愈好 ②菜樣愈複雜愈好 ③菜樣以簡單易處理爲佳 ④菜樣多寡無所謂。

解析 菜樣簡單易處理時，危險因子就愈少，發生危害的狀況就愈低。

（ 3 ）43. 我開了一家餐廳，營業場所爲 50 坪，那麼廚房應有多大？① 5 坪以下 ② 5 坪 ③ 5 坪以上 ④大小不是很重要。

解析 一般理想廚房面積與供膳場所（餐廳）面積比例爲 1：3，50 坪的營業場所，廚房與供膳面積的理想值爲 12.5：37.5，從選項中以 ③ 5 坪以上的答案較爲恰當。

（ 4 ）44. 在排油煙機四周裝設類似空氣門設備，下列何者不是裝設之優點？①可以隔絕熱源 ②可以補足因油煙機而形成的局部負壓 ③給人清涼感覺 ④可以降低噪音。

解析 空氣門設備無法降低原有的排油煙機產生的噪音。

（ 2 ）45. 餐盒業者每天應保留備檢餐盒乙份，置於攝氏 7 度以下，並以保鮮膜包好，保存：① 1 天 ② 2 天 ③ 3 天 ④ 4 天。

解析 餐盒業者應將備檢餐盒保存 48 小時，才可丟棄，作爲必要檢驗之用。

（ 4 ）46. 廚房不以大理石拼花地板鋪設的原因，下列何者錯誤？①不耐酸 ②易藏汙納垢 ③易油膩滑倒 ④高尚美觀。

解析 廚房地板應以止滑安全、易清潔、耐酸鹼的材質爲優先考量。

（ 2 ）47. 攤販賣一杯純的柳丁汁，應用什麼杯皿來裝盛？①保利龍杯 ②紙杯 ③回收的玻璃杯 ④都可以用。

解析 柳丁汁含酸性物質，不宜以保利龍杯盛裝，而回收的玻璃杯具有衛生疑慮，因此也不建議以此盛裝。紙杯是較衛生、安全的容器。

（ 2 ）48. 保麗龍杯只可盛裝下列何種果汁？①橘子汁 ②木瓜汁 ③柳丁汁 ④檸檬汁。

解析 保麗龍杯不宜盛裝含酸性物質的果汁飲料。

（ 1 ）49. 選購美耐皿餐具，應優先考慮？①表面平滑 ②表面粗糙 ③外表艷麗 ④價錢因素。

解析 平滑的美耐皿餐具較易清洗，可避免餐具藏汙納垢，引發衛生與安全的疑慮。

（ 1 ）50. 保利龍餐具只可盛裝？① 100℃ ② 150℃ ③ 180℃ ④ 200℃　以下的食物。

解析 保利龍餐具不可盛裝超過 100℃以上的食物，否則易產生危害因子。

（ 4 ）51. 美耐皿餐具的最高耐熱之安全標準爲？① 120℃ ② 100℃ ③ 80℃ ④ 60℃。

解析 美耐皿餐具不宜盛裝高溫食物，僅可盛裝冷食。

（ 1 ）52. 食物最好採取下列何種方式以避免汙染？①先切後炸 ②先炸後切 ③先炸先切 ④後炸後切。

解析 食物在烹調前應先切好，再烹調，若烹調後再切較易發生汙染事件。

（ 4 ）53. 下列敘述何者爲錯？①冷凍溫度應在攝氏零下 18 度以下 ②蒸氣殺菌溫度在 100℃以上 ③冷藏溫度在攝氏七度以下 ④氯水殺菌餘氯量在 300ppm 以上氯水殺菌餘氯量在 300 ppm 以上。

解析 ④氯水殺菌餘氯量在 200ppm 以上。

(2) 54. 廚房最好的條件爲：① 15℃、相對濕度 30% ② 25℃、相對濕度 50% ③ 35℃、相對濕度 70% ④ 35℃、相對濕度 90%。

解析 廚房的溫度不宜過高，且相對濕度應以 50%爲原則，因廚房屬於高溫的環境，溫度與濕度控制相形重要。

(3) 55.「一個便當賣價 30 元，菜色爲七道菜」，以衛生的立場你的想法應爲？①此便當「便宜又大碗」②這老闆一定瘋了，賣得這麼便宜 ③食材來源可能有問題，應先查問清楚 ④廣爲宣傳，鼓勵大家來買。

解析 以一般的食物成本而言，便當中若有 7 道菜成本可能已經超過 30 元，因此購買時應先查明食材來源。

(2) 56. 低溫洗碗機與高溫洗碗機的主要不同點爲？①洗潔劑偵測器 ②溫度提昇器 ③水循環方式 ④外型。

解析 高溫洗碗機的溫度提昇器可確使溫度提升至 85℃以上，如若水溫無法升至 85℃以上，則爲低溫洗碗機，應加裝消毒劑偵測器，以達殺菌效果。

(2) 57. 依衛生機關規定，烹調食材洗滌之順序應爲？①乾貨→魚貝類→牛肉→蛋 ②乾貨→牛肉→蛋→魚貝類 ③蛋→魚貝類→乾貨→牛肉 ④牛肉→乾貨→蛋→魚貝類。

解析 洗滌食材的先後順序爲：乾貨（如香菇、蝦米……）→加工食品類（素，如沙拉筍、酸菜……）→加工食品類（葷，如皮蛋、鹹蛋、生鹹鴨蛋、水發魷魚……）→蔬果類（如蒜頭、生薑……）→牛羊肉→豬肉→雞鴨肉→蛋類→魚貝類。

(3) 58. 餐具的基本洗滌包括：A. 清洗 B. 預洗 C. 沖洗 D. 消毒，正確的洗滌順序依次爲下列何者？① ABCD ② DCBA ③ BACD ④ BCAD。

解析 餐具洗滌的步驟爲：預洗→清洗→沖洗→消毒→烘乾。

(4) 59. 下列肉類何者需放在最後清洗？①牛肉 ②豬肉 ③香腸 ④雞肉。

解析 以乙級檢定的洗滌食材順序，四個選項的的洗滌順序爲香腸→牛肉→豬肉→雞肉。

(2) 60. 欲去除可能殘留在青椒上的農藥，下列何種方法較不適宜？①用大量的流動水沖洗 ②用去除殘留農藥的清潔劑洗 ③先將青椒凹陷的果蒂切除後再沖洗 ④不加鍋蓋烹煮蔬果類食物。

解析 清洗蔬菜時不適合以清潔劑清洗。

(4) 61. 直接敷蓋於熟食上的食材，下列何者非爲考量重點？①低水活性 ②高酸性 ③含硫化物高的食材 ④酸度介於 pH（酸鹼值）4.6 ～ 9 之間的食材。

解析 pH 值應在 4.6 以下才可抑制致病菌。

(3) 62. 廚餘的處理最好的方法是下列何者？①掩埋 ②餵豬 ③減少體積，脫水或壓縮處理 ④焚化。

解析 廚餘較佳的處理程序爲磨碎→脫水→密封貯存→清運。

(4) 63. 新進人員衛生訓練可不包括下列何項？①個人衛生習慣的訓練 ②貯存食物的方式 ③食品中毒的認識 ④細菌培養的示範。

解析 細菌培養與一般餐飲從業人員的專業衛生能力較無關聯性。

(2) 64. 吃生螺肉或生魚者，易導致下列何種寄生蟲感染？①蛔蟲 ②中華肝吸蟲 ③鞭蟲 ④無鉤條蟲。

解析 生鮮魚類較易含有中華吸肝蟲，應烹煮熟後再食用。

(3) 65. 蔬菜、水果的洗滌區屬於？①清潔區 ②準清潔區 ③汙染區 ④一般作業區。

解析 廚房的工作區域可分爲清潔區、準清潔區與汙染區，蔬果的洗滌含有較多的髒汙，因此屬於汙染區。

(4) 66. 廚房的動線流程以下列何者爲佳？①汙染區→清潔區→汙染區 ②汙染區→清潔區→準清潔區 ③準清潔區→清潔區→汙染區 ④清潔區→準清潔區→汙染區。

解析 廚房的工作區域可分爲清潔區、準清潔區與汙染區，人員的動線應由汙染性低至汙染性高移動，避免各種汙染源汙染清潔區。

（ 3 ）67. 下列敘述何者是不正確的？①廚房的地面可以有 1.5/100～2.0/100 的斜度 ②調理場所劃分爲汙染區與非汙染區 ③工作人員上班時間應隨時穿著工作服，即使是到洗手間的短暫時間內也不應脫下工作服 ④工作人員於進入此行業前做一次全身身體健康狀況檢查，以後還得定期做追蹤檢查。

解析 廚房的工作人員離開廚房至廁所、休息室…等，均應將工作服脱去，避免交叉汙染。

（ 4 ）68. 設置暗走道主要是防止何種病媒？①蟑螂 ②老鼠 ③蚊子 ④蒼蠅。

解析 暗走道可防止蒼蠅飛入。

（ 3 ）69. 關於分辨「溫體豬肉」及「冷藏豬肉」的敘述，下列何者爲錯？①冷藏豬肉中心溫度較低 ②冷藏豬肉表面有凝結水滴，較爲溼潤 ③溫體豬肉因爲不需冷藏，所以肉質新鮮 ④冷藏豬肉比溫體豬肉更衛生安全。

解析 溫體豬肉是指屠宰後直接販售的豬肉，也應冷藏保存。

（ 3 ）70. 對於「病死豬肉」的敘述，下列何者爲錯？①因不經放血，所以肉色較暗 ②通常經過漂白 ③具有優良肉品標誌 ④獸醫師不可能檢驗。

解析 病死豬肉不可販售給消費者，因此不可能有優良肉品的標誌。

（ 1 ）71. 爲了要杜絕「病死豬」、「疫苗兔」，身爲餐飲從業人員的一份子，我們一定要有下列何種觀念？①食品衛生安全有價 ②食品衛生安全容易獲得 ③食品衛生安全要買保險 ④食品衛生安全要大學畢業。

解析 食品的衛生與安全是餐飲從業人員應具備的首要觀念。

（ 4 ）72. 對於「去除農藥殘留的方法」，下列何者爲錯？①製罐 ②殺菁 ③洗滌 ④冷藏。

解析 冷藏無法去除農藥的殘留。

（ 2 ）73. 碳烤食物不宜多吃，其理由爲？①易導致細菌性食品中毒 ②有致癌潛在危機 ③食物難以下嚥 ④有失君子風範。

解析 碳烤食物易產生焦化物質，進而引發致癌的危機。

（ 2 ）74. 蔬菜採收前兩天下雨，那麼有關農藥殘留的敘述下列何者爲正確？①會變多 ②會變少 ③不會變 ④可能會變多，也可能會變少。

解析 雨水會沖掉蔬菜表面的農藥，因此雨天後採收的蔬菜，農藥殘留較低。

（ 3 ）75. 當海水溫度上升且優養化時，則有可能形成？①黃潮 ②綠潮 ③紅潮 ④藍潮　使貝類形成帶毒體，而導致食品中毒。

解析 紅潮是一種優養化現象，會導致海洋中的藻類驟生，而使水中的產生變化。

（ 4 ）76. 當沿海渦鞭藻大量增殖，而釋出毒素，貝類吃了這些藻類時，亦成了帶毒體，若人吃了這些貝類，極易造成的主要症狀爲？①上吐 ②下瀉 ③腹絞痛 ④神經性麻痺。

解析 食入受汙染的貝類會產生神經麻痺、吞嚥困難…等症狀。

（ 3 ）77. 甲型（A 型）肝炎病毒傳染主要媒介爲下列何者？①血液 ②空氣 ③食物及水 ④蚊蠅。

解析 A 型肝炎主要是經由糞口途徑傳播，其傳染途徑爲受汙染的食物或水。

（ 3 ）78. 下列對於毒素的敘述何者錯誤？①因西施舌所引起之麻痺性貝毒屬神經性毒素 ②花生是易受黃麴毒素汙染的食物 ③馬鈴薯內含之類固醇素不會因加熱而破壞 ④河豚毒是一種可能會致死的毒素，且不易受加熱破壞。

解析 馬鈴薯發芽時產生的是茄靈毒素，無法因加熱而破壞。

（ 1 ）79. 當炒鍋著火時，第一種處理方法應是？①熄火並密蓋鍋蓋 ②用水潑 ③用滅火器 ④用乾淨的抹布覆蓋在食物上。

解析 當炒鍋著火時，應快速蓋上鍋蓋，以隔絕空氣，避免火勢增大。

(1) 80. 餐廳每天使用砧板後，應如何正確處理？①洗淨並消毒 ②用抹布擦乾淨即可 ③用清水洗淨並晾乾 ④清洗後用陽光曝曬消毒，以節省勞力。

解析 使用後的砧板應確實清潔與消毒。

(1) 81. 感染型食品中毒，其特徵爲何？①必須吃入病菌、通常會引起發燒 ②由毒素引起中毒、通常不會引起發燒 ③不須吃入病菌、通常不會引起發燒 ④由毒素引起中毒、通常會引起發燒。

解析 當病原菌在食品中大量繁殖，接著隨著食品進入人體，在小腸內增殖到某一程度，而引發食品中毒症狀者稱之爲感染型食品中毒，常見的有沙門氏桿菌、腸炎弧菌。

(4) 82. 爲預防細菌性食物中毒，食品烹調應從清潔、加熱、冷藏及下列何項共同著手？①營養 ②美味可口 ③盤飾 ④迅速。

解析 迅速的過程即可減少食物受到汙染的機會，即可預防食物中毒。

(1) 83. 下列敘述何者錯誤？①正確的洗手可除去手上所有的細菌 ②手上有傷口不可直接接觸食物 ③餐飲從業人員，每年須做一次定期健康檢查 ④廚房工作人員服裝應以白色爲主。

解析 手部的細菌不會因正確的洗手而完全去除，僅可能去除大部分的細菌。

(1) 84. 下列敘述，何者正確？①炒雞絲過油的油溫比炸雞塊低 ②炸好的排骨，可以直接放入保麗龍盒中裝好 ③吃不完的麵包，可放入冷藏庫中存放很久而不變質 ④冰庫內的溫度低，可以放滿食物而不變質。

解析 ② 保麗龍盒不宜盛裝高溫食物。
③ 麵包建議放於冷凍庫保存，但仍有一定的保存期限。
④ 冰庫的儲存容量建議以冰庫大小的 50 ～ 60%爲限，過滿會影響冰庫中的冷空氣循環。

(2) 85. 在廚房鍋中若不慎起大火時，正確的第一反應是什麼？①立即灑水，並切斷火源 ②立即覆上鍋蓋，並切斷火源 ③立即移開鍋子 ④先打 119 求救。

解析 當炒鍋著火時，應快速蓋上鍋蓋，以隔絕空氣，避免火勢增大。

(2) 86. 下列有關餐飲業廢棄物之敘述，何者正確？①餐飲業廢棄物依其物理性質可分成固相及液相兩種 ②廚房的汙水含有有機質，應先處理後再排除 ③貯存垃圾的地方不可噴灑殺蟲劑，以免貓、狗誤食之 ④餐廳每天的剩菜剩飯，只要倒到垃圾桶裡就可以了。

解析 ① 分爲固相、液相、氣相 3 種。
③ 可噴灑，避免病媒孳生。
④ 應倒於廚餘回收桶。

(2) 87. 從事餐飲服務人員，應將何者視爲第一要務？①確保供餐種類多樣化 ②確保餐飲品質與衛生 ③確保餐飲價格實惠 ④確保用餐人數增多。

解析 餐飲的品質與衛生是最重要的，是攸關消費者的食安。

(3) 88. 有關廚房的清潔衛生，下列敘述何者不正確？①每個月至少做 1 次以上的澈底消毒工作 ②通風設備應經常保持良好運作與清潔 ③器皿與用具應盡量用木製與塑膠製用品 ④材料腐爛應立即丟棄。

解析 木製器皿與用具易產生刮痕，而藏汙納垢，引發衛生疑慮。塑膠器皿與用具除了易產生刮痕，且若於高溫條件中使用易變質，因此也不適合使用。

(2) 89. 對冷凍肉品質影響最大之解凍方法爲何？①微波解凍 ②直接浸泡水中 ③使用前先放置冷藏庫解凍 ④以塑膠袋包好，置於流動水下解凍。

解析 冷凍肉品不宜直接浸泡水中，應先以塑膠袋包裝好，再以流動水解凍。

(2) 90. 下列敘述，何者正確？①廚師負責烹調食物，成本不需要太了解 ②廚師應兼重經驗與知識與衛生，並有敬業精神 ③在廚房中，要抓住機會表現個人才能，不一定要相互配合 ④烹調技術最重要，其次是食品衛生及安全。

解析 ① 廚師也應了解食物成本，以做好成本控制。
③ 廚房的工作須仰賴團隊的合作。
④ 食品衛生與安全是最重要的。

(1) 91. 下列哪一項餐飲從業人員的工作習性比較不會導致食物、用具遭受汙染？①餐具掉落地上後洗淨再使用 ②在調理食物的時候交談 ③邊工作邊喝飲料解渴 ④躺在工作檯上休息。

解析 掉落的餐具洗淨後可去除沾附的汙物，而其他 3 個選項的行爲均易發生汙染現象。

(2) 92. 隨著現代科技的發達，我們保存食物比古代多了很多種方法，請問下列何者不適當？①用罐頭包裝 ②以 α 射線照射食物 ③以 -20℃～-70℃保存 ④將水果塗上石蠟。

解析 ②應以 γ 射線較爲適合。

(3) 93. 煮沸殺菌法對餐具之有效殺菌係指？①攝氏 60 度煮 1 分鐘以上 ②攝氏 90 度煮 5 分鐘以上 ③攝氏 100 度煮 1 分鐘以上 ④攝氏 90 度煮 1 分鐘以上。

解析 煮沸殺菌法用於餐具殺菌須以 100℃的沸水煮 1 分鐘，若用於抹布、毛巾殺菌則須煮 5 分鐘。

(3) 94. 化學方法的殺菌以及消毒爲何不太適用於食品及餐飲界？①太過繁複 ②人力太多 ③成本太高 ④場地考量。

解析 化學殺菌的方式所須花費的成本較高，食品與餐飲業較少使用。

(3) 95. 洗潔劑中，用來洗食品原料的是？①無機洗潔劑 ②酸性洗潔劑 ③中性洗潔劑 ④鹼性洗潔劑。

解析 食品原料若要以洗潔劑清洗，應選用中性洗潔劑，避免洗潔劑汙染食品原料。

(134) 96. 爲減少食品中毒之發生，下列處理何者妥適？①冷凍貯存 ②室溫下擺置 ③冷藏貯存 ④妥善包裝後低溫貯存。

解析 室溫環境不適合儲存食物。

(123) 97. 防止食品變質或腐敗之方法有哪些？①保持乾燥 ②降低貯藏溫度 ③充分加熱 ④添加色素。

解析 添加色素與防止食品變質無關。

(234) 98. 防治食品中毒之基本原則爲何？①要好吃 ②要洗手 ③要避免交叉汙染 ④食物要冷藏或冷凍。

解析 好吃與防治食品中毒無關，防治食品中毒須從食材保存、製備與相關人員的衛生習慣控管。

(13) 99. 個人衛生方面，如何避免諾羅病毒傳染？①使用肥皂洗手 ②使用酒精消毒 ③注意自身健康 ④常喝酒。

解析 諾羅病毒的感染途徑是食入被諾羅病毒汙染的食物或飲水；接觸被諾羅病毒汙染的物體表面，再碰觸自己的嘴、鼻或眼睛黏膜傳染；與病人密切接觸或吸入病人嘔吐物及排泄物所產生的飛沫也可能受感染。因此必須從個人的衛生習慣做起，正確的以肥皂洗手。

(123) 100. 下列哪些食材可能具有毒性？①發芽的馬鈴薯 ②不知名野菜 ③河豚 ④新鮮香菇。

解析 發芽的馬鈴薯含茄靈毒素、不知名的野菜極可能含有毒性、河豚的部分部位含有河豚神經毒。

(124) 101. 下列何者不屬於食品添加物？①三聚氰胺 ②塑化劑 ③味精 ④順丁烯二酸酐。

解析 塑化劑是塑膠容器中的一種成分。

(12) 102. 下列病毒，何者可藉由食物媒介引起食品中毒？①A 型肝炎病毒 ②諾羅病毒 ③梅毒 ④所有病毒。

解析 梅毒的主要媒介爲血液與性行爲。

(234) 103. 下列哪些是常見的食品中毒原因細菌？① A 型肝炎病毒 ②腸炎弧菌 ③仙人掌桿菌 ④沙門氏菌。

解析 A 型肝炎病毒是一種疾病。

(13)104. 食品如遭受金黃色葡萄球菌汙染並產生毒素，下列何者爲非？①只要加熱就可破壞毒素 ②即使加熱也無法破壞毒素 ③該毒素只會造成腹瀉 ④可能因交叉汙染所引起。

解析 金黃色葡萄球菌無法因加熱而破壞毒素，是一種耐熱菌。除了引起腹瀉之外，也會引起噁心、嘔吐、胃痙攣。

(123)105. 爲防止肉毒桿菌生長產生的毒素所引起的食品中毒，購買眞空包裝即食食品（例如眞空包裝素肉）時應注意下列事項？①依標示貯存 ②有效期限內食用 ③檢視標示內容 ④隨意置放。

解析 眞空包裝的即食食品不應隨意置放，應放於陰涼處，避免高溫環境而導致變質。

(134)106. 食品從業人員之正確洗手步驟包括下列何者？①應使用肥皀洗手 ②沖一下就好 ③洗手後應擦乾或烘乾 ④手心手背互相搓洗 20 秒。

解析「濕、搓、沖、捧、擦」是洗手的步驟口訣，可知正確的洗手並非沖一下而已。

(134)107. 食品從業人員應注意哪些個人衛生？①常洗手 ②美化指甲 ③每年健康檢查 ④衣著乾淨，戴髮帽。

解析 食品從業人員的指甲應修剪整齊，保持乾淨，若有美化指甲的現象較易發生汙染。

(134)108. 食品從業人員手部有傷口或腫膿時，哪些處置適當？①先包紮傷口及戴手套後，再從事食品作業 ②先貼膠帶再工作 ③避免從事與食品接觸之工作 ④向主管報告健康狀況後，適時調整工作內容。

解析 手部的傷口和腫膿極可能含有大量的病菌，因此必須確實的包紮，再戴上手套。工作的過程中也應盡量避免接觸食品，以免汙染食品。

(234)109. 從業人員如身體健康有異狀，可能影響衛生安全操作時，下列哪些行爲不妥？①主動告知主管 ②隱匿不報 ③堅守崗位 ④不用理會。

解析 從業人員的健康與工作的安全有著密切關係，若發現有異狀應立刻主動告知主管。

(234)110. 餐飲作業場所對於貓、狗等寵物，下列哪些行爲不妥？①應予管制 ②攜入作業場所 ③留置廚房幫忙看守菜料 ④留在身邊以免無聊。

解析 餐飲作業場所不宜飼養貓、狗…等寵物，以維護餐飲作業場所的衛生與安全。

(124)111. 食品業者之廁所應設置下列哪些設施？①流動自來水 ②乾手器或擦手紙巾 ③刮鬍機 ④垃圾桶。

解析 食品業者的廁所不須設置刮鬍機。

(134)112. 杜絕蟑螂等病媒孳生的方法爲何？①立即清除掉落作業場所之任何食品 ②使用紙箱作爲防滑墊 ③收藏好已開封的食品 ④工作檯面保持乾淨。

解析 紙箱有許多空隙易孳生病媒，不宜作爲作業場所的防滑墊。

(12)113. 油炸油品質有下列哪些情形者，應予以更新？①泡沫多且有油耗味道 ②極性物質超過 25% ③油炸超過 1 小時 ④油炸雞肉。

解析 油炸油的使用狀況可從外觀判定，若產生許多泡沫、油耗味重時，則表示油脂已變質，應更換。更科學的方法則是以儀器檢測，若極性物質超過 25%，也應立即更換。

(12)114. 爲確保使用安全，選擇塑膠類食品用容器具及包裝時，應注意①材質 ②耐熱溫度 ③花色 ④品牌。

解析 塑膠製的容器使用時必須特別注意該塑膠製品的材質，與耐熱溫度，才能安全的使用。

(134)115. 塑膠容器具如已嚴重刮傷或已髒汙納垢，下列何者爲非？①繼續使用 ②更換 ③送給其他人以免浪費 ④用強酸刷洗後再用。

解析 塑膠容器若產生刮傷，此時易藏汙納垢，應立即更換，以避免交叉汙染。

工作項目 10　衛生法規

（ 1 ）1. 餐具之消毒以氯液殺菌法來處理，其氯液之餘氯量及浸泡時間？①不得低於百萬分之 200，浸入溶液中 2 分鐘以上 ②不得低於百萬分之 50，浸入溶液中 2 分鐘以上 ③不得低於百萬分之 200，浸入溶液一下馬上拿出 ④不得低於百萬分之 10，浸入溶液一下馬上拿出。

解析 氯液殺菌法用於餐具殺菌時須以 200ppm 以上的有效餘氯量之氯液浸泡 2 分鐘以上，不適用於抹布、毛巾殺菌。

（ 2 ）2. 氯液殺菌法，氯液之游離餘氯量不得少於？① 150 ppm ② 200 ppm ③ 250 ppm ④ 300 ppm。

解析 氯液殺菌法用於餐具殺菌時須以 200ppm 以上的有效餘氯量之氯液浸泡 2 分鐘以上。

（ 3 ）3. 將 20c.c. 含有 10％有效氯之漂白水，加在 10 公斤之水中所配成之消毒水，其有效氯爲？① 2000 ppm ② 1000 ppm ③ 200 ppm ④ 100 ppm。

解析 10％的有效氯漂白水即是 100000ppm，10 公斤＝ 10000 c.c.，100000÷（10000÷20）＝ 200（ppm）

（ 2 ）4. 公共飲食場所的用水，應符合？①飲料用水 ②飲用水 ③礦泉水 ④都市用水　的衛生標準。

解析 爲確保飲用水的水源水質，提昇公眾飲用水品質，維護國民健康，政府制定「飲用水管理條例（95.1.27）」，中央主管機關爲行政院環保署。

（ 1 ）5. 飲用水之有效殘氯量標準爲① 0.2 ～ 1 ppm ② 0 ～ 0.5 ppm ③ 1.0 ～ 2.0 ppm ④ 2.0 ～ 3.0 ppm。

解析 根據「飲用水水質標準（103.01.09 修訂）」飲用水的自由有效餘氯量爲 0.2 ～ 1ppm。

（ 1 ）6. 於 5 公斤水中，添加含有 10％有效氯之漂白粉 10 公克，所配之漂白水其含氯量爲？① 200 ppm ② 500 ppm ③ 400 ppm ④ 50 ppm。

解析 10％的有效氯漂白水即是 100000ppm，10 公斤＝ 10000 c.c.，10÷5000×100000 ＝ 200（ppm）。

（ 3 ）7. 用硝來醃製食物，其用量需符合食品衛生標準：① 50 ppm ② 60 ppm ③ 70 ppm ④ 80 ppm（以二氧化氮來計）的殘留規定。

解析 根據「食品添加物使用範圍及限量暨規格標準」，硝酸鹽、亞硝酸鹽在肉品加工上用量以二氧化氮殘留量計爲 70ppm 以下。

（ 3 ）8. 下列何者非食品添加物？①抗氧化劑 ②漂白劑 ③烤酥油 ④甘油。

解析 烤酥油即是雪白油，是經過氫化的油脂。

（ 2 ）9. 肉類加工品除一般衛生要求外，尤應注意何種食品添加物的添加量？①磷酸鹽類 ②硝酸鹽類 ③香料 ④食用色素。

解析 硝酸鹽類用肉類加工品中可達保色、降低微生物孳生…等作用，但須注意用量。

（ 4 ）10. 太白的食物不要買，主要是因爲可能違法使用某些添加物，下列何者爲正確？①雙氧水、漂白劑 ②螢光增白劑、硝酸鈉 ③三偏磷酸鈉、亞硫酸氫鈉 ④雙氧水、螢光增白劑、亞硫酸氫鈉。

解析 亞硫酸氫鈉是一種漂白劑。

（ 2 ）11. 使用食品添加物最重要的是：①用量 ②對象與用量 ③效果 ④效果與價格。

解析 食品添加物的使用應遵守政府制定的「食品添加物使用範圍及限量暨規格標準」。

（ 2 ）12. 油脂中所含之抗氧化劑使用 BHA 及 BHT，其總量應在：① 100 ppm ② 200 ppm ③ 300 ppm ④ 400 ppm 以下。

解析 根據「食品添加物使用範圍及限量暨規格標準」，BHA 及 BHT 於油品中的用量爲 0.2g/kg 以下，即爲 200ppm。

（ 3 ）13. 下列何者不得製造、加工、販賣？①添加色素之食品 ②未經檢驗之食品 ③染有病原性生物之食品 ④無保存期限之食品。

解析 根據「食品衛生管理法（106.11.15）」第 15 條第 4 款，其食品或食品添加物染有病原性生物，或經流行病學調查認定屬造成食品中毒之病因，不得製造、加工、調配、包裝、運送、貯存、販賣、輸入、輸出、作爲贈品或公開陳列。但未經檢驗之食品、無保存期限之食品也應不得製造、加工、販賣。

(3) 14. 香腸之亞硝酸鹽殘留量不得超過：① 20 ppm ② 50 ppm ③ 70 ppm ④ 100 ppm。

解析 同第 7 題。

(4) 15. 以下哪一種食品工廠，依目前法規必須設置衛生管理人員？①味精工廠 ②烘焙工廠 ③醬油工廠 ④餐盒食品工廠。

解析 餐飲食品工廠應符合食品安全管制系統之規定，必須設置衛生管理人員。且根據「食品安全衛生管理法（106.11.15）」第 11 條經中央主管機關公告類別及規模之食品業者，應置衛生管理人員，第 12 條經中央主管機關公告類別及規模之食品業者，應置一定比率，並領有專門職業或技術證照之食品、營養、餐飲等專業人員，辦理食品衛生安全管理事項。

(2) 16. 依據「食品安全衛生管理法」，不符合衛生之食品應？①公開拍賣 ②沒入銷燬 ③一律改裝 ④准其輸出。

解析 根據「食品安全衛生管理法（106.11.15）」第 52 條之規定，不符合衛生之食品應沒入銷毀。

(4) 17. 違反「食品安全衛生管理法」之行爲最高可處：①三年有期徒刑 ②五年有期徒刑 ③七年有期徒刑 ④無期徒刑。

解析 根據「食品安全衛生管理法（106.11.15）」第 49 條之規定，致人於死者，得處無期徒刑或 7 年以上有期徒刑。

(4) 18. 餐飲從業人員若違反食品良好衛生規範準則之規定，最低可罰新臺幣？① 5,000 元 ② 7,000 元 ③ 9,000 元 ④ 6 萬元。

解析 依「食品安全衛生管理法（106.11.15）」第 44 條之規定，處新臺幣 6 萬元以上 2 億元以下罰鍰。

(3) 19. 食品不能標示？①用途 ②保存方法 ③治病效能 ④製造方法。

解析 根據「食品標示宣傳或廣告詞句涉及誇張易生誤解或醫療效能之認定基準（103.01.07 發布）」第 2 條，食品標示、宣傳或廣告如有誇張、易生誤解或宣稱醫療效能之情形，且涉及違反健康食品管理法第六條規定者，應依違反健康食品管理法論處。

(1) 20. 違反「食品安全衛生管理法」時？①可處罰行爲人與負責人 ②僅可處罰行爲人 ③僅可處罰負責人 ④不可處分法人。

解析 違反「食品安全衛生管理法（106.11.15）」時，行爲人與負責人均可處罰。

(4) 21. 下面哪一種食品要衛生福利部的查驗登記？①鳳梨罐頭 ②冷凍水產品 ③散裝軟糖 ④眞空包裝豆干。

解析 衛生福利部食品藥物管理署之食品查驗登記管理的項目爲輸入膠囊狀、錠狀食品，健康食品，食品添加物，基因改造食品，特殊營養品，國產維生素類錠狀、膠囊狀食品，眞空包裝黃豆即食食品。④眞空包裝豆干即屬於眞空包裝黃豆即食食品。

(3) 22. 新進人員體檢紀錄應保存？① 6 個月 ② 8 個月 ③ 1 年 ④沒有詳細規定。

解析 餐飲從業人員須每年至少進行健康檢查 1 次，新進的從業人員體檢健康紀錄也應保存 1 年。

(1) 23. 爲避免肺結核及傳染性疾病感染，從業人員應每年至少檢查幾次？① 1 次 ② 2 次 ③ 3 次 ④視需要而定。

解析 餐飲從業人員須每年至少進行健康檢查 1 次。

(3) 24. 化糞池應距地下水源？① 5 公尺 ② 10 公尺 ③ 15 公尺 ④無明確規定。

解析 根據「食品良好衛生規範（103.11.7）」之規定，使用地下水源者，其水源應與化糞池、廢棄物堆積場所等汙染源至少保持 15 公尺之距離。蓄水池（塔、槽）應保持清潔，其設置地點應距汙穢場所、化糞池等汙染源 3 公尺以上。

(1) 25. 餐廳內之廚房面積應佔營業場所多少比例以上？① 1/10 ② 1/15 ③ 1/20 ④ 1/30。

解析 根據「公共飲食場所衛生設備標準」之規定，餐廳的調理場所或廚房面積應有營業場所面積 1/10 以上。

（ 1 ）26. 肉毒桿菌中毒是屬下列哪一種危機？①生物的 ②化學的 ③物理的 ④心理的。

解析 肉毒桿菌大多是從汙染食物感染，致死的機率相當高，是屬於一種生物性的危害。

（ 3 ）27. 就算只有 1 人患病，下列何項仍可稱爲食品中毒？①沙門式菌 ②腸炎弧菌 ③肉毒桿菌 ④A型肝炎。

解析 根據衛生福利部食品藥物管理署之定義，2 人或 2 人以上攝取相同的食品而發生相似的症狀，則稱爲 1 件食品中毒案件。如因肉毒桿菌毒素而引起中毒症狀且自人體檢體檢驗出肉毒桿菌毒素，由可疑的食品檢體檢測到相同類型的致病菌或毒素，或經流行病學調查推論爲攝食食品所造成，即使只有 1 人，也視爲 1 件食品中毒案件。如因攝食食品造成急性中毒（如化學物質或天然毒素中毒），即使只有 1 人，也視爲 1 件食品中毒案件。

（ 1 ）28. 食品中毒是：①由食物傳染給人而致病 ②因吃得太多而引起 ③只會發生在廚房 ④可經飲食均衡治癒。

解析 同第 27 題。

（ 4 ）29. 食物與容器互相雜堆在一起，這會產生下列哪幾種食品上的危害？①物理的、化學的 ②物理的、生物的 ③生物的、化學的 ④生物的、化學的、物理的。

解析 食物與容器相互堆疊易發生交叉汙染，不論是生物、化學、物理性的危害均可能發生。若是容器不潔，導致細菌汙染食物則爲生物危害；若是食物中的食品添加物，則爲化學危害；若是容器破損則爲物理危害。

（ 1 ）30. 塵土、碎玻璃、鐵釘在餐飲上被列爲：①物理性 ②化學性 ③生物性 ④微生物性　的危害。

解析 此三者均爲物理性危害，塑膠袋、保鮮膜也屬於物理危害。

（ 1 ）31. 份量多且濃厚的食物，應先放於淺盤內冷卻再置於冷藏庫，而食物的深度不應大於？① 5 公分 ② 10 公分 ③ 15 公分 ④ 20 公分。

解析 份量多且濃厚的食物散熱速度較慢，建議以 5cm 以下的淺盤進行散熱，可使散熱速度較快。

（ 3 ）32. 一道容易引起細菌滋生的熱食，應該用下列何種溫度保溫？① 40℃ ② 50℃ ③ 70℃ ④ 100℃以上。

解析 微生物易孳長的溫度爲 4 ～ 60℃，因此建議熱藏溫度應在 70℃以上。

（ 4 ）33. 下列何者廠商不符合「食品安全衛生管理法」中所謂的食品業者之條件？①經營食品添加物製造商 ②食品器具之輸入廠商 ③食品用洗潔劑之販賣業者 ④播放食品廣告之媒體業者。

解析 根據「食品安全衛生管理法（106.11.15）」第 3 條，食品業者是指從事食品或食品添加物之製造、加工、調配、包裝、運送、貯存、販賣、輸入、輸出或從事食品器具、食品容器或包裝、食品用洗潔劑之製造、加工、輸入、輸出或販賣之業者。

（ 3 ）34. 若食品無國家標準名稱者，一般皆以何種方式處理？①應用國家標準名稱 ②問同行該如何做 ③可自行訂定名稱 ④找出關係人物解決。

解析 根據「食品衛生管理法施行細則（106.07.13 修正）」第 7 條第 2 點，經中央主管機關規定者，依中央主管機關規定之名稱；未規定者，得使用中華民國國家標準所定之名稱或自定其名稱。

（ 1 ）35. 食品有國家標準名稱者：①應用國家標準名稱 ②問同行該如何做 ③可自行定名稱 ④找出關係人物解決。

解析 根據「食品衛生管理法施行細則（106.07.13 修正）」第 7 條第 2 點，經中央主管機關規定者，依中央主管機關規定之名稱；未規定者，得使用中華民國國家標準所定之名稱或自定其名稱。

（ 2 ）36. 食品標示字體之長度及寬度不得小於幾公釐？① 1 公釐 ② 2 公釐 ③ 3 公釐 ④ 4 公釐。

解析 各食品標示字體的大小與食品的種類有所不同，最小的長度與寬度爲 2mm，爲市售含蒟蒻成分果凍的警語標示。

(3) 37. 根據「食品安全衛生管理法」廚房從業人員有下列何種病症，經理人員應將本情形往上陳報，以避免食物汙染？①香港腳 ②頭痛 ③手部皮膚病 ④良性脂肪瘤。

解析 廚房從業人員的手部多爲直接接觸食材，因此若有手部皮膚病應立即反應，以避免工作時發生汙染事件。

(3) 38. 廚師證書之有效時間爲？① 2 年 ② 3 年 ③ 4 年 ④ 5 年。

解析 根據「食品良好衛生規範準則（103.11.07）」第 24 條規定，廚師證書有效期間爲 4 年，期滿得申請展延，每次展延 4 年。

(4) 39. 廚師證書之換發地點爲？①衛生福利部 ②縣市衛生局 ③縣市政府 ④經認可之餐飲相關公（工）會。

解析 根據「食品良好衛生規範準則（103.11.07）」第 24 條規定，廚師證書有效期間爲 4 年，期滿得申請展延，每次展延時限爲 4 年。申請展延者，應在證書有效期間內接受各級主管機關或其認可之公會、工會、高級中等以上學校或其他餐飲相關機構辦理之衛生講習，每年至少 8 小時。

(4) 40. 持有中餐烹調技術士證之從業人員，應至何單位換發廚師證書①衛生福利部 ②縣市政府衛生局 ③任一餐飲公（工）會 ④當地衛生主管機關認可之餐飲相關公（工）會。

解析 根據「食品良好衛生規範準則（103.11.07）」第 24 條規定，廚師證書有效期間爲 4 年，期滿得申請展延，每次展延時限爲 4 年。申請展延者，應在證書有效期間內接受各級主管機關或其認可之公會、工會、高級中等以上學校或其他餐飲相關機構辦理之衛生講習，每年至少 8 小時。

(3) 41. 食品製造業者係指？①食品工廠之業者 ②免辦食品工廠登記之業者 ③食品工廠之業者及免辦食品工廠登記之業者 ④餐飲業者。

解析 根據「食品安全衛生管理法（106.11.15）」第 3 條，食品業者是指從事食品或食品添加物之製造、加工、調配、包裝、運送、貯存、販賣、輸入、輸出或從事食品器具、食品容器或包裝、食品用洗潔劑之製造、加工、輸入、輸出或販賣之業者。

(2) 42. 一位連續在相同餐廳工作 3 年 6 個月之烹調從業人員，其健康檢查最少應在？① 3 次 ② 4 次 ③ 5 次 ④ 6 次　以上。

解析 根據食品從業良好衛生管理基準之規定，新進食品從業人員應先經醫療機構健康檢查合格後，始得聘僱；雇主每年應主動辦理健康檢查至少 1 次。

(1) 43. 低溫食品理貨及裝卸作業均應在攝氏幾度以下之場所進行？① 15℃以下 ② 7℃以下 ③ 4℃以下 ④ 0℃以下。

解析 根據「食品良好衛生規範準則（103.11.07）」第 16 條第 7 點規定，低溫食品之理貨及裝卸，應於 15℃以下場所迅速進行。

(2) 44.「便當」標示爲低溫食品，販售便當之便利商店：①可以 ②不可以 ③無所謂 ④看情況　在未經消費者同意之情況下微波加熱。

解析 低溫食品在加熱前應須經消費者同意。

(1) 45. 凡清潔度要求不同之場所應？①有效區隔 ②有效隔離 ③有效分開 ④有效分離。

解析 不同的清潔度應明確的區隔，以避免交叉汙染。

(2) 46. 控制氣流流向爲？①有效隔離 ②有效區隔 ③有效分開 ④有效分離　的一種方式。

解析 氣流的流向爲氣流的流向是從高壓到低壓，因此可利用控制氣流的壓力使氣流的流向固定，達成區隔的目的。

(4) 47. 下列何者與提昇食品的品質及衛生安全無關？① GMP ② CAS ③ HACCP ④ GLP。

解析 GMP，Good Manufacture Practice 食品良好作業規範；CAS，Certified Agricultural Standards 臺灣優良農產品標章；HACCP，Hazard Analysis and Critical Control Points 危害分析與重要管制點；GLP，Good Laboratory Practice 優良實驗室操作規範。

（ 3 ）48. 優良冷凍食品標示爲？① CNS ② GMP ③ CAS ④ GLP。

解析 CAS，Certified Agricultural Standards 臺灣優良農產品標章，是臺灣國產農產品及其加工品最高品質的驗證代表標幟。CAS 標章現有 16 大項，包括：肉品、冷凍食品、果蔬汁、食米、醃漬蔬果、即食餐食、冷藏調理食品、生鮮食用菇、釀造食品、點心食品、蛋品、生鮮截切蔬果、水產品、林產品、乳品、羽絨。

（ 1 ）49. 優良農產品作業規範—吉園圃，其英文標識是？① GAP ② GMP ③ CAP ④ CAS。

解析 GAP，Good Agriculutral Practice 優良農業操作，吉園圃是由 GAP 音譯而來。

（ 4 ）50. 違反「公共飲食場所衛生管理辦法」之規定，主管機關至少可處負責人新臺幣：① 5 千元 ② 1 萬元 ③ 2 萬元 ④ 3 萬元。

解析 根據「食品衛生管理法（106.11.15）」第 47 條第 6 點違反直轄市或縣（市）主管機關依第 14 條所定管理辦法中有關公共飲食場所衛生之規定，處新臺幣 3 萬元以上 300 萬元以下罰鍰。

（ 4 ）51. 依食品安全衛生管理法第 39 條，食品業者對檢驗結果有異議時，得於收到有關通知之時起：① 3 個月內 ② 2 個月內 ③ 1 個月內 ④ 15 日內　向原抽驗機關〈構〉申請複驗，受理複驗機關〈構〉應於 7 日內就其餘存檢體複驗之。

解析 根據「食品衛生管理法（106.11.15）」第 39 條，食品業者對於檢驗結果有異議時，得自收受通知之日起 15 日內，向原抽驗之機關（構）申請複驗；受理機關（構）應於 3 日內進行複驗。但檢體無適當方法可資保存者，得不受理之。

（ 3 ）52. 依食品安全衛生管理法，熱水殺菌是用攝氏溫度幾度以上之熱水，將餐具加熱 2 分鐘以上？① 60 度 ② 70 度 ③ 80 度 ④ 100 度。

解析 食品良好衛生規範準則（103.11.07）」依據食品衛生管理法第 8 條第 4 項訂定，其第 23 條規定，熱水殺菌餐具，須以攝氏 80 度以上之熱水，加熱時間 2 分鐘以上。

（ 2 ）53. 食品安全衛生管理法所稱染有病原性生物者，係指食品或食品添加物受病因性微生物或其產生之毒素汙染，致對人體健康有害或有害之虞者，是屬第幾條、第幾款？①第 11 條第 2 款 ②第 15 條第 4 款 ③第 10 條第 3 款 ④第 10 條第 2 款。

解析 根據「食品衛生管理法（106.11.15）」第 15 條第 4 款，其食品或食品添加物染有病原性生物，或經流行病學調查認定屬造成食品中毒之病因，不得製造、加工、調配、包裝、運送、貯存、販賣、輸入、輸出、作爲贈品或公開陳列。

（ 3 ）54. 食品安全衛生管理法所稱有毒，係指食品或食品添加物含有天然毒素或化學物品，而其成分或含量對人體健康有害或有害之虞者。是屬第幾條、第幾款？①第 10 條第 2 款 ②第 11 條第 1 款 ③第 15 條第 3 款 ④第 10 條第 5 款。

解析 根據「食品衛生管理法（106.11.15）」第 15 條第 3 款，其食品或食品添加物有毒或含有害人體健康之物質或異物，不得製造、加工、調配、包裝、運送、貯存、販賣、輸入、輸出、作爲贈品或公開陳列。

（1234）55. 依食品安全衛生管理法規定，下列哪些爲食品業者？①從事食品之製造業者 ②從事食品添加物之製造業者 ③從事食品器具容器包裝之製造業者 ④從事食品用洗潔劑之製造業者。

解析 根據「食品衛生管理法（106.11.15）」第 3 條第 7 款，食品業者：指從事食品或食品添加物之製造、加工、調配、包裝、運送、貯存、販賣、輸入、輸出或從事食品器具、食品容器或包裝、食品用洗潔劑之製造、加工、輸入、輸出或販賣之業者。

（ 123 ）56. 下列何者爲使用食品添加物之目的？①強化營養 ②防止氧化 ③安定品質 ④掩飾食材品質。

解析 依「食品衛生管理法（106.11.15）」第 3 條第 3 款，食品添加物：指爲食品著色、調味、防腐、漂白、乳化、增加香味、安定品質、促進發酵、增加稠度、強化營養、防止氧化或其他必要目的，加入、接觸於食品之單方或複方物質。複方食品添加物使用之添加物僅限由中央主管機關准用之食品添加物組成，前述准用之單方食品添加物皆應有中央主管機關之准用許可字號。

（134）57. 食品業者如何確保食品衛生安全與品質？①實施自主管理 ②民眾有反映再改進 ③依食品良好衛生規範準則操作 ④實施食品安全管制系統。

解析 根據「食品衛生管理法（106.11.15）」第7條，食品業者應實施自主管理，訂定食品安全監測計畫，確保食品衛生安全。第8條，食品業者之從業人員、作業場所、設施衛生管理及其品保制度，均應符合食品之良好衛生規範準則。第9條，經中央主管機關公告類別與規模之食品業者，應依其產業模式，建立產品原材料、半成品與成品供應來源及流向之追溯或追蹤系統。

（234）58. 依食品安全衛生管理法規定，食品業者發現自家產品有危害衛生安全之虞，應如何處理？①儘速出清存貨 ②通報直轄市、縣（市）主管機關 ③主動停止製造 ④辦理回收。

解析 根據「食品衛生管理法（106.11.15）」第7條，食品業者於發現產品有危害衛生安全之虞時，應即主動停止製造、加工、販賣及辦理回收，並通報直轄市、縣（市）主管機關。

（124）59. 無論餐飲業之規模大小，哪些項目應符合食品良好衛生規範準則？①從業人員 ②作業場所 ③職業安全 ④品保制度。

解析 根據「食品衛生管理法（106.11.15）」第8條，食品業者之從業人員、作業場所、設施衛生管理及其品保制度，均應符合食品之良好衛生規範準則。

（234）60. 食品或食品添加物有下列哪些情形時，不得製造、加工、調配、包裝、運送、貯存、販賣、輸入、輸出、作爲贈品或公開陳列？①使用符合殘留農藥安全容許量之蔬菜 ②添加三聚氰胺 ③添加順丁烯二酸 ④使用發芽之馬鈴薯。

解析 根據「食品衛生管理法（106.11.15）」第15條，食品或食品添加物有下列情形之一者，不得製造、加工、調配、包裝、運送、貯存、販賣、輸入、輸出、作爲贈品或公開陳列：變質或腐敗；未成熟而有害人體健康；有毒或含有害人體健康之物質或異物；染有病原性生物，或經流行病學調查認定屬造成食品中毒之病因；殘留農藥或動物用藥含量超過安全容許量；受原子塵或放射能汙染，其含量超過安全容許量；攙僞或假冒；逾有效日期；從未於國內供作飲食且未經證明爲無害人體健康；添加未經中央主管機關許可之添加物。而三聚氰胺、順丁烯二酸均不得添加於食品中，發芽馬鈴薯則含有茄靈毒素不得食用。

（134）61. 我國準用之食品添加物係採何種方式管理？①法規表列之品項才可使用（正面表列）②法規表列之品項不可使用（負面表列）③規定使用範圍 ④規定規格標準。

解析 根據「食品衛生管理法（106.11.15）」第18條，食品添加物之品名、規格及其使用範圍、限量標準，由中央主管機關定之。前項標準之訂定，必須以可以達到預期效果之最小量爲限制，且依據國人膳食習慣爲風險評估，同時必須遵守規格標準之規定。

（123）62. 下列哪些食品，非經中央主管機關查驗登記並發給許可文件，不得製造、加工、調配、改裝、輸入或輸出①食品添加物 ②健康食品 ③基因改造食品原料 ④烘焙食品。

解析 根據「食品衛生管理法（106.11.15）」第21條，經中央主管機關公告之食品、食品添加物、食品器具、食品容器或包裝及食品用洗潔劑，其製造、加工、調配、改裝、輸入或輸出，非經中央主管機關查驗登記並發給許可文件，不得爲之。食品所含之基因改造食品原料非經中央主管機關健康風險評估審查，並查驗登記發給許可文件，不得供作食品原料。

（24）63. 食品之容器或外包裝，應以中文及通用符號，明顯標示下列哪些事項？①製造日期 ②製造廠商或國內負責廠商名稱 ③優惠活動 ④食品添加物名稱。

解析 根據「食品衛生管理法（106.11.15）」第22條，食品及食品原料之容器或外包裝，應以中文及通用符號，明顯標示下列事項：品名；內容物名稱，其爲兩種以上混合物時，應依其含量多寡由高至低分別標示之；淨重、容量或數量；食品添加物名稱，混合兩種以上食品添加物，以功能性命名者，應分別標明添加物名稱。製造廠商或國內負責廠商名稱、電話號碼及地址。國內通過農產品生產驗證者，應標示可追溯之來源；有中央農業主管機關公告之生產系統者，應標示生產系統；原產地（國）；有效日期；營養標示；含基因改造食品原料；其他經中央主管機關公告之事項。

（134）64. 食品添加物之容器或外包裝，應以中文及通用符號，明顯標示下列哪些事項？①品名及「食品添加物」字樣 ②食品添加物名稱；其爲兩種以上混合物時，應標明功能性名稱 ③用量標準 ④使用範圍。

解析 根據「食品衛生管理法（106.11.15）」第24條，食品添加物及其原料之容器或外包裝，應以中文及通用符號，明顯標示下列事項：品名；「食品添加物」或「食品添加物原料」字樣；食品添加物名稱，其爲兩種以上混合物時，應分別標明。其標示應以第18條第一項所定之品名或依中央主管機關公告之通用名稱爲之；淨重、容量或數量；製造廠商或國內負責廠商名稱、電話號碼及地址；有效日期；使用範圍、用量標準及使用限制；原產地（國）；含基因改造食品添加物之原料；其他經中央主管機關公告之事項。

（124）65. 重複性使用之塑膠類食品器具、食品容器或包裝，如塑膠餐盒或水壺，應以中文及通用符號，明顯標示哪些事項？①材質名稱 ②耐熱溫度 ③國內製造廠商名稱 ④使用注意事項。

解析 根據「食品衛生管理法（106.11.15）」第26條，經中央主管機關公告之食品器具、食品容器或包裝，應以中文及通用符號，明顯標示下列事項：品名；材質名稱及耐熱溫度，其爲兩種以上材質組成者，應分別標明；淨重、容量或數量；國內負責廠商之名稱、電話號碼及地址；原產地（國）；製造日期，其有時效性者，並應加註有效日期或有效期間；使用注意事項或微波等其他警語；其他經中央主管機關公告之事項。

（123）66. 食品之標示、宣傳或廣告，不得有下列哪些情形？①不實 ②誇張 ③醫療效能 ④宣稱色香味俱全。

解析 根據「食品衛生管理法（106.11.15）」第28條，食品、食品添加物、食品用洗潔劑及經中央主管機關公告之食品器具、食品容器或包裝，其標示、宣傳或廣告，不得有不實、誇張或易生誤解之情形。食品不得爲醫療效能之標示、宣傳或廣告。

（14）67. 發布食品衛生檢驗資訊時，應同時公布資訊？①檢驗方法 ②檢驗人員 ③檢驗費用 ④結果判讀依據。

解析 根據「食品衛生管理法（106.11.15）」第40條，發布食品衛生檢驗資訊時，應同時公布檢驗方法、檢驗單位及結果判讀依據。

（12）68. 下列哪些行爲，處新臺幣6萬元以上2億元以下罰鍰？①違反食品良好衛生規範準則，經命其限期改正，屆期不改正 ②違反食品安全管制系統準則，經命其限期改正，屆期不改正 ③食品之標示有易生誤解之情形 ④未依規定進行食品業者登錄。

解析 根據「食品衛生管理法（106.11.15）」第44條，食品業者之從業人員、作業場所、設施衛生管理及其品保制度，違反食品之良好衛生規範準則。經中央主管機關公告類別及規模之食品業，違反食品安全管制系統準則之規定。

（12）69. 依食品安全衛生管理法之規定，下列哪些行爲，處7年以下有期徒刑、拘役或科或併科新臺幣8,000萬元以下罰金？①食品有攙僞或假冒之情形 ②食品中添加未經中央主管機關許可之添加物 ③食品變質或腐敗 ④販賣之食品超過有效日期。

解析 根據「食品衛生管理法（106.11.15）」第49條，食品或食品添加物有有毒或含有害人體健康之物質或異物，攙僞或假冒，添加未經中央主管機關許可之添加物。或食食品器具、食品容器或包裝、食品用洗潔劑有毒之行爲者處7年以下有期徒刑，得併科新臺幣8,000萬元以下罰金。

（124）70. 食品良好衛生規範準則中有關場區及環境，應符合下列哪些規定？①禽畜、寵物等應予管制 ②蓄水池（塔、槽）應保持清潔，每年至少清理1次並作成紀錄 ③冷藏食品之品溫應保持在攝氏10度以下，凍結點以上 ④冷凍庫、冷藏庫，均應於明顯處設置溫度指示器，並定時記錄。

解析 根據「食品良好衛生規範準則（103.11.07）」，冷凍食品之品溫應保持在 -18℃以下；冷藏食品之品溫應保持在7℃以下凍結點以上。

(24) 71. 食品良好衛生規範準則中有關病媒防治所使用之環境用藥，應符合下列哪些規定？①置於烹調區 ②明確標示並由專人管理及記錄 ③置於碗盤放置區 ④應標明其毒性、使用及緊急處理。

解析 根據「食品良好衛生規範準則（103.11.07）」，病媒防治使用之環境用藥，應符合環境用藥管理法及其相關法規之規定，並明確標示，存放於固定場所，不得汙染食品或食品接觸面，且應指定專人負責保管及記錄其用量。

(124) 72. 食品良好衛生規範準則中有關廢棄物之處理，應符合下列哪些規定？①食品作業場所內及其四周不得任意堆置廢棄物 ②反覆使用盛裝廢棄物之容器，於丟棄廢棄物後，應立即清洗 ③過期回收產品置於其他成品放置 ④廢棄物之置放場所不得有異味或有害氣體溢出。

解析 根據「食品良好衛生規範準則（103.11.07）」過期回收產品等廢棄物，應設置專用貯存設施。

(123) 73. 食品良好衛生規範準則中有關食品從業人員，應符合下列哪些規定？①新進人員應先經醫療機構健康檢查合格後，始得聘僱 ②雇主每年應主動辦理健康檢查 1 次 ③在職從業人員，應定期接受食品衛生、安全及品質管理之教育訓練，並作成紀錄 ④新進人員應無須經醫療機構健康檢查。

解析 根據「食品良好衛生規範準則（103.11.07）」新進食品從業人員應先經醫療機構健康檢查合格後，始得聘僱；雇主每年應主動辦理健康檢查至少 1 次。

(14) 74. 食品良好衛生規範準則中有關倉儲管制，應符合下列哪些規定？①應遵循先進先出原則，並確實記錄 ②倉庫內物品直接置於地上，以供搬運 ③應善用倉庫內空間，一起貯存原材料、半成品或成品 ④倉儲過程中，應有防止交叉汙染之措施。

解析 根據「食品良好衛生規範準則（103.11.07）」倉庫內物品應分類貯放於棧板、貨架上或採取其他有效措施，不得直接放置地面，並保持整潔及良好通風。原材料、半成品及成品倉庫，應分別設置或予以適當區隔，並有足夠之空間，以供搬運。

(234) 75. 食品良好衛生規範準則中有關外燴業者應符合下列哪些規定？①中餐烹調技術士證持證比例 50% ②有遮蔽、冷凍（藏）設備或設施 ③避免交叉汙染 ④辦理超過 200 人餐飲時，應向主管機關報請備查。

解析 根據「食品良好衛生規範準則（103.11.07）、第 25 條規定，外燴餐飲業烹調從業人員之中餐烹調技術士證持證比例須達 70%以上。

(1234) 76. 食品良好衛生規範準則中有關餐飲業之作業場所及衛生管理，應符合下列哪些規定？①應具有洗滌、沖洗及有效殺菌功能之餐具洗滌殺菌設施 ②供應生冷食品者，應於專屬作業區調理、加工及操作 ③廚房應有維持適當空氣壓力之措施 ④提供之餐具不應有脂肪、澱粉、蛋白質及洗潔劑之殘留。

解析 食品良好衛生規範準則（103.11.07）係依據食品衛生管理法制定，詳細的規範餐飲業作業場所及衛生管理條件。

(134) 77. 食品安全管制系統包括下列哪些事項？①成立食品安全管制小組 ②執行市場分析 ③決定重要管制點 ④研訂及執行矯正措施。

解析 根據「食品安全管制系統準則（104.06.05）」第 2 條，食品安全管制系統指爲鑑別、評估及管制食品安全危害，使用危害分析重要管制點原理，管理原料、材料之驗收、加工、製造、貯存及運送全程之系統。前項系統，包括下列事項：成立食品安全管制小組、執行危害分析、決定重要管制點、建立管制界限、研訂及執行監測計畫、研訂及執行矯正措施、確認本系統執行之有效性、建立本系統執行之文件及紀錄。

（ 12 ）78. 食品安全管制系統準則中有關管制小組，應符合下列哪些規定？①管制小組至少 3 人，負責人或其指定人員爲必要之成員 ②至少 1 人應爲食品業者專門職業或技術證照人員設置及管理辦法規定之專門職業人員 ③每年至少進行 2 次內部稽核 ④從業期間無須接受訓練機關（構）或其他機關（構）辦理與本系統有關之課程。

解析 根據「食品安全管制系統準則（104.06.05）」第 3 條，管制小組成員，由食品業者之負責人或其指定人員，及品保、生產、衛生管理人員或其他幹部人員組成，至少 3 人，其中負責人或其指定人員爲必要之成員。第 4 條，管制小組成員，應曾接受中央主管機關認可之食品安全管制系統訓練機關（構）（以下簡稱訓練機關（構））辦理之相關課程至少 30 小時，並領有合格證明書；從業期間，應持續接受訓練機關（構）或其他機關（構）辦理與本系統有關之課程，每 3 年累計至少 12 小時。第 10 條，管制小組應確認本系統執行之有效性，每年至少進行 1 次內部稽核。

（ 134 ）79. 爲執行危害分析，鑑別足以影響食品安全之因子及發生頻率與嚴重性，研訂危害物質之預防、去除及降低措施，管制小組應以產品之描述、預定用途及加工流程圖所定步驟爲基礎，確認生產現場與流程圖相符，並列出所有可能之哪些危害物質？①物理性 ②啓發性 ③生物性 ④化學性。

解析 根據「食品安全管制系統準則（104.06.05）」第 5 條，管制小組應以產品之描述、預定用途及加工流程圖所定步驟爲基礎，確認生產現場與流程圖相符，並列出所有可能之生物性、化學性及物理性危害物質，執行危害分析，鑑別足以影響食品安全之因子及發生頻率與嚴重性，研訂危害物質之預防、去除及降低措施。

（ 123 ）80. 食品安全管制系統準則中，管制小組對於管制點發生系統性變異時，應進行哪些矯正措施？①引起該變異原因之矯正 ②違反食品安全衛生管理法相關法令規定時，食品之回收、處理及銷毀 ③必要時，重新執行危害分析 ④更新紀錄。

解析 根據「食品安全管制系統準則（104.06.05）」第 9 條，管制小組應對每一重要管制點，研訂發生系統性變異時之矯正措施；其措施至少包括下列事項：引起系統性變異原因之矯正、食品因變異致違反本法相關法令規定或有危害健康之虞者，其回收、處理及銷毀。管制小組於必要時，應對前項變異，重新執行危害分析。第 12 條，書面紀錄，連同相關文件，彙整爲檔案，妥善保存至少 5 年。

90010 食品安全衛生及營養相關職類

工作項目 01 ： 食品安全衛生

(1) 1. 食品從業人員經醫師診斷罹患下列哪些疾病不得從事與食品接觸之工作 A. 手部皮膚病 B. 愛滋病 C. 高血壓 D. 結核病 E. 梅毒 F. A 型肝炎 G. 出疹 H. B 型肝炎 I. 胃潰瘍 J. 傷寒。① ADFGJ ② BDFHJ ③ ADEFJ ④ DEFIJ。

解析 凡會透過口沫傳染、手部或皮膚接觸傳染的疾病君不可從事與食品接觸的工作。

(2) 2. 食品從業人員之健康檢查報告應存放於何處備查？①乾料庫房 ②辦公室的文件保存區 ③鍋具存放櫃 ④主廚自家。

(2) 3. 下列有關食品從業人員戴口罩之敘述何者正確？①為了環保，口罩需重複使用 ②口罩應完整覆蓋口鼻，注意鼻部不可露出 ③「食品良好衛生規範準則」規定食品從業人員應全程戴口罩 ④戴口罩可避免頭髮汙染到食品。

(2) 4. 洗手之衛生，下列何者正確？①手上沒有汙垢就可以不用洗手 ②洗手是預防交叉汙染最好的方法 ③洗淨雙手是忙碌時可以忽略的一個步驟 ④戴手套之前可以不用洗手。

(3) 5. 下列何者是正確的洗手方式？①使用清水沖一沖雙手即可，不需特別使用洗手乳 ②慣用手有洗就好，另一隻手可以忽略 ③使用洗手乳或肥皂洗手並以流動的乾淨水源沖洗手部 ④洗手後用圍裙將手部擦乾。

(1) 6. 食品從業人員正確洗手步驟為「濕、洗、刷、搓、沖、乾」，其中的「刷」是什麼意思？①使用乾淨的刷子把指尖和指甲刷乾淨 ②使用乾淨的刷子把手心刷乾淨 ③使用乾淨的刷子把手肘刷乾淨 ④使用乾淨的刷子把洗手台刷乾淨。

(4) 7. 下列何者為使用酒精消毒手部的正確注意事項？①應選擇工業用酒精效果較好 ②可以用酒精消毒取代洗手 ③酒精噴愈多效果愈好 ④噴灑酒精後，宜等酒精揮發再碰觸食品。

(4) 8. 從事食品作業時，下列何者為戴手套的正確觀念？①手套應選擇愈小的愈好，比較不容易脫落 ②雙手若有傷口時，應先佩戴手套後再包紮傷口 ③只要戴手套就可以完全避免手部汙染食品 ④佩戴手套的品質應符合「食品器具容器包裝衛生標準」。

(3) 9. 正確的手部消毒酒精的濃度為：① 90 ～ 100% ② 80 ～ 90% ③ 70 ～ 75% ④ 50 ～ 60%。

(1) 10. 食品從業人員如配戴手套，下列哪個時機宜更換手套？①更換至不同作業區之前 ②上廁所之前 ③倒垃圾之前 ④下班打卡之前。

(2) 11. 食品從業人員之個人衛生，下列敘述何者正確？①指甲應留長以利剝除蝦殼 ②不應佩戴假指甲，因其可能會斷裂而掉入食品中 ③應擦指甲油保持手部的美觀 ④指甲剪短就可以不用洗手。

解析 食品從業人員的手部清潔衛生相當重要，除了應剪短指甲、不可擦指甲油、佩戴假指甲之外，更須經常洗手。

(1) 12. 以下保持圍裙清潔的做法何者正確？①圍裙可依作業區清潔度以不同顏色區分 ②脫下的圍裙可隨意跟脫下來的髒衣服掛在一起 ③上洗手間時不需脫掉圍裙 ④如果公司沒有洗衣機就不需每日清洗圍裙。

(3) 13. 以下敘述何者正確？①為了計時烹煮時間，廚師應隨時佩戴手錶 ②因為廚房太熱所以可以穿著背心及短褲處理食品 ③工作鞋應具有防水防滑功能 ④為了提神可以在烹調食品時喝藥酒。

(3) 14. 以下對於廚師在工作場合的飲食規範，何者正確？①自己的飲料可以跟製備好的食品混放在冰箱 ②肚子餓了可以順手拿客人的菜餚來吃 ③為避免口水中的病原菌或病毒轉移到食品中，製備食品時禁止吃東西 ④為了預防蛀牙可以在烹調食品時嚼無糖口香糖。

（ 2 ）15. 以下對於食品從業人員的健康管理何者正確？①只要食材及環境衛生良好，即使人員感染上食媒性疾病也不會汙染食品 ②食品從業人員應每日注意健康狀況，遇有身體不適應避免接觸食品 ③只有發燒沒有咳嗽就可以放心處理食品 ④腹瀉只要注意每次如廁後把雙手洗乾淨就可處理食品

（ 4 ）16. 感染諾羅病毒至少要症狀解除多久後，才能再從事接觸食品的工作？① 12 小時 ② 24 小時 ③ 36 小時 ④ 48 小時。

解析 諾羅病毒會引起腸胃道發炎，主要經由食入諾羅病毒汙染的食物或飲水，或嘴、鼻或眼睛黏膜接觸被諾羅病毒汙染的物體表面而傳染。

（ 2 ）17. 若員工在上班期間報告身體不適，主管應該：①勉強員工繼續上班 ②請員工儘速就醫並了解造成身體不適的正確原因 ③辭退員工 ④責罵員工。

（ 2 ）18. 外場服務人員的衛生規則何者正確？①將食品盡可能的堆疊在托盤上，一次端送給客人 ②外場人員應避免直接進入內場烹調區，而是在專門的緩衝區域進行菜餚的傳送 ③傳送前不須檢查菜餚內是否有異物 ④如果地板看起來很乾淨，掉落於地板的餐具就可以撿起來直接再供顧客使用。

（ 3 ）19. 食品從業人員的衛生教育訓練內容最重要的是：①成本控制 ②新產品開發 ③個人與環境衛生維護 ④滅火器認識。

（ 4 ）20. 下列內場操作人員的衛生規則何者正確？①爲操作方便可以用沙拉油桶墊腳 ②可直接以口對著湯勺試吃 ③可直接在操作台旁會客 ④使用適當且乾淨的器具進行菜餚的排盤。

（ 3 ）21. 食品從業人員健康檢查及教育訓練記錄應保存幾年？① 1 年 ② 3 年 ③ 5 年 ④ 7 年。

（ 4 ）22. 下列何者對乾燥的抵抗力最強？①黴菌 ②酵母菌 ③細菌 ④酵素。

（ 1 ）23. 水活性在多少以下細菌較不易孳生？① 0.84 ② 0.87 ③ 0.90 ④ 0.93。

解析 水活性愈低細菌愈不易孳生，大部分微生物在水活性 0.75 以下，幾乎完全不能繁衍。

（ 1 ）24. 肉毒桿菌在酸鹼值（pH）多少以下生長會受到抑制？① 4.6 ② 5.6 ③ 6.6 ④ 7.6。

（ 1 ）25. 進行食品危害分析時須包括化學性、物理性及下列何者？①生物性 ②化工性 ③機械性 ④電機性。

（ 1 ）26. 關於諾羅病毒的敘述，下列何者正確？① 1 ～ 10 個病毒即可致病 ②用 75％酒精可以殺死 ③外層有脂肪膜 ④若貝類生長於受人類糞便汙染的海域，病毒易蓄積於閉殼肌。

（ 4 ）27. 下列何者爲最常見的毒素型病原菌①李斯特菌 ②腸炎弧菌 ③曲狀桿菌 ④金黃色葡萄球菌。

解析 常見的毒素型病原菌有金黃色葡萄球菌、肉毒桿菌、感染型病原菌有沙門氏桿菌、腸炎弧菌；中間型病原菌有病原性大腸桿菌、仙人掌桿菌。李斯特菌是一種兼性厭氧菌，曲狀桿菌是一種微好氧菌。

（ 2 ）28. 與水產食品中毒較相關的病原菌是：①李斯特菌 ②腸炎弧菌 ③曲狀桿菌 ④葡萄球菌。

解析 引起腸炎弧菌中毒的主要食品爲生鮮海產、魚貝類、或受其汙染的其他食品。

（ 3 ）29. 經調查檢驗後確認引起疾病之病原菌爲腸炎弧菌，則該腸炎弧菌即爲：①原因物質 ②事因物質 ③病因物質 ④肇因物質。

（ 3 ）30. 一般而言，1 件食品中毒案件之敘述，下列何者正確？①有嘔吐腹瀉症狀即成立 ②民眾檢舉即成立 ③ 2 人或 2 人以上攝取相同的食品而發生相似的症狀 ④多人以上攝取相同的食品而發生不同的症狀。

（ 1 ）31. 關於肉毒桿菌食品中毒案件之敘述，下列何者正確？① 1 人血清檢體中檢出毒素即成立 ②媒體報導即成立 ③ 3 人或 3 人以上攝取相同的食品而發生相似的症狀 ④多人以上攝取相同的食品而發生不同的症狀。

（ 4 ）32. 關於肉毒桿菌特性之敘述，下列何者正確？①是肉條發霉 ②是肉腐敗所產生之細菌 ③是肉變臭之前兆 ④是會產生神經毒素。

(1) 33. 河豚毒素中毒症狀多於食用後：① 3 小時內（通常是 10 ～ 45 分鐘）產生 ② 6 小時內（通常是 60 ～ 120 分鐘）產生 ③ 12 小時內（通常是 60 ～ 120 分鐘）產生 ④ 24 小時內（通常是 120 ～ 240 分鐘）產生。

解析 河豚毒素是一種神經毒，河豚的卵巢、肝臟含有劇毒，腸、皮膚含有強毒，也些河豚肉也含毒。

(2) 34. 一般而言，河豚最劇毒的部位是？①腸、皮膚 ②卵巢、肝臟 ③眼睛 ④肉。

(4) 35. 河豚毒素是屬於哪一種毒素？①腸病毒 ②肝病毒 ③肺病毒 ④神經毒。

(4) 36. 下列哪一種化學物質會造成類過敏的食品中毒？①黴菌毒素 ②麻痺性貝毒 ③食品添加物 ④組織胺。

(1) 37. 下列哪一種屬於天然毒素？①黴菌毒素 ②農藥 ③食品添加物 ④保險粉。

(2) 38. 腸炎弧菌主要存在於下列何種食材，須熟食且避免交叉汙染？①牛肉 ②海產 ③蛋 ④雞肉。

(3) 39. 沙門氏桿菌主要存在於下列何種食材，須熟食且避免交叉汙染？①蔬菜 ②海產 ③禽肉 ④水果。

解析 引起沙門氏桿菌中毒的主要食品爲受汙染的畜肉、禽肉、鮮蛋、乳品、魚肉煉製品等動物性食品。

(3) 40. 低酸性眞空包裝食品如果處理不當，容易因下列何者或其毒素引起食品中毒？①李斯特菌 ②腸炎弧菌 ③肉毒桿菌 ④葡萄球菌。

(2) 41. 廚師很喜歡自己製造 XO 醬，如果裝罐封瓶時滅菌不當，極可能產生下列哪一種食品中毒？①李斯特菌 ②肉毒桿菌 ③腸炎弧菌 ④葡萄球菌。

(1) 42. 因過氧化氫造成食品中毒的原因食品常見的爲：①烏龍麵、豆干絲及豆干 ②餅乾 ③乳品、乳酪 ④罐頭食品。

解析 過氧化氫經常使用於食品的漂白、微生物的控制及無菌包裝上，國內歷年來曾驗出過氧化氫殘留之違規食品有魚肉煉製品（如魚丸、魚板、魚捲及魷魚絲等）、魚翅乾品、麵製品（烏龍麵、濕麵條、油麵及米苔目等）、豆類製品（干絲、豆干及麵腸等）、新鮮蓮子及鹽水雞等。

(2) 43. 組織胺中毒常發生於腐敗之水產魚肉中，但組織胺是：①不耐熱，加熱即可破壞 ②耐熱，加熱很難破壞 ③不耐冷，冷凍即可破壞 ④不耐攪拌，攪拌均勻即可破壞。

(3) 44. 臺灣近年來，諾羅病毒造成食品中毒的主要原因食品爲：①漢堡 ②雞蛋 ③生蠔 ④罐頭食品。

解析 易受諾羅病毒汙染的食品有即食食品、沙拉、三明治、冰品、水果及生鮮魚貝類。

(4) 45. 預防諾羅病毒食品中毒的最佳方法是：①食物要冷藏 ②冷凍 12 小時以上 ③用 70%的酒精消毒 ④勤洗手及不要生食。

解析 若餐飲從業人員感染了諾羅病毒，爲了預防將疾病傳染給其他人，應於症狀解除至少 48 小時後才可上班。

(4) 46. 食品從業人員的皮膚上如有傷口，應儘快包紮完整，以避免傷口中何種病原菌汙染食品？①腸炎弧菌 ②肉毒桿菌 ③病原性大腸桿菌 ④金黃色葡萄球菌。

(2) 47. 預防食品中毒的五要原則是：①要洗手、要充分攪拌、要生熟食分開、要澈底加熱、要注意保存溫度 ②要洗手、要新鮮、要生熟食分開、要澈底加熱、要注意保存溫度 ③要洗手、要新鮮、要戴手套、要澈底加熱、要注意保存溫度 ④要充分攪拌、要新鮮、要生熟食分開、要澈底加熱、要注意保存溫度。

(4) 48. 肉毒桿菌毒素中毒風險較高的食品爲何？①花生等低酸性罐頭 ②加亞硝酸鹽的香腸與火腿 ③眞空包裝冷藏素肉、豆干等 ④自製醃肉、自製醬菜等醃漬食品。

解析 自製、自醃的醃漬食品無專業環境與設備，因此中毒的風險較高。

(3) 49. 避免肉毒桿菌毒素中毒，下列何者正確？①只要無膨罐情形，即使生鏽或凹陷也可以 ②開罐後如發覺有異味時，煮過即可食用 ③自行醃漬食品食用前，應煮沸至少 10 分鐘且要充分攪拌 ④真空包裝食品，無須經過高溫高壓殺菌，銷售及保存也不用冷藏。

(3) 50. 黴菌毒素容易存在於：①家禽類 ②魚貝類 ③穀類 ④內臟類。

(2) 51. 奶類應在：① 10 ～ 12 ② 5 ～ 7 ③ 22 ～ 24 ④ 16 ～ 18 ℃儲存，以保持新鮮。

(4) 52. 食用油若長時間高溫加熱，結果：①能殺菌、容易保存 ②增加油色之美觀 ③增長使用期限 ④會產生有害物質。

(2) 53. 蛋類最容易有：①金黃色葡萄球菌 ②沙門氏桿菌 ③螺旋桿菌 ④大腸桿菌 汙染。

(2) 54. 選購包裝麵類製品的條件爲何？①色澤白皙 ②有完整標示 ③有使用防腐劑延長保存 ④麵條沾黏。

(1) 55. 選購冷凍包裝食品時應注意事項，下列何者正確？①包裝完整 ②出廠日期 ③中心溫度達 0℃ ④出現凍燒情形。

(1) 56. 爲防止肉毒桿菌生長產生毒素而引起食品中毒，購買眞空包裝食品（例如眞空包裝素肉），下列敘述何者正確？①依標示冷藏或冷凍貯藏 ②既然是眞空包裝食品無須充分加熱後就可食用 ③知名廠商無須檢視標示內容 ④只要方便取用，可隨意置放。

(4) 57. 選購豆腐加工產品時，下列何者爲食品腐敗的現象？①更美味 ②香氣濃郁 ③重量減輕 ④產生酸味。

(2) 58. 選購食材時，依據下列何者可辨別食物材料的新鮮與腐敗？①價格高低 ②視覺嗅覺 ③外觀包裝 ④商品宣傳。

(3) 59. 選用發芽的馬鈴薯：①可增加口味 ②可增加顏色 ③可能發生中毒 ④可增加香味。

解析 發芽的馬鈴薯中含有茄靈毒素，食入者會發生食品中毒現象。

(2) 60. 新鮮的魚，下列何者爲正常狀態？①眼睛混濁、出血 ②魚鱗緊附於皮膚、色澤自然 ③魚腮呈灰綠色、有黏液產生 ④腹部易破裂、內臟外露。

(2) 61. 旗魚或鮪魚鮮度變差時，肉質易產生：①紅變肉 ②綠變肉 ③黑變肉 ④褐變肉。

(3) 62. 蛋黃的圓弧度愈高者，表示該蛋愈：①腐敗 ②陳舊 ③新鮮 ④美味。

(4) 63. 奶粉應購買：①有結塊 ②有雜質 ③呈黑色 ④無不良氣味。

(2) 64. 漁獲後處理不當或受微生物汙染之作用，容易產生組織胺，而導致組織胺中毒，下列何者敘述正確？①組織胺易揮發且具熱穩定性 ②其中毒症狀包括有皮膚發疹、癢、水腫、噁心、腹瀉、嘔吐等 ③魚類組織胺之生成量及速率不會因魚種、部位、貯藏溫度及汙染菌的不同而有所差異 ④鯖、鮪、旗、鰹等迴游性紅肉魚類比底棲性白肉魚所生成的組織胺較少且慢。

(1) 65. 如何選擇新鮮的雞肉？①肉有光澤緊實毛細孔突起 ②肉質鬆軟表皮平滑 ③肉的顏色暗紅有水般的光澤 ④雞體味重肉無彈性。

(3) 66. 採購魩仔魚乾，下列何者最符合衛生安全？①透明者 ②潔白者 ③淡灰白者 ④暗灰色者。

(4) 67. 下列何者貯存於室溫會有食品安全衛生疑慮？①米 ②糖 ③鹽 ④鮮奶油。

解析 鮮奶油應採冷藏儲存。

(4) 68. 依據 GHP 之儲存管理，化學物品應在原盛裝容器內並配合下列何種方式管理？①專人 ②專櫃 ③專冊 ④專人專櫃專冊。

解析 GHP（Good Hygienic Practices）是指食品良好衛生規範。

(1) 69. 下列何者爲選擇乾貨應考量的因素？①是否乾燥完全且沒有發霉或腐爛 ②外觀完整，乾溼皆可 ③色澤自然，乾淨與否以及有無雜質皆可 ④色澤非常亮艷。

(2) 70. 下列何種處理方式無法減少食品中微生物生長所導致之食品腐敗？①冷藏貯存 ②室溫下隨意放置 ③冷凍貯存 ④妥善包裝後低溫貯存。

(1) 71. 熟米飯放置於室溫貯藏不當時，最容易遭受下列哪一種微生物的汙染而腐敗變質？①仙人掌桿菌 ②沙門氏桿菌 ③金黃色葡萄球菌 ④大腸桿菌。

(3) 72. 魚貝類在冷凍的溫度下：①可永遠存放 ②不會變質 ③品質仍然在下降 ④新鮮度不變。

(3) 73. 下列何者敘述錯誤？①雞蛋表面在烹煮前應以溫水清洗乾淨，否則易有沙門氏桿菌汙染 ②在不清潔海域捕撈的牡蠣易有諾羅病毒汙染 ③牛奶若是來自於罹患乳房炎的乳牛，易有仙人掌桿菌汙染 ④製作提拉米蘇或慕斯類糕點時若因蛋液衛生品質不佳，易導致沙門氏桿菌汙染。

解析 乳牛若有乳房炎的現象，會使產乳量減少。仙人掌桿菌的傳播媒介是灰塵或昆蟲，與乳牛無關。

(1) 74. 隨時要使用的肉類應保存於：① 7 ② 0 ③ 12 ④ -18 ℃以下　爲佳。

(3) 75. 中長期存放的肉類應保存於：① 4 ② 0 ③ -18 ④ 8 ℃以下　才能保鮮。

(2) 76. 肉類的加工過程，爲了防止肉毒桿菌滋生，都會在肉中加入：①蘇打粉 ②硝 ③酒 ④香料。

(2) 77. 直接供應飲食場所火鍋類食品之湯底標示，下列何者正確？①有無標示主要食材皆可 ②標示熬製食材中含量最多者 ③使用食材及風味調味料共同調製之火鍋湯底，不論使用比例都無需標示「○○食材及○○風味調味料」共同調製 ④應必須標示所有食材及成分。

(2) 78. 下列何者添加至食品中會有食品安全疑慮？①鹽巴 ②硼砂 ③味精 ④砂糖。

解析 食品當中若添加硼砂，食入易產生食品中毒的現象。

(4) 79. 我國有關食品添加物之規定，下列何者爲正確？①使用量並無限制 ②使用範圍及使用量均無限制 ③使用範圍無限制 ④使用範圍及使用量均有限制。

解析 食品添加物使用範圍及限量暨規格標準，須依據「食品安全衛生管理法」第 18 條第 1 項訂定各類食品添加物之品名、使用範圍及限量，非表列品項不得添加。

(4) 80. 食品作業場所之人流與物流方向，何者正確？①人流與物流方向相同 ②物流：清潔區→準清潔區→汙染區 ③人流：汙染區→準清潔區→清潔區 ④人流與物流方向相反。

解析 ①人流與物流方向要相反；②物流：汙染區→準清潔區→清潔區；③人流：清潔區→準清潔區→汙染區。

(2) 81. 食物之配膳及包裝場所，何者正確？①屬於準清潔作業區 ②室內應保持正壓 ③進入門戶必須設置空氣浴塵室 ④門戶可雙向進出。

(1) 82. 烹調魚類、肉類及禽肉類之中心溫度要求，下列何者正確？①以禽肉類要求溫度最高，應達 74℃ /15 秒以上 ②豬肉＞魚肉＞雞肉＞絞牛肉 ③考慮品質問題，煎牛排至少 50℃ ④牛肉因有旋毛蟲問題，一定要加熱至 100℃。

解析 旋毛蟲是存在於豬肉中，所以豬肉一定要加熱至熟。

(2) 83. 盤飾使用之生鮮食品之衛生，下列何者最正確？①以非食品做爲盤飾 ②未經滅菌處理，不得接觸熟食 ③使用 200ppm 以上之漂白水消毒 ④花卉不得作爲盤飾。

(2) 84. 依據 GHP 更換油炸油之規定，何者正確？①總極性化合物（TPC）含量 25％以下 ②總極性化合物（TPC）含量 25％以上 ③酸價應在 25 mg KOH/g 以下 ④酸價應在 25 mg KOH/g 以上。

解析 酸價超過 2.0mg KOH/g、發煙點低於 170℃、油色深且具油耗味就一定要更換油炸油。

(1) 85. 下列何者屬低酸性食品？①魚貝類 ②食物 pH 值 4.6 以下 ③食物 pH 值 3.0 以下 ④食用醋。

解析 低酸性食品 pH 值高於 4.6，一般豆製品、蛋、肉、魚均屬於低酸性食品。

（ 3 ）86. 食物製備的衛生安全操作，何者正確？①以鹽水洗滌海鮮類 ②切割吐司片使用蔬果用砧板 ③蔬菜殺菁後直接食用，不可使用自來水冷卻 ④烹調用油宜達發煙點後再炸。

解析 ①不宜使用鹽水洗滌海鮮，以免腸炎弧菌孳長；②切割吐司片應使用熟食砧板；④烹調用油不宜加熱至發煙點，以免油脂快速酸敗。

（ 3 ）87. 食物冷卻處理，何者正確？①應在 4 小時內將食物由 60℃降至 21℃ ②熱食放入冰箱可快速冷卻，以保持新鮮 ③盛裝容器高度不宜超過 10 公分 ④不可使用冷水或冰塊直接冷卻。

（ 3 ）88. 冷卻一大鍋的蛤蠣濃湯，何者正確？①湯鍋放在冷藏庫內 ②湯鍋放在冷凍庫內 ③湯鍋放在冰水內 ④湯鍋放在調理檯上。

（ 3 ）89. 生魚片之衛生標準，何者正確？①大腸桿菌群（Coliform）：陰性 ②「大腸桿菌（E. coli）」：1,000 MPN/g 以下 ③總生菌數：100,000 CFU/g 以下 ④揮發性鹽基態氮（VBN）：15 g/100g 以上。

解析 根據「生食用食品類衛生標準（96 年 12 月 21 日）」第 4 條，生食用魚介類，每公克中生菌數（CFU/g）100,000 以下；每公克中大腸桿菌群最確數（MPN/g）1000 以下；每公克大腸桿菌最確數爲陰性；每百公克揮發性鹽基態氮 15mg 以下。因此選項① ② ③均爲正確，④爲錯誤，所以題目應有誤。

（ 3 ）90. 食物之保溫與復熱，何者正確？①保溫應使食物中心溫度不得低於 50℃ ②保溫時間以不超過 6 小時爲宜 ③具潛在危害性食物，復熱中心溫度至少達 74℃ /15 秒以上 ④使用微波復熱中心溫度要求與一般傳統加熱方式一樣。

解析 保溫應使食物中心溫度高於 60℃，因 7 ～ 60℃是食物的危險溫度帶，細菌易孳生。

（ 4 ）91. 食品溫度之量測，何者最正確？①溫度計每 2 年應至少校正 1 次 ②每次量測應固定同一位置 ③可以用玻璃溫度計測量冷凍食品溫度 ④微波加熱食品之量測，不應僅以表面溫度爲準

（ 2 ）92. 製冰機管理，何者正確？①生菜可放在其內之冰塊上冷藏 ②冷卻用冰塊仍須符合飲用水水質標準 ③任取一杯子取用 ④用後冰鏟或冰夾可直接放冰塊內。

（ 3 ）93. 不同食材之清洗處理，何者正確？①乾貨僅需浸泡即可 ②清潔度較低者先處理 ③清洗順序：蔬果→豬肉→雞肉 ④同一水槽同時一起清洗。

解析 不同的食材應分類清洗，清洗順序爲乾貨→加工食品（素）→加工食品（葷）→蔬果→豬肉→雞肉→雞蛋→海鮮。

（ 4 ）94. 油脂之使用，何者正確？①回鍋油煙點較新鮮油煙點高 ②油炸用油，煙點最好低於 160℃ ③天然奶油較人造奶油之反式脂肪酸含量高 ④奶油油耗酸敗與微生物性腐敗無關。

（ 4 ）95. 調味料之使用，何者正確？①不屬於食品添加物，無限量標準 ②各類焦糖色素安全無虞，無限量標準 ③一般食用狀況下，使用化學醬油致癌可能性高 ④海帶與昆布的鮮味成分與味精相似。

（ 2 ）96. 食品添加物之認知，何者正確？①罐頭食品不能吃，因加了很多防腐劑 ②生鮮肉類不能添加保水劑 ③製作生鮮麵條，使用雙氧水殺菌是合法的 ④鹼粽添加硼砂是合法的。

（ 2 ）97. 爲避免交叉汙染，廚房中最好準備 4 種顏色的砧板，其中白色使用於：①肉類 ②熟食 ③蔬果類 ④魚貝類。

（ 2 ）98. 乾燥金針經常過量使用下列何種漂白劑？①螢光增白劑 ②亞硫酸氫鈉 ③次氯酸鈉 ④雙氧水。

（ 1 ）99. 下列何者爲豆干中合法的色素食品添加物①黃色五號 ②二甲基黃 ③鹽基性介黃 ④皂素。

解析 合法食用人工色素有藍色 1 號、2 號；綠色 3 號；黃色 4 號、5 號；紅色 6 號、7 號、40 號。

（ 3 ）100. 下列何者爲不合法之食品添加物？①蔗糖素 ②己二烯酸 ③甲醛 ④亞硝酸鹽。

（ 1 ）101. 食物保存之危險溫度帶係指：① 7 ～ 60℃ ② 20 ～ 80℃ ③ 0 ～ 35℃ ④ 40 ～ 75℃。

(1)102. 為避免食品中毒，下列哪種食材加熱中心溫度要求最高？①雞肉 ②碎牛肉 ③豬肉 ④魚肉。

(3)103. 醉雞的製備流程屬於下列何種供膳型式？①驗收→儲存→前處理→烹調→熱存→供膳 ②驗收→儲存→前處理→烹調→冷卻→復熱→供膳 ③驗收→儲存→前處理→烹調→冷卻→冷藏→供膳 ④驗收→儲存→前處理→烹調→冷卻→冷藏→復熱→供膳。

(1)104. 不會助長細菌生長之食物，下列何者正確？①罐頭食品 ②截切生菜 ③油飯 ④馬鈴薯泥。

解析 罐頭食品經脫氣、密封、加熱殺菌等過程製成，可長期保存，不會助長細菌生長。

(1)105. 廚房用水應符合飲用水水質，其殘氯標準（ppm）何者正確？① 0.2 ～ 1.0 ② 2.0 ～ 5.0 ③ 10 ～ 20 ④ 20 ～ 50。

解析 根據「飲用水水質標準（98 年 11 月 26 日）」第 3 條第 3 點第 4 項，自由有效餘氯的現值範圍為 0.2 ～ 1.0 毫克 / 公升。

(4)106. 食物製備與供應之衛生管理原則為新鮮、清潔、加熱與冷藏及：①菜單多樣，少量製備 ②提早製備，隨時供應 ③大量製備，一次完成 ④處理迅速，避免疏忽。

(4)107. 餐飲業在洗滌器具及容器後，除以熱水或蒸氣外還可以下列何物消毒？①無此消毒物 ②亞硝酸鹽 ③亞硫酸鹽 ④次氯酸鈉溶液。

解析 次氯酸鈉溶液為一種消毒劑、漂白劑。

(1)108. 下列哪一項是針對器具加熱消毒殺菌法的優點？①無殘留化學藥劑 ②好用方便 ③具滲透性 ④設備價格低廉。

(3)109. 餐具洗淨後應：①以毛巾擦乾 ②立即放入櫃內貯存 ③先讓其烘乾，再放入櫃內貯存 ④以操作者方便的方法入櫃貯存。

(2)110. 生的和熟的食物在處理上所使用的砧板應：①共一塊即可 ②分開使用 ③依經濟情況而定 ④依工作量大小而定　，以避免二次汙染。

(1)111. 擦拭食器、工作檯及酒瓶：①應準備多條布巾，隨時更新保持乾淨 ②為節省時間及成本，可用相同的抹布一體擦拭 ③以舊報紙來擦拭，既環保又省錢 ④擦拭用的抹布吸水力不可過強，以免傷害酒杯。

(4)112. 毛巾抹布之煮沸殺菌，係以溫度 100℃的沸水煮沸幾分鐘以上？① 1 分鐘 ② 3 分鐘 ③ 4 分鐘 ④ 5 分鐘。

解析 1. 煮沸殺菌：毛巾、抹布等，以 100℃之沸水煮沸 5 分鐘以上，餐具等，1 分鐘以上。2. 蒸汽殺菌：毛巾、抹布等，以 100℃之蒸汽，加熱時間 10 分鐘以上，餐具等，2 分鐘以上。3. 熱水殺菌：餐具等，以 80℃以上之熱水，加熱時間 2 分鐘以上。4. 氯液殺菌：餐具等，以氯液總有效氯 200ppm 以下，浸入溶液中時間 2 分鐘以上。5. 乾熱殺菌：餐具等，以溫度 110℃以上之乾熱，加熱時間 30 分鐘以上。

(2)113. 杯皿的清洗程序是：①清水沖洗→洗潔劑→消毒液→晾乾 ②洗潔劑→清水沖洗→消毒液→晾乾 ③洗潔劑→消毒液→清水沖洗→晾乾 ④消毒液→洗潔劑→清水沖洗→晾乾。

(2)114. 清洗玻璃杯一般均使用何種消毒液殺菌？①清潔藥水 ②漂白水 ③清潔劑 ④肥皂粉。

(3)115. 吧檯水源要充足，並應設置足夠水槽，水槽及工作檯之材質最好為：①木材 ②塑膠 ③不銹鋼 ④水泥。

解析 一般廚房用的水槽、工作檯多以不銹鋼材質為主，因不鏽鋼有耐腐蝕、易清洗…等優點。

(2)116. 三槽式餐具洗滌法，其中第二槽沖洗必須：①滿槽的自來水 ②流動充足的自來水 ③添加消毒水之自來水 ④添加清潔劑之自來水。

(3)117. 下列何者是食品洗潔劑選擇時須考慮的事項？①經濟便宜 ②使用者口碑 ③各種洗潔劑的性質 ④廠牌名氣的大小。

(4)118. 以下有關餐具消毒的敘述，何者正確？①以 100ppm 氯液浸泡 2 分鐘 ②以漂白水浸泡 1 分鐘 ③以熱水 60℃浸泡 2 分鐘 ④以熱水 80℃浸泡 2 分鐘。

(　1　)119. 餐具於三槽式洗滌中，洗潔劑應在：①第一槽 ②第二槽 ③第三槽 ④不一定添加。

(　3　)120. 洗滌食品容器及器具應使用：①洗衣粉 ②廚房清潔劑 ③食品用洗潔劑 ④強酸、強鹼。

(　4　)121. 食品用具之煮沸殺菌法係以：① 90℃加熱半分鐘 ② 90℃加熱 1 分鐘 ③ 100℃加熱半分鐘 ④ 100℃加熱 1 分鐘。

(　4　)122. 製冰機的使用原則，下列何者正確？①只要是清理乾淨的食物都可以放置保鮮 ②乾淨的飲料用具都可以放進去 ③除了冰鏟外，不能存放食品及飲料 ④不得放任何器具、材料。

(　4　)123. 清洗餐器具的先後順序，下列何者正確？ A 烹調用具、B 鍋具、C 磁、不銹鋼餐具、D 刀具、E 熟食砧板、F 生食砧板、G 抹布。① EDCBAFG ② GFEDCBA ③ CBDFGAE ④ CBADEFG。

(　2　)124. 將所有細菌完全殺滅使成爲無菌狀態，稱之：①消毒 ②滅菌 ③巴斯德殺菌 ④商業滅菌。

(　4　)125. 擦拭玻璃杯皿正確的步驟爲：①杯身、杯底、杯內、杯腳 ②杯腳、杯身、杯底、杯內 ③杯底、杯身、杯內、杯腳 ④杯內、杯身、杯底、杯腳。

(　1　)126. 擦拭玻璃杯時，需對著光源檢視，係因爲：①檢查杯子是否乾淨 ②使杯子水分快速散去 ③展示杯子的造型 ④多此一舉。

(　2　)127. 以漂白水消毒屬於何種殺菌、消毒方法？①物理性 ②化學性 ③生物性 ④自然性。

(　1　)128. 以冷藏庫或冷凍庫貯存食材之敘述，下列敘述何者正確？①應考量菜單種類和食材安全貯存審愼計算規劃 ②冷藏庫內通風孔前可堆東西，以有效利用空間 ③可運用瓦楞紙板當作冷藏庫或冷凍庫內區隔食材之隔板 ④冷藏庫或冷凍庫愈大愈好，可讓廚房彈性操作空間愈大。

(　2　)129. 關於食品倉儲設施及原則，下列敘述何者正確？①冷藏庫之溫度應在 10℃以下 ②遵守先進先出之原則，並確實記錄 ③乾貨庫房應以日照直射，藉此達到乾燥通風之目的 ④應隨時注意冷凍室之溫度，充分利用所有地面空間擺置食材。

(　2　)130. 倉儲設施及管制原則影響食材品質甚鉅，下列何者敘述正確？①爲維持濕度平衡，乾貨庫房應放置冰塊 ②爲控制溫度，冷凍庫房須定期除霜 ③爲防止品質劣變，剛煮滾之醬汁應立即放入冷藏庫降溫 ④爲有效利用空間，冷藏庫房儘量堆滿食物。

(　1　)131. 食材貯存設施應注意事項，下列敘述何者正確？①爲避免冷氣外流，人員進出冷凍或冷藏庫速度應迅速 ②爲保持食材最新鮮狀態，近期將使用到之食材應置放於冷藏庫出風口 ③爲避免腐壞，煮熟之餐點不急於供應時，應立即送進冷藏庫 ④爲節省貯存空間，海鮮、肉類和蛋類可一起貯存。

(　3　)132. 冷藏庫貯存食材之說明，下列敘述何者正確？①煮過與未經烹調可一起存放，節省空間 ②熱食應直接送入冷藏庫中，以免造成腐敗 ③海鮮存放時，最好與其他材料分開 ④乳製品、甜點、生肉可共同存放。

(　4　)133. 依據「食品良好衛生規範準則」，餐具採用乾熱殺菌法做消毒，需達到多少度以上之乾熱，加熱 30 分鐘以上？① 80℃ ② 90℃ ③ 100℃ ④ 110℃。

(　1　)134. 乾料庫房之最佳濕度比應爲何？① 70% ② 80% ③ 90% ④ 95%。

(　1　)135. 食品作業場所內化學物質及用具之管理，下列何者可暫存於作業場所操作區？①清洗碗盤之食品用洗潔劑 ②去除病媒之誘餌 ③清洗廁所之清潔劑 ④洗刷地板之消毒劑。

(　1　)136. 使用砧板後應如何處理，再側立晾乾？①當天用清水洗淨 ②當天用廚房紙巾擦乾淨即可 ③隔天用清水洗淨消毒 ④隔二天後再一併清洗消毒。

(　3　)137. 餐飲器具及設施，下列敘述何者正確？①木質砧板比塑膠材質砧板更易維持清潔 ②保溫餐檯正確熱藏溫度爲攝氏 50 度 ③洗滌場所應有充足之流動自來水，水龍頭高度應高於水槽滿水位高度 ④廚房之截油設施 1 年清理 1 次即可。

解析 ①塑膠材質砧板較易維持清潔；②熱藏溫度爲 60℃ 以上；③截油設施應定期清洗。

(1)138. 防治蒼蠅病媒傳染危害之因應措施，下列敘述何者爲宜？①將垃圾桶及廚餘密閉貯放 ②使用白色防蟲簾 ③噴灑農藥 ④使用蚊香。

(1)139. 餐飲業爲防治老鼠傳染危害而做的措施，下列敘述何者正確？①使用加蓋之垃圾桶及廚餘桶 ②出入口裝設空氣簾 ③於工作場所養貓 ④於工作檯面置放捕鼠夾及誘餌。

(3)140. 不鏽鋼工作檯之優點，下列敘述何者正確？①使用年限短 ②易生鏽 ③耐腐蝕 ④不易清理。

(2)141. 爲避免產生死角不易清洗，廚房牆角與地板接縫處在設計時，應該採用哪一種設計爲佳？①直角 ②圓弧角 ③加裝飾條 ④加裝鐵皮。

(4)142. 餐廳廚房設計時，廁所的位置至少需遠離廚房多遠才可？① 1 公尺 ② 1.5 公尺 ③ 2 公尺 ④ 3 公尺。

(2)143. 餐廳作業場所面積與供膳場所面積之比例最理想的標準爲：① 1：2 ② 1：3 ③ 1：4 ④ 1：5。

(1)144. 爲防止汙染食品，餐飲作業場所對於貓、狗等寵物：①應予管制 ②可以攜入作業場所 ③可以幫忙看門 ④可以留在身邊。

(3)145. 杜絕蟑螂孳生的方法，下列敘述何者正確？①掉落作業場所之任何食品，待工作告一段落再統一清理 ②使用紙箱作爲防滑墊 ③妥善收藏已開封的食品 ④擺放誘餌於工作檯面。

(1)146. 作業場所內垃圾及廚餘桶加蓋之主要目的爲何？①避免引來病媒 ②減少清理次數 ③美觀大方 ④上面可放置東西。

(1)147. 選用容器具或包裝時，衛生安全上應注意下列何項？①材質與使用方法 ②價格高低 ③國內外品牌 ④花色樣式。

(1)148. 一般手洗容器具時，下列何者適當：①使用中性洗劑清洗 ②使用鋼刷用力刷洗 ③使用酸性洗劑清洗 ④使用鹼性洗劑清洗。

(3)149. 使用食品用容器具及包裝時，下列何者正確？①應選用回收代碼數字高的塑膠材質 ②應選用不含金屬錳之不鏽鋼 ③應了解材質特性及使用方式 ④應選用含螢光增白劑之紙類容器。

(1)150. 使用保鮮膜時，下列何者正確？①覆蓋食物時，避免直接接觸食物 ②微波食物時，須以保鮮膜包覆 ③應重複使用，減少資源浪費 ④蒸煮食物時，以保鮮膜包覆。

(3)151. 食品業者應選用符合衛生標準之容器具及包裝，以下何者正確？①市售保特瓶飲料空瓶可回收裝填食物後再販售 ②容器具允許偶有變色或變形 ③均須符合溶出試驗及材質試驗 ④紙類容器無須符合塑膠類規定。

(2)152. 食品包裝之主要功能，下列何者正確？①增加價格 ②避免交叉汙染 ③增加重量 ④縮短貯存期限。

(2)153. 選擇食材或原料供應商時應注意之事項，下列敘述何者正確？①提供廉價食材之供應商 ②完成食品業者登錄之食材供應商 ③提供解凍再重新冷凍食材之供應商 ④提供即期或重新標示食品之供應商。

(3)154. 載運食品之運輸車輛應注意之事項，下列敘述何者正確？①運輸冷凍食品時，溫度控制在 -4℃ ②應妥善運用空間，儘量堆疊 ③運輸過程應避免劇烈之溫濕度變化 ④原材料、半成品及成品可以堆疊在一起。

解析 ①運輸冷凍食品應保持在 -18℃以下的溫度；②避免過度堆疊食品；④原材料、半成品及成品應分開堆疊。

(3)155. 食材驗收時應注意之事項，下列敘述何者正確？①採購及驗收應同一人辦理 ②運輸條件無須驗收 ③冷凍食品包裝上有水漬 / 冰晶時，不宜驗收 ④現場合格者驗收，無須記錄。

解析 ①採購與驗收不得爲同一人，以免發生弊端；②運輸條件爲驗收項目之一，尤其是冷藏冷凍食品；③現場合格驗收應記錄。

(2)156. 食材貯存應注意之事項，下列敘述何者正確？①應大量囤積，先進後出 ②應標記內容，以利追溯來源 ③即期品應透過冷凍延長貯存期限 ④不須定時查看溫度及濕度。

(3)157. 冷凍食材之解凍方法，對於食材之衛生及品質，何者最佳？①置於流水下解凍 ②置於室溫下解凍 ③置於冷藏庫解凍 ④置於靜水解凍。

(3)158. 即食熟食食品之安全，下列敘述何者為正確？①冷藏溫度應控制在 10℃以下 ②熱藏溫度應控制在 30℃至 50℃之間 ③食品之危險溫度帶介於 7℃至 60℃之間 ④熱食售出後 8 小時內食用都在安全範圍。

解析 ①冷藏應 7℃以下；②熱藏應 60℃以上；④熱食應在 2 小時之內食用完畢。

(4)159. 食品添加物之使用，下列敘述何者為正確？①只要是業務員介紹的新產品，一定要試用 ②食品添加物業者尚無需取得食品業者登錄字號 ③複方食品添加物的內容，絕對不可對外公開 ④應了解食品添加物的使用範圍及用量，必要時再使用。

(2)160. 食品業者實施衛生管理，以下敘述何者為正確？①必要時實施「食品良好衛生規範準則」 ②掌握製程重要管制點，預防、降低或去除危害 ③為了衛生稽查，才建立衛生管理文件 ④建立標準作業程序書，現場操作仍依經驗為準。

(3)161. 餐飲服務人員操持餐具碗盤時，應注意事項：①戴了手套，偶而觸摸杯子或碗盤內部並無大礙 ②以玻璃杯直接取用食用冰塊 ③拿取刀叉餐具時，應握其把手 ④為避免湯汁濺出，遞送食物時，可稍微觸摸碗盤內部食物。

(4)162. 餐飲服務人員對於掉落地上的餐具，應如何處理？①沒有髒汙就可以繼續提供使用 ②如果有髒汙，使用面紙擦拭後就可繼續提供使用 ③使用桌布擦拭後繼續提供使用 ④回收洗淨晾乾後，方可提供使用。

(1)163. 餐飲服務人員遞送餐點時，下列敘述何者正確？①避免言談 ②指甲未修剪 ③衣著髒汙 ④嬉戲笑鬧口沫橫飛。

(3)164. 餐飲服務人員如有腸胃不適或腹瀉嘔吐時，應如何處理？①工作賺錢重要，忍痛撐下去 ②外場服務人員與食品安全衛生沒有直接相關 ③主動告知管理人員進行健康管理 ④自行服藥後繼續工作。

(2)165. 食品安全衛生知識與教育，下列敘述何者正確？①廚師會做菜就好，沒必要了解食品安全衛生相關法規 ②外場餐飲服務人員應具備食品安全衛生知識 ③業主會經營賺錢就好，食品安全衛生法規交給秘書了解 ④外場餐飲服務人員不必做菜，無須接受食品安全衛生教育。

解析 不管是業主、廚師或是外場餐飲服務人員都應具備食品安全衛生的知識。

(2)166. 餐飲服務人員進行換盤服務時，應如何處理？①邊收菜渣，邊換碗盤 ②先收完菜渣，再更換碗盤 ③請顧客將菜渣倒在一起，再一起換盤 ④邊送餐點，邊換碗盤。

(3)167. 餐飲服務人員應養成之良好習慣，下列敘述何者正確？①遞送餐點時，同時口沫橫飛地介紹餐點 ②指甲彩繪增加吸引力 ③有身體不適時，主動告知主管 ④同時遞送餐點及接觸紙鈔等金錢。

(4)168. 微生物容易生長的條件為下列哪一種環境？①高酸度 ②乾燥 ③高溫 ④高水分。

(4)169. 鹽漬的水產品或肉類，使用後若有剩餘，下列何種作法最不適當？①可不必冷藏 ②放在陰涼通風處 ③放置冰箱冷藏 ④放在陽光充足的通風處。

解析 陽光充足的地方代表溫度也比室溫高，溫熱的環境易使食品變質。

(1)170. 下列何者敘述正確？①冷藏的未包裝食品和配料在貯存過程中必須覆蓋，防止汙染 ②生鮮食品（例如：生雞肉和肉類）在冷藏櫃內得放置於即食食品的上方 ③冷藏的生鮮配料不須與即食食品和即食配料分開存放 ④有髒汙或裂痕蛋類經過清洗也可使用於製作蛋黃醬。

(4)171. 下列何者是處理蛋品的錯誤方式？①選購蛋品應留意蛋殼表面是否有裂縫及泥沙或雞屎殘留 ②未及時烹調的蛋，鈍端朝上存放於冰箱中 ③烹煮前以溫水沖洗蛋品表面，避免蛋殼表面上病原菌汙染內部 ④水煮蛋若沒吃完，可先剝殼長時間置於冰箱保存。

工作項目 02 ： 食品安全衛生相關法規

(3) 1. 食品從業人員的健康檢查應多久辦理 1 次？①每 3 個月 ②每半年 ③每 1 年 ④想到再檢查即可。

解析 根據「食品良好衛生規範準則（103 年 11 月 7 日）」附表二的「食品業者良好衛生管理基準」第 1 點第 1 項，新進食品從業人員應經醫療機構健康檢查合格，始得聘僱；雇主每年應主動辦理健康檢查至少 1 次。

(1) 2. 下列何種肝炎，感染或罹患期間不得從事食品及餐飲相關工作？① A 型 ② B 型 ③ C 型 ④ D 型。

解析 根據「食品良好衛生規範準則（103 年 11 月 7 日）」附表二「食品業者良好衛生管理基準」第 1 點第 3 項，食品從業人員經醫師診斷罹患或感染 A 型肝炎、手部皮膚病、出疹、膿瘡、外傷、結核病、傷寒或其他可能造成食品汙染之疾病，其罹患或感染期間，應主動告知現場負責人，不得從事與食品接觸之工作。

(1) 3. 目前法規規範需聘用全職「技術證照人員」的食品相關業別爲：①餐飲業及烘焙業 ②販賣業 ③乳品加工業 ④食品添加物業。

(3) 4. 中央廚房式之餐飲業依法規需聘用技術證照人員的比例爲：① 85% ② 75% ③ 70% ④ 60%。

解析 根據「食品業者專門職業或技術證照人員設置及管理辦法（107 年 5 月 1 日）」第 5 條，持技術士證照比率如下：觀光旅館之餐廳：85%；承攬學校餐飲之餐飲業：75%；供應學校餐飲之餐飲業：75%；承攬筵席餐廳之餐飲業：75%；外燴飲食餐飲業：75%；中央廚房式之餐飲業：70%；自助餐飲業：60%；一般餐館餐飲業：50%。

(2) 5. 供應學校餐飲之餐飲業依法規需聘用技術證照人員的比例爲：① 85% ② 75% ③ 70% ④ 60%。

(1) 6. 觀光旅館之餐飲業依法規需聘用技術證照人員的比例爲：① 85% ② 75% ③ 70%④ 60%。

(2) 7. 持有烹調相關技術證者，從業期間每年至少需接受幾小時的衛生講習？① 4 小時 ② 8 小時 ③ 12 小時 ④ 24 小時。

(4) 8. 廚師證書有效期間爲幾年？① 1 年 ② 2 年 ③ 3 年 ④ 4 年。

(2) 9. 選購包裝食品時要注意，依食品安全衛生管理法規定，食品及食品原料之容器或外包裝應標示？①製造日期 ②有效日期 ③賞味期限 ④保存期限。

(2) 10. 食品著色、調味、防腐、漂白、乳化、增加香味、安定品質、促進發酵、增加稠度、強化營養、防止氧化或其他必要目的，而加入、接觸於食品之單方或複方物質稱爲：①食品材料 ②食品添加物 ③營養物質 ④食品保健成分。

(2) 11. 根據「餐具清洗良好作業指引」，下列何者是正確的清洗作業設施？①洗滌槽：具有 100℃以上含洗潔劑之熱水 ②沖洗槽：具有充足流動之水，且能將洗潔劑沖洗乾淨 ③有效殺菌槽：水溫應在 100℃以上 ④洗滌槽：人工洗滌應浸 20 分鐘以上。

解析 (1) 洗滌槽：具有 45℃以上含洗潔劑之熱水。
(2) 沖洗槽：具有充足流動之水，且能將洗潔劑沖洗乾淨。
(3) 有效殺菌槽：得以下列方式之一達成：①水溫應在 80℃以上（人工洗滌應浸 2 分鐘以上）。 ② 110℃以上之乾熱（人工洗滌加熱時間 30 分鐘以上）。 ③餘氯量 200ppm 氯液（人工洗滌浸泡時間 2 分鐘以上）。 ④ 100℃以上之蒸氣（人工洗滌加熱時間 2 分鐘以上）。

(4) 12. 根據「餐具清洗良好作業指引」，有效殺菌槽的水溫應高於：① 50℃ ② 60℃ ③ 70℃ ④ 80℃以上。

（ 2 ）13. 依據「食品良好衛生規範準則」，爲有效殺菌，依規定以氯液殺菌法處理餐具，氯液總有效氯最適量爲：① 50ppm ② 200ppm ③ 500ppm ④ 1000ppm。

（ 4 ）14. 依據「食品良好衛生規範準則」，食品熱藏溫度爲何？①攝氏 45 度以上 ②攝氏 50 度以上 ③攝氏 55 度以上 ④攝氏 60 度以上。

（ 4 ）15. 依據「食品良好衛生規範準則」，食品業者工作檯面或調理檯面之照明規範，應達下列哪一個條件？① 120 米燭光以上 ② 140 米燭光以上 ③ 180 米燭光以上 ④ 200 米燭光以上。

（ 3 ）16. 依據「食品良好衛生規範準則」，食品業者之蓄水池（塔、槽）之清理頻率爲何？① 3 年至少清理 1 次 ② 2 年至少清理 1 次 ③ 1 年至少清理 1 次 ④ 1 月至少清理 1 次。

（ 3 ）17. 下列何者是「食品良好衛生規範準則」中，餐具或食物容器是否乾淨的檢查項目？①殘留澱粉、殘留脂肪、殘留洗潔劑、殘留過氧化氫 ②殘留澱粉、殘留蛋白質、殘留洗潔劑、殘留過氧化氫 ③殘留澱粉、殘留脂肪、殘留蛋白質、殘留洗潔劑 ④殘留澱粉、殘留脂肪、殘留蛋白質、殘留過氧化氫。

解析 除了檢查脂肪、澱粉、蛋白質、洗潔劑之殘留，必要時，應進行病原性微生物之檢測。

（ 3 ）18. 與食品直接接觸及清洗食品設備與用具之用水及冰塊，應符合「飲用水水質標準」規定，飲用水的氫離子濃度指數（pH 值）限值範圍爲？① 4.6 ～ 6.5 ② 4.6 ～ 7.5 ③ 6.0 ～ 8.5 ④ 6.0 ～ 9.5。

解析「飲用水水質標準（98 年 11 月 26 日）」第 3 條第 3 點第 5 項，氫離子濃度指數（pH 值）6.0 ～ 8.5。

（ 2 ）19. 供水設施應符合之規定，下列敘述何者正確？①製作直接食用冰塊之製冰機水源過濾時，濾膜孔徑愈大愈好 ②使用地下水源者，其水源與化糞池、廢棄物堆積場所等汙染源，應至少保持 15 公尺之距離 ③飲用水與非飲用水之管路系統應完全分離，出水口毋須明顯區分 ④蓄水池（塔、槽）應保持清潔，設置地點應距汙穢場所、化糞池等汙染源 2 公尺以上。

解析 供水設備設置地點應距汙穢場所、化糞池等汙染源 3 公尺以上。

（ 2 ）20. 依據「食品良好衛生規範準則」，爲維護手部清潔，洗手設施除應備有流動自來水及清潔劑外，應設置下列何種設施？①吹風機 ②乾手器或擦手紙巾 ③刮鬍機 ④牙線。

（ 2 ）21. 依照「食品良好衛生規範準則」，下列何者應設專用貯存設施？①價值不斐之食材 ②過期回收產品 ③廢棄食品容器具 ④食品用洗潔劑。

（ 2 ）22. 依照「食品良好衛生規範準則」，當油炸油品質有下列哪些情形者，應予以更新？①出現泡沫時 ②總極性化合物超過 25% ③油炸超過 1 小時 ④油炸豬肉後。

（ 1 ）23. 下列何者爲「食品良好衛生規範準則」中，有關場區及環境應符合之規定？①冷藏食品之品溫應保持在攝氏 7 度以下，凍結點以上 ②蓄水池（塔、槽）應保持清潔，每 2 年至少清理 1 次並作成紀錄 ③冷凍食品之品溫應保持在攝氏 -10 度以下 ④蓄水池設置地點應離汙穢場所或化糞池等汙染源 2 公尺以上。

（ 2 ）24.「食品良好衛生規範準則」中有關病媒防治所使用之環境用藥應符合之規定，下列敘述何者正確？①符合食品安全衛生管理法之規定 ②明確標示爲環境用藥並由專人管理及記錄 ③可置於碗盤區固定位置方便取用 ④應標明其購買日期及價格。

（ 2 ）25.「食品良好衛生規範準則」中有關廢棄物處理應符合之規定，下列敘述何者正確？①食品作業場所內及其四周可任意堆置廢棄物 ②反覆使用盛裝廢棄物之容器，於丟棄廢棄物後，應立即清洗 ③過期回收產品，可暫時置於其他成品放置區 ④廢棄物之置放場所偶有異味或有害氣體溢出無妨。

（ 2 ）26.「食品良好衛生規範準則」中有關倉儲管制應符合之規定，下列敘述何者正確？①應遵循先進先出原則，並貼牆整齊放置 ②倉庫內物品不可直接置於地上，以供搬運 ③應善用倉庫內空間，貯存原材料、半成品或成品 ④倉儲過程中，應緊閉不透風以防止病媒飛入。

(1) 27.「食品良好衛生規範準則」中有關餐飲業之作業場所與設施之衛生管理，下列敘述何者正確？①應具有洗滌、沖洗及有效殺菌功能之餐具洗滌殺菌設施 ②生冷食品可於熟食作業區調理、加工及操作 ③爲保持新鮮，生鮮水產品養殖處所應直接置於生冷食品作業區內 ④提供之餐具接觸面應保持平滑、無凹陷或裂縫，不應有脂肪、澱粉、膽固醇及過氧化氫之殘留。

(3) 28. 廢棄物應依下列何者法規規定清除及處理？①環境保護法 ②食品安全衛生管理法 ③廢棄物清理法 ④食品良好衛生規範準則。

解析「廢棄物清理法（106 年 6 月 14 日）」爲有效清除、處理廢棄物，改善環境衛生，維護國民健康，而制定。

(3) 29. 廢食用油處理，下列敘述何者正確？①一般家庭及小吃店之廢食用油屬環境保護署公告之事業廢棄物 ②依環境保護法規定處理 ③非餐館業之廢食用油，可交付清潔隊或合格之清除機構處理 ④環境保護署將廢食用油列爲應回收廢棄物。

(4) 30. 包裝食品應標示之事項，以下何者正確？①製造日期 ②食品添加物之功能性名稱 ③含非基因改造食品原料 ④國內通過農產品生產驗證者，標示可追溯之來源。

(1) 31. 餐飲業者提供以牛肉爲食材之餐點時，依規定應標示下列何種項目？①牛肉產地 ②烹調方法 ③廚師姓名 ④牛肉部位。

解析 根據「食品安全衛生管理法」第 22 條第 1 項第 10 款，訂定「含牛肉及牛可食部位原料之有容器或包裝之食品原產地標示規定 102 年 10 月 2 日」，第 1 點，牛肉及牛可食部位原料之有容器或包裝之食品，應以中文顯著標示牛肉及可食部位原料之原產地（國）或等同意義字樣。

(2) 32. 食品業者販售重組魚肉、牛肉或豬肉食品時，依規定應加註哪項醒語？①烹調方法 ②僅供熟食 ③可供生食 ④製作流程。

(2) 33. 市售包裝食品如含有下列哪種內容物時，應標示避免消費者食用後產生過敏症狀？①鳳梨 ②芒果 ③芭樂 ④草莓。

(1) 34. 爲避免食品中毒，真空包裝即食食品應標示哪項資訊？①須冷藏或須冷凍 ②水分含量 ③反式脂肪酸含量 ④基因改造成分。

(3) 35. 餐廳提供火鍋類產品時，依規定應於供應場所提供哪項資訊？①外帶收費標準 ②火鍋達人姓名 ③湯底製作方式 ④供應時間限制。

(1) 36. 基因改造食品之標示，下列敘述何者爲正確？①調味料用油品，如麻油、胡麻油等，無須標示 ②產品中添加少於 2%的基因改造黃豆，無需標示 ③我國基因改造食品原料之非故意攙雜率是 2% ④食品添加物含基因改造原料時，無須標示。

(4) 37. 購買包裝食品時，應注意過敏原標示，請問下列何者屬之？①殺菌劑過氧化氫 ②防腐劑己二烯酸 ③食用色素 ④蝦、蟹、芒果、花生、牛奶、蛋及其製品。

(3) 38. 下列產品何者無須標示過敏原資訊？①花生糖 ②起司 ③蘋果汁 ④優格。

解析 堅果、乳製品都含過敏原。

(3) 39. 工業上使用的化學物質可添加於食品嗎？①只要屬於衛生福利部公告準用的食品添加物品目，則可依規定添加於食品中 ②視其安全性認定是否可添加於食品中 ③不得作食品添加物用 ④可任意添加於食品中。

(4) 40. 餐飲業者如因衛生不良，違反「食品良好衛生規範準則」，經命其限期改正，屆期不改正，依違反食安法可處多少罰鍰？① 6～100 萬元 ② 6～1,500 萬元 ③ 6～5,000 萬元 ④ 6 萬～2 億元。

解析 根據「食品安全衛生管理法」第 44 條，可處 6 萬～2 億元罰鍰。

工作項目 03 ： 營養及健康飲食

（ 1 ） 1. 下列全穀雜糧類，何者熱量最高？①五穀米飯 1 碗（約 160 公克）②玉米 1 根（可食部分約 130 公克）③粥 1 碗（約 250 公克）④中型芋頭 1/2 個（約 140 公克）。

（ 4 ） 2. 下列何者屬於「豆、魚、蛋、肉」類？①四季豆 ②蛋黃醬 ③腰果 ④牡蠣。

解析 牡蠣是屬於海鮮，因此歸屬於「豆、魚、肉、蛋」類。

（ 2 ） 3. 下列健康飲食的觀念，何者正確？①不吃早餐可以減少熱量攝取，是減肥成功的好方法 ②全穀可提供豐富的維生素、礦物質及膳食纖維等，每日三餐應以其爲主食 ③牛奶營養豐富，鈣質含量尤其高，應鼓勵孩童將牛奶當水喝，對成長有利 ④對於愛吃水果的女性，若當日水果吃得較多，則應將蔬菜減量，對健康就不影響。

解析 ①三餐應均衡攝取各種食物以獲取營養；③孩童的食物來源應多源且豐富；④水果的含醣量較高，應適量攝取。

（ 1 ） 4. 研究顯示，與罹患癌症最相關的飲食因子爲：①每日蔬、果份量不足 ②每日「豆、魚、蛋、肉」類攝取份量不足 ③常常不吃早餐，卻有吃宵夜的習慣 ④反式脂肪酸攝食量超過建議量。

（ 3 ） 5. 下列何者是「鐵質」最豐富的來源？①雞蛋 1 個 ②紅莧菜半碗（約 3 兩）③牛肉 1 兩 ④葡萄 8 粒。

（ 3 ） 6. 每天熱量攝取高於身體需求量的 300 大卡，約多少天後即可增加 1 公斤？① 15 天 ② 20 天 ③ 25 天 ④ 35 天。

（ 4 ） 7. 下列飲食行爲，何者是對多數人健康最大的威脅？①每天吃 1 個雞蛋（荷包蛋、滷蛋等）②每天吃 1 次海鮮（蝦仁、花枝等）③每天喝 1 杯拿鐵（咖啡加鮮奶）④每天吃 1 個葡式蛋塔。

解析 葡式蛋塔是屬於甜食，過多會造成健康威脅。

（ 4 ） 8. 世界衛生組織（WHO）建議每人每天反式脂肪酸不可超過攝取熱量的 1%。請問，以一位男性每天 2,000 大卡來看，其反式脂肪酸的上限爲：① 5.2 公克 ② 3.6 公克 ③ 2.8 公克 ④ 2.2 公克。

（ 3 ） 9. 下列針對「高果糖玉米糖漿」與「蔗糖」的敘述，何者正確？①高果糖玉米糖漿甜度高、用量可以減少，對控制體重有利 ②蔗糖加熱後容易失去甜味 ③高果糖玉米糖漿容易讓人上癮、過度食用 ④過去研究顯示：兩者對血糖升高、癌症誘發等的影響是一樣的。

（ 3 ）10. 老年人若蛋白質攝取不足，容易形成「肌少症」。下列食物何者蛋白質含量最高？①養樂多 1 瓶 ②肉鬆 1 湯匙 ③雞蛋 1 個 ④冰淇淋 1 球。

（ 3 ）11. 100 克的食品，下列何者所含膳食纖維最高？①番薯 ②冬粉 ③綠豆 ④麵線。

（ 1 ）12. 100 克的食物，下列何者所含脂肪量最低？①蝦仁 ②雞腿肉 ③豬腱 ④牛腩。

（ 3 ）13. 健康飲食建議至少應有多少量的全穀雜糧類，要來自全穀類？① 1/5 ② 1/4 ③ 1/3 ④ 1/2。

（ 3 ）14. 每日飲食指南建議每天 1.5 ～ 2 杯奶，1 杯的份量是指？① 100cc ② 150cc ③ 240cc ④ 300cc。

（ 2 ）15. 每日飲食指南建議每天 3 ～ 5 份蔬菜，一份是指多少量？①未煮的蔬菜 50 公克 ②未煮的蔬菜 100 公克 ③未煮的蔬菜 150 公克 ④未煮的蔬菜 200 公克。

（ 3 ）16. 健康飲食建議的鹽量，每日不超過幾公克？① 15 公克 ② 10 公克 ③ 6 公克 ④ 2 公克。

（ 1 ）17. 下列營養素，何者是人類最經濟的能量來源？①醣類 ②脂肪 ③蛋白質 ④維生素。

（ 4 ）18. 健康體重是指身體質量指數在下列哪個範圍？① 21.5 ～ 26.9 ② 20.5 ～ 25.9 ③ 19.5 ～ 24.9 ④ 18.5 ～ 23.9。

(2) 19. 飲食指南中六大類食物的敘述何者正確？①玉米、栗子、荸薺屬蔬菜類 ②糙米、南瓜、山藥屬全穀雜糧類 ③紅豆、綠豆、花豆屬豆魚蛋肉類 ④瓜子、杏仁果、腰果屬全穀雜糧類。

解析 杏仁果、腰果屬油脂及堅果種子類。

(2) 20. 關於衛生福利部公告之素食飲食指標，下列建議何者正確？①多攝食瓜類食物，以獲取足夠的維生素 B_{12} ②多攝食富含維生素 C 的蔬果，以改善鐵質吸收率 ③每天蔬菜應包含至少一份深色蔬菜、一份淺色蔬菜 ④全穀只須占全穀雜糧類的 1/4。

解析 根據「素食飲食指南手冊（2017 年 3 月）」，①多攝取乳品類，以獲取足夠的維生素 B_{12}，③每日蔬菜應包含 1 份深色蔬菜、1 份菇類及藻類合物；④未精製的全穀雜糧應占全穀雜糧類 1/3 以上。

(3) 21. 關於衛生福利部公告之國民飲食指標，下列建議何者正確？①每日鈉的建議攝取量上限為 6 克 ②多葷少素 ③多粗食少精製 ④三餐應以國產白米為主食。

(2) 22. 飽和脂肪的敘述，何者正確？①動物性肉類中以紅肉（例如牛肉、羊肉、豬肉）的飽和脂肪含量較低 ②攝取過多飽和脂肪易增加血栓、中風、心臟病等心血管疾病的風險 ③世界衛生組織建議應以飽和脂肪取代不飽和脂肪 ④於常溫下固態性油脂（例如豬油）其飽和脂肪含量較液態性油脂（例如大豆油及橄欖油）低。

(2) 23. 反式脂肪的敘述，何者正確？①反式脂肪的來源是植物油，所以可以放心使用 ②反式脂肪會增加罹患心血管疾病的風險 ③反式脂肪常見於生鮮蔬果中 ④即使是天然的反式脂肪依然對健康有危害。

(4) 24. 下列哪一組午餐組合可提供較高的鈣質？①白飯（200 g）＋荷包蛋（50 g）＋芥藍菜（100 g）＋豆漿（240 mL）②糙米飯（200 g）＋五香豆干（80 g）＋高麗菜（100 g）＋豆漿（240 mL）③白飯（200 g）＋荷包蛋（50 g）＋高麗菜（100 g）＋鮮奶（240 mL）④糙米飯（200 g）＋五香豆干（80 g）＋芥藍菜（100 g）＋鮮奶（240 mL）。

解析 深綠色的蔬菜鈣質含量較高，100 公克的芥藍菜含 181mg 的鈣、100 公克的甘藍（高麗菜）含 47mg 的鈣；且鮮奶的鈣質含量又比豆漿高，100 公克的鮮奶含 100mg 的鈣、100 公克的豆漿含 15mg 的鈣。

(1) 25. 下列何者組合較符合地中海飲食之原則？①雜糧麵包佐橄欖油 + 烤鯖魚 + 腰果拌地瓜葉 ②地瓜稀飯 + 瓜仔肉 + 涼拌小黃瓜 ③蕎麥麵 + 炸蝦 + 溫泉蛋 ④玉米濃湯 + 菲力牛排 + 提拉米蘇。

解析 地中海飲食源自於環地中海地區及國家的傳統飲食型態，內容包含有非精製的全穀類主食、使用橄欖油或菜籽油、適量的起士或優格等乳製品、適量的食用魚肉禽肉與蛋、少量的紅肉、適度飲用紅酒、食用堅果。

(3) 26. 下列何者符合高纖的原則？①以水果取代蔬菜 ②以果汁取代水果 ③以糙米取代白米 ④以紅肉取代白肉。

(2) 27. 請問飲食中如果缺乏「碘」這個營養素，對身體造成最直接的危害為何？①孕婦低血壓 ②嬰兒低智商 ③老人低血糖 ④女性貧血。

(3) 28. 銀髮族飲食需求及製備建議，下列何者正確？①應盡量減少豆魚蛋肉類的食用，避免增加高血壓及高血脂的風險 ②應盡量減少使用蔥、薑、蒜、九層塔等，以免刺激腸胃道 ③多吃富含膳食纖維的食物，例如：全穀類食物、蔬菜、水果，可使排便更順暢 ④保健食品及營養補充品的食用是必須的，可參考廣告資訊選購。

（ 2 ）29. 以下敘述，何者爲健康烹調？①含「不飽和脂肪酸」高的油脂有益健康，油炸食物最適合 ②夏季涼拌菜色，可以選用麻油、特級冷壓橄欖油、苦茶油、芥花油等，美味又健康 ③裹於食物外層之麵糊層愈厚愈好 ④可多使用調味料及奶油製品以增加食物風味。

解析 健康烹調應少油、少鹽、少糖，盡量攝取食物原型、少加工。

（ 1 ）30.「國民飲食指標」強調多選用「當季在地好食材」，主要是因爲：①當季盛產食材價錢便宜且營養價值高 ②食材新鮮且衛生安全，不需額外檢驗 ③使用在地食材，增加碳足跡 ④進口食材農藥使用把關不易且法規標準低於我國。

（ 2 ）31. 下列何者是蔬菜的健康烹煮原則？①「水煮」青菜較「蒸」的方式容易保存蔬菜中的維生素 ②可以使用少量的健康油炒蔬菜，以幫助保留維生素 ③添加「小蘇打」可以保持蔬菜的青綠色，且減少維生素流失 ④分批小量烹煮蔬菜，無法減少破壞維生素 C。

解析 蔬果的維生素大多屬於水溶性維生素，以蒸製比水煮的方式較易保留蔬果中的維生素；③小蘇打不使用在蔬果烹調，因易破壞蔬果營養成分；④分批小量烹煮，可縮短蔬果加熱時間，可減少破壞維生素 C。

（ 1 ）32.「素食」烹調要能夠提供足夠的蛋白質，下列何者是重要原則？①豆類可以和穀類互相搭配（如黃豆糙米飯），使增加蛋白質攝取量，又可達到互補的作用 ②豆干、豆腐及腐皮等豆類食品雖然是素食者重要蛋白質來源，但因其仍屬初級加工食品，素食不宜常常使用 ③種子、堅果類食材，雖然蛋白質含量不低，但因其熱量也高，故不建議應用於素食 ④素食成形的加工素材種類多樣化，作爲「主菜」的設計最爲方便且受歡迎，可以多多利用。

解析 豆類與穀類一同食用可避免必需胺基酸缺乏，素食飲食指南更明確指出全穀應搭配豆類一同食用。

（ 3 ）33. 下列方法何者不宜作爲「減鹽」或「減糖」的烹調方法？①多利用醋、檸檬、蘋果、鳳梨增加菜餚的風（酸）味 ②於甜點中利用新鮮水果或果乾取代精緻糖 ③應用市售高湯罐頭（塊）增加菜餚口感 ④使用香菜、草菇等來增加菜餚的美味。

（ 2 ）34. 下列有關育齡女性營養之敘述何者正確？①避免選用加碘鹽以及避免攝取含碘食物，如海帶、紫菜 ②食用富含葉酸的食物，如深綠色蔬菜 ③避免日曬，多攝取富含維生素 D 的食物，如魚類、雞蛋等 ④爲了促進鐵質的吸收率，用餐時應搭配喝茶。

（ 2 ）35. 下列有關更年期婦女營養之敘述何者正確？①飲水量過少可能增加尿道感染的風險，建議每日至少補充 15 杯（每杯 240 毫升）以上的水分 ②每天日曬 20 分鐘有助於預防骨質疏鬆 ③多吃紅肉少吃蔬果，可以補充鐵質又能預防心血管疾病的發生 ④應避免攝取含有天然雌激素之食物，如黃豆類及其製品等。

（ 4 ）36. 下列何種肉類烹調法，不宜吃太多？①燉煮肉類 ②蒸烤肉類 ③川燙肉類 ④碳烤肉類。

（ 1 ）37. 下列何者是攝取足夠且適量的「碘」最安全之方式？①使用加「碘」鹽取代一般鹽烹調 ②每日攝取高含「碘」食物，如海帶 ③食用高單位碘補充劑 ④多攝取海鮮。

（ 1 ）38. 下列敘述的烹調方式，哪個是符合減鹽的原則？①使用酒、糯米醋、蒜、薑、胡椒、八角及花椒等佐料，增添料理風味 ②使用醬油、味精、番茄醬、魚露、紅糟等醬料取代鹽的使用 ③多飲用白開水降低鹹度 ④採用醃、燻、醬、滷等方式，添增食物的香味。

（ 1 ）39. 豆魚蛋肉類食物經常含有隱藏的脂肪，下列何者脂肪含量較低？①不含皮的肉類，例如雞胸肉 ②看得到白色脂肪的肉類，例如五花肉 ③加工絞肉製品，例如火鍋餃類 ④食用油處理過的加工品，例如肉鬆。

（ 2 ）40. 請問何種烹調方式最能有效減少碘的流失？①爆香時加入適量的加碘鹽 ②炒菜起鍋前加入適量的加碘鹽 ③開始燉煮時加入適量的加碘鹽 ④食材和適量的加碘鹽同時放入鍋中熬湯。

(1) 41. 下列何者方式為用油較少之烹調方式？①涮：肉類食物切成薄片，吃時放入滾湯裡燙熟 ②爆：強火將油燒熱，食材迅速拌炒即起鍋 ③三杯：薑、蔥、紅辣椒炒香後放入主菜，加麻油、香油、醬油各一杯，燜煮至湯汁收乾，再加入九層塔拌勻 ④燒：菜餚經過炒煎，加入少許水或高湯及調味料，微火燜燒，使食物熟透、汁液濃縮。

(3) 42. 下列有關國小兒童餐製作之敘述，何者符合健康烹調原則？①建議多以油炸類的餐點為主，如薯條、炸雞 ②應避免供應水果、飲料等甜食 ③可運用天然起司入菜或以鮮奶作為餐間點心 ④學童挑食恐使營養攝取不足，應多使用奶油及調味料來增加菜餚的風味。

解析 避免油炸類餐點、應該供應水果、餐點不宜過油且味道過重。

(4) 43. 下列有關食品營養標示之敘述，何者正確？①包裝食品上營養標示所列的一份熱量含量，通常就是整包吃完後所獲得的熱量 ②當反式脂肪酸標示為「0」時，即代表此份食品完全不含反式脂肪酸，即使是心臟血管疾病的病人也可放心食用 ③包裝食品每份熱量 220 大卡，蛋白質 4.8 公克，此份產品可以視為高蛋白質來源的食品 ④包裝飲料每 100 毫升為 33 大卡，1 罐飲料內容物為 400 毫升，張同學今天共喝了 4 罐，他單從此包裝飲料就攝取了 528 大卡。

(4) 44. 某包裝食品的營養標示：每份熱量 220 大卡，總脂肪 11.5 公克，飽和脂肪 5.0 公克，反式脂肪 0 公克，下列敘述何者正確？①脂肪熱量佔比< 40%，與一般飲食建議相當 ②完全不含反式脂肪，健康無慮 ③飽和脂肪為熱量的 20%，屬安全範圍 ④此包裝內共有 6 份，若全吃完，總攝取熱量可達 1320 大卡。

(1) 45. 某稀釋乳酸飲料，每 100 毫升的營養成分為：熱量 28 大卡，蛋白質 0.2 公克，脂肪 0 公克，碳水化合物 6.9 公克，內容量 330 毫升，而其內容物為：水、砂糖、稀釋發酵乳、脫脂奶粉、檸檬酸、香料、大豆多醣體、檸檬酸鈉、蔗糖素及醋磺類酯鉀。下列敘述何者正確？①此飲料主要提供的營養成分是「糖」②整罐飲料蛋白質可以提供相當於 1/3 杯牛奶的量（1 杯為 240 毫升）③蔗糖素可以抑制血糖的升高 ④此飲料富含維生素 C。

(2) 46. 食品原料的成分展開，可以讓消費者對所吃的食品更加了解，下列敘述，何者正確？①三合一咖啡包中所使用的「奶精」，是牛奶中的一種成分 ②若依標示，奶精主要成分為氫化植物油及玉米糖漿，營養價值低 ③有心臟病史者，每天 1 杯三合一咖啡，可以促進血液循環並提神，對健康及生活品質有利 ④若原料成分中有部分氫化油脂，但反式脂肪含量卻為 0，代表不是所有的部分氫化油脂都含有反式脂肪酸。

(3) 47. 104 年 7 月起我國包裝食品除熱量外，強制要求標示之營養素為：①蛋白質、脂肪、碳水化合物、鈉、飽和脂肪、反式脂肪及纖維 ②蛋白質、脂肪、碳水化合物、鈉、飽和脂肪、反式脂肪及鈣質 ③蛋白質、脂肪、碳水化合物、鈉、飽和脂肪、反式脂肪及糖 ④蛋白質、脂肪、碳水化合物、鈉、飽和脂肪、反式脂肪。

(2) 48. 下列何者不是衛福部規定的營養標示所必須標示的營養素？①蛋白質 ②膽固醇 ③飽和脂肪 ④鈉。

(1) 49. 食品每 100 公克固體或每 100 毫升液體，當所含營養素量不超過 0.5 公克時，可以用「0」做為標示，為下列何種營養素？①蛋白質 ②鈉 ③飽和脂肪 ④反式脂肪。

(3) 50. 包裝食品營養標示中的「糖」是指食品中：①單糖 ②蔗糖 ③單糖加雙糖 ④單糖加蔗醣之總和。

(2) 51. 下列何者是現行包裝食品營養標示規定必需標示的營養素？①鉀 ②鈉 ③鐵 ④鈣。

解析 根據「包裝食品營養宣稱應遵行事項（107 年 3 月 31 日）」第 2 點，熱量、脂肪、飽和脂肪、膽固醇、鈉、糖、乳糖及反式脂肪等營養素，攝取過量不利於國民健康，故「須適量攝取」。而膳食纖維、維生素 A、維生素 B_1、維生素 B_2、維生素 C、維生素 E、鈣、鐵等營養素攝取不足，將影響國民健康，故屬「可補充攝取」之營養素含量宣稱項目。

（ 1 ）52. 一般民眾及業者於烹調時應選用加碘鹽取代一般鹽，請問可以透過標示中含有哪項成分，來辨別食鹽是否有加碘①碘化鉀 ②碘酒 ③優碘 ④碘 131。

（ 1 ）53. 食品每 100 公克之固體（半固體）或每 100 毫升之液體所含反式脂肪量不超過多少得以零標示？① 0.3 公克 ② 0.5 公克 ③ 1 公克 ④ 3 公克。

（ 4 ）54. 依照衛生福利部公告之「包裝食品營養宣稱應遵行事項」，攝取過量將對國民健康有不利之影響的營養素列屬「需適量攝取」之營養素含量宣稱項目，不包括以下營養素？①飽和脂肪 ②鈉 ③糖 ④膳食纖維。

（ 1 ）55. 關於 102 年修定公告的「全穀產品宣稱及標示原則」，「全穀產品」所含全穀成分應占配方總重量多少以上？① 51% ② 100% ③ 33% ④ 67%。

解析 根據「全穀產品宣稱及標示原則（104 年 4 月 30 日）」所有條文，②穀類包含禾穀類（稻米、小麥、玉米、燕麥、大麥、裸麥、高粱、小米…等）與仿穀類（莧米、蕎麥、藜麥等），番薯與芋頭不屬於穀類；③如產品欲宣稱爲全穀原料粉，則內容物（原料）須達 100%爲全穀，始可宣稱爲全穀原料粉；④可稱爲全穀類。

（ 2 ）56. 植物中含蛋白質最豐富的是：①穀類 ②豆類 ③蔬菜類 ④薯類。

（ 2 ）57. 豆腐凝固是利用大豆中的：①脂肪 ②蛋白質 ③醣類 ④維生素。

（ 1 ）58. 市售客製化手搖清涼飲料，常使用的甜味來源爲：①高果糖玉米糖漿 ②葡萄糖 ③蔗糖 ④麥芽糖。

（ 1 ）59. 以營養學的觀點，下列哪一種食物的蛋白質含量最高且品質最好？①黃豆 ②綠豆 ③紅豆 ④黃帝豆。

解析 根據衛福部食品營養成分資料庫資料顯示，100 公克的黃豆含有 35.6g 的粗蛋白、100 公克的綠豆含有 22.6g 的粗蛋白、100 公克的紅豆含有 20.9g 的粗蛋白、100 公克的萊豆仁（皇帝豆）含有 7.8g 的粗蛋白。

（ 2 ）60. 糙米，除可提供醣類、蛋白質外，尚可提供：①維生素 A ②維生素 B 群 ③維生素 C ④維生素 D。

（ 2 ）61. 下列油脂何者含飽和脂肪酸較高？①沙拉油 ②奶油 ③花生油 ④麻油。

解析 動物性油脂的飽和脂肪酸較植物性油脂高。

（ 4 ）62. 下列何種油脂之膽固醇含量最高？①黃豆油 ②花生油 ③棕櫚油 ④豬油。

（ 4 ）63. 下列何種麵粉含有纖維素最高？①粉心粉 ②高筋粉 ③低筋粉 ④全麥麵粉。

解析 全麥麵粉因含有麩皮，100 公克的全麥麵粉含有 8g 的膳食纖維，其他麵粉（高筋麵粉、中筋麵粉、低筋麵粉）同重量約含 2 g 的膳食纖維。

（ 2 ）64. 下列哪一種維生素可稱之爲陽光維生素，除了可以維持骨質密度外，尚可預防許多其他疾病？①維生素 A ②維生素 D ③維生素 E ④維生素 K。

（ 2 ）65. 下列何者不屬於人工甘味料（代糖）？①糖精 ②楓糖 ③阿斯巴甜 ④醋磺內鉀（ACE-K）。

（ 4 ）66. 新鮮的水果比罐頭水果富含：①醣類 ②蛋白質 ③油脂 ④維生素。

（ 3 ）67. 最容易受熱而被破壞的營養素是：①澱粉 ②蛋白質 ③維生素 ④礦物質。

（ 2 ）68. 下列蔬菜同樣重量時，何者鈣質含量最多？①胡蘿蔔 ②莧菜 ③高麗菜 ④菠菜。

解析 根據衛福部食品營養成分資料庫資料顯示，100 公克的胡蘿蔔含有 30 mg 的鈣、100 公克的白莧菜含有 146mg 的鈣、100 公克的紅莧菜含有 218mg 的鈣、100 公克的甘藍（高麗菜）含有 47mg 的鈣、100 公克的菠菜含有 81mg 的鈣

（ 1 ）69. 素食者可藉由菇類食物補充？①菸鹼酸 ②脂肪 ③水分 ④碳水化合物。

解析 根據素食飲食指南，茹素者應每天攝取一份菇類食物，以獲取豐富的維生素、菸鹼酸。

90006 職業安全衛生共同科目

(2) 1. 對於核計勞工所得有無低於基本工資，下列敘述何者有誤？①僅計入在正常工時內之報酬 ②應計入加班費 ③不計入休假日出勤加給之工資 ④不計入競賽獎金。

(3) 2. 下列何者之工資日數得列入計算平均工資？①請事假期間 ②職災醫療期間 ③發生計算事由之前 6 個月 ④放無薪假期間。

解析 根據「勞動基準法（105 年 12 月 21 日）」第 2 條，平均工資，謂計算事由發生之當日前 6 個月內所得工資總額除以該期間之總日數所得之金額。

(4) 3. 以下對於「例假」之敘述，何者有誤？①每 7 日應休息 1 日 ②工資照給 ③出勤時，工資加倍及補休 ④須給假，不必給工資。

(4) 4. 勞動基準法第 84 條之 1 規定之工作者，因工作性質特殊，就其工作時間，下列何者正確？①完全不受限制 ②無例假與休假 ③不另給予延時工資 ④勞雇間應有合理協商彈性。

(3) 5. 依勞動基準法規定，雇主應置備勞工工資清冊並應保存幾年？① 1 年 ② 2 年 ③ 5 年 ④ 10 年。

解析 根據「勞動基準法（105 年 12 月 21 日）」第 23 條，雇主應置備勞工工資清冊，將發放工資、工資各項目計算方式明細、工資總額等事項記入。工資清冊應保存 5 年。

(4) 6. 事業單位僱用勞工多少人以上者，應依勞動基準法規定訂立工作規則？① 200 人 ② 100 人 ③ 50 人 ④ 30 人。

解析 根據「勞動基準法（105 年 12 月 21 日）」第 70 條，雇主僱用勞工人數在 30 人以上者，應依其事業性質，就工作時間、工資…等相關事項訂立工作規則，報請主管機關核備後並公開揭示之。

(3) 7. 依勞動基準法規定，雇主延長勞工之工作時間連同正常工作時間，每日不得超過多少小時？① 10 ② 11 ③ 12 ④ 15。

解析 根據「勞動基準法（105 年 12 月 21 日）」第 32 條，雇主延長勞工之工作時間連同正常工作時間 1 日不得超過 12 小時。延長之工作時間，1 個月不得超過 46 小時。

(4) 8. 依勞動基準法規定，下列何者屬不定期契約？①臨時性或短期性的工作 ②季節性的工作 ③特定性的工作 ④有繼續性的工作。

解析 根據「勞動基準法（105 年 12 月 21 日）」第 9 條，勞動契約，分爲定期契約及不定期契約。臨時性、短期性、季節性及特定性工作得爲定期契約；有繼續性工作應爲不定期契約。

(1) 9. 依職業安全衛生法規定，事業單位勞動場所發生死亡職業災害時，雇主應於多少小時內通報勞動檢查機構？① 8 ② 12 ③ 24 ④ 48。

解析 根據「職業安全衛生法（102 年 7 月 3 日）」第 37 條，事業單位勞動場所發生下列職業災害之一，雇主應於 8 小時內通報勞動檢查機構：發生死亡災害；發生災害之罹災人數在 3 人以上；發生災害之罹災人數在 1 人以上，且需住院治療；其他經中央主管機關指定公告之災害。

(1) 10. 事業單位之勞工代表如何產生？①由企業工會推派之 ②由產業工會推派之 ③由勞資雙方協議推派之 ④由勞工輪流擔任之。

(4) 11. 職業安全衛生法所稱有母性健康危害之虞之工作，不包括下列何種工作型態？①長時間站立姿勢作業 ②人力提舉、搬運及推拉重物 ③輪班及夜間工作 ④駕駛運輸車輛。

(3) 12. 依職業安全衛生法施行細則規定，下列何者非屬特別危害健康之作業？①噪音作業 ②游離輻射作業 ③會計作業 ④粉塵作業。

(3) 13. 從事於易踏穿材料構築之屋頂修繕作業時，應有何種作業主管在場執行主管業務？①施工架組配 ②擋土支撐組配 ③屋頂 ④模板支撐。

(4) 14. 以下對於「工讀生」之敘述，何者正確？①工資不得低於基本工資之 80% ②屬短期工作者，加班只能補休 ③每日正常工作時間不得超過 8 小時 ④國定假日出勤，工資加倍發給。

（ 3 ）15. 勞工工作時手部嚴重受傷，住院醫療期間公司應按下列何者給予職業災害補償？①前 6 個月平均工資 ②前 1 年平均工資 ③原領工資 ④基本工資。

解析 根據「勞動基準法（105 年 12 月 21 日）」第 59 條第 2 款，勞工在醫療中不能工作時，雇主應按其原領工資數額予以補償。

（ 2 ）16. 勞工在何種情況下，雇主得不經預告終止勞動契約？①確定被法院判刑 6 個月以內並諭知緩刑超過 1 年以上者 ②不服指揮對雇主暴力相向者 ③經常遲到早退者 ④非連續曠工但 1 個月內累計達 3 日以上者。

（ 3 ）17. 對於吹哨者保護規定，下列敘述何者有誤？①事業單位不得對勞工申訴人終止勞動契約 ②勞動檢查機構受理勞工申訴必須保密 ③為實施勞動檢查，必要時得告知事業單位有關勞工申訴人身分 ④任何情況下，事業單位都不得有不利勞工申訴人之行為。

（ 4 ）18. 職業安全衛生法所稱有母性健康危害之虞之工作，係指對於具生育能力之女性勞工從事工作，可能會導致的一些影響。下列何者除外？①胚胎發育 ②妊娠期間之母體健康 ③哺乳期間之幼兒健康 ④經期紊亂。

（ 3 ）19. 下列何者非屬職業安全衛生法規定之勞工法定義務？①定期接受健康檢查 ②參加安全衛生教育訓練 ③實施自動檢查 ④遵守工作守則。

（ 2 ）20. 下列何者非屬應對在職勞工施行之健康檢查？①一般健康檢查 ②體格檢查 ③特殊健康檢查 ④特定對象及特定項目之檢查。

（ 4 ）21. 下列何者非為防範有害物食入之方法？①有害物與食物隔離 ②不在工作場所進食或飲水 ③常洗手、嗽口 ④穿工作服。

解析 穿著工作服係為了提高工作時的安全性，與有害物食入無關。

（ 1 ）22. 有關承攬管理責任，下列敘述何者正確？①原事業單位交付廠商承攬，如不幸發生承攬廠商所僱勞工墜落致死職業災害，原事業單位應與承攬廠商負連帶補償及賠償責任 ②原事業單位交付承攬，不需負連帶補償責任 ③承攬廠商應自負職業災害之賠償責任 ④勞工投保單位即為職業災害之賠償單位。

（ 4 ）23. 依勞動基準法規定，主管機關或檢查機構於接獲勞工申訴事業單位違反本法及其他勞工法令規定後，應為必要之調查，並於幾日內將處理情形，以書面通知勞工？① 14 ② 20 ③ 30 ④ 60。

（ 3 ）24. 我國中央勞工行政主管機關為下列何者？① 內政部 ② 勞工保險局 ③ 勞動部 ④ 經濟部。

（ 4 ）25. 對於勞動部公告列入應實施型式驗證之機械、設備或器具，下列何種情形不得免驗證？①依其他法律規定實施驗證者 ②供國防軍事用途使用者 ③輸入僅供科技研發之專用機 ④輸入僅供收藏使用之限量品。

（ 4 ）26. 對於墜落危險之預防設施，下列敘述何者較為妥適？①在外牆施工架等高處作業應盡量使用繫腰式安全帶 ②安全帶應確實配掛在低於足下之堅固點 ③高度 2m 以上之邊緣之開口部分處應圍起警示帶 ④高度 2 m 以上之開口處應設護欄或安全網。

（ 3 ）27. 下列對於感電電流流過人體的現象之敘述何者有誤？①痛覺 ②強烈痙攣 ③血壓降低、呼吸急促、精神亢奮 ④顏面、手腳燒傷。

（ 2 ）28. 下列何者非屬於容易發生墜落災害的作業場所？①施工架 ②廚房 ③屋頂 ④梯子、合梯。

解析 廚房作業場所較易發生燙傷、切割傷之災害。

（ 1 ）29. 下列何者非屬危險物儲存場所應採取之火災爆炸預防措施？①使用工業用電風扇 ②裝設可燃性氣體偵測裝置 ③使用防爆電氣設備 ④標示「嚴禁煙火」。

（ 3 ）30. 雇主於臨時用電設備加裝漏電斷路器，可減少下列何種災害發生？①墜落 ②物體倒塌、崩塌 ③感電 ④被撞。

(3) 31. 雇主要求確實管制人員不得進入吊舉物下方，可避免下列何種災害發生？①感電 ②墜落 ③物體飛落 ④缺氧。

(1) 32. 職業上危害因子所引起的勞工疾病，稱爲何種疾病？①職業疾病 ②法定傳染病 ③流行性疾病 ④遺傳性疾病。

(4) 33. 事業招人承攬時，其承攬人就承攬部分負雇主之責任，原事業單位就職業災害補償部分之責任爲何？①視職業災害原因判定是否補償 ②依工程性質決定責任 ③依承攬契約決定責任 ④仍應與承攬人負連帶責任。

(2) 34. 預防職業病最根本的措施爲何？①實施特殊健康檢查 ②實施作業環境改善 ③實施定期健康檢查 ④實施僱用前體格檢查。

(1) 35. 以下爲假設性情境：「在地下室作業，當通風換氣充分時，則不易發生一氧化碳中毒或缺氧危害」，請問「通風換氣充分」係此「一氧化碳中毒或缺氧危害」之何種描述？①風險控制方法 ②發生機率 ③危害源 ④風險。

(1) 36. 勞工爲節省時間，在未斷電情況下清理機臺，易發生危害爲何？①捲夾感電 ②缺氧 ③墜落 ④崩塌。

(2) 37. 工作場所化學性有害物進入人體最重要路徑爲下列何者?①口腔 ②呼吸道 ③皮膚 ④眼睛。

(3) 38. 活線作業勞工應佩戴何種防護手套？①棉紗手套 ②耐熱手套 ③絕緣手套 ④防振手套。

(4) 39. 下列何者非屬電氣災害類型？①電弧灼傷 ②電氣火災 ③靜電危害 ④雷電閃爍。

(3) 40. 下列何者非屬於工作場所作業會發生墜落的潛在危害因子？①開口未設置護欄 ②未設置安全之上下設備 ③未確實配戴耳罩 ④屋頂開口下方未張掛安全網。

(2) 41. 在噪音防治之對策中，從下列哪一方面著手最爲有效？① 偵測儀器 ② 噪音源 ③ 傳播途徑 ④ 個人防護具。

(4) 42. 勞工於室外高氣溫作業環境工作，可能對身體產生之熱危害，以下何者非屬熱危害之症狀？①熱衰竭 ②中暑 ③熱痙攣 ④痛風。

解析 痛風與飲食習慣有關，主要是體內的尿酸過高引發的疾病。

(3) 43. 以下何者是消除職業病發生率之源頭管理對策？①使用個人防護具 ②健康檢查 ③改善作業環境 ④多運動。

(1) 44. 下列何者非爲職業病預防之危害因子？①遺傳性疾病 ②物理性危害 ③人因工程危害 ④化學性危害。

(3) 45. 下列何者非屬使用合梯，應符合之規定？①合梯應具有堅固之構造 ②合梯材質不得有顯著之損傷、腐蝕等 ③梯腳與地面之角度應在 80 度以上 ④有安全之防滑梯面。

(4) 46. 下列何者非屬勞工從事電氣工作，應符合之規定？①使其使用電工安全帽 ②穿戴絕緣防護具 ③停電作業應檢電掛接地 ④穿戴棉質手套絕緣。

(3) 47. 爲防止勞工感電，下列何者爲非？①使用防水插頭 ②避免不當延長接線 ③設備有金屬外殼保護即可免裝漏電斷路器 ④電線架高或加以防護。

(2) 48. 不當抬舉導致肌肉骨骼傷害或肌肉疲勞之現象，可稱之爲下列何者？①感電事件 ②不當動作 ③不安全環境 ④被撞事件。

(3) 49. 使用鑽孔機時，不應使用下列何護具？①耳塞 ②防塵口罩 ③手套 ④護目鏡。

(1) 50. 腕道症候群常發生於下列何作業？①電腦鍵盤作業 ②潛水作業 ③堆高機作業 ④第一種壓力容器作業。

(1) 51. 對於化學燒傷傷患的一般處理原則，下列何者正確？①立即用大量清水沖洗 ②傷患必須臥下，而且頭、胸部須高於身體其他部位 ③於燒傷處塗抹油膏、油脂或發酵粉 ④使用酸鹼中和。

解析 燙傷的緊急處理流程口訣爲沖、脫、泡、蓋、送，首要原則即是以大量的清水沖洗降溫。

（ 4 ）52. 下列何者非屬防止搬運事故之一般原則？①以機械代替人力 ②以機動車輛搬運 ③採取適當之搬運方法 ④儘量增加搬運距離。

（ 3 ）53. 對於脊柱或頸部受傷患者，下列何者不是適當的處理原則？①不輕易移動傷患 ②速請醫師 ③如無合用的器材，需 2 人作徒手搬運 ④向急救中心聯絡。

（ 3 ）54. 防止噪音危害之治本對策為下列何者？ ①使用耳塞、耳罩 ②實施職業安全衛生教育訓練 ③消除發生源 ④實施特殊健康檢查。

（ 1 ）55. 安全帽承受巨大外力衝擊後，雖外觀良好，應採下列何種處理方式？①廢棄 ②繼續使用 ③送修 ④油漆保護。

（ 2 ）56. 因舉重而扭腰係由於身體動作不自然姿勢，動作之反彈，引起扭筋、扭腰及形成類似狀態造成職業災害，其災害類型為下列何者？① 不當狀態 ② 不當動作 ③ 不當方針 ④ 不當設備。

（ 3 ）57. 下列有關工作場所安全衛生之敘述何者有誤？①對於勞工從事其身體或衣著有被汙染之虞之特殊作業時，應備置該勞工洗眼、洗澡、漱口、更衣、洗濯等設備 ②事業單位應備置足夠急救藥品及器材 ③事業單位應備置足夠的零食自動販賣機 ④勞工應定期接受健康檢查。

（ 2 ）58. 毒性物質進入人體的途徑，經由那個途徑影響人體健康最快且中毒效應最高？①吸入 ②食入 ③皮膚接觸 ④手指觸摸。

解析 有毒物透過口經食道至體內，是影響人體最劇的途徑。

（ 3 ）59. 安全門或緊急出口平時應維持何狀態?①門可上鎖但不可封死 ②保持開門狀態以保持逃生路徑暢通 ③門應關上但不可上鎖 ④與一般進出門相同，視各樓層規定可開可關。

（ 3 ）60. 下列何種防護具較能消減噪音對聽力的危害?①棉花球 ②耳塞 ③耳罩 ④碎布球。

（ 2 ）61. 勞工若面臨長期工作負荷壓力及工作疲勞累積，沒有獲得適當休息及充足睡眠，便可能影響體能及精神狀態，甚而較易促發下列何種疾病？①皮膚癌 ②腦心血管疾病 ③多發性神經病變 ④肺水腫。

（ 2 ）62.「勞工腦心血管疾病發病的風險與年齡、吸菸、總膽固醇數值、家族病史、生活型態、心臟方面疾病」之相關性為何？①無 ②正 ③負 ④可正可負。

（ 3 ）63. 下列何者不屬於職場暴力？①肢體暴力 ②語言暴力 ③家庭暴力 ④性騷擾。

（ 4 ）64. 職場內部常見之身體或精神不法侵害不包含下列何者？①脅迫、名譽損毀、侮辱、嚴重辱罵勞工 ②強求勞工執行業務上明顯不必要或不可能之工作 ③過度介入勞工私人事宜 ④使勞工執行與能力、經驗相符的工作。

（ 3 ）65. 下列何種措施較可避免工作單調重複或負荷過重？①連續夜班 ②工時過長 ③排班保有規律性 ④經常性加班。

（ 1 ）66. 減輕皮膚燒傷程度之最重要步驟為何？①儘速用清水沖洗 ②立即刺破水泡 ③立即在燒傷處塗抹油脂 ④在燒傷處塗抹麵粉。

（ 3 ）67. 眼內噴入化學物或其他異物，應立即使用下列何者沖洗眼睛？①牛奶 ②蘇打水 ③清水 ④稀釋的醋。

解析 眼內不慎噴入任何液體或異物時，均應以清水沖洗，避免使用其他液體，以免相互產生作用，再次傷害眼睛。

（ 3 ）68. 石綿最可能引起下列何種疾病？①白指症 ②心臟病 ③間皮細胞瘤 ④巴金森氏症

解析 間皮瘤是指生長在胸腔黏膜或腹腔黏膜上的惡性腫瘤，與工作長期接觸石棉有關。

（ 2 ）69. 作業場所高頻率噪音較易導致下列何種症狀？①失眠 ②聽力損失 ③肺部疾病 ④腕道症候群。

（ 2 ）70. 廚房設置之排油煙機為下列何者？①整體換氣裝置 ②局部排氣裝置 ③吹吸型換氣裝置 ④排氣煙囪。

（ 4 ）71. 防塵口罩選用原則，下列敘述何者錯誤？①捕集效率愈高愈好 ②吸氣阻抗愈低愈好 ③重量愈輕愈好 ④視野愈小愈好。

(2) 72. 若勞工工作性質需與陌生人接觸、工作中需處理不可預期的突發事件或工作場所治安狀況較差，較容易遭遇下列何種危害？①組織內部不法侵害 ②組織外部不法侵害 ③多發性神經病變 ④潛涵病。

(3) 73. 以下何者不是發生電氣火災的主要原因？①電器接點短路 ②電氣火花 ③電纜線置於地上 ④漏電。

(2) 74. 依勞工職業災害保險及保護法規定，職業災害保險之保險效力，自何時開始起算，至離職當日停止？ ①通知當日 ②到職當日 ③雇主訂定當日 ④勞雇雙方合意之日。

(4) 75. 依勞工職業災害保險及保護法規定，勞工職業災害保險以下列何者爲保險人，辦理保險業務？①財團法人職業災害預防及重建中心 ②勞動部職業安全衛生署 ③勞動部勞動基金運用局 ④勞動部勞工保險局。

(1) 76. 以下關於「童工」之敘述，何者正確？ ①每日工作時間不得超過 8 小時 ②不得於午後 8 時至翌晨 8 時之時間內工作 ③例假日得在監視下工作 ④工資不得低於基本工資之 70%。

(4) 77. 事業單位如不服勞動檢查結果，可於檢查結果通知書送達之次日起 10 日內，以書面敘明理由向勞動檢查機構提出？ ①訴願 ②陳情 ③抗議 ④異議。

(2) 78. 工作者若因雇主違反職業安全衛生法規定而發生職業災害、疑似罹患職業病或身體、精神遭受不法侵害所提起之訴訟，得向勞動部委託之民間團體提出下列何者？ ①災害理賠 ②申請扶助 ③精神補償 ④國家賠償。

(4) 79. 計算平日加班費須按平日每小時工資額加給計算，下列敘述何者有誤？ ①前 2 小時至少加給 1/3 倍 ②超過 2 小時部分至少加給 2/3 倍 ③經勞資協商同意後，一律加給 0.5 倍 ④未經雇主同意給加班費者，一律補休。

(3) 80. 依職業安全衛生設施規則規定，下列何者非屬危險物？ ①爆炸性物質 ②易燃液體 ③致癌物 ④可燃性氣體。

(2) 81. 下列工作場所何者非屬法定危險性工作場所？ ①農藥製造 ②金屬表面處理 ③火藥類製造 ④從事石油裂解之石化工業之工作場所。

(1) 82. 有關電氣安全，下列敘述何者錯誤？ ① 110 伏特之電壓不致造成人員死亡 ②電氣室應禁止非工作人員進入 ③不可以濕手操作電氣開關，且切斷開關應迅速 ④ 220 伏特爲低壓電。

(2) 83. 依職業安全衛生設施規則規定，下列何者非屬於車輛系營建機械？ ①平土機 ②堆高機 ③推土機 ④鏟土機。

(2) 84. 下列何者非爲事業單位勞動場所發生職業災害者，雇主應於 8 小時內通報勞動檢查機構？ ①發生死亡災害 ②勞工受傷無須住院治療 ③發生災害之罹災人數在 3 人以上 ④發生災害之罹災人數在 1 人以上，且需住院治療。

(4) 85. 依職業安全衛生管理辦法規定，下列何者非屬「自動檢查」之內容？ ①機械之定期檢查 ②機械、設備之重點檢查 ③機械、設備之作業檢點 ④勞工健康檢查。

(1) 86. 下列何者係針對於機械操作點的捲夾危害特性可以採用之防護裝置？ ①設置護圍、護罩 ②穿戴棉紗手套 ③穿戴防護衣 ④強化教育訓練。

(4) 87. 下列何者非屬從事起重吊掛作業導致物體飛落災害之可能原因？ ①吊鉤未設防滑舌片致吊掛鋼索鬆脫 ②鋼索斷裂 ③超過額定荷重作業 ④過捲揚警報裝置過度靈敏。

(2) 88. 勞工不遵守安全衛生工作守則規定，屬於下列何者？ ①不安全設備 ②不安全行爲 ③不安全環境 ④管理缺陷。

(3) 89. 下列何者不屬於局限空間內作業場所應採取之缺氧、中毒等危害預防措施？ ①實施通風換氣 ②進入作業許可程序 ③使用柴油內燃機發電提供照明 ④測定氧氣、危險物、有害物濃度。

(1) 90. 下列何者非通風換氣之目的？ ①防止游離輻射 ②防止火災爆炸 ③稀釋空氣中有害物 ④補充新鮮空氣。

（ 2 ）91. 已在職之勞工，首次從事特別危害健康作業，應實施下列何種檢查？ ①一般體格檢查 ②特殊體格檢查 ③一般體格檢查及特殊健康檢查 ④特殊健康檢查。

（ 4 ）92. 依職業安全衛生設施規則規定，噪音超過多少分貝之工作場所，應標示並公告噪音危害之預防事項，使勞工周知？ ① 75 ② 80 ③ 85 ④ 90。

（ 3 ）93. 下列何者非屬工作安全分析的目的？ ①發現並杜絕工作危害 ②確立工作安全所需工具與設備 ③懲罰犯錯的員工 ④作爲員工在職訓練的參考。

（ 3 ）94. 可能對勞工之心理或精神狀況造成負面影響的狀態，如異常工作壓力、超時工作、語言脅迫或恐嚇等，可歸屬於下列何者管理不當？ ①職業安全 ②職業衛生 ③職業健康 ④環保。

（ 3 ）95. 有流產病史之孕婦，宜避免相關作業，下列何者爲非？ ①避免砷或鉛的暴露 ②避免每班站立 7 小時以上之作業 ③避免提舉 3 公斤重物的職務 ④避免重體力勞動的職務。

（ 3 ）96. 熱中暑時，易發生下列何現象？ ①體溫下降 ②體溫正常 ③體溫上升 ④體溫忽高忽低。

（ 4 ）97. 下列何者不會使電路發生過電流？ ①電氣設備過載 ②電路短路 ③電路漏電 ④電路斷路。

（ 4 ）98. 下列何者較屬安全、尊嚴的職場組織文化？ ①不斷責備勞工 ②公開在眾人面前長時間責罵勞工 ③強求勞工執行業務上明顯不必要或不可能之工作 ④不過度介入勞工私人事宜。

（ 4 ）99. 下列何者與職場母性健康保護較不相關？ ①職業安全衛生法 ②妊娠與分娩後女性及未滿十八歲勞工禁止從事危險性或有害性工作認定標準 ③性別平等工作法 ④動力堆高機型式驗證。

（ 3 ）100. 油漆塗裝工程應注意防火防爆事項，以下何者爲非？ ①確實通風 ②注意電氣火花 ③緊密門窗以減少溶劑擴散揮發 ④嚴禁煙火。

90007 工作倫理與職業道德共同科目

(4) 1. 下列何者「違反」個人資料保護法？①公司基於人事管理之特定目的，張貼榮譽榜揭示績優員工姓名 ②縣市政府提供村里長轄區內符合資格之老人名冊供發放敬老金 ③網路購物公司為辦理退貨，將客戶之住家地址提供予宅配公司 ④學校將應屆畢業生之住家地址提供補習班招生使用。

解析 ④學校不得將應屆畢業生之個人資料提供給補習班。

(1) 2. 非公務機關利用個人資料進行行銷時，下列敘述何者「錯誤」？①若已取得當事人書面同意，當事人即不得拒絕利用其個人資料行銷 ②於首次行銷時，應提供當事人表示拒絕行銷之方式 ③當事人表示拒絕接受行銷時，應停止利用其個人資料 ④倘非公務機關違反「應即停止利用其個人資料行銷」之義務，未於限期內改正者，按次處新臺幣 2 萬元以上 20 萬元以下罰鍰。

(4) 3. 個人資料保護法規定為保護當事人權益，多少位以上的當事人提出告訴，就可以進行團體訴訟？①5 人 ②10 人 ③15 人 ④20 人。

解析 根據「個人資料保護法（104 年 12 月 30 日）」第四章第 34 條，對於同一原因事實造成多數當事人權利受侵害之事件，財團法人或公益社團法人經受有損害之當事人 20 人以上以書面授與訴訟實施權者，得以自己之名義，提起損害賠償訴訟。

(2) 4. 關於個人資料保護法規之敘述，下列何者「錯誤」？①公務機關執行法定職務必要範圍內，可以蒐集、處理或利用一般性個人資料 ②間接蒐集之個人資料，於處理或利用前，不必告知當事人個人資料來源 ③非公務機關亦應維護個人資料之正確，並主動或依當事人之請求更正或補充 ④外國學生在臺灣短期進修或留學，也受到我國個資法的保障。

(2) 5. 下列關於個人資料保護法的敘述，下列敘述何者錯誤？①不管是否使用電腦處理的個人資料，都受個人資料保護法保護 ②公務機關依法執行公權力，不受個人資料保護法規範 ③身分證字號、婚姻、指紋都是個人資料 ④我的病歷資料雖然是由醫生所撰寫，但也屬於是我的個人資料範圍。

(3) 6. 對於依照個人資料保護法應告知之事項，下列何者不在法定應告知的事項內？①個人資料利用之期間、地區、對象及方式 ②蒐集之目的 ③蒐集機關的負責人姓名 ④如拒絕提供或提供不正確個人資料將造成之影響。

(2) 7. 請問下列何者非為個人資料保護法第 3 條所規範之當事人權利？①查詢或請求閱覽 ②請求刪除他人之資料 ③請求補充或更正 ④請求停止蒐集、處理或利用。

解析 ②應為請求刪除個人資料。

(4) 8. 下列何者非安全使用電腦內的個人資料檔案的做法？①利用帳號與密碼登入機制來管理可以存取個資者的人 ②規範不同人員可讀取的個人資料檔案範圍 ③個人資料檔案使用完畢後立即退出應用程式，不得留置於電腦中 ④為確保重要的個人資料可即時取得，將登入密碼標示在螢幕下方。

(1) 9. 下列何者行為非屬個人資料保護法所稱之國際傳輸？①將個人資料傳送給經濟部 ②將個人資料傳送給美國的分公司 ③將個人資料傳送給法國的人事部門 ④將個人資料傳送給日本的委託公司。

(1) 10. 下列有關智慧財產權行為之敘述，何者有誤？①製造、販售仿冒註冊商標的商品不屬於公訴罪之範疇，但已侵害商標權之行為 ②以 101 大樓、美麗華百貨公司做為拍攝電影的背景，屬於合理使用的範圍 ③原作者自行創作某音樂作品後，即可宣稱擁有該作品之著作權 ④著作權是為促進文化發展為目的，所保護的財產權之一。

（ 2 ）11. 專利權又可區分爲發明、新型與設計 3 種專利權，其中發明專利權是否有保護期限？期限爲何？①有，5 年 ②有，20 年 ③有，50 年 ④無期限，只要申請後就永久歸申請人所有。

解析 發明專利的保護期限爲 20 年，新型專利爲 10 年，新式樣專利爲 12 年。

（ 2 ）12. 受雇人於職務上所完成之著作，如果沒有特別以契約約定，其著作人爲下列何者？①雇用人 ②受雇人 ③雇用公司或機關法人代表 ④由雇用人指定之自然人或法人。

（ 1 ）13. 任職於某公司的程式設計工程師，因職務所編寫之電腦程式，如果沒有特別以契約約定，則該電腦程式重製之權利歸屬下列何者？①公司 ②編寫程式之工程師 ③公司全體股東共有 ④公司與編寫程式之工程師共有。

（ 3 ）14. 某公司員工因執行業務，擅自以重製之方法侵害他人之著作財產權，若被害人提起告訴，下列對於處罰對象的敘述，何者正確？①僅處罰侵犯他人著作財產權之員工 ②僅處罰雇用該名員工的公司 ③該名員工及其雇主皆須受罰 ④員工只要在從事侵犯他人著作財產權之行爲前請示雇主並獲同意，便可以不受處罰。

（ 1 ）15. 受雇人於職務上所完成之發明、新型或設計，其專利申請權及專利權如未特別約定屬於下列何者？①雇用人 ②受雇人 ③雇用人所指定之自然人或法人 ④雇用人與受雇人共有。

（ 4 ）16. 任職大發公司的郝聰明，專門從事技術研發，有關研發技術的專利申請權及專利權歸屬，下列敘述何者錯誤？①職務上所完成的發明，除契約另有約定外，專利申請權及專利權屬於大發公司 ②職務上所完成的發明，雖然專利申請權及專利權屬於大發公司，但是郝聰明享有姓名表示權 ③郝聰明完成非職務上的發明，應即以書面通知大發公司 ④大發公司與郝聰明之雇傭契約約定，郝聰明非職務上的發明，全部屬於公司，約定有效 。

（ 3 ）17. 有關著作權的下列敘述何者不正確？①我們到表演場所觀看表演時，不可隨便錄音或錄影 ②到攝影展上，拿相機拍攝展示的作品，分贈給朋友，是侵害著作權的行爲 ③網路上供人下載的免費軟體，都不受著作權法保護，所以我可以燒成大補帖光碟，再去賣給別人 ④高普考試題，不受著作權法保護。

（ 3 ）18. 有關著作權的下列敘述何者錯誤？①撰寫碩博士論文時，在合理範圍內引用他人的著作，只要註明出處，不會構成侵害著作權 ②在網路散布盜版光碟，不管有沒有營利，會構成侵害著作權 ③在網路的部落格看到一篇文章很棒，只要註明出處，就可以把文章複製在自己的部落格 ④將補習班老師的上課內容錄音檔，放到網路上拍賣，會構成侵害著作權 。

（ 4 ）19. 有關商標權的下列敘述何者錯誤？①要取得商標權一定要申請商標註冊 ②商標註冊後可取得 10 年商標權 ③商標註冊後，3 年不使用，會被廢止商標權 ④在夜市買的仿冒品，品質不好，上網拍賣，不會構成侵權 。

（ 1 ）20. 下列關於營業秘密的敘述，何者不正確？①受雇人於非職務上研究或開發之營業秘密，仍歸雇用人所有 ②營業秘密不得爲質權及強制執行之標的 ③營業秘密所有人得授權他人使用其營業秘密 ④營業秘密得全部或部分讓與他人或與他人共有。

（ 1 ）21. 甲公司將其新開發受營業秘密法保護之技術，授權乙公司使用，下列何者不得爲之？①乙公司已獲授權，所以可以未經甲公司同意，再授權丙公司使用 ②約定授權使用限於一定之地域、時間 ③約定授權使用限於特定之內容、一定之使用方法 ④要求被授權人乙公司在一定期間負有保密義務。

（ 3 ）22. 甲公司嚴格保密之最新配方產品大賣，下列何者侵害甲公司之營業秘密？① 鑑定人 A 因司法審理而知悉配方 ②甲公司授權乙公司使用其配方 ③甲公司之 B 員工擅自將配方盜賣給乙公司 ④甲公司與乙公司協議共有配方。

（ 3 ）23. 故意侵害他人之營業秘密，法院因被害人之請求，最高得酌定損害額幾倍之賠償？① 1 倍 ② 2 倍 ③ 3 倍 ④ 4 倍。

解析 根據「營業秘密法（102 年 1 月 30 日）」第 13-1 條，科罰金時，如犯罪行爲人所得之利益超過罰金最多額，得於所得利益之 3 倍範圍內酌量加重。

(4) 24. 受雇者因承辦業務而知悉營業秘密，在離職後對於該營業秘密的處理方式，下列敘述何者正確？①聘雇關係解除後便不再負有保障營業秘密之責 ②僅能自用而不得販售獲取利益 ③自離職日起 3 年後便不再負有保障營業秘密之責 ④ 離職後仍不得洩漏該營業秘密。

(3) 25. 按照現行法律規定，侵害他人營業秘密，其法律責任爲：①僅需負刑事責任 ②僅需負民事損害賠償責任 ③刑事責任與民事損害賠償責任皆須負擔 ④刑事責任與民事損害賠償責任皆不須負擔

(3) 26. 企業內部之營業秘密，可以概分爲「商業性營業秘密」及「技術性營業秘密」二大類型，請問下列何者屬於「技術性營業秘密」？①人事管理 ②經銷據點 ③產品配方 ④客戶名單。

(3) 27. 某離職同事請求在職員工將離職前所製作之某份文件傳送給他，請問下列回應方式何者正確？① 由於該項文件係由該離職員工製作，因此可以傳送文件 ②若其目的僅爲保留檔案備份，便可以傳送文件 ③可能構成對於營業秘密之侵害，應予拒絕並請他直接向公司提出請求 ④視彼此交情決定是否傳送文件。

(1) 28. 行爲人以竊取等不正當方法取得營業秘密，下列敘述何者正確？①已構成犯罪 ②只要後續沒有洩漏便不構成犯罪 ③只要後續沒有出現使用之行爲便不構成犯罪 ④只要後續沒有造成所有人之損害便不構成犯罪。

(3) 29. 針對在我國境內竊取營業秘密後，意圖在外國、中國大陸或港澳地區使用者，營業秘密法是否可以適用？①無法適用 ②可以適用，但若屬未遂犯則不罰 ③可以適用並加重其刑 ④能否適用需視該國家或地區與我國是否簽訂相互保護營業秘密之條約或協定。

(4) 30. 所謂營業秘密，係指方法、技術、製程、配方、程式、設計或其他可用於生產、銷售或經營之資訊，但其保障所需符合的要件不包括下列何者？①因其秘密性而具有實際之經濟價值者 ②所有人已採取合理之保密措施者 ③因其秘密性而具有潛在之經濟價值者 ④一般涉及該類資訊之人所知者。

(1) 31. 因故意或過失而不法侵害他人之營業秘密者，負損害賠償責任該損害賠償之請求權，自請求權人知有行爲及賠償義務人時起，幾年間不行使就會消滅？① 2 年 ② 5 年 ③ 7 年 ④ 10 年。

(1) 32. 公司負責人爲了要節省開銷，將員工薪資以高報低來投保全民健保及勞保，是觸犯了刑法上之何種罪刑？①詐欺罪 ②侵占罪 ③背信罪 ④工商秘密罪。

(2) 33. A 受雇於公司擔任會計，因自己的財務陷入危機，多次將公司帳款轉入妻兒戶頭，是觸犯了刑法上之何種罪刑？①洩漏工商秘密罪 ②侵占罪 ③詐欺罪 ④僞造文書罪。

(3) 34. 某甲於公司擔任業務經理時，未依規定經董事會同意，私自與自己親友之公司訂定生意合約，會觸犯下列何種罪刑？①侵占罪 ②貪汙罪 ③背信罪 ④詐欺罪。

(1) 35. 如果你擔任公司採購的職務，親朋好友們會向你推銷自家的產品，希望你要採購時，你應該：①適時地婉拒，說明利益需要迴避的考量，請他們見諒 ②既然是親朋好友，就應該互相幫忙 ③建議親朋好友將產品折扣，折扣部分歸於自己，就會採購 ④可以暗中地幫忙親朋好友，進行採購，不要被發現有親友關係便可。

(3) 36. 小美是公司的業務經理，有一天巧遇國中同班的死黨小林，發現他是公司的下游廠商老闆。最近小美處理一件公司的招標案件，小林的公司也在其中，私下約小美見面，請求她提供這次招標案的底標，並馬上要給予幾十萬元的前謝金，請問小美該怎麼辦？①退回錢，並告訴小林都是老朋友，一定會全力幫忙 ②收下錢，將錢拿出來給單位同事們分紅 ③應該堅決拒絕，並避免每次見面都與小林談論相關業務問題 ④朋友一場，給他一個比較接近底標的金額，反正又不是正確的，所以沒關係。

（ 3 ）37. 公司發給每人一台平板電腦提供業務上使用，但是發現根本很少在使用，為了讓它有效的利用，所以將它拿回家給親人使用，這樣的行為是 ①可以的，這樣就不用花錢買 ②可以的，反正放在那裡不用它，也是浪費資源 ③不可以的，因為這是公司的財產，不能私用 ④不可以的，因為使用年限未到，如果年限到報廢了，便可以拿回家。

（ 3 ）38. 公司的車子，假日又沒人使用，你是鑰匙保管者，請問假日可以開出去嗎？①可以，只要付費加油即可 ②可以，反正假日不影響公務 ③不可以，因為是公司的，並非私人擁有 ④不可以，應該是讓公司想要使用的員工，輪流使用才可。

（ 4 ）39. 阿哲是財經線的新聞記者，某次採訪中得知 A 公司在 1 個月內將有 1 個大的併購案，這個併購案顯示公司的財力，且能讓 A 公司股價往上飆升。請問阿哲得知此消息後，可以立刻購買該公司的股票嗎？①可以，有錢大家賺 ②可以，這是我努力獲得的消息 ③可以，不賺白不賺 ④不可以，屬於內線消息，必須保持記者之操守，不得洩漏。

（ 4 ）40. 與公務機關接洽業務時，下列敘述何者「正確」？①沒有要求公務員違背職務，花錢疏通而已，並不違法 ②唆使公務機關承辦採購人員配合浮報價額，僅屬偽造文書行為 ③口頭允諾行賄金額但還沒送錢，尚不構成犯罪 ④與公務員同謀之共犯，即便不具公務員身分，仍可依據貪汙治罪條例處刑。

（ 1 ）41. 與公務機關有業務往來構成職務利害關係者，下列敘述何者「正確」？①將餽贈之財物請公務員父母代轉，該公務員亦已違反規定 ②與公務機關承辦人飲宴應酬為增進基本關係的必要方法 ③高級茶葉低價售予有利害關係之承辦公務員，有價購行為就不算違反法規 ④機關公務員藉子女婚宴廣邀業務往來廠商之行為，並無不妥。

（ 4 ）42. 廠商某甲承攬公共工程，工程進行期間，甲與其工程人員經常招待該公共工程委辦機關之監工及驗收之公務員喝花酒或招待出國旅遊，下列敘述何者正確？①公務員若沒有收現金，就沒有罪 ②只要工程沒有問題，某甲與監工及驗收等相關公務員就沒有犯罪 ③因為不是送錢，所以都沒有犯罪 ④某甲與相關公務員均已涉嫌觸犯貪汙治罪條例。

（ 1 ）43. 行（受）賄罪成立要素之一為具有對價關係，而作為公務員職務之對價有「賄賂」或「不正利益」，下列何者「不」屬於「賄賂」或「不正利益」？①開工邀請公務員觀禮 ②送百貨公司大額禮券 ③免除債務 ④招待吃米其林等級之高檔大餐。

（ 4 ）44. 下列有關貪腐的敘述何者錯誤？①貪腐會危害永續發展和法治 ②貪腐會破壞民主體制及價值觀 ③貪腐會破壞倫理道德與正義 ④貪腐有助降低企業的經營成本。

（ 4 ）45. 下列何者不是設置反貪腐專責機構須具備的必要條件？①賦予該機構必要的獨立性 ②使該機構的工作人員行使職權不會受到不當干預 ③提供該機構必要的資源、專職工作人員及必要培訓 ④賦予該機構的工作人員有權力可隨時逮捕貪汙嫌疑人。

（ 2 ）46. 檢舉人向有偵查權機關或政風機構檢舉貪汙瀆職，必須於何時為之始可能給與獎金？①犯罪未起訴前 ②犯罪未發覺前 ③犯罪未遂前 ④預備犯罪前。

（ 3 ）47. 檢舉人應以何種方式檢舉貪汙瀆職始能核給獎金？①匿名 ②委託他人檢舉 ③以真實姓名檢舉 ④ 以他人名義檢舉。

（ 4 ）48. 我國制定何種法律以保護刑事案件之證人，使其勇於出面作證，俾利犯罪之偵查、審判？①貪汙治罪條例 ②刑事訴訟法 ③行政程序法 ④證人保護法。

解析 根據「證人保護法（107 年 6 月 13 日）」第 1 條，為保護刑事案件及檢肅流氓案件之證人，使其勇於出面作證，以利犯罪之偵查、審判，或流氓之認定、審理，並維護被告或被移送人之權益，特制定本法。

（ 1 ）49. 下列何者「非」屬公司對於企業社會責任實踐之原則？①加強個人資料揭露 ②維護社會公益 ③發展永續環境 ④落實公司治理。

(　1　) 50. 下列何者「不」屬於職業素養的範疇？①獲利能力 ②正確的職業價值觀 ③ 職業知識技能 ④良好的職業行爲習慣。

(　4　) 51. 下列何者符合專業人員的職業道德？①未經雇主同意，於上班時間從事私人事務 ②利用雇主的機具設備私自接單生產 ③未經顧客同意，任意散佈或利用顧客資料 ④盡力維護雇主及客戶的權益。

(　4　) 52. 身爲公司員工必須維護公司利益，下列何者是正確的工作態度或行爲？①將公司逾期的產品更改標籤 ②施工時以省時、省料爲獲利首要考量，不顧品質 ③服務時首先考慮公司的利益，然後再考量顧客權益 ④工作時謹守本分，以積極態度解決問題。

(　3　) 53. 身爲專業技術工作人士，應以何種認知及態度服務客戶？①若客戶不了解，就儘量減少成本支出，抬高報價 ②遇到維修問題，儘量拖過保固期 ③主動告知可能碰到問題及預防方法 ④隨著個人心情來提供服務的內容及品質 。

(　2　) 54. 因爲工作本身需要高度專業技術及知識，所以在對客戶服務時應如何？ ①不用理會顧客的意見 ②保持親切、眞誠、客戶至上的態度 ③若價錢較低，就敷衍了事 ④以專業機密爲由，不用對客戶說明及解釋。

(　2　) 55. 從事專業性工作，在與客戶約定時間應①保持彈性，任意調整 ②儘可能準時，依約定時間完成工作 ③能拖就拖，能改就改 ④自己方便就好，不必理會客戶的要求。

(　1　) 56. 從事專業性工作，在服務顧客時應有的態度爲何？ ①選擇最安全、經濟及有效的方法完成工作 ②選擇工時較長、獲利較多的方法服務客戶 ③爲了降低成本，可以降低安全標準 ④不必顧及雇主和顧客的立場。

(　4　) 57. 以下哪一項員工的作爲符合敬業精神？①利用正常工作時間從事私人事務 ②運用雇主的資源，從事個人工作 ③未經雇主同意擅離工作崗位 ④謹守職場紀律及禮節，尊重客戶隱私。

(　3　) 58. 小張獲選爲小孩學校的家長會長，這個月要召開會議，沒時間準備資料，所以，利用上班期間有空檔非休息時間來完成，請問是否可以？①可以，因爲不耽誤他的工作 ②可以，因爲他能力好，能夠同時完成很多事 ③不可以，因爲這是私事，不可以利用上班時間完成 ④可以，只要不要被發現。

(　2　) 59. 小吳是公司的專用司機，爲了能夠隨時用車，經過公司同意，每晚都將公司的車開回家，然而，他發現反正每天上班路線，都要經過女兒學校，就順便載女兒上學，請問可以嗎？①可以，反正順路 ②不可以，這是公司的車不能私用 ③可以，只要不被公司發現即可 ④可以，要資源須有效使用。

(　4　) 60. 彥江是職場上的新鮮人，剛進公司不久，他應該具備怎樣的態度？①上班、下班，管好自己便可 ②仔細觀察公司生態，加入某些小團體，以做爲後盾 ③只要做好人脈關係，這樣以後就好辦事 ④努力做好自己職掌的業務，樂於工作，與同事之間有良好的互動，相互協助。

(　4　) 61. 在公司內部行使商務禮儀的過程，主要以參與者在公司中的何種條件來訂定順序？①年齡 ②性別 ③社會地位 ④職位。

(　1　) 62. 一位職場新鮮人剛進公司時，良好的工作態度是：①多觀察、多學習，了解企業文化和價值觀 ②多打聽哪一個部門比較輕鬆，升遷機會較多 ③多探聽哪一個公司在找人，隨時準備跳槽走人 ④多遊走各部門認識同事，建立自己的小圈圈。

(　1　) 63. 根據消除對婦女一切形式歧視公約（CEDAW），下列何者正確？①對婦女的歧視指基於性別而作的任何區別、排斥或限制 ②只關心女性在政治方面的人權和基本自由 ③未要求政府需消除個人或企業對女性的歧視 ④傳統習俗應予保護及傳承，即使含有歧視女性的部分，也不可以改變。

(　1　) 64. 某規範明定地政機關進用女性測量助理名額，不得超過該機關測量助理名額總數二分之一，根據消除對婦女一切形式歧視公約（CEDAW），下列何者正確？①限制女性測量助理人數比例，屬於直接歧視 ②土地測量經常在戶外工作，基於保護女性所作的限制，不屬性別歧視 ③此項二分之一規定是為促進男女比例平衡 ④此限制是為確保機關業務順暢推動，並未歧視女性。

(　4　) 65. 根據消除對婦女一切形式歧視公約（CEDAW）之間接歧視意涵，下列何者錯誤？①一項法律、政策、方案或措施表面上對男性和女性無任何歧視，但實際上卻產生歧視女性的效果 ②察覺間接歧視的一個方法，是善加利用性別統計與性別分析 ③如果未正視歧視之結構和歷史模式，及忽略男女權力關係之不平等，可能使現有不平等狀況更為惡化 ④不論在任何情況下，只要以相同方式對待男性和女性，就能避免間接歧視之產生。

(　4　) 66. 下列何者「不是」菸害防制法之立法目的？①防制菸害 ②保護未成年免於菸害 ③保護孕婦免於菸害 ④促進菸品的使用。

(　1　) 67. 按菸害防制法規定，對於在禁菸場所吸菸會被罰多少錢？①新臺幣 2 千元至 1 萬元罰鍰 ②新臺幣 1 千元至 5 千罰鍰 ③新臺幣 1 萬元至 5 萬元罰鍰 ④新臺幣 2 萬元至 10 萬元罰鍰。

(　3　) 68. 請問下列何者「不是」個人資料保護法所定義的個人資料？ ①身分證號碼 ②最高學歷 ③職稱 ④護照號碼。

解析 根據「個人資料保護法（104 年 12 月 30 日）」第 2 條第 1 款，個人資料：指自然人之姓名、出生年月日、國民身分證統一編號、護照號碼、特徵、指紋、婚姻、家庭、教育、職業、病歷、醫療、基因、性生活、健康檢查、犯罪前科、聯絡方式、財務情況、社會活動及其他得以直接或間接方式識別該個人之資料。

(　1　) 69. 有關專利權的敘述，何者正確？①專利有規定保護年限，當某商品、技術的專利保護年限屆滿，任何人皆可免費運用該項專利 ②我發明了某項商品，卻被他人率先申請專利權，我仍可主張擁有這項商品的專利權 ③製造方法可以申請新型專利權 ④在本國申請專利之商品進軍國外，不需向他國申請專利權。

(　4　) 70. 下列何者行為會有侵害著作權的問題？ ①將報導事件事實的新聞文字轉貼於自己的社群網站 ②直接轉貼高普考考古題在 FACEBOOK ③以分享網址的方式轉貼資訊分享於社群網站 ④將講師的授課內容錄音，複製多份分贈友人。

(　1　) 71. 下列有關著作權之概念，何者正確？ ①國外學者之著作，可受我國著作權法的保護 ②公務機關所函頒之公文，受我國著作權法的保護 ③著作權要待向智慧財產權申請通過後才可主張 ④以傳達事實之新聞報導的語文著作，依然受著作權之保障。

(　1　) 72. 某廠商之商標在我國已經獲准註冊，請問若希望將商品行銷販賣到國外，請問是否需在當地申請註冊才能主張商標權？ ①是，因為商標權註冊採取屬地保護原則 ②否，因為我國申請註冊之商標權在國外也會受到承認 ③不一定，需視我國是否與商品希望行銷販賣的國家訂有相互商標承認之協定 ④不一定，需視商品希望行銷販賣的國家是否為 WTO 會員國。

(　1　) 73. 下列何者「非」屬於營業秘密？ ①具廣告性質的不動產交易底價 ②須授權取得之產品設計或開發流程圖示 ③公司內部管制的各種計畫方案 ④不是公開可查知的客戶名單分析資料。

(　3　) 74. 營業秘密可分為「技術機密」與「商業機密」，下　何者屬於「商業機密」？ ①程式 ②設計圖 ③商業策略 ④生產製程。

(　3　) 75. 某甲在公務機關擔任首長，其弟弟乙是某協會的理事長，乙為舉辦協會活動，決定向甲服務的機關申請經費補助，下列有關利益衝突迴避之敘述，何者正確？ ①協會是舉辦慈善活動，甲認為是好事，所以指示機關承辦人補助活動經費 ②機關未經公開公平方式，私下直接對協會補助活動經費新臺幣 10 萬元 ③甲應自行迴避該案審查，避免瓜田李下，防止利益衝突 ④乙為順利取得補助，應該隱瞞是機關首長甲之弟弟的身分。

(3) 76. 依公職人員利益衝突迴避法規定，公職人員甲與其小舅子乙（二親等以內的關係人）間，下列何種行爲不違反該法？ ①甲要求受其監督之機關聘用小舅子乙 ②小舅子乙以請託關說之方式，請求甲之服務機關通過其名下農地變更使用申請案 ③關係人乙經政府採購法公開招標程序，並主動在投標文件表明與甲的身分關係，取得甲服務機關之年度採購標案 ④甲、乙兩人均自認爲人公正，處事坦蕩，任何往來都是清者自清，不需擔心任何問題。

(3) 77. 大雄擔任公司部門主管，代表公司向公務機關投標，爲使公司順利取得標案，可以向公務機關的採購人員爲以下何種行爲？ ①爲社交禮俗需要，贈送價值昂貴的名牌手錶作爲見面禮 ②爲與公務機關間有良好互動，招待至有女陪侍場所飲宴 ③爲了解招標文件內容，提出招標文件疑義並請說明 ④爲避免報價錯誤，要求提供底價作爲參考。

(1) 78. 下列關於政府採購人員之敘述，何者未違反相關規定？ ①非主動向廠商求取，是偶發地收到廠商致贈價值在新臺幣 500 元以下之廣告物、促銷品、紀念品 ②要求廠商提供與採購無關之額外服務 ③利用職務關係向廠商借貸 ④利用職務關係媒介親友至廠商處所任職。

(4) 79. 下列何者有誤？ ①憲法保障言論自由，但散布假新聞、假消息仍須面對法律責任 ②在網路或 Line 社群網站收到假訊息，可以敘明案情並附加截圖檔，向法務部調查局檢舉 ③對新聞媒體報導有意見，向國家通訊傳播委員會申訴 ④自己或他人捏造、扭曲、竄改或虛構的訊息，只要一小部分能證明是眞的，就不會構成假訊息。

(4) 80. 下列敘述何者正確？ ①公務機關委託的代檢（代驗）業者，不是公務員，不會觸犯到刑法的罪責 ②賄賂或不正利益，只限於法定貨幣，給予網路遊戲幣沒有違法的問題 ③在靠北公務員社群網站，覺得可受公評且匿名發文，就可以謾罵公務機關對特定案件的檢查情形 ④受公務機關委託辦理案件，除履行採購契約應辦事項外，對於蒐集到的個人資料，也要遵守相關保護及保密規定。

(1) 81. 下列有關促進參與及預防貪腐的敘述何者錯誤？ ①我國非聯合國會員國，無須落實聯合國反貪腐公約規定 ②推動政府部門以外之個人及團體積極參與預防和打擊貪腐 ③提高決策過程之透明度，並促進公眾在決策過程中發揮作用 ④對公職人員訂定執行公務之行爲守則或標準。

(2) 82. 爲建立良好之公司治理制度，公司內部宜納入何種檢舉人制度？ ①告訴乃論制度 ②吹哨者（whistle blower）保護程序及保護制度 ③不告不理制度 ④非告訴乃論制度。

解析 吹哨者意指舉報者、告密者。根據「勞動基準法（107 年 11 月 21 日）」第 74 條，主管機關或檢查機構應對申訴人身分資料嚴守秘密，不得洩漏足以識別其身分之資訊。違反前項規定者，除公務員應依法追究刑事與行政責任外，對因此受有損害之勞工，應負損害賠償責任。

(4) 83. 有關公司訂定誠信經營守則時，以下何者不正確？ ①避免與涉有不誠信行爲者進行交易 ②防範侵害營業秘密、商標權、專利權、著作權及其他智慧財產權 ③建立有效之會計制度及內部控制制度 ④防範檢舉。

(1) 84. 乘坐轎車時，如有司機駕駛，按照乘車禮儀，以司機的方位來看，首位應爲？①後排右側 ②前座右側 ③後排左側 ④後排中間。

解析 若有司機，以司機的方位來看，首位爲後排右側，接下來排序爲後排左側、後排中間，最後爲司機旁邊的副駕駛座。

(4) 85. 今天好友突然來電，想來個「說走就走的旅行」，因此，無法去上班，下列何者作法不適當？ ①打電話給主管與人事部門請假 ②用 LINE 傳訊息給主管，並確認讀取且有回覆 ③發送 E-MAIL 給主管與人事部門，並收到回覆 ④什麼都無需做，等公司打電話來卻認後，再告知即可。

(4) 86. 每天下班回家後，就懶得再出門去買菜，利用上班時間瀏覽線上購物網站，發現有很多限時搶購的便宜商品，還能在下班前就可以送到公司，下班順便帶回家，省掉好多時間，請問下列何者最適當？ ①可以，又沒離開工作崗位，且能節省時間 ②可以，還能介紹同事一同團購，省更多的錢，增進同事情誼 ③不可以，應該把商品寄回家，不是公司 ④不可以，上班不能從事個人私務，應該等下班後再網路購物。

(4) 87. 宜樺家中養了一隻貓，由於最近生病，獸醫師建議要有人一直陪牠，這樣會恢復快一點，因爲上班家裡都沒人，所以準備帶牠到辦公室一起上班，請問下列何者最適當？ ①可以，只要我放在寵物箱，不要影響工作即可 ②可以，同事們都答應也不反對 ③可以，雖然貓會發出聲音，大小便有異味，只要處理好不影響工作即可 ④不可以，建議送至專門機構照護，以免影響工作。

(4) 88. 根據性別平等工作法，下列何者非屬職場性騷擾？ ①公司員工執行職務時，客戶對其講黃色笑話，該員工感覺被冒犯 ②雇主對求職者要求交往，作爲僱用與否之交換條件 ③公司員工執行職務時，遭到同事以「女人就是沒大腦」性別歧視用語加以辱罵，該員工感覺其人格尊嚴受損 ④公司員工下班後搭乘捷運，在捷運上遭到其他乘客偷拍。

(4) 89. 根據性別平等工作法，下列何者非屬職場性別歧視？ ①雇主考量男性賺錢養家之社會期待，提供男性高於女性之薪資 ②雇主考量女性以家庭爲重之社會期待，裁員時優先資遣女性 ③雇主事先與員工約定倘其有懷孕之情事，必須離職 ④有未滿 2 歲子女之男性員工，也可申請每日六十分鐘的哺乳時間。

(3) 90. 根據性別平等工作法，有關雇主防治性騷擾之責任與罰則，下列何者錯誤？①僱用受僱者 30 人以上者，應訂定性騷擾防治措施、申訴及懲戒辦法 ②雇主知悉性騷擾發生時，應採取立即有效之糾正及補救措施 ③雇主違反應訂定性騷擾防治措施之規定時，處以罰鍰即可，不用公布其姓名 ④雇主違反應訂定性騷擾申訴管道者，應限期令其改善，屆期未改善者，應按次處罰。

解析 根據「性別平等工作法」第 38 條、第 38-1 條，雇主違反相關條文時除了罰鍰之外，應公布其姓名或名稱、負責人姓名，並限期令其改善；屆期未改善者，應按次處罰。

(1) 91. 根據性騷擾防治法，有關性騷擾之責任與罰則，下列何者錯誤？ ①對他人爲性騷擾者，如果沒有造成他人財產上之損失，就無需負擔金錢賠償之責任 ②對於因教育、訓練、醫療、公務、業務、求職，受自己監督、照護之人，利用權勢或機會爲性騷擾者，得加重科處罰鍰至二分之一 ③意圖性騷擾，乘人不及抗拒而爲親吻、擁抱或觸摸其臀部、胸部或其他身體隱私處之行爲者，處 2 年以下有期徒刑、拘役或科或併科 10 萬元以下罰金 ④對他人爲權勢性騷擾以外之性騷擾者，由直轄市、縣（市）主管機關處 1 萬元以上 10 萬元以下罰鍰。

(3) 92. 根據性別平等工作法規範職場性騷擾範疇，下列何者爲「非」？ ①上班執行職務時，任何人以性要求、具有性意味或性別歧視之言詞或行爲，造成敵意性、脅迫性或冒犯性之工作環境 ②對僱用、求職或執行職務關係受自己指揮、監督之人，利用權勢或機會爲性騷擾 ③下班回家時被陌生人以盯梢、守候、尾隨跟蹤 ④雇主對受僱者或求職者爲明示或暗示之性要求、具有性意味或性別歧視之言詞或行爲。

(3) 93. 根據消除對婦女一切形式歧視公約（CEDAW）之直接歧視及間接歧視意涵，下列何者錯誤？①老闆得知小黃懷孕後，故意將小黃調任薪資待遇較差的工作，意圖使其自行離開職場，小黃老闆的行爲是直接歧視 ②某餐廳於網路上招募外場服務生，條件以未婚年輕女性優先錄取，明顯以性或性別差異爲由所實施的差別待遇，爲直接歧視 ③某公司員工值班注意事項排除女性員工參與夜間輪值，是考量女性有人身安全及家庭照顧等需求，爲維護女性權益之措施，非直接歧視 ④某科技公司規定男女員工之加班時數上限及加班費或津貼不同，認爲女性能力有限，且無法長時間工作，限制女性獲取薪資及升遷機會，這規定是直接歧視。

(1) 94. 目前菸害防制法規範，「不可販賣菸品」給幾歲以下的人？ ① 20 ② 19 ③ 18 ④ 17。

(1) 95. 按菸害防制法規定，下列敘述何者錯誤？ ①只有老闆、店員才可以出面勸阻在禁菸場所抽菸的人 ②任何人都可以出面勸阻在禁菸場所抽菸的人 ③餐廳、旅館設置室內吸菸室，需經專業技師簽證核可 ④加油站屬易燃易爆場所，任何人都可以勸阻在禁菸場所抽菸的人。

(3) 96. 關於菸品對人體危害的敘述，下列何者「正確」？ ①只要開電風扇、或是抽風機就可以去除菸霧中的有害物質 ②指定菸品（如：加熱菸）只要通過健康風險評估，就不會危害健康，因此工作時如果想吸菸，就可以在職場拿出來使用 ③雖然自己不吸菸，同事在旁邊吸菸，就會增加自己得肺癌的機率 ④只要不將菸吸入肺部，就不會對身體造成傷害。

(4) 97. 職場禁菸的好處不包括 ①降低吸菸者的菸品使用量，有助於減少吸菸導致的健康危害 ②避免同事因為被動吸菸而生病 ③讓吸菸者菸癮降低，戒菸較容易成功 ④吸菸者不能抽菸會影響工作效率。

(4) 98. 大多數的吸菸者都嘗試過戒菸，但是很少自己戒菸成功。吸菸的同事要戒菸，怎樣建議他是無效的？ ①鼓勵他撥打戒菸專線 0800-63-63-63，取得相關建議與協助 ②建議他到醫療院所、社區藥局找藥物戒菸 ③建議他參加醫院或衛生所辦理的戒菸班 ④戒菸是自己意願的問題，想戒就可以戒了不用尋求協助。

(2) 99. 禁菸場所負責人未於場所入口處設置明顯禁菸標示，要罰該場所負責人多少元？ ① 2 千－ 1 萬 ② 1 萬－ 5 萬 ③ 1 萬－ 25 萬 ④ 20 萬－ 100 萬。

(3) 100. 目前電子煙是非法的，下列對電子煙的敘述，何者錯誤？ ①跟吸菸一樣會成癮 ②會有爆炸危險 ③沒有燃燒的菸草，不會造成身體傷害 ④可能造成嚴重肺損傷。

90008 環境保護共同科目

（ 1 ） 1. 世界環境日是在每一年的那一日？①6月5日 ②4月10日 ③3月8日 ④11月12日。

解析 1972年6月5日聯合國大會在瑞典斯德哥爾摩召開第一次《聯合國人類環境會議》，10月正式通過爲聯合國官方節日「世界環境日」。

（ 3 ） 2. 2015年巴黎協議之目的爲何？①避免臭氧層破壞 ②減少持久性汙染物排放 ③遏阻全球暖化趨勢 ④生物多樣性保育。

解析 2015年巴黎協議是全球第一個氣候協定，藉此共同遏阻全球暖化趨勢。

（ 3 ） 3. 下列何者爲環境保護的正確作爲？①多吃肉少蔬食 ②自己開車不共乘 ③鐵馬步行 ④不隨手關燈。

（ 2 ） 4. 下列何種行爲對生態環境會造成較大的衝擊？①植種原生樹木 ②引進外來物種 ③設立國家公園 ④設立保護區。

（ 2 ） 5. 下列哪一種飲食習慣能減碳抗暖化？①多吃速食 ②多吃天然蔬果 ③多吃牛肉 ④多選擇吃到飽的餐館。

（ 1 ） 6. 飼主遛狗時，其狗在道路或其他公共場所便溺時，下列何者應優先負清除責任？ ①主人 ②清潔隊 ③警察 ④土地所有權人。

（ 1 ） 7. 外食自備餐具是落實綠色消費的哪一項表現？①重複使用 ②回收再生 ③環保選購 ④降低成本。

（ 2 ） 8. 再生能源一般是指可永續利用之能源，主要包括哪些：A. 化石燃料　B. 風力　C. 太陽能　D. 水力？① ACD ② BCD ③ ABD ④ ABCD。

（ 4 ） 9. 依環境基本法第3條規定，基於國家長期利益，經濟、科技及社會發展均應兼顧環境保護。但如果經濟、科技及社會發展對環境有嚴重不良影響或有危害時，應以何者優先？①經濟 ②科技 ③社會 ④環境。

（ 1 ） 10. 森林面積的減少甚至消失可能導致哪些影響：A. 水資源減少 B. 減緩全球暖化 C. 加劇全球暖化 D. 降低生物多樣性？① ACD ② BCD ③ ABD ④ ABCD。

（ 3 ） 11. 塑膠爲海洋生態的殺手，所以政府推動「無塑海洋」政策，下列何項不是減少塑膠危害海洋生態的重要措施？ ①擴大禁止免費供應塑膠袋 ②禁止製造、進口及販售含塑膠柔珠的清潔用品 ③定期進行海水水質監測 ④淨灘、淨海。

（ 2 ） 12. 違反環境保護法律或自治條例之行政法上義務，經處分機關處停工、停業處分或處新臺幣5千元以上罰鍰者，應接受下列何種講習？①道路交通安全講習 ②環境講習 ③衛生講習 ④消防講習。

（ 1 ） 13. 下列何者爲環保標章？① ② ③ ④ CO2。

（ 2 ） 14.「聖嬰現象」是指哪一區域的溫度異常升高？①西太平洋表層海水 ②東太平洋表層海水 ③西印度洋表層海水 ④東印度洋表層海水。

（ 1 ） 15.「酸雨」定義爲雨水酸鹼值達多少以下時稱之？① 5.0 ② 6.0 ③ 7.0 ④ 8.0。

（ 2 ） 16. 一般而言，水中溶氧量隨水溫之上升而呈下列哪一種趨勢？①增加 ②減少 ③不變 ④不一定。

（ 4 ） 17. 二手菸中包含多種危害人體的化學物質，甚至多種物質有致癌性，會危害到下列何者的健康？①只對12歲以下孩童有影響 ②只對孕婦比較有影響 ③只有65歲以上之民眾有影響 ④全民皆有影響。

(2) 18. 二氧化碳和其他溫室氣體含量增加是造成全球暖化的主因之一，下列何種飲食方式也能降低碳排放量，對環境保護做出貢獻：A. 少吃肉，多吃蔬菜；B. 玉米產量減少時，購買玉米罐頭食用；C. 選擇當地食材；D. 使用免洗餐具，減少清洗用水與清潔劑？① AB ② AC ③ AD ④ ACD。

(1) 19. 上下班的交通方式有很多種，其中包括：A. 騎腳踏車；B. 搭乘大眾交通工具；C 自行開車，請將前述幾種交通方式之單位排碳量由少至多之排列方式為何？① ABC ② ACB ③ BAC ④ CBA。

(3) 20. 下列何者「不是」室內空氣汙染源？①建材 ②辦公室事務機 ③廢紙回收箱 ④油漆及塗料。

(4) 21. 下列何者不是自來水消毒採用的方式？①加入臭氧 ②加入氯氣 ③紫外線消毒 ④加入二氧化碳。

(4) 22. 下列何者不是造成全球暖化的元凶？①汽機車排放的廢氣 ②工廠所排放的廢氣 ③火力發電廠所排放的廢氣 ④種植樹木。

(2) 23. 下列何者不是造成臺灣水資源減少的主要因素？①超抽地下水 ②雨水酸化 ③水庫淤積 ④濫用水資源。

解析 雨水酸化是因為大量使用煤、石油等化石燃料，燃燒產生的硫氧化物或氮氧化物，在大氣中產生化學反應，形成硫酸或硝酸氣懸膠，或凝成雲、雨雪、霧降到地面成為酸雨。

(1) 24. 下列何者是海洋受汙染的現象？①形成紅潮 ②形成黑潮 ③溫室效應 ④臭氧層破洞。

解析 紅潮是因水域浮游生物大量繁殖，引起水域顏色異常與水質惡化的現象，也稱赤潮。

(2) 25. 水中生化需氧量（BOD）愈高，其所代表的意義為①水為硬水 ②有機汙染物多 ③水質偏酸 ④分解汙染物時不需消耗太多氧。

(1) 26. 下列何者是酸雨對環境的影響？①湖泊水質酸化 ②增加森林生長速度 ③土壤肥沃 ④增加水生動物種類。

(2) 27. 下列哪一項水質濃度降低會導致河川魚類大量死亡？①氨氮 ②溶氧 ③二氧化碳 ④生化需氧量。

(1) 28. 下列哪一項生活小習慣的改變可減少細懸浮微粒（PM2.5）排放，共同為改善空氣品質盡一份心力？①少吃燒烤食物 ②使用吸塵器 ③養成運動習慣 ④每天喝 500cc 的水。

(4) 29. 下列哪種措施不能用來降低空氣汙染？①汽機車強制定期排氣檢測 ②汰換老舊柴油車 ③禁止露天燃燒稻草 ④汽機車加裝消音器。

(3) 30. 大氣層中臭氧層有何作用？①保持溫度 ②對流最旺盛的區域 ③吸收紫外線 ④造成光害。

解析 臭氧層吸收太空短波紫外線，減少直射地表帶來的傷害，而空汙導致地球臭氧層破壞，主要汙染物包括海龍（Halons）、氟氯碳化物（CFCs）、溴化甲烷等化合物。

(1) 31. 小李具有乙級廢水專責人員證照，某工廠希望以高價租用證照的方式合作，請問下列何者正確？①這是違法行為 ②互蒙其利 ③價錢合理即可 ④經環保局同意即可。

(2) 32. 可藉由下列何者改善河川水質且兼具提供動植物良好棲地環境？①運動公園 ②人工溼地 ③滯洪池 ④水庫。

(2) 33. 臺灣自來水之水源主要取自：①海洋的水 ②河川及水庫的水 ③綠洲的水 ④灌溉渠道的水。

(2) 34. 目前市面清潔劑均會強調「無磷」，是因為含磷的清潔劑使用後，若廢水排至河川或湖泊等水域會造成甚麼影響？①綠牡蠣 ②優養化 ③秘雕魚 ④烏腳病。

解析 優養化是指水體中的氮、磷等植物營養物質含量過多，引起藻類及其他浮游生物迅速繁殖，使水體溶解氧含量下降，造成藻類、浮游生物、植物、水生物和魚類衰亡甚至絕跡。

(1) 35. 冰箱在廢棄回收時應特別注意哪一項物質，以避免逸散至大氣中造成臭氧層的破壞？①冷媒 ②甲醛 ③汞 ④苯。

(1) 36. 下列何者不是噪音的危害所造成的現象？①精神很集中 ②煩躁、失眠 ③緊張、焦慮 ④工作效率低落。

(2) 37. 我國移動汙染源空氣汙染防制費的徵收機制為何？①依車輛里程數計費 ②隨油品銷售徵收 ③依牌照徵收 ④依照排氣量徵收。

(2) 38. 室內裝潢時，若不謹慎選擇建材，將會逸散出氣狀汙染物。其中會刺激皮膚、眼、鼻和呼吸道，也是致癌物質，可能為下列哪一種汙染物？①臭氧 ②甲醛 ③氟氯碳化合物 ④二氧化碳。

解析 室內裝潢最常見的建材為木材，木材中木板與木板間的接著劑含甲醛，是一種致癌物質。

(1) 39. 高速公路旁常見有農田違法焚燒稻草，除易產生濃煙影響行車安全外，也會產生下列何種空氣汙染物對人體健康造成不良的作用①懸浮微粒 ②二氧化碳（CO_2）③臭氧（O_3）④沼氣。

(2) 40. 都市中常產生的「熱島效應」會造成何種影響？①增加降雨 ②空氣汙染物不易擴散 ③空氣汙染物易擴散 ④溫度降低。

(4) 41. 下列何者不是藉由蚊蟲傳染的疾病？①日本腦炎 ②瘧疾 ③登革熱 ④痢疾。

解析 痢疾是由痢疾桿菌引起的腸道疾病，非蚊蟲傳染。

(4) 42. 下列何者非屬資源回收分類項目中「廢紙類」的回收物？①報紙 ②雜誌 ③紙袋 ④用過的衛生紙。

(1) 43. 下列何者對飲用瓶裝水之形容是正確的：A. 飲用後之寶特瓶容器為地球增加了一個廢棄物；B. 運送瓶裝水時卡車會排放空氣汙染物；C. 瓶裝水一定比經煮沸之自來水安全衛生？①AB ②BC ③AC ④ABC。

(2) 44. 下列哪一項是我們在家中常見的環境衛生用藥？①體香劑 ②殺蟲劑 ③洗滌劑 ④乾燥劑。

(1) 45. 下列哪一種是公告應回收廢棄物中的容器類：A. 廢鋁箔包　B. 廢紙容器　C. 寶特瓶？①ABC ②AC ③BC ④C。

(4) 46. 小明拿到「垃圾強制分類」的宣導海報，標語寫著「分3類，好OK」，標語中的分3類是指家戶日常生活中產生的垃圾可以區分哪三類？①資源垃圾、廚餘、事業廢棄物 ②資源垃圾、一般廢棄物、事業廢棄物 ③一般廢棄物、事業廢棄物、放射性廢棄物 ④資源垃圾、廚餘、一般垃圾。

(2) 47. 家裡有過期的藥品，請問這些藥品要如何處理？①倒入馬桶沖掉 ②交由藥局回收 ③繼續服用 ④送給相同疾病的朋友。

(2) 48. 臺灣西部海岸曾發生的綠牡蠣事件是下列何種物質汙染水體有關？①汞 ②銅 ③磷 ④鎘。

解析 綠牡蠣事件是因工廠排放含銅重金屬的汙水，汙染沿海牡蠣，誤食易影響肝功能。

(4) 49. 在生物鏈越上端的物種其體內累積持久性有機汙染物（POPs）濃度將愈高，危害性也將愈大，這是說明POPs具有下列何種特性？①持久性 ②半揮發性 ③高毒性 ④生物累積性。

(3) 50. 有關小黑蚊敘述下列何者為非？①活動時間又以中午12點到下午3點為活動高峰期 ②小黑蚊的幼蟲以腐植質、青苔和藻類為食 ③無論雄蚊或雌蚊皆會吸食哺乳類動物血液 ④多存在竹林、灌木叢、雜草叢、果園等邊緣地帶等處。

(1) 51. 利用垃圾焚化廠處理垃圾的最主要優點為何？①減少處理後的垃圾體積 ②去除垃圾中所有毒物 ③減少空氣汙染 ④減少處理垃圾的程序。

(3) 52. 利用豬隻的排泄物當燃料發電，是屬於哪一種能源？①地熱能 ②太陽能 ③生質能 ④核能。

解析 生質能是一種再生能源，有機物經各式自然或人為化學反應所產生的能量，如直接燃燒或厭氧發酵牲畜糞便、農作物殘渣、垃圾等產生熱能；或由能源作物，如大豆、向日葵等，提煉生質柴油。

(2) 53. 每個人日常生活皆會產生垃圾，下列何種處理垃圾的觀念與方式是不正確的？①垃圾分類，使資源回收再利用 ②所有垃圾皆掩埋處理，垃圾將會自然分解 ③廚餘回收堆肥後製成肥料 ④可燃性垃圾經焚化燃燒可有效減少垃圾體積。

(2) 54. 防治蚊蟲最好的方法是 ①使用殺蟲劑 ②清除孳生源 ③網子捕捉 ④拍打。

(1) 55. 室內裝修業者承攬裝修工程，工程中所產生的廢棄物應該如何處理？①委託合法清除機構清運 ②倒在偏遠山坡地 ③河岸邊掩埋 ④交給清潔隊垃圾車。

(1) 56. 若使用後的廢電池未經回收，直接廢棄所含重金屬物質曝露於環境中可能產生哪些影響：A. 地下水汙染、B. 對人體產生中毒等不良作用、C. 對生物產生重金屬累積及濃縮作用、D. 造成優養化？① ABC ② ABCD ③ ACD ④ BCD。

(3) 57. 哪一種家庭廢棄物可用來作爲製造肥皂的主要原料？①食醋 ②果皮 ③回鍋油 ④熟廚餘。

解析 肥皂製作的材料爲油脂、氫氧化鈉、水，以回鍋油製造時，可添加檸檬汁去除油脂異味。

(3) 58. 世紀之毒「戴奧辛」主要透過何者方式進入人體？ ①透過觸摸 ②透過呼吸 ③透過飲食 ④透過雨水。

(1) 59. 臺灣地狹人稠，垃圾處理一直是不易解決的問題，下列何種是較佳的因應對策？①垃圾分類資源回收 ②蓋焚化廠 ③運至國外處理 ④向海爭地掩埋。

(3) 60. 購買下列哪一種商品對環境比較友善？①用過即丟的商品 ②一次性的產品 ③材質可以回收的商品 ④過度包裝的商品。

(2) 61. 下列何項法規的立法目的爲預防及減輕開發行爲對環境造成不良影響，藉以達成環境保護之目的？①公害糾紛處理法 ②環境影響評估法 ③環境基本法 ④環境教育法。

(4) 62. 下列何種開發行爲若對環境有不良影響之虞者，應實施環境影響評估：A. 開發科學園區；B. 新建捷運工程；C. 採礦？① AB ② BC ③ AC ④ ABC。

(1) 63. 主管機關審查環境影響說明書或評估書，如認爲已足以判斷未對環境有重大影響之虞，作成之審查結論可能爲下列何者？①通過環境影響評估審查 ②應繼續進行第二階段環境影響評估 ③認定不應開發 ④補充修正資料再審。

(4) 64. 依環境影響評估法規定，對環境有重大影響之虞的開發行爲應繼續進行第二階段環境影響評估，下列何者不是上述對環境有重大影響之虞或應進行第二階段環境影響評估的決定方式？①明訂開發行爲及規模 ②環評委員會審查認定 ③自願進行 ④有民眾或團體抗爭。

(2) 65. 依環境教育法，環境教育之戶外學習應選擇何地點辦理？ ①遊樂園 ②環境教育設施或場所 ③森林遊樂區 ④海洋世界。

(2) 66. 依環境影響評估法規定，環境影響評估審查委員會審查環境影響說明書，認定下列對環境有重大影響之虞者，應繼續進行第二階段環境影響評估，下列何者非屬對環境有重大影響之虞者？ ①對保育類動植物之棲息生存有顯著不利之影響 ②對國家經濟有顯著不利之影響 ③對國民健康有顯著不利之影響 ④對其他國家之環境有顯著不利之影響。

(4) 67. 依環境影響評估法規定，第二階段環境影響評估，目的事業主管機關應舉行下列何種會議？ ①說明會 ②聽證會 ③辯論會 ④公聽會。

(3) 68. 開發單位申請變更環境影響說明書、評估書內容或審查結論，符合下列哪一情形，得檢附變更內容對照表辦理？ ①既有設備提昇產能而汙染總量增加在百分之十以下 ②降低環境保護設施處理等級或效率 ③環境監測計畫變更 ④開發行爲規模增加未超過百分之五。

(1) 69. 開發單位變更原申請內容有下列哪一情形，無須就申請變更部分，重新辦理環境影響評估？ ①不降低環保設施之處理等級或效率 ②規模擴增百分之十以上 ③對環境品質之維護有不利影響 ④土地使用之變更涉及原規劃之保護區。

（ 2 ）70. 工廠或交通工具排放空氣汙染物之檢查，下列何者錯誤？ ①依中央主管機關規定之方法使用儀器進行檢查 ②檢查人員以嗅覺進行氨氣濃度之判定 ③檢查人員以嗅覺進行異味濃度之判定 ④檢查人員以肉眼進行粒狀汙染物排放濃度之判定。

（ 1 ）71. 下列對於空氣汙染物排放標準之敘述，何者正確：A. 排放標準由中央主管機關訂定；B. 所有行業之排放標準皆相同？ ①僅 A ②僅 B ③ AB 皆正確 ④ AB 皆錯誤。

（ 2 ）72. 下列對於細懸浮微粒（PM2.5）之敘述何者正確：A. 空氣品質測站中自動監測儀所測得之數值若高於空氣品質標準，即判定爲不符合空氣品質標準；B. 濃度監測之標準方法爲中央主管機關公告之手動檢測方法；C. 空氣品質標準之年平均值爲 15 μg/m3 ？ ①僅 AB ②僅 BC ③僅 AC ④ ABC 皆正確。

（ 2 ）73. 機車爲空氣汙染物之主要排放來源之一，下列何者可降低空氣汙染物之排放量：A. 將四行程機車全面汰換成二行程機車；B. 推廣電動機車；C. 降低汽油中之硫含量？ ①僅 AB ②僅 BC ③僅 AC ④ ABC 皆正確。

（ 1 ）74. 公眾聚集量大且滯留時間長之場所，經公告應設置自動監測設施，其應 測之室內空氣汙染物項目爲何？ ①二氧化碳 ②一氧化碳 ③臭氧 ④甲醛。

（ 3 ）75. 空氣汙染源依排放特性分爲固定汙染源及移動汙染源，下列何者屬於移動汙染源？ ①焚化廠 ②石化廠 ③機車 ④煉鋼廠。

（ 3 ）76. 我國汽機車移動汙染源空氣汙染防制費的徵收機制爲何？ ①依牌照徵收 ②隨水費徵收 ③隨油品銷售徵收 ④購車時徵收。

（ 4 ）77. 細懸浮微粒（PM2.5）除了來自於汙染源直接排放外，亦可能經由下列哪一種反應產生？ ①光合作用 ②酸鹼中和 ③厭氧作用 ④光化學反應。

（ 4 ）78. 我國固定汙染源空氣汙染防制費以何種方式徵收？ ①依營業額徵收 ②隨使用原料徵收 ③按工廠面積徵收 ④依排放汙染物之種類及數量徵收。

（ 1 ）79. 在不妨害水體正常用途情況下，水體所能涵容汙染物之量稱爲 ①涵容能力 ②放流能力 ③運轉能力 ④消化能力。

（ 4 ）80. 水汙染防治法中所稱地面水體不包括下列何者？ ①河川 ②海洋 ③灌溉渠道 ④地下水。

（ 4 ）81. 下列何者不是主管機關設置水質監測站採樣的項目？ ①水溫 ②氫離子濃度指數 ③溶氧量 ④顏色。

（ 1 ）82. 事業、汙水下水道系統及建築物汙水處理設施之廢（汙）水處理，其產生之汙泥，依規定應作何處理？ ①應妥善處理，不得任意放置或棄置 ②可作爲農業肥料 ③可作爲建築土方 ④得交由清潔隊處理。

（ 2 ）83. 依水汙染防治法，事業排放廢（汙）水於地面水體者，應符合下列哪一標準之規定？ ①下水水質標準 ②放流水標準 ③水體分類水質標準 ④土壤處理標準。

（ 3 ）84. 放流水標準，依水汙染防治法應由何機關定之：A. 中央主管機關；B. 中央主管機關會同相關目的事業主管機關；C. 中央主管機關會商相關目的事業主管機關？ ①僅 A ②僅 B ③僅 C ④ ABC。

（ 1 ）85. 對於噪音之量測，下列何者錯誤？ ①可於下雨時測量 ②風速大於每秒 5 公尺時不可量測 ③聲音感應器應置於離地面或樓板延伸線 1.2 至 1.5 公尺之間 ④測量低頻噪音時，僅限於室內地點測量，非於戶外量測。

（ 4 ）86. 下列對於噪音管制法之規定何者敘述錯誤？ ①噪音指超過管制標準之聲音 ②環保局得視噪音狀況劃定公告噪音管制區 ③人民得向主管機關檢舉使用中機動車輛噪音妨害安寧情形 ④使用經校正合格之噪音計皆可執行噪音管制法規定之檢驗測定。

（ 1 ）87. 製造非持續性但卻妨害安寧之聲音者，由下列何單位依法進行處理？ ①警察局 ②環保局 ③社會局 ④消防局。

(1) 88. 廢棄物、剩餘土石方清除機具應隨車持有證明文件且應載明廢棄物、剩餘土石方之：A 產生源；B 處理地點；C 清除公司 ①僅 AB ②僅 BC ③僅 AC ④ ABC 皆是。

(1) 89. 從事廢棄物清除、處理業務者，應向直轄市、縣（市）主管機關或中央主管機關委託之機關取得何種文件後，始得受託清除、處理廢棄物業務？ ①公民營廢棄物清除處理機構許可文件 ②運輸車輛駕駛證明 ③運輸車輛購買證明 ④公司財務證明。

(4) 90. 在何種情形下，禁止輸入事業廢棄物：A. 對國內廢棄物處 有妨礙；B. 可直接固化處 、掩埋、焚化或海拋；C. 於國內無法妥善清 ？ ①僅 A ②僅 B ③僅 C ④ ABC。

(4) 91. 毒性化學物質因洩漏、化學反應或其他突發事故而汙染運作場所周界外之環境，運作人應立即採取緊急防治措施，並至遲於多久時間內，報知直轄市、縣（市）主管機關？ ① 1 小時 ② 2 小時 ③ 4 小時 ④ 30 分鐘。

(4) 92. 下列何種物質或物品，受毒性及關注化學物質管理法之管制？ ①製造醫藥之靈丹 ②製造農藥之蓋普丹 ③含汞之日光燈 ④使用青石綿製造石綿瓦。

(4) 93. 下列何行爲不是土壤及地下水汙染整治法所指汙染行爲人之作爲？ ①洩漏或棄置汙染物 ②非法排放或灌注汙染物 ③仲介或容許洩漏、棄置、非法排放或灌注汙染物 ④依法令規定清理汙染物。

(1) 94. 依土壤及地下水汙染整治法規定，進行土壤、底泥及地下水汙染調查、整治及提供、檢具土壤及地下水汙染檢測資料時，其土壤、底泥及地下水汙染物檢驗測定，應委託何單位辦理？ ①經中央主管機關許可之檢測機構 ②大專院校 ③政府機關 ④自行檢驗。

(3) 95. 爲解決環境保護與經濟發展的衝突與矛盾，1992 年聯合國環境發展大會（United Nations Conference on Environment and Development, UNCED）制定通過：①日內瓦公約 ②蒙特婁公約 ③ 21 世紀議程 ④京都議定書。

(1) 96. 一般而言，下列那一個防治策略是屬經濟誘因策略？ ①可轉換排放許可交易 ②許可證制度 ③放流水標準 ④環境品質標準。

(1) 97. 對溫室氣體管制之「無悔政策」係指：①減輕溫室氣體效應之同時，仍可獲致社會效益 ②全世界各國同時進行溫室氣體減量 ③各類溫室氣體均有相同之減量邊際成本 ④持續研究溫室氣體對全球氣候變遷之科學證據。

(3) 98. 一般家庭垃圾在進行衛生掩埋後，會經由細菌的分解而產生甲烷氣，請問甲烷氣對大氣危機中哪一些效應具有影響力？ ①臭氧層破壞 ②酸雨 ③溫室效應 ④煙霧（smog）效應。

(1) 99. 下列國際環保公約，何者限制各國進行野生動植物交易，以保護瀕臨絕種的野生動植物？ ①華盛頓公約 ②巴塞爾公約 ③蒙特婁議定書 ④氣候變化綱要公約。

(2) 100. 因人類活動導致「哪些營養物」過量排入海洋，造成沿海赤潮頻繁發生，破壞了紅樹林、珊瑚礁、海草，亦使魚蝦銳減，漁業損失慘重？ ①碳及磷 ②氮及磷 ③氮及氯 ④氯及鎂。

90009 節能減碳共同科目

（ 1 ）1. 依經濟部能源署「指定能源用戶應遵行之節約能源規定」，在正常使用條件下，公眾出入之場所其室內冷氣溫度平均值不得低於攝氏幾度？① 26 ② 25 ③ 24 ④ 22。

（ 2 ）2. 下列何者為節能標章？① ② ③ ④ 。

解析 ①是指臺灣製造的標章、③是指碳足跡標章、④是指環保標章。

（ 4 ）3. 下列產業中耗能佔比最大的產業為 ①服務業 ②公用事業 ③農林漁牧業 ④能源密集產業。

（ 1 ）4. 下列何者「不是」節省能源的做法？ ①電冰箱溫度長時間設定在強冷或急冷 ②影印機當 15 分鐘無人使用時，自動進入省電模式 ③電視機勿背著窗戶，並避免太陽直射 ④短程不開汽車，以儘量搭乘公車、騎單車或步行為宜。

（ 3 ）5. 經濟部能源署的能源效率標示分為幾個等級？① 1 ② 3 ③ 5 ④ 7。

解析 能源效率標示分 5 級，1 級用電較少，5 級用電較多。

（ 2 ）6. 溫室氣體排放量：指自排放源排出之各種溫室氣體量乘以各該物質溫暖化潛勢所得之合計量，以①氧化亞氮（N_2O）②二氧化碳（CO_2）③甲烷（CH_4）④六氟化硫（SF_6）當量表示。

（ 4 ）7. 國家溫室氣體長期減量目標為中華民國 139 年（西元 2050 年）溫室氣體排放量降為中華民國 94 年溫室氣體排放量的百分之多少以下？ ① 20 ② 30 ③ 40 ④ 50。

解析 根據「溫室氣體總量及管理辦法」第一章第四條（104 年 7 月 1 日），國家溫室氣體長期減量目標為中華民國 139 年溫室氣體排放量降為中華民國 94 年溫室氣體排放量 50%以下。

（ 2 ）8. 溫室氣體減量及管理法所稱主管機關，在中央為下列何單位？ ①經濟部能源署 ②環境部 ③國家發展委員會 ④衛生福利部。

（ 3 ）9. 溫室氣體減量及管理法中所稱：一單位之排放額度相當於允許排放多少的二氧化碳當量 ① 1 公斤 ② 1 立方米 ③ 1 公噸 ④ 1 公升之二氧化碳當量。

解析 根據「溫室氣體總量及管理辦法」第一章第三條第 19 項（104 年 7 月 1 日）。

（ 3 ）10. 下列何者「不是」全球暖化帶來的影響？ ①洪水 ②熱浪 ③地震 ④旱災。

（ 1 ）11. 下列何種方法無法減少二氧化碳？①想吃多少儘量點，剩下可當廚餘回收 ②選購當地、當季食材，減少運輸碳足跡 ③多吃蔬菜，少吃肉 ④自備杯筷，減少免洗用具垃圾量。

（ 3 ）12. 下列何者不會減少溫室氣體的排放？ ①減少使用煤、石油等化石燃料 ②大量植樹造林，禁止亂砍亂伐 ③增高燃煤氣體排放的煙囪 ④開發太陽能、水能等新能源。

（ 4 ）13. 關於綠色採購的敘述，下列何者錯誤？ ①採購由回收材料所製造之物品 ②採購的產品對環境及人類健康有最小的傷害性 ③選購對環境傷害較少、汙染程度較低的產品 ④以精美包裝為主要首選。

（ 1 ）14. 一旦大氣中的二氧化碳含量增加，會引起哪一種後果？①溫室效應惡化 ②臭氧層破洞 ③冰期來臨 ④海平面下降。

（ 3 ）15. 關於建築中常用的金屬玻璃帷幕牆，下列敘述何者正確？ ①玻璃帷幕牆的使用能節省室內空調使用 ②玻璃帷幕牆適用於臺灣，讓夏天的室內產生溫暖的感覺 ③在溫度高的國家，建築物使用金屬玻璃帷幕會造成日照輻射熱，產生室內「溫室效應」④臺灣的氣候濕熱，特別適合在大樓以金屬玻璃帷幕作為建材。

（ 4 ）16. 下列何者不是能源之類型？①電力 ②壓縮空氣 ③蒸汽 ④熱傳。

（ 1 ）17. 我國已制定能源管理系統標準為：① CNS 50001 ② CNS 12681 ③ CNS 14001 ④ CNS 22000

(4) 18. 台灣電力股份有限公司所謂的三段式時間電價於夏月平日（非週六日）之尖峰用電時段爲何？①9：00～16：00②9：00～24：00③6：00～11：00④16：00～22：00。

解析 依臺灣電力公司規定，用電尖峰爲07：30～22：30，用電離峰時間爲22：30～07：30。

(1) 19. 基於節能減碳的目標，下列何種光源發光效率最低，不鼓勵使用？①白熾燈泡 ② LED 燈泡 ③省電燈泡 ④螢光燈管。

(1) 20. 下列的能源效率分級標示，哪一項較省電？①1②2③3④4。

(4) 21. 下列何者「不是」目前台灣主要的發電方式？①燃煤 ②燃氣 ③水力 ④地熱。

(2) 22. 有關延長線及電線的使用，下列敘述何者錯誤？①拔下延長線插頭時，應手握插頭取下 ②使用中之延長線如有異味產生，屬正常現象不須理會 ③應避開火源，以免外覆塑膠熔解，致使用時造成短路 ④使用老舊之延長線，容易造成短路、漏電或觸電等危險情形，應立即更換。

(1) 23. 有關觸電的處理方式，下列敘述何者錯誤？①應立刻將觸電者拉離現場 ②把電源開關關閉 ③通知救護人員 ④使用絕緣的裝備來移除電源。

解析 人體屬於導電體，直接碰觸、拉觸電者，也會產生觸電現象。

(2) 24. 目前電費單中，係以「度」爲收費依據，請問下列何者爲其單位？① kW ② kWh ③ kJ ④ kJh。

(4) 25. 依據臺灣電力公司三段式時間電價（尖峰、半尖峰及離峰時段）的規定，請問哪個時段電價最便宜？①尖峰時段 ②夏月半尖峰時段 ③非夏月半尖峰時段 ④離峰時段。

(2) 26. 當用電設備遭遇電源不足或輸配電設備受限制時，導致用戶暫停或減少用電的情形，常以下列何者名稱出現？①停電 ②限電 ③斷電 ④配電。

(2) 27. 照明控制可以達到節能與省電費的好處，下列何種方法最適合一般住宅社區兼顧節能、經濟性與實際照明需求？①加裝 DALI 全自動控制系統 ②走廊與地下停車場選用紅外線感應控制電燈 ③全面調低照明需求 ④晚上關閉所有公共區域的照明。

(2) 28. 上班性質的商辦大樓爲了降低尖峰時段用電，下列何者是錯的？①使用儲冰式空調系統減少白天空調用電需求 ②白天有陽光照明，所以白天可以將照明設備全關掉 ③汰換老舊電梯馬達並使用變頻控制 ④電梯設定隔層停止控制，減少頻繁啓動。

(2) 29. 爲了節能與降低電費的需求，應該如何正確選用家電產品？①選用高功率的產品效率較高 ②優先選用取得節能標章的產品 ③設備沒有壞，還是堪用，繼續用，不會增加支出 ④選用能效分級數字較高的產品，效率較高，5級的比1級的電器產品更省電。

(3) 30. 有效而正確的節能從選購產品開始，就一般而言，下列的因素中，何者是選購電氣設備的最優先考量項目？①用電量消耗電功率是多少瓦攸關電費支出，用電量小的優先 ②採購價格比較，便宜優先 ③安全第一，一定要通過安規檢驗合格 ④名人或演藝明星推薦，應該口碑較好。

(3) 31. 高效率燈具如果要降低眩光的不舒服，下列何者與降低刺眼眩光影響無關？①光源下方加裝擴散板或擴散膜 ②燈具的遮光板 ③光源的色溫 ④採用間接照明。

(4) 32. 用電熱爐煮火鍋，採用中溫50%加熱，比用高溫100%加熱，將同一鍋水煮開，下列何者是對的？①中溫50%加熱比較省電 ②高溫100%加熱比較省電 ③中溫50%加熱，電流反而比較大 ④兩種方式用電量是一樣的。

(2) 33. 電力公司爲降低尖峰負載時段超載的停電風險，將尖峰時段電價費率（每度電單價）提高，離峰時段的費率降低，引導用戶轉移部分負載至離峰時段，這種電能管理策略稱爲 ①需量競價 ②時間電價 ③可停電力 ④表燈用戶彈性電價。

解析 時間電價是指不同的時間採取不同的訂價。

（ 2 ）34. 集合式住宅的地下停車場需要維持通風良好的空氣品質，又要兼顧節能效益，下列的排風扇控制方式何者是不恰當的？ ①淘汰老舊排風扇，改裝取得節能標章、適當容量的高效率風扇 ②兩天一次運轉通風扇就好了 ③結合一氧化碳偵測器，自動啓動 / 停止控制 ④設定每天早晚二次定期啓動排風扇。

（ 2 ）35. 大樓電梯為了節能及生活便利需求，可設定部分控制功能，下列何者是錯誤或不正確的做法？ ①加感應開關，無人時自動關閉電燈與通風扇 ②縮短每次開門 / 關門的時間 ③電梯設定隔樓層停靠，減少頻繁啓動 ④電梯馬達加裝變頻控制。

（ 4 ）36. 為了節能及兼顧冰箱的保溫效果，下列何者是錯誤或不正確的做法？①冰箱內上下層間不要塞滿，以利冷藏對流 ②食物存放位置紀錄清楚，一次拿齊食物，減少開門次數 ③冰箱門的密封壓條如果鬆弛，無法緊密關門，應儘速更新修復 ④冰箱內食物擺滿塞滿，效益最高。

解析 冰箱不宜塞滿，以免影響冰箱效能，一般以 80% 空間滿為限。

（ 2 ）37. 電鍋剩飯持續保溫至隔天再食用，或剩飯先放冰箱冷藏，隔天用微波爐加熱，就加熱及節能觀點來評比，下列何者是對的？ ①持續保溫較省電 ②微波爐再加熱比較省電又方便 ③兩者一樣 ④優先選電鍋保溫方式，因為馬上就可以吃。

（ 2 ）38. 不斷電系統 UPS 與緊急發電機的裝置都是應付臨時性供電狀況，停電時，下列的陳述何者是對的？①緊急發電機會先啓動，不斷電系統 UPS 是後備的 ②不斷電系統 UPS 先啓動，緊急發電機是後備的 ③兩者同時啓動 ④不斷電系統 UPS 可以撐比較久。

（ 2 ）39. 下列何者為非再生能源？①地熱能 ②核能 ③太陽能 ④水力能。

解析 再生能源包括太陽光電、太陽熱能、風能、生質能、地熱、電網級儲能、海洋能。

（ 1 ）40. 欲兼顧採光及降低經由玻璃部分侵入之熱負載，下列的改善方法何者錯誤？ ①加裝深色窗簾 ②裝設百葉窗 ③換裝雙層玻璃 ④貼隔熱反射膠片。

（ 3 ）41. 一般桶裝瓦斯（液化石油氣）主要成分為丁烷與下列何種成分所組成？ ①甲烷 ②乙烷 ③丙烷 ④辛烷。

（ 1 ）42. 在正常操作，且提供相同暖氣之情形下，下列何種暖氣設備之能源效率最高？ ①冷暖氣機 ②電熱風扇 ③電熱輻射機 ④電暖爐。

（ 4 ）43. 下列何者熱水器所需能源費用最少？①電熱水器 ②天然瓦斯熱水器 ③柴油鍋爐熱水器 ④熱泵熱水器。

（ 4 ）44. 某公司希望能進行節能減碳，為地球盡點心力，以下何種作為並不恰當？①將採購規定列入以下文字：「汰換設備時首先考慮能源效率 1 級或具有節能標章之產品」②盤查所有能源使用設備 ③實行能源管理 ④為考慮經營成本，汰換設備時採買最便宜的機種。

（ 2 ）45. 冷氣外洩會造成能源之浪費，下列的入門設施與管理何者最耗能？ ①全開式有氣簾 ②全開式無氣簾 ③自動門有氣簾 ④自動門無氣簾。

（ 4 ）46. 下列何者「不是」潔淨能源？ ①風能 ②地熱 ③太陽能 ④頁岩氣。

解析 潔淨能源泛指不排放汙染物的能源，也就是再生能源。

（ 2 ）47. 有關再生能源中的風力、太陽能的使用特性中，下列敘述中何者錯誤？ ①間歇性能源，供應不穩定 ②不易受天氣影響 ③需較大的土地面積 ④設置成本較高。

（ 3 ）48. 有關台灣能源發展所面臨的挑戰，下列選項何者是錯誤的？ ①進口能源依存度高，能源安全易受國際影響 ②化石能源所占比例高，溫室氣體減量壓力大 ③自產能源充足，不需仰賴進口 ④能源密集度較先進國家仍有改善空間。

（ 3 ）49. 若發生瓦斯外洩之情形，下列處理方法中錯誤的是？ ①應先關閉瓦斯爐或熱水器等開關 ②緩慢地打開門窗，讓瓦斯自然飄散 ③開啓電風扇，加強空氣流動 ④在漏氣止住前，應保持警戒，嚴禁煙火。

解析 瓦斯外洩時，不可打開任何電源開關，避免引起爆炸。

(1) 50. 全球暖化潛勢（Global Warming Potential, GWP）是衡量溫室氣體對全球暖化的影響，其中是以何者為比較基準？① CO_2 ② CH_4 ③ SF_6 ④ N_2O。

(4) 51. 有關建築之外殼節能設計，下列敘述中錯誤的是？ ①開窗區域設置遮陽設備 ②大開窗面避免設置於東西日曬方位 ③做好屋頂隔熱設施 ④宜採用全面玻璃造型設計，以利自然採光。

(1) 52. 下列何者燈泡發光效率最高？① LED 燈泡 ②省電燈泡 ③白熾燈泡 ④鹵素燈泡。

(4) 53. 有關吹風機使用注意事項，下列敘述中錯誤的是？ ①請勿在潮濕的地方使用，以免觸電危險 ②應保持吹風機進、出風口之空氣流通，以免造成過熱 ③應避免長時間使用，使用時應保持適當的距離 ④可用來作為烘乾棉被及床單等用途。

(2) 54. 下列何者是造成聖嬰現象發生的主要原因？①臭氧層破洞 ②溫室效應 ③霧霾 ④颱風。

(4) 55. 為了避免漏電而危害生命安全，下列「不正確」的做法是？ ①做好用電設備金屬外殼的接地 ②有濕氣的用電場合，線路加裝漏電斷路器 ③加強定期的漏電檢查及維護 ④使用保險絲來防止漏電的危險性。

解析 保險絲是用來防止用電量過載的保護裝置，無法防止漏電及保障用電人員生命安全。

(1) 56. 用電設備的線路保護用電力熔絲（保險絲）經常燒斷，造成停電的不便，下列「不正確」的作法是？ ①換大一級或大兩級規格的保險絲或斷路器就不會燒斷了 ②減少線路連接的電氣設備，降低用電量 ③重新設計線路，改較粗的導線或用兩迴路並聯 ④提高用電設備的功率因數。

(2) 57. 政府為推廣節能設備而補助民眾汰換老舊設備，下列何者的節電效益最佳？①將桌上檯燈光源由螢光燈換為 LED 燈 ②優先淘汰 10 年以上的老舊冷氣機為能源效率標示分級中之一級冷氣機 ③汰換電風扇，改裝設能源效率標示分級為一級的冷氣機 ④因為經費有限，選擇便宜的產品比較重要。

(1) 58. 依據我國現行國家標準規定，冷氣機的冷氣能力標示應以何種單位表示？① kW ② BTU/h ③ kcal/h ④ RT。

(1) 59. 漏電影響節電成效，並且影響用電安全，簡易的查修方法為？①電氣材料行買支驗電起子，碰觸電氣設備的外殼，就可查出漏電與否 ②用手碰觸就可以知道有無漏電 ③用三用電表檢查 ④看電費單有無紀錄。

(2) 60. 使用了 10 幾年的通風換氣扇老舊又骯髒，噪音又大，維修時採取下列哪一種對策最為正確及節能？①定期拆下來清洗油垢 ②不必再猶豫，10 年以上的電扇效率偏低，直接換為高效率通風扇 ③直接噴沙拉脫清潔劑就可以了，省錢又方便 ④高效率通風扇較貴，換同機型的廠內備用品就好了。

(3) 61. 電氣設備維修時，在關掉電源後，最好停留 1 至 5 分鐘才開始檢修，其主要的理由為下列何者？①先平靜心情，做好準備才動手 ②讓機器設備降溫下來再查修 ③讓裡面的電容器有時間放電完畢，才安全 ④法規沒有規定，這完全沒有必要。

(1) 62. 電氣設備裝設於有潮濕水氣的環境時，最應該優先檢查及確認的措施？①有無在線路上裝設漏電斷路器 ②電氣設備上有無安全保險絲 ③有無過載及過熱保護設備 ④有無可能傾倒及生鏽。

(1) 63. 為保持中央空調主機效率，每隔多久時間應請維護廠商或保養人員檢視中央空調主機？①半年 ② 1 年 ③ 1.5 年 ④ 2 年。

(1) 64. 家庭用電最大宗來自於？①空調及照明 ②電腦 ③電視 ④吹風機。

(2) 65. 冷氣房內為減少日照高溫及降低空調負載，下列何種處理方式是錯誤的？ ①窗戶裝設窗簾或貼隔熱紙 ②將窗戶或門開啓，讓屋內外空氣自然對流 ③屋頂加裝隔熱材、高反射率塗料或噴水 ④於屋頂進行薄層綠化。

(2) 66. 有關電冰箱放置位置的處理方式，下列何者是正確的？ ①背後緊貼牆壁節省空間 ②背後距離牆壁應有 10 公分以上空間，以利散熱 ③室內空間有限，側面緊貼牆壁就可以了 ④冰箱最好貼近流理台，以便存取食材。

(2) 67. 下列何項「不是」照明節能改善需優先考量之因素？ ①照明方式是否適當 ②燈具之外型是否美觀 ③照明之品質是否適當 ④照度是否適當。

(2) 68. 醫院、飯店或宿舍之熱水系統耗能大，要設置熱水系統時，應優先選用何種熱水系統較節能？①電能熱水系統 ②熱泵熱水系統 ③瓦斯熱水系統 ④重油熱水系統。

(4) 69. 如圖所示，你知道這是什麼標章嗎？①省水標章 ②環保標章 ③奈米標章 ④能源效率標示。

解析 此圖為能源效率標示，1 代表用電較少，5 代表用電較多。

(3) 70. 臺灣電力公司電價表所指的夏月用電月份（電價比其他月份高）是為① 4/1 ～ 7/31 ② 5/1 ～ 8/31 ③ 6/1 ～ 9/30 ④ 7/1 ～ 10/31。

(1) 71. 屋頂隔熱可有效降低空調用電，下列何項措施較不適當？①屋頂儲水隔熱 ②屋頂綠化 ③於適當位置設置太陽能板發電同時加以隔熱 ④鋪設隔熱磚。

(1) 72. 電腦機房使用時間長、耗電量大，下列何項措施對電腦機房之用電管理較不適當？①機房設定較低之溫度 ②設置冷熱通道 ③使用較高效率之空調設備 ④使用新型高效能電腦設備。

(3) 73. 下列有關省水標章的敘述中正確的是？ ①省水標章是環境部為推動使用節水器材，特別研定以作為消費者辨識省水產品的一種標誌 ②獲得省水標章的產品並無嚴格測試，所以對消費者並無一定的保障 ③省水標章能激勵廠商重視省水產品的研發與製造，進而達到推廣節水良性循環之目的 ④省水標章除有用水設備外，亦可使用於冷氣或冰箱上。

(2) 74. 透過淋浴習慣的改變就可以節約用水，以下的何種方式正確？①淋浴時抹肥皂，無需將蓮蓬頭暫時關上 ②等待熱水前流出的冷水可以用水桶接起來再利用 ③淋浴流下的水不可以刷洗浴室地板 ④淋浴沖澡流下的水，可以儲蓄洗菜使用。

(1) 75. 家人洗澡時，一個接一個連續洗，也是一種有效的省水方式嗎？ ①是，因為可以節省等待熱水流出之前所先流失的冷水 ②否，這跟省水沒什麼關係，不用這麼麻煩 ③否，因為等熱水時流出的水量不多 ④有可能省水也可能不省水，無法定論。

(2) 76. 下列何種方式有助於節省洗衣機的用水量？①洗衣機洗滌的衣物盡量裝滿，一次洗完 ②購買洗衣機時選購有省水標章的洗衣機，可有效節約用水 ③無需將衣物適當分類 ④洗濯衣物時盡量選擇高水位才洗的乾淨。

(3) 77. 如果水龍頭流量過大，下列何種處理方式是錯誤的？①加裝節水墊片或起波器 ②加裝可自動關閉水龍頭的自動感應器 ③直接換裝沒有省水標章的水龍頭 ④直接調整水龍頭到適當水量。

解析 應換裝有省水標章的水龍頭。

(4) 78. 洗菜水、洗碗水、洗衣水、洗澡水等等的清洗水，不可直接利用來做什麼用途？①洗地板 ②沖馬桶 ③澆花 ④飲用水。

(1) 79. 如果馬桶有不正常的漏水問題，下列何者處理方式是錯誤的？①因為馬桶還能正常使用，所以不用著急，等到不能用時再報修即可 ②立刻檢查馬桶水箱零件有無鬆脫，並確認有無漏水 ③滴幾滴食用色素到水箱裡，檢查有無有色水流進馬桶，代表可能有漏水 ④通知水電行或檢修人員來檢修，徹底根絕漏水問題。

(3) 80. 水費的計量單位是「度」，你知道一度水的容量大約有多少？ ① 2,000 公升 ② 3000 個 600cc 的寶特瓶 ③ 1 立方公尺的水量 ④ 3 立方公尺的水量。

(3) 81. 臺灣在一年中什麼時期會比較缺水（即枯水期）？①6月至9月 ②9月至12月 ③11月至次年4月 ④臺灣全年不缺水。

(4) 82. 下列何種現象不是直接造成臺灣缺水的原因？①降雨季節分佈不平均，有時候連續好幾個月不下雨，有時又會下起豪大雨 ②地形山高坡陡，所以雨一下很快就會流入大海 ③因爲民生與工商業用水需求量都愈來愈大，所以缺水季節很容易無水可用 ④臺灣地區夏天過熱，致蒸發量過大。

(3) 83. 冷凍食品該如何讓它退冰，才是既「節能」又「省水」？①直接用水沖食物強迫退冰 ②使用微波爐解凍快速又方便 ③烹煮前盡早拿出來放置退冰 ④用熱水浸泡，每5分鐘更換一次。

(2) 84. 洗碗、洗菜用何種方式可以達到清洗又省水的效果？①對著水龍頭直接沖洗，且要盡量將水龍頭開大才能確保洗的乾淨 ②將適量的水放在盆槽內洗濯，以減少用水 ③把碗盤、菜等浸在水盆裡，再開水龍頭拼命沖水 ④用熱水及冷水大量交叉沖洗達到最佳清洗效果。

(4) 85. 解決臺灣水荒（缺水）問題的無效對策是？①興建水庫、蓄洪（豐）濟枯 ②全面節約用水 ③水資源重複利用，海水淡化…等 ④積極推動全民體育運動。

(3) 86. 如圖所示，你知道這是什麼標章嗎？①奈米標章 ②環保標章 ③省水標章 ④節能標章。

(3) 87. 澆花的時間何時較爲適當，水分不易蒸發又對植物最好？①正中午 ②下午時段 ③清晨或傍晚 ④半夜12點。

(3) 88. 下列何種方式沒有辦法降低洗衣機之使用水量，所以不建議採用？ ①使用低水位清洗 ②選擇快洗行程 ③兩、三件衣服也丟洗衣機洗 ④選擇有自動調節水量的洗衣機。

(3) 89. 有關省水馬桶的使用方式與觀念認知，下列何者是錯誤的？ ①選用衛浴設備時最好能採用省水標章馬桶 ②如果家裡的馬桶是傳統舊式，可以加裝二段式沖水配件 ③省水馬桶因爲水量較小，會有沖不乾淨的問題，所以應該多沖幾次 ④因爲馬桶是家裡用水的大宗，所以應該儘量採用省水馬桶來節約用水。

(3) 90. 下列的洗車方式，何者「無法」節約用水？ ①使用有開關的水管可以隨時控制出水 ②用水桶及海綿抹布擦洗 ③用大口徑強力水注沖洗 ④利用機械自動洗車，洗車水處理循環使用。

(1) 91. 下列何種現象無法看出家裡有漏水的問題？①水龍頭打開使用時，水表的指針持續在轉動 ②牆面、地面或天花板忽然出現潮濕的現象 ③馬桶裡的水常在晃動，或是沒辦法止水 ④水費有大幅度增加。

(2) 92. 蓮蓬頭出水量過大時，下列何者無法達到省水？①換裝有省水標章的低流量（5～10L/min）蓮蓬頭 ②淋浴時水量開大，無需改變使用方法 ③洗澡時間盡量縮短，塗抹肥皂時要把蓮蓬頭關起來 ④調整熱水器水量到適中位置。

(4) 93. 自來水淨水步驟，何者是錯誤的？ ①混凝 ②沉澱 ③過濾 ④煮沸。

解析 自來水淨水流程爲原水→分水→快混→膠凝→沉澱→快濾→清水。

(1) 94. 爲了取得良好的水資源，通常在河川的哪一段興建水庫？①上游 ②中游 ③下游 ④下游出口。

(4) 95. 台灣是屬缺水地區，每人每年實際分配到可利用水量是世界平均值的約多少？ ① 1/2 ② 1/4 ③ 1/5 ④ 1/6。

(3) 96. 台灣年降雨量是世界平均值的2.6倍，卻仍屬缺水地區，下列何者不是眞正缺水的原因？①台灣由於山坡陡峻，以及颱風豪雨雨勢急促，大部分的降雨量皆迅速流入海洋 ②降雨量在地域、季節分佈極不平均 ③水庫蓋得太少 ④台灣自來水水價過於便宜。

(3) 97. 電源插座堆積灰塵可能引起電氣意外火災，維護保養時的正確做法是？ ①可以先用刷子刷去積塵 ②直接用吹風機吹開灰塵就可以了 ③應先關閉電源總開關箱內控制該插座的分路開關，然後再清理灰塵 ④可以用金屬接點清潔劑噴在插座中去除銹蝕。

(4) 98. 溫室氣體易造成全球氣候變遷的影響，下列何者不屬於溫室氣體？ ①二氧化碳（CO_2）②氫氟碳化物（HFCs）③甲烷（CH_4）④氧氣（O_2）。

(4) 99. 就能源管理系統而言，下列何者不是能源效率的表示方式？ ①汽車－公里 / 公升 ②照明系統－瓦特 / 平方公尺（W/m^2）③冰水主機－千瓦 / 冷凍噸（kW/RT）④冰水主機－千瓦（kW）。

(3) 100. 某工廠規劃汰換老舊低效率設備，以下何種做法並不恰當？ ①可考慮使用較高費用之高效率設備產品 ②先針對老舊設備建立其「能源指標」或「能源基線」③唯恐一直浪費能源，馬上將老舊設備汰換掉 ④改善後需進行能源績效評估。

乙級
中餐烹調（葷食）技能檢定
學術科完全攻略

編 著 者／冠勁工作室
發 行 人／陳本源
執行編輯／余孟玟
封面設計／盧怡瑄
攝　　影／謝育廷
出 版 者／全華圖書股份有限公司
郵政帳號／0100836-1 號
印 刷 者／宏懋打字印刷股份有限公司
圖書編號／08226046
五版一刷／2024 年 3 月
I S B N／978-626-328-857-7（平裝）
定　　價／500 元
全華圖書／www.chwa.com.tw
全華網路書店 Open Tech ／ www.opentech.com.tw
若您對本書有任何問題，歡迎來信指導 book@chwa.com.tw

臺北總公司（北區營業處）
地址：23671 新北市土城區忠義路 21 號
電話：（02）2262-5666
傳真：（02）6637-3695、6637-3696

南區營業處
地址：80769 高雄市三民區應安街 12 號
電話：（07）381-1377
傳真：（07）862-5562

中區營業處
地址：45256 臺中市南區樹義一巷 26 號
電話：（04）2261-8485
傳真：（04）3600-9806（高中職）
（04）3601-8600（大專）

讀者回函卡

掃 QRcode 線上填寫 ▶▶▶

姓名：＿＿＿＿＿＿＿ 生日：西元＿＿＿年＿＿＿月＿＿＿日 性別：□男 □女

電話：（ ）＿＿＿＿＿ 手機：＿＿＿＿＿＿

e-mail：（必填）＿＿＿＿＿＿＿＿＿＿＿＿＿＿

註：數字零，請用 Φ 表示，數字 1 與英文 L 請另註明並書寫端正，謝謝。

通訊處：□□□□□＿＿＿＿＿＿＿＿＿＿＿＿＿

學歷：□高中・職 □專科 □大學 □碩士 □博士

職業：□工程師 □教師 □學生 □軍・公 □其他

學校／公司：＿＿＿＿＿＿＿＿ 科系／部門：＿＿＿＿＿＿＿＿

・需求書類：

□ A. 電子 □ B. 電機 □ C. 資訊 □ D. 機械 □ E. 汽車 □ F. 工管 □ G. 土木 □ H. 化工 □ I. 設計

□ J. 商管 □ K. 日文 □ L. 美容 □ M. 休閒 □ N. 餐飲 □ O. 其他

・本次購買圖書為：＿＿＿＿＿＿＿＿＿＿ 書號：＿＿＿＿＿＿＿

・您對本書的評價：

封面設計：□非常滿意 □滿意 □尚可 □需改善，請說明＿＿＿＿＿＿

內容表達：□非常滿意 □滿意 □尚可 □需改善，請說明＿＿＿＿＿＿

版面編排：□非常滿意 □滿意 □尚可 □需改善，請說明＿＿＿＿＿＿

印刷品質：□非常滿意 □滿意 □尚可 □需改善，請說明＿＿＿＿＿＿

書籍定價：□非常滿意 □滿意 □尚可 □需改善，請說明＿＿＿＿＿＿

整體評價：請說明＿＿＿＿＿＿＿＿＿＿＿＿＿＿

・您在何處購買本書？

□書局 □網路書店 □書展 □團購 □其他＿＿＿＿＿＿

・您購買本書的原因？（可複選）

□個人需要 □公司採購 □親友推薦 □老師指定用書 □其他＿＿＿＿＿

・您希望全華以何種方式提供出版訊息及特惠活動？

□電子報 □ DM □廣告（媒體名稱＿＿＿＿＿＿＿＿＿＿）

・您是否上過全華網路書店？（www.opentech.com.tw）

□是 □否 您的建議＿＿＿＿＿＿＿＿＿＿＿＿

・您希望全華出版哪方面書籍？＿＿＿＿＿＿＿＿＿＿

・您希望全華加強哪些服務？＿＿＿＿＿＿＿＿＿＿

感謝您提供寶貴意見，全華將秉持服務的熱忱，出版更多好書，以饗讀者。

填寫日期： / /

2020.09 修訂

親愛的讀者：

感謝您對全華圖書的支持與愛護，雖然我們很慎重的處理每一本書，但恐仍有疏漏之處，若您發現本書有任何錯誤，請填寫於勘誤表內寄回，我們將於再版時修正，您的批評與指教是我們進步的原動力，謝謝！

全華圖書 敬上

勘 誤 表

書 號		書 名		作 者	
頁 數	行 數	錯誤或不當之詞句		建議修改之詞句	

我有話要說：（其它之批評與建議，如封面、編排、內容、印刷品質等・・・）